高职高专公共基础课系列教材

新编高等数学

主　编　宋振新

副主编　王艳梅　李　颖

西安电子科技大学出版社

内容简介

本书是根据高职高专教育数学课程的基本要求，按照高职高专高等数学课程改革内容，结合编者多年从事高职数学教学的经验编写而成的。

本书内容包括函数、极限与连续，一元函数微分学，一元函数积分学，微分方程，空间解析几何与向量代数，多元函数微分学，多元函数积分学，无穷级数，线性代数初步等，书末附有基本初等函数表、初等数学中的常用公式、几种常用的平面曲线方程及其图形。

本书适用于高职高专院校理工类各专业的数学教学，也可作为“专接本”考试的教材或参考书。

图书在版编目(CIP)数据

新编高等数学/宋振新主编. —西安：西安电子科技大学出版社，2022.6
ISBN 978-7-5606-6415-6

Ⅰ. ①新…　Ⅱ. ①宋…　Ⅲ. ①高等数学—高等职业教育—教材
Ⅳ. ①O13

中国版本图书馆 CIP 数据核字(2022)第 052973 号

策　　划　刘玉芳　杨航斌
责任编辑　刘玉芳
出版发行　西安电子科技大学出版社(西安市太白南路 2 号)
电　　话　(029)88202421　88201467　　邮　　编　710071
网　　址　www.xduph.com　　电子邮箱　xdupfxb001@163.com
经　　销　新华书店
印刷单位　陕西天意印务有限责任公司
版　　次　2022 年 6 月第 1 版　2022 年 6 月第 1 次印刷
开　　本　787 毫米×1092 毫米　1/16　印张　20
字　　数　475 千字
印　　数　1～3000 册
定　　价　45.00 元
ISBN 978-7-5606-6415-6/O
XDUP　6717001-1

前　　言

本书是根据教育部颁布的高职高专数学课程的基本要求，按照高职高专高等数学课程改革内容，结合编者多年从事高职数学教学的经验编写而成的。

本书从高职高专教育实际出发，遵循“以应用为目的，以必需、够用为度”的原则，淡化了数学中的抽象概念和理论推导，强化了数学实践能力的训练。同时，将数学内容与数学建模知识相结合，对学生进行简单的数学建模知识培训。

本书内容包括函数、极限与连续，一元函数微分学，一元函数积分学，微分方程，空间解析几何与向量代数，多元函数微分学，多元函数积分学，无穷级数，线性代数初步，以及基本初等函数表、初等数学中的常用公式、几种常用的平面曲线方程及其图形等。结合“专接本”考试对“高等数学”的要求，每节内容之后都编写了能力训练题，每章后有能力测试题，最后还附有综合能力测试题，参考答案可扫描封面二维码。

本书适用于高职高专理工类各专业的数学教学，也可作为“专接本”考试的教材或参考书。

本书由河北能源职业技术学院宋振新教授任主编。参加本书编写的有河北能源职业技术学院宋振新、王艳梅、李颖，山东水利职业学院赵红革。宋振新负责制定全书的编写大纲、总体结构并进行统稿和定稿。本书编写过程中，得到了西安电子科技大学出版社的大力支持，在此表示感谢。

由于时间仓促，限于编者水平，书中不当之处在所难免，恳请同行和读者给予批评指正。

编　者

2022 年 2 月

目　　录

第 1 章　函数、极限与连续 …………………… 1

1.1　函数及其性质 ………………………………… 1

一、函数的概念 ………………………………… 1

二、函数的几种特性 …………………………… 6

三、初等函数 …………………………………… 7

能力训练题 1.1 ………………………………… 10

1.2　极限的概念 …………………………………… 11

一、数列的极限 ………………………………… 11

二、函数的极限 ………………………………… 12

三、极限的性质 ………………………………… 14

能力训练题 1.2 ………………………………… 15

1.3　无穷小与无穷大 ……………………………… 15

一、无穷小 ……………………………………… 15

二、无穷大 ……………………………………… 16

三、无穷大与无穷小的关系 …………………… 17

能力训练题 1.3 ………………………………… 17

1.4　极限的四则运算法则 ………………………… 18

能力训练题 1.4 ………………………………… 21

1.5　两个重要极限 ………………………………… 22

一、$\lim\limits_{x\to 0}\frac{\sin x}{x}=1$ ………………………………… 22

二、$\lim\limits_{x\to\infty}\left(1+\frac{1}{x}\right)^{x}=\mathrm{e}$ ………………………… 23

能力训练题 1.5 ………………………………… 25

1.6　无穷小的比较 ………………………………… 26

一、等价无穷小的定义 ………………………… 26

二、等价无穷小的应用 ………………………… 26

能力训练题 1.6 ………………………………… 27

1.7　函数的连续性 ………………………………… 27

一、函数的连续性定义 ………………………… 27

二、函数间断点 ………………………………… 28

三、初等函数的连续性 ………………………… 29

四、闭区间上连续函数的性质 ………………… 30

能力训练题 1.7 ………………………………… 32

能力测试题一 ……………………………………… 33

第 2 章　一元函数微分学 ……………………… 35

2.1　导数概念 ……………………………………… 35

一、引例 ………………………………………… 35

二、导数的定义 ………………………………… 36

三、由定义求导举例 …………………………… 37

四、左导数和右导数 …………………………… 38

五、导数的几何意义 …………………………… 38

六、可导与连续的关系 ………………………… 39

能力训练题 2.1 ………………………………… 40

2.2　导数的基本公式及运算法则 ………………… 41

一、基本初等函数及常数的导数 ……………… 41

二、导数的四则运算法则 ……………………… 42

三、反函数求导法则 …………………………… 43

四、复合函数的求导法则 ……………………… 43

五、隐函数的导数 ……………………………… 45

六、对数求导法 ………………………………… 46

能力训练题 2.2 ………………………………… 47

2.3　函数的微分 …………………………………… 49

一、微分的定义 ………………………………… 49

二、微分的几何意义 …………………………… 50

三、微分的计算 ………………………………… 50

四、由参数方程确定的函数的导数 …………… 52

五、微分在近似计算中的应用 ………………… 52

能力训练题 2.3 ………………………………… 53

2.4　高阶导数 ……………………………………… 54

能力训练题 2.4 ………………………………… 56

2.5　微分中值定理与洛必达法则 ………………… 57

一、微分中值定理 ……………………………… 57

二、洛必达法则 ………………………………… 60

能力训练题 2.5 ………………………………… 63

2.6　函数的单调性及其极值 ……………………… 64

一、函数单调性的判别 ………………………… 64

二、函数的极值及其求法 ……………………… 66

能力训练题 2.6 ………………………………… 70

2.7　函数的最值 …………………………………… 71

一、闭区间上连续函数的最值 …………… 71
二、最值应用题 ………………………… 72
能力训练题 2.7 ………………………… 74
2.8 曲线的凹凸性、拐点与函数图形的描绘 ………………… 75
一、曲线的凹凸性与拐点 ……………… 75
二、曲线的水平渐近线和垂直渐近线 ……… 77
三、函数图形的描绘 ………………… 78
能力训练题 2.8 ………………………… 79
能力测试题二 ………………………… 80

第 3 章 一元函数积分学 ………………… 82
3.1 不定积分的概念与性质 ………………… 82
一、原函数 ………………………………… 82
二、不定积分的概念及几何意义 ………… 82
三、不定积分的积分公式 ………………… 84
能力训练题 3.1 ………………………… 86
3.2 换元积分法 ………………………… 86
一、第一类换元积分法(凑微分法) ……… 87
二、第二类换元积分法 ………………… 92
能力训练题 3.2 ………………………… 94
3.3 分部积分法 ………………………… 95
能力训练题 3.3 ………………………… 100
3.4 定积分的概念及性质 ………………… 100
一、引例 ………………………………… 100
二、定积分的概念 ……………………… 102
三、定积分的几何意义 ………………… 104
四、定积分的性质 ……………………… 105
能力训练题 3.4 ………………………… 107
3.5 微积分基本公式 ……………………… 108
一、变上限的定积分 …………………… 108
二、牛顿-莱布尼茨公式 ………………… 110
能力训练题 3.5 ………………………… 112
3.6 定积分的积分方法 …………………… 113
一、定积分的换元积分法 ……………… 113
二、定积分的分部积分法 ……………… 115
三、无穷区间上的广义积分 …………… 116
能力训练题 3.6 ………………………… 118
3.7 定积分的应用 ……………………… 119
一、定积分的微元法 …………………… 119
二、平面图形的面积 …………………… 120
三、立体的体积 ………………………… 122
四、物理应用 …………………………… 125
能力训练题 3.7 ………………………… 127
能力测试题三 ………………………… 128

第 4 章 微分方程 ……………………… 131
4.1 微分方程的基本概念 ………………… 131
一、引例 ………………………………… 131
二、微分方程的定义 …………………… 132
能力训练题 4.1 ………………………… 133
4.2 一阶微分方程 ……………………… 134
一、可分离变量的一阶微分方程 ……… 134
二、一阶线性微分方程 ………………… 136
能力训练题 4.2 ………………………… 139
4.3 特殊的可降阶的微分方程 …………… 140
一、用降阶法解 $y^{(n)}=f(x)$ 类型的方程 ………………………………… 140
二、用降阶法解 $y''=f(x,y')$ 类型的方程 ………………………………… 140
能力训练题 4.3 ………………………… 141
4.4 二阶线性微分方程 …………………… 141
一、二阶线性微分方程解的结构 ……… 141
二、二阶常系数齐次线性微分方程的解法 ………………………………… 143
三、二阶常系数非齐次线性微分方程的解法 ………………………………… 146
能力训练题 4.4 ………………………… 150
能力测试题四 ………………………… 150

第 5 章 空间解析几何与向量代数 ……… 152
5.1 空间直角坐标系 …………………… 152
一、空间直角坐标系概念 ……………… 152
二、空间点的直角坐标 ………………… 153
三、空间两点间的距离 ………………… 153
四、二、三阶行列式 …………………… 154
能力训练题 5.1 ………………………… 157
5.2 向量及其运算 ……………………… 158
一、向量的概念 ………………………… 158
二、向量的线性运算 …………………… 159
三、向量的坐标 ………………………… 160
四、向量运算的坐标表达 ……………… 162
五、向量的位置关系 …………………… 166
能力训练题 5.2 ………………………… 166
5.3 空间平面与直线 …………………… 167
一、平面的点法式方程及一般式方程 …… 167

二、点到平面的距离、两平面的位置关系 …… 168
三、空间直线的方程 …… 170
四、两直线的位置关系 …… 172
五、直线与平面的位置关系 …… 172
能力训练题 5.3 …… 173
5.4 空间曲面与曲线 …… 174
一、曲面及其方程 …… 174
二、常见的二次曲面及其方程 …… 176
三、空间曲线方程 …… 178
能力训练题 5.4 …… 181
能力测试题五 …… 182

第 6 章 多元函数微分学 …… 183
6.1 多元函数的基本概念 …… 183
一、多元函数概论 …… 183
二、二元函数的极限 …… 185
三、二元函数的连续性 …… 186
能力训练题 6.1 …… 187
6.2 偏导数 …… 187
一、偏导数的概念 …… 187
二、高阶偏导数 …… 190
三、多元复合函数的偏导数 …… 191
四、多元隐函数求偏导 …… 193
能力训练题 6.2 …… 194
6.3 全微分 …… 194
一、全微分的概念 …… 194
二、全微分在近似计算中的应用 …… 196
能力训练题 6.3 …… 196
6.4 偏导数的几何应用 …… 197
一、空间曲线的切线和法平面 …… 197
二、曲面的切平面与法线 …… 198
能力训练题 6.4 …… 199
6.5 多元函数极值问题 …… 199
一、二元函数极值 …… 199
二、最大值与最小值 …… 201
三、条件极值 …… 201
能力训练题 6.5 …… 203
能力测试题六 …… 203

第 7 章 多元函数积分学 …… 205
7.1 二重积分 …… 205
一、二重积分的概念 …… 205
二、二重积分的性质 …… 206
三、二重积分在直角坐标系中的累次积分法 …… 207
四、二重积分在极坐标系中的累次积分法 …… 211
能力训练题 7.1 …… 213
7.2 二重积分的应用 …… 214
一、几何应用 …… 215
二、物理应用 …… 216
能力训练题 7.2 …… 218
7.3 曲线积分 …… 218
一、对坐标的曲线积分的概念 …… 218
二、对坐标的曲线积分的计算 …… 219
能力训练题 7.3 …… 221
7.4 格林公式 …… 222
一、格林公式 …… 222
二、曲线积分与路径无关的条件 …… 223
能力训练题 7.4 …… 225
能力测试题七 …… 226

第 8 章 无穷级数 …… 227
8.1 常数项级数 …… 227
一、无穷级数的概念和基本性质 …… 227
二、正项级数 …… 230
三、任意项级数 …… 233
能力训练题 8.1 …… 235
8.2 幂级数 …… 236
一、幂级数及其收敛性 …… 236
二、幂级数的运算 …… 239
三、函数展开成幂级数 …… 240
四、和函数 …… 244
能力训练题 8.2 …… 245
能力测试题八 …… 245

第 9 章 线性代数初步 …… 247
9.1 行列式 …… 247
一、n 阶行列式的定义 …… 247
二、行列式的性质 …… 249
三、克莱姆法则 …… 254
能力训练题 9.1 …… 256
9.2 矩阵 …… 258
一、矩阵的概念 …… 258
二、矩阵的运算 …… 261

三、矩阵的初等变换与矩阵的秩 …………… 266
四、逆矩阵 ……………………………………… 270
能力训练题 9.2 ……………………………… 276
9.3 向量及其线性关系 ………………………… 279
一、n 维向量的概念及运算 ………………… 279
二、向量的线性关系 ………………………… 281
三、向量组的秩 ……………………………… 284
能力训练题 9.3 ……………………………… 285
9.4 线性方程组 ………………………………… 286
一、线性方程组解的判定 …………………… 287
二、齐次线性方程组解的结构 ……………… 291
三、非齐次线性方程组解的结构 …………… 295
能力训练题 9.4 ……………………………… 299
能力测试题九 ………………………………… 301

综合能力测试题 ………………………………… 303

附录Ⅰ 基本初等函数表 ……………………… 305

附录Ⅱ 初等数学中的常用公式 …………… 308

附录Ⅲ 几种常用的平面曲线方程及其图形 ……………………… 311

第 1 章　函数、极限与连续

函数是描述客观世界中量与量之间相依关系的数学模型，是微积分的一个基本概念，也是微积分研究的对象，其研究的基本方法是极限方法．本章我们将从分析日常现象中常见的变量出发，引入函数的一般定义，在复习函数有关知识的基础上着重讨论函数的极限和函数的连续性．

1.1　函数及其性质

一、函数的概念

1．区间与邻域

1）区间

数学中讨论的量分为两类：常量与变量．在给定的问题中，不变的、保持一定值的量叫作常量；由于某种缘故变化着的，取不同值的量叫作变量．任何一个变量，都有确定的变化范围，如果变量的变化范围是连续的，常用一种特殊的数集——区间来表示，例如：

有限区间：$(a, b)=\{x|a<x<b\}$ 开区间；

$[a, b]=\{x|a\leqslant x\leqslant b\}$ 闭区间；

$[a, b)=\{x|a\leqslant x<b\}$ 半开区间；

$(a, b]=\{x|a<x\leqslant b\}$ 半开区间．

无限区间：$(a, +\infty)=\{x|a<x<+\infty\}$；

$[a, +\infty)=\{x|a\leqslant x<+\infty\}$；

$(-\infty, b)=\{x|-\infty<x<b\}$；

$(-\infty, b]=\{x|-\infty<x\leqslant b\}$；

$(-\infty, +\infty)=\{x|-\infty<x<+\infty\}=\mathbf{R}$.

2）邻域

设实数 x_0，δ，且 $\delta>0$，数集

$$\{x|x_0-\delta<x<x_0+\delta\}$$

称为点 x_0 的 δ 邻域，记作 $U(x_0, \delta)$．即

$$U(x_0, \delta)=\{x|x_0-\delta<x<x_0+\delta\}$$

点 x_0 称为邻域的中心，δ 称为邻域的半径．

因为 $|x-x_0|<\delta$ 相当于 $-\delta<x-x_0<\delta$，即 $x_0-\delta<x<x_0+\delta$，所以在几何上，邻域 $U(x_0, \delta)$ 表示以点 x_0 为中心，长为 2δ 的开区间 $(x_0-\delta, x_0+\delta)$，如图 1－1 所示．

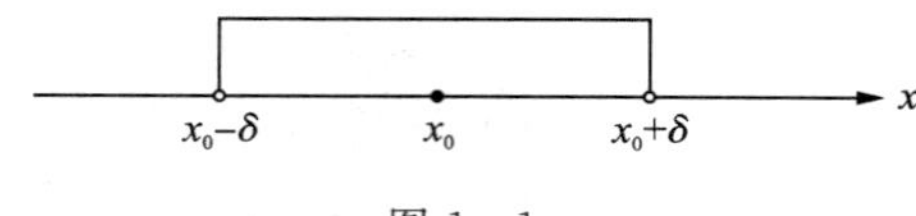

图 1-1

有时研究的邻域是不包括中心点 x_0 的，称为点 x_0 的 δ 去心邻域，记作 $\mathring{U}(x_0, \delta)$. 即

$$\mathring{U}(x_0, \delta)=(x_0-\delta, x_0)\cup(x_0, x_0+\delta)$$

或

$$\mathring{U}(x_0, \delta)=\{x \mid 0<|x-x_0|<\delta\}$$

2. 函数的定义

现实世界中各种变化着的量不是孤立的，而是相互联系和相互制约的，这种变量间的相依关系反映到数学上就是函数，它描述了自然现象中量的变化规律.

例 1　圆的面积公式：

$$S=\pi r^2$$

式中，r 是圆的半径，圆的半径不同，圆的面积也就不同，而 π 在圆的面积计算中总是不变的，因此，在这个给定的问题中，π 是常量，圆的半径 r 和圆的面积 S 都是变量，当圆的半径 r 取定某一数值时，则圆的面积 S 也随之有一个确定的数值与之对应，如 $r=1$ m 时，$S=3.14$ m^2.

例 2　气象台为了掌握某地气温的变化，使用自动记录器将每天的气温记录下来，直接画出一条如图 1-2 所示的曲线. 图中有 2 个变量：时间 t 和气温 C. 对 0～24 小时内的任意一个确定的时刻 t，都有一个确定的气温 C 与之对应，它们之间的对应关系就是图1-2 的曲线. 当时间为 t_0 时，通过图中曲线可以找到 C_0，且 C_0 是唯一的值.

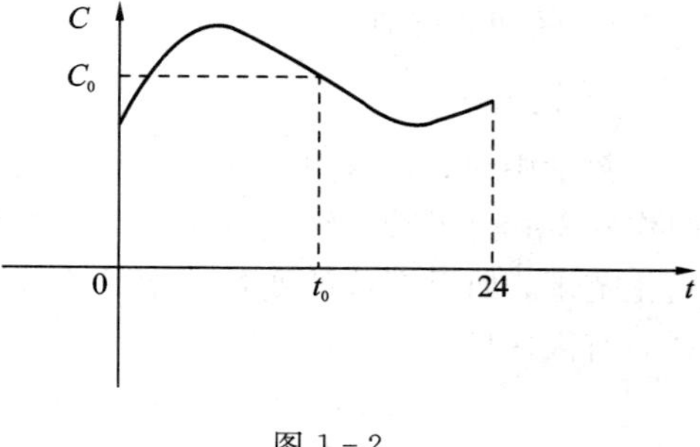

图 1-2

例 3　某种品牌语音机，当单价为 230 元时，每月可销售 1500 台，如果单价每降低 10 元，则可多销售 25 台，单价不得低于 160 元. 销量 Q 与单价 P 有如表 1-1 所示关系.

表 1-1

P	230	220	210	200	190	180	170	160
Q	1500	1525	1550	1575	1600	1625	1650	1675

当 P 在允许的降价范围内变化时，销售量 Q 也随之有一个确定的值相对应.

综合上述各例，就其所涉及的应用领域而言，有几何的、气象的、经济的，但其共同本质是参与给定问题的变量之间存在相互依赖的关系，当其中一个变量在某一范围内每取一个数值时，按照某种确定的对应关系(如公式、图形和列表)，另一个变量就有一个确定的值与之对应. 函数的一般概念正是这样抽象出来的.

定义 1　设 x 和 y 是两个变量，数集 D 是变量 x 的变化范围，如果对于属于 D 的每个数 x，变量 y 按照一定的规律 f 总有确定的数值与它对应，则称 y 是 x 的函数，记作

$$y=f(x), x\in D$$

称变量 x 是自变量，变量 y 是函数(或因变量)，数集 D 是函数的定义域. 若对于确定的 $x_0\in D$，通过对应规律 f，函数 y 有确定的值 y_0 与之对应，则称 y_0 为 $y=f(x)$在 x_0 处的函数值，记作

$$y_0=y|_{x=x_0}=f(x_0)$$

全体函数值组成的集合，称为函数的值域，记作 M.

为了理解这个定义，说明以下几点：

(1) 在函数定义中，仅要求对自变量 $x\in D$，都有确定的 $y\in M$ 与之对应，因此，常量 $y=C$ 也符合函数的定义，因为当 $x\in\mathbf{R}$ 时，所对应的 y 值都是确定的常数 C，一般称 $y=C$ 为常函数.

(2) 若函数在某个区间上的每一点都有定义，则称这个函数在该区间上有定义.

(3) 若对于 D 中的每个 x 的取值，y 有唯一的值与之对应，称这样的函数为单值函数，否则叫作多值函数，以后我们所涉及和讨论的函数一般是指单值函数.

(4) 一般函数的对应规律用字母“f”来表示，对不同的函数的对应规律可以用不同的字母来表示.

(5) 函数通常有三种表示法。

公式法(或解析法)：用一个数学表达式表示两个变量之间函数关系的方法，如例 1.

图形法：用几何图形表示两个变量之间函数关系的方法，如例 2.

列表法：用表格表示两个变量之间函数关系的方法，如例 3.

(6) 函数的定义中涉及定义域 D、对应规律 f 和值域 M 三个因素，显然，给定 D 和 f，M 就被相应确定了，D 和 f 就是决定一个函数的两个要素，于是两个函数相等的充要条件是定义域相同且对应规律相同. 例如 $y=x^2$，$u=r^2$ 甚至 $x=y^2$ 都是同一个函数，因为它们的定义域都是$(-\infty,+\infty)$，且对应规律都是因变量等于自变量的平方，这也表明因变量、自变量与字母无关. 需要注意的是，同一问题中涉及多个函数时，则应取不同的记号分别表示它们各自的对应规律.

(7) 确定用公式法表示函数的定义域，应考虑两种情况：一是确定使该式子有意义的自变量的全体，二是对实际问题要根据变量的实际变化范围来确定. 一般地，应注意如下几点：

① 分母不能为零；

② 偶次根号下非负；

③ 对数的底大于零而不等于 1，真数大于零；

④ 正切符号下的式子不等于 $k\pi+\dfrac{\pi}{2}$；

⑤ 余切符号下的式子不等于 $k\pi$；

⑥ 反正弦、反余弦符号下式子的绝对值小于等于 1；

⑦ 如果函数的表达式由若干项组合而成，则它的定义域是各项定义域的公共部分.

(8) 在几何上，函数 $y=f(x)$，$x\in D$ 表示在 xoy 坐标平面上的一条曲线.

例 4　设 $y=f(x)=2x^2-x+1$，求 $f(0)$，$f(1)$，$f(x_0)$.

解

$$y|_{x=0}=f(0)=2\cdot 0^2-0+1=1$$

$$y|_{x=1}=f(1)=2\cdot 1^2-1+1=2$$

$$y|_{x=x_0}=f(x_0)=2{x_0}^2-x_0+1$$

例 5 设 $f(x+1)=x^2-3x$，求 $f(x)$.

解 令 $x+1=t$，则

$$x=t-1$$

所以

$$f(t)=(t-1)^2-3(t-1)=t^2-5t+4$$

即

$$f(x)=x^2-5x+4$$

例 6 确定下列函数的定义域：

(1) $y=\dfrac{1}{1-x}$；　　(2) $y=\sqrt{1-x^2}$；

(3) $y=\dfrac{1}{4-x^2}+\sqrt{x+2}$；　　(4) $y=\lg(1-x^2)+\sqrt{x}$.

解 (1) 除了 $x=1$ 使分母为零外，x 取任何实数，函数式都有意义，因此其定义域为除 $x=1$ 之外的全体实数，可记作

$$D=(-\infty,\ 1)\cup(1,\ +\infty)\quad 或\quad D=\{x\,|\,x\neq 1,\ x\in\mathbf{R}\}$$

(2) 要使 $\sqrt{1-x^2}$ 有意义，必须使 $1-x^2\geqslant 0$，即

$$x^2\leqslant 1,\ |x|\leqslant 1$$

因此其定义域是

$$D=\{x\,|-1\leqslant x\leqslant 1\}\quad 或\quad D=[-1,\ 1]$$

(3) 这是两个函数之和的定义域，先分别求出每个函数的定义域，然后求其公共部分即可. 使函数 $\dfrac{1}{4-x^2}$ 有意义的 x 必须满足 $4-x^2\neq 0$，即 $x\neq\pm 2$，而使函数 $\sqrt{x+2}$ 有意义的 x 必须满足 $x+2\geqslant 0$，即 $x\geqslant -2$，因此，函数的定义域是 $D=(-2,\ 2)\cup(2,\ +\infty)$，或 $D=\{x\,|\,x\neq\pm 2，且\ x>-2\}$.

(4) $\lg(1-x^2)$ 的定义域满足不等式

$$1-x^2>0$$

得

$$-1<x<1$$

$\sqrt{x}$ 的定义域是 $x\geqslant 0$. 因此，函数的定义域是 $D=\{x\,|\ 0\leqslant x<1\}$，或 $D=[0,\ 1)$.

3. 分段函数

定义 2 在定义域内，当自变量在不同的部分取值时，有不同的对应关系的函数叫作分段函数.

分段函数是定义域上的一个函数，它的定义域是各部分的自变量取值集合的并集，求分段函数的函数值 $f(x_0)$ 时，要根据 x_0 所在的部分，选用相应的解析式，其图形要分段作出.

例 7 设函数

$$f(x)=\begin{cases} x^2, & -2\leqslant x<0 \\ 2, & x=0 \\ 1+x, & 0<x\leqslant 3 \end{cases}$$

(1) 求函数的定义域；

(2) 求 $f(-2)$，$f(-1)$，$f(0)$，$f(1)$；

(3) 作出函数的图形.

解　这是一个分段函数，该函数用三个解析式表示：

当 $x\in[-2, 0)$时，$f(x)=x^2$；

当 $x=0$ 时，$f(x)=2$；

当 $x\in(0, 3]$时，$f(x)=1+x$.

(1) 自变量 x 的取值范围有三部分：$[-2, 0)$，$\{0\}$和$(0, 3]$，因此，函数的定义域是这三个集合的并集，即$[-2, 3]$.

(2) 由于$-2\in[-2, 0)$，$-1\in[-2, 0)$，故

$$f(-2)=(-2)^2=4$$

$$f(-1)=(-1)^2=1$$

由于 $x=0$ 时，$f(x)=2$，故 $f(0)=2$.

由于 $1\in(0, 3]$，故 $f(1)=1+1=2$.

(3) 利用描点法，分段作出各部分函数图形，如图 1-3 所示.

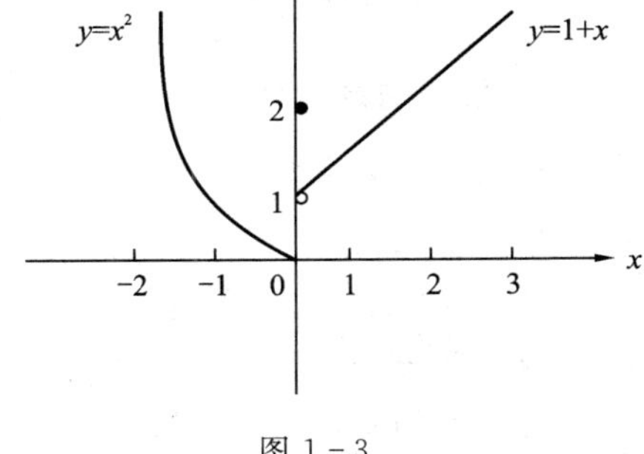

图 1-3

下面列出的几个函数均为数学上常用的分段函数.

(1) 绝对值函数：

$$y=|x|=\begin{cases}x, & x\geqslant 0\\ -x, & x<0\end{cases}$$

(2) 符号函数：

$$y=\mathrm{sgn}x=\begin{cases}1, & x>0\\ 0, & x=0\\ -1, & x<0\end{cases}$$

4. 反函数

定义 3　设给定函数 $y=f(x)$，其定义域为 D，值域为 M，如果对于 M 中的每一个 y 值，都可以从关系式 $y=f(x)$中找到确定的 x 值($x\in D$)与之对应，那么由此所确定的以 y 为自变量的新函数叫作函数 $y=f(x)$的反函数，记作 $x=f^{-1}(y)$，它的定义域为 M，值域为 D，而 $y=f(x)$称为直接函数.

因为函数对于用什么字母来表示自变量和因变量是没有限制的，习惯上总是用 x 表示自变量，y 表示因变量，所以，往往把函数 $y=f(x)$的反函数 $x=f^{-1}(y)$记作

$$y=f^{-1}(x)$$

若函数 $y=f(x)$的反函数是 $y=f^{-1}(x)$，则 $y=f(x)$也是函数 $y=f^{-1}(x)$的反函数，或者说它们互为反函数.

在同一直角坐标系下，函数 $y=f(x)$与其反函数 $y=f^{-1}(x)$的图形关于直线 $y=x$ 对称，如图 1-4 所示.

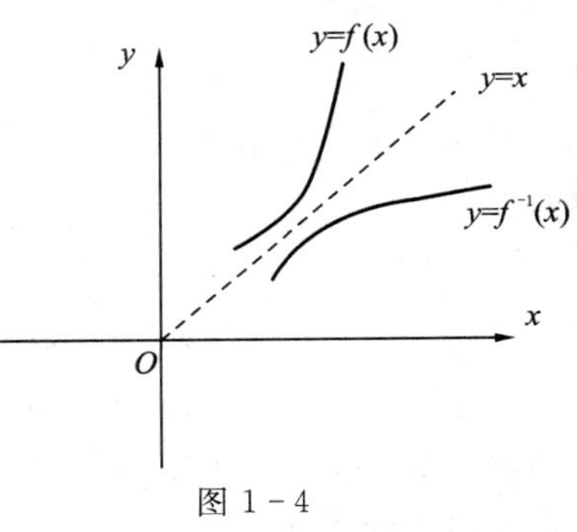

图 1-4

例 8 求 $y=2^{x-1}$ 的反函数.

解 由 $y=2^{x-1}$ 解得 x，得

$$x=\mathrm{lb}y+1$$

将 x、y 的位置互换，得

$$y=\mathrm{lb}x+1$$

这就是函数 $y=2^{x-1}$ 的反函数.

二、函数的几种特性

1. 函数的奇偶性

定义 4 设函数 $y=f(x)$ 的定义域 D 关于原点对称(即若 $x\in D$，则必有 $-x\in D$)，若对任意 $x\in D$，有

(1) $f(-x)=f(x)$，则称 $f(x)$ 为偶函数；

(2) $f(-x)=-f(x)$，则称 $f(x)$ 为奇函数.

奇函数的图形关于坐标原点对称，偶函数的图形关于 y 轴对称.

例如，我们熟悉的函数 $f(x)=x^2$，$f(x)=\cos x$ 等都是偶函数，$f(x)=x^3$，$f(x)=\sin x$ 等都是奇函数.

例 9 判断下列函数的奇偶性.

(1) $f(x)=a^x-a^{-x}$； (2) $f(x)=2x^4+3x^2+1$； (3) $f(x)=x^3+\cos x$.

解 用奇偶函数的定义判断函数的奇偶性，应先算出 $f(-x)$，然后与 $f(x)$ 对照.

(1) $$f(-x)=a^{-x}-a^{-(-x)}=a^{-x}-a^x=-(a^x-a^{-x})=-f(x)$$

故 $f(x)$ 是奇函数.

(2) $$f(-x)=2(-x)^4+3(-x)^2+1=2x^4+3x^2+1=f(x)$$

故 $f(x)$ 是偶函数.

(3) $$f(-x)=(-x)^3+\cos(-x)=-x^3+\cos x$$

由于

$$f(-x)\neq -f(x)，\ f(-x)\neq f(x)$$

故该函数既不是奇函数也不是偶函数.

2. 函数的单调性

定义 5 设函数 $f(x)$ 在区间 I 上有定义，对于区间 I 内任意两点 x_1 和 x_2，当 $x_1<x_2$ 时，恒有

(1) $f(x_1)<f(x_2)$，则称函数 $f(x)$ 在 I 上是单调增加的；

(2) $f(x_1)>f(x_2)$，则称函数 $f(x)$ 在 I 上是单调减少的.

单调增加或单调减少的函数统称为单调函数，若 $f(x)$ 在区间 I 上是单调函数，则称 I 是该函数的单调区间. 若沿着 x 轴的正方向看，单调增加函数的图形是一条上升的曲线，单调减少函数的图形是一条下降的曲线，见图 1-5.

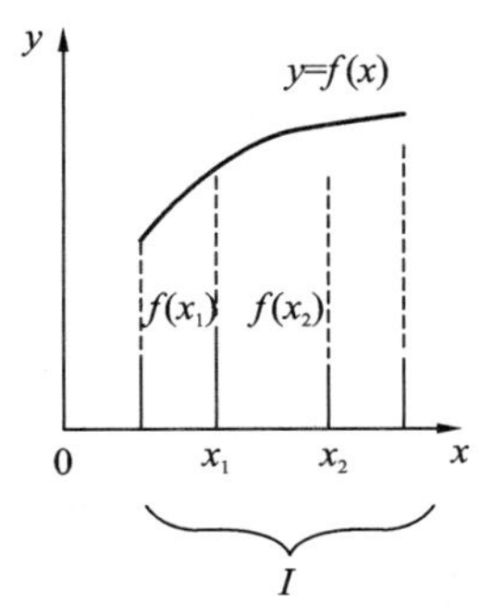

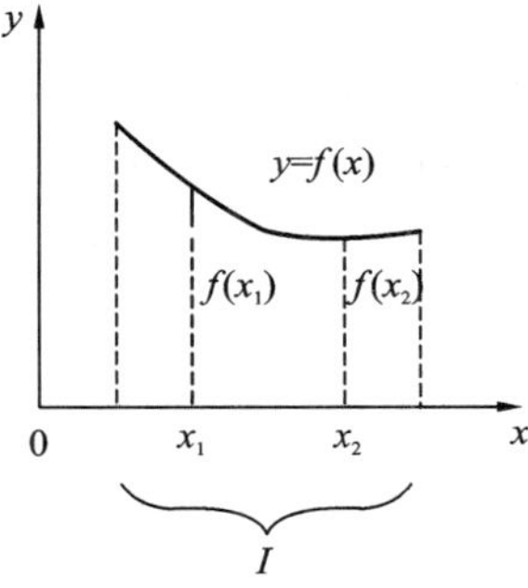

图 1－5

3. 函数的周期性

定义 6　设函数 $f(x)$ 的定义域为 D，若存在一个非零常数 T，对于任意 $x\in D$，有

$$f(x+T)=f(x)$$

成立，则称 $f(x)$ 是周期函数，称 T 是它的一个周期.

若 T 是函数 $f(x)$ 的一个周期，则 $\pm 2T$，$\pm 3T\cdots$，也都是它的周期，通常，我们称周期中的最小正周期为周期函数的周期. 例如，函数 $y=\sin x$、$y=\cos x$ 是以 2π 为周期的周期函数，$y=\tan x$，$y=\cot x$ 是以 π 为周期的周期函数.

周期为 T 的周期函数，在长度为 T 的各个区间上，其函数图形有相同的形状.

有很多自然现象，像季节、气候等都是年复一年呈周期变化的；有很多经济活动，小到商品销售，大到经济宏观运行，其变化也具有周期规律性.

4. 函数的有界性

定义 7　设函数 $f(x)$ 在区间 I 上有定义，若存在正数 M，使得对于任意的 $x\in I$，有

$$|f(x)|\leqslant M$$

则称 $f(x)$ 在区间 I 上是有界函数，若这样的 M 不存在，就称 $f(x)$ 在 I 内是无界函数.

有界函数的图形必介于两条平行于 x 轴的直线 $y=-M$ 和 $y=M$ 之间. 例如，函数 $y=\sin x$ 在 $(-\infty, +\infty)$ 内是有界的，因为对任意 $x\in(-\infty, +\infty)$，存在 $M=1$，使得 $|\sin x|\leqslant 1$ 恒成立. 而 $y=\tan x$ 在开区间 $\left(-\frac{\pi}{2}, \frac{\pi}{2}\right)$ 上是无界的. 又如，函数 $f(x)=\frac{1}{x}$ 在开区间 $(0, 1)$ 内是无界的，而函数 $f(x)=\frac{1}{x}$ 在区间 $[1, 2]$ 内是有界的.

由此可见，笼统地说某个函数是有界函数或无界函数是不确切的，必须指明所考虑的区间.

三、初等函数

1. 基本初等函数

基本初等函数通常指以下六类函数：常量函数、幂函数、指数函数、对数函数、三角函数和反三角函数.

常量函数：$y=C$（C 为常数）；

幂函数：$y=x^{\mu}$（μ 为实数）；

指数函数：$y=a^{x}$（$a>0$，$a\neq 1$，a 为常数）；

对数函数：$y=\log_a x$（$a>0$，$a\neq 1$，a 为常数）；

三角函数：$y=\sin x$，$y=\cos x$，$y=\tan x$，$y=\cot x$，$y=\sec x$，$y=\csc x$；

反三角函数：$y=\arcsin x$，$y=\arccos x$，$y=\arctan x$，$y=\text{arccot}\, x$.

这六种函数统称为基本初等函数，这些函数的性质、图形在中学已经学过，今后要经常用到.

2. 复合函数

定义 8 设 $y=f(u)$是 u 的函数，$u=\varphi(x)$是 x 的函数，如果函数 $u=\varphi(x)$的值域全部或部分包含在函数 $y=f(u)$的定义域内，即由 x 所确定的 u 使得 y 有意义，则把 y 叫作 x 的复合函数. 记作

$$y=f[\varphi(x)]$$

u 称为中间变量，$f(u)$称为外层函数，$\varphi(x)$称为内层函数.

对于复合函数，我们做下面的说明：

（1）不是任何两个函数都可以构成一个复合函数，例如 $y=\ln u$ 和 $u=x-\sqrt{x^2+1}$就不能构成复合函数，因为 $u=x-\sqrt{x^2+1}$的值域是 $u<0$，而 $y=\ln u$ 的定义域是 $u>0$.

（2）复合函数不仅可以有一个中间变量，还可以有多个中间变量，这些中间变量是经过多次复合产生的.

（3）由基本初等函数经有限次的四则运算得到的函数，称作简单函数. 复合函数的合成和分解往往是对简单函数而言的.

例 10 已知 $y=\sqrt{u}$，$u=2x^2+5$，将 y 表示成 x 的函数.

解 将 $u=2x^2+5$ 代入 $y=\sqrt{u}$中，可得

$$y=\sqrt{2x^2+5}$$

例 11 已知 $y=\ln u$，$u=4-v^2$，$v=\cos x$，将 y 表示成 x 的函数.

解 $$y=\ln u=\ln(4-v^2)=\ln(4-\cos^2 x)$$

例 12 指出下列复合函数的复合过程.

（1）$y=\sin^2 x$；（2）$y=\arcsin(\ln x)$；

（3）$y=(2x+1)^5$；（4）$y=\cos^2(x^2+1)$；

（5）$y=a^{\sin^3\frac{1}{x}}$.

解 （1）$y=\sin^2 x$ 是由 $y=u^2$ 和 $u=\sin x$ 复合而成的.

（2）$y=\arcsin(\ln x)$是由 $y=\arcsin u$ 和 $u=\ln x$ 复合而成的.

（3）$y=(2x+1)^5$是由 $y=u^5$ 和 $u=2x+1$ 复合而成的.

（4）$y=\cos^2(x^2+1)$是由 $y=u^2$，$u=\cos v$ 和 $v=x^2+1$ 复合而成的.

（5）$y=a^{\sin^3\frac{1}{x}}$是由 $y=a^u$，$u=v^3$，$v=\sin w$ 和 $w=\frac{1}{x}$复合而成的.

3. 初等函数

定义 9 由基本初等函数经过有限次四则运算和复合所构成的，并且可以由一个式子表示的函数，叫作初等函数.

例如，$y=\sin\sqrt{1-x^2}$，$y=a^{x^2-1}$，$y=\ln\sin x^2$，$y=e^{-x}$等都是初等函数. 而 $y=1+x+$

$x^2+x^3+\cdots$ 不满足有限次运算，$y=\begin{cases}1, & x>0\\ 0, & x=0\\ -1, & x<0\end{cases}$ 不是一个解析式子表达的，因此都不是初等函数. 我们主要研究的是初等函数.

4. 函数模型的建立

用数学方法解决实际问题，通常要把实际问题化成数学问题，也就是建立数学模型，简称建模.

例 13　单利模型.

单利是金融业务中的一种利息. 某人在银行存入现金 2 万元，年利率为 10%，问 3 年之后本利和是多少?

解　设初始本金 P，年利率 r，利息 C，单利 I，本利和 A，存款 t 年.

因为年利率 $r=\dfrac{\text{利息 } C}{\text{本金 } P}$，即 $C=Pr$，所以

第一年单利 $I_1=1\cdot C=Pr$；

第二年单利 $I_2=2\cdot C=2Pr$；

…

第 t 年单利 $I_t=t\cdot C=tPr$.

因此，第 t 年本利和

$$A_t=P+I_t \quad \text{即} \quad A_t=P+tPr$$

可得本利和与计息时间的函数关系，即单利模型：

$$A_t=P(1+tr)$$

把 $P=2$ 万元，$r=10\%$，$t=3$ 年代入得

$$A_3=2(1+3\times0.1)=2.6(\text{万元})$$

即 3 年后本利和是 2.6 万元.

例 14　复利模型.

所谓复利计息，就是将每期利息于每期之末加入该期本金，并以此为新本金再计算下期利息.

某人在银行存现金 P 元，年利率 r，每年结算一次，利息仍留在存款中，问在 t 年之后，本利和是多少?

解　设本金 P，年利率 r，存款 t 年，本利和 A_t.

因为每年本金和利息仍留存款中，所以

1 年后的本利和 $A_1=P(1+r)$；

2 年后的本利和 $A_2=A_1(1+r)=P(1+r)^2$；

…

t 年以后本利和 $A_t=P(1+r)^t$.

由此得本利和复利计算模型：

$$A_t=P(1+r)^t$$

显然，这是一个指数函数，它的底$(1+r)$大于 1，由于每年结算一次，因此其定义域是正整数集.

在例 13 中，对同样的本金和年利率，若按复利模型计算，则第三年末的本利和是

$$A_3 = 2 \times (1 + 0.1)^3 = 2.662(\text{万元})$$

能力训练题 1.1

1. 求下列函数的定义域：

(1) $y=\dfrac{1}{x^2+5}$；　(2) $y=\dfrac{2}{x}-\sqrt{1-x^2}$；

(3) $y=\log_3 \dfrac{1}{1-x}+\sqrt{x+2}$；　(4) $y=\arcsin \dfrac{x-1}{2}$；

(5) $y=\begin{cases} x^2+1 & -1<x<2 \\ x^3-3 & 2<x\leqslant 4 \end{cases}$；　(6) $y=\dfrac{\sqrt{1-|x|}}{x^2+1}+\lg x$.

2. 设 $f(x)=\begin{cases} 0, & 0\leqslant x<1 \\ \dfrac{1}{2}, & x=1 \\ 1, & 1<x\leqslant 2 \end{cases}$，求 $f(0)$，$f\left(\dfrac{1}{2}\right)$，$f(1)$，$f\left(\dfrac{5}{4}\right)$.

3. $\varphi(x)=\begin{cases} |\sin x| & |x|<1 \\ 0 & |x|\geqslant 1 \end{cases}$，求 $\varphi(1)$，$\varphi\left(-\dfrac{\pi}{4}\right)$，$\varphi\left(\dfrac{\pi}{3}\right)$.

4. 设 $f(x+1)=x^2-3x+2$，求 $f(x)$.

5. 设 $f(x)=\dfrac{1-x}{1+x}$，求 $f(0)$，$f(-x)$，$f(x+1)$，$f(x)+1$，$f\left(\dfrac{1}{x}\right)$，$\dfrac{1}{f(x)}$.

6. 讨论下列函数的奇偶性：

(1) $y=2x^3-7\sin x$；　(2) $y=a^x+a^{-x}(a>0)$；

(3) $y=\dfrac{1-x^2}{1+x^2}$；　(4) $y=x(x+1)(x-1)$；

(5) $y=2+5\cos x$；　(6) $y=\lg(x+\sqrt{1+x^2})$；

(7) $y=x\mathrm{e}^x$；　(8) $y=\lg \dfrac{1-x}{1+x}$.

7. 求下列函数的反函数：

(1) $y=\sqrt{3x-1}$；　(2) $y=\dfrac{2x+3}{4x-2}$；

(3) $y=3^{2x+5}$.

8. 已知 $y=\sqrt{1+u^2}$，$u=\sin v$，$v=\lg x$，将 y 表示成为 x 函数.

9. 把下列复合函数分解为简单函数：

(1) $y=\sqrt{3x-1}$；　(2) $y=(1+\lg x)^5$；

(3) $y=\sqrt{\lg\sqrt{x}}$；　(4) $y=\lg(\arccos x^3)$；

(5) $y=\mathrm{e}^{\sqrt{x+1}}$；　(6) $y=\sin^3(2x^2+3)$.

1.2　极限的概念

极限描述变量在某一过程中的变化趋势. 极限方法是微积分研究采用的基本方法，微积分学中许多重要概念及其运算都离不开极限的概念和运算法则. 用微积分研究实际问题，必须掌握极限的概念、性质和计算. 研究函数的极限，就是研究当自变量在无限变化的状态下函数的变化趋势.

一、数列的极限

1. 数列

无穷多个按一定规则排列的一列数

$$x_1,\ x_2,\ x_3,\ x_4,\ \cdots,\ x_n,\ \cdots,$$

称作数列，简记作 $\{x_n\}$，其中，x_1 叫作数列的第一项，x_2 叫作数列的第二项，…，x_n 叫作数列的第 n 项，又称一般项，例如：

(1) $1,\ \frac{1}{2},\ \frac{1}{3},\ \frac{1}{4},\ \cdots,\ \frac{1}{n},\ \cdots$;

(2) $\frac{1}{2},\ \frac{2}{3},\ \frac{3}{4},\ \cdots,\ \frac{n}{n+1},\ \cdots$;

(3) $1,\ -1,\ 1,\ -1,\ 1,\ \cdots,\ (-1)^{n+1},\ \cdots$;

(4) $1,\ -\frac{1}{2},\ \frac{1}{3},\ -\frac{1}{4},\ \cdots,\ (-1)^{n-1}\frac{1}{n},\ \cdots$;

(5) $2^1,\ 2^2,\ 2^3,\ \cdots,\ 2^n,\ \cdots$.

数列可以看作定义域为全体正整数的函数 $x_n=f(n)$，$n\in\mathbf{N}^+$.

2. 数列的极限

下面讨论当 $n\to\infty$ 时，会引起一般项 x_n 什么样的变化趋势.

观察上述 5 个数列在 n 无限增大时的变化趋势，可以看到：

数列 $\left\{\frac{1}{n}\right\}$ 和 $\left\{(-1)^{n-1}\frac{1}{n}\right\}$ 当 $n\to\infty$ 时，一般项 x_n 与 0 无限接近.

数列 $\left\{\frac{n}{n+1}\right\}$，写出数列的一些项：$\frac{1}{2},\ \frac{2}{3},\ \frac{3}{4},\ \frac{4}{5},\ \cdots,\ \frac{100}{101},\ \cdots,\ \frac{10000}{10001},\ \cdots$，当 $n\to\infty$ 时，一般项 $x_n=\frac{n}{n+1}$ 与 1 无限接近.

而数列 $\{(-1)^{n+1}\}$ 的项交替为 1 和 -1；数列 $\{2^n\}$ 随着 n 的增大，数列中的项也越来越大，它们都不会接近一个确定的常数.

定义 1　数列 $\{x_n\}$，若当 n 无限增大时，x_n 无限地接近于一个常数 A，则称常数 A 为数列 $\{x_n\}$ 的极限，也称数列 $\{x_n\}$ 收敛于 A，记作

$$\lim_{n\to\infty}x_n=A \text{ 或 } x_n\to A\ (n\to\infty)$$

否则，称数列 $\{x_n\}$ 没有极限，也称 $\{x_n\}$ 是发散的.

按上述定义，上述数列(1)、(2)、(4) 的极限分别为

$$\lim_{n\to\infty}\frac{1}{n}=0,\ \lim_{n\to\infty}\frac{n}{n+1}=1,\ \lim_{n\to\infty}(-1)^{n-1}\frac{1}{n}=0$$

数列(3)、(5)的极限不存在，是发散的.

例 1 讨论数列极限$\lim\limits_{n\to\infty}\left(\frac{1}{2}\right)^n$.

解 当 $n\to\infty$时，一般项$\left(\frac{1}{2}\right)^n$中因子$\frac{1}{2}$的个数无限增多，因而$\left(\frac{1}{2}\right)^n$绝对值无限减小，与零无限接近. 于是，$\lim\limits_{n\to\infty}\left(\frac{1}{2}\right)^n=0$.

同理可得到数列极限$\lim\limits_{n\to\infty}q^n=0$ ($|q|<1$).

显然，当 $n\to\infty$时，常数列$\{x_n=C\}$(C 为常数)的极限等于 C.

给出一个比较简单的数列，判断数列极限的方法是：分析数列一般项公式，或者写出数列一些项，考虑一般项是否与某个常数无限接近.

二、函数的极限

1. $x\to\infty$时函数的极限

定义 2 如果当 x 的绝对值无限增大时，函数 $f(x)$无限地接近于一个常数 A，则称常数 A 为函数 $f(x)$当 $x\to\infty$时的极限，记作

$$\lim_{x\to\infty}f(x)=A \quad 或 \quad f(x)\to A\ (x\to\infty)$$

如果从某一时刻起，x 只能取正值或取负值趋于无穷，则有下面的定义.

定义 3 如果当 $x>0$ 且无限增大时，函数 $f(x)$无限地接近于一个常数 A，则称常数 A 为函数 $f(x)$当 $x\to+\infty$时的极限，记作

$$\lim_{x\to+\infty}f(x)=A \quad 或 \quad f(x)\to A\ (x\to+\infty)$$

定义 4 如果当 $x<0$ 且 x 的绝对值无限增大时，函数 $f(x)$无限地接近于一个常数 A，则称常数 A 为函数 $f(x)$当 $x\to-\infty$时的极限，记作

$$\lim_{x\to-\infty}f(x)=A \quad 或 \quad f(x)\to A\ (x\to-\infty)$$

定理 1 极限$\lim\limits_{x\to\infty}f(x)=A$ 成立的充分必要条件是极限$\lim\limits_{x\to+\infty}f(x)$和$\lim\limits_{x\to-\infty}f(x)$存在且都等于 A.

例 2 求$\lim\limits_{x\to\infty}\frac{1}{x}$.

解 $x\to\infty$时$\frac{1}{x}$无限变小趋于 0 (见图 1 - 6)，所以，$\lim\limits_{x\to\infty}\frac{1}{x}=0$.

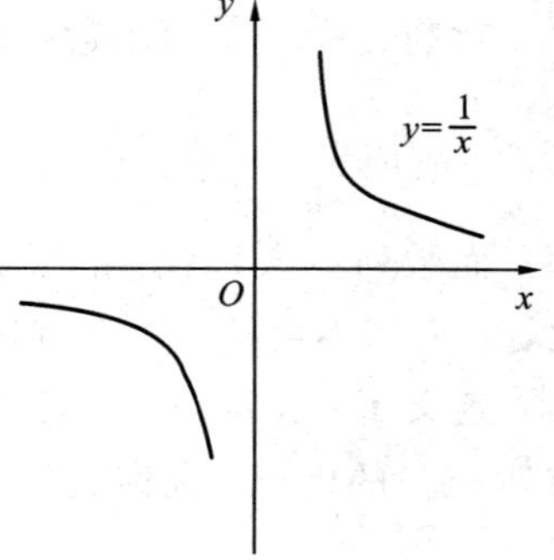

图 1 - 6

例 3 求$\lim\limits_{x\to-\infty}a^x$，$a>1$.

解 当 $x\to-\infty$时，$a^x\to 0$，即

$$\lim_{x \to -\infty} a^x = 0 \quad (a > 1)$$

例 4　讨论极限 $\lim\limits_{x \to -\infty} \arctan x$，$\lim\limits_{x \to +\infty} \arctan x$ 及 $\lim\limits_{x \to \infty} \arctan x$.

解　观察 $y=\arctan x$ 的图像，当 $x \to -\infty$ 时，对应的 y 值与 $-\dfrac{\pi}{2}$ 无限接近；当 $x \to +\infty$ 时，对应的 y 值与 $\dfrac{\pi}{2}$ 无限接近；于是，

$$\lim_{x \to -\infty} \arctan x = -\frac{\pi}{2}$$

$$\lim_{x \to +\infty} \arctan x = \frac{\pi}{2}$$

由于 $\lim\limits_{x \to -\infty} \arctan x \neq \lim\limits_{x \to +\infty} \arctan x$，根据定理 1，所以 $\lim\limits_{x \to \infty} \arctan x$ 不存在.

2. $x \to x_0$ 时函数的极限

考察 $f(x)=\dfrac{2(x^2-4)}{x-2}$，当 x 分别从左边和右边趋于 2 时的变化情况，参看表 1-2.

表 1-2　$f(x)$ 当 $x \to 2$ 时的变化情况

x	1.5	1.8	1.9	1.95	1.99	1.999	…	2.001	2.01	2.05	2.1	2.2	2.5
y	7.0	7.6	7.8	7.9	7.98	7.998	…	8.002	8.02	8.1	8.2	8.4	9.0

不难看出，当 x 分别从左边和右边趋于 2 时，$f(x)$ 无限地趋于常数 8，我们称当 $x \to 2$ 时 $f(x)$ 的极限是 8.

定义 5　已知函数 $f(x)$ 在点 x_0 的某个邻域(点 x_0 本身可以除外)内有定义，如果 x 无限趋近于 x_0 时，$f(x)$ 无限地接近于一个常数 A，则称常数 A 为函数 $f(x)$ 当 $x \to x_0$ 时的极限，记作

$$\lim_{x \to x_0} f(x) = A \quad \text{或} \quad f(x) \to A \quad (x \to x_0)$$

亦称当 $x \to x_0$ 时，$f(x)$ 的极限存在；否则称当 $x \to x_0$ 时，$f(x)$ 的极限不存在.

由于在 $x \to x_0$ 的过程中，始终有 $x \neq x_0$，故当 $x \to x_0$ 时，$f(x)$ 的极限是否存在与它在点 x_0 处有无定义没有关系.

例 5　根据极限定义说明.

(1) $\lim\limits_{x \to x_0} x = x_0$；

(2) $\lim\limits_{x \to x_0} C = C$.

解　(1) 当自变量 x 趋于 x_0 时，作为函数的 x 也趋于 x_0，于是依照定义有

$$\lim_{x \to x_0} x = x_0$$

(2) 无论自变量取任何值，函数都取相同的值 C，那么它当然趋于常数 C，所以 $\lim\limits_{x \to x_0} C = C$.

这两个结论以后可以直接使用.

3. 左极限与右极限

定义 6　设函数 $y=f(x)$ 在点 x_0 右侧的半个邻域(点 x_0 本身可以除外)内有定义，如

果 x 从点 x_0 的右侧无限趋近于 x_0 时，函数 $f(x)$ 无限地接近于一个常数 A，则称当 $x\to x_0$ 时，$f(x)$ 的右极限是 A，记作

$$\lim_{x\to x_0^+} f(x)=A \quad 或 \quad f(x)\to A \quad (x\to x_0^+) \quad 或 \quad f(x_0+0)=A$$

设函数 $y=f(x)$ 在点 x_0 左侧的半个邻域(点 x_0 本身可以除外)内有定义，如果 x 从点 x_0 的左侧无限趋近于 x_0 时，函数 $f(x)$ 无限地接近于一个常数 A，则称当 $x\to x_0$ 时，$f(x)$ 的左极限是 A，记作

$$\lim_{x\to x_0^-} f(x)=A \quad 或 \quad f(x)\to A \quad (x\to x_0^-) \quad 或 \quad f(x_0-0)=A$$

根据上面的定义，我们可以得出极限存在的充分必要条件.

定理 2 当 $x\to x_0$ 时，$f(x)$ 以 A 为极限的充分必要条件是 $f(x)$ 在点 x_0 处，左、右极限存在且都等于 A，即

$$\lim_{x\to x_0} f(x)=A \Leftrightarrow \lim_{x\to x_0^-} f(x)=\lim_{x\to x_0^+} f(x)=A$$

例 6 讨论函数 $f(x)=\begin{cases} x-1, & x<0 \\ 0, & x=0 \\ x+1, & x>0 \end{cases}$，当 $x\to 0$ 时的极限 $\lim\limits_{x\to 0} f(x)$.

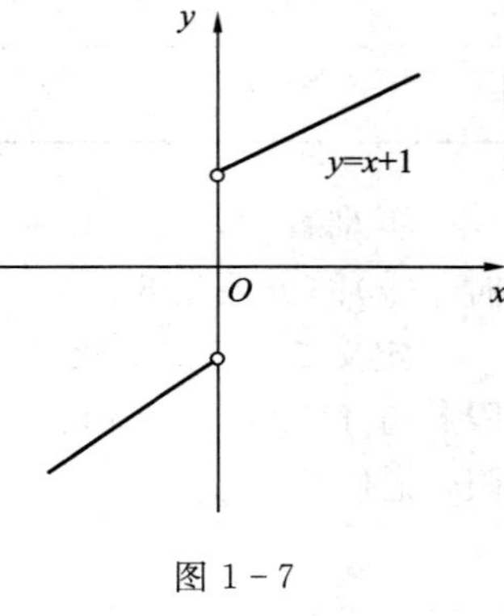

图 1－7

解 如图 1－7 所示，有

$$\lim_{x\to 0^-} f(x)=\lim_{x\to 0^-}(x-1)=-1$$

$$\lim_{x\to 0^+} f(x)=\lim_{x\to 0^+}(x+1)=1$$

因为 $\lim\limits_{x\to 0^-} f(x)\neq \lim\limits_{x\to 0^+} f(x)$，所以 $\lim\limits_{x\to 0} f(x)$ 不存在.

例 7 判断 $\lim\limits_{x\to 0} e^{\frac{1}{x}}$ 是否存在.

解 当 $x\to 0^+$ 时，$\dfrac{1}{x}\to +\infty$，$e^{\frac{1}{x}}\to +\infty$，即 $\lim\limits_{x\to 0^+} e^{\frac{1}{x}}=+\infty$；

当 $x\to 0^-$ 时，$\dfrac{1}{x}\to -\infty$，$e^{\frac{1}{x}}\to 0$，即 $\lim\limits_{x\to 0^-} e^{\frac{1}{x}}=0$.

左极限存在，而右极限不存在，由充分必要条件可知，$\lim\limits_{x\to 0} e^{\frac{1}{x}}$ 不存在.

三、极限的性质

函数极限描述的问题都是自变量在某一变化过程中，函数值无限接近于某个常数，因此，它们有许多的共性. 下面我们不加证明地给出函数极限的几个重要性质.

性质 1 （唯一性）若极限 $\lim f(x)$ 存在，则极限值唯一.

性质 2 （有界性）若极限 $\lim\limits_{x\to x_0} f(x)$ 存在，则函数 $f(x)$ 在 x_0 的某个空心邻域内有界.

性质 3 （保号性）若 $\lim\limits_{x\to x_0} f(x)=A$，且 $A>0$（或 $A<0$），则在 x_0 的某空心邻域内恒有 $f(x)>0$（或 $f(x)<0$）.

若 $\lim\limits_{x\to x_0} f(x)=A$，且在 x_0 的某空心邻域内恒有 $f(x)\geqslant 0$（或 $f(x)\leqslant 0$），则 $A\geqslant 0$（或 $A\leqslant 0$）.

性质 4　(夹逼准则)若 $x \in \mathring{U}(x_0, \delta)$时，有 $h(x) \leqslant f(x) \leqslant g(x)$，且

$$\lim_{x \to x_0} h(x) = \lim_{x \to x_0} g(x) = A$$

则

$$\lim_{x \to x_0} f(x) = A$$

能力训练题 1.2

1. 观察下列数列的变化趋势，如果有极限，写出它们的极限值.

(1) $x_n = 1 - \left(-\dfrac{2}{3}\right)^n$；　(2) $x_n = \dfrac{3n+1}{4n-2}$；

(3) $x_n = (-1)^n$；　(4) $x_n = \dfrac{n^2+1}{n}$.

2. 观察下列函数的变化趋势，如果有极限，写出它们的极限值.

(1) $\lim\limits_{x \to 2}(x^2+5)$；　(2) $\lim\limits_{x \to -\infty} e^x$；

(3) $\lim\limits_{x \to 0^+} \ln x$；　(4) $\lim\limits_{x \to \infty} \dfrac{1}{x^2}$.

3. 已知函数 $f(x) = \begin{cases} x^2+2, & x<0 \\ 2e^x, & 0 \leqslant x < 1 \\ 4, & x \geqslant 1 \end{cases}$，求 $\lim\limits_{x \to 0^-} f(x)$，$\lim\limits_{x \to 0^+} f(x)$，$\lim\limits_{x \to 1^-} f(x)$和 $\lim\limits_{x \to 1^+} f(x)$，并问 $\lim\limits_{x \to 0} f(x)$和 $\lim\limits_{x \to 1} f(x)$是否存在，如存在等于多少？

4. 设函数 $f(x) = \begin{cases} x+1, & x \leqslant 0 \\ x-1, & x>0 \end{cases}$，画出它的图形，判定极限 $\lim\limits_{x \to 0^-} f(x)$，$\lim\limits_{x \to 0^+} f(x)$，$\lim\limits_{x \to 0} f(x)$是否存在.

1.3　无穷小与无穷大

一、无穷小

有一类函数在某个变化过程中，其绝对值可以无限变小，也就是说，它的极限为零，这样的函数在微积分中占有很重要的地位，我们称它为无穷小.

1. 无穷小的概念

定义 1　在变量 x 的某个变化过程中，如果 $f(x)$的极限为 0，则称变量 $f(x)$是这种变化过程中的无穷小量(简称无穷小).

例如，当 $n \to \infty$时，$\dfrac{1}{n}$是无穷小；当 $x \to 3$ 时，$x-3$ 是无穷小；当 $x \to 0$ 时，$\sin x$、$\sqrt[3]{x}$、x^4 是无穷小；当 $x \to \dfrac{\pi}{2}$时，$\cos x$ 是无穷小；当 $x \to \infty$时，$\dfrac{1}{x+2}$、$\dfrac{1}{x^2}$是无穷小.

我们常用希腊字母 α、β、γ 来表示无穷小.

应当注意，说某个函数是无穷小，必须指出它的极限过程. 不能把无穷小与很小的数

混为一谈，无穷小是一个极限为零的变量，并不是一个常量，决不能把某个很小的数，如百万分之一说成是无穷小，但零是可以作为无穷小的唯一的常数.

例 1 自变量 x 在怎样的变化过程中，下列函数为无穷小？

(1) $y=\dfrac{1}{x-1}$；　　(2) $y=2x-1$；

(3) $y=2^x$；　　(4) $y=\left(\dfrac{1}{4}\right)^x$.

解 (1) 因 $\lim\limits_{x\to\infty}\dfrac{1}{x-1}=0$，故当 $x\to\infty$ 时，$\dfrac{1}{x-1}$ 为无穷小；

(2) 因 $\lim\limits_{x\to\frac{1}{2}}(2x-1)=0$，故当 $x\to\dfrac{1}{2}$ 时，$2x-1$ 为无穷小；

(3) 因 $\lim\limits_{x\to-\infty}2^x=0$，故当 $x\to-\infty$ 时，2^x 为无穷小；

(4) 因 $\lim\limits_{x\to+\infty}\left(\dfrac{1}{4}\right)^x=0$，故当 $x\to+\infty$ 时，$\left(\dfrac{1}{4}\right)^x$ 为无穷小.

2. 极限与无穷小的关系

建立了无穷小的概念之后，可以得到有极限函数和无穷小的一个关系.

定理 1 函数 $f(x)$ 以 A 为极限的充分必要条件是：$f(x)$ 可以表示为 A 与一个无穷小量 α 之和，即 $\lim f(x)=A \Leftrightarrow f(x)=A+\alpha$，其中 $\lim\alpha=0$.

3. 无穷小的性质

性质 1 有限个无穷小的代数和还是无穷小.

性质 2 有限个无穷小的乘积还是无穷小.

性质 3 常数与无穷小的乘积是无穷小.

性质 4 有界变量与无穷小的乘积是无穷小.

从以上的性质中容易知道，无穷小与有界函数、常数、无穷小的乘积仍然是无穷小，但不能认为无穷小与任何量的乘积都是无穷小.

例 2 求 $\lim\limits_{x\to\infty}\dfrac{\sin x}{x}$.

解 因为 $|\sin x|\leqslant 1$，所以 $\sin x$ 是有界变量，因为 $\lim\limits_{x\to\infty}\dfrac{1}{x}=0$，所以当 $x\to\infty$ 时，$\dfrac{1}{x}$ 是无穷小，根据性质 4，乘积 $\sin x\cdot\dfrac{1}{x}$ 是无穷小，即 $\lim\limits_{x\to\infty}\dfrac{\sin x}{x}=0$.

二、无穷大

与无穷小相反，有一类函数在变化过程中绝对值可以无限增大，我们称它为无穷大.

定义 2 在变量 x 的变化过程中，如果 $|f(x)|$ 可以无限增大，则称变量 $f(x)$ 是这种变化过程中的无穷大量(简称无穷大)，记作

$$\lim f(x)=\infty$$

例如 $\lim\limits_{x\to0}\dfrac{1}{x}=\infty$，$\lim\limits_{n\to\infty}n^2=\infty$.

在定义 2 中，如果变量 $f(x)$ 只取正值(或负值)，我们就称 $f(x)$ 是正无穷大(或负无穷大)，记作

$$\lim f(x)=+\infty \quad (\text{或} \lim f(x)=-\infty)$$

例如，$y=\ln x$，当 $x\to+\infty$ 时，$y=\ln x$ 取正值且无限增大，记作 $\lim\limits_{x\to+\infty}\ln x=+\infty$；

当 $x\to0^+$ 时，$y=\ln x$ 取负值，且其绝对值无限增大，记作 $\lim\limits_{x\to0^+}\ln x=-\infty$.

应当注意，无穷大是一个变化的量，一个不论多么大的数，都不能作为无穷大. 当我们说某个函数是无穷大时，必须同时指出它的极限过程. 函数在变化过程中绝对值越来越大且可以无限增大时，才能称为无穷大. 例如，当 $x\to+\infty$ 时，$f(x)=x\sin x$ 的值可以无限增大但不是越来越大，所以不是无穷大.

三、无穷大与无穷小的关系

定理 2　在变量 x 的变化过程中，

(1) 如果 $f(x)$ 是无穷大，则 $\dfrac{1}{f(x)}$ 是无穷小；

(2) 如果 $f(x)$ 是无穷小且 $f(x)\neq0$，则 $\dfrac{1}{f(x)}$ 是无穷大.

例如：当 $x\to0$ 时，x^3 是无穷小，而 $\dfrac{1}{x^3}$ 是无穷大；

当 $x\to\infty$ 时，$x+2$ 是无穷大，而 $\dfrac{1}{x+2}$ 是无穷小.

这说明不为 0 的无穷小和无穷大存在倒数关系.

能力训练题 1.3

1. 当 $x\to0$ 时，下列变量是否为无穷小?

(1) 0.0001；　(2) $\sqrt{1+x}-1$；

(3) $\lg(1-x)$；　(4) $\arcsin x$.

2. 当 $x\to\infty$，下列变量是否为无穷大?

(1) 10^{10}；　(2) $7x^2-6x+1$；

(3) $(x-100)^3$；　(4) $\sin x$.

3. 下列函数在自变量怎样变化时是无穷小或无穷大?

(1) $y=\dfrac{1}{x^2}$；　(2) $y=\dfrac{x-2}{x+1}$；

(3) $y=\ln x$；　(4) $y=x^2+2x-3$.

4. 求下列极限：

(1) $\lim\limits_{x\to0}x\sin\dfrac{1}{x}$；　(2) $\lim\limits_{x\to\infty}\dfrac{\sqrt[3]{x^2}\sin x}{x}$；

(3) $\lim\limits_{x\to\infty}\dfrac{\cos x}{x^2}$；　(4) $\lim\limits_{x\to0}\sin x\sin\dfrac{1}{x}$.

1.4 极限的四则运算法则

用极限定义求函数的极限只适用于非常简单的情形，本节介绍求某些较为复杂的函数极限的基本方法. 由于函数极限运算包含的类型多，求解方法技巧性强，所以应通过多做练习来切实掌握求解函数极限的基本方法.

定理 （极限的四则运算法则）若 $\lim f(x)=A$，$\lim g(x)=B$，则

(1) $\lim[f(x)\pm g(x)]=\lim f(x)\pm\lim g(x)=A\pm B$；

(2) $\lim[f(x)\cdot g(x)]=\lim f(x)\cdot\lim g(x)=A\cdot B$；

(3) $\lim\dfrac{f(x)}{g(x)}=\dfrac{\lim f(x)}{\lim g(x)}=\dfrac{A}{B}\ (B\neq 0)$.

推论 设 $\lim f(x)$存在，c 为常数，n 为正整数，则有

(1) $\lim c\cdot f(x)=c\cdot\lim f(x)$；

(2) $\lim[f(x)]^n=[\lim f(x)]^n$.

特别地，法则(1)、(2)可以推广到有限个函数的情形，即

(1) $\lim[f_1(x)+f_2(x)+\cdots f_n(x)]=\lim f_1(x)+\lim f_2(x)+\cdots+\lim f_n(x)$；

(2) $\lim[f_1(x)\cdot f_2(x)\cdots f_n(x)]=\lim f_1(x)\cdot\lim f_2(x)\cdots\lim f_n(x)$.

在使用这些法则时，必须注意两点：

(1) 法则要求每个参与运算的函数的极限存在；

(2) 商的极限的运算法则有个重要前提，即分母的极限不能为零.

当上面的两个条件不具备时，不能使用极限的四则运算法则.

例 1 求$\lim\limits_{x\to 1}(3x^2-2x+1)$.

解 因为当 $x\to 1$ 时，函数各项的极限都存在，所以

$$\begin{aligned}\lim_{x\to 1}(3x^2-2x+1)&=\lim_{x\to 1}3x^2-\lim_{x\to 1}2x+1=3(\lim_{x\to 1}x)^2-2\lim_{x\to 1}x+1\\&=3\times 1^2-2\times 1+1=2\end{aligned}$$

一般地，若多项式 $p(x)=a_0x^n+a_1x^{n-1}+\cdots+a_{n-1}x+a_n$，多项式 $p(x)$当 $x\to x_0$ 时的极限就是 $p(x)$在 x_0 处的函数值，即

$$\lim_{x\to x_0}p(x)=p(x_0)$$

例 2 求 $\lim\limits_{x\to 1}\dfrac{x^3-3x+1}{x-4}$.

解 由例 1 得

$$\lim_{x\to 1}(x^3-3x+1)=-1$$

$$\lim_{x\to 1}(x-4)=\lim_{x\to 1}x-\lim_{x\to 1}4=-3\neq 0$$

所以

$$\lim_{x\to 1}\frac{x^3-3x+1}{x-4}=\frac{\lim\limits_{x\to 1}(x^3-3x+1)}{\lim\limits_{x\to 1}(x-4)}=\frac{-1}{-3}=\frac{1}{3}$$

例 3　求$\lim\limits_{x\to 3}\dfrac{x^3-27}{x^2-9}$.

解　当 $x\to 3$ 时，分母极限$\lim\limits_{x\to 3}(x^2-9)=0$ 不能直接运用极限法则，但注意到分子的极限也为零，此时可约去分子、分母中极限为零的公因子$(x-3)$后(因子$(x-3)$不为零，但极限为零的因子通常称为零因子)再计算极限. 即

$$\lim_{x\to 3}\frac{x^3-27}{x^2-9}=\lim_{x\to 3}\frac{(x-3)(x^2+3x+9)}{(x+3)(x-3)}=\lim_{x\to 3}\frac{(x^2+3x+9)}{(x+3)}=\frac{9}{2}$$

例 4　求$\lim\limits_{x\to 3}\dfrac{x+1}{x^2-9}$.

解　因为$\lim\limits_{x\to 3}\dfrac{x^2-9}{x+1}=\dfrac{0}{4}=0$，所以由无穷大与无穷小的关系得

$$\lim_{x\to 3}\frac{x+1}{x^2-9}=\infty$$

例 5　求　$\lim\limits_{x\to\infty}\dfrac{2x^2-2x+3}{3x^2+1}$.

解　当 $x\to\infty$时，分子、分母的极限都不存在，故不能直接运用极限法则. 一般地，可利用无穷大与无穷小的倒数关系，将分子、分母同除以 x 的最高次幂再计算极限. 这样求极限的方法称为同除法，即

$$\lim_{x\to\infty}\frac{2x^2-2x+3}{3x^2+1}=\lim_{x\to\infty}\frac{2-\dfrac{2}{x}+\dfrac{3}{x^2}}{3+\dfrac{1}{x^2}}=\frac{2-0+0}{3+0}=\frac{2}{3}$$

例 6　求$\lim\limits_{x\to\infty}\dfrac{3x^2-2x-1}{2x^3-x^2+5}$.

解　将分子、分母同除以 x^3，然后再求极限，得

$$\lim_{x\to\infty}\frac{3x^2-2x-1}{2x^3-x^2+5}=\lim_{x\to\infty}\frac{\dfrac{3}{x}-\dfrac{2}{x^2}-\dfrac{1}{x^3}}{2-\dfrac{1}{x}+\dfrac{5}{x^3}}=\frac{0}{2}=0$$

例 7　求$\lim\limits_{x\to\infty}\dfrac{2x^3-x^2+5}{3x^2-2x-1}$.

解　应用上例结果，并根据无穷大与无穷小之间的关系，得

$$\lim_{x\to\infty}\frac{2x^3-x^2+5}{3x^2-2x-1}=\infty$$

上述各例的计算方法可推广到一般情况. 当 $R(x)$是有理分式时，有

$$R(x)=\frac{P_n(x)}{Q_m(x)}=\frac{a_nx^n+a_{n-1}x^{n-1}+\cdots+a_1x+a_0}{b_mx^m+b_{m-1}x^{m-1}+\cdots+b_1x+b_0}$$

(1) 若 $Q_m(x_0)\neq 0$，则

$$\lim_{x\to x_0}R(x)=\frac{P_n(x)}{Q_m(x)}=R(x_0)$$

(2) 若 $Q_m(x_0)=0$，而 $P_n(x_0)\neq 0$，则

$$\lim_{x \to x_0} R(x) = \infty$$

(3) 若 $Q_m(x_0)=0$，且 $P_n(x_0)=0$，则 $Q_m(x)$、$P_n(x)$ 一定有以 0 为极限的 $(x-x_0)$ 型公因子，将 $Q_m(x)$、$P_n(x)$ 因式分解，约去公因子后，再计算极限 $\lim\limits_{x \to x_0} R(x)$.

(4)
$$\lim_{x \to \infty} R(x) = \begin{cases} 0, & \text{当 } m>n \text{ 时} \\ \dfrac{a_n}{b_m}, & \text{当 } m=n \text{ 时} \\ \infty, & \text{当 } m<n \text{ 时} \end{cases} \qquad (a_n \neq 0,\ b_m \neq 0)$$

例 8 求 $\lim\limits_{x \to 1}\left(\dfrac{1}{x-1}-\dfrac{2}{x^2-1}\right)$.

解 当 $x \to 1$ 时，$\dfrac{1}{x-1}$ 与 $\dfrac{2}{x^2-1}$ 的极限都不存在，不能直接运用极限运算法则，可先通分化简后再计算极限. 即

$$\lim_{x \to 1}\left(\frac{1}{x-1}-\frac{2}{x^2-1}\right)=\lim_{x \to 1}\frac{x+1-2}{x^2-1}=\lim_{x \to 1}\frac{1}{x+1}=\frac{1}{2}$$

例 9 求 $\lim\limits_{x \to 2}\dfrac{\sqrt{x+2}-2}{x-2}$.

解 当 $x \to 2$ 时，该分式函数分子和分母的极限都是 0，不能直接运用极限法则，但将分子、分母同乘分子 $\sqrt{x+2}-2$ 的共轭因子后，能使分子有理化，这时再计算极限，即

$$\begin{aligned} \lim_{x \to 2}\frac{\sqrt{x+2}-2}{x-2} &= \lim_{x \to 2}\frac{(\sqrt{x+2}-2)(\sqrt{x+2}+2)}{(x-2)(\sqrt{x+2}+2)} \\ &= \lim_{x \to 2}\frac{x+2-4}{(x-2)(\sqrt{x+2}+2)} \\ &= \lim_{x \to 2}\frac{1}{\sqrt{x+2}+2}=\frac{1}{4} \end{aligned}$$

例 10 求 $\lim\limits_{n \to \infty}\left(\dfrac{1}{n^2}+\dfrac{2}{n^2}+\cdots+\dfrac{n}{n^2}\right)$.

解 当 $n \to \infty$ 时，数列各项 $\dfrac{1}{n^2}$，$\dfrac{2}{n^2}$，…，$\dfrac{n}{n^2}$ 的极限都是 0，但由于不是有限项的和，不能运用极限法则，可考虑恒等变形后再计算极限.

因

$$\frac{1}{n^2}+\frac{2}{n^2}+\cdots+\frac{n}{n^2}=\frac{1}{n^2}(1+2+\cdots+n)=\frac{1}{n^2}\times\frac{n(n+1)}{2}=\frac{n+1}{2n}$$

故

$$\lim_{n \to \infty}\left(\frac{1}{n^2}+\frac{2}{n^2}+\cdots+\frac{n}{n^2}\right)=\lim_{n \to \infty}\frac{n+1}{2n}=\lim_{n \to \infty}\left(\frac{1}{2}+\frac{1}{2n}\right)=\frac{1}{2}$$

例 11 设 $f(x)=\begin{cases} x^2, & x<0 \\ x, & 0 \leqslant x<1 \\ 3-x, & x \geqslant 1 \end{cases}$，求 $\lim\limits_{x \to 0} f(x)$，$\lim\limits_{x \to 1} f(x)$ 及 $\lim\limits_{x \to 2} f(x)$.

解　因

$$\lim_{x\to 0^-} f(x) = \lim_{x\to 0^-} x^2 = 0,\ \lim_{x\to 0^+} f(x) = \lim_{x\to 0^+} x = 0$$

故由定理 2(极限存在的充要条件)得

$$\lim_{x\to 0} f(x) = 0$$

同理，因

$$\lim_{x\to 1^-} f(x) = \lim_{x\to 1^-} x = 1,\ \lim_{x\to 1^+} f(x) = \lim_{x\to 1^+} (3-x) = 2$$

故$\lim\limits_{x\to 1} f(x)$不存在. 而

$$\lim_{x\to 2} f(x) = \lim_{x\to 2} (3-x) = 1$$

能力训练题 1.4

1. 求下列极限：

(1) $\lim\limits_{x\to -2}(3x^2-4x+5)$；

(2) $\lim\limits_{x\to\sqrt{3}}\dfrac{x^2-3}{x^4+x^2+1}$；

(3) $\lim\limits_{x\to 2}\dfrac{x-2}{\sqrt{x+2}}$；

(4) $\lim\limits_{x\to 3}\dfrac{x^2-9}{x-3}$

(5) $\lim\limits_{x\to 0}\left(1-\dfrac{2}{x-3}\right)$；

(6) $\lim\limits_{x\to 2}\dfrac{x^2-3}{x-2}$；

(7) $\lim\limits_{x\to 1}\dfrac{x^2-1}{2x^2-x-1}$；

(8) $\lim\limits_{x\to 0}\dfrac{4x^3-2x^2+x}{3x^2+2x}$；

(9) $\lim\limits_{x\to\infty}\dfrac{2x+3}{6x-1}$；

(10) $\lim\limits_{x\to\infty}\dfrac{(x-1)^2}{x+1}$；

(11) $\lim\limits_{x\to 3}\dfrac{x^2-5x+6}{x^2-8x+15}$；

(12) $\lim\limits_{x\to\infty}\dfrac{x^4-8x+1}{x^2+5}$；

(13) $\lim\limits_{x\to\infty}\dfrac{(2x-1)^2(1-3x)^8}{(3x-1)^{10}}$；

(14) $\lim\limits_{x\to\infty}\dfrac{x^2+1}{x^3+1}(3+\cos x)$；

(15) $\lim\limits_{x\to 1}\left(\dfrac{1}{1-x}-\dfrac{3}{1-x^3}\right)$；

(16) $\lim\limits_{x\to 0}\dfrac{\sqrt{1+x}-\sqrt{1-x}}{x}$；

(17) $\lim\limits_{x\to 1}\dfrac{\sqrt{3-x}-\sqrt{1+x}}{x^2-1}$；

(18) $\lim\limits_{n\to\infty}\left(1+\dfrac{1}{2}+\dfrac{1}{4}+\cdots+\dfrac{1}{2^n}\right)$.

2. 设 $f(x)=\begin{cases} x^2+2x-3, & x\leqslant 1 \\ x, & 1<x<2 \\ 2x-2, & x\geqslant 2 \end{cases}$. 求：

(1) $\lim\limits_{x\to 1} f(x)$；

(2) $\lim\limits_{x\to 2} f(x)$；

(3) $\lim\limits_{x\to 3} f(x)$.

1.5　两个重要极限

一、$\lim\limits_{x\to 0}\dfrac{\sin x}{x}=1$

首先考虑当 $x\to 0^+$ 时函数 $\dfrac{\sin x}{x}$ 的变化情况，见表 1-3.

表 1-3

x	0.2	0.1	0.05	0.02	…
$\dfrac{\sin x}{x}$	0.9933	0.9983	0.9996	0.9999	…

容易看出：当 $x\to 0^+$ 时，对应的函数值与 1 无限接近. 由于 $\dfrac{\sin x}{x}$ 是偶函数，即 x 改变符号时，$\dfrac{\sin x}{x}$ 的值不变. 可以证明这个判断是正确的，于是得到第一个重要极限

$$\lim_{x\to 0}\frac{\sin x}{x}=1$$

可推广为

$$\lim_{u(x)\to 0}\frac{\sin u(x)}{u(x)}=1$$

利用极限的夹逼准则也可以证明这个极限.

如图 1-8 所示作单位圆. 取 $\angle AOB=x(\text{rad})$. 设 $0<x<\dfrac{\pi}{2}$，于是有：

$$BC=\sin x，\overset{\frown}{AB}=x，AD=\tan x$$

$$S_{\triangle OAB}<S_{扇形OAB}<S_{\triangle OAD}$$

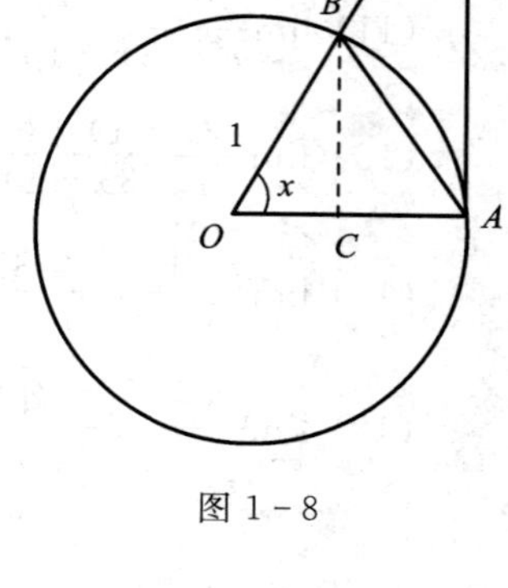

图 1-8

即

$$\frac{1}{2}\sin x<\frac{1}{2}x<\frac{1}{2}\tan x$$

得

$$\sin x<x<\tan x$$

上式除以 $\sin x$ 有

$$1<\frac{x}{\sin x}<\frac{1}{\cos x}$$

从而

$$\cos x<\frac{\sin x}{x}<1$$

因为 $\cos x$、$\dfrac{\sin x}{x}$ 都是偶函数，所以上面的不等式对于开区间 $\left(-\dfrac{\pi}{2}，0\right)$ 内的一切 x 也是成立的. 而当 $x\to 0$ 时，$\lim\limits_{x\to 0}\cos x=1$，$\lim\limits_{x\to 0}1=1$.

由极限存在的夹逼准则，即得

$$\lim_{x\to 0}\frac{\sin x}{x}=1$$

例 1　求$\lim\limits_{x\to 0}\frac{\tan x}{x}$.

解　因 $\tan x=\frac{\sin x}{\cos x}$，故

$$\lim_{x\to 0}\frac{\tan x}{x}=\lim_{x\to 0}\frac{\sin x}{x}\cdot\frac{1}{\cos x}=1\cdot 1=1$$

注：该极限式也可作公式使用.

例 2　求$\lim\limits_{x\to 0}\frac{\sin 2x}{3x}$.

解
$$\lim_{x\to 0}\frac{\sin 2x}{3x}=\lim_{x\to 0}\left(\frac{2}{3}\cdot\frac{\sin 2x}{2x}\right)=\frac{2}{3}\lim_{x\to 0}\frac{\sin 2x}{2x}=\frac{2}{3}$$

例 3　求$\lim\limits_{x\to 0}\frac{\sin ax}{\sin bx}$（$a\neq 0$，$b\neq 0$）.

解
$$\lim_{x\to 0}\frac{\sin ax}{\sin bx}=\lim_{x\to 0}\frac{\frac{\sin ax}{x}}{\frac{\sin bx}{x}}=\frac{\lim\limits_{x\to 0}\frac{\sin ax}{x}}{\lim\limits_{x\to 0}\frac{\sin bx}{x}}=\frac{a}{b}$$

例 4　求$\lim\limits_{x\to 0}\frac{1-\cos x}{x^2}$.

解　由$(1-\cos x)(1+\cos x)=1-\cos^2 x=\sin^2 x$，得

$$\lim_{x\to 0}\frac{1-\cos x}{x^2}=\lim_{x\to 0}\frac{1-\cos^2 x}{x^2(1+\cos x)}=\lim_{x\to 0}\left(\frac{\sin x}{x}\right)^2\frac{1}{1+\cos x}$$
$$=\left(\lim_{x\to 0}\frac{\sin x}{x}\right)^2\lim_{x\to 0}\frac{1}{1+\cos x}=1^2\cdot\frac{1}{1+1}=\frac{1}{2}$$

例 5　求 $\lim\limits_{x\to\infty}x\cdot\sin\frac{1}{x}$.

解　利用无穷大与无穷小的关系，作变量替换，设$\frac{1}{t}=x$，$x\to\infty$，$t\to 0$，于是

$$\lim_{x\to\infty}x\cdot\sin\frac{1}{x}=\lim_{t\to 0}\frac{\sin t}{t}=1$$

例 6　求$\lim\limits_{x\to 0}\frac{\arctan x}{2x}$.

解　用变量替换转换 $\arctan x$. 设 $t=\arctan x$，则 $x=\tan t$，当 $x\to 0$ 时，$t\to 0$，于是

$$\lim_{x\to 0}\frac{\arctan x}{2x}=\lim_{t\to 0}\frac{t}{2\tan t}=\frac{1}{2}\lim_{t\to 0}\frac{1}{\frac{\tan t}{t}}=\frac{1}{2}\cdot\frac{1}{1}=\frac{1}{2}$$

例 7　求 $\lim\limits_{x\to 2}\frac{\sin(x-2)}{x^2-4}$.

解
$$\lim_{x\to 2}\frac{\sin(x-2)}{x^2-4}=\lim_{x\to 2}\frac{1}{x+2}\cdot\frac{\sin(x-2)}{x-2}=\lim_{x\to 2}\frac{1}{x+2}\cdot\lim_{x\to 2}\frac{\sin(x-2)}{x-2}=\frac{1}{4}$$

二、$\lim\limits_{x\to\infty}\left(1+\frac{1}{x}\right)^x=\mathrm{e}$

这个重要极限可由极限存在的单调有界准则和夹逼准则推证，在此略去证明，我们可

以通过列表考察．当 $x\to\infty$ 时，函数的变化趋势见表 1－4(a)、(b)．

表 1－4(a)

x	1	2	5	10	10^2	10^3	10^4	10^5	$\cdots\to+\infty$
$\left(1+\frac{1}{x}\right)^x$	2	2.25	2.49	2.59	2.705	2.717	2.718	2.718 27	…

表 1－4(b)

x	-10	-10^2	-10^3	-10^4	-10^5	-10^6	$\cdots\to-\infty$
$\left(1+\frac{1}{x}\right)^x$	2.88	2.732	2.719	2.7184	2.7183	2.718 28	…

可以看出，当 $x\to+\infty$ 或 $x\to-\infty$ 时，函数 $\left(1+\frac{1}{x}\right)^x$ 的值越来越接近一个确定的常数 $\mathrm{e}=2.718\cdots$，即

$$\lim_{x\to\infty}\left(1+\frac{1}{x}\right)^x=\mathrm{e}$$

在上式中令 $t=\frac{1}{x}$，则 $x\to\infty$，$t\to0$，于是，有

$$\lim_{t\to0}(1+t)^{\frac{1}{t}}=\mathrm{e}$$

以上可以推广为

$$\lim_{u(x)\to\infty}\left(1+\frac{1}{u(x)}\right)^{u(x)}=\mathrm{e}$$

$$\lim_{u(t)\to0}(1+u(t))^{\frac{1}{u(t)}}=\mathrm{e}$$

例 8 求 $\lim\limits_{x\to\infty}\left(1-\frac{2}{x}\right)^x$．

解
$$\lim_{x\to\infty}\left(1-\frac{2}{x}\right)^x=\lim_{x\to\infty}\left(1+\frac{1}{-\frac{x}{2}}\right)^{-\frac{x}{2}\cdot(-2)}=\lim_{x\to\infty}\left[\left(1+\frac{1}{-\frac{x}{2}}\right)^{-\frac{x}{2}}\right]^{-2}$$
$$=\left[\lim_{x\to\infty}\left(1+\frac{1}{-\frac{x}{2}}\right)^{-\frac{x}{2}}\right]^{-2}$$
$$=\mathrm{e}^{-2}$$

例 9 求 $\lim\limits_{x\to\infty}\left(1+\frac{1}{x}\right)^{x+3}$．

解
$$\lim_{x\to\infty}\left(1+\frac{1}{x}\right)^{x+3}=\lim_{x\to\infty}\left[\left(1+\frac{1}{x}\right)^x\times\left(1+\frac{1}{x}\right)^3\right]$$
$$=\lim_{x\to\infty}\left(1+\frac{1}{x}\right)^x\times\lim_{x\to\infty}\left(1+\frac{1}{x}\right)^3=\mathrm{e}$$

例 10 求 $\lim\limits_{x\to0}(1-2x)^{\frac{1}{x}}$．

解　作变量替换.

设 $t=-2x$，则 $x=-\frac{t}{2}$，当 $x\to0$ 时，$t\to0$，于是

$$\lim_{x\to0}(1-2x)^{\frac{1}{x}}=\lim_{t\to0}(1+t)^{-\frac{2}{t}}=\lim_{t\to0}[(1+t)^{\frac{1}{t}}]^{-2}=[\lim_{t\to0}(1+t)^{\frac{1}{t}}]^{-2}=\mathrm{e}^{-2}$$

例 11　求 $\lim\limits_{x\to\infty}\left(\frac{x+1}{x-1}\right)^{x+3}$.

解

$$\begin{aligned}\lim_{x\to\infty}\left(\frac{x+1}{x-1}\right)^{x+3}&=\lim_{x\to\infty}\left[\left(\frac{1+\frac{1}{x}}{1-\frac{1}{x}}\right)^{x}\cdot\left(\frac{x+1}{x-1}\right)^{3}\right]\\&=\lim_{x\to\infty}\frac{\left(1+\frac{1}{x}\right)^{x}}{\left[\left(1-\frac{1}{x}\right)^{-x}\right]^{-1}}\lim_{x\to\infty}\left(\frac{1+\frac{1}{x}}{1-\frac{1}{x}}\right)^{3}\\&=\frac{\mathrm{e}}{\mathrm{e}^{-1}}\cdot1=\mathrm{e}^{2}\end{aligned}$$

例 12　求 $\lim\limits_{x\to\infty}\left(\frac{2x+3}{2x+1}\right)^{x+1}$.

解

$$\lim_{x\to\infty}\left(\frac{2x+3}{2x+1}\right)^{x+1}=\lim_{x\to\infty}\left(1+\frac{2}{2x+1}\right)^{x+1}=\lim_{x\to\infty}\left(1+\frac{1}{\frac{2x+1}{2}}\right)^{x+1}$$

令 $t=\frac{2x+1}{2}$，则 $x=t-\frac{1}{2}$. 当 $x\to\infty$时，$t\to\infty$，于是

$$\lim_{x\to\infty}\left(\frac{2x+3}{2x+1}\right)^{x+1}=\lim_{t\to\infty}\left(1+\frac{1}{t}\right)^{t+\frac{1}{2}}=\lim_{t\to\infty}\left(1+\frac{1}{t}\right)^{t}\left(1+\frac{1}{t}\right)^{\frac{1}{2}}=\mathrm{e}$$

能力训练题 1.5

1. 求下列极限：

(1) $\lim\limits_{x\to0}\frac{\sin3x}{x}$；　(2) $\lim\limits_{x\to0}\frac{\sin5x}{\sin7x}$；

(3) $\lim\limits_{x\to0}\frac{\tan x-\sin x}{x}$；　(4) $\lim\limits_{x\to\infty}x^{2}\sin\frac{1}{x^{2}}$；

(5) $\lim\limits_{x\to\infty}\left(1+\frac{1}{x}\right)^{x+5}$；　(6) $\lim\limits_{x\to\infty}\left(1+\frac{1}{x}\right)^{5x}$；

(7) $\lim\limits_{x\to\infty}\left(1-\frac{5}{x}\right)^{x}$；　(8) $\lim\limits_{x\to\infty}\left(\frac{x}{x+1}\right)^{x}$；

(9) $\lim\limits_{x\to0}(1-x)^{\frac{4}{x}}$；　(10) $\lim\limits_{x\to\infty}\left(1-\frac{3}{x}\right)^{2x+3}$；

(11) $\lim\limits_{x\to\infty}\left(\frac{x+1}{x-1}\right)^{x}$；　(12) $\lim\limits_{x\to\infty}\left(\frac{3x+4}{3x-1}\right)^{x+1}$.

1.6 无穷小的比较

一、等价无穷小的定义

由无穷小的性质知道，两个无穷小的和、差、积仍是无穷小，但两个无穷小的商却不一定是无穷小，例如，当 $x\to 0$ 时，$2x$、x^2、$\sin x$ 都是无穷小，但是

$$\lim_{x\to 0}\frac{x^2}{2x}=0,\ \lim_{x\to 0}\frac{2x}{x^2}=\infty,\ \lim_{x\to 0}\frac{2x}{x}=2,\ \lim_{x\to 0}\frac{\sin x}{x}=1$$

以上不同的结果，反映了不同的无穷小在趋近于零的过程中速度有慢有快，有时可能差别很大. 为了比较无穷小趋于零的快慢程度，我们引出无穷小量阶的概念.

定义 设 $\alpha(\alpha\neq 0)$ 和 β 是同一变化过程中的两个无穷小：

若 $\lim\dfrac{\beta}{\alpha}=0$，则称 β 是比 α 较高阶的无穷小，记作 $\beta=o(\alpha)$；

若 $\lim\dfrac{\beta}{\alpha}=\infty$，则称 β 是比 α 较低阶的无穷小；

若 $\lim\dfrac{\beta}{\alpha}=C$，（$C$ 是不为零的常数），则称 β 与 α 是同阶无穷小；

若 $\lim\dfrac{\beta}{\alpha}=1$，则称 β 与 α 是等价无穷小，记作 $\beta\sim\alpha$.

例如，当 $x\to 0$ 时，x^2 是比 $2x$ 高阶的无穷小，即 $x^2=o(2x)$，反之 $2x$ 是比 x^2 低阶无穷小，而 $2x$ 和 x 是同阶无穷小，$\sin x$ 和 x 是等价的无穷小，即 $\sin x\sim x(x\to 0)$.

二、等价无穷小的应用

定理（等价无穷小替换定理）在变量 x 的某个变化过程中，若 $\alpha\sim\alpha'$，$\beta\sim\beta'$，且 $\lim\dfrac{\beta'}{\alpha'}$ 存在(或∞)，则 $\lim\dfrac{\beta}{\alpha}=\lim\dfrac{\beta'}{\alpha'}$.

证 因为 $\alpha\sim\alpha'$，$\beta\sim\beta'$，所以

$$\lim\frac{\beta}{\alpha}=\lim\frac{\beta}{\beta'}\frac{\beta'}{\alpha'}\frac{\alpha'}{\alpha}=\lim\frac{\beta}{\beta'}\lim\frac{\beta'}{\alpha'}\frac{\alpha'}{\alpha}=\lim\frac{\beta'}{\alpha'}$$

这个性质表明，求两个无穷小之比的极限时，分子及分母均可用等价无穷小代替，从而使计算大大简化.

常用到的等价无穷小：$x\to 0$ 时，$\sin x\sim x$，$\tan x\sim x$，$1-\cos x\sim\dfrac{x^2}{2}$，$\arcsin x\sim x$，$\arctan x\sim x$，$\ln(1+x)\sim x$，$\mathrm{e}^x-1\sim x$，$\sqrt{1+x}-1\sim\dfrac{1}{2}x$.

例 1 求$\lim\limits_{x\to 0}\dfrac{\tan^2 5x}{x\sin 2x}$.

解 当 $x\to 0$ 时，$\tan 5x\sim 5x$，$\sin 2x\sim 2x$. 于是

$$\lim_{x\to 0}\frac{\tan^2 5x}{x\sin 2x}=\lim_{x\to 0}\frac{(5x)^2}{x2x}=\frac{25}{2}$$

例 2　求$\lim\limits_{x\to 0}\dfrac{\sin^2 x}{1-\cos x}$.

解　因为当 $x\to 0$ 时，$\sin x\sim x$，$1-\cos x\sim\dfrac{x^2}{2}$，所以

$$\lim_{x\to 0}\frac{\sin^2 x}{1-\cos x}=\lim_{x\to 0}\frac{x^2}{\frac{1}{2}x^2}=2$$

例 3　求$\lim\limits_{x\to 0}\dfrac{\tan x-\sin x}{x^3}$.

解　因为 $\tan x-\sin x=\tan x(1-\cos x)$，当 $x\to 0$ 时，$\sin x\sim x$，$1-\cos x\sim\dfrac{x^2}{2}$，所以

$$\lim_{x\to 0}\frac{\tan x-\sin x}{x^3}=\lim_{x\to 0}\frac{\tan x(1-\cos x)}{x^3}=\lim_{x\to 0}\frac{x\cdot\frac{x^2}{2}}{x^3}=\frac{1}{2}$$

应该指出，在用等价无穷小代换时，一般在乘除运算时可施行，而在和差运算时不能运用，如在上例中，若因 $\tan x\sim x$，$\sin x\sim x$ 有

$$\lim_{x\to 0}\frac{\tan x-\sin x}{x^3}=\lim_{x\to 0}\frac{x-x}{x^3}=0$$

则显然是错误的.

能力训练题 1.6

1. 当 $x\to 0$ 时，将下列无穷小与无穷小 x 进行比较：

(1) x^3+x^2；　　(2) $\sqrt[3]{x}$；

(3) x^3-x；　　(4) $-x^2+x$.

2. 利用等价无穷小代换求下列极限：

(1) $\lim\limits_{x\to 0}\dfrac{\tan 5x}{\sin 7x}$；　　(2) $\lim\limits_{x\to 0}\dfrac{\sin^2 x}{\arctan x^3}$；

(3) $\lim\limits_{x\to 0}\dfrac{\tan x-\sin x}{\ln(1+x^3)}$；　　(4) $\lim\limits_{x\to 0}\dfrac{\sqrt{1+2x}-1}{\arcsin x}$；

(5) $\lim\limits_{x\to 0}\dfrac{1-\cos x^2}{x\sin x^3}$；　　(6) $\lim\limits_{x\to 0}\dfrac{\sqrt{1+\tan x}-\sqrt{1-\tan x}}{e^{3x}-1}$.

3. 若当 $x\to 0$ 时，$ax^2\sim\tan 3x^2$. 则 a 为何值？

1.7　函数的连续性

现实世界中，量的变化一般有两种情况：一种是逐渐变化的，如气温的变化，水的流动，生物的生长等，这些现象反映在数学上就是函数的连续性；另一种是突然变化的，如某些季节性销售的商品，随着时间的变化其销量是不连续的(连续的对立面是不连续)，这种现象反映在数学上就是函数的间断.

一、函数的连续性定义

1. 函数的增量

定义 1　设函数 $y=f(x)$在点 x_0 的某一邻域内有定义，当自变量从初值 x_0 变到终值

x 时，对应的函数值也由 $f(x_0)$ 变到 $f(x)$，则把自变量的终值与初值的差 $x-x_0$ 称为自变量的增量(或自变量的改变量)，记为 Δx，即 $\Delta x=x-x_0$；而函数的终值与初值的差，即 $f(x)-f(x_0)$，称为函数的增量(或函数的改变量)，记为 Δy，即

$$\Delta y=f(x)-f(x_0)$$

由于 $\Delta x=x-x_0$，故自变量的终值可表示为 $x=x_0+\Delta x$.

2. 连续

定义 2　设函数 $y=f(x)$ 在点 x_0 的某个邻域内有定义，如果自变量的增量 Δx 趋于零时，对应的函数增量 Δy 也趋于零，即

$$\lim_{\Delta x\to 0}\Delta y=\lim_{\Delta x\to 0}[f(x_0+\Delta x)-f(x_0)]=0$$

则称函数 $y=f(x)$ 在点 x_0 处连续，称点 x_0 为函数的连续点.

由于 $\Delta x=x-x_0$，$\Delta y=f(x)-f(x_0)$，故当 $\Delta x\to 0$ 时，则 $x\to x_0$，而 $\Delta y\to 0$ 就是 $f(x)\to f(x_0)$. 因此得到与定义 2 等价的定义：

定义 3　设函数 $y=f(x)$ 在点 x_0 的某个邻域内有定义，如果当 $x\to x_0$ 时，函数 $f(x)$ 的极限存在，且等于它在点 x_0 的函数值 $f(x_0)$，即

$$\lim_{x\to x_0}f(x)=f(x_0)$$

则称函数 $y=f(x)$ 在点 x_0 处连续.

若 $\lim\limits_{x\to x_0^-}f(x)=f(x_0)$，则称函数 $y=f(x)$ 在点 x_0 处左连续；

若 $\lim\limits_{x\to x_0^+}f(x)=f(x_0)$，则称函数 $y=f(x)$ 在点 x_0 处右连续.

定理 1　函数 $y=f(x)$ 在点 x_0 处连续的充分必要条件是

$$\lim_{x\to x_0^-}f(x)=\lim_{x\to x_0^+}f(x)=f(x_0)$$

定义 4　如果函数 $y=f(x)$ 在区间 (a,b) 内的每一点都连续，则称函数 $f(x)$ 在区间 (a,b) 内是连续的.

定义 5　如果函数 $y=f(x)$ 在区间 (a,b) 内的每一点都连续，且在 a 点处右连续，在 b 点处左连续，则称函数 $f(x)$ 在 $[a,b]$ 是连续的.

例 1　已知函数

$$f(x)=\begin{cases}x^2+1, & x<0\\ 2x+b, & x\geqslant 0\end{cases}$$

在点 $x=0$ 处连续，求 b 的值.

解

$$\lim_{x\to 0^-}f(x)=\lim_{x\to 0^-}(x^2+1)=1$$

$$\lim_{x\to 0^+}f(x)=\lim_{x\to 0^+}(2x+b)=b$$

因为 $f(x)$ 在 $x=0$ 处连续，则 $\lim\limits_{x\to 0}f(x)$ 存在，等价于 $\lim\limits_{x\to 0^-}f(x)=\lim\limits_{x\to 0^+}f(x)$，所以 $b=1$.

二、函数间断点

根据上述讨论可知，函数 $y=f(x)$ 在某点 x_0 处连续的条件是：

(1) $f(x_0)$ 有意义，即 $f(x_0)$ 存在.

(2) $\lim\limits_{x\to x_0}f(x)$ 存在，即 $\lim\limits_{x\to x_0^-}f(x)=\lim\limits_{x\to x_0^+}f(x)$.

(3) $\lim\limits_{x \to x_0} f(x) = f(x_0)$，即极限值等于函数值.

以上条件同时满足，则函数 $f(x)$在点 x_0 处连续，若其中任一条件不满足，函数 $f(x)$在点 x_0 处就是间断的，称这样的点为函数的不连续点或间断点.

通常把间断点分为两类，设 x_0 是函数 $y=f(x)$的间断点，若左极限 $\lim\limits_{x \to x_0^-} f(x)$与右极限 $\lim\limits_{x \to x_0^+} f(x)$都存在，则称 x_0 为第一类间断点；其余间断点统称为第二类间断点.

在第一类间断点中，若 $\lim\limits_{x \to x_0^-} f(x) \neq \lim\limits_{x \to x_0^+} f(x)$，称这种间断点为跳跃间断点；若 $\lim\limits_{x \to x_0^-} f(x) = \lim\limits_{x \to x_0^+} f(x)$，称这种间断点为可去间断点.

在第二类间断点中，若 $\lim\limits_{x \to x_0^-} f(x)$和 $\lim\limits_{x \to x_0^+} f(x)$至少有一个是$\infty$，则称 x_0 点为无穷间断点.

例 2　讨论函数 $y=\dfrac{1}{x^2}$在 $x=0$ 处的连续性.

解　$y=\dfrac{1}{x^2}$在 $x=0$ 处无定义，且$\lim\limits_{x \to 0} \dfrac{1}{x^2} = \infty$，故 $x=0$ 是函数 $y=\dfrac{1}{x^2}$的第二类间断点，即无穷间断点.

例 3　设 $f(x)=\begin{cases} x^2, & x \leqslant 1 \\ x+1, & x>1 \end{cases}$，讨论 $f(x)$在 $x=1$ 处的连续性.

解　因为 $\lim\limits_{x \to 1^-} f(x) = \lim\limits_{x \to 1^-} x^2 = 1$，$\lim\limits_{x \to 1^+} f(x) = \lim\limits_{x \to 1^+} (x+1) = 2$，$\lim\limits_{x \to 1} f(x)$不存在，$x=1$ 是 $f(x)$的不连续点. 故 $x=1$ 是 $f(x)$的第一类间断点，且为跳跃间断点.

例 4　设 $f(x)=\begin{cases} \dfrac{x^4}{x}, & x \neq 0 \\ 1, & x=0 \end{cases}$，讨论 $f(x)$在 $x=0$ 处的连续性.

解　$f(0)=1$，$\lim\limits_{x \to 0} \dfrac{x^4}{x} = 0$，即$\lim\limits_{x \to 0} f(x) \neq f(0)$. 故 $x=0$ 是 $f(x)$的第一类间断点，且为可去间断点.

例 4 中，我们只要改变上述函数在 $x=0$ 处的函数值，即令 $f(0)=0=\lim\limits_{x \to 0} f(x)$，这时函数 $f(x)$在 $x=0$ 处就连续了，可去间断点的本意就在于此.

三、初等函数的连续性

定理 2　若函数 $f(x)$与 $g(x)$在点 x_0 处连续，则这两个函数的和 $f(x)+g(x)$、差 $f(x)-g(x)$、积 $f(x)g(x)$、商$\dfrac{f(x)}{g(x)}(g(x_0) \neq 0)$在点 x_0 处连续.

证　只证 $f(x)+g(x)$在点 x_0 处连续的情形，其他情况证明类似.

因为 $f(x)$与 $g(x)$在点 x_0 处连续，所以有：

$$\lim_{x \to x_0} f(x) = f(x_0), \quad \lim_{x \to x_0} g(x) = g(x_0)$$

根据极限运算法则有：

$$\lim_{x \to x_0} [f(x)+g(x)] = \lim_{x \to x_0} f(x) + \lim_{x \to x_0} g(x) = f(x_0) + g(x_0)$$

所以，$f(x)+g(x)$在点 x_0 处连续.

利用上面的定理可得如下的结论：

(1) 有理整函数(多项式函数)$y=a_0x^n+a_1x^{n-1}+\cdots+a_{n-1}x+a_n$在$(-\infty, +\infty)$内连续.

(2) 有理分函数 $y=\dfrac{a_0x^n+a_1x^{n-1}+\cdots+a_{n-1}x+a_n}{b_0x^m+b_1x^{m-1}+\cdots+b_{n-1}x+b_n}$除分母为零的点外，在其他点都连续.

定理 3 设函数 $u=\varphi(x)$在点 x_0 处连续，$y=f(u)$在 u_0 处连续，且 $u_0=\varphi(x_0)$，则复合函数 $y=f[\varphi(x)]$在点 x_0 处连续.

可以证明：基本初等函数在其定义域内都是连续函数.

初等函数是由基本初等函数经过四则运算以及复合步骤所构成的，根据定理 2 及定理 3 容易得到：

定理 4 一切初等函数在其定义区间内都是连续的.

如果函数 $f(x)$在 x_0 点处连续，那么，

$$\lim_{x\to x_0}f(x)=f(x_0)=f(\lim_{x\to x_0}x)$$

这样，求连续函数 $f(x)$的极限$\lim\limits_{x\to x_0}f(x)$的问题就简化为求函数值 $f(x_0)$，并且极限符号与函数符号可以互相交换.

可以证明：若函数 $u=\varphi(x)$当 $x\to x_0$ 时极限存在且等于 u_0，即$\lim\limits_{x\to 0}\varphi(x)=u_0$，而函数 $y=f(u)$在点 u_0 处连续，则复合函数 $y=f[\varphi(x)]$，当 $x\to x_0$ 时的极限也存在，且$\lim\limits_{x\to x_0}f[\varphi(x)]=f[\lim\limits_{x\to x_0}\varphi(x)]=f(u_0)$.

例 5 求$\lim\limits_{x\to 0}\sqrt{1-x^2}$.

解 设 $f(x)=\sqrt{1-x^2}$，这是一个初等函数，定义域是$[-1, 1]$，而点 $x=0$ 在该区间内，故由初等函数的连续性，得

$$\lim_{x\to 0}\sqrt{1-x^2}=f(0)=\sqrt{1-0^2}=1$$

例 6 求$\lim\limits_{x\to 0}\dfrac{\ln(1+x)}{x}$.

解 因为$\lim\limits_{x\to 0}(1+x)^{\frac{1}{x}}=\mathrm{e}$ 且 $y=\ln u$ 在点 $u=\mathrm{e}$ 连续，所以

$$\lim_{x\to 0}\ln\frac{(1+x)}{x}=\lim_{x\to 0}\ln(1+x)^{\frac{1}{x}}=\ln[\lim_{x\to 0}(1+x)^{\frac{1}{x}}]=\ln\mathrm{e}=1$$

例 7 求$\lim\limits_{x\to 0}\dfrac{\ln(1+x^2)}{\sin(1+x^2)}$.

解
$$\lim_{x\to 0}\frac{\ln(1+x^2)}{\sin(1+x^2)}=-\frac{\lim\limits_{x\to 0}\ln(1+x^2)}{\lim\limits_{x\to 0}\sin(1+x^2)}=\frac{\ln[\lim\limits_{x\to 0}(1+x^2)]}{\sin[\lim\limits_{x\to 0}(1+x^2)]}=\frac{\ln 1}{\sin 1}=\frac{0}{\sin 1}=0$$

四、闭区间上连续函数的性质

定义 6 若 x_1，$x_2\in[a, b]$，且对该区间内的一切 x，有

$$f(x_1)\leqslant f(x)\leqslant f(x_2)$$

则称 $f(x_1)$、$f(x_2)$分别为函数 $f(x)$在闭区间$[a, b]$上的最小值与最大值.

定理 5 (最大值、最小值定理)如果函数 $f(x)$在闭区间$[a, b]$上连续，则函数 $f(x)$在闭区间$[a, b]$上一定存在最大值和最小值.(证明从略)

从几何上看，如果函数 $f(x)$在闭区间$[a, b]$上连续，那么函数 $y=f(x)$在闭区间$[a, b]$上的图形是一段有限长的连续曲线，其上必有一最高点，也有一最低点，最高点和

最低点的纵坐标值就是函数 $f(x)$ 在闭区间 $[a, b]$ 上的最大值和最小值，如图 1－9 所示.

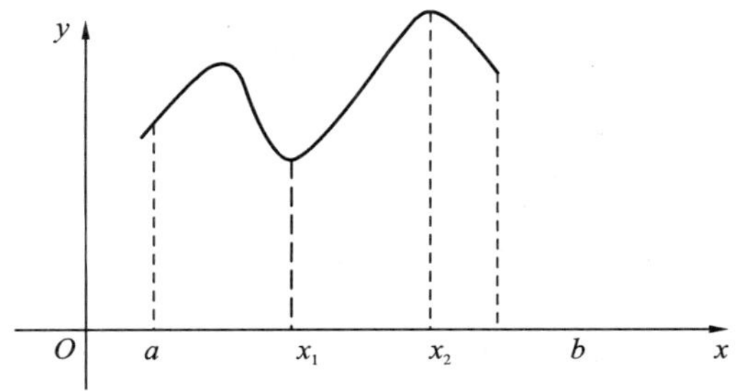

图 1－9

若 $f(x)$ 在开区间内连续或在闭区间上有间断点，则 $f(x)$ 不一定有最大值和最小值. 例如，$f(x)=x$ 在开区间 $(0, 1)$ 内连续，但在 $(0, 1)$ 内它既没有最大值也没有最小值；又如 $f(x)=\frac{1}{x}$ 在 $[-1, 1]$ 上有一个无穷间断点 $x=0$，它在 $[-1, 1]$ 上也没有最大值和最小值.

定理 6　（有界性定理）如果函数 $f(x)$ 在闭区间 $[a, b]$ 上连续，则函数 $f(x)$ 在闭区间 $[a, b]$ 上一定有界.

定理 7　（介值定理）若函数 $f(x)$ 在闭区间 $[a, b]$ 上连续，且 $f(a)\neq f(b)$，那么对介于 $f(a)$ 与 $f(b)$ 之间的任一常数 C，在开区间 (a, b) 内至少存在一点 ξ，使得 $f(\xi)=C$.（证明从略）

从几何上看，闭区间 $[a, b]$ 上的连续曲线弧与水平直线 $y=C$ 至少相交于一点，见图 1－10，这表明连续函数在变化过程中必定经过一切中间值，从而反映了变化的连续性.

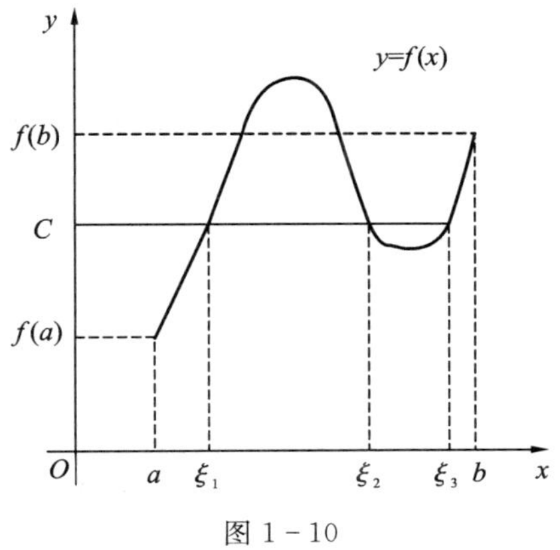

图 1－10

推论 1　在闭区间上连续的函数必取得介于最小值 m 和最大值 M 之间的任何值.

设 $m=f(x_1)$，$M=f(x_2)$，而 $m\neq M$. 在闭区间 $[x_1, x_2]$ 或 $[x_2, x_1]$ 上应用介质定理，即得此推论.

推论 2　（零点定理）若函数 $f(x)$ 在闭区间 $[a, b]$ 上连续，且 $f(a)$ 与 $f(b)$ 异号，则在 (a, b) 内至少存在一点 ξ，使得 $f(\xi)=0$.

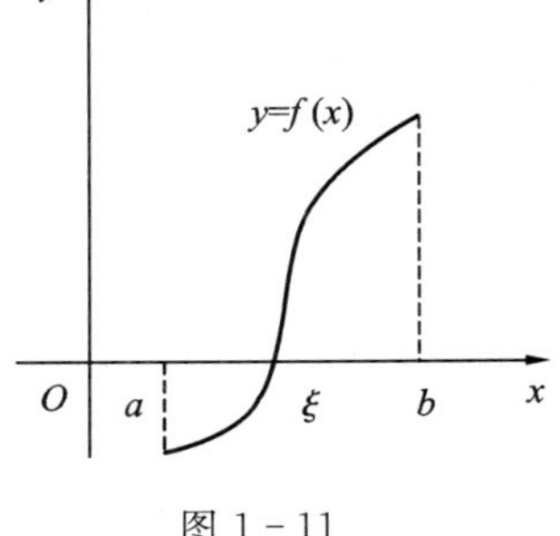

图 1－11

零点定理又称为根的存在定理，从几何上看，见图 1－11，若连续曲线 $f(x)$ 的两个端点位于 x 轴的不同侧，那么，这段曲线弧与 y 轴至少有一个交点，函数 $f(x)$ 的零点就是方程

$f(x)=0$ 的实根．此定理常用来判断方程 $f(x)=0$ 在某区间是否存在实根．

例 8 证明方程 $x^2\cos x-\sin x=0$ 在 $\left(\pi,\ \frac{3}{2}\pi\right)$ 内至少有一个实根．

证 设

$$f(x)=x^2\cos x-\sin x$$

由于 $f(x)$ 为初等函数，且在 $\left[\pi,\ \frac{3}{2}\pi\right]$ 上有定义，故 $f(x)$ 在 $\left[\pi,\ \frac{3}{2}\pi\right]$ 上连续．又 $f(\pi)=-\pi^2<0$，$f\left(\frac{3}{2}\pi\right)=1>0$，根据零点定理可知，至少存在一点 $\xi\in\left(\pi,\ \frac{3}{2}\pi\right)$，使得

$$f(\xi)=\xi^2\cos\xi-\sin\xi=0$$

所以，方程 $x^2\cos x-\sin x=0$ 在 $\left(\pi,\ \frac{3}{2}\pi\right)$ 内至少有一个实根．

能力训练题 1.7

1．求函数 $y=-x^2+\frac{1}{2}x$，当 $x=1$，$\Delta x=0.5$ 时的改变量．

2．求下列函数的间断点：

(1) $y=\dfrac{x^2-1}{x^2-3x+2}$；　　(2) $y=\dfrac{1}{(x+2)^2}$；

(3) $y=\begin{cases}x-1, & x\leqslant 1\\ 3-x, & x>1\end{cases}$；　　(4) $y=\dfrac{\sin x}{x}$．

3．函数 $f(x)=\begin{cases}x^2-1, & 0\leqslant x\leqslant 1\\ x+1, & x>1\end{cases}$ 在 $x=\frac{1}{2}$，$x=1$，$x=2$ 处是否连续？作出函数图像．

4．求函数 $f(x)=\dfrac{x-1}{x^2+2x-3}$ 的连续区间，并指出间断点类型．

5．设 $f(x)=\begin{cases}\dfrac{2}{x}\sin x, & x<0\\ k, & x=0\\ x\sin\dfrac{1}{x}+2, & x>0\end{cases}$，试确定 k 的值，使 $f(x)$ 在定义域内连续．

6．求函数 $f(x)=\begin{cases}-x^2, & -\infty<x\leqslant -1\\ 2x+1, & -1<x\leqslant 1\\ 4-x, & 1<x<+\infty\end{cases}$ 的连续区间，并作出函数的图像．

7．设函数 $f(x)=\begin{cases}(1-kx)^{\frac{1}{x}}, & x\neq 0\\ \mathrm{e}, & x=0\end{cases}$，求 k 使 $f(x)$ 在 $x=0$ 处连续．

8．求下列极限：

(1) $\lim\limits_{x\to 0}\ln\dfrac{\arctan x}{x}$；　　(2) $\lim\limits_{x\to 0}\ln(1-2x)^{\frac{1}{x}}$；

(3) $\lim\limits_{x\to 0}\dfrac{\mathrm{e}^x-1}{x}$；　　(4) $\lim\limits_{x\to 1}\sin\ln x$；

(5) $\lim\limits_{x\to 0}\mathrm{e}^{\frac{\sin x}{x}}$；　　(6) $\lim\limits_{x\to \mathrm{e}}\dfrac{\ln x-1}{x-1}$．

9. 证明：

(1) 方程 $x^5-13x-2=0$ 在 1 与 2 之间至少有一个实根；

(2) 方程 $x2^x-1=0$ 至少有一个小于 1 的正根.

能力测试题一

一、选择题

1. 设函数 $f(x)=\dfrac{1}{\sqrt{2x-x^2}}+\arcsin\dfrac{2x+1}{3}$，则函数 $f(x)$ 的定义域为(　　).

A. (0, 2)　　B. (−2, 2)　　C. [0, 1)　　D. (0, 1]

2. 函数 $y=\dfrac{e^x-e^{-x}}{2}$ 的反函数是(　　).

A. 奇函数　　B. 偶函数

C. 非奇非偶函数　　D. 无法判定奇偶性

3. 当 $x\to 0$ 时，$x-\sin x$ 是 x^2 的(　　).

A. 低阶无穷小　　B. 高阶无穷小

C. 等价无穷小　　D. 同阶但非等价无穷小

4. 设函数 $f(x)=\begin{cases}\dfrac{1-e^{\tan x}}{\arcsin\dfrac{x}{2}}, & x>0\\ ae^{2x}, & x\leqslant 0\end{cases}$ 在 $x=0$ 处连续，则 $a=$(　　).

A. −2　　B. −1　　C. 1　　D. 2

5. $f(x)=\dfrac{e^{-x^{-2}}}{1-e^{x^{-1}}}$ 的可去间断点的个数是（　　).

A. 0　　B. 1　　C. 2　　D. 3

二、填空题

1. 设 $f\left(\dfrac{1}{x}\right)=x\cdot\left(\dfrac{x}{x+1}\right)^2$，则 $f(x)=$________.

2. 已知 $\lim\limits_{x\to\infty}\left(\dfrac{x-a}{x-1}\right)^{x-1}=e^{-2}$，则 $a=$________.

3. 设函数 $f(x)=\begin{cases}ke^{2x}, & x<0\\ 1+\cos x, & x\geqslant 0\end{cases}$ 在 $x=0$ 处连续，则 $k=$________.

4. 函数 $y=e^x-1$ 的反函数是________.

5. $\lim\limits_{x\to\infty}\dfrac{(x+1)^5(1-3x)^3}{2(x+9)^8}=$________.

三、解答题

1. 求下列函数的极限：

(1) $\lim\limits_{x\to 0}\arcsin\left(\dfrac{\tan x}{x}\right)$；　　(2) $\lim\limits_{x\to 0}\dfrac{\sqrt{1+x^2}-1}{\sin x}$；

(3) $\lim\limits_{x\to 0}\left(\frac{1}{\sin^2 x}-\frac{1}{x^2}\right)$；　　(4) $\lim\limits_{x\to -\infty}\left(\frac{1-x}{3-x}\right)^{2x}$.

2. 设 $\lim\limits_{x\to 0}\frac{f(x)}{x}=1$，求 $\lim\limits_{x\to 0}\frac{\sqrt{1+f(x)}-1}{x}$.

3. 若 $\lim\limits_{x\to +\infty}(\sqrt{3x^2+4x+1}-ax-b)=0$，求 a，b 的值.

4. 设函数 $f(x)=\begin{cases}\frac{\sin 3x}{x}, & x<0\\ a-1, & x=0\\ x^2+b & x>0\end{cases}$，问 a，b 为何值时，$f(x)$在定义域内连续？

四、证明题

设 $f(x)$在$[a, b]$上连续，且 $a<f(x)<b$，证明在(a, b)内至少有一点 ξ，使 $f(\xi)=\xi$ 成立.

第 2 章　一元函数微分学

导数、微分以及它们的应用，统称微分学．微分学是微积分的重要组成部分．本章将讨论微分学的两个基本的重要概念——导数和微分，研究它们的计算方法及在理论和实践中的应用．

2.1　导数概念

一、引例

1. 求平面曲线的切线斜率

在平面几何里，圆的切线定义为与曲线只有一个公共点的直线．显然这一定义具有特例的性质，不适用更一般的曲线，我们给出一般曲线的切线定义：

在曲线 L 上一定点 P_0 附近再取一点 P，作割线 P_0P，当点 P 沿曲线移动而趋近于 P_0 时，割线 P_0P 的极限位置 P_0T 称为曲线 L 在点 P_0 处的切线(见图 2－1)．

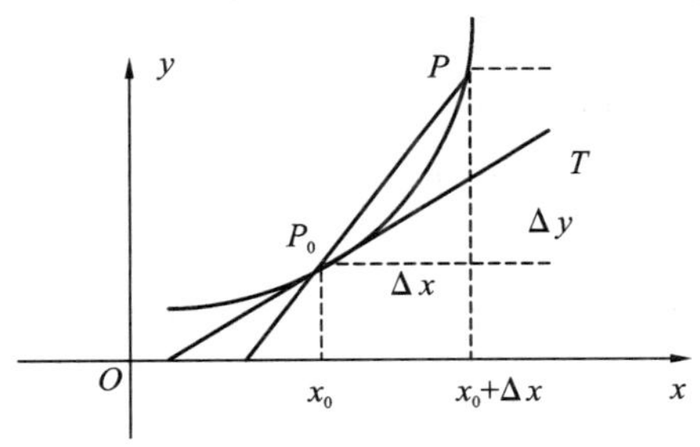

图 2－1

曲线 L 在 P_0 处的切线斜率如何计算呢？

设曲线方程为 $y=f(x)$：

(1) 当自变量从 x_0 变到 $x_0+\Delta x$ 时自变量的增量为 Δx，函数增量为 $\Delta y=f(x_0+\Delta x)-f(x_0)$．

(2) 对割线 P_0P：斜率 $=\tan\phi=\dfrac{\Delta y}{\Delta x}=\dfrac{f(x_0+\Delta x)-f(x_0)}{\Delta x}$．

(3) 当 $\Delta x\to 0$ 时，动点 P 将沿曲线趋向定点 P_0，从而割线 P_0P 也随之变动而趋向于极限位置——切线 P_0T．此时割线倾角 ϕ 趋向于切线 P_0T 的倾角 α，于是切线 P_0T 的斜率为

$$k=\tan\alpha=\lim_{\Delta x\to 0}\tan\phi=\lim_{\Delta x\to 0}\frac{\Delta y}{\Delta x}=\lim_{\Delta x\to 0}\frac{f(x_0+\Delta x)-f(x_0)}{\Delta x}$$

这就是说，曲线的切线斜率就是当自变量的增量趋于零时，表示曲线的函数的增量与

自变量的增量的比的极限.

2. 变速直线运动的瞬时速度

对于匀速直线运动来说，我们有速度公式：

$$速度=\frac{位移}{时间}$$

但是，在实际问题中，运动往往是非匀速的. 要想精确地刻画出物体运动中的变化，就需要进一步讨论物体在运动过程中任一时刻的速度，即瞬时速度.

设一物体作变速直线运动，以它的运动直线为数轴，则在物体运动的过程中，对于任一时刻 t，物体的相对位置可以用数轴上的一个坐标 s 表示，即 s 与 t 之间存在函数关系 $s=s(t)$，这个函数叫作位置函数. 现在我们来考察该物体在 t_0 时刻的瞬时速度.

设在 t_0 时刻物体的位置为 $s(t_0)$，当时间由 t_0 变到 $t_0+\Delta t$ 时，物体在 Δt 这一段时间内所经过的路程为

$$\Delta s=s(t_0+\Delta t)-s(t_0)$$

于是这一段时间内的平均速度为

$$\bar{v}=\frac{\Delta s}{\Delta t}=\frac{s(t_0+\Delta t)-s(t_0)}{\Delta t}$$

由于变速运动的速度通常是连续变化的，所以从整体来看，运动是变速的，但从局部来看，在一段很短的时间 Δt 内，速度变化不大，可以近似地看作是匀速的，因此当 $|\Delta t|$ 很小时，$\bar{v}$ 可作为物体在 t_0 时刻瞬时速度的近似值.

很明显，$|\Delta t|$ 越小，$\bar{v}$ 就越接近物体在 t_0 时刻的瞬时速度，即

$$v(t_0)=\lim_{\Delta t\to 0}\bar{v}=\lim_{\Delta t\to 0}\frac{\Delta s}{\Delta t}=\lim_{\Delta t\to 0}\frac{s(t_0+\Delta t)-s(t_0)}{\Delta t}$$

就是说，物体运动的瞬时速度是当时间增量趋于零时，位置函数的增量和时间的增量之比的极限.

以上实例虽然属于不同性质的问题，但从抽象的数量关系来看，其处理的思想方法是一样的，都可归结为计算已知函数 $y=f(x)$ 的 $\frac{\Delta y}{\Delta x}$，当 $\Delta x\to 0$ 时的极限(若存在). 在自然科学和工程技术领域内，还有许多概念可归结为这种形式的极限，如电流强度、线密度等，将这种特殊的极限叫作函数的导数或函数的变化率.

二、导数的定义

定义 设函数 $y=f(x)$ 在点 x_0 的某个邻域内有定义，当自变量 x 在 x_0 处取得增量 Δx(点 $x_0+\Delta x$ 仍在该邻域内)时，相应地函数 y 取得增量 Δy.

如果极限 $\lim\limits_{\Delta x\to 0}\frac{\Delta y}{\Delta x}=\lim\limits_{\Delta x\to 0}\frac{f(x_0+\Delta x)-f(x_0)}{\Delta x}$ 存在，则称此极限值为函数 $y=f(x)$ 在点 x_0 处的导数，记为

$$f'(x_0)\quad 或\quad y'\Big|_{x=x_0}\quad 或\quad \frac{\mathrm{d}y}{\mathrm{d}x}\Big|_{x=x_0}\quad 或\quad \frac{\mathrm{d}f(x)}{\mathrm{d}x}\Big|_{x=x_0}$$

此时也称函数 $f(x)$ 在点 x_0 处可导，也可说成 $f(x)$ 在点 x_0 具有导数或导数存在. 如果上述极限不存在，则称 $f(x)$ 在 x_0 处不可导或导数不存在.

导数定义的常见形式还有

$$f'(x_0)=\lim_{\Delta x\to 0}\frac{\Delta y}{\Delta x}=\lim_{h\to 0}\frac{f(x_0+h)-f(x_0)}{h}$$

$$f'(x_0)=\lim_{\Delta x\to 0}\frac{\Delta y}{\Delta x}=\lim_{x\to x_0}\frac{f(x)-f(x_0)}{x-x_0}$$

有了导数这个概念，前面两个问题可以表述为

(1) 曲线 $y=f(x)$在其上点 $P_0(x_0, y_0)$处的切线斜率，就是函数 $y=f(x)$在点 x_0 处对自变量 x 的导数，即

$$k=\lim_{\Delta x\to 0}\frac{\Delta y}{\Delta x}=\lim_{\Delta x\to 0}\frac{f(x_0+\Delta x)-f(x_0)}{\Delta x}=f'(x_0)$$

(2) 变速直线运动在时刻 t_0 的瞬时速度，就是位置函数 $s=s(t)$在 t_0 处对时间 t 的导数，即

$$v(t_0)=\left.\frac{\mathrm{d}s}{\mathrm{d}t}\right|_{t=t_0}$$

如果函数 $y=f(x)$在开区间(a, b)内任一点 x 处都可导，则称函数 $y=f(x)$在区间(a, b)内可导. 此时，对于任一 $x\in(a, b)$，都有一个唯一确定的导数值 $f'(x)$与它对应，因此，$f'(x)$是 x 的函数，将这个函数 $f'(x)$称为原来函数 $y=f(x)$在(a, b)内对 x 的**导函数**. 函数 $y=f(x)$的导函数记为

$$f'(x)\quad 或\quad y'\quad 或\quad \frac{\mathrm{d}y}{\mathrm{d}x}\quad 或\quad \frac{\mathrm{d}f(x)}{\mathrm{d}x}$$

即导函数定义式为

$$f'(x)=\lim_{\Delta x\to 0}\frac{\Delta y}{\Delta x}=\lim_{\Delta x\to 0}\frac{f(x+\Delta x)-f(x)}{\Delta x}$$

显然，函数 $f(x)$在点 $x=x_0$ 处的导数 $f'(x_0)$就是导函数 $f'(x)$在点 $x=x_0$ 处的函数值.

导函数 $f'(x)$也简称为导数，而 $f'(x_0)$是 $f(x)$在 x_0处的导数或导函数 $f'(x)$在 x_0 处的值. 特别注意：$f'(x_0)\neq[f(x_0)]'$.

三、由定义求导举例

下面给出由定义求导数的步骤：

(1) 求增量 $\Delta y=f(x+\Delta x)-f(x)$；

(2) 算比值$\dfrac{\Delta y}{\Delta x}=\dfrac{f(x+\Delta x)-f(x)}{\Delta x}$；

(3) 取极限 $f'(x)=\lim\limits_{\Delta x\to 0}\dfrac{\Delta y}{\Delta x}=\lim\limits_{\Delta x\to 0}\dfrac{f(x+\Delta x)-f(x)}{\Delta x}$.

例 1 求函数 $f(x)=x^2$ 的导数及 $f'(1)$.

解 第一步，求 Δy：

$$\Delta y=f(x+\Delta x)-f(x)=(x+\Delta x)^2-x^2=2x\Delta x+(\Delta x)^2$$

第二步，求比值：

$$\frac{\Delta y}{\Delta x}=\frac{f(x+\Delta x)-f(x)}{\Delta x}=\frac{2x\Delta x+(\Delta x)^2}{\Delta x}=2x+\Delta x$$

第三步，求极限：

$$f'(x) = \lim_{\Delta x \to 0} \frac{\Delta y}{\Delta x} = \lim_{\Delta x \to 0}(2x + \Delta x) = 2x$$

$$f'(1)=2\times 1=2$$

一般地，对于幂函数 $y=x^{\mu}$(μ 是任意实数)有导数公式：

$$(x^{\mu})'=\mu x^{\mu-1}$$

如：$(x^5)'=5x^{5-1}=5x^4$，$(x^{-1})'=-x^{-2}$，$(\sqrt{x})'=\frac{1}{2}x^{\frac{1}{2}-1}=\frac{1}{2\sqrt{x}}$.

例 2 求函数 $f(x)=\sin x$ 的导数.

解 (1) $\Delta y=f(x+\Delta x)-f(x)=\sin(x+\Delta x)-\sin x=2\sin\frac{\Delta x}{2}\cos\left(x+\frac{\Delta x}{2}\right)$

(2) $f'(x)=\lim\limits_{\Delta x\to 0}\frac{\Delta y}{\Delta x}=\lim\limits_{\Delta x\to 0}\frac{2\sin\frac{\Delta x}{2}\cos\left(x+\frac{\Delta x}{2}\right)}{\Delta x}=\cos x\cdot 1=\cos x$

即$(\sin x)'=\cos x$，类似地有$(\cos x)'=-\sin x$.

利用导数的定义，可以求得常函数、指数函数和对数函数的导数公式.

设 $y=C$(C 为常数)，则 $y'=(C)'=0$.

设 $y=a^x$，则 $y'=(a^x)'=a^x\ln a$.

特别地，$(e^x)'=e^x$.

设 $y=\log_a x$，则 $y'=(\log_a x)'=\frac{1}{x}\log_a e=\frac{1}{x\ln a}$.

特别地，$(\ln x)'=\frac{1}{x}$.

四、左导数和右导数

函数 $y=f(x)$在点 x_0处的导数是用一个极限定义的，根据极限的左、右极限的概念，我们可以定义函数 $y=f(x)$在点 x_0处的左导数 $f'_-(x_0)$和右导数 $f'_+(x_0)$.

$$f'_-(x_0)=\lim_{\Delta x\to 0^-}\frac{f(x_0+\Delta x)-f(x_0)}{\Delta x}$$

$$f'_+(x_0)=\lim_{\Delta x\to 0^+}\frac{f(x_0+\Delta x)-f(x_0)}{\Delta x}$$

显然，函数在点 x_0 处可导的充要条件是左、右导数存在并且相等.

五、导数的几何意义

由导数的定义及曲线的切线斜率的求法可知，函数 $y=f(x)$在点 x_0 处的导数 $f'(x_0)$在几何上表示曲线 $y=f(x)$在点 $P_0(x_0, f(x_0))$处切线的斜率，这就是导数的几何意义.

过切点 $P_0(x_0,f(x_0))$且垂直于切线的直线叫作曲线 $y=f(x)$在点 $P_0(x_0,f(x_0))$处的法线.

如果 $f'(x_0)$存在，则曲线 $y=f(x)$在 $P_0(x_0,f(x_0))$处的切线方程为

$$y-f(x_0)=f'(x_0)(x-x_0)$$

曲线 $y=f(x)$在点 $P_0(x_0,f(x_0))$处的法线方程为

$$y-f(x_0)=-\frac{1}{f'(x_0)}(x-x_0),\ (f'(x_0)\neq 0)$$

当 $f'(x_0)=0$ 时，切线方程为平行于 x 轴的直线 $y=f(x_0)$，法线方程为垂直于 x 轴的直线 $x=x_0$；

当 $f'(x_0)=\infty$ 时，切线为垂直于 x 轴的直线 $x=x_0$，法线为平行于 x 轴的直线 $y=f(x_0)$.

例 3　求抛物线 $y=x^2$ 在点(1，1)处的切线方程和法线方程.

解　由导数及导数的几何意义可知，$k=y'|_{x=1}=2$，因此，所求的切线方程为

$$y-1=2(x-1)\quad 即\quad y=2x-1$$

法线方程为

$$y-1=-\frac{1}{2}(x-1)\quad 即\quad y=-\frac{1}{2}x+\frac{3}{2}$$

六、可导与连续的关系

定理　如果函数 $y=f(x)$在点 x_0 处可导，则它在点 x_0 处一定连续.

证　设 $f(x)$ 在点 x_0 处可导，即 $f'(x_0)=\lim\limits_{\Delta x\to 0}\frac{\Delta y}{\Delta x}$存在.

由具有极限的函数与无穷小的关系可知：

$$\frac{\Delta y}{\Delta x}=f'(x_0)+\alpha\quad (其中\ \alpha\ 是当\ \Delta x\to 0\ 时的无穷小)$$

$$\Delta y=f'(x_0)\Delta x+\alpha\Delta x$$

$$\lim_{\Delta x\to 0}\Delta y=\lim_{\Delta x\to 0}(f'(x_0)\Delta x+\alpha\Delta x)=0$$

所以，函数 $y=f(x)$在点 x_0 处是连续的.

另一方面，一个函数在某一点连续，它却不一定在该点处可导，举例说明如下.

例 4　讨论函数 $y=|x|$在 $x=0$ 处的连续性与可导性.

解
$$\Delta y=f(0+\Delta x)-f(0)=|0+\Delta x|-0=|\Delta x|$$

$$\lim_{\Delta x\to 0}\Delta y=\lim_{\Delta x\to 0}|\Delta x|=0$$

所以 $y=|x|$在 $x=0$ 处连续. 又因为

$$f'_-(0)=\lim_{\Delta x\to 0^-}\frac{|\Delta x|}{\Delta x}==\lim_{\Delta x\to 0^-}\frac{-\Delta x}{\Delta x}=-1$$

$$f'_+(0)=\lim_{\Delta x\to 0^+}\frac{|\Delta x|}{\Delta x}==\lim_{\Delta x\to 0^+}\frac{\Delta x}{\Delta x}=1$$

即 $y=|x|$在 $x=0$ 处左、右导数不相等，所以 $y=|x|$在 $x=0$ 处不可导.

事实上，函数 $y=|x|$在$(-\infty, +\infty)$内处处连续但在点 $x=0$ 处不可导，此时曲线 $y=|x|$在原点 O 没有切线，如图 2－2 所示.

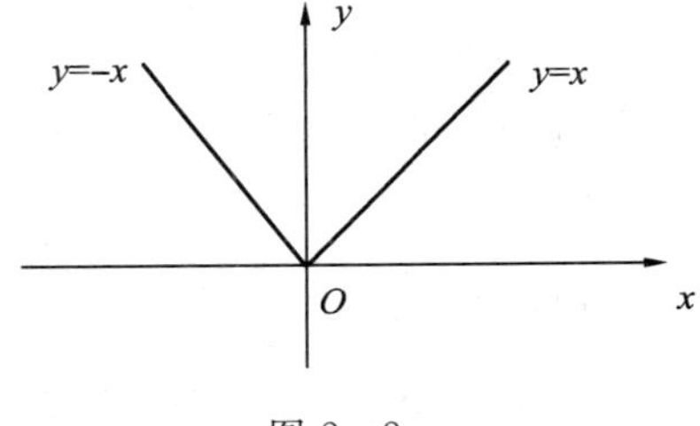

图 2－2

由以上讨论可知，函数连续是函数可导的必要条件，但不是充分条件.

例 5 设 $f(x)=\begin{cases} x^2 & (x\leqslant 1) \\ ax+b & (x>1) \end{cases}$，为了使函数 $f(x)$ 在点 $x=1$ 处连续且可导，应当怎样选择系数 a，b?

解 因为

$$\lim_{x\to 1^-} f(x)=\lim_{x\to 1^-} x^2=1,\ \lim_{x\to 1^+} f(x)=\lim_{x\to 1^+}(ax+b)=a+b$$

所以要使 $f(x)$ 在点 $x=1$ 处连续，须有

$$\lim_{x\to 1^-} f(x)=\lim_{x\to 1^+} f(x)=f(1)=1^2=1$$

由此得 $a+b=1$，又

$$f'_-(1)=\lim_{\Delta x\to 0^-}\frac{f(1+\Delta x)-f(1)}{\Delta x}=\lim_{\Delta x\to 0^-}\frac{(1+\Delta x)^2-1}{\Delta x}$$

$$=\lim_{\Delta x\to 0}\frac{1+2\Delta x+(\Delta x)^2-1}{\Delta x}=\lim_{\Delta x\to 0}\frac{2\Delta x+(\Delta x)^2}{\Delta x}=2$$

$$f'_+(1)=\lim_{\Delta x\to 0}\frac{f(1+\Delta x)-f(1)}{\Delta x}=\lim_{\Delta x\to 0}\frac{a(1+\Delta x)+b-1}{\Delta x}$$

$$=\lim_{\Delta x\to 0}\frac{a(1+\Delta x)+b-(a+b)}{\Delta x}$$

$$=\lim_{\Delta x\to 0}\frac{a+a\Delta x+b-a-b}{\Delta x}$$

$$=\lim_{\Delta x\to 0}\frac{a\Delta x}{\Delta x}=a$$

所以要使 $f(x)$ 在点 $x=1$ 处可导，须有 $f'(1)=f'_-(1)=f'_+(1)$，由此得 $a=2$，$b=1-a=1-2=-1$.

故要使函数 $f(x)$ 在点 $x=1$ 处连续且可导，应使 $a=2$，$b=-1$.

能力训练题 2.1

1. 设 $f(x)=10x^2$，求 $f'(-1)$.

2. 设 $f(x)=ax+b$(a，b 都是常数)，试按定义求导数 $f'(x)$.

3. 按导数定义证明：$(\cos x)'=-\sin x$.

4. 已知 $y=x^5$，求 y'，$y'|_{x=1}$.

5. 求曲线 $y=\sqrt{x}$ 在点(4，2)处的切线方程.

6. 试求出 $y=\frac{1}{3}x^3$ 上与直线 $x-4y=5$ 平行的切线方程.

7. 在抛物线 $y=x^2$ 上取横坐标为 $x_1=1$，$x_2=3$ 的两点，作过这两点的割线，问该抛物线上哪一点的切线平行于这条割线?

8. 求曲线 $y=\sin x$ 在具有下列横坐标的各点处切线的斜率：

(1) $x=\frac{\pi}{3}$；(2) $x=\pi$.

9. 已知函数 $f(x)$ 在 x_0 处可导，按照导数定义，观察下列极限，确定 A 表示什么.

(1) $\lim\limits_{\Delta x\to 0}\frac{f(x_0-\Delta x)-f(x_0)}{\Delta x}=A$；

(2) $\lim\limits_{x\to 0}\dfrac{f(x)}{x}=A$，其中 $f(0)=0$ 且 $f'(0)$存在；

(3) $\lim\limits_{h\to 0}\dfrac{f(x_0+h)-f(x_0-h)}{h}=A$.

2.2　导数的基本公式及运算法则

依据导数定义求导数固然是一种方法，但是对于比较复杂的函数，根据定义求出它们的导数往往很烦琐，甚至不可能，而且也给导数的实际应用带来很大困难. 在这一节中我们根据导数定义和极限运算法则推出一些求导的基本公式及基本法则，借助这些公式可直接求出初等函数的导数，一般不必用定义求导.

一、基本初等函数及常数的导数

上一节中，我们已经求出正弦函数、余弦函数、常函数、幂函数、指数函数和对数函数的导数公式，下面还将推导其他基本初等函数的导数公式. 为了使读者方便记忆，尽早进行导数运算，我们先把它们列举出来.

基本初等函数的导数公式；

(1) $(C)'=0$　(C 为常数)；

(2) $(x^{\mu})'=\mu x^{\mu-1}$　(μ 是任意实数)；

(3) $(a^x)'=a^x\ln a$　($a>0$，$a\neq 1$)；

(4) $(\mathrm{e}^x)'=\mathrm{e}^x$；

(5) $(\log_a x)'=\dfrac{1}{x}\log_a \mathrm{e}=\dfrac{1}{x\ln a}$　($a>0$，$a\neq 1$)；

(6) $(\ln x)'=\dfrac{1}{x}$；

(7) $(\sin x)'=\cos x$；

(8) $(\cos x)'=-\sin x$；

(9) $(\tan x)'=\sec^2 x=\dfrac{1}{\cos^2 x}$；

(10) $(\cot x)'=-\csc^2 x=-\dfrac{1}{\sin^2 x}$；

(11) $(\sec x)'=\tan x\sec x$；

(12) $(\csc x)'=-\cot x\csc x$；

(13) $(\arcsin x)'=\dfrac{1}{\sqrt{1-x^2}}$；

(14) $(\arccos x)'=-\dfrac{1}{\sqrt{1-x^2}}$；

(15) $(\arctan x)'=\dfrac{1}{1+x^2}$；

(16) $(\operatorname{arccot} x)'=-\dfrac{1}{1+x^2}$.

二、导数的四则运算法则

定理 1 设函数 $u(x)$，$v(x)$ 在 x 处均可导，则 $u(x)\pm v(x)$，$u(x)v(x)$，$\dfrac{u(x)}{v(x)}(v(x)\neq 0)$ 在 x 处也可导，且

(1) $(u\pm v)'=u'\pm v'$（导数的加法公式）；

(2) $(uv)'=uv'+u'v$（导数的乘法公式）；

(3) $\left(\dfrac{u}{v}\right)'=\dfrac{u'v-uv'}{v^2}$（导数的除法公式）.

证 这里我们只证第二个公式，其他公式可同理类推.

因为

$$\Delta u = u(x+\Delta x)-u(x),\ \Delta v = v(x+\Delta x)-v(x)$$

所以

$$u(x+\Delta x) = u(x)+\Delta u,\ v(x+\Delta x) = v(x)+\Delta v$$

令 $y=u(x)v(x)$，则

$$\begin{aligned}\Delta y &= u(x+\Delta x)v(x+\Delta x)-u(x)v(x)\\ &=[u(x)+\Delta u][v(x)+\Delta v]-u(x)v(x)\\ &=u(x)\Delta v+v(x)\Delta u+\Delta u\Delta v\end{aligned}$$

又因为

$$u'(x) = \lim_{\Delta x\to 0}\frac{\Delta u}{\Delta x},\ v'(x) = \lim_{\Delta x\to 0}\frac{\Delta v}{\Delta x},\ \lim_{\Delta x\to 0}\Delta u = 0\ (\text{因为 } u \text{ 连续})$$

所以

$$\begin{aligned}\lim_{\Delta x\to 0}\frac{\Delta y}{\Delta x} &= \lim_{\Delta x\to 0}\left(u(x)\frac{\Delta v}{\Delta x}+v(x)\frac{\Delta u}{\Delta x}+\Delta u\frac{\Delta v}{\Delta x}\right)\\ &= u(x)v'(x)+u'(x)v(x)\end{aligned}$$

即有

$$(uv)' = uv'+u'v$$

利用上述公式(1)和(2)有如下推论：

推论 1 加法公式可以推广到有限个可导函数的情况，即

$$(u_1\pm u_2\pm\cdots\pm u_n)'=u'_1\pm u'_2\pm\cdots\pm u'_n$$

推论 2 $(cu)'=cu'$（c 为常数）

推论 3 乘法公式可以推广到有限个可导函数的情况，如

$$(uvw)'=u'vw+uv'w+uvw'$$

例 1 $y=2x^3-5x^2+3x-7$，求 y'.

解
$$\begin{aligned}y' &= (2x^3-5x^2+3x-7)'=(2x^3)'-(5x^2)'+(3x)'-(7)'\\ &=2(x^3)'-5(x^2)'+3(x)'\\ &=2\cdot 3x^2-5\cdot 2\cdot x+3=6x^2-10x+3\end{aligned}$$

例 2 设 $f(x)=3x^4-\mathrm{e}^x+5\cos x-1$，求 $f'(x)$及 $f'(0)$.

解
$$f'(x)=12x^3-\mathrm{e}^x-5\sin x$$
$$f'(0)=(12x^3-\mathrm{e}^x-5\sin x)\big|_{x=0}=-1$$

例 3　设 $y=x\ln x$，求 y'.

解　由公式(2)，有

$$y'=(x\ln x)'=x(\ln x)'+(x)'\cdot\ln x=x\cdot\frac{1}{x}+1\cdot\ln x=1+\ln x$$

例 4　设 $y=e^x(\sin x+\cos x)$，求 y'.

解

$$\begin{aligned}y'&=(e^x)'(\sin x+\cos x)+e^x\cdot(\sin x+\cos x)'\\&=e^x(\sin x+\cos x)+e^x(\cos x-\sin x)\\&=2e^x\cos x\end{aligned}$$

例 5　设 $y=\tan x$，求 y'.

解

$$\begin{aligned}y'&=(\tan x)'=\left(\frac{\sin x}{\cos x}\right)'=\frac{(\sin x)'\cos x-\sin x(\cos x)'}{\cos^2 x}\\&=\frac{\cos^2 x+\sin^2 x}{\cos^2 x}=\frac{1}{\cos^2 x}=\sec^2 x\end{aligned}$$

同理，可推导余切函数、正割函数和余割函数的导数公式.

三、反函数求导法则

定理 2　如果函数 $y=f(x)$在区间 I_x内单调、可导且 $f'(x)\neq 0$，那么它的反函数 $x=\varphi(y)$在对应区间 I_y内也可导，且有 $\varphi'(y)=\dfrac{1}{f'(x)}$.

上述结论也可简单说成：反函数的导数等于直接函数的导数的倒数.

例 6　求 $y=\arcsin x$ 的导数.

解　因为 $y=\arcsin x$ 的反函数是 $x=\sin y$，且在$\left[-\frac{\pi}{2},\frac{\pi}{2}\right]$内单调可导，又已知 $x_y'=(\sin y)'=\cos y>0$，所以 $y=\arcsin x$ 可导，且

$$(\arcsin x)'=y'_x=\frac{1}{x'_y}=\frac{1}{\cos y}$$

而

$$\cos y=\sqrt{1-\sin^2 y}=\sqrt{1-x^2}\quad\left(y\in\left[-\frac{\pi}{2},\frac{\pi}{2}\right]\right)$$

所以

$$(\arcsin x)'=\frac{1}{\sqrt{1-x^2}}$$

同理可以推导其他反三角函数的导数公式.

四、复合函数的求导法则

定理 3　如果函数 $u=\varphi(x)$在点 x 处可导，函数 $y=f(u)$在对应点 u 处也可导，则复合函数 $y=f(\varphi(x))$在点 x 处也可导，且

$$\frac{dy}{dx}=\frac{dy}{du}\cdot\frac{du}{dx}$$

或

$$y'_x=y'_u\cdot u'_x$$

或
$$[f(\varphi(x))]'=f'(u)\varphi'(x)$$

这就是说，如果 y 是 x 的复合函数，u 是中间变量，那么，求 y 对 x 的导数 y'_x，可先求 y 对中间变量 u 的导数 y'_u，再乘以中间变量 u 对 x 的导数 u'_x.

证 设变量 x 有增量 Δx，则相应变量 u 有增量 Δu，于是相应变量 y 有增量 Δy.

因为 $y=f(u)$在点 u 处可导，所以
$$\lim_{\Delta u\to 0}\frac{\Delta y}{\Delta u}=f'(u)$$

由具有极限的函数与无穷小的关系可知：
$$\frac{\Delta y}{\Delta u}=f'(u)+\alpha$$

其中 α 是当 $\Delta u\to 0$ 时的无穷小. 上式中 $\Delta u\neq 0$，从而有
$$\Delta y=f'(u)\Delta u+\alpha\cdot\Delta u$$

可得
$$\frac{\Delta y}{\Delta x}=f'(u)\frac{\Delta u}{\Delta x}+\alpha\frac{\Delta u}{\Delta x}$$

由于 $u=\varphi(x)$在点 x 处可导，则 u 必连续.

因此，$\lim\limits_{\Delta x\to 0}\dfrac{\Delta u}{\Delta x}=\varphi'(x)$且$\lim\limits_{\Delta x\to 0}\alpha=0$. 所以
$$\begin{aligned}\lim_{\Delta x\to 0}\frac{\Delta y}{\Delta x}&=\lim_{\Delta x\to 0}f'(u)\frac{\Delta u}{\Delta x}+\lim_{\Delta x\to 0}\alpha\frac{\Delta u}{\Delta x}=f'(u)u'(x)+0\cdot u'(x)\\&=f'(u)u'(x)\end{aligned}$$

即
$$[f(\varphi(x))]'=f'(u)\varphi'(x)$$

当 $\Delta u=0$ 时，仍然可证 $y'_x=y'_u\cdot u'_x$成立.

推论 设 $y=f(u)$，$u=\varphi(v)$，$v=\psi(x)$均可导，则复合函数 $y=f[\varphi[\psi(x)]]$也可导，且有
$$\frac{\mathrm{d}y}{\mathrm{d}x}=\frac{\mathrm{d}y}{\mathrm{d}u}\cdot\frac{\mathrm{d}u}{\mathrm{d}v}\cdot\frac{\mathrm{d}v}{\mathrm{d}x}$$

或
$$y'_x=y'_u\cdot u'_v\cdot v'_x$$

复合函数的求导法则可以推广到有限次复合.

例 7 设 $y=(2x+1)^5$，求 y'.

解 将 $y=(2x+1)^5$ 看成 $y=u^5$，$u=2x+1$ 复合而成. 而
$$y'_u=(u^5)'=5u^4$$
$$u'_x=(2x+1)'=2$$

由复合函数的求导公式 $y'_x=y'_u\cdot u'_x$，所以
$$y'_x=5u^4\cdot 2=10(2x+1)^4$$

这里必须注意：复合函数求导后，需要把引进的中间变量代换成原来自变量的式子.

例 8 设 $y=\sin^2x$，求 y'.

解 将 $y=\sin^2x$ 看成 $y=u^2$，$u=\sin x$ 复合而成. 而
$$y'_u=(u^2)'=2u,\ u_x'=(\sin x)'=\cos x$$

所以

$$y'_x=y'_u\cdot u'_x=2u\cdot\cos x=2\sin x\cos x=\sin 2x$$

例 9　设 $y=\ln\tan x$，求 y'.

解　令 $y=\ln u$，$u=\tan x$，而

$$y'_u=(\ln u)'=\frac{1}{u},\ u'_x=(\tan x)'=\sec^2 x$$

所以

$$y'_x=y'_u\cdot u'_x=\frac{1}{u}\cdot(\sec^2 x)=\frac{\sec^2 x}{\tan x}=\frac{1}{\sin x\cos x}=\sec x\cdot\csc x$$

注意　求复合函数的导数时，先要分析清楚所给函数的复合过程，关键是将复合函数正确地分解成几个简单的函数，认清中间变量．对复合函数的分解比较熟练后，可直接由外向里，最后对自变量求导，计算时就可不必写出中间变量．

例 10　设 $y=e^{\sqrt{x^2+1}}$，求 y'.

解

$$y'=(e^{\sqrt{x^2+1}})'=e^{\sqrt{x^2+1}}\cdot(\sqrt{x^2+1})'=e^{\sqrt{x^2+1}}\cdot\frac{1}{2\sqrt{x^2+1}}(x^2+1)'$$

$$=e^{\sqrt{x^2+1}}\cdot\frac{1}{2\sqrt{x^2+1}}\cdot 2x=\frac{x}{\sqrt{x^2+1}}e^{\sqrt{x^2+1}}$$

例 11　设 $y=\arctan\dfrac{2x}{1+x^2}$，求 y'.

解

$$y'=\left(\arctan\frac{2x}{1+x^2}\right)'=\frac{1}{1+\left(\frac{2x}{1+x^2}\right)^2}\cdot\left(\frac{2x}{1+x^2}\right)'$$

$$=\frac{1}{1+\left(\frac{2x}{1+x^2}\right)^2}\cdot\frac{2(1+x^2)-2x\cdot 2x}{(1+x^2)^2}$$

$$=\frac{(1+x^2)^2}{1+6x^2+x^4}\cdot\frac{2(1-x^2)}{(1+x^2)^2}=\frac{2(1-x^2)}{1+6x^2+x^4}$$

五、隐函数的导数

什么是隐函数？首先，给出显函数的概念，如果变量 x 与 y 之间的对应规律是 y 直接表示成 x 的函数 $y=f(x)$的形式，我们将这种形式的函数关系式称作 y 对 x 的显函数．例如：$y=x^2+4$，$y=\sin x$，$y=\ln x+1$.

如果 x、y 之间的对应规律是由一个含有 x、y 方程 $F(x,y)=0$ 所确定(y 没有解出)的，此时，x、y 的依赖关系隐含在方程中，我们将这种形式的函数关系式称作 y 对 x 的隐函数．例如：$x^2+y^2=a^2$，$e^y=xy$，$x+y^3+y=0$.

一个隐函数有时也可以化成显函数，叫作隐函数的显化．但很多时候要将隐函数显化是很困难的，甚至是不可能的．因此在实际问题中，我们必须要寻找一种方法，不管隐函数能否显化，都能直接由方程求出隐函数的导数．

现在我们利用复合函数求导法则来求出隐函数 y 对 x 的导数.

例 12　求由方程 $x^2+y^2=a^2$ 所确定的隐函数 y 对 x 的导数.

解　为了求 y 对 x 的导数，可将方程两边各项都对 x 求导：

$$(x^2+y^2)'=(a^2)'$$

$$2x+2y\cdot y'_x=0$$

解出 $y'=-\dfrac{x}{y}$，即为所求的隐函数 y 对 x 的导数.

这里要注意：y^2 是 y 的函数，而 y 又是 x 的函数，故 y^2 是 x 的复合函数. 因此，对 y^2 求导，必须先对 y 求导，再乘以 y 对 x 的导数. 即 $(y^2)'=2y\cdot y'$.

例 13　设方程 $y+x-e^{xy}=0$ 确定隐函数 $y=f(x)$，求 y'.

解　将方程两端对 x 求导：

$$(y+x-e^{xy})'=0$$

$$y'+1-e^{xy}\cdot(xy)'=0$$

$$y'+1-e^{xy}(y+xy')=0$$

整理

$$(1-xe^{xy})y'=ye^{xy}-1$$

解出 $y'=\dfrac{1-xe^{xy}}{1-ye^{xy}}$，即为所求的隐函数的导数.

这里也要注意：e^{xy} 是 x 的复合函数，故 $(e^{xy})'=e^{xy}\cdot(xy)'=e^{xy}(y+xy')$.

由以上两例可以看出，用复合函数求导法则直接对隐函数求导是一种行之有效的简单方法，其求导步骤如下：

(1) 将方程 $F(x,y)=0$(其中视 y 为 x 的函数)两边对 x 求导，即得到一个关于 y' 的方程.

(2) 从方程中解出 y' 即为所求的隐函数 y 对 x 的导数. 这样求出的隐函数的导数通常是一个含 x、y 的代数式.

六、对数求导法

例 14　已知 $y=x^x$，求 y'.

所给函数既不是幂函数，也不是指数函数，因而不能利用幂函数和指数函数的求导公式求导. 我们称这种形式的函数为幂指函数.

解　方法一：利用对数恒等式将函数变形为 $y=e^{x\ln x}$，则 y 为 x 的复合函数，所以

$$y'=e^{x\ln x}\cdot\left(\ln x+x\cdot\frac{1}{x}\right)=x^x(\ln x+1)$$

对于幂指函数，除用上述方法外，还可采用对数求导法求导，这种方法就是先在 $y=y(x)$ 的两边取自然对数，然后再求出 y 对 x 的导数.

下面仍以例 10 为例说明这种方法.

方法二：先在两边取对数，得 $\ln y=x\cdot\ln x$，再将方程两端对 x 求导

$$\frac{1}{y}y'=\ln x+x\cdot\frac{1}{x}$$

$$y'=y(1+\ln x)=x^x(1+\ln x)$$

幂指函数的一般形式为 $y=[u(x)]^{v(x)}$ $(u(x)\neq 0)$，利用对数求导法求幂指函数的导数是简便易行的有效方法.

例 15　求 $y=(\tan x)^{\sin x}$ 的导数.

解　两边取对数

$$\ln y = \sin x \ln(\tan x)$$

两边对 x 求导

$$\frac{1}{y}y' = \cos x \ln(\tan x) + \sin x \cdot \frac{1}{\tan x} \cdot \sec^2 x$$

所以

$$y' = y[\cos x \ln(\tan x) + \sec x] = (\tan x)^{\sin x}[\cos x \ln(\tan x) + \sec x]$$

当函数是若干个因子的幂的连乘形式时，也可以利用对数求导法来计算它的导数.

例 16　已知 $y=\sqrt[4]{\frac{(x-1)(x-2)}{(x-3)(x-4)}}$，求 y'.

解　两边取对数并利用对数性质和运算法则，则有

$$\ln y=\frac{1}{4}[\ln(x-1)+\ln(x-2)-\ln(x-3)-\ln(x-4)]$$

两边对 x 求导，得

$$\frac{1}{y}y'=\frac{1}{4}\left(\frac{1}{x-1}+\frac{1}{x-2}-\frac{1}{x-3}-\frac{1}{x-4}\right)$$

所以

$$y'=\frac{1}{4}y\left(\frac{1}{x-1}+\frac{1}{x-2}-\frac{1}{x-3}-\frac{1}{x-4}\right)$$

$$=\frac{1}{4}\sqrt[4]{\frac{(x-1)(x-2)}{(x-3)(x-4)}}\left(\frac{1}{x-1}+\frac{1}{x-2}-\frac{1}{x-3}-\frac{1}{x-4}\right)$$

对数求导法是很常见、很实用的求导方法，读者要熟练掌握.

能力训练题 2.2

1. 求下列函数的导数：

(1) $y=x^3-3x^2+4x-5$；

(2) $y=\frac{4}{x^5}+\frac{7}{x^4}-\frac{2}{x}+12$；

(3) $y=5x^3-2^x+3e^x$；

(4) $y=2\tan x+\sec x-1$；

(5) $y=\ln x-2\lg x+3\text{lb}x$；

(6) $y=\sin x\cos x$；

(7) $y=x^2\ln x$；

(8) $y=3e^x\cos x$；

(9) $y=(2+3x)(4-7x)$；

(10) $y=\frac{\sin x}{x}$；

(11) $y=\frac{\ln x}{x}$；

(12) $y=\frac{e^x}{x^2}+\ln 3$；

(13) $y=\frac{1}{\ln x}$；

(14) $y=\frac{x-1}{x+1}$；

(15) $y=\frac{1}{1+x+x^2}$；

(16) $y=x^2\ln x\cos x$；

(17) $y=x^2 2^x+e^{\sqrt{2}}$；

(18) $s=\frac{1+\sin t}{1+\cos t}$；

(19) $y=\frac{2\csc x}{1+x^2}$；

(20) $y=\frac{2\ln x+x^3}{3\ln x+x^2}$；

(21) $y=\dfrac{\sqrt{x}+1}{\sqrt{x}-1}$;

(22) $y=\dfrac{x\ln x}{1+x}$;

(23) $y=(1+x^2)\arctan x$;

(24) $y=\dfrac{\arcsin x}{\sqrt{1-x^2}}$.

2. 求下列函数的导数:

(1) $y=\sin^2 x+\sin x^2$;

(2) $y=\sin 2x\sin 2^x$;

(3) $y=\tan\dfrac{1}{x}$;

(4) $y=\sin(\mathrm{e}^{\frac{1}{x}})$;

(5) $y=\ln\ln x$;

(6) $y=\arctan(\mathrm{e}^x)$;

(7) $y=\sin^3 x\ln^5 x$;

(8) $y=(1+x)(1+x^2)^2$;

(9) $y=\ln\dfrac{1+\sqrt{x}}{1-\sqrt{x}}$;

(10) $y=\ln\sqrt{x}+\sqrt{\ln x}$;

(11) $y=\sec^2\dfrac{x}{a}+\csc^2\dfrac{x}{a}$;

(12) $y=(2x+5)^4$;

(13) $y=\cos(4-3x)$;

(14) $y=\sin\ln(x^2)$;

(15) $y=\ln(1+x^2)$;

(16) $y=\arctan\dfrac{1+x}{1-x}$;

(17) $y=\sqrt{1-x^2}$;

(18) $y=(\arcsin x)^2$.

3. 求下列函数的导数:

(1) $y=\ln(x+\sqrt{x^2+1})$;

(2) $y=\arcsin\dfrac{1-x^2}{1+x^2}$;

(3) $y=\sqrt{x^2-a^2}-a\arccos\dfrac{a}{x}$ $(a>0)$;

(4) $y=\mathrm{e}^{-\sin^2\frac{1}{x}}$;

(5) $y=\ln\arctan\dfrac{1}{1+x}$;

(6) $y=\sqrt{\cot\dfrac{x}{2}}$;

(7) $y=\dfrac{x}{\sqrt{1+x^2}}$;

(8) $y=x\arctan x+\ln\sqrt{x^2+1}$;

(9) $y=\cos x\ln x-\dfrac{x-1}{x+1}+x^n\tan x$;

(10) $y=\sqrt{x-\mathrm{e}^{-x}}$.

4. 求下列函数在指定点上的导数值:

(1) $y=\arcsin x+x\sqrt{1-x^2}$，求 $y'|_{x=0}$;

(2) $y=(x^2-2x+5)^{100}$，求 $y'|_{x=1}$;

(3) $y=\arctan 2x$，求 $y'|_{x=1}$;

(4) $y=\sin x-\cos x$，求 $y'|_{x=\frac{\pi}{3}}$;

(5) $y=x\sin x+\dfrac{1}{2}\cos x$，求 $y'|_{x=\frac{\pi}{3}}$;

(6) $y=\dfrac{x^2}{5}+\dfrac{3}{5-x}$，求 $y'|_{x=0}$，$y'|_{x=1}$.

5. 求由下列方程所确定的隐函数 y 的导数:

(1) $y^2=2ax$　(a 为常数);

(2) $y=x\ln y$;

(3) $\cos(xy)=x$;

(4) $\ln\sqrt{x^2+y^2}=\arctan\dfrac{y}{x}$;

(5) $x^2+y^2-xy=1$;

(6) $\mathrm{e}^x-\mathrm{e}^y=\sin(xy)$;

(7) $y^3=x+\arccos(xy)$;

(8) $y=1+x\mathrm{e}^y$;

(9) $xy=\mathrm{e}^{x+y}$;

(10) $xy^2-\mathrm{e}^{xy}+2=0$.

6. 求曲线 $x^2+xy+y^2=4$ 在点(2，－2)处的切线方程.

7. 用对数求导法求下列函数的导数：

(1) $y=\left(\dfrac{x}{1+x}\right)^x$；　(2) $y^x=x^y$；　(3) $y=(1+\cos x)^{\frac{1}{x}}$；

(4) $y=\sqrt[3]{\dfrac{(x-1)^2}{x(x+1)}}$；　(5) $y=x^{e^x}$；　(6) $y=(\sin x)^{\ln x}$.

2.3　函数的微分

一、微分的定义

我们已经知道，函数的导数反映函数相对于自变量变化的快慢程度，它是函数在 x 处的变化率. 但在实际问题中，我们还需知道，当自变量在某一点取得一个微小的改变量时，相应函数的改变量的大小. 按 $\Delta y=f(x+\Delta x)-f(x)$ 计算函数改变量的精确值，当函数形式简单时可行，当函数形式较复杂时，一般很困难. 因此我们引进微分的概念.

一般地，如果函数 $y=f(x)$ 可导，且 $f'(x)\neq 0$，有 $\lim\limits_{\Delta x\to 0}\dfrac{\Delta y}{\Delta x}=f'(x)$ 存在.

由具有极限的函数与无穷小的关系可知：

$$\frac{\Delta y}{\Delta x}=f'(x)+\alpha\ (\text{其中 }\alpha\text{ 是当 }\Delta x\to 0\text{ 时的无穷小})$$

$$\Delta y=f'(x)\Delta x+\alpha\Delta x$$

即 $\alpha\Delta x$ 是比 Δx 高阶的无穷小. 当 Δx 很小时，我们称 $f'(x)\Delta x$ 为 Δy 的线性主部. 因此，$\Delta y\approx f'(x)\Delta x$.

由此可以看出，用 $f'(x)\Delta x$ 近似代替 Δy，计算 Δy 更简化，并且 $|\Delta x|$ 越小，其近似程度就越高.

根据上面的分析，我们给出函数微分的定义.

定义　如果函数 $y=f(x)$ 在 x 处可导，则把 $f'(x)\Delta x$ 称为函数 $y=f(x)$ 在点 x 处的微分，此时也称 $f(x)$ 在 x 处可微. 记作 $dy=f'(x)\Delta x$.

规定 $dx=\Delta x$ 为自变量的微分，所以函数 $f(x)$ 在点 x 处的微分一般记作

$$dy=f'(x)\,dx$$

由 $dy=f'(x)dx$ 得 $f'(x)=\dfrac{dy}{dx}$，这就是说，函数的微分 dy 与自变量的微分 dx 之商等于该函数的导数，因此，导数也叫作微商. 以后记号 $\dfrac{dy}{dx}$ 可整体理解为函数 y 对 x 的导数，也可理解为函数微分与自变量微分之商.

由函数微分的定义，我们有以下结论：

函数 $y=f(x)$ 在 x 处可微的充要条件是函数 $y=f(x)$ 在 x 处可导.

例 1　求函数 $y=x^2$ 在 $x=1$，$\Delta x=0.01$ 时的改变量及微分.

解　$\Delta y=(x+\Delta x)^2-x^2=(1+0.01)^2-1^2=1.0201-1=0.0201$

函数在任意点的微分为 $dy=(x^2)'dx=2xdx$. 当 $x=1$，$\Delta x=0.01$ 时函数的微分为

$$dy=2\times1\times0.01=0.02$$

二、微分的几何意义

下面我们从几何直观上来分析微分的几何意义.

在直角坐标系中，作函数 $y=f(x)$的图形，它为一条曲线(如图 2－3 所示).

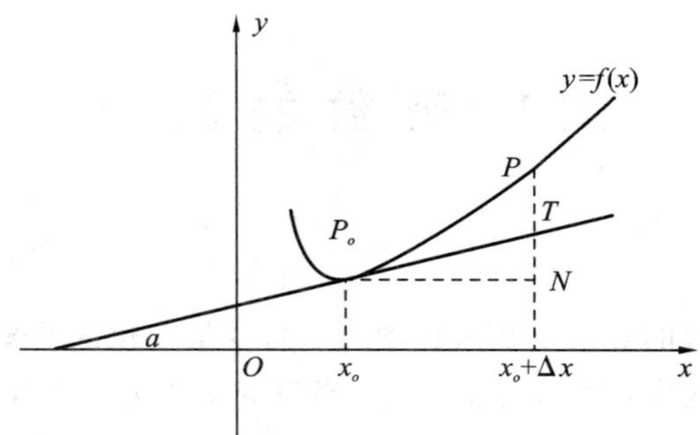

图 2－3

对于曲线上某一固定点 $P_o(x_o, y_o)$，当自变量在 x_o 处有一个微小增量 Δx 时，就能得到曲线上另一点 $P(x_o+\Delta x, y_o+\Delta y)$，这时曲线的纵坐标也有相应增量 Δy.

由图 2－3 可知：$P_oN=\Delta x$，$NP=\Delta y$.

过点 P_o作曲线的切线 P_oT，切线的倾角为 α，由导数的几何意义知，$\tan\alpha=f'(x_o)$.

在$\triangle P_oNT$ 中，$NT=\tan\alpha\cdot P_oN=f'(x_o)\cdot\Delta x=f'(x_o)dx=dy$.

由此可见，Δy 是函数曲线 $y=f(x)$的纵坐标相应于 Δx 的增量，dy 是曲线在 x_o 处的切线的纵坐标相应于 Δx 的增量，这就是微分的几何意义. 同时还能看到，dy 是 Δy 的一部分，$|\Delta y-dy|=|PT|$，当$|\Delta x|$很小时，$|\Delta y-dy|$比$|\Delta x|$要小得多，即 $\Delta y\approx dy$，因此在点 x_o 附近可用切线段来代替曲线段，这样用直线替代曲线，问题就简单多了.

三、微分的计算

由函数微分定义 $dy=f'(x)dx$，要求 $y=f(x)$ 的微分 dy，只要求出 $f'(x)$，再乘以 dy 即可，因此由求导公式及求导法则可以得到微分公式和微分法则. 下面仅列出微分的四则运算法则：

设函数 $u=u(x)$，$v=v(x)$ 都可导，则

(1) $d(u\pm v)=du\pm dv$;

(2) $d(uv)=vdu+udv$;

(3) $d\left(\frac{u}{v}\right)=\frac{vdu-udv}{v^2}$.

设函数 $u=\varphi(x)$在点 x 处可导，函数 $y=f(u)$在对应点 u 处也可导，则复合函数 $y=f(\varphi(x))$在点 x 处的微分为

$$dy=[f(\varphi(x))]'dx=f'(u)\varphi'(x)dx$$

由于 $du=\varphi'(x)dx$，所以复合函数 $y=f(\varphi(x))$在点 x 处的微分也可写成

$$dy=f'(u)du \qquad (2.3-1)$$

事实上，函数 $y=f(u)$在点 u 处也可导，则

$$dy=f'(u)du \tag{2.3-2}$$

由式(2.3-1)、式(2.3-2)可知，不论 u 是自变量还是中间变量，函数 $y=f(u)$的微分 $dy=f'(u)du$保持不变，将函数的这一性质称作一阶微分形式不变性.

例 2　设 $y=x\sin x$，求 dy.

解　利用微分公式和运算法则，有

$$\begin{aligned} dy &= d(x\sin x)=dx\cdot\sin x+xd\sin x \\ &= \sin xdx+x\cos xdx=(\sin x+x\cos x)dx \end{aligned}$$

例 3　设 $y=\sin(2x+3)$，求 dy.

解　方法一：利用 $dy=y'dx$ 及复合函数求导法则，有

$$\begin{aligned} dy &= [(\sin(2x+3)]'dx=\cos(2x+3)\cdot 2dx \\ &= 2\cos(2x+3)dx \end{aligned}$$

方法二：由一阶微分形式不变性，把 $2x+3$ 看成中间变量 u，则

$$\begin{aligned} dy &= d\sin u=\cos udu=\cos(2x+3)\cdot d(2x+3) \\ &= \cos(2x+3)\cdot 2dx=2\cos(2x+3)dx \end{aligned}$$

在求复合函数导数时，运算熟练后可以不写出中间变量. 同样在求复合函数微分时，熟练运算之后也可以不写出中间变量. 再看下例：

例 4　求 $y=e^{1-3x}\cos 2x$ 的微分 dy.

解　由微分法则和微分公式，得

$$\begin{aligned} dy &= d(e^{1-3x}\cos 2x)=d(e^{1-3x})\cdot\cos 2x+e^{1-3x}\cdot d(\cos 2x) \\ &= e^{1-3x}d(1-3x)\cdot\cos 2x+e^{1-3x}\cdot(-\sin 2x)\cdot d(2x) \\ &= e^{1-3x}\cdot(-3)dx\cdot\cos 2x+e^{1-3x}\cdot(-\sin 2x)\cdot 2dx \\ &= -e^{1-3x}(3\cos 2x+2\sin 2x)dx \end{aligned}$$

例 5　在下列等式左端的括号中填入适当的函数，使等式成立.

(1) $d(\qquad)=xdx$；

(2) $d(\qquad)=e^{-3x}dx$；

(3) $d(\qquad)=\sin\omega xdx$ (ω 为常数).

解　(1) 因为 $d(x^2)=2xdx$，所以

$$xdx=\frac{1}{2}d(x^2)=d\left(\frac{1}{2}x^2\right)\quad 即\quad d\left(\frac{1}{2}x^2\right)=xdx$$

一般地，有 $d\left(\frac{1}{2}x^2+c\right)=xdx$ (c 为任意常数).

(2) 因为 $d\left(-\frac{1}{3}e^{-3x}\right)=e^{-3x}dx$，所以

$$d\left(-\frac{1}{3}e^{-3x}+c\right)=e^{-3x}dx$$

(3) 因为$(\cos\omega t)'=-\omega\sin\omega t$，所以

$$\sin\omega t=\left(-\frac{1}{\omega}\cos\omega t\right)'\quad 即\quad d\left(-\frac{1}{\omega}\cos\omega t\right)=\sin\omega xdx$$

一般地，有 $d\left(-\frac{1}{\omega}\cos\omega t+c\right)=\sin\omega xdx$ (c 为任意常数).

四、由参数方程确定的函数的导数

设由参数方程 $\begin{cases} x=\varphi(t) \\ y=\psi(t) \end{cases}$，$t\in(\alpha,\beta)$确定的函数为 $y=f(x)$，其中函数 $\varphi(t)$、$\psi(t)$可导，且 $\varphi'(t)\neq 0$，则 $y=f(x)$可导，且

$$\frac{\mathrm{d}y}{\mathrm{d}x}=\frac{\psi'(t)}{\varphi'(t)},\ t\in(\alpha,\ \beta)$$

实际上，$\mathrm{d}y=\psi'(t)\mathrm{d}t$，$\mathrm{d}x=\varphi'(t)\mathrm{d}t$，故$\dfrac{\mathrm{d}y}{\mathrm{d}x}=\dfrac{\psi'(t)\mathrm{d}t}{\varphi'(t)\mathrm{d}t}=\dfrac{\psi'(t)}{\varphi'(t)}$，$t\in(\alpha,\ \beta)$.

例 6　求由参数方程$\begin{cases} x=1-t^2 \\ y=t-t^3 \end{cases}$确定的函数 $y=f(x)$的导数.

解　由参数方程的求导法则可得

$$\frac{\mathrm{d}y}{\mathrm{d}x}=\frac{(t-t^3)'}{(1-t^2)'}=\frac{1-3t^2}{-2t}=\frac{3t^2-1}{2t}$$

例 7　已知椭圆的参数方程为$\begin{cases} x=a\cos t \\ y=b\sin t \end{cases}$，求椭圆在 $t=\dfrac{\pi}{4}$处的切线方程.

解　当 $t=\dfrac{\pi}{4}$时，椭圆上的相应点 M_0 的坐标是

$$x_0=a\cos\frac{\pi}{4}=\frac{\sqrt{2}}{2}a,\ y_0=b\sin\frac{\pi}{4}=\frac{\sqrt{2}}{2}b$$

$$\frac{\mathrm{d}y}{\mathrm{d}x}=\frac{(b\sin t)'}{(a\cos t)'}=\frac{b\cos t}{-a\sin t}$$

曲线在点 M_0 处的切线斜率为

$$k=\left.\frac{\mathrm{d}y}{\mathrm{d}x}\right|_{t=\frac{\pi}{4}}=-\frac{b}{a}$$

切线方程为

$$y-\frac{\sqrt{2}}{2}b=-\frac{b}{a}\left(x-\frac{\sqrt{2}}{2}a\right)$$

$$bx+ay-\sqrt{2}ab=0$$

五、微分在近似计算中的应用

利用微分可以把一些复杂的计算公式改用简单的近似公式来代替.

如果函数 $y=f(x)$在 x 处的导数 $f'(x)\neq 0$，且当$|\Delta x|$很小时，微分 $\mathrm{d}y=f'(x)\Delta x$ 就是函数增量 Δy 的近似值，并且它们的误差随 $\Delta x\to 0$ 而趋向于零，于是我们可以得到函数增量的近似计算公式：

$$\Delta y\approx \mathrm{d}y=f'(x)\Delta x \tag{2.3-3}$$

又因为 $\Delta y=f(x+\Delta x)-f(x)=f(x)-f(x_0)$，因此可以得到函数值的近似计算公式：

$$f(x+\Delta x)\approx f(x)+f'(x)\Delta x \text{ 或 } f(x)\approx f(x_0)+f'(x_0)\Delta x \tag{2.3-4}$$

上述两个近似计算公式，$|\Delta x|$越小，其精确度越好，在实际问题中应用很广.

例 8　利用微分计算 $\sin 30°30'$的值.

解　首先将 $30°30'$化为弧度为 $\sin 30°30' = \sin\left(\frac{\pi}{6}+\frac{\pi}{360}\right)$，设函数 $f(x)=\sin x$，则 $f'(x)=\cos x$，可取 $x_0=\frac{\pi}{6}$，$\Delta x=\frac{\pi}{360}$，故

$$\begin{aligned}\sin 30°30' &= \sin\left(\frac{\pi}{6}+\frac{\pi}{360}\right)\approx \sin\frac{\pi}{6}+\cos\frac{\pi}{6}\cdot\frac{\pi}{360}\\ &=\frac{1}{2}+\frac{\sqrt{3}}{2}\cdot\frac{\pi}{360}\approx 0.5076\end{aligned}$$

即

$$\sin 30°30' \approx 0.5076$$

例 9　利用微分求 $\sqrt{4.2}$的近似值.

解　可设函数 $f(x)=\sqrt{x}$，则 $f'(x)=\frac{1}{2\sqrt{x}}$. 可取 $x_0=4$，$\Delta x=0.2$(为自变量在 $x=4$ 处的较小增量)，于是

$$\begin{aligned}\sqrt{4.2}&=f(4+0.2)\approx f(4)+\frac{1}{2\sqrt{x}}\Big|_{x=4}\times 0.2\\ &=2+\frac{1}{4}\times 0.2=2.05\end{aligned}$$

即

$$\sqrt{4.2}\approx 2.05$$

能力训练题 2.3

1. 已知函数 $y=x^2+x$，当 $x=3$，$\Delta x=0.01$ 时，求：

(1) 由 $\Delta y=f(x+\Delta x)-f(x)$计算函数的增量；

(2) 由 $\mathrm{d}y=f'(x)\mathrm{d}x$ 计算函数的微分.

2. 求函数 $y=x^3-x$ 当自变量从 2 变到 1.99 时在 $x=2$ 处的微分.

3. 求下列函数的微分：

(1) $y=\sqrt{1-x^2}$；　(2) $y=\ln x^2$；

(3) $y=\mathrm{e}^{-x}\cos x$；　(4) $y=(\mathrm{e}^x+\mathrm{e}^{-x})^2$；

(5) $y=x\sin 2x$；　(6) $y=\tan^2(1+2x^2)$；

(7) $y=\frac{1-\sin x}{1+\sin x}$；　(8) $y=\arcsin\sqrt{1+x^2}$；

(9) $y=\sin(\mathrm{e}^{\frac{1}{x}})$；　(10) $y=\ln\sin(x+1)^2$.

4. 将适当函数填入下列括号内，使等式成立.

(1) $\mathrm{d}(\qquad)=a\mathrm{d}x$ (a 为常数)；　(2) $\mathrm{d}(\qquad)=3x\mathrm{d}x$；

(3) $\mathrm{d}(\qquad)=\frac{1}{x+1}\mathrm{d}x$；　(4) $\mathrm{d}(\qquad)=\mathrm{e}^{2x}\mathrm{d}x$；

(5) $\mathrm{d}(\qquad)=\frac{1}{\sqrt{x}}\mathrm{d}x$；　(6) $\mathrm{d}(\qquad)=\frac{1}{x^2+1}\mathrm{d}x$；

(7) d(　　　)$=\cos x\mathrm{d}x$；　　(8) d(　　　)$=\sec^2 3x\mathrm{d}x$；

(9) d(　　　)$=\dfrac{x}{\sqrt{x^2+1}}\mathrm{d}x$；　　(10) d(　　　)$=\sin 2x\mathrm{d}x$.

5. 求由参数方程所确定的函数 $y=f(x)$的导数.

(1) $\begin{cases}x=2\mathrm{e}^t\\ y=\mathrm{e}^{-t}\end{cases}$；　　(2) $\begin{cases}x=1+t^2\\ y=1-t^3\end{cases}$；

(3) $\begin{cases}x=at\cos t\\ y=at\sin t\end{cases}$ (a 为常数)；　　(4) $\begin{cases}x=\ln t\\ y=\dfrac{1}{1-t}\end{cases}$.

6. 计算下列函数值的近似值：

(1) $\cos 29°$；　(2) $\tan 46°$；　(3) $\sqrt{1.014}$；　(4) $\mathrm{e}^{1.01}$.

2.4 高阶导数

一般地，函数 $y=f(x)$的导数 $f'(x)$仍是 x 的函数，如果导数 $f'(x)$在点 x 处仍可导，则称 $f'(x)$在点 x 处的导数为 $f(x)$在点 x 处的二阶导数. 记作

$$y'',\ f''(x)\quad 或\quad \frac{\mathrm{d}^2y}{\mathrm{d}x^2},\ \frac{\mathrm{d}^2f(x)}{\mathrm{d}x^2}$$

类似地，二阶导数 $f''(x)$的导数称作函数 $y=f(x)$的三阶导数. 记作

$$y''',f'''(x)\quad 或\quad \frac{\mathrm{d}^3y}{\mathrm{d}x^3},\ \frac{\mathrm{d}^3f(x)}{\mathrm{d}x^3}$$

一般地，若 $y=f(x)$的 $n-1$ 阶导数存在，我们称 $y=f(x)$的 $n-1$ 阶导数的导数为 $y=f(x)$的 n 阶导数，记作

$$y^{(n)},f^{(n)}(x)\quad 或\quad \frac{\mathrm{d}^ny}{\mathrm{d}x^n},\ \frac{\mathrm{d}^nf(x)}{\mathrm{d}x^n}$$

二阶或二阶以上的导数统称为高阶导数，$f'(x)$ 也称作函数 $y=f(x)$的一阶导数.

函数 $y=f(x)$的各阶导数在点 $x=x_0$处的导数值记作

$$f'(x_0),\ f''(x_0),\ f'''(x_0),\ f^{(4)}(x_0),\ \cdots,\ f^{(n-1)}(x_0),\ f^{(n)}(x_0)$$

由高阶导数的定义可知，高阶导数的求导方法就是对函数多次连续求导.

例 1 求 $y=x^6$ 的各阶导数.

解
$$y'=6x^5$$
$$y''=30x^4$$
$$y'''=120x^3$$
$$y^{(4)}=360x^2$$
$$y^{(5)}=720x$$
$$y^{(6)}=720$$
$$y^{(7)}=y^{(8)}=\cdots=y^{(n)}=0$$

一般地，如 $y=x^n$(n 为正整数)，则 $y^{(n)}=n!$，$y^{(n+1)}=0$.

例 2 求 n 次多项式 $y=a_0x^n+a_1x^{n-1}+\cdots+a_n$的各阶导数.

解
$$y'=na_0x^{n-1}+a_1(n-1)x^{n-2}+\cdots+a_{n-1}$$
$$y''=n(n-1)a_0x^{n-2}+a_1(n-1)(n-2)x^{n-3}+\cdots+2a_{n-2}$$
可见每求导一次，多项式的次数就降低一次，于是
$$y^{(n)}=n(n-1)\cdots 3\cdot 2\cdot 1\cdot a_0=n!\ a_0$$
因此
$$y^{(n+1)}=y^{(n+2)}=\cdots=0$$
这就是说，n 次多项式的一切高于 n 阶的导数都是零.

例 3　求 $y=\mathrm{e}^{ax}$ 的 n 阶导数.

解
$$y'=a\mathrm{e}^{ax}$$
$$y''=a\cdot a\mathrm{e}^{ax}$$
$$y'''=a\cdot a^2\mathrm{e}^{ax}$$
依次类推，可得
$$y^{(n)}=a^n\mathrm{e}^{ax}\qquad (n\in\mathbf{N})$$

例 4　求 $y=\sin x$ 的 n 阶导数.

解
$$y'=\cos x=\sin\left(x+\frac{\pi}{2}\right)$$
$$y''=\cos\left(x+\frac{\pi}{2}\right)=\sin\left[x+\frac{2\pi}{2}\right]$$
$$y'''=\cos\left(x+\frac{2\pi}{2}\right)=\sin\left[x+\frac{3\pi}{2}\right]$$
依次类推，可得
$$y^{(n)}=\sin\left[x+\frac{n\pi}{2}\right]$$

如果 $y=f(x)$是由方程 $F(x,y)=0$ 所确定的隐函数，求 $y=f(x)$的二阶导数，只需用隐函数的求导方法求出一阶导数$\frac{\mathrm{d}y}{\mathrm{d}x}$后，再继续用隐函数的求导方法将$\frac{\mathrm{d}y}{\mathrm{d}x}$对 x 求导即可，但需注意这里 y 和 y'均为 x 的函数.

例 5　求由方程 $x\mathrm{e}^y-y=\mathrm{e}$ 确定的函数 $y=f(x)$的二阶导数.

解　方程两边对 x 求导，得
$$\mathrm{e}^y+x\mathrm{e}^yy'-y'=0$$
得
$$y'=\frac{\mathrm{e}^y}{1-x\mathrm{e}^y}$$
上式再对 x 求导，得
$$y''=\frac{\mathrm{e}^yy'(1-x\mathrm{e}^y)-\mathrm{e}^y(-\mathrm{e}^y-x\mathrm{e}^yy')}{(1-x\mathrm{e}^y)^2}=\frac{\mathrm{e}^y(y'+\mathrm{e}^y)}{(1-x\mathrm{e}^y)^2}$$
将 $y'=\frac{\mathrm{e}^y}{1-x\mathrm{e}^y}$代入上式，得
$$y''=\frac{\mathrm{e}^y\left(\frac{\mathrm{e}^y}{1-x\mathrm{e}^y}+\mathrm{e}^y\right)}{(1-x\mathrm{e}^y)^2}=\frac{\mathrm{e}^{2y}(2-x\mathrm{e}^y)}{(1-x\mathrm{e}^y)^3}$$

如果 $y=f(x)$是由参数方程$\begin{cases}x=\varphi(t)\\y=\psi(t)\end{cases}$，$t\in(\alpha,\beta)$ 确定的，求 $y=f(x)$的二阶导数，只需用微分和高阶导数的定义计算即可.

$$\mathrm{d}y=\psi'(t)\mathrm{d}t,\ \mathrm{d}x=\varphi'(t)\mathrm{d}t$$

$$y'=\frac{\mathrm{d}y}{\mathrm{d}x}=\frac{\psi'(t)\mathrm{d}t}{\varphi'(t)\mathrm{d}t}=\frac{\psi'(t)}{\varphi'(t)}\quad t\in(\alpha,\ \beta)$$

$$\mathrm{d}y'=\left(\frac{\psi'(t)}{\varphi'(t)}\right)'\mathrm{d}t$$

$$y''=\frac{\mathrm{d}}{\mathrm{d}x}\left(\frac{\mathrm{d}y}{\mathrm{d}x}\right)=\frac{\mathrm{d}y'}{\mathrm{d}x}$$

例 6 求由参数方程$\begin{cases}x=1-t^2\\y=t-t^3\end{cases}$确定的函数 $y=f(x)$的二阶导数.

解 $\mathrm{d}x=-2t\mathrm{d}t$，$\mathrm{d}y=(1-3t^2)\mathrm{d}t$

$$y'=\frac{\mathrm{d}y}{\mathrm{d}x}=\frac{(1-3t^2)\mathrm{d}t}{-2t\mathrm{d}t}=\frac{1-3t^2}{-2t}=\frac{3t^2-1}{2t}$$

$$\mathrm{d}y'=\left(\frac{3t^2-1}{2t}\right)'\mathrm{d}t=\frac{3t^2+1}{2t^2}\mathrm{d}t$$

$$y''=\frac{\mathrm{d}y'}{\mathrm{d}x}=\frac{\frac{3t^2+1}{2t^2}\mathrm{d}t}{-2t\mathrm{d}t}=-\frac{3t^2+1}{4t^3}$$

能力训练题 2.4

1. 求下列各函数的二阶导数 y''：

(1) $y=\mathrm{e}^{\sqrt{x}}$；

(2) $y=\mathrm{e}^{\cos x}$；

(3) $y=\ln(x-\sqrt{x^2-a^2})$；

(4) $y=\sin^2 x$；

(5) $y=\dfrac{x^2}{\sqrt{1+x^2}}$；

(6) $y=(1+x^2)\arctan x$；

(7) $y=\mathrm{e}^{-x}\cos 2x$；

(8) $y=x^4-6x^3+3$；

(9) $y=x\mathrm{e}^{x^2}$；

(10) $y=x\ln x$.

2. 求下列函数的高阶导数值：

(1) $y=2^x$，求 $y'''(2)$；

(2) $y=x^5-7x^3+2$，求 $y'''(-1)$；

(3) $y=\arctan x$，求 $y''(-1)$；

(4) $y=\ln\dfrac{2-x}{2+x}$，求 $y''(1)$；

(5) $y=x^4+x^3+x^2+x+1$，求 $y'(0)$，$y''(0)$，$y'''(0)$，$y^{(4)}(0)$；

(6) $y=\ln(\ln x)$，求$y''|_{x=\mathrm{e}^2}$；

(7) $y=\tan\dfrac{x}{2}$，求$y''|_{x=\frac{2\pi}{3}}$；

(8) $f(x)=\mathrm{e}^{2x-1}$，求 $f''(0)$；

(9) $f(x)=\sin x+\ln x$，求 $f''(1)$；

(10) $y=x\ln x$，求 $y^{(10)}(1)$.

3. 求由下列方程所确定的隐函数 $y=f(x)$的二阶导数：

(1) $x^2-y^2=1$；　　(2) $y=1+xe^y$；

(3) $e^y+xy=e$；　　(4) $y=\sin(x+y)$.

4. 求由下列参数方程所确定的函数 $y=f(x)$的二阶导数：

(1) $\begin{cases}x=2e^t\\y=e^{-t}\end{cases}$；　　(2) $\begin{cases}x=1+t^2\\y=1-t^3\end{cases}$；

(3) $\begin{cases}x=a\cos t\\y=b\sin t\end{cases}$ (a、b 为常数)；　　(4) $\begin{cases}x=\arctan t\\y=1-\ln(1+t^2)\end{cases}$.

2.5　微分中值定理与洛必达法则

在前面的学习中，我们研究了导数的概念及基本运算. 导数在自然科学与工程技术上有着极其广泛的应用. 用导数去研究函数各种性质的过程中，微分中值定理起了桥梁作用，是导数应用的理论基础，它们在微分学理论中占有重要地位. 本节将在介绍微分中值定理的基础上，引出计算未定式极限的新方法——洛必达法则.

一、微分中值定理

定理 1 (罗尔定理)　设函数 $f(x)$满足下列条件：

(1) 在闭区间$[a, b]$上连续；

(2) 在开区间(a, b)内可导；

(3) $f(a)=f(b)$；

则在(a, b)内至少存在一点 ξ，使 $f'(\xi)=0$.

证明从略.

罗尔定理的几何意义：如果连续曲线除端点外，处处都有不垂直于 Ox 轴的切线，且两端点处的纵坐标相等，那么其上至少有一条平行于 Ox 轴的切线(如图 2-4 所示).

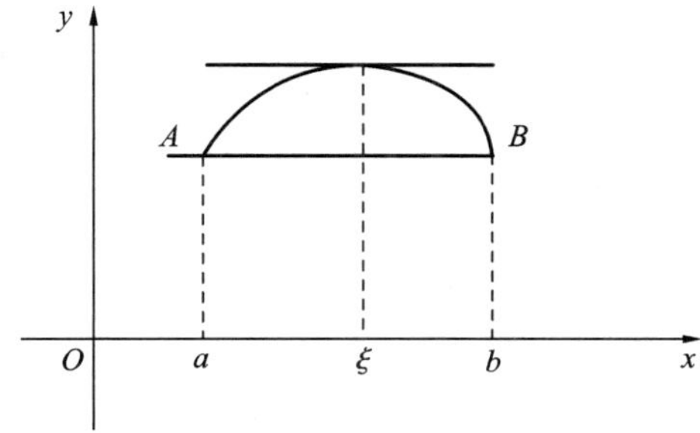

图 2-4

值得注意的是，该定理要求 $f(x)$应同时满足三个条件，若 $f(x)$不能同时满足这三个条件，则结论就可能不成立. 图 2-5 直观地说明了当其中一个条件不满足时，结论不成立，即在开区间(a, b)内不存在水平切线.

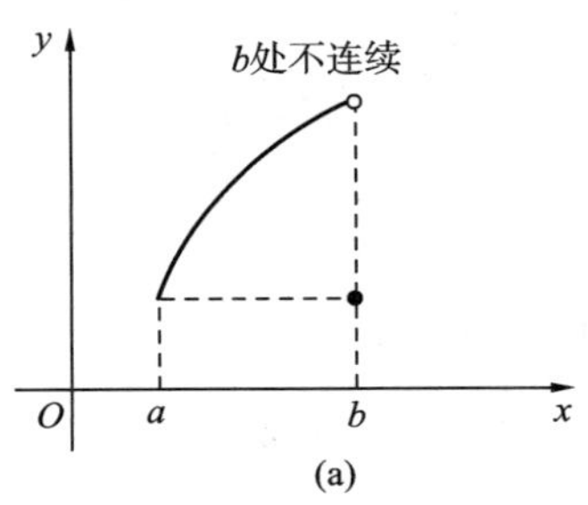

(a)

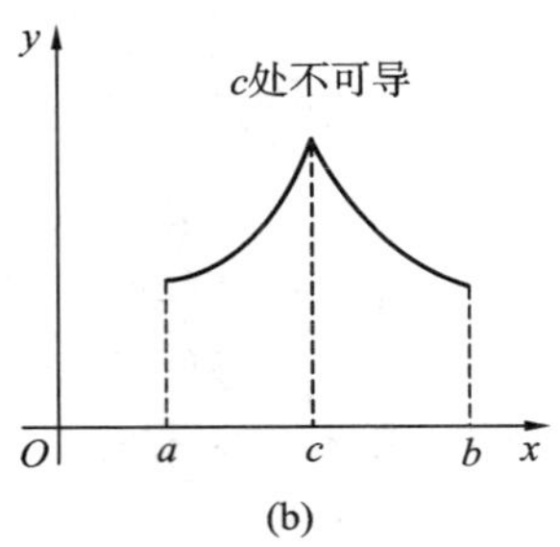

(b)

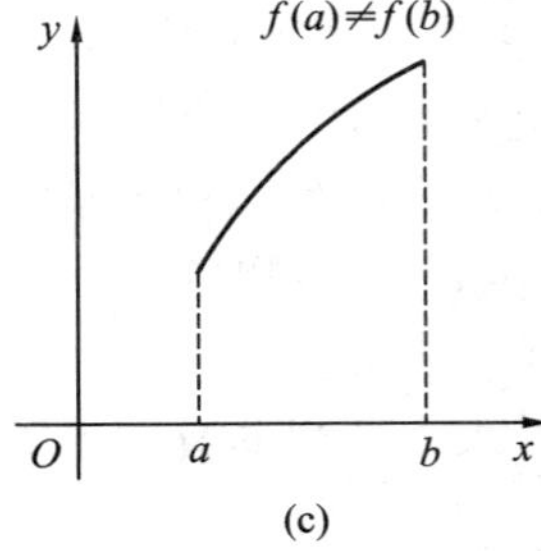

(c)

图 2-5

定理 2(拉格朗日中值定理)　如果函数 $f(x)$满足下列条件：

(1) 在闭区间$[a, b]$上连续；

(2) 在开区间(a, b)内可导.

则在(a, b)内至少有一点 ξ，使得

$$f(b)-f(a)=f'(\xi)(b-a)$$

或

$$\frac{f(b)-f(a)}{b-a}=f'(\xi)$$

拉格朗日中值定理的几何意义：

如果连续曲线除端点外，处处都具有不垂直于 Ox 轴的切线，那么该曲线上至少有这样一点存在，在该点处曲线的切线平行于连接两端点的直线(如图 2-6 所示).

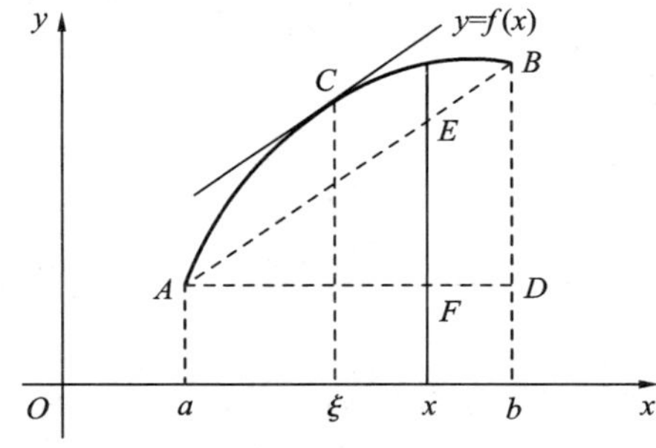

图 2-6

怎样证明呢？从图形上看，如果能把弓形 ABC 放置到水平位置，它就是罗尔定理的几何意义. 为此需要把$\triangle ABD$ 移掉，即在 $x\in[a, b]$对应的 $f(x)$中减去对应于$\triangle ABD$ 中的一段. 具体地讲，构造一个函数 $F(x)$，使

$$F(x)=f(x)-EF=f(x)-\frac{f(b)-f(a)}{b-a}(x-a)$$

证　令

$$F(x)=f(x)-\frac{f(b)-f(a)}{b-a}(x-a)$$

显然 $F(x)$在$[a, b]$上连续，(a, b)内可导，而

$$F(a)=F(b)=f(a)$$

从而可知 $F(x)$满足罗尔定理. 至少存在一点 $\xi\in(a, b)$，使 $F'(\xi)=0$，即

$$f(b)-f(a)=f'(\xi)(b-a)$$

定理得证.

拉格朗日中值定理给出了函数在一个区间上的增量与函数在区间内某点处导数之间的关系.

若 $f(t)$表示物体在时刻 t 时的位置，则由时刻 t 物体的平均速度为

$$\frac{f(b)-f(a)}{b-a}$$

拉格朗日中值定理说明，物体由时刻 a 到时刻 b 的平均速度等于它在某个时刻 $\xi\in(a,b)$的瞬时速度 $v=f'(\xi)$. 假定 $f(t)$满足定理的条件，即

$$\frac{f(b)-f(a)}{b-a}=v=f'(\xi)$$

例 1　函数 $f(x)=x^3-3x$ 在$[0,2]$上满足拉格朗日定理的条件吗？如果满足，请写出其结论.

解　显然 $f(x)$在$[0,2]$上连续，在$(0,2)$内可导，定理条件满足，且

$$f'(x)=3x^2-3$$

所以有以下等式：

$$\frac{f(2)-f(0)}{2-0}=f'(\xi)$$

$$f(2)=2,\ f(0)=0,\quad f'(\xi)=3\xi^2-3$$

将这些值代入，可解得 $\xi=\frac{2}{\sqrt{3}}$，这个 ξ 是在开区间$(0,2)$内的.

推论 1　设函数 $f(x)$在(a,b)内满足 $f'(x)\equiv 0$，则在(a,b)内，$f(x)\equiv C$(C 为常数).

推论 2　若对(a,b)内任意 x，均有 $f'(x)=g'(x)$,则在(a,b)内 $f(x)$与 $g(x)$之间只相差一个常数，即 $f(x)=g(x)+C$ (C 为常数).

证明从略.

定理 3(柯西定理)　若函数 $f(x)$和 $F(x)$在闭区间$[a,b]$上连续，在开区间(a,b)内可导，且 $F'(x)$在(a,b)内恒不为零. 则至少存在一点 $\xi\in(a,b)$，使$\frac{f(b)-f(a)}{F(b)-F(a)}=\frac{f'(\xi)}{F'(\xi)}$.

证明从略.

上述三个定理指出，在一定条件下，必有那样的 ξ 存在，而且可能不止一个，尽管定理并没有指出 ξ 在(a,b)内的具体位置，但是 ξ 客观上存在这个事实，在理论上已经具有重要意义，因此人们常称之为微分学基本定理或微分中值定理.

例 2　不求函数 $f(x)=(x-1)(x-2)(x-3)$的导数，说明方程 $f'(x)=0$ 有几个实根，并指出它们所在的区间.

解　显然,$f(x)$在区间$[1,2]$、$[2,3]$上都满足罗尔定理，所以至少有 $x_1\in(1,2)$，$x_2\in(2,3)$，使 $f'(x_1)=0$，$f'(x_2)=0$，即方程 $f'(x)=0$ 至少有两个实根，又因为 $f'(x_1)=0$是一个一元二次方程，最多有两个实根，所以方程 $f'(x)=0$，有且仅有两个实根，且分别在区间$(1,2)$和$(2,3)$内.

例 3　证明：当 $x>0$ 时，有$\frac{x}{1+x}<\ln(1+x)<x$.

证　$f(t)=\ln(1+t)$在闭区间$[0,x]$上满足拉格朗日定理的条件，又 $f'(t)=\frac{1}{1+t}$，故

存在 $\xi\in[0, x]$，有

$$\frac{f(x)-f(0)}{x-0}=f'(\xi)$$

即

$$\frac{\ln(1+x)-\ln 1}{x}=\frac{1}{1+\xi}$$

$$\ln(1+x)=\frac{x}{1+\xi}$$

因为 $0<\xi<x$，所以

$$\frac{x}{1+x}<\frac{x}{1+\xi}<x$$

即可得

$$\frac{x}{1+x}<\ln(1+x)<x$$

二、洛必达法则

1. $\frac{0}{0}$或$\frac{\infty}{\infty}$型未定式的极限

当 $x\to x_0$(或 $x\to\infty$)时，若 $f(x)$与 $\varphi(x)$都趋于零或无穷大，那么极限 $\lim\limits_{\substack{x\to x_0\\(x\to\infty)}}\frac{f(x)}{\varphi(x)}$可能存在，也可能不存在，通常把这种极限叫作未定式，并分别记作$\frac{0}{0}$或$\frac{\infty}{\infty}$.下面给出计算$\frac{0}{0}$或$\frac{\infty}{\infty}$型未定式的极限的洛必达法则.

定理 4(洛必达法则) 设 $f(x)$、$\varphi(x)$在点 x_0 的某个去心邻域内有定义，若满足

(1) $\lim\limits_{x\to x_0}f(x)=\lim\limits_{x\to x_0}\varphi(x)=0$(或$\lim\limits_{x\to x_0}f(x)=\lim\limits_{x\to x_0}\varphi(x)=\infty$)；

(2) $f(x)$、$\varphi(x)$在点 x_0 的某个去心邻域内可导，且 $\varphi'(x)\neq 0$；

(3) $\lim\limits_{x\to x_0}\frac{f'(x)}{\varphi'(x)}$存在(或为无穷大)，

则

$$\lim_{x\to x_0}\frac{f(x)}{\varphi(x)}=\lim_{x\to x_0}\frac{f'(x)}{\varphi'(x)}$$

证明从略.

说明 ① 如果$\frac{f'(x)}{\varphi'(x)}$，当 $x\to x_0$ 时仍属$\frac{0}{0}\left(或\frac{\infty}{\infty}\right)$型时，且这时 $f'(x)$、$\varphi'(x)$能满足定理中 $f(x)$、$\varphi(x)$所要满足的条件，那么可再继续用洛必达法则.

② 定理中的 $x\to x_0$ 换为 $x\to\infty$(或其他趋势)时，结论也成立.

例 4 计算 $\lim\limits_{x\to 0}\frac{\sqrt[3]{1+x^2}-1}{x^2}$.

解 所求极限为“$\frac{0}{0}$”型未定型，运用洛必达法则，得

$$\lim_{x\to0}\frac{\sqrt[3]{1+x^2}-1}{x^2}=\lim_{x\to0}\frac{(\sqrt[3]{1+x^2}-1)'}{(x^2)'}\lim_{x\to0}\frac{\frac{1}{3}(1+x^2)^{-\frac{2}{3}}\cdot 2x}{2x}=\frac{1}{3}$$

本题的解法二，是利用第一章介绍的方法，乘以分子的有理化因式，再行计算.

例 5　计算$\lim\limits_{x\to1}\dfrac{x^3-3x+2}{x^3-x^2-x+1}$.

解
$$\lim_{x\to1}\frac{x^3-3x+2}{x^3-x^2-x+1}=\lim_{x\to1}\frac{3x^2-3}{3x^2-2x-1}=\lim_{x\to1}\frac{6x}{6x-2}=\frac{3}{2}$$

注意　上式中的$\lim\limits_{x\to1}\dfrac{6x}{6x-2}$已不是未定式，不能再应用洛必达法则，否则将导致错误结果.

例 6　计算$\lim\limits_{x\to0}\dfrac{a^x-b^x}{\ln(1+x)}$　　$(a>0,\ a\neq1,\ b>0,\ b\neq1)$.

解　所求极限为"$\dfrac{0}{0}$"型的未定型，故有
$$\lim_{x\to0}\frac{a^x-b^x}{\ln(1+x)}=\lim_{x\to0}\frac{(a^x-b^x)'}{[\ln(1+x)]'}=\lim_{x\to0}\frac{a^x\ln a-b^x\ln b}{\frac{1}{1+x}}=\ln a-\ln b=\ln\frac{a}{b}$$

例 7　计算$\lim\limits_{x\to0}\dfrac{x-\sin x}{\tan(x^3)}$.

解　所求极限为"$\dfrac{0}{0}$"型未定型，运用洛必达法则，得

解法 1
$$\lim_{x\to0}\frac{x-\sin x}{\tan(x^3)}=\lim_{x\to0}\frac{1-\cos x}{(\sec^2x^3)\cdot 3x^2}=\lim_{x\to0}\frac{1-\cos x}{3x^2}=\lim_{x\to0}\frac{\sin x}{6x}=\frac{1}{6}$$

上式第二个等号先求出了，$\lim\limits_{x\to0}\sec^2(x^3)=1$，得到的仍是"$\dfrac{0}{0}$"型.

解法 2　由于 $x\to0$ 时，$\tan(x^3)\sim x^3$，$1-\cos x\sim\dfrac{1}{2}x^2$ 可以用等价无穷小替换，然后再使用洛必达法则求出其极限.
$$\lim_{x\to0}\frac{x-\sin x}{\tan x^3}=\lim_{x\to0}\frac{x-\sin x}{x^3}=\lim_{x\to0}\frac{1-\cos x}{3x^2}=\lim_{x\to0}\frac{\frac{1}{2}x^2}{3x^2}=\frac{1}{6}$$

例 8　计算 $\lim\limits_{x\to+\infty}\dfrac{\ln x}{x^\alpha}$ $(\alpha>0)$.

解　所求的极限是"$\dfrac{\infty}{\infty}$"型，运用洛必达法则，可得
$$\lim_{x\to+\infty}\frac{\ln x}{x^\alpha}=\lim_{x\to+\infty}\frac{\frac{1}{x}}{\alpha\cdot x^{\alpha-1}}=\lim_{x\to+\infty}\frac{1}{\alpha\cdot x^\alpha}=0$$

从本例可以看出，当 $x\to\infty$时，x^α要比 $\ln x$ 增长得快很多，说明前者是后者的高阶无穷大.

例 9　计算 $\lim\limits_{x\to+\infty}\dfrac{x^n}{e^x}$，其中 n 为正整数.

解　所求的极限是"$\dfrac{\infty}{\infty}$"型，我们连续 n 次施行洛必达法则，得

$$\lim_{x\to+\infty}\frac{x^n}{e^x}=\lim_{x\to+\infty}\frac{nx^{n-1}}{e^x}=\lim_{x\to+\infty}\frac{n(n-1)x^{n-2}}{e^x}=\cdots=\lim_{x\to+\infty}\frac{n!}{e^x}=0$$

从本例可以看出，当 $x\to+\infty$ 时，指数函数 e^x 要比幂函数 x^n 增长得快很多，说明前者是后者的高阶无穷大.

2. 其他类型未定式的极限

未定式的类型有很多，除 $\frac{0}{0}$ 与 $\frac{\infty}{\infty}$ 型基本的两类外，还有其他 $0\cdot\infty$、$\infty-\infty$、0^0、1^∞、∞^0 等类型，对于这几种未定式，可以设法转化为 $\frac{0}{0}$ 或 $\frac{\infty}{\infty}$ 两种类型后，再使用洛必达法则求极限.

例 10 计算 $\lim\limits_{x\to0^+}x^n\ln x$ $(n>0)$.

解 所求极限为 $0\cdot\infty$ 型的未定型，先将 $x^n\ln x$ 改写成 $\frac{\ln x}{x^{-n}}$ 使之转化为“$\frac{\infty}{\infty}$”型的未定型，于是有

$$\lim_{x\to0^+}x^n\ln x=\lim_{x\to0^+}\frac{\ln x}{x^{-n}}=\lim_{x\to0^+}\frac{\frac{1}{x}}{-n\cdot x^{-n-1}}=-\lim_{x\to0^+}\frac{1}{nx^{-n}}=-\lim_{x\to0^+}\frac{x^n}{n}=0$$

注意 $0\cdot\infty$ 型未定型既可以转化为“$\frac{0}{0}$”型，也可以转化为“$\frac{\infty}{\infty}$”型，究竟如何转化，应该考虑变形后分子、分母的导数以及它们比的极限，以极限易求为准则.

例 11 计算 $\lim\limits_{x\to1}(1-x)\tan\left(\frac{\pi}{2}x\right)$.

解 所求极限为 $0\cdot\infty$ 未定型，我们将它转化为“$\frac{0}{0}$”型计算.

$$\lim_{x\to1}(1-x)\tan\left(\frac{\pi}{2}x\right)=\lim_{x\to1}\frac{1-x}{\cot\left(\frac{\pi}{2}x\right)}=\lim_{x\to1}\frac{-1}{-\frac{\pi}{2}\csc^2\left(\frac{\pi}{2}x\right)}=\frac{2}{\pi}$$

例 12 计算 $\lim\limits_{x\to1}\left(\frac{x}{x-1}-\frac{1}{\ln x}\right)$.

解 所求极限为 $\infty-\infty$ 型，通常应该通分后，再运用洛必达法则，本例要两次运用该法则.

$$\lim_{x\to1}\left(\frac{x}{x-1}-\frac{1}{\ln x}\right)=\lim_{x\to1}\frac{x\ln x-x+1}{(x-1)\ln x}=\lim_{x\to1}\frac{1+\ln x-1}{\frac{x-1}{x}+\ln x}=\lim_{x\to1}\frac{\frac{1}{x}}{\left[\frac{x-(x-1)}{x^2}+\frac{1}{x}\right]}=\frac{1}{2}$$

例 13 求 $\lim\limits_{x\to0^+}x^x$. (0^0 型)

解 利用对数恒等式有，$x^x=e^{x\ln x}$，所以

$$\lim_{x\to0^+}x^x=\lim_{x\to0^+}e^{x\ln x}=e^{\lim\limits_{x\to0^+}x\ln x}$$

而

$$\lim_{x\to0^+}x\ln x(0\cdot\infty\text{ 型})=\lim_{x\to0^+}\frac{\ln x}{\frac{1}{x}}\left(\frac{\infty}{\infty}\text{ 型}\right)=\lim_{x\to0^+}\frac{\frac{1}{x}}{-\frac{1}{x^2}}=\lim_{x\to0^+}(-x)=0$$

所以

$$\lim_{x\to0^+}x^x=e^{\lim\limits_{x\to0^+}x\ln x}=e^0=1$$

例 14　$\lim\limits_{x\to\infty}\dfrac{x-\sin x}{x+\sin x}$.

解　所求的极限是“$\frac{\infty}{\infty}$”型，运用洛必达法则，有

$$\lim_{x\to\infty}\frac{x-\sin x}{x+\sin x}=\lim_{x\to\infty}\frac{1-\cos x}{1+\cos x}$$

这个极限不存在，但运用第一章的方法计算，实际上

$$\lim_{x\to\infty}\frac{x-\sin x}{x+\sin x}=\lim_{x\to\infty}\frac{1-\frac{\sin x}{x}}{1+\frac{\sin x}{x}}=1.$$

我们看到，这个问题运用洛必达法则得到了错误的结论，究其原因，可知这个未定式问题不满足洛必达法则的条件(3)，因此不能应用洛必达法则.

注意　运用洛必达法则要注意两点：

(1) 每次使用该法则之前，必须检查是否为“$\frac{0}{0}$”或“$\frac{\infty}{\infty}$”型，否则不能够使用.

(2) 洛必达法则的条件是充分不必要的，因此，使用洛必达法则失效时，该题目的极限仍然可能存在，但需要采取其他方法.

能力训练题 2.5

1. 判断题.

(1) 函数 $f(x)$在$[a, b]$上连续，且 $f(a)=f(b)$，则至少存在一点 $\xi\in(a, b)$，使 $f'(\xi)=0$.

(2) 若函数 $f(x)$在$[a, b]$上连续，在(a, b)内可导，且 $f(a)\neq f(b)$，则一定不存在 $f'(\xi)=0$，$\xi\in(a, b)$.

(3) 设函数 $f(x)$、$g(x)$在$[a, b]$上连续，在(a, b)内可导，且在(a, b)内，$f'(x)\leqslant g'(x)$，则有 $f(b)-f(a)\leqslant g(b)-g(a)$.

(4) 函数 $f(x)=1-\sqrt[3]{x^2}$在$[-1, 1]$上满足罗尔定理的条件.

(5) 函数 $f(x)=\begin{cases}\dfrac{3-x^2}{2}, & 0\leqslant x\leqslant1\\ \dfrac{1}{x}, & 1<x<+\infty\end{cases}$ 在$[0, 2]$上满足拉格朗日定理条件.

2. 单项选择题.

(1) 下列函数中，在区间$[-1, 1]$上满足罗尔定理条件的是________.

A. $f(x)=e^x$　　　　B. $g(x)=\ln|x|$

C. $h(x)=1-x^2$　　D. $k(x)=\begin{cases} x\sin\dfrac{1}{x}, & x\neq 0 \\ 0, & x=0 \end{cases}$

(2) 罗尔定理的条件是其结论成立的________.

A. 充分条件　　B. 必要条件　　C. 充要条件

(3) 若函数 $f(x)$在$[a, b]$上连续，在(a, b)内可导，则在 a、b 之间满足 $f'(\xi)=\dfrac{f(b)-f(a)}{b-a}$的点 ξ ______.

A. 必存在且只有一个　　B. 不一定存在

C. 必存在且不止一个　　D. 以上结论都不对

(4) 函数 $f(x)=\begin{cases} 2-\ln x, & \dfrac{1}{e}\leqslant x\leqslant 1 \\ \dfrac{1}{2^{x-1}}+1, & 1<x\leqslant 3 \end{cases}$ 在区间$\left[\dfrac{1}{e}, 3\right]$上________.

A. 满足拉格朗日定理的条件　　B. 不满足拉格朗日定理的条件

C. 满足罗尔定理的条件　　D. 满足柯西定理的条件

3. 计算题.

(1) $\lim\limits_{x\to a}\dfrac{x^m-a^m}{x^n-a^n}$ ($a\neq 0$, m, n 为常数)；　　(2) $\lim\limits_{x\to\pi}\dfrac{\sin 3x}{\tan 5x}$；

(3) $\lim\limits_{x\to 0}\dfrac{\ln(1-x)+x^2}{(1+x)^m-1+x^2}$；　　(4) $\lim\limits_{x\to 0^+}\dfrac{\ln\tan 7x}{\ln\tan 2x}$；

(5) $\lim\limits_{x\to 0}\dfrac{a^x-b^x}{x}$ (a, $b>0$)；　　(6) $\lim\limits_{x\to 0}\dfrac{\arctan x}{x}$；

(7) $\lim\limits_{x\to 0}\dfrac{\cos\alpha x-\cos\beta x}{x^2}$($\alpha$, $\beta\neq 0$)；　　(8) $\lim\limits_{x\to 0}\left(\dfrac{1}{x}-\dfrac{1}{e^x-1}\right)$；

(9) $\lim\limits_{x\to\frac{\pi}{2}^+}(\sec x-\tan x)$；　　(10) $\lim\limits_{x\to 0^+}\ln x\cdot\ln(1+x)$.

2.6　函数的单调性及其极值

单调性是函数的重要性态之一，它既决定着函数递增和递减的状况，又能帮助我们研究函数的极值，还能证明某些不等式或分析函数的图形. 本节将以微分中值定理为工具，给出函数单调性的判别法及极值的判别法.

一、函数单调性的判别

先从几何直观上分析一下，如果曲线 $y=f(x)$在(a, b)内每一点都存在切线，且这些切线与 x 轴的正方向的夹角 α 都是锐角，即 $\tan\alpha=f'(x)>0$，则该曲线在该区间内上升(图2－7(a))，此时函数 $y=f(x)$在(a, b)内是增加的；如果这些切线与 x 轴正向的夹角都是钝角，即 $\tan\alpha=f'(x)<0$，则该曲线在该区间内下降(图 2－7(b))，此时函数 $y=f(x)$在(a, b)内是减少的.

可见，函数的单调性与它的导数符号有着密切的联系.

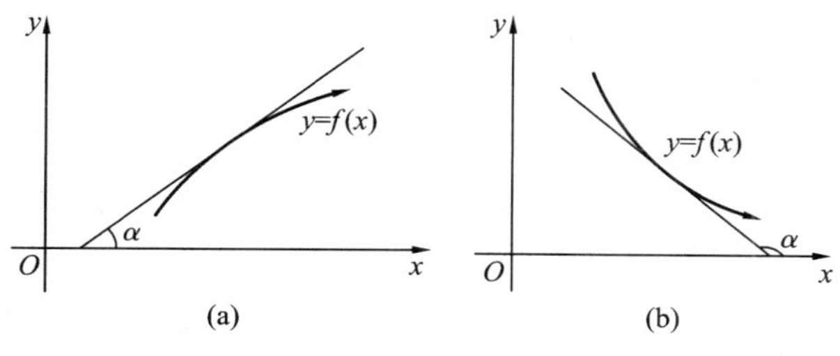

图 2-7

定理 1(函数单调性的判别法)　设函数 $f(x)$在$[a, b]$上连续，在(a, b)内可导，

(1) 若在(a, b)内，$f'(x)>0$，则 $f(x)$在$[a, b]$上是增函数；

(2) 若在(a, b)内，$f'(x)<0$，则 $f(x)$在$[a, b]$上是减函数.

证　(1) 设 x_1、x_2 为(a, b)内的任意两点，且 $x_1<x_2$，则由拉格朗日中值定理有

$$\frac{f(x_2)-f(x_1)}{x_2-x_1}=f'(\xi)\text{，其中 }\xi\in(a, b)$$

若 $f'(x)>0$，则 $f'(\xi)>0$，于是

$$\frac{f(x_2)-f(x_1)}{x_2-x_1}>0$$

因为 $x_2-x_1>0$，所以 $f(x_2)-f(x_1)>0$，即当 $x_2>x_1$ 时，有 $f(x_2)>f(x_1)$，可知 $f(x)$在(a, b)内递增.

(2) 对于 $f'(x)<0$ 的情形，其证法与(1)的类似，读者不妨试证一下.

注　若把定理中的$[a, b]$换成其他区间，结论也是成立的.

应当指出，如果函数的导数仅在区间(a, b)内的个别点处为零，而在其余的点处均满足定理 1 的条件，那么定理 1 的结论仍然成立.

例如，函数 $y=x^3$ 在 $x=0$ 处的导数为零，但在$(-\infty, +\infty)$内的其他点处的导数均大于零. 因此，它在区间$(-\infty, +\infty)$上仍然是递增的(见图 2-8).

有时，函数在整个定义域上并不具有单调性，但在其各个部分区间上却具有单调性. 如图 2-9 所示，函数 $f(x)$在区间$[a, c_1]$，$[c_2, c_4]$，$[c_5, b]$上单调增加，而在$[c_1, c_2]$，$[c_4, c_5]$上单调减少，并且从图上容易看到，可导函数 $f(x)$在单调区间的分界点处的导数为零，即 $f'(c_1)=f'(c_2)=f'(c_4)=f'(c_5)=0$.

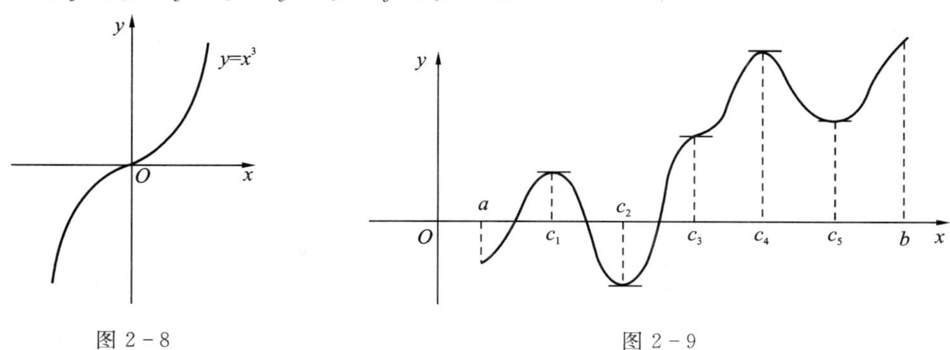

图 2-8　　图 2-9

但导数为零的点并不一定是单调区间的分界点，如 $f'(c_3)=0$，但 c_3 点不是单调区间的分界点.

另外，函数的不可导点也可能是单调区间的分界点. 如函数 $y=|x|$ 在 $x=0$ 处不可

导，但是点 $x=0$ 是单调区间的分界点.

一般地，确定函数的单调性的步骤如下：

(1) 确定函数的定义域；

(2) 求出使 $f'(x)=0$ 和 $f'(x)$不存在的点，并且以这些点为分界点，将定义域分为若干个子区间；

(3) 确定 $f'(x)$在各个子区间内的符号，从而判定出 $f(x)$的单调性.

例 1 求函数 $f(x)=x^3-3x$ 的单调区间.

解 (1) 该函数的定义域为$(-\infty,+\infty)$；

(2) $f'(x)=3x^2-3=3(x+1)(x-1)$，令 $f'(x)=0$，得 $x=-1$，$x=1$，它们将区间划分为三个子区间：$(-\infty, -1)$，$(-1, 1)$，$(1,+\infty)$；

(3) 因为当 $x\in(-\infty, -1)$ 时，$f'(x)>0$；$x\in(-1, 1)$ 时，$f'(x)<0$；$x\in(1, +\infty)$ 时，$f'(x)>0$；所以，$(-\infty, -1)$和$(1, +\infty)$ 是 $f(x)$的递增区间，$(-1, 1)$是 $f(x)$的递减区间.

为了简便起见，我们通常将上述的讨论归纳为如下的表格：

x	$(-\infty, -1)$	$(-1, 1)$	$(1, +\infty)$
$f'(x)$	+	−	+
$f(x)$	↗	↘	↗

其中箭头 ↗、↘ 分别表示函数在指定区间递增和递减.

例 2 讨论函数 $f(x)=(x-1)x^{\frac{2}{3}}$ 的单调性.

解 (1) 该函数的定义域为$(-\infty, +\infty)$；

(2) $f'(x)=\dfrac{2}{3}x^{-\frac{1}{3}}(x-1)+x^{\frac{2}{3}}=\dfrac{5x-2}{3x^{\frac{1}{3}}}$，令 $f'(x)=0$，得 $x=\dfrac{2}{5}$. 此外，显然 $x=0$ 为 $f(x)$的不可导点，于是，$x=0$，$x=\dfrac{2}{5}$ 把区间分为三个子区间$(-\infty, 0)$，$\left(0, \dfrac{2}{5}\right)$，$\left(\dfrac{2}{5}, +\infty\right)$.

(3) 列表讨论：

x	$(-\infty, 0)$	$\left(0, \dfrac{2}{5}\right)$	$\left(\dfrac{2}{5}, +\infty\right)$
$f'(x)$	+	−	+
$f(x)$	↗	↘	↗

所以，$f(x)$在$(-\infty, 0)$和$\left(\dfrac{2}{5}, +\infty\right)$内单调递增，在$\left(0,\dfrac{2}{5}\right)$内单调递减.

二、函数的极值及其求法

极值是函数的一种局部性态，它能够帮助我们进一步把握函数的变化状况，为准确描绘函数图形提供不可或缺的信息. 它又是研究函数的最大值和最小值问题的关键.

1. 极值的定义

定义 1　设函数 $y=f(x)$ 在 x_0 的某个邻域内有定义，若对于该邻域内异于 x_0 的 x 恒有

(1) $f(x_0)>f(x)$，则称 $f(x_0)$ 为函数 $f(x)$ 的极大值，x_0 为 $f(x)$ 的极大值点；

(2) $f(x_0)<f(x)$，则称 $f(x_0)$ 为函数 $f(x)$ 的极小值，x_0 为 $f(x)$ 的极小值点.

函数的极大值、极小值统称为函数的极值，极大值点和极小值点统称为极值点.

函数的极值是一个局部性的概念，它仅与某点左右邻近的函数值的大小有关. 一个函数在其定义域内，可以有若干个极大值点和极小值点，而且有的极小值可能比有的极大值还大. 而函数的最大值与最小值则是指定区域内的整体性态，两者不可混淆. 在图2-10中，x_1、x_4 为 $f(x)$ 的极大值点，x_2、x_5 为 $f(x)$ 的极小值点，极小值 $f(x_5)$ 大于极大值 $f(x_1)$.

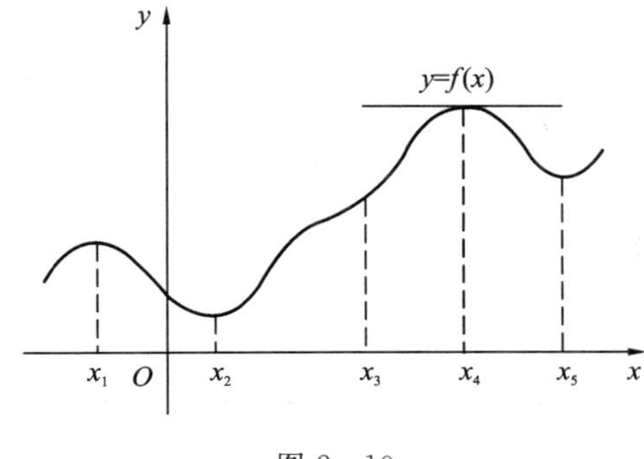

图 2-10

2. 极值存在的条件

定理 2(极值存在的必要条件)　设函数 $y=f(x)$ 在点 x_0 处可导，且 $f(x_0)$ 为极值(即 x_0 为极值点)，则 $f'(x_0)=0$.

证　(1) 设 $f(x_0)$ 为极大值，则由定义 1 可知，必存在 x_0 的一个邻域 $U(x_0, \delta)$，当 $x_0+\Delta x\in U(x_0, \delta)$ 时，有

$$f(x_0+\Delta x)-f(x_0)<0 \quad (\Delta x\neq 0)$$

因此，当 $\Delta x<0$ 时，有

$$\frac{f(x_0+\Delta x)-f(x_0)}{\Delta x}>0 \tag{2.6-1}$$

当 $\Delta x>0$ 时，有

$$\frac{f(x_0+\Delta x)-f(x_0)}{\Delta x}<0 \tag{2.6-2}$$

因为 $f(x)$ 在 x_0 处可导，所以 $f(x)$ 在该点处的左、右导数存在且相等，即 $f'_-(x_0)=f'_+(x_0)$，由于

$$f'_-(x_0)=\lim_{\Delta x\to 0^-}\frac{f(x_0+\Delta x)-f(x_0)}{\Delta x}\geqslant 0$$

$$f'_+(x_0)=\lim_{\Delta x\to 0^+}\frac{f(x_0+\Delta x)-f(x_0)}{\Delta x}\leqslant 0$$

因此

$$f'(x_0)=0$$

（2）$f(x_0)$为极小值情形的证明是类似的，从略.

定理 1 的几何意义是：可导函数的图形在极值点处的切线与 Ox 轴平行.

通常把使 $f'(x_0)=0$ 的点 x_0 叫作函数 $y=f(x)$的驻点.

定理 2 说明可导函数的极值点一定是函数的驻点，但反过来，函数的驻点并不一定是函数的极值点.

例如，对于函数 $f(x)=x^3$ 来说，$f'(0)=0$，当 $x<0$ 时 $f(x)<0$，当 $x>0$ 时 $f(x)>0$，而 $f(0)=0$，所以 $x=0$ 是函数的驻点，但不是它的极值点(见图 2-11).

应当指出，定理 1 是就可导函数而言的. 实际上，连续函数不可导的点也可能是极值点，即函数还可能在连续但不可导的点取得极值.

例如，函数 $y=|x|$，显然在 $x=0$ 处连续，但不可导，但是 $x=0$ 为该函数的极小值点(见图 2-12).

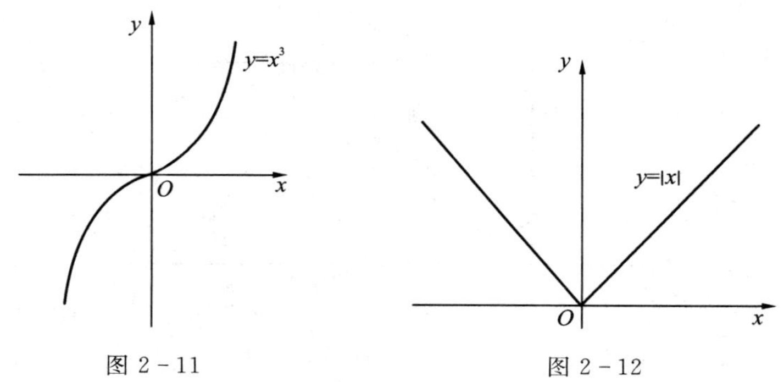

图 2-11　　图 2-12

综上所述可知，函数可能在其驻点，或者是在连续但不可导的点处取得极值.

定理 3(极值存在的第一充分条件)　设函数 $f(x)$在 $U(x_0, \delta)$连续，在 $\mathring{U}(x_0, \delta)$可导，且 $f'(x_0)=0$(或 $f'(x_0)$不存在). 对于 $\forall x\in\mathring{U}(x_0, \delta)$

（1）若当 $x<x_0$ 时，$f'(x)>0$，当 $x>x_0$ 时，$f'(x)<0$，则函数 $f(x)$在点 x_0 处取到极大值 $f(x_0)$；

（2）若当 $x<x_0$ 时，$f'(x)<0$，当 $x>x_0$ 时，$f'(x)>0$，则函数 $f(x)$在点 x_0 处取到极小值 $f(x_0)$；

（3）$f'(x)$不改变符号(即 $f'(x)$在 x_0 的两侧同号)，则函数 $f(x)$在 x_0 处不取极值.

证　（1）若当 $x<x_0$ 时，$f'(x)>0$，当 $x>x_0$ 时，$f'(x)<0$，则在$(x_0-\delta, x_0)$内$f(x)$递增，在$(x_0, x_0+\delta)$内，$f(x)$递减. 又因为 $f(x)$在 x_0 连续，所以当 $\forall x\in\mathring{U}(x_0, \delta)$时，恒有 $f(x_0)>f(x)$，即 $f(x_0)$为 $f(x)$的极大值，x_0 为 $f(x)$的极大值点.

（2）、(3)的情形可类似地证明，证明从略.

一般地，求函数极值的步骤如下：

（1）确定函数的定义域；

（2）求出使 $f'(x)=0$ 和 $f'(x)$不存在的点，并且以这些点为分界点，将定义域分为若干个子区间；

（3）确定 $f'(x)$在各个子区间内的符号，从而判定出 $f(x)$的单调性和极值点；

（4）计算各极值点的函数值，就得到 $f(x)$的全部极值.

例 3　求函数 $f(x)=(x-1)^2(x-2)^3$ 的极值.

解　(1) 定义域为 $(-\infty, +\infty)$;

(2)
$$f'(x)=2(x-1)(x-2)^3+3(x-1)^2(x-2)^2 \\ =(x-1)(x-2)^2(5x-7)$$

令 $f'(x)=0$ 可得 $y=f(x)$ 的三个驻点：$x=1$，$x=\dfrac{7}{5}$，$x=2$，该函数在定义区间内无不可导的点.

上述驻点将定义区间分为四个子区间 $(-\infty, 1)$，$\left(1, \dfrac{7}{5}\right)$，$\left(\dfrac{7}{5}, 2\right)$，$(2, +\infty)$.

(3) 列表讨论：

x	$(-\infty, 1)$	1	$\left(1, \frac{7}{5}\right)$	$\frac{7}{5}$	$\left(\frac{7}{5}, 2\right)$	2	$(2, +\infty)$
$f'(x)$	+	0	−	0	+	0	+
$f(x)$	↗	极大值 0	↘	极小值 $-\frac{108}{3125}$	↗	无极值	↗

所以，函数 $f(x)$ 在 $x=1$ 处有极大值 $f(1)=(1-1)^2(1-2)^3=0$. 在 $x=\dfrac{7}{5}$ 处有极小值

$$f\left(\frac{7}{5}\right)=\left(\frac{7}{5}-1\right)^2\left(\frac{7}{5}-2\right)^3=-\frac{108}{3125}$$

例 4　求函数 $f(x)=(x-1)\sqrt[3]{x^2}$ 的极值.

解　(1) 该函数的定义域为 $(-\infty, +\infty)$;

(2)
$$f'(x)=\frac{2}{3}x^{-\frac{1}{3}}(x-1)+x^{\frac{2}{3}}=\frac{5x-2}{3x^{\frac{1}{3}}}$$

令 $f'(x)=0$，得 $x=\dfrac{2}{5}$. 此外，显然 $x=0$ 为 $f(x)$ 的不可导点，于是，$x=0$、$x=\dfrac{2}{5}$ 把区间分为三个子区间 $(-\infty, 0)$，$\left(0, \dfrac{2}{5}\right)$，$\left(\dfrac{2}{5}, +\infty\right)$.

(3) 列表讨论：

x	$(-\infty, 0)$	0	$\left(0, \frac{2}{5}\right)$	$\frac{2}{5}$	$\left(\frac{2}{5}, +\infty\right)$
$f'(x)$	+	不存在	−	0	+
$f(x)$	↗	极大值 0	↘	极小值 $-\frac{3}{5}\sqrt[3]{\frac{4}{25}}$	↗

所以，极大值为

$$f(0)=(0-1)\sqrt[3]{0^2}=0$$

极小值为

$$f\left(\frac{2}{5}\right)=\left(\frac{2}{5}-1\right)\cdot\sqrt[3]{\left(\frac{2}{5}\right)^2}=-\frac{3}{5}\sqrt[3]{\frac{4}{25}}$$

用上述充分条件判别函数的极值，要对所有极值嫌疑点左右两旁的导数符号进行讨论，其解题过程较为麻烦，如果函数 $y=f(x)$ 没有不可导点，且在驻点处的二阶导数存在且不为零，则可用以下较为方便的方法进行判断.

定理 4(极值存在的第二充分条件) 设函数 $y=f(x)$ 在 x_0 处的二阶导数存在，且 $f'(x_0)=0$，$f''(x_0)\neq 0$，则

(1) 当 $f''(x_0)>0$ 时，则函数 $f(x)$ 在点 x_0 处取到极小值 $f(x_0)$；

(2) 当 $f''(x_0)<0$ 时，则函数 $f(x)$ 在点 x_0 处取到极大值 $f(x_0)$.

证明从略.

应当注意，若 $f'(x_0)=0$ 且 $f''(x_0)=0$，或者 $f'(x_0)=0$，但 $f''(x_0)$ 不存在，那么定理 4 就失效，这时可考虑运用定理 3.

例 5 求函数 $f(x)=x^4-10x^2+5$ 的极值.

解 (1) 定义域为 $(-\infty,+\infty)$.

$$f'(x)=4x^3-20x=4x(x^2-5)$$

令 $f'(x)=0$，得驻点 $x=-\sqrt{5}$，$x=0$，$x=\sqrt{5}$.

(2) $f''(x)=12x^2-20$

$$f''(-\sqrt{5})=12(-\sqrt{5})^2-20>0$$

$$f''(0)=-20<0$$

$$f''(\sqrt{5})=12(\sqrt{5})^2-20>0$$

由定理 4 可知：$x=-\sqrt{5}$ 和 $x=\sqrt{5}$ 为极小值点，$x=0$ 为极大值点.

(3) 计算极值：

极小值 $f(-\sqrt{5})=(-\sqrt{5})^4-10(-\sqrt{5})^2+5=-20$；

极大值 $f(0)=0^4-10\cdot 0^2+5=5$；

极小值 $f(\sqrt{5})=(\sqrt{5})^4-10(\sqrt{5})^2+5=-20$.

能力训练题 2.6

1. 判断题.

(1) 若函数 $f(x)$ 在 (a,b) 内单调递增，且在 (a,b) 内可导，则必有 $f'(x)>0$.

(2) 若函数 $f(x)$ 和 $g(x)$ 在 (a,b) 内可导，且 $f(x)>g(x)$，则在 (a,b) 内必有 $f'(x)>g'(x)$.

(3) 单调可导函数的导数必单调.

(4) 若函数的导函数单调，则该函数必定单调.

(5) 若 $f'(x_0)=0$，则在 x_0 的某个邻域内 $f(x)$ 必不是单调递增函数.

(6) 若 $f'(x)>0(a\leqslant x\leqslant b)$，且 $f(a)=0$，则 $f(x)>0(a<x\leqslant b)$.

(7) 如果函数 $f(x)$ 在 x_0 的某个区间处处可导，且 $f'(x_0)=0$，则函数 $f(x)$ 必在 x_0 处取得极值.

(8) 如果函数 $f(x)$ 在 (a,b) 内仅有一个驻点，则该点一定是函数的极值点.

(9) 如果 x_1、x_2 分别是函数 $f(x)$ 的极大值点和极小值点，则必有 $f(x_1)>f(x_2)$.

(10) 如果函数 $f(x)$ 在 x_0 处取得极值，则曲线 $f(x)$ 在点 x_0 处必有平行于 x 轴的切线.

(11) 函数 $y=x+\sin x$ 在 $(-\infty, +\infty)$ 内无极值.

2. 求下列函数的单调区间：

(1) $y=x^4-2x^2-5$；

(2) $y=x+\sqrt{1-x}$；

(3) $y=x-e^x$；

(4) $y=2x^2-\ln x$.

3. 证明题.

(1) $\ln(1+x)-\dfrac{\arctan x}{1+x}\geqslant 0,\ x\geqslant 0$；

(2) $\cos x-1+\dfrac{x^2}{2}\geqslant 0,\ x\geqslant 0$；

(3) $\arctan x-x\leqslant 0,\ x\geqslant 0$.

4. 求下列函数的极值点和极值：

(1) $y=x-\ln(1+x)$；

(2) $y=\arctan x-\dfrac{1}{2}\ln(1+x^2)$；

(3) $y=x+\sqrt{1-x}$；

(4) $y=\dfrac{8a^2}{x^2+a^2}$ (a 为常数).

2.7　函数的最值

在许多科学技术和生产实践中，常常会遇到求某个量的最大值或最小值的问题. 例如在经济分析中，经常遇到求利润最大、成本最低、投资最少等问题；在工程技术问题中，会遇到用料最省、能耗最小等问题，这些均为求函数的最值问题.

一、闭区间上连续函数的最值

函数的极值是一个局部性的概念，而最大值和最小值则是一个全局性的概念. 如果函数 $f(x)$ 在闭区间 $[a, b]$ 上连续，那么它在该区间上一定有最大值和最小值. 显然，函数 $f(x)$ 的最大值和最小值可能在区间的端点处取得，也可能在开区间 (a, b) 内取得. 如果其最大值或者最小值在 (a, b) 内取得，那么这个最值 $f(x_0)$ 一定是函数的极值，x_0 为函数的驻点，或 $f'(x_0)$ 不存在的点. 由此可见，$f(x)$ 在闭区间 $[a, b]$ 上的最值必在函数 $f(x)$ 的驻点、$f'(x_0)$ 不存在点或区间的端点 a、b 取得. 于是可用以下方法计算 $f(x)$ 在闭区间 $[a, b]$ 上的最值.

首先找出 $f(x)$ 在 (a, b) 内的所有驻点和导数不存在点

$$x_1, x_2, \cdots, x_n$$

然后计算 $f(a)$，$f(x_1)$，$f(x_2)$，…，$f(x_n)$，$f(b)$，经过比较，从中挑选出最大者和最小者，也就是函数 $f(x)$ 在 $[a,b]$ 上的最大值和最小值.

例 1　试求函数 $f(x)=3x^4-16x^3+30x^2-24x+4$ 在区间[0, 3]上的最大值和最小值.

解
$$f'(x)=12x^3-48x^2+60x-24=12(x-1)^2(x-2)$$
令 $f'(x)=0$，得驻点 $x=1$，$x=2$，计算这些点及区间端点处的函数值：
$$f(0)=4,\ f(1)=-3,\ f(2)=-4,\ f(3)=13$$
对它们加以比较，可知区间[0, 3]上 $f(x)$的最大值为 $f(3)=13$，最小值为 $f(2)=-4$.

二、最值应用题

在解决实际问题时，注意下述结论，会使我们的讨论方便而又简洁.

在求最大值或最小值时，若函数 $f(x)$在某区间内仅有一个可能极值点 x_0(驻点或导数不存在点)，则当 x_0 为极大(小)值点时，$f(x_0)$就是该函数在此区间上的最大(小)值.

在实际问题中，若根据问题的实际意义断定，函数在定义区间上一定存在最大值(或最小值)，而所讨论的区间内又仅有一个可能的极值点，那么这个点处的函数值一定是最大值(或最小值).

例 2　求乘积为常数 $a(a>0)$而其和为最小的两个正数.

解　(1) 建立表示该问题的函数，这样的函数通常称为目标函数.

记这两个正数为 x 和 y，则由条件可知 $xy=a$，其中 x，$y>0$，由此可得 $y=\dfrac{a}{x}$，设 x 与 y 之和为 $s=x+y$，则可得目标函数
$$s(x)=x+\frac{a}{x}\quad (x>0)$$
(2) 求目标函数的最小值：
$$s'(x)=1-\frac{a}{x^2}$$
令 $s'(x)=0$，得 $x=-\sqrt{a}$，$x=\sqrt{a}$，其中 $x=-\sqrt{a}$(不合题义，舍去)，故该函数可能的极值点只有一个 $x=\sqrt{a}$. 易知，当 $x>\sqrt{a}$时，$s'(x)>0$；当 $x<\sqrt{a}$时，$s'(x)<0$，所以，当 $x=\sqrt{a}$时，s 最小，此时 $y=\dfrac{a}{x}=\sqrt{a}$.

故乘积一定而其和最小的两个正数是 $x=\sqrt{a}$，$y=\sqrt{a}$.

例 3　设圆柱形有盖茶缸容积 V 为常数，求表面积为最小时，底半径 x 与高 y 之比(见图 2-13).

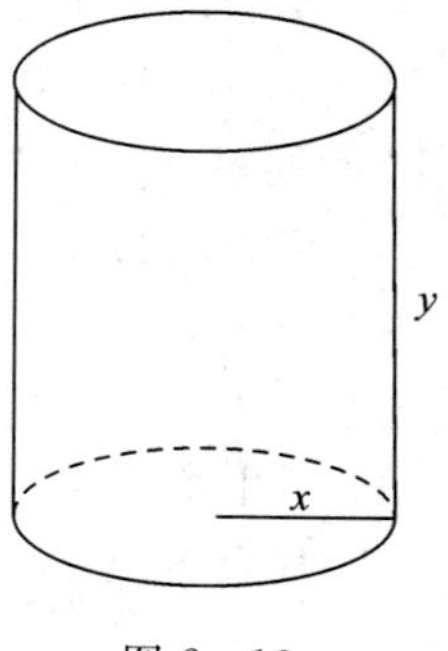

图 2-13

解　(1) 建立目标函数，设表面积为 S，则
$$S=2\pi x^2+2\pi xy$$
茶缸容积为 $V=\pi x^2 y$，因为 V 为常数，所以 $y=\dfrac{V}{\pi x^2}$，由此可得目标函数——茶缸表面积的表达式
$$S(x)=2\pi x^2+\frac{2\pi xV}{\pi x^2}=2\pi x^2+\frac{2V}{x}\quad (x>0)$$
(2) 求 $S(x)$的最小值.

$$S'(x)=4\pi x-\frac{2V}{x^2}$$

令 $S'(x)=0$，得可能极值点 $x=\sqrt[3]{\frac{V}{2\pi}}$，且唯一，又

$$S''(x)=4\pi+\frac{4V}{x^3},\ S''\left(\sqrt[3]{\frac{V}{2\pi}}\right)>0$$

所以 $S(x)$ 在 $x=\sqrt[3]{\frac{V}{2\pi}}$ 处取得最小值.

(3) 求底面半径与高之比.

由 $y=\frac{V}{\pi x^2}$ 和 $x=\sqrt[3]{\frac{V}{2\pi}}$ 可以算得

$$y=\frac{V}{\pi\left(\sqrt[3]{\frac{V}{2\pi}}\right)^2}=\sqrt[3]{\frac{V}{2\pi}}\cdot 2=2x$$

因此，当底面半径与高之比为 $\frac{1}{2}$，即当其直径与高相等时，茶缸的表面积最小.

从用料节省方面来说，厂家应该大致按这个尺寸的比例生产. 但是考虑到产品的美观，实际加工会有一些变化.

例 4　设某产品的次品率 y 与日产量 x 之间的关系为

$$y=\begin{cases}\dfrac{1}{101-x}, & 0\leqslant x\leqslant 100\\ 1, & x>100\end{cases}$$

若每件产品的盈利为 A 元，每件次品造成的损失为 $A/3$ 元，试求盈利最多的日产量.

解　按题意，x 应为正整数，为解题方便，我们先视 x 为连续变量，设 $x\in[0,100]$.

设日产量为 x 时盈利为 $T(x)$，这时次品数为 xy，正品数为 $x-xy$，因此

$$\begin{aligned}T(x)&=A(x-xy)-\frac{A}{3}xy\\&=A\left(x-\frac{x}{101-x}\right)-\frac{A}{3}\cdot\frac{x}{101-x}\quad 0\leqslant x\leqslant 100\end{aligned}$$

于是问题就归纳为求 $T(x)$ 的最大值.

$$\begin{aligned}T'(x)&=A\left(1-\left(\frac{x}{101-x}\right)'\right)-\frac{A}{3}\left(\frac{x}{101-x}\right)'\\&=A\left[1-\frac{4}{3}\cdot\frac{101}{(101-x)^2}\right]\end{aligned}$$

令 $T'(x)=0$ 可得 $T(x)$ 的唯一驻点 $x=89.4$.

若日产量 x 为零，则盈利为零；若日产量 x 超过 100，则次品率为 1，即超过部分全为次品，那么盈利不会最多，故最大盈利的日产量应在 0 与 100 之间. 因此 $x=89.4$ 是使 $T(x)$ 取得最大值的点，因为 x 实际上应是正整数，所以可算出 $T(89)$ 与 $T(90)$ 的值

$$T(89)=79.11A,\ T(90)=79.09A$$

两者相比较，即知每天生产 89 件产品盈利最多.

例 5　设某产品的总成本函数为 $C(q)=0.25q^2+15q+1600$(元)(q 为产品的产量)，求

当产量为多少时，该产品的平均成本最小，并求最小平均成本.

解 该产品的平均成本函数为

$$\overline{C}(q)=\frac{C(q)}{q}=0.25q+15+\frac{1600}{q}\ (q\in(0,+\infty))$$

令$\overline{C}'(q)=0$，即$\overline{C}'(q)=0.25-\frac{1600}{q^2}=0$，求得唯一驻点 $q=80$. 又因为

$$\overline{C}''\big|_{q=80}=\frac{3200}{q^3}\bigg|_{q=80}>0$$

所以$\overline{C}(q)$在 $q=80$ 处取得最小值，其最小值为

$$\overline{C}(80)=0.25\times80+15+\frac{1600}{80}=55(\text{元})$$

例 6 工厂铁路线上 AB 段的距离为 100 km. 工厂 C 距 A 处为 20 km(AC 垂直于 AB. 为了运输需要，要在 AB 线上选定一点 D 向工厂修筑一条公路. 已知铁路每公里货运的运费与公路上每公里货运的运费之比 3∶5. 为了使货物从供应站 B 运到工厂 C 的运费最省，问 D 点应选在何处(见图 2-14)?

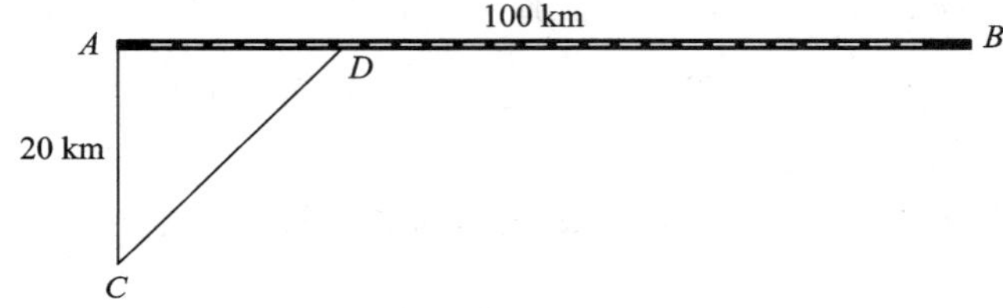

图 2-14

解 设 $AD=x$(km)，则

$$DB=(100-x)\ (\text{km})$$

$$CD=\sqrt{20^2+x^2}=\sqrt{400+x^2}\ (\text{km})$$

再设从 B 点到 C 点需要的总运费为 y(那么 $y=5k\cdot CD+3k\cdot DB$(k 是某个正数)，即

$$y=5k\sqrt{400+x^2}+3k(100-x)\quad(0\leqslant x\leqslant100)$$

于是问题归结为：x 在[0, 100]内取何值时目标函数 y 的值最小.

先求 y 对 x 的导数：

$$y'=k\left(\frac{5x}{\sqrt{400+x^2}}-3\right)$$

设 $y'=0$ 得 $x=15$(km). 由于

$$y\big|_{x=0}=400k,\ y\big|_{x=15}=380k,\ y\big|_{x=100}=500k\sqrt{1+\frac{1}{5^2}}$$

其中以 $y\big|_{x=15}=380k$ 为最小，因此当 $AD=x=15$(km)时总运费最省.

能力训练题 2.7

1. 求下列函数的最大值和最小值：

(1) $y=x+2\sqrt{x}$，$x\in[0, 4]$；

(2) $y=\sin^3 x+\cos^3 x$, $x\in\left[-\frac{\pi}{4}, \frac{3\pi}{4}\right]$;

(3) $y=\arctan\frac{1-x}{1+x}$, $x\in[0, 1]$;

(4) $y=\sqrt{5-4x}$, $x\in[-1, 1]$;

(5) $y=x^x$, $x\in(0.1, +\infty)$.

2. 证明题.

(1) 证明：若 $a>1$，则对于任意的 $x\in[0, 1]$，均有 $x^a+(1-x)^a\geqslant\frac{1}{2^{a-1}}$.

(提示：证明函数 $y(x)=x^a+(1-x)^a$ 在区间 $[0, 1]$ 上的最小值不小于 $\frac{1}{2^{a-1}}$)

(2) 试证面积为定值的矩形中，正方形的周长最短.

3. 计算题.

(1) 下水道的截面积由矩形与半圆所构成，当截面积为定值 A 时，试问矩形的底为多少时该截面的周长 s 最短.

(2) 一炮艇停泊在距海岸(设之为直线) 9 km 处，派人送信给设在海岸线上距该艇 $3\sqrt{34}$ km的司令部，若送信人步行速度为 5 km，划船速度为 4 km，问他在何处上岸到达司令部的时间最短？

(3) 用直径为 d 的圆柱形木料加工横断面为矩形的梁，若矩形高为 y，宽为 x，则梁的强度与 xy^2 成正比，试问高与宽成什么比例时梁的强度最大？

2.8　曲线的凹凸性、拐点与函数图形的描绘

一、曲线的凹凸性与拐点

为了准确地描绘函数的图形，仅知道函数的增减性和极值、最值是不够的，还应知道它的弯曲方向以及不同弯曲方向的分界点. 图 2-15(a)表明，弧 AB 和 CD 都是上升的，可是弧 AB 呈凸形上升，而弧 CD 则呈现凹形上升. 同理，在图 2-15(b)中，呈现下降的弧形也有凹凸之分. 这就告诉我们，研究曲线的凹凸性，对于准确地描绘函数图形具有重要意义.

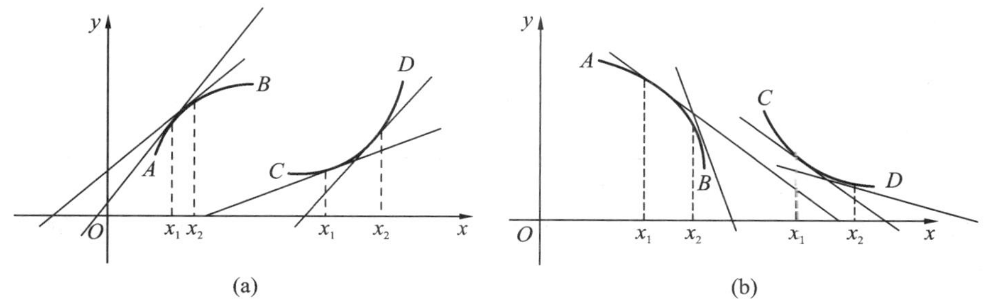

图 2-15

定义 1　如果在区间 I 内的曲线弧位于其上任意一点处切线的上方，则称此曲线弧在区间 I 上是凹的，或称为凹弧，区间 I 称为曲线的凹区间；如果在区间 I 内的曲线弧位于

其上任意一点处切线的下方，则称此曲线弧在该区间 I 上是凸的，或称为凸弧，区间 I 称为曲线的凸区间.

定义 2 连续曲线上凹弧与凸弧的分界点，叫作该曲线的拐点.

图 2-15 表明，凡是呈现凸形的弧段，当 x 由 x_1 增大到 x_2 时，其上的切线斜率是递减的；凡是呈现凹形的弧段，当 x 由 x_1 增大到 x_2 时，其上的切线斜率是递增的. 要判断曲线 $y=f(x)$ 的凹凸性，只要判断一阶导数的增减性，而二阶导数正负号，就能够断定一阶导数的增减性，所以，有如下的定理.

定理(曲线凹凸的判别法) 设函数 $y=f(x)$ 在区间 (a,b) 内具有二阶导数.

(1) 若在 (a,b) 内 $f''(x)>0$，则曲线 $y=f(x)$ 在 (a,b) 上是凹的；

(2) 若在 (a,b) 内 $f''(x)<0$，则曲线 $y=f(x)$ 在 (a,b) 上是凸的.

既然曲线的拐点是凹弧与凸弧的分界点，那么在拐点 $(x_0,f(x_0))$ 左右邻近两侧 $f''(x)$ 必然异号，因而在拐点处 $f''(x_0)=0$ 或 $f''(x_0)$ 不存在. 但 $f''(x_0)=0$ 或 $f''(x_0)$ 不存在是点 $(x_0,f(x_0))$ 为拐点的必要条件，而不是充分条件. 例如 $y=x^4$、$y''=12x^2$，当 $x=0$ 时，$y''(0)=0$，但是点 $(0,0)$ 不是曲线 $y=x^4$ 的拐点，因为点 $(0,0)$ 两侧二阶导数不变号.

判断曲线凹凸性及拐点的一般步骤如下：

① 确定函数的定义域；

② 求出函数的二阶导数；

③ 找出区间内使 $f''(x)=0$ 的点和 $f''(x)$ 不存在的点；

④ 用上述各点从小到大依次将区间划分为若干小区间，考察 $f''(x)$ 在各个小区间内的符号，从而确定凹凸区间及拐点.

(3) 若 $f''(x)$ 在某点 x_0 两侧近旁异号，则 $(x_0,f(x_0))$ 是曲线 $y=f(x)$ 的拐点，若 $f''(x)$ 在某点 x_0 两侧近旁同号，则 $(x_0,f(x_0))$ 不是曲线 $y=f(x)$ 的拐点.

例 1 讨论曲线 $f(x)=x^3-6x^2+9x+1$ 的凹凸区间与拐点.

解 定义域为 $(-\infty,+\infty)$，

$$f'(x)=3x^2-12x+9$$

$$f''(x)=6x-12=6(x-2)$$

令 $f''(x)=0$，可得 $x=2$.

列表判断：

x	$(-\infty,2)$	2	$(2,+\infty)$
$f''(x)$	$-$	0	$+$
$f'(x)$	$\cap$	拐点 $(2,3)$	$\cup$

其中，$\cap$、$\cup$ 分别表示曲线的凸和凹.

所以，凸区间为 $(-\infty,2)$，凹区间为 $(2,+\infty)$. 当 $x=2$ 时，$y(2)=3$，故点 $(2,3)$ 是该曲线的拐点.

例 2 求曲线 $y=(x-2)^{\frac{5}{3}}$ 的凹向与拐点.

解 求导数

$$y'=\frac{5}{3}(x-2)^{\frac{2}{3}}$$

$$y''=\frac{10}{9}(x-2)^{-\frac{1}{3}}$$

当 $x=2$ 时，$y'=0$，y''不存在.

列表讨论如下：

x	$(-\infty,2)$	2	$(2,+\infty)$
y''	$-$	不存在	$+$
y	$\cap$	拐点$(2,0)$	$\cup$

因此，曲线在区间$(-\infty,2)$内是凸弧；在区间$(2,+\infty)$内是凹弧，拐点是$(2,0)$.

二、曲线的水平渐近线和垂直渐近线

为了完整地描绘函数的图形，除了知道其升降、凹凸性、极值和拐点等性态外，还应当了解曲线无限远离坐标原点时的变化状况，这就是我们将要讨论的曲线的渐近线问题.

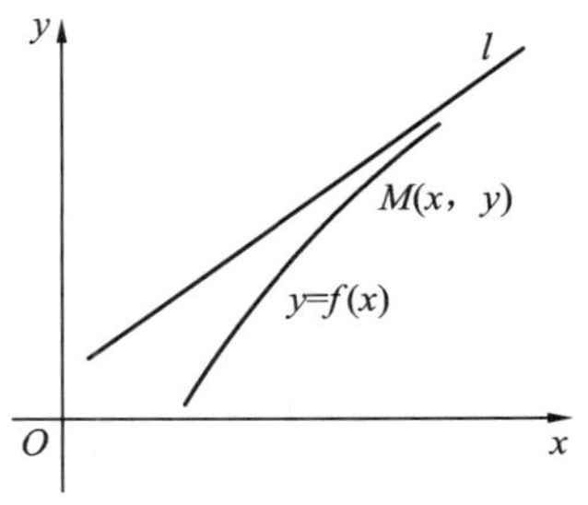

图 2 - 16

定义 3　若曲线 $y=f(x)$上的动点 M 沿着曲线无限远离坐标原点时，它与某直线 l 的距离趋向于零(见图 2 - 16)，则称直线 l 为该曲线的渐近线.

定义中的渐近线可以是各种位置的直线，我们将限于讨论下面两种特殊情况：

1. 垂直渐近线

定义 4　若 $\lim\limits_{x\to x_0^-}f(x)=\infty$，或 $\lim\limits_{x\to x_0^+}f(x)=\infty$，或 $\lim\limits_{x\to x_0}f(x)=\infty$，则称直线 $x=x_0$ 为曲线 $y=f(x)$的垂直渐近线.

例如，对于曲线 $y=\ln x$，因为 $\lim\limits_{x\to 0^+}\ln x=-\infty$，所以直线 $x=0$ 为曲线 $y=\ln x$ 的垂直渐近线(见图 2 - 17).

又如，对于曲线 $y=\dfrac{1}{x-1}$，因为 $\lim\limits_{x\to 1}\dfrac{1}{x-1}=\infty$，因此直线 $x=1$ 为曲线 $y=\dfrac{1}{x-1}$的垂直渐近线(见图 2 - 18).

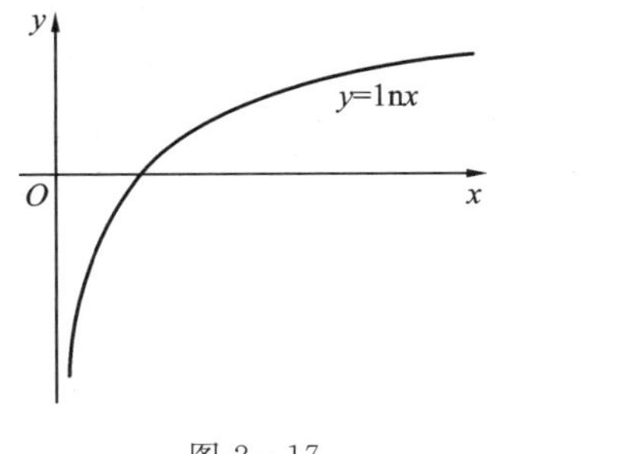

图 2 - 17

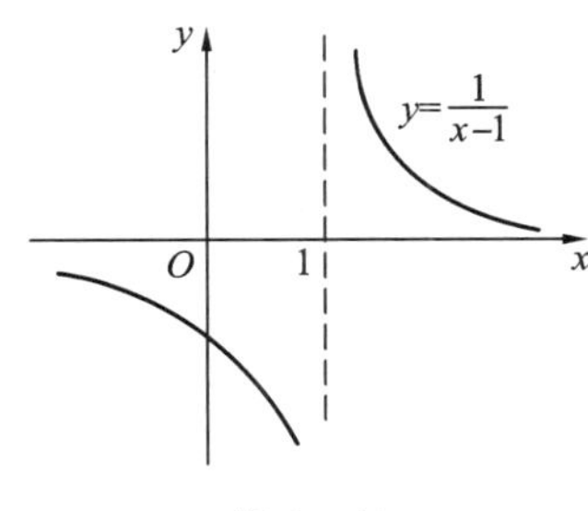

图 2 - 18

2. 水平渐近线

定义 5　若 $\lim\limits_{x\to-\infty}f(x)=b$，或 $\lim\limits_{x\to+\infty}f(x)=b$，或 $\lim\limits_{x\to\infty}f(x)=b$，则称直线 $y=b$ 为曲线 $y=f(x)$的水平渐近线.

例如，对于曲线 $y=\frac{1}{x-1}$，因为 $\lim\limits_{x\to\infty}\frac{1}{x-1}=0$，所以直线 $y=0$ 是曲线 $y=\frac{1}{x-1}$ 的水平渐近线(见图 2－18)．又如，曲线 $y=\arctan x$，因为 $\lim\limits_{x\to-\infty}\arctan x=-\frac{\pi}{2}$，$\lim\limits_{x\to+\infty}\arctan x=\frac{\pi}{2}$，所以直线 $y=-\frac{\pi}{2}$ 与 $y=\frac{\pi}{2}$ 都是该曲线的水平渐近线(见图 2－19)．

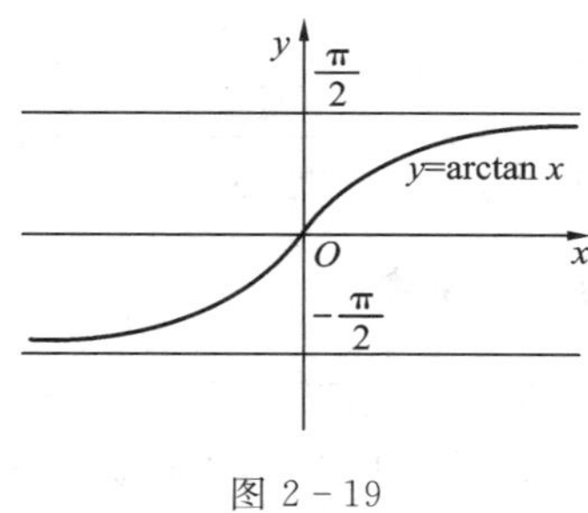

图 2－19

例 3 求下列曲线的渐近线：

(1) $y=\frac{1}{x-1}-2$；

(2) $y=\frac{1}{\sqrt{2\pi}}e^{-\frac{x^2}{2}}$．

解 (1) 因为 $\lim\limits_{x\to\infty}\left(\frac{1}{x-1}-2\right)=-2$，所以 $y=-2$ 是曲线的水平渐近线．

又因为 $\lim\limits_{x\to1}\left(\frac{1}{x-1}-2\right)=\infty$，所以 $x=1$ 是曲线的垂直渐近线．

(2) 因为 $\lim\limits_{x\to\infty}\frac{1}{\sqrt{2\pi}}e^{-\frac{x^2}{2}}=\frac{1}{\sqrt{2\pi}}\lim\limits_{x\to\infty}\frac{1}{e^{\frac{x^2}{2}}}=0$，所以 $y=0$ 是曲线的水平渐近线．

三、函数图形的描绘

由于用曲线来表达函数很直观，因而在工程技术中得到广泛的应用，无论是对于定性分析还是对于定量计算，都大有益处．描绘函数图形最直接的方法是描点法，但这种方法对于简单的平面曲线(如直线、抛物线)比较适用，而对于一般的平面曲线就不适用了．因为我们既不能保证所取的点是曲线上的关键点(最高点或最低点)，又不能保证通过取点来判定曲线的增减与凹凸性．为了更准确、更全面地描绘平面曲线，我们必须确定出反映曲线主要特征的点与线．下面给出作函数图形的一般步骤：

(1) 确定函数的定义域(确定图形范围)；

(2) 讨论函数的奇偶性(对称性)、周期性；

(3) 讨论函数的单调性、极值点和极值、曲线的凹凸区间与拐点；

(4) 考察曲线的渐近线；

(5) 为了使图形描绘得更准确，根据需要补充函数图形上的若干点(如与坐标轴的交点等)；

(6) 根据上述讨论的结果作出函数的图形．

例 4 描绘函数 $y=3x-x^3$ 的图形．

解　该函数的定义域为$(-\infty, +\infty)$且为奇函数，有

$$y'=3-3x^2$$
$$y''=-6x$$

令 $y'=0$，得驻点 $x=\pm1$，$y(-1)=-2$，$y(1)=2$.

令 $y''=0$ 得 $x=0$. 因为 $x<0$ 时 $y''>0$；$x>0$ 时，$y''<0$. 所以当 $x<0$ 时，曲线 $y=f(x)$是凹的；当 $x>0$ 时，曲线 $y=f(x)$是凸的，因此$(0, 0)$为拐点.

通过讨论 y'的符号情况，可以确定 $y=f(x)$的单调区间.

将上述讨论列为下表：

x	$(-\infty, -1)$	-1	$(-1, 0)$	0	$(0, 1)$	1	$(1, +\infty)$
$y'(x)$	$-$	0	$+$	$+$	$+$	0	$-$
$y''(x)$	$+$	$+$	$+$	0	$-$	$-$	$-$
y	凹而减↘	极小值 $f(-1)=-2$	凹而增↗	拐点$(0, 0)$	凸而增↗	极大值 $f(1)=2$	凸而减↘

令 $y=0$，可知曲线 $y=3x-x^3$ 与 x 轴交在 $x=\pm\sqrt{3}$处.

显然，曲线 $y=3x-x^3$ 无水平渐近线和垂直渐近线. 综合上述讨论，可描出所给函数的图形(见图 2-20).

因为 $y=3x-x^3$ 为奇函数，所以该函数的图形关于坐标原点对称. 因此，本题也可以仅在区间$(0, +\infty)$内进行讨论，在描出函数在$(0, +\infty)$内的图形之后，根据图形的对称性得到在$(-\infty, 0)$内的图形.

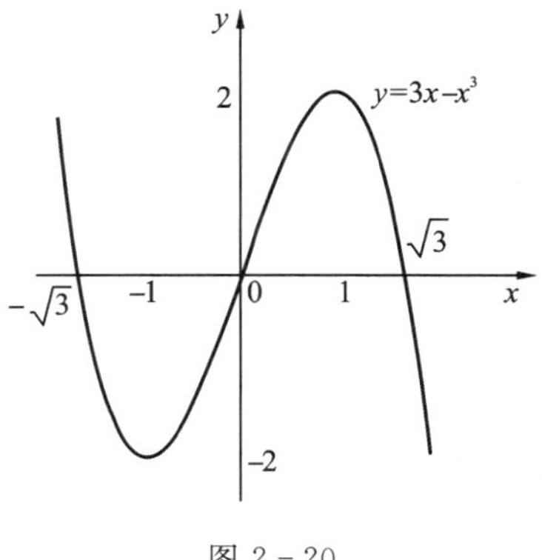

图 2-20

能力训练题 2.8

1. 判断题.

(1) 设函数 $y=f(x)$在开区间(a, b)内二阶可导，且 $y>0$，$y'>0$，$y''<0$，则曲线 $y=f(x)$在(a, b)内 x 轴上方，单调递增且凸弧向上.

(2) 如果函数 $y=f(x)$在开区间(a, b)内二阶可导，且 $y'<0$，$y''>0$,则曲线 $y=f(x)$在(a, b)内单调递减，且凹弧向上.

(3) 在整个数轴上有界的函数必具有水平渐近线.

(4) 如果 $\lim\limits_{x\to+\infty} f(x)=c$，则曲线 $y=f(x)$有水平渐近线 $y=c$.

(5) 曲线 $y=\dfrac{x^2+3x+2}{x^2-1}$仅有垂直渐近线 $x=1$.

2. 求下列曲线的凹凸区间和拐点：

(1) $y=x^3-6x^2+x-1$；

(2) $y=x+\dfrac{x}{x-1}$.

3. 描绘下列函数的图形：

(1) $y=x^3-6x^2+9x-4$；

(2) $y=\dfrac{x^2}{1+x^2}$.

能力测试题二

一、选择题

1. 设 $f(x)$在 $x=a$ 点处可导，则 $\lim\limits_{x\to0}\dfrac{f(a+x)-f(a-x)}{x}=($　　$)$.

A. $f'(a)$　　B. $2f'(a)$　　C. 0　　D. 不存在

2. 设 $f(x)=\begin{cases}\dfrac{|x^2-1|}{x-1}, & x\neq1\\ 2, & x=1\end{cases}$，则在点 $x=1$ 处，函数 $f(x)($　　$)$.

A. 不连续　　B. 连续不可导

C. 可导且导数不连续　　D. 可导且导数连续

3. 设 $y=f(x)$满足 $f'(x_0)=\dfrac{1}{2}$，则当 $\Delta x\to0$ 时，该函数在 $x=x_0$ 处的微分是(　　).

A. 与 Δx 等价的无穷小　　B. 与 Δx 同阶的无穷小

C. 比 Δx 低阶的无穷小　　D. 比 Δx 高阶的无穷小

4. 设 $f(x)$在$[0，1]$上可导，$f'(x)>0$，并且 $f(0)<0$，$f(1)>0$，则 $f(x)$在$(0，1)$内(　　).

A. 至少有两个零点　　B. 有且仅有一个零点

C. 没有零点　　D. 零点个数不能确定

5. 设 $f(x)$ 在 $x=3$ 的某邻域内有定义，且 $\lim\limits_{x\to3}\dfrac{f(x)-f(3)}{(x-3)^2}=-1$，则在 $x=3$ 处(　　).

A. 导数存在，且 $f'(3)\neq0$　　B. $f(x)$的导数不存在

C. $f(x)$取得极大值　　D. $f(x)$取得极小值

二、填空题

1. 设 $f\left(\dfrac{1}{x}\right)=\dfrac{1}{x+1}$，则 $\mathrm{d}f(x)$________.

2. 两条曲线 $y=\frac{1}{x}$ 和 $y=ax^2+b$ 在点 $\left(2,\frac{1}{2}\right)$ 处相切，则 $a=$________，$b=$________.

3. 由方程 $y-x=\sin y$ 确定了 y 是 x 的函数，则 $\mathrm{d}y=$________.

4. 曲线 $y=1-\sqrt[3]{x-2}$ 的拐点是________.

5. 曲线 $y=\frac{x}{x^2+1}-3$ 的水平渐近线方程为________.

三、求下列函数的导数与微分

1. $y=\frac{\sqrt{x}-2\sqrt[3]{x^2}+1}{\sqrt[4]{x}}$，求 y'；

2. $y=\frac{1}{x-\sqrt{x^2-1}}$，求 y'；

3. $y=\frac{f(x^2)}{x^2}$，求 y'；

4. $y=(1+x)^x$，求 y'；

5. $y=5^{\ln\tan x}$，求 $\mathrm{d}y$；

6. $y=\mathrm{e}^{x+y}$，求 $\mathrm{d}y$.

四、解答题

1. 设 $y=f(x)$ 是参数方程 $\begin{cases}x=t-\ln(1+t)\\ y=t^3+t^2\end{cases}$ 确定的函数，求 $\frac{\mathrm{d}y}{\mathrm{d}x}$.

2. 在曲线 $y=4-x^2(x\geqslant 0)$ 上求一点 p，使 p 点的切线在两个坐标轴上的截距相等.

3. 求函数 $y=\frac{2x}{\ln x}$ 的单调区间、极值、凹凸区间、拐点及函数曲线的渐近线.

4. 已知函数 $y=ax^3+bx^2+cx+d$ 有拐点 $(-1,4)$，且在 $x=0$ 处有极小值 2，求 a、b、c、d，并画出图形.

5. 靠一堵充分长的墙边，增加三面墙围成一矩形场地，现有存砖只能砌 20 m 长的墙壁，问应围成怎样的矩形场地，才能使得这个场地的面积最大？

五、证明题

1. 证明：$x\geqslant 0$ 时，$x\geqslant \arctan x$.

2. 证明：$\ln(1+x^2)=x-1$ 有且仅有一个实根.

第 3 章　一元函数积分学

微分学的基本问题是已知一个函数，求它的导数. 但是，在科学技术领域中经常会遇到与此相反的问题：已知一个函数的导数，求原来的函数，由此产生了积分学. 积分学有两部分：不定积分和定积分. 本章将学习不定积分的概念、性质和基本积分方法.

3.1　不定积分的概念与性质

一、原函数

数学的各种运算及其逆运算都是客观规律的反映. 因此，一种运算的逆运算不只在数学中是可能的，而且也是解决实际问题所必须的. 那么解决哪些实际问题应用导数运算的逆运算呢？

例如，若已知物体的运算规律（函数）是 $S=S(t)$，其中 t 是时间，S 是距离，则导数 $S'(t)=v(t)$ 就是物体在时刻 t 的瞬时速度. 在力学中有时会遇到相反的问题. 若已知物体的瞬时速度函数 $v(t)$，问物体的运动规律 $S(t)=?$ 即 $(?)'=v(t)$. 显然，这是求导运算的逆运算问题.

定义 1　设函数 $f(x)$ 在区间 I 上有定义，若存在函数 $F(x)$，对于 $\forall x\in I$，都有 $F'(x)=f(x)$，则称 $F(x)$ 是 $f(x)$ 在区间 I 上的一个原函数.

例如，$(\sin x)'=\cos x$，所以 $\sin x$ 是 $\cos x$ 的一个原函数.

又如，$(x^3)'=3x^2$，所以 x^3 是 $3x^2$ 的一个原函数. $(x^3+1)'=3x^2$，所以 x^3+1 也是 $3x^2$ 的原函数. 同理，x^3+2，x^3+3，x^3+4，x^3+C（C 为任意常数）都是 $3x^2$ 的原函数. 这说明，如果 $f(x)$ 在区间 I 上有一个原函数，那么 $f(x)$ 在区间 I 上就有无穷多个原函数.

若 $F(x)$、$\Phi(x)$ 是 $f(x)$ 在区间 I 上的两个原函数，即 $F'(x)=f(x)=\Phi'(x)$，则根据第 2 章的知识可知 $\Phi(x)=F(x)+C$（C 为常数），因此，当 C 为任意常数时，$F(x)+C$ 就可以表示 $f(x)$ 在区间 I 上的所有原函数.

一般地，如果 $F(x)$ 是 $f(x)$ 的一个原函数，则 $f(x)$ 的所有原函数都可表示为 $F(x)+C$（C 为任意常数）.

原函数存在定理　如果函数 $f(x)$ 在区间 I 连续，则 $f(x)$ 在区间 I 上一定有原函数.

二、不定积分的概念及几何意义

1. 不定积分的定义

定义 2　在区间 I 上，函数 $f(x)$ 的所有原函数，称为 $f(x)$ 在区间 I 上的不定积分，记作

$$\int f(x)\mathrm{d}x$$

其中，“$\int$”称为积分号，$f(x)$称为被积函数，$f(x)\mathrm{d}x$ 称为被积表达式，x 称为积分变量.

如果 $F(x)$是 $f(x)$的一个原函数，则由定义知

$$\int f(x)\mathrm{d}x=F(x)+C \quad (C\text{ 为任意常数})$$

这里，C 称为积分常数.

由不定积分的定义可知，求已知函数的不定积分就归结为先求出它的一个原函数，然后再加上一个任意常数 C.

例 1　求 $\int x^2\mathrm{d}x$.

解　因为$\left(\frac{1}{3}x^3\right)'=x^2$，所以$\frac{1}{3}x^3$ 是 x^2 的一个原函数，因此

$$\int x^2\mathrm{d}x=\frac{1}{3}x^3+C$$

例 2　求 $\int \frac{1}{1+x^2}\mathrm{d}x$.

解　因为$(\arctan x)'=\frac{1}{1+x^2}$，所以 $\arctan x$ 是$\frac{1}{1+x^2}$的一个原函数，因此

$$\int \frac{1}{1+x^2}\mathrm{d}x=\arctan x+C$$

例 3　求 $\int \frac{1}{x}\mathrm{d}x$.

解　当 $x>0$ 时，$(\ln x)'=\frac{1}{x}$，所以 $\ln x$ 是$\frac{1}{x}$的一个原函数.

当 $x<0$ 时，$-x>0$，$[\ln(-x)]'=\frac{1}{-x}\cdot(-1)=\frac{1}{x}$，所以 $\ln(-x)$是$\frac{1}{x}$的一个原函数. 因此

$$\int \frac{1}{x}\mathrm{d}x=\ln|x|+C$$

2. 不定积分的几何意义

若 $F'(x)=f(x)$，曲线 $y=F(x)$称为函数 $f(x)$的积分曲线，由导数的几何意义可知，不定积分$\int f(x)\mathrm{d}x$在几何上表示在点 x 的切线斜率为 $f(x)$的一簇积分曲线 $y=F(x)+C$（见图 3－1）.

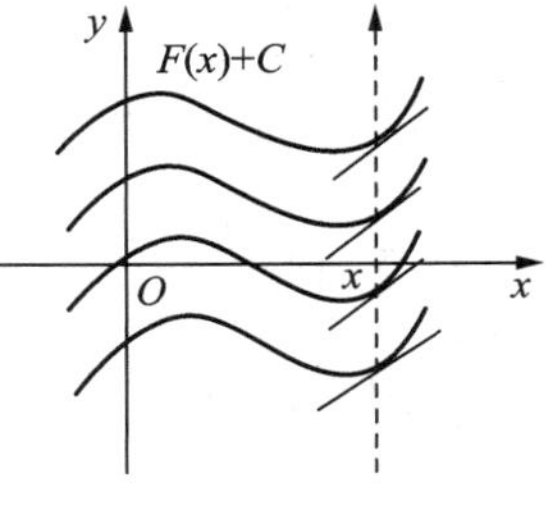

图 3－1

3. 不定积分的性质

根据不定积分的定义及求导运算法则，可以得到不定积分的性质.

性质 1　微分运算与积分运算互为逆运算.

(1) $\left[\int f(x)\mathrm{d}x\right]'=f(x)$或 $\mathrm{d}\int f(x)\mathrm{d}x=f(x)\mathrm{d}x$；

(2) $\int F'(x)\mathrm{d}x=F(x)+C$ 或 $\int \mathrm{d}F(x)=F(x)+C$.

此性质表明：当积分运算记号 $\int$ 与微分运算记号 d 连在一起时，或者互相抵消，或者抵消后只差一个常数，可以用“先积后微，形式不变；先微后积，差个常数”这句口诀来帮助记忆.

性质 2 被积函数中的非零常数因子可提到积分号前.

$$\int kf(x)\mathrm{d}x=k\int f(x)\mathrm{d}x \quad (k\neq 0)$$

性质 3 两个函数代数和的不定积分，等于这两个函数不定积分的代数和.

$$\int [f(x)\pm g(x)]\mathrm{d}x=\int f(x)\mathrm{d}x\pm\int g(x)\mathrm{d}x$$

性质 3 可以推广到有限多个函数代数和的情形（ n 是有限的正整数），即

$$\int [f_1(x)\pm f_2(x)\pm\cdots\pm f_n(x)]\mathrm{d}x=\int f_1(x)\mathrm{d}x\pm\int f_2(x)\mathrm{d}x\pm\cdots\pm\int f_n(x)\mathrm{d}x$$

三、不定积分的积分公式

因为积分运算是微分运算的逆运算，所以利用基本初等函数的导数公式，就可以得到相应的积分基本公式.

不定积分基本公式：

(1) $\int 1\cdot \mathrm{d}x=x+C$；

(2) $\int x^{\mu}\,\mathrm{d}x=\frac{1}{\mu+1}x^{\mu+1}+C\ (\mu\neq -1)$；

(3) $\int \frac{1}{x}\mathrm{d}x=\ln|x|+C$；

(4) $\int a^x\mathrm{d}x=\frac{a^x}{\ln a}+C\ (a>0,\ a\neq 1)$；

(5) $\int \mathrm{e}^x\mathrm{d}x=\mathrm{e}^x+C$；

(6) $\int \sin x\,\mathrm{d}x=-\cos x+C$；

(7) $\int \cos x\,\mathrm{d}x=\sin x+C$；

(8) $\int \frac{1}{\cos^2 x}\,\mathrm{d}x=\int \sec^2\mathrm{d}x=\tan x+C$；

(9) $\int \frac{1}{\sin^2 x}\mathrm{d}x=\int \csc^2 x\,\mathrm{d}x=-\cot x+C$；

(10) $\int \sec x\tan x\,\mathrm{d}x=\sec x+C$；

(11) $\int \csc x\cot x\,\mathrm{d}x=-\csc x+C$；

(12) $\int \frac{1}{\sqrt{1-x^2}}\mathrm{d}x=\arcsin x+C$；

(13) $\int \frac{1}{1+x^2}\,dx=\arctan x+C$.

利用不定积分的性质及基本积分表，将被积函数作适当的代数或三角恒等变形，就可以求一些简单函数的不定积分，这种求不定积分的方法称为直接积分法.

例 4　求 $\int x^3\sqrt{x}\,dx$.

解

$$\int x^3\sqrt{x}\,dx=\int x^{\frac{7}{2}}\,dx=\frac{2}{9}x^{\frac{9}{2}}+C$$

例 5　求 $\int\left(3e^x-2\sin x-\frac{2}{x}\right)dx$.

解

$$\begin{aligned}\int\left(3e^x-2\sin x-\frac{2}{x}\right)dx&=3\int e^x dx-2\int \sin x dx-2\int \frac{1}{x}dx\\&=3e^x+2\cos x-2\ln|x|+C\end{aligned}$$

注　在分项积分后，虽然中间的几个不定积分都分别含有任意常数，但由于任意常数的代数和仍是任意常数，因此，只要在最后结果加上一个任意常数即可.

例 6　求 $\int 3^x e^x dx$.

解

$$\int 3^x e^x dx=\int (3e)^x dx=\frac{(3e)^x}{\ln(3e)}+C=\frac{3^x e^x}{\ln 3+1}+C$$

例 7　求 $\int \frac{(x+1)(x^2-3)}{3x^2}\,dx$.

解

$$\begin{aligned}\int \frac{(x+1)(x^2-3)}{3x^2}\,dx&=\int \frac{x^3+x^2-3x-3}{3x^2}\,dx\\&=\int\left(\frac{x}{3}+\frac{1}{3}-\frac{1}{x}-x^{-2}\right)dx\\&=\frac{x^2}{6}+\frac{x}{3}-\ln|x|+\frac{1}{x}+C\end{aligned}$$

例 8　求 $\int \frac{3x^2+1}{x^2(x^2+1)}\,dx$.

解

$$\begin{aligned}\int \frac{3x^2+1}{x^2(x^2+1)}\,dx&=\int \frac{2x^2+(x^2+1)}{x^2(x^2+1)}dx=2\int \frac{1}{x^2+1}\,dx+\int \frac{1}{x^2}\,dx\\&=2\arctan x-\frac{1}{x}+C\end{aligned}$$

例 9　求 $\int \tan^2 x\,dx$.

解

$$\int \tan^2 x dx=\int (\sec^2 x-1)dx=\int \sec^2 x\,dx-\int dx=\tan x-x+C$$

例 10　求 $\int \cos^2\frac{x}{2}dx$.

解

$$\int \cos^2\frac{x}{2}dx=\int \frac{1+\cos x}{2}dx=\frac{1}{2}\int dx+\frac{1}{2}\int \cos x d\,x=\frac{x}{2}+\frac{1}{2}\sin x+C$$

例 11　求 $\int \frac{1}{\sin^2 x\cos^2 x}\,dx$.

解 $$\int \frac{1}{\sin^2 x\cos^2 x}\,dx=\int \frac{\sin^2 x+\cos x^2}{\sin^2 x\cos^2 x}\,dx=\int \frac{1}{\cos^2 x}\,dx+\int \frac{1}{\sin^2 x}\,dx$$
$$=\tan x-\cot x+C$$

能力训练题 3.1

1. 填空题.

(1) $f(x)=x^{-2}$的一个原函数是(　　　).

(2) $\int \left(\frac{1}{x+\sqrt{1+x}}\right)'dx=$(　　　).

(3) $d\left(\int \frac{1+e^x}{\sin x}dx\right)=$(　　　).

(4) $\int d\left(\tan x+\frac{1}{x}\right)=$(　　　).

(5) $\left(\int \frac{1}{\arcsin x}dx\right)'=$(　　　).

(6) $\int (\sin x+e^x)\,dx=$(　　　).

(7) 若$\int f(x)\,dx=5^x+\sin x+C$，则$f(x)=$(　　　).

(8) 若$f(x)$的一个原函数为$\cos x$，则$\int f'(x)\,dx=$(　　　).

2. 设曲线通过点(1，2)，且其上任一点处的切线斜率等于这点横坐标的2倍，求此曲线的方程.

3. 求不定积分.

(1) $\int \sqrt{x}(x^2-5)\,dx$；

(2) $\int \frac{1+x+x^2}{x(1+x^2)}\,dx$；

(3) $\int \frac{x^4}{1+x^2}\,dx$；

(4) $\int 2^x e^x\,dx$；

(5) $\int \cot^2 x\,dx$；

(6) $\int \sin^2\frac{x}{2}\,dx$；

(7) $\int (x-1)dx$；

(8) $\int 3^{x+1}dx$；

(9) $\int 2^x\cdot 3^x dx$；

(10) $\int \sqrt{(x\sqrt{x})}\,dx$；

(11) $\int (2\sec^2 x-3\csc^2 x)dx$；

(12) $\int (2^x-\sin x+1)dx$；

(13) $\int \left[x-\frac{1}{2\sqrt{x}}+\frac{\sqrt[3]{x}}{3}\right]dx$；

(14) $\int (x^3+3^x)dx$；

(15) $\int \frac{(1-x)^2}{x(1+x^2)}\,dx$；

(16) $\int \frac{(x-1)^3}{x^2}\,dx$；

(17) $\int \left(1-e^3+\frac{1}{2\sqrt{x}}-\frac{1}{x}+\frac{1}{\sqrt{1-x^2}}+3^x\cdot 4^x\right)\,dx$；

(18) $\int (3x^2+\cos x-3^x\ln 3)dx$；

(19) $\int \left(\frac{3}{1+x^2}-\frac{2}{\sqrt{1-x^2}}\right)dx$；

(20) $\int \frac{2\cdot 3^x-5\cdot 2^x}{3^x}\,dx$.

3.2 换元积分法

在上一节中，我们直接利用基本公式表中的公式和不定积分的性质，计算了一些简单

的不定积分，但是仅靠这些能够计算的不定积分是非常有限的. 例如，不定积分

(1) $\int \cos 2x \, dx$；　　(2) $\int e^{3x} dx$；

(3) $\int \sqrt{a^2-x^2} \, dx$；　　(4) $\int \frac{dx}{\sqrt[3]{2x+1}}$；

等，按照上节中的方法就不能解决. 因此，我们必须进一步研究不定积分的计算方法.

本节介绍求不定积分的换元积分法，简称换元法. 它的基本思想是把复合函数的求导法则反过来用于求不定积分. 利用换元法，可以通过适当的变量代换，把某些不定积分化为基本积分表示中所列积分的形式，从而求出不定积分. 换元积分法通常分为两类，下面先讲第一类.

一、第一类换元积分法(凑微分法)

定理 1　设 $\int f(u)du=F(u)+C$，且 $u=\varphi(x)$可导，则

$$\int f[\varphi(x)]\varphi'(x)dx=\int f[\varphi(x)]d\varphi(x)$$

$$\xlongequal{令\ \varphi(x)=u}\int f(u)du=F(u)+C$$

$$\xlongequal{回代\ u=\varphi(x)}F(\varphi(x))+C$$

上述方法是当积分 $\int f(u)du$容易求出时，而被积表达式能表示为如下形式：

$$f[\varphi(x)]\varphi'(x)dx=f[\varphi(x)]d\varphi(x)$$

则令 $\varphi(x)=u$，在积分过程中引入新的变量形式，先计算 $\int f(u)du=F(u)+C$，然后将 $u=\varphi(x)$回代. 我们称这种方法为第一类换元积分法，也称之为凑微分法.

例 1　$\int 2\cos 2x \, dx$.

解　$$\int 2\cos 2x \, dx=\int \cos 2x\cdot(2x)'dx=\int \cos 2x \, d(2x)$$

$$\xlongequal{令\ 2x=u}\int \cos u \, du=\sin u+C\xlongequal{回代\ u=2x}\sin 2x+C$$

例 2　$\int \frac{1}{3+2x} dx$.

解　$$原式=\frac{1}{2}\int \frac{1}{3+2x}(3+2x)' \, dx=\frac{1}{2}\int \frac{1}{3+2x}d(3+2x)$$

$$=\frac{1}{2}\int \frac{1}{u} du=\frac{1}{2}\ln|u|+C=\frac{1}{2}\ln|3+2x|+C$$

例 3　$\int 2xe^{x^2} dx$.

解　$$\int 2xe^{x^2} dx=\int e^{x^2}(x^2)'dx=\int e^{x^2} d(x^2)=\int e^u du=e^u+C=e^{x^2}+C$$

例 4 $\int x\sqrt{1-x^2}\,\mathrm{d}x$.

解
$$\begin{aligned}\int x\sqrt{1-x^2}\,\mathrm{d}x &= \frac{1}{2}\int\sqrt{1-x^2}\,(x^2)'\mathrm{d}x = \frac{1}{2}\int\sqrt{1-x^2}\,\mathrm{d}x^2 \\ &= -\frac{1}{2}\int\sqrt{1-x^2}\,\mathrm{d}(1-x^2) = -\frac{1}{2}\int u^{\frac{1}{2}}\mathrm{d}u \\ &= -\frac{1}{3}u^{\frac{3}{2}}+C \\ &= -\frac{1}{3}(1-x^2)^{\frac{3}{2}}+C\end{aligned}$$

当对变量代换比较熟练以后，运算过程就可以写得简单些，甚至所设的变量代换 $u=\varphi(x)$ 也可以不必写出，只要一边演算，一边在心中默记就可以了.

注 凑微分法运用时的难点在于原题并未指明应把哪一部分凑成 $\mathrm{d}\varphi(x)$，这需要解题经验，如果记熟下列一些凑微分公式，解题中则会给我们以启示.

序号	凑微分公式
(1)	$\mathrm{d}x=\frac{1}{a}\,\mathrm{d}(ax+b)$
(2)	$x^{\mu}\mathrm{d}x=\frac{1}{\mu+1}\,\mathrm{d}(x^{\mu+1}+b)(\mu\neq-1)$
(3)	$\frac{1}{x^2}\,\mathrm{d}x=-\mathrm{d}\left(\frac{1}{x}\right)$
(4)	$\frac{1}{x}\,\mathrm{d}x=\mathrm{d}(\ln\lvert x\rvert+b)$
(5)	$\frac{1}{\sqrt{x}}\,\mathrm{d}x=2\mathrm{d}\sqrt{x}$
(6)	$\mathrm{e}^x\mathrm{d}x=\mathrm{d}(\mathrm{e}^x)$
(7)	$\cos x\,\mathrm{d}x=\mathrm{d}(\sin x)$
(8)	$\sin x\,\mathrm{d}x=-\mathrm{d}(\cos x)$
(9)	$\frac{\mathrm{d}x}{1+x^2}=\mathrm{d}(\arctan x)$
(10)	$\frac{\mathrm{d}x}{\sqrt{1-x^2}}=\mathrm{d}(\arcsin x)$
(11)	$\sec^2x\,\mathrm{d}x=\mathrm{d}(\tan x)$
(12)	$\csc^2x\,\mathrm{d}x=-\mathrm{d}(\cot x)$
(13)	$\sec x\tan x\,\mathrm{d}x=\mathrm{d}(\sec x)$
(14)	$\csc x\cot x\,\mathrm{d}x=-\mathrm{d}(\csc x)$

例 5　求 $\int \tan x \, dx$.

解
$$\int \tan x \, dx = \int \frac{\sin x}{\cos x} dx = -\int \frac{1}{\cos x} d\cos x = -\ln|\cos x| + C$$

即
$$\int \tan x \, dx = -\ln|\cos x| + C$$

类似地可得
$$\int \cot x dx = \ln|\sin x| + C$$

例 6　求 $\int \frac{e^{\sqrt{x}}}{\sqrt{x}} dx$.

解　因为 $d(\sqrt{x}) = \frac{1}{2\sqrt{x}} dx$，故 $\frac{1}{\sqrt{x}} dx = 2d(\sqrt{x})$，所以
$$\int \frac{e^{\sqrt{x}}}{\sqrt{x}} dx = 2\int e^{\sqrt{x}} d(\sqrt{x}) = 2e^{\sqrt{x}} + C$$

例 7　求 $\int \frac{1}{a^2 + x^2} dx$.

解
$$\int \frac{1}{a^2+x^2} dx = \frac{1}{a^2}\int \frac{1}{1+\left(\frac{x}{a}\right)^2} dx = \frac{1}{a}\int \frac{1}{1+\left(\frac{x}{a}\right)^2} d\left(\frac{x}{a}\right)$$
$$= \frac{1}{a}\arctan\frac{x}{a} + C$$

即
$$\int \frac{1}{a^2+x^2} dx = \frac{1}{a}\arctan\frac{x}{a} + C$$

例 8　求 $\int \frac{1}{\sqrt{a^2 - x^2}} dx \quad (a>0)$.

解
$$\int \frac{1}{\sqrt{a^2-x^2}} dx = \frac{1}{a}\int \frac{1}{\sqrt{1-\left(\frac{x}{a}\right)^2}} dx = \int \frac{1}{\sqrt{1-\left(\frac{x}{a}\right)^2}} d\left(\frac{x}{a}\right) = \arcsin\frac{x}{a} + C$$
$$\int \frac{1}{\sqrt{a^2-x^2}} dx = \arcsin\frac{x}{a} + C$$

例 9　求 $\int \frac{dx}{x(1+5\ln x)}$.

解　因为 $d(1+5\ln x) = 5\frac{dx}{x}$，故
$$\frac{dx}{x} = \frac{1}{5} d(1+5\ln x)$$

所以
$$\int \frac{dx}{x(1+5\ln x)} = \frac{1}{5}\int \frac{d(1+5\ln x)}{1+5\ln x} = \frac{1}{5}\ln|1+5\ln x| + C$$

例 10 求 $\int \frac{1}{x^2-a^2}\,dx$.

解 $$\int \frac{1}{x^2-a^2}\,dx=\frac{1}{2a}\int\left(\frac{1}{x-a}-\frac{1}{x+a}\right)dx=\frac{1}{2a}\left[\int\frac{1}{x-a}\,dx-\int\frac{1}{x+a}\,dx\right]$$
$$=\frac{1}{2a}\left[\int\frac{1}{x-a}\,d(x-a)-\int\frac{1}{x+a}\,d(x+a)\right]$$
$$=\frac{1}{2a}[\ln|x-a|-\ln|x+a|]+C$$
$$=\frac{1}{2a}\ln\left|\frac{x-a}{x+a}\right|+C$$

即

$$\int \frac{1}{x^2-a^2}\,dx=\frac{1}{2a}\ln\left|\frac{x-a}{x+a}\right|+C$$

类似地可得

$$\int \frac{1}{a^2-x^2}\,dx=\frac{1}{2a}\ln\left|\frac{a+x}{a-x}\right|+C$$

例 11 求 $\int \frac{2x-3}{x^2-3x+5}\,dx$.

解 因为$(x^2-3x+5)'=2x-3$，$d(x^2-3x+5)=(2x-3)dx$，所以

$$\int\frac{2x-3}{x^2-3x+5}\,dx=\int\frac{d(x^2-3x+5)}{x^2-3x+5}=\ln|x^2-3x+5|+C$$

例 12 求 $\int \frac{1}{x^2+2x+5}\,dx$.

解 $$\int\frac{1}{x^2+2x+5}\,dx=\int\frac{1}{4+(x+1)^2}\,dx=\frac{1}{4}\int\frac{1}{1+\left(\frac{x+1}{2}\right)^2}\,dx$$
$$=\frac{1}{2}\int\frac{1}{1+\left(\frac{x+1}{2}\right)^2}\,d\left(\frac{x+1}{2}\right)$$
$$=\frac{1}{2}\arctan\frac{x+1}{2}+C$$

下面再举一些有关三角函数积分的例子，在计算这些积分时，往往要用到一些三角恒等式.

例 13 求 $\int \sin^3 x\,dx$.

解 $$\int\sin^3 x\,dx=\int\sin^2 x\cdot\sin x\,dx=-\int(1-\cos^2 x)d\cos x$$
$$=-\int d\cos x+\int\cos^2 x\,d\cos x=-\cos x+\frac{1}{3}\cos^3 x+C$$

例 14 求 $\int \cos^2 x\,dx$.

解 $$\int\cos^2 x\,dx=\int\frac{1+\cos 2x}{2}\,dx=\frac{1}{2}\left(\int dx+\int\cos 2x\,dx\right)$$
$$=\frac{1}{2}\int dx+\frac{1}{4}\int\cos 2x\,d2x=\frac{1}{2}x+\frac{1}{4}\sin 2x+C$$

例 15　求 $\int \sin^2 x \cos^5 x \, dx$.

解
$$\int \sin^2 x \cos^5 x \, dx = \int \sin^2 x \cos^4 x \, d\sin x = \int \sin^2 x (1-\sin^2 x)^2 d\sin x$$
$$= \int (\sin^2 x - 2\sin^4 x + \sin^6 x) d\sin x$$
$$= \frac{1}{3}\sin^3 x - \frac{2}{5}\sin^5 x + \frac{1}{7}\sin^7 x + C$$

在计算形如

$$\int \sin^m x \cos^n x \, dx \quad (m, n \text{ 为非负整数})$$

的积分时，若 m 和 n 中至少有一个为奇数，则当 m 为奇数时，可用 $\sin x$ 与 dx 凑微分，得 $\sin x \, dx = -d\cos x$，当 n 奇数时，可用 $\cos x$ 与 dx 凑微分，得 $\cos x dx = d\sin x$；若 m 和 n 均为偶数，则可考虑先用倍角公式降低幂的次数.

例 16　求 $\int \sin 2x \cos 3x \, dx$.

解　利用三角学中的积化和差公式：

$$\sin mx \cos nx = \frac{1}{2}[(\sin(m+n)x + \sin(m-n)x]$$

得
$$\sin 2x \cos 3x = \frac{1}{2}(\sin 5x - \sin x)$$

于是

$$\int \sin 2x \cos 3x \, dx = \frac{1}{2}\int (\sin 5x - \sin x) dx = \frac{1}{2}\left(\int \sin 5x \, dx - \int \sin x \, dx\right)$$
$$= \frac{1}{10}\int \sin 5x \, d(5x) - \frac{1}{2}\int \sin x \, dx = -\frac{1}{10}\cos 5x + \frac{1}{2}\cos x + C$$

一般地说，对于形如

$$\int \sin mx \cos nx \, dx, \int \sin mx \sin nx \, dx, \int \cos mx \cos nx \, dx$$

的积分，当 $m \neq n$ 时，可用三角函数中的积化和差公式把积分化简.

例 17　求 $\int \csc x \, dx$.

解
$$\int \csc x \, dx = \int \frac{1}{\sin x} dx = \int \frac{1}{2\sin\frac{x}{2}\cos\frac{x}{2}} dx$$
$$= \int \frac{d\left(\frac{x}{2}\right)}{\tan\frac{x}{2}\cos^2\frac{x}{2}} = \int \frac{d\left(\tan\frac{x}{2}\right)}{\tan\frac{x}{2}} = \ln\left|\tan\frac{x}{2}\right| + C$$
$$= \ln|\csc x - \cot x| + C$$

即
$$\int \csc x \, dx = \ln|\csc x - \cot x| + C$$

同理可得
$$\int \sec x \, dx = \ln|\sec x + \tan x| + C$$

例 18 求 $\int \tan^5 x\sec^3 x\,\mathrm{d}x$.

解 $$\begin{aligned}\int \tan^5 x\sec^3 x\,\mathrm{d}x &= \int \tan^4 x\sec^2 x(\sec x\tan x)\mathrm{d}x \\ &= \int (\sec^2 x-1)^2\sec^2 x\,\mathrm{d}(\sec x) \\ &= \int (\sec^4 x-2\sec^2 x+1)\sec^2 x\mathrm{d}(\sec x) \\ &= \int (\sec^6 x-2\sec^4 x+\sec^2 x)\mathrm{d}(\sec x) \\ &= \int \sec^6 x\,\mathrm{d}(\sec x)-2\int \sec^4 x\,\mathrm{d}(\sec x)+\int \sec^2 x\,\mathrm{d}(\sec x) \\ &= \frac{1}{7}\sec^7 x-\frac{2}{5}\sec^5 x+\frac{1}{3}\sec^3 x+C\end{aligned}$$

一般地，计算形如 $\int \tan^m x\sec^n x\mathrm{d}x$ 或 $\int \cot^m x\csc^n x\mathrm{d}x$（$m$，$n$ 为非负整数）的积分时，当 n 为偶数时，可把 $\sec^2 x\,\mathrm{d}x$ 或 $\csc^2 x\,\mathrm{d}x$ 分别凑成微分 $\mathrm{d}(\tan x)$ 或 $\mathrm{d}(-\cot x)$；当 m 与 n 皆为奇数时，可把 $\tan x\sec x\,\mathrm{d}x$ 或 $\cot x\csc x\,\mathrm{d}x$ 分别凑成微分 $\mathrm{d}(\sec x)$ 或 $\mathrm{d}(-\csc x)$，从而转化为幂函数的积分.

二、第二类换元积分法

第一类换元积分法虽然使用得很广泛，但是对于求某些不定积分，例如 $\int \sqrt{a^2-x^2}\,\mathrm{d}x$，$\int \frac{\mathrm{d}x}{\sqrt{x^2-a^2}}$，$\int \frac{\mathrm{d}x}{1+\sqrt{x+1}}$ 等就不适用. 一般地，若积分 $\int f(x)\mathrm{d}x$ 不易求得，如果能适当地选择变量代换 $x=\varphi(t)$，把原积分化为积分 $\int f[\varphi(t)]\varphi'(t)\mathrm{d}t$，而后者却比较容易积出，那么最后只要把结果中的 t 作变量回代，即以函数 $x=\varphi(t)$ 的反函数 $t=\varphi^{-1}(x)$ 代回就可以了，这种方法称为第二类换元积分法.

定理 2 若 $\int f[\varphi(t)]\varphi'(t)\mathrm{d}t=F(t)+C$，设函数 $x=\varphi(t)$ 单调可微，且 $\varphi'(t)\neq 0$，则

$$\int f(x)\mathrm{d}x \xlongequal{\text{令 } x=\varphi(t)} \int f[\varphi(t)]\varphi'(t)\mathrm{d}t = F(t)+C \xlongequal[(t=\varphi^{-1}(x))]{\text{变量回代}} F[\varphi^{-1}(x)]+C$$

其中 $t=\varphi^{-1}(x)$ 是 $x=\varphi(t)$ 的反函数.

第二类换元积分法是把第一类换元积分法反过来用，主要用于解决被积函数中含有根式的不定积分.

1. 简单根式代换

例 19 求 $\int \frac{1}{1+\sqrt{x}}\,\mathrm{d}x$.

解 这个积分不能从基本积分公式表中查到. 我们可以作一个代换，把被积函数的根号去掉. 为此，令 $\sqrt{x}=t$，即 $x=t^2(t\geqslant 0)$. 于是

$$\mathrm{d}x=\mathrm{d}(t^2)=2t\,\mathrm{d}t$$

$$\int \frac{1}{1+\sqrt{x}}\,\mathrm{d}x = \int \frac{2t}{1+t}\,\mathrm{d}t = 2\int \frac{(1+t)-1}{1+t}\,\mathrm{d}t = 2\left[\int \mathrm{d}t - \int \frac{1}{1+t}\mathrm{d}t\right]$$
$$= 2[t-\ln|1+t|]+C$$
$$\xlongequal{\text{以 } t=\sqrt{x} \text{ 回代}} 2\left[\sqrt{x}-\ln(1+\sqrt{x})\right]+C$$

例 20　求 $\int \frac{x}{\sqrt{x-1}}\,\mathrm{d}x$.

解　令 $\sqrt{x-1}=t$，则 $x=t^2+1(t>0)$，$\mathrm{d}x=2t\,\mathrm{d}t$. 有

$$\int \frac{x}{\sqrt{x-1}}\,\mathrm{d}x = \int \frac{t^2+1}{t} \times 2t\,\mathrm{d}t = \int 2t^2\,\mathrm{d}t + \int 2\mathrm{d}t$$
$$= \frac{2}{3}t^3+2t+C$$

由 $\sqrt{x-1}=t$ 知上式

$$\int \frac{x}{\sqrt{x-1}}\,\mathrm{d}x = \frac{2}{3}(\sqrt{x-1})^3+2\sqrt{x-1}+C$$

一般地，如果被积函数中

(1) 含 $\sqrt[m]{x}$、$\sqrt[n]{x}$ $(m\neq n)$，可令 $x=t^k$，其中 k 为 m、n 的最小公倍数；

(2) 含 $\sqrt{ax+b}$，可令 $\sqrt{ax+b}=t$，从中解出 x 即可.

2. 三角代换

例 21　求 $\int \sqrt{a^2-x^2}\,\mathrm{d}x$ $(a>0)$.

解　为了化去根式 $\sqrt{a^2-x^2}$，我们可以利用三角恒等式 $\sin^2 t+\cos^2 t=1$ 来达到目的. 设 $x=a\sin t\left(-\frac{\pi}{2}\leqslant t\leqslant\frac{\pi}{2}\right)$，则

$$\mathrm{d}x=a\cos t\,\mathrm{d}t,\ \sqrt{a^2-x^2}=\sqrt{a^2-a^2\sin^2 t}=|a\cos t|=a\cos t$$
$$\int \sqrt{a^2-x^2}\,\mathrm{d}x = \int a\cos t\, a\cos t\,\mathrm{d}t = a^2\int \cos^2 t\,\mathrm{d}t$$
$$= \frac{a^2}{2}\int (1+\cos 2t)\mathrm{d}t = \frac{a^2}{2}\left(t+\frac{1}{2}\sin 2t\right)+C$$
$$= \frac{a^2}{2}(t+\sin t\cos t)+C$$

可以作辅助三角形，利用直角三角形的边角关系，使所得结果用原变量 x 来表示(见图 3-2).

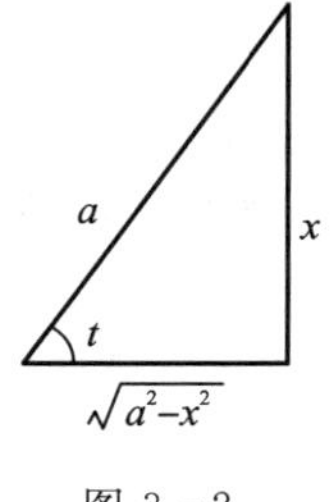

图 3-2

$$\sin t=\frac{\text{对边}}{\text{斜边}}=\frac{x}{a},\ \cos t=\frac{\text{邻边}}{\text{斜边}}=\frac{\sqrt{a^2-x^2}}{a}$$
$$\int \sqrt{a^2-x^2}\,\mathrm{d}x = \frac{a^2}{2}\left(\arcsin\frac{x}{a}+\frac{x}{a}\frac{\sqrt{a^2-x^2}}{a}\right)+C$$
$$= \frac{a^2}{2}\arcsin\frac{x}{a}+\frac{1}{2}x\sqrt{a^2-x^2}+C$$

例 22 求 $\int \frac{1}{\sqrt{x^2+a^2}} \mathrm{d}x \ (a>0)$.

解 设 $x=a\tan t$，$t\in\left(-\frac{\pi}{2}, \frac{\pi}{2}\right)$，则

$$\mathrm{d}x=a\sec^2 t\,\mathrm{d}t,\ \sqrt{x^2+a^2}=\sqrt{a^2+a^2\tan^2 t}=a\sec t$$

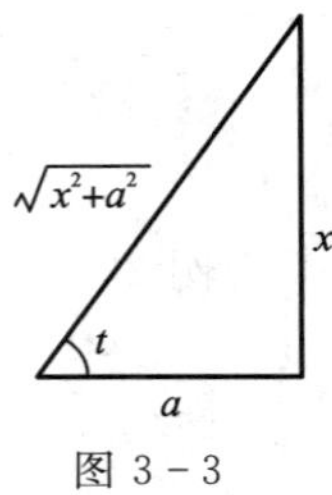

图 3-3

于是

$$\int \frac{1}{\sqrt{x^2+a^2}} \mathrm{d}x = \int \frac{a\sec^2 t}{a\sec t} \mathrm{d}t$$

$$= \int \sec t\,\mathrm{d}t = \ln|\sec t+\tan t|+C_1$$

作辅助三角形，如图 3-3 所示。

$$\int \frac{\mathrm{d}x}{\sqrt{x^2+a^2}} = \ln\left|\frac{x}{a}+\frac{\sqrt{x^2+a^2}}{a}\right|+C_1$$

$$=\ln\left|x+\sqrt{x^2+a^2}\right|+C$$

其中，$C=C_1-\ln a$.

例 23 求 $\int \frac{1}{\sqrt{x^2-a^2}} \mathrm{d}x(a>0)$.

解 设 $x=a\sec t$，$\left(0<t<\frac{\pi}{2}\right)$，则 $\mathrm{d}x=a\sec t\tan t\,\mathrm{d}t$，于是

$$\int \frac{1}{\sqrt{x^2-a^2}} \mathrm{d}x = \int \frac{a\sec t\tan t}{\sqrt{a^2\sec^2 t-a^2}} \mathrm{d}t = \int \frac{a\sec t\cdot\tan t}{a\tan t} \mathrm{d}t$$

$$= \int \sec t\,\mathrm{d}t = \ln|\sec t+\tan t|+C_1$$

根据 $\sec t=\frac{x}{a}$，作辅助三角形，如图 3-4 所示。

$$\int \frac{1}{\sqrt{x^2-a^2}} \mathrm{d}x = \ln\left|\frac{x}{a}+\frac{\sqrt{x^2-a^2}}{a}\right|+C_1$$

$$=\ln\left|x+\sqrt{x^2-a^2}\right|+C$$

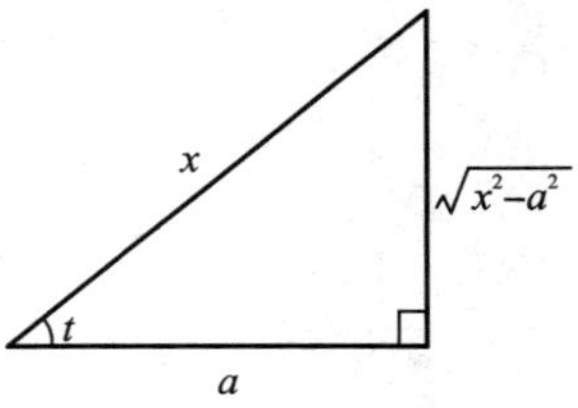

图 3-4

一般地，如果被积函数中

(1) 含 $\sqrt{a^2-x^2}$，可令 $x=a\sin t$；

(2) 含 $\sqrt{a^2+x^2}$，可令 $x=a\tan t$；

(3) 含 $\sqrt{x^2-a^2}$，可令 $x=a\sec t$.

能力训练题 3.2

1. 填空题.

(1) $e^{2x}\mathrm{d}x=\mathrm{d}(\qquad)$；

(2) $\frac{1}{x^2}\mathrm{d}x=(\qquad)\mathrm{d}\left(\frac{1}{x}\right)$；

(3) $\frac{1}{x}\mathrm{d}x=(\qquad)\mathrm{d}(3-5\ln x)$；

(4) $\mathrm{d}\arctan x = ($　　　　$)\mathrm{d}\,\mathrm{arccot}\, x$.

2. 求下列不定积分：

(1) $\int \sin 3x \, \mathrm{d}x$；

(2) $\int \mathrm{e}^{-3x} \mathrm{d}x$；

(3) $\int \sin x \mathrm{e}^{\cos x} \mathrm{d}x$；

(4) $\int \frac{\mathrm{d}x}{x \ln x}$；

(5) $\int \frac{\sqrt{\ln x}}{x} \mathrm{d}x$；

(6) $\int \mathrm{e}^{-x^3} \cdot x^2 \mathrm{d}x$；

(7) $\int x \cdot \sqrt{2-x^2} \, \mathrm{d}x$；

(8) $\int \frac{\mathrm{e}^{\frac{1}{x}}}{x^2} \mathrm{d}x$；

(9) $\int \frac{3}{(1-2x)^2} \mathrm{d}x$；

(10) $\int \frac{\mathrm{d}x}{3x-5}$；

(11) $\int \frac{\sin \sqrt{x}}{\sqrt{x}} \mathrm{d}x$；

(12) $\int \cos(\alpha - \beta x) \mathrm{d}x$，$\beta \neq 0$；

(13) $\int \tan 5x \, \mathrm{d}x$；

(14) $\int \frac{\mathrm{d}x}{x^2-5x+4}$；

(15) $\int \frac{2x-3}{x^2-3x+8} \mathrm{d}x$；

(16) $\int \frac{x}{x^2+1} \mathrm{d}x$；

(17) $\int \frac{x^2}{x^3+1} \mathrm{d}x$；

(18) $\int 2x \sqrt{x^2+1} \, \mathrm{d}x$；

(19) $\int \frac{\mathrm{d}x}{x^2+4x+5}$；

(20) $\int \frac{1}{9-x^2} \mathrm{d}x$

(21) $\int \cos^3 x \, \mathrm{d}x$；

(22) $\int \cos^4 x \, \mathrm{d}x$

(23) $\int \tan^4 x \, \mathrm{d}x$；

(24) $\int \sin^2 x \, \mathrm{d}x$；

(25) $\int \cos^2 x \sin x \, \mathrm{d}x$；

(26) $\int \frac{\ln x}{x} \mathrm{d}x$；

(27) $\int \frac{1}{\sqrt{x}+\sqrt[3]{x}} \mathrm{d}x$

(28) $\int \frac{1}{x(1+2\ln x)} \mathrm{d}x$；

(29) $\int \frac{\arctan x}{1+x^2} \mathrm{d}x$；

(30) $\int \frac{\arcsin x}{\sqrt{1-x^2}} \mathrm{d}x$；

(31) $\int \frac{1}{x\sqrt{x^2+4}} \mathrm{d}x$；

(32) $\int \frac{x^2 \, \mathrm{d}x}{\sqrt{a^2-x^2}}$；

(33) $\int \frac{\sqrt{x^2-a^2}}{x} \mathrm{d}x$；

(34) $\int \frac{\mathrm{d}x}{x^2\sqrt{x^2+1}}$；

(35) $\int \frac{\sqrt{9-x^2}}{x^2} \mathrm{d}x$；

(36) $\int \frac{x^2}{\sqrt{4-x^2}} \mathrm{d}x$.

3.3　分部积分法

分部积分法是一种基本积分方法，它是由两个函数乘积的微分运算法则推得的一种求积分的基本方法. 这种方法主要是解决某些被积函数是两类不同函数乘积的不定积分. 其积分公式是利用乘积的求导法则推导而得.

设函数 $u=u(x)$，$v=v(x)$都有连续导数，则根据两个函数乘积的求导公式

$$(uv)'=uv'+u'v$$

即

$$uv'=(uv)'-u'v$$

两边积分得

$$\int uv'\,\mathrm{d}x=\int (uv)'\mathrm{d}x-\int u'v\,\mathrm{d}x$$

于是有公式

$$\int uv'\mathrm{d}x=uv-\int u'v\mathrm{d}x \tag{3.3-1}$$

或

$$\int u\,\mathrm{d}v=uv-\int v\mathrm{d}u \tag{3.3-2}$$

公式(3.3-1)和公式(3.3-2)都称为分部积分公式.

分部积分公式把 uv'的积分转化为 vu'的积分，如果左端的积分 $\int uv'\mathrm{d}x$(或 $\int u\,\mathrm{d}v$)不易求得，而右端的积分 $\int vu'\mathrm{d}x\left(\text{或}\int v\,\mathrm{d}u\right)$ 比较容易求得，那么利用这个公式就可以起到化难为易的作用，这种方法称作不定积分的分部积分法. 下面举例说明如何运用分部积分公式来计算某些不定积分.

例 1　求 $\int x\sin x\,\mathrm{d}x$.

解　这个积分中的被积函数是两个函数乘积的形式，可试用分部积分法来求解. 但是，用分部积分法求解时，首先将遇到这样一个问题，对于一个具体的积分，怎样选取形如公式(3.3-2)中的 u 和 $\mathrm{d}v$ 呢?

如果设 $u=x$，$\mathrm{d}v=\sin x\mathrm{d}x$，则

$$\mathrm{d}u=\mathrm{d}x,\ v=-\cos x$$

于是，由公式(3.3-2)得

$$\begin{aligned}\int x\sin x\,\mathrm{d}x&=-x\cos x-\int(-\cos x)\mathrm{d}x=-x\cos x+\int\cos x\,\mathrm{d}x\\&=-x\cos x+\sin x+C\end{aligned}$$

使用分部积分公式时，如何恰当地选取 u 和 $\mathrm{d}v$ 是十分重要的. 如果选得不当，可能使所求的积分变得更加复杂.

如在上例中，若设 $u=\sin x$，$\mathrm{d}v=x\,\mathrm{d}x$，则

$$\mathrm{d}u=\cos x\,\mathrm{d}x,\ v=\frac{x^2}{2}$$

由公式(3.3-2)得

$$\int x\sin x\,\mathrm{d}x=\frac{x^2}{2}\sin x-\int\frac{x^2}{2}\cos x\,\mathrm{d}x=\frac{x^2}{2}\sin x-\frac{1}{2}\int x^2\cos x\,\mathrm{d}x$$

显然，右端的积分 $\int x^2\cos x\mathrm{d}x$ 比 $\int x\sin x\,\mathrm{d}x$ 更复杂，所以这样选取 u 和 $\mathrm{d}v$ 是不恰当的.

由此可见，运用分部积分法的关键是正确选择 u 和 v'(或 $\mathrm{d}v$)，一般考虑两点：

(1) v 容易求出；

(2) 计算 $\int v\,\mathrm{d}u$ 要比 $\int u\,\mathrm{d}v$ 容易.

例 2　求 $\int x\mathrm{e}^x\mathrm{d}x$.

解　设 $u=x$，$\mathrm{d}v=\mathrm{e}^x\mathrm{d}x$，即 $v'=\mathrm{e}^x$，于是 $u'=1$，$v=\mathrm{e}^x$，由分部积分公式得

$$\int x\mathrm{e}^x\mathrm{d}x=x\mathrm{e}^x-\int 1\cdot\mathrm{e}^x\mathrm{d}x=x\mathrm{e}^x-\mathrm{e}^x+C$$

本例如果改变 u 和 v' 的选择为：$u=\mathrm{e}^x$，$\mathrm{d}v=x\,\mathrm{d}x$ 或 $v'=x$，则

$$u'=\mathrm{e}^x,\ v=\frac{1}{2}x^2$$

代入分部积分公式，得

$$\int x\mathrm{e}^x\,\mathrm{d}x=\frac{\mathrm{e}^x}{2}x^2-\int\frac{1}{2}x^2\mathrm{e}^x\mathrm{d}x$$

现在等号右边的积分反而比原积分更复杂，因此不可取.

例 3　求 $\int x\arctan x\,\mathrm{d}x$.

解　设 $u=\arctan x$，$\mathrm{d}v=x\,\mathrm{d}x$，则

$$\mathrm{d}u=\frac{\mathrm{d}x}{1+x^2},\ v=\frac{x^2}{2}$$

所以

$$\begin{aligned}\int x\arctan x\,\mathrm{d}x&=\frac{x^2}{2}\arctan x-\frac{1}{2}\int\frac{x^2}{1+x^2}\,\mathrm{d}x\\&=\frac{x^2}{2}\arctan x-\frac{1}{2}\int\frac{x^2+1-1}{1+x^2}\,\mathrm{d}x\\&=\frac{x^2}{2}\arctan x-\frac{1}{2}x+\frac{1}{2}\arctan x+C\end{aligned}$$

例 4　求 $\int x\ln x\,\mathrm{d}x$.

解

$$\begin{aligned}\int x\ln x\,\mathrm{d}x&=\frac{1}{2}\int\ln x\,\mathrm{d}x^2=\frac{1}{2}\left[x^2\ln x-\int x^2\mathrm{d}\ln x\right]\\&=\frac{1}{2}\left[x^2\ln x-\int x\,\mathrm{d}x\right]=\frac{1}{2}\left[x^2\ln x-\frac{1}{2}x^2\right]+C\\&=\frac{1}{2}x^2\ln x-\frac{1}{4}x^2+C\end{aligned}$$

由以上讨论知，当被积函数是两种不同类型函数的乘积时，可考虑分部积分法. 选取 u 和 $\mathrm{d}v$ 的方法如下：

(1) 当被积函数是多项式与指数函数(或三角函数)的乘积时，将多项式选作 u，指数

函数(或三角函数)乘 dx 部分选作 dv;

(2) 当被积函数是多项式与对数函数(或反三角函数)的乘积时，将对数函数(或反三角函数)选作 u，多项式乘 dx 部分选作 dv.

例 5 求 $\int e^x \cos x \, dx$.

解 这是指数函数与三角函数乘积的积分，可以任选二者之一(例如 e^x)作为 v'，有

$$\int e^x \cos x \, dx = \int \cos x d(e^x) = e^x \cos x + \int e^x \sin x \, dx$$

等式右边的积分，仍然是指数函数与三角函数乘积的积分，且与左边积分相似，对它再次使用分部积分法，仍选 e^x 作为 v'，有

$$\int e^x \sin x \, dx = \int \sin x \, de^x = e^x \sin x - \int e^x \cos x \, dx$$

于是

$$\int e^x \cos x \, dx = e^x \cos x + e^x \sin x - \int e^x \cos x \, dx$$

由于上式右端保留的积分项就是所求的积分 $\int e^x \cos x \, dx$，把它移到等式左端合并后，再两端同除以 2，最后结果加上一个任意常数 C，便得所求的积分为

$$\int e^x \cos x \, dx = \frac{e^x \cos x + e^x \sin x}{2} + C$$

注 因上式右端已不包含积分项，所以最后的结果必须加上一个任意常数 C.

结论 当被积函数是指数函数与三角函数的乘积时，可以任意地选取 u 和 dv，既可以把指数函数选作 u，三角函数乘 dx 部分选作 dv；也可以把三角函数选作 u，指数函数乘 dx 部分选作 dv. 但应注意的是，一经选定，再次分部积分时必须仍按原来的方式选取.

例 6 求 $\int \ln x \, dx$.

解 设 $u = \ln x$，$dv = dx$，则

$$du = \frac{1}{x} dx$$

$$v = x$$

所以

$$\int \ln x dx = x \ln x - \int x \cdot \frac{1}{x} dx = x \ln x - x + C$$

例 7 求 $\int \sec^3 x \, dx$.

解 设 $u = \sec x$，$dv = \sec^2 x \, dx$，则

$$du = \sec x \tan x \, dx, \quad v = \tan x$$

于是

$$\begin{aligned}\int \sec^3 x\,\mathrm{d}x &= \sec x\tan x - \int \sec x\tan^2 x\,\mathrm{d}x\\ &= \sec x\tan x - \int \sec x(\sec^2 x - 1)\mathrm{d}x\\ &= \sec x\tan x - \int \sec^3 x\,\mathrm{d}x + \int \sec x\,\mathrm{d}x\\ &= \sec x\tan x + \ln|\sec x + \tan x| - \int \sec^3 x\,\mathrm{d}x\end{aligned}$$

由于上式右端保留的积分项就是所求的积分 $\int \sec^3 x\,\mathrm{d}x$，故可用类似于上例中的方法，把它移项合并后并除以 2，便得

$$\int \sec^3 x\,\mathrm{d}x = \frac{1}{2}(\sec x\tan x + \ln|\sec x + \tan x|) + C$$

从上面的例子可以看到，有些不定积分经过分部积分后，虽然未能求出该积分，但又出现了与所求积分具有相同形式的项，这时可以像解代数方程那样从等式中解出所求的积分来.

当运算较为熟练后，进行分部积分时，可不必写出所设的 u 和 $\mathrm{d}v$.

例 8　计算 $\int x^2\sin x\,\mathrm{d}x$.

解

$$\begin{aligned}\int x^2\sin x\,\mathrm{d}x &= -\int x^2\mathrm{d}(\cos x) = -x^2\cos x + \int \cos x\cdot 2x\,\mathrm{d}x\\ &= -x^2\cos x + 2\int x\,\mathrm{d}\sin x\\ &= -x^2\cos x + 2x\sin x - 2\int \sin x\,\mathrm{d}x\\ &= -x^2\cos x + 2x\sin x + 2\cos x + C\end{aligned}$$

例 9　求 $\int (3x^2-1)\ln x\,\mathrm{d}x$.

解

$$\begin{aligned}\int (3x^2-1)\ln x\,\mathrm{d}x &= \int \ln x\,\mathrm{d}(x^3-x)\\ &= (x^3-x)\ln x - \int \frac{x^3-x}{x}\,\mathrm{d}x\\ &= (x^3-x)\ln x - \int (x^2-1)\,\mathrm{d}x\\ &= (x^3-x)\ln x - \frac{x^3}{3} + x + C\end{aligned}$$

有时求不定积分时，还经常将换元积分法与分部积分法结合起来使用.

例 10　$\int \arctan\sqrt{x}\,\mathrm{d}x$.

解　题中有根号，应先去掉根号，设 $t=\sqrt{x}$，则

$$x = t^2,\ \mathrm{d}x = 2t\,\mathrm{d}t$$

所以

$$\int \arctan\sqrt{x}\,\mathrm{d}x = \int 2t\arctan t\,\mathrm{d}t = \int \arctan t\,\mathrm{d}(t^2)$$
$$= t^2\arctan t - \int \frac{t^2}{1+t^2}\mathrm{d}t$$
$$= t^2\arctan t - \int \left(1-\frac{1}{1+t^2}\right)\mathrm{d}t$$
$$= t^2\arctan t - t + \arctan t + C$$
$$= x\arctan\sqrt{x} - \sqrt{x} + \arctan\sqrt{x} + C$$

能力训练题 3.3

1. 填空题.

(1) $\int \ln 2x\,\mathrm{d}x=($　　　　　　$)$； (2) $\int x\sin x\,\mathrm{d}x=($　　　　　　$)$.

2. 求下列不定积分.

(1) $\int x^2\ln x\,\mathrm{d}x$； (2) $\int x^2 e^x\mathrm{d}x$；

(3) $\int x^2\cos x\,\mathrm{d}x$； (4) $\int x e^{-x}\mathrm{d}x$；

(5) $\int \frac{\ln x}{x^2}\mathrm{d}x$； (6) $\int e^{\sqrt{x}}\,\mathrm{d}x$；

(7) $\int x\cos x\,\mathrm{d}x$； (8) $\int e^x\sin x\,\mathrm{d}x$；

(9) $\int \arctan x\,\mathrm{d}x$； (10) $\int \arccos x\,\mathrm{d}x$；

(11) $\int x\sin 2x\,\mathrm{d}x$； (12) $\int \ln^2 x\,\mathrm{d}x$.

3.4　定积分的概念及性质

定积分的概念和其他数学概念一样，它的产生也是有其实际背景的. 下面先讨论几个实际问题的例子，从而抽象出定积分的概念.

一、引例

1. 求曲边梯形的面积

曲边梯形指的是由连续曲线 $y=f(x)(a\leqslant x\leqslant b)$及三条直线 $x=a$，$x=b$，$y=0$ 所围成的平面图形(见图 3-5).

由于在$[a, b]$上 $f(x)$不是常数，则曲边梯形在以区间$[a, b]$为底边的各点处的高$f(x)$是变化的，它的面积就不能简单地用矩形面积公式来计算. 这里遇到的主要矛盾是曲边梯形的高是变化的，那么能否设法创造条件，用“不变代变”使矛盾得到转化呢？为此，我们用许多平行于 y 轴的直线把曲边梯形分割成许多窄曲边梯形. 对于每个窄曲边梯形，由于它的底边很短，曲边 $f(x)$又是连续变化的，所以它的高度变化不大，可以把高度近似地看

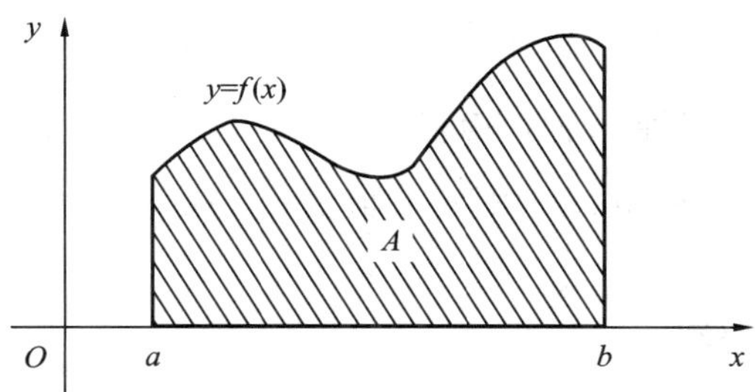

图 3-5

作不变. 这样，每个窄曲边梯形的面积可以用一个同底的窄矩形面积来近似地代替，把所有这些窄矩形面积加起来，就得到整个曲边梯形面积的近似值. 显然，分割得越细，所得的近似值就越接近于曲边梯形面积. 因此，我们将无限细分(即每个窄矩形的底边长都趋于零)所得的近似值的极限，定义为曲边梯形面积的精确值. 具体作法分成以下四个步骤：

(1) 分割：在$[a, b]$上任意插入 $n-1$ 个分点：

$$a=x_0<x_1<x_2<\cdots<x_{n-1}<x_n=b$$

将区间$[a, b]$分成 n 个小区间：

$$[x_0, x_1], [x_1, x_2], \cdots, [x_{i-1}, x_i], \cdots, [x_{n-1}, x_n]$$

它们的长度依次为

$$\Delta x_1=x_1-x_0, \Delta x_2=x_2-x_1, \cdots, \Delta x_i=x_i-x_{i-1}, \cdots, \Delta x_n=x_n-x_{n-1}$$

即

$$\Delta x_i=x_i-x_{i-1} (i=1, 2, \cdots, n)$$

第 i 个子区间$[x_{i-1}, x_i]$($i=1, 2, \cdots, n$)的长度是 $\Delta x_i=x_i-x_{i-1}$，从而整个曲边梯形被分成 n 个以这些子区间为底的小曲边梯形(见图 3-6).

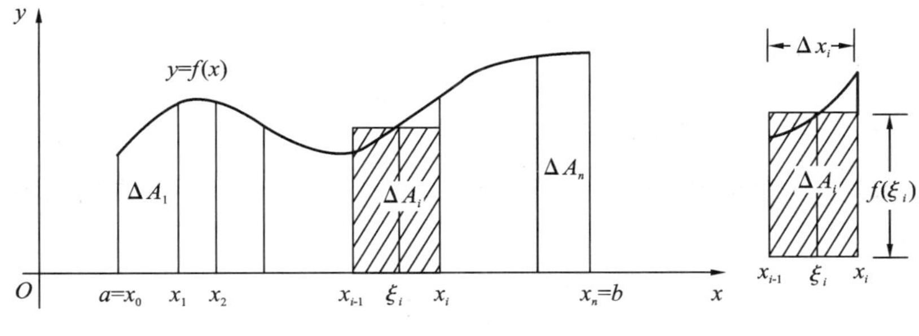

图 3-6

(2) 近似代替：在第 i 个小曲边梯形中，取$[x_{i-1}, x_i]$上任一点 ξ_i，以 $f(\xi_i)$代替小曲边梯形的高，则可得该小曲边梯形面积 ΔA_i 的近似值是 $f(\xi_i)\Delta x_i$，即

$$\Delta A_i\approx f(\xi_i)\Delta x_i$$

(3) 求和：整个曲边梯形面积的近似值是

$$\begin{aligned}A&=\Delta A_1+\Delta A_2+\cdots+\Delta A_n\\&\approx f(\xi_1)\Delta x_1+f(\xi_2)\Delta x_2+\cdots+f(\xi_n)\Delta x_n\\&=\sum_{i=1}^{n} f(\xi_i)\Delta x_i\end{aligned}$$

(4) 取极限：由极限概念，当最大子区间的长度 $\lambda=\max\{\Delta x_i\}$ 趋于零时，和式 $\sum\limits_{i=1}^{n} f(\xi_i)\Delta x_i$ 的极限就是整个曲边梯形面积的精确值，即 $A=\lim\limits_{\lambda\to 0}\sum\limits_{i=1}^{n} f(\xi_i)\Delta x_i$.

通过这个例子，我们看到如何利用“分割取近似，作和取极限”的方法，解决曲边梯形面积的计算问题.

2. 变速直线运动的路程

设物体作变速直线运动，已知速度 $v=v(t)$(即路程函数 $S(t)$关于时间 t 的导数 $S'(t)$)是一连续函数. 求从时刻 T_1 到时刻 T_2 这一时间段$[T_1,T_2]$内物体所经过的路程 $S_{[T_1,T_2]}$.

现在的问题是变速运动，速度 $v(t)$随时间 t 而变化，就不能直接用匀速运动公式来计算路程. 但是，如果把时间间隔$[T_1,T_2]$分成许多小段，由于物体运动的速度是连续变化的，则在每个小段时间内，速度变化不大，可以近似地看作匀速. 于是在时间间隔很短的条件下，可以用“匀速”来近似代替“变速”，从而求得每一小段时间内路程的近似值. 将各小段上的路程的近似值加起来，就可得到整段时间$[T_1,T_2]$内路程 S 的近似值. 最后通过对时间间隔无限细分取极限，就可以由路程 S 的近似值过渡到它的精确值.

具体的讨论分析也可以分为以下四步：

(1) 分割. 在时间段$[T_1,T_2]$上任意插入 $n-1$ 个分点，即

$$T_1=t_0<t_1<t_2<\cdots<t_{n-1}<t_n=T_2$$

将$[T_1, T_2]$分成 n 个小时间段$[t_0, t_1]$, $[t_1, t_2]$, …, $[t_{n-1}, t_n]$，这些小时间段的长度依次为

$$\Delta t_1=t_1-t_0,\ \Delta t_2=t_2-t_1,\ \cdots,\ \Delta t_n=t_n-t_{n-1}$$

(2) 近似代替. 在第 i 段路程中，取$[t_{i-1}, t_i]$上任一时刻 ζ_i 的速度 $v(\zeta_i)$代替变化的速度 $v(t)$，得该段路程 ΔS_i的近似值为 $v(\xi_i)\Delta t_i$，即

$$\Delta S_i\approx v(\xi_i)\Delta t_i$$

(3) 求和. 全部路程的近似值为

$$S_{[T_1,T_2]}=\sum_{i=1}^{n}\Delta S_i\approx\sum_{i=1}^{n} v(\xi_i)\Delta t_i$$

(4) 取极限. 当一个最大时间区间的长度 $\lambda=\max\{\Delta t_i\}\to 0$ 时，和式的极限就是全部路程的精确值，即

$$S=\lim_{\lambda\to 0}\sum_{i=1}^{n} v(\xi_i)\Delta t_i$$

二、定积分的概念

虽然上面两个实例的具体背景不同，但它们都是通过“求同一结构和式的极限”来解决问题的，因而，从数学的角度看它们并无本质区别. 由于在日常生活及科学研究中，大量的实际问题均可抽象为这样的和式极限进行处理，为此，抛开这类问题的实际意义，抽象出定积分的概念如下.

定义 1　设函数 $f(x)$在区间$[a, b]$上有定义，在区间$[a, b]$上任意插入 $n-1$ 个分点

$$a=x_0<x_1<x_2<\cdots<x_{n-1}<x_n=b$$

将区间$[a, b]$分割成 n 个小区间：

$$[x_0, x_1], [x_1, x_2], \cdots, [x_{n-1}, x_n]$$

各个小区间的长度依次为

$$\Delta x_1 = x_1 - x_0, \Delta x_2 = x_2 - x_1, \cdots, \Delta x_n = x_n - x_{n-1}$$

在每一个小区间$[x_{i-1}, x_i]$上任取一点$\xi_i(x_{i-1} \leqslant \xi_i \leqslant x_i)$，作函数值$f(\xi_i)$与小区间长度$\Delta x_i$的乘积$f(\xi_i)\Delta x_i(i=1, 2, \cdots, n)$，并作出和式（也称为积分和）

$$\sum_{i=1}^{n} f(\xi_i)\Delta x_i$$

令$\lambda = \max\{\Delta x_1, \Delta x_2, \cdots, \Delta x_n\}$，如果当$\lambda \to 0$时，上式(和式)的极限存在，且此极限与区间$[a, b]$的分法和小区间$[x_{i-1}, x_i]$上点$\xi_i$的取法无关，则称函数$f(x)$在$[a, b]$上可积，并称此极限值为函数$f(x)$在$[a, b]$上的定积分(简称积分)，记作$\int_a^b f(x)\mathrm{d}x$，即

$$\int_a^b f(x)\mathrm{d}x = \lim_{\lambda \to 0} \sum_{i=1}^{n} f(\xi_i)\Delta x_i$$

其中，$f(x)$称为被积函数，x称为积分变量，$f(x)\mathrm{d}x$称为被积表达式，$[a, b]$称为积分区间，a称为积分下限，b称为积分上限.

根据定积分的定义，上述两个实际问题就可以表示为定积分：

(1) 曲边梯形的面积等于曲边的函数$f(x)(f(x) \geqslant 0)$在其底边区间$[a, b]$上的定积分，即

$$A = \int_a^b f(x)\mathrm{d}x$$

(2) 变速直线运动的路程等于速度函数$v(t)(v(t) \geqslant 0)$在时间间隔$[T_1, T_2]$上的定积分，即

$$S_{[T_1, T_2]} = \int_{T_1}^{T_2} v(t)\mathrm{d}t$$

下面对定积分的定义作以下几点说明：

(1) 定积分$\int_a^b f(x)\mathrm{d}x$是一个和式的极限，它是一个常数. 这个常数的大小只与被积函数$f(x)$和积分区间$[a, b]$有关，而与积分变量用什么字母记法无关. 即

$$\int_a^b f(x)\mathrm{d}x = \int_a^b f(t)\mathrm{d}t = \int_a^b f(u)\mathrm{d}u$$

(2) 按定积分的定义，只有当和式极限存在时，$f(x)$在$[a, b]$上的定积分才存在，这时也称函数$f(x)$在$[a, b]$上可积. 那么，$f(x)$在$[a, b]$上应满足怎样的条件，才能保证$f(x)$在$[a, b]$上可积呢？下面给出定积分存在的两个充分条件.

定理 1　设$f(x)$在区间$[a, b]$上连续，则$f(x)$在$[a, b]$上可积.

定理 2　设$f(x)$在区间$[a, b]$上有界，且只有有限个第一类间断点，则$f(x)$在$[a, b]$上可积.

(3) 在定积分$\int_a^b f(x)\mathrm{d}x$的定义中，我们总是假定$a<b$的. 为了应用方便起见，对于$a=b$或$a>b$的情形，我们作下面的补充规定：

当$a=b$时，$\int_a^b f(x)\mathrm{d}x = 0$；

当 $a>b$ 时，$\int_a^b f(x)\mathrm{d}x=-\int_b^a f(x)\mathrm{d}x$.

这就是说，当定积分的上、下限相同时，定积分的值为零；当交换定积分的上、下限时，定积分的绝对值不变，而只相差一个负号.

三、定积分的几何意义

如果把定积分 $\int_a^b f(x)\mathrm{d}x$ 中的被积函数 $y=f(x)$ 理解为曲边梯形的曲边方程，那么由前面对曲边梯形面积的讨论，可以得到定积分的几何意义如下：

(1) $x\in[a,b]$，若 $f(x)\geqslant 0$，则定积分 $\int_a^b f(x)\mathrm{d}x$ 在几何上表示曲线 $y=f(x)$ 在 $[a,b]$ 上所围成的曲边梯形的面积 $\int_a^b f(x)\mathrm{d}x=A$（如图 3-7 所示).

(2) $x\in[a,b]$，若 $f(x)<0$，则定积分 $\int_a^b f(x)\mathrm{d}x$ 在几何上表示曲线 $y=f(x)$ 在 $[a,b]$ 上所围成的曲边梯形面积的负值 $\int_a^b f(x)\mathrm{d}x=-A$（如图 3-8 所示).

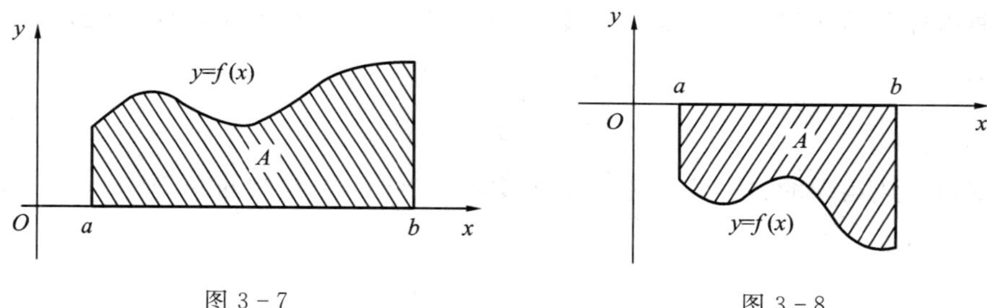

图 3-7　　　　图 3-8

(3) $x\in[a,b]$，若 $f(x)$ 有正有负时，即函数 $f(x)$ 的图形某些部分在 x 轴的上方，而其他部分在 x 轴的下方，则定积分 $\int_a^b f(x)\mathrm{d}x$ 在几何上表示介于 x 轴、曲线 $y=f(x)$ 及直线 $x=a$、$x=b$ 之间的各部分面积的代数和 $\int_a^b f(x)\mathrm{d}x=A_1-A_2+A_3$（如图 3-9 所示).

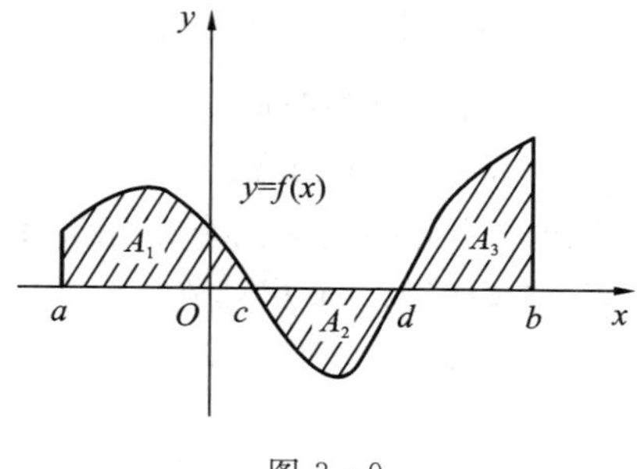

图 3-9

例 1　求 $\int_0^1 2x\,\mathrm{d}x$ 的值.

解　如图 3-10 所示，由定积分的几何意义知此式表示的是 $x=1$，$y=0$，$y=2x$ 所围成的面积，即

$$\int_0^1 2x\,\mathrm{d}x = S_{阴影} = \frac{1}{2}\times 1\times 2 = 1$$

例 2　求 $\int_0^1 (1-x)\mathrm{d}x$.

解　如图 3-11 所示，由定积分的几何意义知此式表示的是 $x=0$，$y=0$，$y=1-x$ 所围成的面积，即

$$\int_0^1 (1-x)\mathrm{d}x = \frac{1}{2}\times 1\times 1 = \frac{1}{2}$$

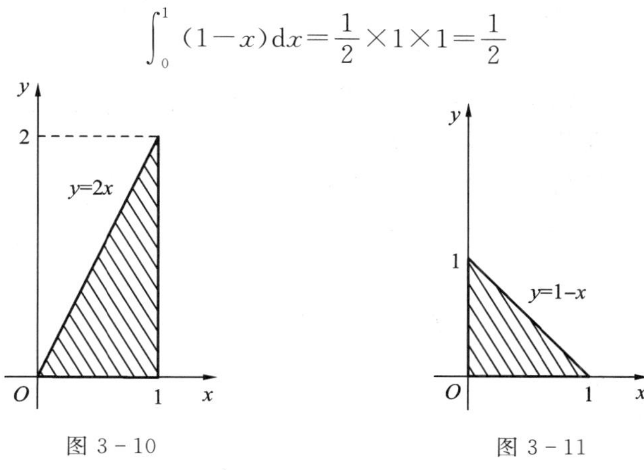

图 3-10　　图 3-11

四、定积分的性质

定积分作为一类特定结构和式的极限，它有一些特殊的性质，这些性质是定积分的理论和计算基础. 下列各性质中积分上、下限的大小，如不特别指明，均不加限制，且假定各性质中所列出的定积分都是存在的.

性质 1　被积函数中的常数因子可以提到积分号前面，即

$$\int_a^b kf(x)\mathrm{d}x = k\int_a^b f(x)\mathrm{d}x$$

性质 2　两个函数的和(差)的定积分等于它们定积分的和(差)，即

$$\int_a^b [f(x)\pm g(x)]\mathrm{d}x = \int_a^b f(x)\mathrm{d}x \pm \int_a^b g(x)\mathrm{d}x$$

性质 3(定积分对区间的可加性)　若 c 把积分区间 $[a, b]$ 分成两个小区间 $[a, c]$ 和 $[c, b]$，则有

$$\int_a^b f(x)\mathrm{d}x = \int_a^c f(x)\mathrm{d}x + \int_c^b f(x)\mathrm{d}x$$

注　不论 a，b，c 的相对位置如何，等式总是成立的. 这个性质表明，定积分对于积分区间是具有可加性的.

性质 4(保号性)　若 $x\in[a, b]$，有 $f(x)\geqslant 0$，则

$$\int_a^b f(x)\mathrm{d}x \geqslant 0$$

性质 5　若 $x\in[a, b]$ 时，有 $f(x)\leqslant g(x)$，则

$$\int_a^b f(x)\mathrm{d}x \leqslant \int_a^b g(x)\mathrm{d}x$$

推论 1　若 $a<b$，则

$$\left|\int_a^b f(x)\mathrm{d}x\right| \leqslant \int_a^b |f(x)|\,\mathrm{d}x$$

性质 6(估值定理)　若 M，m 为 $f(x)$ 在 $[a, b]$ 上的最大值与最小值，则

$$m(b-a) \leqslant \int_a^b f(x)\mathrm{d}x \leqslant M(b-a)$$

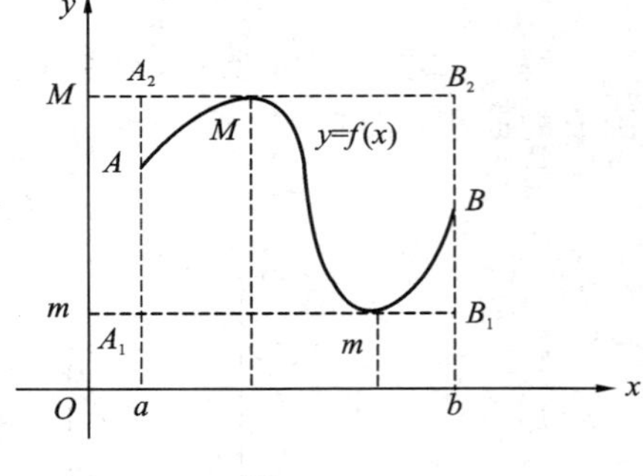

图 3-12

这个性质给出了任一连续函数的定积分的下界和上界. 如果把定积分解释为曲边梯形 $aABb$ 的面积，则定积分的下界 $m(b-a)$ 和上界 $M(b-a)$，分别表示在长度为 $b-a$ 的公共底边上的内接矩形 aA_1B_1b 和外接矩形 aA_2B_2b 的面积(见图 3-12).

性质 7(积分中值定理)　设函数 $f(x)$ 在闭区间 $[a, b]$ 上连续，则在积分区间 $[a, b]$ 上至少存在一点 $\xi \in [a, b]$，使得

$$\int_a^b f(x)\mathrm{d}x = f(\xi)(b-a)$$

成立，这个公式称为积分中值公式.

证明　由性质得

$$m(b-a) \leqslant \int_a^b f(x)\mathrm{d}x \leqslant M(b-a)$$

各项除以 $b-a$ 得

$$m \leqslant \frac{1}{b-a}\int_a^b f(x)\mathrm{d}x \leqslant M$$

再由连续函数的介值定理，在 $[a, b]$ 上至少存在一点 ξ，使

$$f(\xi) = \frac{1}{b-a}\int_a^b f(x)\mathrm{d}x$$

于是两端乘以 $b-a$ 得中值公式

$$\int_a^b f(x)\mathrm{d}x = f(\xi)(b-a)\quad (a \leqslant \xi \leqslant b)$$

当 $f(x) \geqslant 0 (a \leqslant x \leqslant b)$ 时，积分中值定理的几何解释是：曲边上至少存在一个点 $(\xi, f(\xi))$，使曲边梯形的面积等于以 $f(\xi)$ 为高的同底矩形的面积，如图 3-13所示. 应注意到，不论 $a<b$ 还是 $a>b$，积分中值定理都成立.

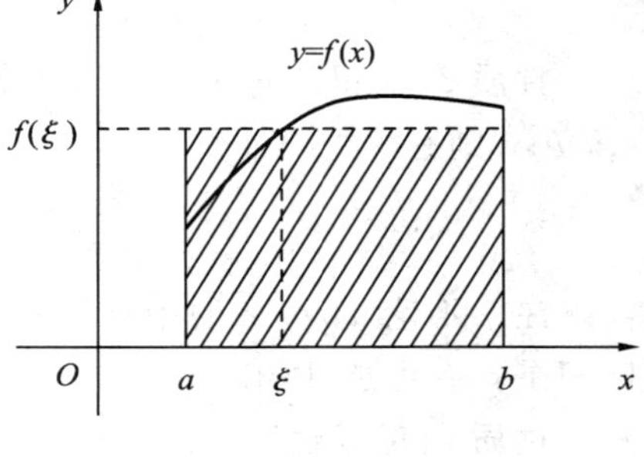

图 3-13

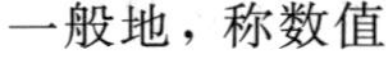
一般地，称数值

$$u = \frac{1}{b-a}\int_a^b f(x)\mathrm{d}x$$

为函数 $f(x)$ 在区间 $[a, b]$ 上的平均值.

例 3　利用定积分的性质(不计算定积分的值)，比较下列各对定积分的大小：

(1) $\int_1^{\mathrm{e}} \ln x\,\mathrm{d}x$ 与 $\int_1^{\mathrm{e}} (\ln x)^2\mathrm{d}x$；　　(2) $\int_0^{\frac{\pi}{2}} x\,\mathrm{d}x$ 与 $\int_0^{\frac{\pi}{2}} \sin x\,\mathrm{d}x$.

解　(1) 因为在区间 $[1, \mathrm{e}]$ 上有 $0 \leqslant \ln x \leqslant 1$，从而有

$$\ln x \geqslant (\ln x)^2$$

故由性质 5 可知，$\int_1^e \ln x\, dx$ 较大.

(2) 因为在 $\left[0, \frac{\pi}{2}\right]$ 上，可证 $x \geqslant \sin x$.

事实上，设 $f(x) = x - \sin x$，则在区间 $\left(0, \frac{\pi}{2}\right)$ 内 $f'(x) = 1 - \cos x \geqslant 0$，$f(x)$ 在 $\left[0, \frac{\pi}{2}\right]$ 上单调增加，从而有 $f(x) \geqslant f(0) = 0$，即当 $0 \leqslant x \leqslant \frac{\pi}{2}$ 时，有 $x \geqslant \sin x$ 成立. 故由性质 5 可知，$\int_0^{\frac{\pi}{2}} x dx$ 较大.

例 4　估计定积分的值 $\int_{-1}^{1} e^{-x^2} dx$ 介于哪两个数之间？

解　先求被积函数 $f(x) = e^{-x^2}$ 在积分区间 $[-1, 1]$ 上的最小值和最大值. 因为

$$f'(x) = (e^{-x^2})' = -2xe^{-x^2}$$

令 $f'(x) = 0$，得驻点 $x = 0$，比较函数 $f(x)$ 在驻点和区间端点处的函数值

$$f(0) = e^0 = 1$$

$$f(\pm 1) = e^{-1} = \frac{1}{e}$$

可知 $f(x) = e^{-x^2}$ 在区间 $[-1, 1]$ 上的最小值和最大值分别为

$$m = \frac{1}{e}, M = 1$$

由性质 6 可得

$$\frac{1}{e}[1-(-1)] \leqslant \int_{-1}^{1} e^{-x^2} dx \leqslant 1 \times [1-(-1)]$$

即

$$\frac{2}{e} \leqslant \int_{-1}^{1} e^{-x^2} dx \leqslant 2$$

能力训练题 3.4

1. 填空题.

(1) 函数 $f(x)$ 在 $[a, b]$ 上的定积分是积分和的极限，即 $\int_a^b f(x) dx =$ ____________.

(2) 定积分的值只与__________及____________有关，而与________的记法无关.

(3) 定积分的几何意义是_________________________.

(4) 区间 $[a, b]$ 的长度用定积分表示为_____________________.

(5) 如果积分区间 $[a, b]$ 被点 c 分成 $[a, c]$ 与 $[c, b]$，则定积分的可加性为 $\int_a^b f(x) dx =$ _______________.

(6) 当 $a > b$ 时，我们规定 $\int_a^b f(x) dx$ 与 $\int_b^a f(x) dx$ 的关系是_____________________.

(7) 积分中值公式 $\int_a^b f(x)\mathrm{d}x=f(\xi)(b-a)$ $(a\leqslant\xi\leqslant b)$的几何意义是：____________.

(8) 下列两积分的大小关系是：

① $\int_0^1 x^2\mathrm{d}x$ ________ $\int_0^1 x^3\mathrm{d}x$；

② $\int_1^2 \ln x\,\mathrm{d}x$ ______ $\int_1^2 (\ln x)^2\mathrm{d}x$；

③ $\int_0^1 \mathrm{e}^x\mathrm{d}x$ ________ $\int_0^1 (x+1)\mathrm{d}x$.

2. 估计积分 $\int_{\frac{1}{\sqrt{3}}}^{\sqrt{3}} x\arctan x\,\mathrm{d}x$ 的值.

3.5　微积分基本公式

利用定积分的定义计算定积分可归结为计算和式的极限，这是比较麻烦的. 因此，必须寻求计算定积分的简便而有效的方法. 本节将导出计算定积分的基本公式——牛顿-莱布尼茨公式. 下面先引进变上限定积分的概念及其有关的性质定理.

一、变上限的定积分

设函数 $f(x)$在$[a, b]$上可积，则对$[a, b]$上任意一点 x，$f(x)$在$[a, x]$上也可积. 于是，上限可变的积分 $\int_a^x f(t)\mathrm{d}t$ 给出了一个在$[a, b]$上定义的函数 $\Phi(x)$，即

$$\Phi(x)=\int_a^x f(t)\mathrm{d}t\qquad x\in[a, b]$$

称 $\Phi(x)$是定义在$[a, b]$上的变上限积分函数，称 $\int_a^x f(t)\mathrm{d}t$ 为变上限的定积分.

在几何上，当 $f(x)\geqslant 0$ 时，变上限积分 $\Phi(x)$表示右侧竖边可以变化的曲边梯形面积(如图 3-14 所示).

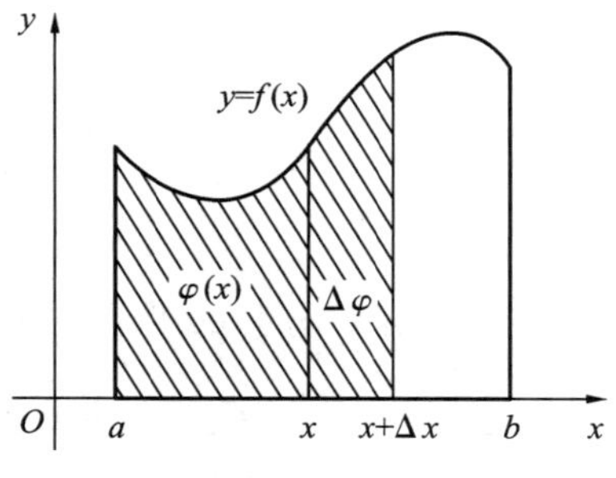

图 3-14

定理 1　若函数 $f(x)$在$[a,b]$上连续，则变上限积分 $\Phi(x)=\int_a^x f(t)\mathrm{d}t$ 在$[a,b]$上可导，且其导数

$$\Phi'(x)=\frac{\mathrm{d}}{\mathrm{d}x}\left[\int_a^x f(t)\mathrm{d}t\right]=f(x),\quad x\in[a, b]$$

证　根据导数定义

$$\Phi'(x)=\lim_{\Delta x\to 0}\frac{\Phi(x+\Delta x)-\Phi(x)}{\Delta x}=\lim_{\Delta x\to 0}\frac{\int_a^{x+\Delta x}f(t)\mathrm{d}t-\int_a^x f(t)\mathrm{d}t}{\Delta x}$$

$$=\lim_{\Delta x\to 0}\frac{\int_a^x f(t)\mathrm{d}t+\int_x^{x+\Delta x}f(t)\mathrm{d}t-\int_a^x f(t)\mathrm{d}t}{\Delta x}$$

$$=\lim_{\Delta x\to 0}\frac{\int_x^{x+\Delta x}f(t)\mathrm{d}t}{\Delta x}$$

由 $f(x)$的连续性，并根据积分中值定理，有

$$\int_x^{x+\Delta x}f(t)\mathrm{d}t=f(\xi)\Delta x\quad(\xi\text{ 在 }x\text{ 与 }x+\Delta x\text{ 之间})$$

于是

$$\Phi'(x)=\lim_{\Delta x\to 0}\frac{f(\xi)\Delta x}{\Delta x}=\lim_{\Delta x\to 0}f(\xi)=\lim_{\xi\to x}f(\xi)=f(x)$$

即

$$\Phi'(x)=\frac{\mathrm{d}}{\mathrm{d}x}\left[\int_a^x f(t)\mathrm{d}t\right]=f(x)$$

这个定理说明了连续函数的原函数总是存在的，变上限积分函数 $\Phi(x)=\int_a^x f(t)\mathrm{d}t$ 就是连续函数 $f(x)$的一个原函数.

例 1　已知 $F(x)=\int_1^x(\mathrm{e}^t+\sin t)\mathrm{d}t$，求 $F'(x)$.

解　由定理 1，知

$$F'(x)=\frac{\mathrm{d}}{\mathrm{d}x}\left[\int_1^x(\mathrm{e}^t+\sin t)\mathrm{d}t\right]=\mathrm{e}^x+\sin x$$

例 2　求$\frac{\mathrm{d}}{\mathrm{d}x}\int_x^a\sqrt{1+t^4}\,\mathrm{d}t$.

解
$$\frac{\mathrm{d}}{\mathrm{d}x}\int_x^a\sqrt{1+t^4}\,\mathrm{d}t=\frac{\mathrm{d}}{\mathrm{d}x}\left[-\int_a^x\sqrt{1+t^4}\,\mathrm{d}t\right]=-\sqrt{1+x^4}$$

例 3　已知 $F(x)=\int_{x^2}^1\cos t\,\mathrm{d}t$，求 $F'(x)$.

解
$$F'(x)=\frac{\mathrm{d}}{\mathrm{d}x}\left[\int_{x^2}^1\cos t\,\mathrm{d}t\right]=\frac{\mathrm{d}}{\mathrm{d}x}\left[-\int_1^{x^2}\cos t\,\mathrm{d}t\right]$$

$$=-\frac{\mathrm{d}}{\mathrm{d}(x^2)}\left(\int_1^{x^2}\cos t\,\mathrm{d}t\right)\frac{\mathrm{d}(x^2)}{\mathrm{d}x}$$

$$=-\cos x^2\cdot 2x=-2x\cos x^2$$

例 4　计算极限$\lim_{x\to 0}\frac{\int_{\cos x}^1\mathrm{e}^{-t^2}\,\mathrm{d}t}{x^2}$.

解　由于该极限属于$\frac{0}{0}$不定式，所以用洛必达法则，有

$$\frac{\mathrm{d}}{\mathrm{d}x}\int_{\cos x}^1\mathrm{e}^{-t^2}\,\mathrm{d}t=-\frac{\mathrm{d}}{\mathrm{d}x}\int_1^{\cos x}\mathrm{e}^{-t^2}\,\mathrm{d}t=-\mathrm{e}^{-\cos^2x}\cdot(\cos x)'=\sin x\cdot\mathrm{e}^{-\cos^2x}$$

$$\lim_{x\to 0}\frac{\int_{\cos x}^{1}\mathrm{e}^{-t^2}\mathrm{d}t}{x^2}=\lim_{x\to 0}\frac{\sin x\cdot \mathrm{e}^{-\cos^2 x}}{2x}=\frac{1}{2\mathrm{e}}$$

二、牛顿-莱布尼茨公式

定理 2 设 $f(x)$在区间$[a, b]$上连续，$F(x)$是 $f(x)$在区间$[a, b]$上的一个原函数，则有

$$\int_a^b f(x)\mathrm{d}x=F(b)-F(a)$$

证明 因为 $f(x)$在$[a, b]$上连续，所以 $\Phi(x)=\int_a^x f(t)\mathrm{d}t$ 也是 $f(x)$在$[a, b]$上的一个原函数，因此存在常数 c，使得

$$\Phi(x) = F(x) + c$$

即

$$\int_a^x f(t)\mathrm{d}t = F(x) + c$$

令 $x=a$，因 $\int_a^a f(t)\mathrm{d}t=0$，于是 $c=-F(a)$，从而有

$$\int_a^x f(t)\mathrm{d}t=F(x)-F(a)$$

令 $x=b$，则有

$$\int_a^b f(t)\mathrm{d}t = F(b) - F(a)$$

即

$$\int_a^b f(x)\mathrm{d}x = F(b) - F(a)$$

上式称为牛顿-莱布尼茨公式.

注 (1) 牛顿-莱布尼茨公式是微积分学中一个极为重要的公式，它不仅揭示了不定积分与定积分之间的关系，同时也提供了计算定积分的一个最简捷的方法.

(2) 要计算连续函数 $f(x)$在$[a, b]$上的定积分 $\int_a^b f(x)\mathrm{d}x$，只需找出它的一个原函数 $F(x)$，然后求出 $F(x)$在$[a, b]$上的增量 $F(b)-F(a)$即可，即

$$\int_a^b f(x)\mathrm{d}x=F(x)\Big|_a^b=F(b)-F(a)$$

下面举几个利用牛顿-莱布尼茨公式计算定积分的例子.

例 5 计算下列定积分.

(1) $\int_0^1 x^2\mathrm{d}x$； (2) $\int_0^{\frac{\pi}{2}} \cos x\,\mathrm{d}x$；

(3) $\int_{-2}^{-1}\frac{1}{x}\mathrm{d}x$； (4) $\int_{\frac{\pi}{4}}^{\frac{\pi}{2}} \csc^2 x\,\mathrm{d}x$.

解 (1)
$$\int_0^1 x^2\mathrm{d}x=\left[\frac{1}{3}x^3\right]_0^1=\frac{1}{3}-0=\frac{1}{3}$$

(2)
$$\int_0^{\frac{\pi}{2}}\cos x\,\mathrm{d}x=[\sin x]_0^{\frac{\pi}{2}}=\sin\frac{\pi}{2}-\sin 0=1$$

(3) 由于 $f(x)=\frac{1}{x}$ 在积分区间 $[-2,-1]$ 上连续，且当 $x<0$ 时，$\ln|x|=\ln(-x)$ 是 $\frac{1}{x}$ 的一个原函数，所以

$$\int_{-2}^{-1}\frac{1}{x}\mathrm{d}x=[\ln(-x)]_{-2}^{-1}=\ln1-\ln2=-\ln2$$

(4)
$$\int_{\frac{\pi}{4}}^{\frac{\pi}{2}}\csc^2x\mathrm{d}x=[-\cot x]_{\frac{\pi}{4}}^{\frac{\pi}{2}}=1$$

例 6　求定积分 $\int_0^{\frac{\pi}{2}}(2x+\cos x)\mathrm{d}x$.

解
$$\int_0^{\frac{\pi}{2}}(2x+\cos x)\mathrm{d}x=(x^2+\sin x)\Big|_0^{\frac{\pi}{2}}=\left(\frac{\pi^2}{4}+\sin\frac{\pi}{2}\right)-(0+\sin0)$$
$$=\frac{\pi^2}{4}+1$$

例 7　设 $f(x)=\begin{cases}\mathrm{e}^x, & -1\leqslant x\leqslant 0\\ \cos x, & 0<x\leqslant\frac{\pi}{2}\end{cases}$，计算定积分 $\int_{-1}^{\frac{\pi}{2}}f(x)\mathrm{d}x$.

解　被积函数是一个分段函数，$f(x)$ 在区间 $[-1,\ 0]$ 和 $\left(0,\ \frac{\pi}{2}\right]$ 内的表达式不相同，因此它的原函数在不同区间内也各不相同. 所以，不能直接使用牛顿-莱布尼茨公式进行计算.

$$\int_{-1}^{\frac{\pi}{2}}f(x)\mathrm{d}x=\int_{-1}^{0}\mathrm{e}^x\mathrm{d}x+\int_0^{\frac{\pi}{2}}\cos x\ \mathrm{d}x$$
$$=[\mathrm{e}^x]_{-1}^{0}+[\sin x]_0^{\frac{\pi}{2}}$$
$$=(1-\mathrm{e}^{-1})+(1-0)=2-\mathrm{e}^{-1}$$

例 8　求定积分 $\int_{-2}^{2}|x+1|\mathrm{d}x$.

解
$$\int_{-2}^{2}|x+1|\mathrm{d}x=\int_{-2}^{-1}|x+1|\mathrm{d}x+\int_{-1}^{2}|x+1|\mathrm{d}x$$
$$=\int_{-2}^{-1}-(x+1)\mathrm{d}x+\int_{-1}^{2}(x+1)\mathrm{d}x$$
$$=-\left(\frac{x^2}{2}+x\right)\Big|_{-2}^{-1}+\left(\frac{x^2}{2}+x\right)\Big|_{-1}^{2}$$
$$=\left(\frac{1}{2}-0\right)+\left[4-\left(-\frac{1}{2}\right)\right]=5$$

一般地，求被积函数中含有绝对值符号的定积分时，应先设法消去被积函数中的绝对值符号.

利用牛顿-莱布尼茨公式计算定积分的条件是，被积函数在积分区间上连续. 当被积函数在积分区间上有有限个第一类间断点，或者在不同的区间上被积函数的表达式不相同时，则可用定积分的性质 3，把它拆成几个定积分之和，使每个定积分都满足使用牛顿-莱布尼茨公式计算的条件.

例 9　求 $\int_0^{\pi}\sqrt{1+\cos2x}\ \mathrm{d}x$.

解 $\int_0^{\pi}\sqrt{1+\cos 2x}\ \mathrm{d}x=\int_0^{\pi}\sqrt{2\cos^2 x}\ \mathrm{d}x=\sqrt{2}\int_0^{\pi}|\cos x|\ \mathrm{d}x$

$$=\sqrt{2}\left[\int_0^{\frac{\pi}{2}}\cos x\ \mathrm{d}x+\int_{\frac{\pi}{2}}^{\pi}(-\cos x)\mathrm{d}x\right]$$

$$=\sqrt{2}\int_0^{\frac{\pi}{2}}\cos x\ \mathrm{d}x-\sqrt{2}\int_{\frac{\pi}{2}}^{\pi}\cos x\ \mathrm{d}x$$

$$=\sqrt{2}\left[\sin x\right]_0^{\frac{\pi}{2}}-\sqrt{2}\left[\sin x\right]_{\frac{\pi}{2}}^{\pi}=\sqrt{2}-(-\sqrt{2})=2\sqrt{2}$$

注 本例中的被积函数 $\sqrt{1+\cos 2x}=\sqrt{2}\,|\cos x|$，当 $0\leqslant x\leqslant\frac{\pi}{2}$ 时，$|\cos x|=\cos x$；当 $\frac{\pi}{2}\leqslant x\leqslant\pi$ 时，$|\cos x|=-\cos x$. 如果疏忽这一点，就会产生错误.

能力训练题 3.5

1. 填空题.

(1) $\left(\int_a^x(\sin t+t^2)\mathrm{d}t\right)'=$ ____________； $\left(\int_x^a(\sin t+t^2)\mathrm{d}t\right)'=$ ____________；

$\left(\int_a^{2x}(\sin t+t^2)\mathrm{d}t\right)'=$ ____________； $\left(\int_{2x}^{x^2}\mathrm{e}^{t^2}\mathrm{d}t\right)'=$ ____________.

(2) 若 $\int_{-1}^{a}(2x-1)\mathrm{d}x=4$，则 $a=$ ____________.

(3) $\int_b^a-1\mathrm{d}x=$ ____________.

(4) 已知 $\int_0^1(2x+k)\mathrm{d}x=1$，则 $k=$ ____________.

2. 求极限 $\lim\limits_{x\to 0}\dfrac{\int_0^x\sin t\ \mathrm{d}t}{x^2}$.

3. 利用微积分基本公式求下列积分：

(1) $\int_0^{\frac{\pi}{4}}(\sin x+\cos x)\mathrm{d}x$； (2) $\int_{-\frac{1}{2}}^{\frac{1}{2}}\dfrac{1}{\sqrt{1-x^2}}\mathrm{d}x$；

(3) $\int_2^0(3x^2+x+1)\mathrm{d}x$； (4) $\int_1^2 2^x\cdot 3^x\mathrm{d}x$；

(5) $\int_0^1\sqrt{x\sqrt{x}}\ \mathrm{d}x$； (6) $\int_0^{2\pi}|\sin x|\mathrm{d}x$；

(7) $\int_4^6\mathrm{d}(\ln x)$； (8) $\int_0^{\frac{\pi}{4}}\sec^2 x\ \mathrm{d}x$；

(9) $\int_{\frac{\pi}{4}}^{\frac{\pi}{2}}-\cot^2 x\ \mathrm{d}x$； (10) $\int_{\frac{\pi}{6}}^{\frac{\pi}{4}}\cos^2\dfrac{x}{2}\mathrm{d}x$.

4. (1) 若 $f(x)=\begin{cases}x & x\geqslant 0\\ \mathrm{e}^x & x<0\end{cases}$，求 $\int_{-1}^{2}f(x)\mathrm{d}x$ 的值.

(2) 已知 $f(x)=|3-x|$，求 $\int_0^5 f(x)\mathrm{d}x$.

3.6　定积分的积分方法

一、定积分的换元积分法

牛顿-莱布尼茨公式为计算定积分提供了一种基本的方法. 它把定积分的计算转化为求不定积分(原函数)的问题，从而使得求不定积分的各种法则都可以用于定积分. 本节将在不定积分换元法的基础上，研究定积分的换元积分法. 下面给出关于定积分换元法的定理.

定理 1　设函数 $f(x)$在$[a, b]$上连续，函数 $x=\varphi(t)$满足下列条件：

(1) $\varphi(\alpha)=a$，$\varphi(\beta)=b$；

(2) $\varphi(t)$在区间$[\alpha, \beta]$(或$[\beta, \alpha]$)上单调有连续导数 $\varphi'(t)$，且当 t 在 α 与 β 之间变化时，$x=\varphi(t)$的值在区间$[a, b]$上单调变化，则有

$$\int_a^b f(x)\mathrm{d}x=\int_\alpha^\beta f[\varphi(t)]\varphi'(t)\mathrm{d}t$$

这就是定积分的换元积分公式.

证　因为 $f(x)$、$\varphi(t)$及 $\varphi'(t)$都连续，所以 $f(x)$、$f[\varphi(t)]$及 $f[\varphi(t)]\varphi'(t)$在各自区间上的定积分及原函数也都存在. 因此，对于上式两端的定积分都可应用牛顿-莱布尼茨公式.

设 $F(x)$是 $f(x)$的一个原函数，则

$$\int_a^b f(x)\mathrm{d}x=F(b)-F(a)$$

另一方面，设 $\Phi(t)=F[\varphi(t)]$，它可以看作由 $F(x)$与 $x=\varphi(t)$复合而成的函数，根据复合函数的求导公式得

$$\Phi'(t)=\frac{\mathrm{d}F}{\mathrm{d}x}\frac{\mathrm{d}x}{\mathrm{d}t}=f(x)\varphi'(t)\mathrm{d}t=f[\varphi(t)]\varphi'(t)$$

这表明 $\Phi(t)$是函数 $f[\varphi(t)]\varphi'(t)$的一个原函数. 因此

$$\begin{aligned}\int_\alpha^\beta f[\varphi(t)]\varphi'(t)\mathrm{d}t &=[\Phi(t)]_\alpha^\beta=\Phi(\beta)-\Phi(\alpha)\\ &=F[\varphi(\beta)]-F[\varphi(\alpha)]=F(b)-F(a)\end{aligned}$$

所以

$$\int_a^b f(x)\mathrm{d}x=\int_\alpha^\beta f[\varphi(t)]\varphi'(t)\mathrm{d}t$$

使用上述公式时，应注意两点：

(1) 积分上、下限要跟着变换，即 a、b 与 α、β 的关系是 $a=\varphi(\alpha)$，$b=\varphi(\beta)$，这里下限 α 不一定小于上限 β；

(2) 求出 $f[\varphi(t)]\varphi'(t)$的一个原函数 $\Phi(t)$后，不必像求不定积分那样，再把 $\Phi(t)$换回原来变量 x 的函数，而只要把新变量 t 的上、下限依次代入 $\Phi(t)$中，然后相减即可.

注　这个公式与不定积分换元公式很类似，所不同的是不定积分换元法需要将变量还

原. 而运用定积分换元法时应注意需将积分上、下限作相应的改变，但不必还原积分变量，即计算定积分时，换元同时又换限.

例 1 计算$\int_0^a \sqrt{a^2-x^2}\,dx\ (a>0)$.

解 设 $x=a\sin t$，则 $dx=a\cos t\,dt$，当 $x=0$ 时，$t=0$；当 $x=a$ 时，$t=\frac{\pi}{2}$，于是

$$\int_0^a \sqrt{a^2-x^2}\,dx=a^2\int_0^{\frac{\pi}{2}}\cos^2 t\,dt=\frac{a^2}{2}\int_0^{\frac{\pi}{2}}(1+\cos 2t)dt=\frac{a^2}{2}\left[t+\frac{1}{2}\sin 2t\right]_0^{\frac{\pi}{2}}=\frac{\pi a^2}{4}$$

例 2 求$\int_0^4 \frac{1}{1+\sqrt{x}}dx$.

解 令 $t=\sqrt{x}$，则 $dx=2t\,dt$，当 $x=0$ 时，$t=0$，当 $x=4$ 时，$t=2$，于是

$$\begin{aligned}\int_0^4 \frac{1}{1+\sqrt{x}}dx&=\int_0^2\frac{2t}{1+t}dt=2\int_0^2\left(1-\frac{1}{1+t}\right)dt\\&=2[t-\ln|1+t|]_0^2\\&=2[2-\ln(1+2)-0+\ln|1+0|]\\&=2(2-\ln 3)\end{aligned}$$

例 3 计算$\int_0^{\frac{\pi}{2}}\cos^5 x\sin x\,dx$.

解

$$\begin{aligned}\int_0^{\frac{\pi}{2}}\cos^5 x\sin x\,dx&=-\int_0^{\frac{\pi}{2}}\cos x^5\,d(\cos x)=-\left[\frac{1}{6}\cos^6 x\right]_0^{\frac{\pi}{2}}\\&=-\left(0-\frac{1}{6}\right)=\frac{1}{6}\end{aligned}$$

在本例中，没有明显地写出新变量 t，那么定积分的上、下限就不需要变更.

例 4 求$\int_{-1}^1\frac{e^x}{1+e^x}dx$.

解

$$\int_{-1}^1\frac{e^x}{1+e^x}dx=\int_{-1}^1\frac{1}{1+e^x}d(1+e^x)=[\ln(1+e^x)]_{-1}^1=1$$

例 5 计算 $\int_0^{\pi}\sqrt{\sin^3 x-\sin^5 x}\,dx$.

解

$$\begin{aligned}\int_0^{\pi}\sqrt{\sin^3 x-\sin^5 x}\,dx&=\int_0^{\pi}\sin^{\frac{3}{2}}x|\cos x|dx\\&=\int_0^{\frac{\pi}{2}}\sin^{\frac{3}{2}}x\cos x\,dx-\int_{\frac{\pi}{2}}^{\pi}\sin^{\frac{3}{2}}x\cos x\,dx\\&=\int_0^{\frac{\pi}{2}}\sin^{\frac{3}{2}}x\,d\sin x-\int_{\frac{\pi}{2}}^{\pi}\sin^{\frac{3}{2}}x\,d\sin x\\&=\left[\frac{2}{5}\sin^{\frac{5}{2}}x\right]_0^{\frac{\pi}{2}}-\left[\frac{2}{5}\sin^{\frac{5}{2}}x\right]_{\frac{\pi}{2}}^{\pi}=\frac{2}{5}-\left(-\frac{2}{5}\right)=\frac{4}{5}\end{aligned}$$

其中，$\sqrt{\sin^3 x-\sin^5 x}=\sqrt{\sin^3 x(1-\sin^2 x)}=\sin^{\frac{3}{2}}x|\cos x|$. 在$\left[0,\frac{\pi}{2}\right]$上 $|\cos x|=\cos x$，在$\left[\frac{\pi}{2},\pi\right]$上 $|\cos x|=-\cos x$.

例 6　设 $f(x)$ 在 $[-a, a]$ 上连续，证明：

(1) 当 $f(x)$ 为奇函数时，$\int_{-a}^{a} f(x)\mathrm{d}x=0$；

(2) 当 $f(x)$ 为偶函数时，$\int_{-a}^{a} f(x)\mathrm{d}x=2\int_{0}^{a} f(x)\mathrm{d}x$.

证明　因为 $\int_{-a}^{a} f(x)\mathrm{d}x=\int_{-a}^{0} f(x)\mathrm{d}x+\int_{0}^{a} f(x)\mathrm{d}x$，令 $x=-t$，则

$$\int_{-a}^{0} f(x)\mathrm{d}x=\int_{a}^{0} f(-t)\mathrm{d}(-t)=\int_{0}^{a} f(-t)\mathrm{d}t$$

(1) $f(x)$ 为偶函数时，$f(-t)=f(t)$，则

$$\int_{-a}^{a} f(x)\mathrm{d}x=\int_{-a}^{0} f(x)\mathrm{d}x+\int_{0}^{a} f(x)\mathrm{d}x=2\int_{0}^{a} f(t)\mathrm{d}t$$

(2) $f(x)$ 为奇函数时，$f(-t)=-f(t)$，则

$$\int_{-a}^{a} f(x)\mathrm{d}x=\int_{-a}^{0} f(x)\mathrm{d}x+\int_{0}^{a} f(x)\mathrm{d}x=0$$

利用该结论，可以简化计算偶函数或奇函数在对称于原点的区间上的定积分.

例 7　计算：(1) $\int_{-1}^{1} (x^5-x^3+2x^2-1)\mathrm{d}x$；

(2) $\int_{-2}^{2} x^5\mathrm{e}^{x^2}\mathrm{d}x$.

解　(1)
$$\begin{aligned}\int_{-1}^{1} (x^5-x^3+2x^2-1)\mathrm{d}x &=\int_{-1}^{1} (x^5-x^3)\mathrm{d}x+\int_{-1}^{1} (2x^2-1)\mathrm{d}x\\ &=0+2\int_{0}^{1} (2x^2-1)\mathrm{d}x=2\left[\frac{2}{3}x^3-x\right]_0^1\\ &=2\left(\frac{2}{3}-1\right)=2\left(-\frac{1}{3}\right)=-\frac{2}{3}\end{aligned}$$

(2) 因为 $x^5\mathrm{e}^{x^2}$ 为奇函数，且积分区间是对称区间，所以

$$\int_{-2}^{2} x^5\mathrm{e}^{x^2}\mathrm{d}x=0$$

二、定积分的分部积分法

设函数 $u(x)$、$v(x)$ 在区间 $[a,b]$ 上具有连续导数 $u'(x)$、$v'(x)$，则

$$(uv)'=u'v+uv'$$

分别求这等式两端在区间 $[a,b]$ 上的定积分，得

$$\int_{a}^{b} (uv)'\mathrm{d}x=\int_{a}^{b} vu'\mathrm{d}x+\int_{a}^{b} uv'\mathrm{d}x$$

利用牛顿-莱布尼茨公式

$$\int_{a}^{b} (uv)'\mathrm{d}x=[uv]_a^b$$

故得

$$[uv]_a^b=\int_{a}^{b} vu'\mathrm{d}x+\int_{a}^{b} uv'\mathrm{d}x$$

移项后，便得到

$$\int_a^b uv'\mathrm{d}x=[uv]_a^b-\int_a^b vu'\mathrm{d}x$$

这就是定积分的分部积分公式.

例 8 计算$\int_1^{e^2} x\ \ln x\ \mathrm{d}x$.

解 设$u=\ln x$，$\mathrm{d}v=x\ \mathrm{d}x$，则$\mathrm{d}u=\frac{\mathrm{d}x}{x}$，$v=\frac{x^2}{2}$. 代入分部积分公式，便得

$$\int_1^{e^2} x\ \ln x\ \mathrm{d}x=\frac{1}{2}\int_1^{e^2}\ln x\ \mathrm{d}x^2=\left[\frac{x^2}{2}\ln x\right]_1^{e^2}-\frac{1}{2}\int_1^{e^2} x^2\ \frac{\mathrm{d}x}{x}$$
$$=e^4-\frac{1}{2}\int_1^{e^2} x\ \mathrm{d}x=e^4-\left[\frac{x^2}{4}\right]_1^{e^2}=\frac{1}{4}(3e^4+1)$$

例 9 计算$\int_0^{\pi} x\ \cos 3x\ \mathrm{d}x$.

解
$$\int_0^{\pi} x\ \cos 3x\ \mathrm{d}x=\frac{1}{3}\int_0^{\pi} x\mathrm{d}(\sin 3x)=\frac{1}{3}\left([x\ \sin 3x]_0^{\pi}-\int_0^{\pi}\sin 3x\ \mathrm{d}x\right)$$
$$=\frac{1}{3}\left[[x\ \sin 3x]_0^{\pi}-\frac{1}{3}\int_0^{\pi}\sin 3x\ \mathrm{d}(3x)\right]$$
$$=\frac{1}{3}[x\ \sin 3x]_0^{\pi}+\frac{1}{9}[\cos 3x]_0^{\pi}$$
$$=\frac{1}{9}(\cos 3\pi-\cos\theta)]=\frac{1}{9}(-1-1)=-\frac{2}{9}$$

例 10 计算$\int_0^1 \arctan x\ \mathrm{d}x$.

解
$$\int_0^1 \arctan x\ \mathrm{d}x=[x\ \arctan x]_0^1-\int_0^1 x\ \mathrm{d}\arctan x=\frac{\pi}{4}-\int_0^1\frac{x}{1+x^2}\mathrm{d}x$$
$$=\frac{\pi}{4}-\frac{1}{2}[\ln(1+x^2)]_0^1=\frac{\pi}{4}-\frac{1}{2}\ln 2$$

例 11 计算$\int_0^1 e^{\sqrt{x}}\mathrm{d}x$.

解 令$t=\sqrt{x}$，则$\mathrm{d}x=2t\ \mathrm{d}t$，当$x=0$时，$t=0$，当$x=1$时，$t=1$.

$$\int_0^1 e^{\sqrt{x}}\mathrm{d}x=2\int_0^1 te^t\mathrm{d}t=2\int_0^1 t\ \mathrm{d}e^t=2\left([te^t]_0^1-\int_0^1 e^t\mathrm{d}t\right)$$
$$=2(e-[e^t]_0^1)=2[e-(e-1)]=2$$

三、无穷区间上的广义积分

在引入定积分概念时，我们总是假定积分区间$[a, b]$是有限区间，但是，在实际工作中也常会遇到积分区间为无穷区间的情形. 要解决这类积分的计算问题，就必须把定积分的概念加以推广，即把积分区间推广到无穷区间的情形，这就是本节将要引进的广义积分的概念.

定义 1 设函数$f(x)$在区间$[a, +\infty)$上连续，任取$b>a$. 如果极限

$$\lim_{b\to+\infty}\int_a^b f(x)\mathrm{d}x$$

存在，则称此极限为 $f(x)$ 在区间 $[a, +\infty)$ 上的广义积分，记作 $\int_a^{+\infty} f(x)\mathrm{d}x$，即

$$\int_a^{+\infty} f(x)\mathrm{d}x=\lim_{a\to+\infty}\int_a^b f(x)\mathrm{d}x$$

这时也称广义积分 $\int_a^{+\infty} f(x)\mathrm{d}x$ 收敛；否则，就称广义积分 $\int_a^{+\infty} f(x)\mathrm{d}x$ 发散.

定义 2　设函数 $f(x)$ 在区间 $(-\infty, b]$ 上连续，任取 $a<b$，如果极限

$$\lim_{a\to-\infty}\int_a^b f(x)\mathrm{d}x$$

存在，则称此极限为函数 $f(x)$ 在无穷区间 $(-\infty, b]$ 上的广义积分，记作

$$\int_{-\infty}^b f(x)\mathrm{d}x$$

即

$$\int_{-\infty}^b f(x)\mathrm{d}x=\lim_{a\to-\infty}\int_a^b f(x)\mathrm{d}x$$

这时也称广义积分 $\int_{-\infty}^b f(x)\mathrm{d}x$ 收敛；否则，就称广义积分 $\int_{-\infty}^b f(x)\mathrm{d}x$ 发散.

定义 3　设函数 $f(x)$ 在区间 $(-\infty, +\infty)$ 上连续，且对任意实数 c，如果广义积分 $\int_{-\infty}^c f(x)\mathrm{d}x$ 和 $\int_c^{+\infty} f(x)\mathrm{d}x$ 都收敛，则称它们的和为函数 $f(x)$ 在无穷区间 $(-\infty, +\infty)$ 上的广义积分，记作 $\int_{-\infty}^{+\infty} f(x)\mathrm{d}x$. 即

$$\int_{-\infty}^{+\infty} f(x)\mathrm{d}x=\int_{-\infty}^c f(x)\mathrm{d}x+\int_c^{+\infty} f(x)\mathrm{d}x=\lim_{a\to-\infty}\int_a^c f(x)\mathrm{d}x+\lim_{b\to+\infty}\int_c^b f(x)\mathrm{d}x$$

这时也称广义积分 $\int_{-\infty}^{+\infty} f(x)\mathrm{d}x$ 收敛；否则，则称广义积分 $\int_{-\infty}^{+\infty} f(x)\mathrm{d}x$ 发散.

上述三种广义积分统称为无穷区间上的广义积分.

例 12　判别下列广义积分的敛散性，若收敛，并求其值.

(1) $\int_1^{+\infty}\frac{\mathrm{d}x}{x^2}$；　　(2) $\int_{-\infty}^{+\infty}\frac{x}{1+x^2}\mathrm{d}x$.

解　(1) 因为

$$\lim_{b\to+\infty}\int_1^b\frac{\mathrm{d}x}{x^2}=\lim_{b\to+\infty}\left[-\frac{1}{x}\right]_1^b=\lim_{b\to+\infty}\left(1-\frac{1}{b}\right)=1$$

所以广义积分 $\int_1^{+\infty}\frac{\mathrm{d}x}{x^2}$ 收敛，且有

$$\int_1^{+\infty}\frac{\mathrm{d}x}{x^2}=\lim_{b\to+\infty}\int_1^b\frac{\mathrm{d}x}{x^2}=1$$

(2) 考查广义积分 $\int_0^{+\infty}\frac{x}{1+x^2}\mathrm{d}x$. 由于

$$\lim_{b\to+\infty}\int_0^b\frac{x}{1+x^2}\mathrm{d}x=\frac{1}{2}\lim_{b\to+\infty}[\ln(1+x^2)]_0^b=\frac{1}{2}\lim_{b\to+\infty}\ln(1+b^2)=+\infty\text{（不存在）}$$

所以广义积分 $\int_0^{+\infty}\frac{x}{1+x^2}\mathrm{d}x$ 发散，按定义 3，不论广义积分 $\int_{-\infty}^0\frac{x}{1+x^2}\mathrm{d}x$ 是否收敛，广义积

分 $\int_{-\infty}^{+\infty}\frac{x}{1+x^2}\mathrm{d}x$ 总是发散的.

如果 $F(x)$是 $f(x)$的一个原函数，记

$$F(+\infty)=\lim_{x\to+\infty}F(x),\ F(-\infty)=\lim_{x\to-\infty}F(x)$$

为了书写方便，在计算广义积分的过程中常常省去极限记号，且把∞当成一个"数"，而直接利用牛顿-莱布尼茨公式的计算格式,则三种广义积分可写成：

$$\int_a^{+\infty}f(x)\mathrm{d}x=[F(x)]_a^{+\infty}=F(+\infty)-F(a)$$

$$\int_{-\infty}^{b}f(x)\mathrm{d}x=[F(x)]_{-\infty}^{b}=F(b)-F(-\infty)$$

$$\int_{-\infty}^{+\infty}f(x)\mathrm{d}x=[F(x)]_{-\infty}^{+\infty}=F(+\infty)-F(-\infty)$$

用上述记号，省去了极限符号，书写更简便. 但应注意，$F(-\infty)$、$F(+\infty)$要始终理解为求极限值.

例 13 求 $\int_0^{+\infty}\mathrm{e}^{-x}\mathrm{d}x$.

解

$$\int_0^{+\infty}\mathrm{e}^{-x}\mathrm{d}x=[-\mathrm{e}^{-x}]_0^{+\infty}=1$$

例 14 求 $\int_{-\infty}^{+\infty}\frac{1}{1+x^2}\mathrm{d}x$.

解

$$\int_{-\infty}^{+\infty}\frac{1}{1+x^2}\mathrm{d}x==[\arctan x]_{-\infty}^{+\infty}=\frac{\pi}{2}-\left(-\frac{\pi}{2}\right)=\pi$$

能力训练题 3.6

1. 填空题.

(1) 质点以速度 $v(t)=t\sin(t^2)$(米/秒)作直线运动，则从时刻 $t_1=\sqrt{\frac{\pi}{2}}$秒到 $t_2=\sqrt{\pi}$秒内质点所经过的路程等于________米.

(2) $\int_0^1\mathrm{e}^{-2x}\mathrm{d}x=$________.

(3) $\int_{-3.14}^{3.14}(x^3+\sin x)\mathrm{d}x=$________.

(4) 若 $f(x)$为奇函数，且 $\int_0^5 f(x)\mathrm{d}x=-3$，则 $\int_{-5}^5 f(x)\mathrm{d}x=$________；若 $f(x)$为偶函数，且 $\int_{-5}^5 f(x)\mathrm{d}x=-3$，则 $\int_{-5}^0 f(x)\mathrm{d}x=$________.

(5) $\int_0^{+\infty}\mathrm{e}^{-x}\mathrm{d}x$，是________(收敛、发散).

2. 用换元积分法求下列定积分：

(1) $\int_0^1\frac{x}{1+x^2}\mathrm{d}x$； (2) $\int_0^1 x\mathrm{e}^{x^2}\mathrm{d}x$； (3) $\int_0^{\frac{1}{2}}\frac{x+1}{\sqrt{1-x^2}}\mathrm{d}x$；

(4) $\int_{1}^{e} \frac{1+\ln x}{x} dx$；　(5) $\int_{-2}^{-1} \frac{1}{11+5x} dx$；　(6) $\int_{0}^{1} \sqrt{4+5x}\, dx$；

(7) $\int_{4}^{9} \frac{\sqrt{x}}{\sqrt{x}-1} dx$；　(8) $\int_{\frac{1}{\sqrt{2}}}^{1} \frac{\sqrt{1-x^2}}{x^2} dx$.

3. 用分部积分法计算下列定积分：

(1) $\int_{0}^{1} x e^{-x} dx$；　(2) $\int_{1}^{e} x \ln x\, dx$；　(3) $\int_{0}^{4} e^{\sqrt{x}} dx$；

(4) $\int_{0}^{\pi} x \sin x\, dx$；　(5) $\int_{0}^{\frac{\pi}{2}} e^{x} \cos x\, dx$；　(6) $\int_{1}^{4} \frac{\ln x}{\sqrt{x}} dx$；

(7) $\int_{0}^{1} \arctan x\, dx$；　(8) $\int_{0}^{\frac{\pi}{2}} e^{2x} \cos x\, dx$.

4. 讨论无穷区间上广义积分的敛散性，若收敛，并求其值.

(1) $\int_{10}^{+\infty} \frac{1}{x^2} dx$；　(2) $\int_{0}^{+\infty} \sin x\, dx$；　(3) $\int_{e}^{+\infty} \frac{1}{x \cdot \ln^2 x} dx$；

(4) $\int_{-\infty}^{+\infty} \frac{1}{x^2+25} dx$；　(5) $\int_{5}^{+\infty} \frac{1}{x(x+15)} dx$；　(6) $\int_{-\infty}^{+\infty} \frac{1}{x^2+2x+2} dx$.

3.7　定积分的应用

前面介绍了定积分的概念、性质和计算方法，本节将讨论定积分在几何学和物理学方面的应用，重点介绍用“微元法”将具体问题表示成定积分的分析方法.

一、定积分的微元法

下面以求曲边梯形的面积为例分析用定积分 $\int_a^b f(x)dx$ 表示曲边梯形的面积 A 的步骤.

第一步，分割. 将区间$[a, b]$分成 n 个小区间$[x_{i-1}, x_i]$$(i=0, 1, \cdots, n)$，则曲边梯形的面积 A 分割成 n 个小曲边梯形的面积 ΔA_i，即

$$A = \sum_{i=1}^{n} \Delta A_i$$

第二步，取近似. 在任意一个小区间$[x_{i-1}, x_i]$上，用小矩形面积 $f(\xi_i)\Delta x_i$ 近似代替(以直代曲)小曲边梯形的面积 ΔA_i，即

$$\Delta A_i \approx f(\xi_i)\Delta x_i$$

第三步，作和. 曲边梯形的面积 A 的近似值为

$$A \approx \sum_{i=1}^{n} f(\xi_i)\Delta x_i$$

第四步，取极限. $\lambda=\max\{\Delta x_i\}\to 0$ 曲边梯形的面积 A 为

$$A = \lim_{\lambda\to 0}\sum_{i=1}^{n} f(\xi_i)\Delta x_i = \int_a^b f(x)dx$$

这样，把求曲边梯形的面积问题转化成了定积分.

一般地，如果所求量 Q 符合下列条件：

(1) Q 与变量 x 的变化区间$[a, b]$有关；

(2) Q 对区间$[a, b]$具有可加性，即若把区间$[a, b]$分成若干小区间，则 Q 相应地分成若干分量 ΔQ，而 Q 等于所有分量的和，即 $Q = \sum \Delta Q$；

(3) 在任意一个小区间$[x, x+\mathrm{d}x]$上，分量 ΔQ 的近似值 $f(x)\mathrm{d}x$ 与 ΔQ 之差是比 $\mathrm{d}x$ 高级的无穷小，

则所求量 Q 可以用定积分 $\int_a^b f(x)\mathrm{d}x$ 表示.

通常把实际问题的所求量 Q 转化为定积分的步骤如下：

第一步，根据实际问题选取积分变量(例如 x)，并确定其变化范围(例如区间$[a, b]$).

第二步，在区间$[a, b]$的任意一个小区间$[x, x+\mathrm{d}x]$上，求出 Q 相应的部分分量 ΔQ 的近似值 $f(x)\mathrm{d}x$(以直代曲或以不变代变)，若近似值 $f(x)\mathrm{d}x$ 与 ΔQ 之差是比 $\mathrm{d}x$ 高级的无穷小，记为 $\mathrm{d}Q=f(x)\mathrm{d}x$，称 $\mathrm{d}Q$ 为所求量 Q 的微元，则所求量 Q 可以表示成定积分 $\int_a^b f(x)\mathrm{d}x$.

上述方法通常称为定积分的微元法.

二、平面图形的面积

1. 直角坐标系

计算由区间$[a, b]$上的两条连续曲线 $y=f(x)$与 $y=g(x)$，且 $\forall x\in[a, b]$, $f(x)\geqslant g(x)$，以及两直线 $x=a$ 与 $x=b$ 所围成的平面图形的面积.

由微元法，取 x 为积分变量，其变化范围为区间$[a, b]$. 在区间$[a, b]$的任意一个小区间$[x, x+\mathrm{d}x]$上，相应的面积可以用以点 x 处的函数值$[f(x)-g(x)]$为高，以 $\mathrm{d}x$ 为底的矩形面积近似代替(如图 3－15 所示)，从而得到面积微元 $\mathrm{d}A=[f(x)-g(x)]\mathrm{d}x$，所以，所求平面图形的面积 A 为

$$A=\int_a^b [f(x)-g(x)]\mathrm{d}x$$

类似可得，由区间$[c, d]$上的两条连续曲线 $x=\varphi(y)$与 $x=\psi(y)$，且 $\forall y\in[c, d]$，$\varphi(y)\geqslant\psi(y)$，以及两直线 $y=c$ 与 $y=d$ 所围成的平面图形的面积(如图 3－16 所示)为

$$A=\int_c^d [\varphi(y)-\psi(y)]\mathrm{d}y$$

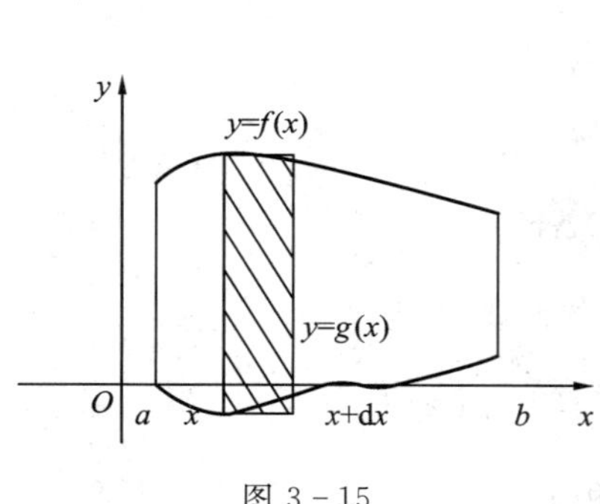

图 3－15

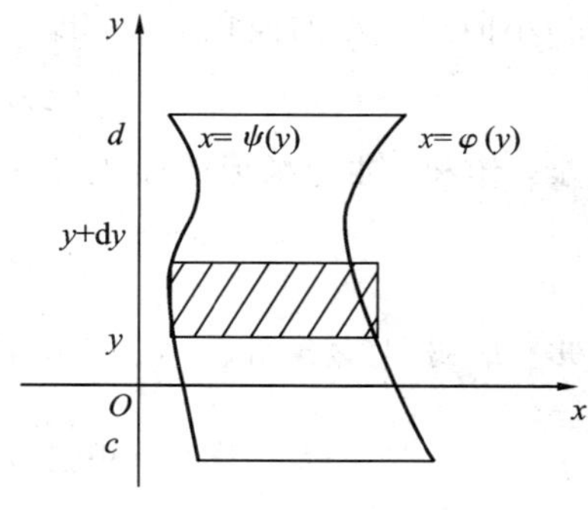

图 3－16

例 1　计算由曲线 $y=x^2$ 及直线 $y=x$ 所围成的平面图形的面积.

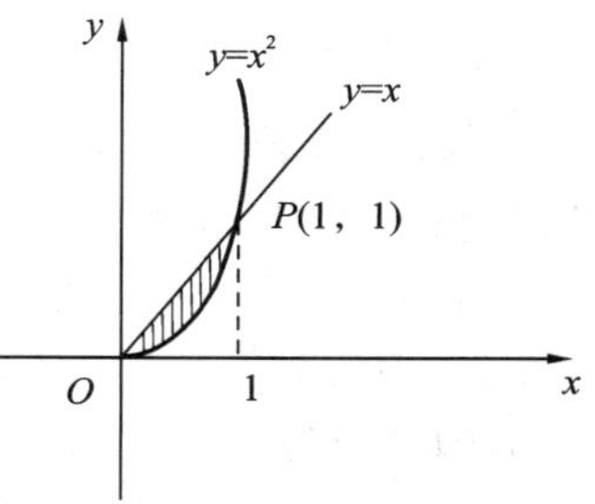

图 3-17

解　作出所围成的平面图形（如图 3-17 所示），解方程组 $\begin{cases} y=x \\ y=x^2 \end{cases}$ 得两曲线的交点是 $O(0, 0)$、$P(1, 1)$.

取 x 为积分变量，其变化区间为 $[0, 1]$，于是，平面图形的面积为

$$A=\int_0^1 (x-x^2)\mathrm{d}x=\left(\frac{1}{2}x^2-\frac{1}{3}x^3\right)\Bigg|_0^1=\frac{1}{6}$$

例 2　计算由抛物线 $y^2=2x$ 及直线 $x-y-4=0$ 所围成的平面图形的面积.

解　作出所围的平面图形（如图 3-18 所示），解方程组 $\begin{cases} y^2=2x \\ x-y-4=0 \end{cases}$ 得两曲线的交点是 $P(2, -2)$、$Q(8, 4)$.

取 x 为积分变量，由图形可知，所求平面图形的面积可以分成 A_1 和 A_2 两部分，对于 A_1 积分区间为 $[0, 2]$，对于 A_2 积分区间为 $[2, 8]$. 于是，平面图形的面积为

$$\begin{aligned} A &= A_1+A_2 \\ &= \int_0^2 [\sqrt{2x}-(-\sqrt{2x})]\mathrm{d}x+\int_2^8 [\sqrt{2x}-(x-4)]\mathrm{d}x \\ &= \left(\frac{4\sqrt{2}}{3}x^{\frac{3}{2}}\right)\Bigg|_0^2+\left(\frac{2\sqrt{2}}{3}x^{\frac{3}{2}}-\frac{x^2}{2}+4x\right)\Bigg|_2^8 \\ &= \frac{16}{3}+\frac{38}{3} \\ &= 18 \end{aligned}$$

若取 y 为积分变量，由图形可知，这时候，只要把抛物线 $y^2=2x$ 及直线 $x-y-4=0$ 中的 y 看成自变量，x 作为 y 的函数，即分别表示成 $x=\frac{1}{2}y^2$ 与 $x=y+4$，关于 y 的积分区间为 $[-2, 4]$（见图 3-19），于是，所求平面图形的面积为

$$A=\int_{-2}^4 \left[(y+4)-\frac{1}{2}y^2\right]\mathrm{d}y=\left(\frac{1}{2}y^2+4y-\frac{1}{6}y^3\right)\Bigg|_{-2}^4=18$$

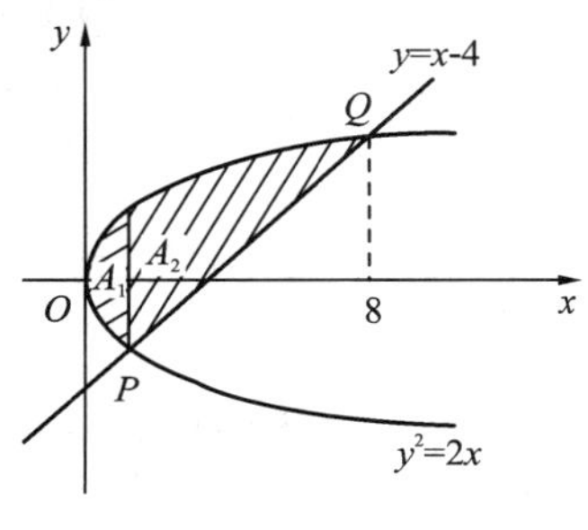

图 3-18

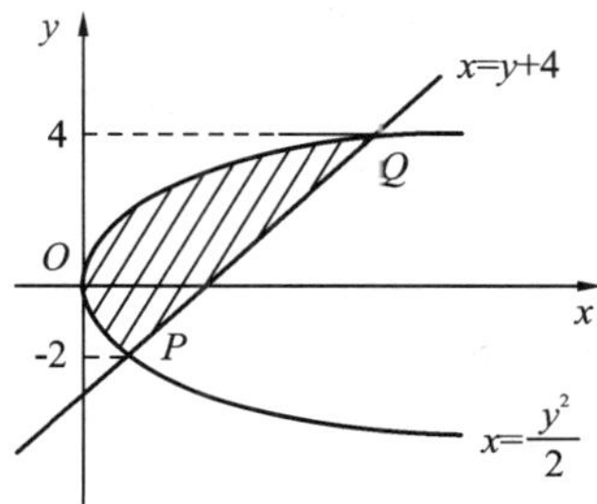

图 3-19

可见，后一种方法的计算更简便些. 这就告诉我们在求平面图形的面积时，要依据平面图形，正确地选取积分变量.

2. 极坐标系

设曲线的极坐标方程是 $\rho=\rho(\theta)$，$\alpha\leqslant\theta\leqslant\beta$，且在 $[\alpha,\beta]$ 上连续. 求由曲线 $\rho=\rho(\theta)$ 及两射线 $\theta=\alpha$ 与 $\theta=\beta$ 所围成的曲边扇形的面积.

应用微元法，取 θ 为积分变量，其变化范围为区间 $[\alpha,\beta]$. 在区间 $[\alpha,\beta]$ 的任意一个小区间 $[\theta,\theta+d\theta]$ 上，相应的窄曲边扇形的面积可以用以点 θ 处的函数值 $\rho(\theta)$ 为半径，中心角为 $d\theta$ 的圆扇形面积近似代替（如图 3-20 所示），从而得到面积微元

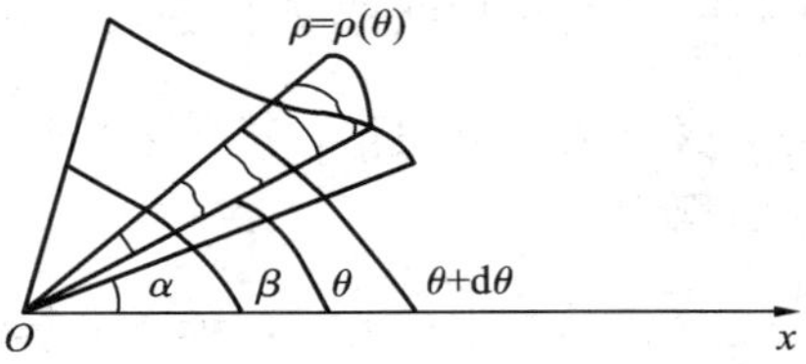

$$dA=\frac{1}{2}[\rho(\theta)]^2 d\theta$$

图 3-20

所以，所求平面图形的面积 A 为

$$A=\frac{1}{2}\int_{\alpha}^{\beta}[\rho(\theta)]^2 d\theta$$

例 3 求阿基米德螺线 $\rho=a\theta(a>0)$ 第一圈与极轴所围图形的面积（见图 3-21）.

解 螺线的第一圈极角 θ 从 0 变化到 2π，所围图形的面积为

$$A=\frac{1}{2}\int_{0}^{2\pi}[a\theta]^2 d\theta=\frac{a^2}{2}\cdot\frac{\theta^3}{3}\bigg|_{0}^{2\pi}=\frac{4}{3}\pi^3a^2$$

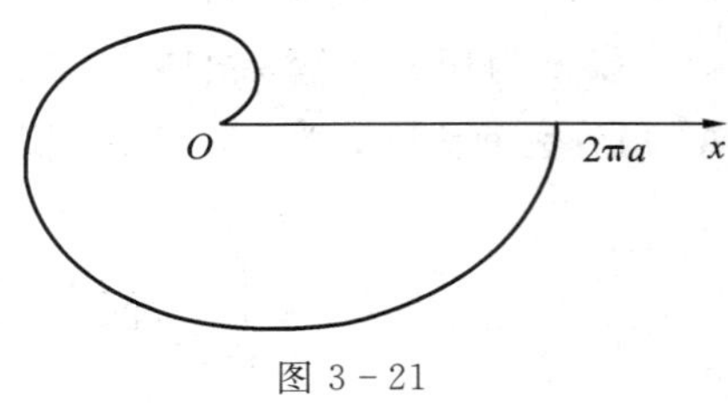

图 3-21

例 4 计算双纽线 $\rho^2=a^2\cos2\theta(a>0)$ 所围图形的面积（见图 3-22）.

解 双纽线关于两个坐标轴都对称，因此双纽线所围图形的面积是第一象限图形面积的 4 倍. 双纽线的极坐标方程是 $\rho^2=a^2\cos2\theta(a>0)$，在第一象限中，$\theta$ 的变化区间是 $\left[0,\frac{\pi}{4}\right]$.

双纽线所围图形的面积为

$$\begin{aligned}A&=4\cdot\frac{1}{2}\int_{0}^{\frac{\pi}{4}}[a\sqrt{\cos2\theta}]^2 d\theta\\&=2a^2\int_{0}^{\frac{\pi}{4}}\cos2\theta\, d\theta=a^2\sin2\theta\bigg|_{0}^{\frac{\pi}{4}}=a^2\end{aligned}$$

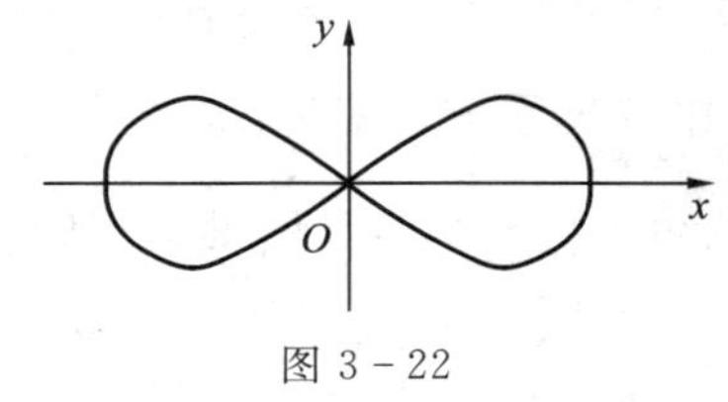

图 3-22

在直角坐标系中，双纽线的方程是 $(x^2+y^2)^2=a^2(x^2-y^2)(a>0)$，计算它的面积是很困难的，而用极坐标计算比较简便. 对于有些图形，极坐标可显现出它的优越性.

三、立体的体积

1. 旋转体的体积

一个平面图形绕着平面内的一条定直线旋转一周所成的立体叫旋转体，这条定直线叫作旋转轴. 圆柱、圆锥、圆台、球体、球冠都是旋转体.

计算由区间 $[a,b]$ 上的连续曲线 $y=f(x)$、两条直线 $x=a$ 与 $x=b$ 及 x 轴所围成的曲边梯形绕 x 轴旋转一周所成的旋转体的体积.

由微元法，取 x 为积分变量，其变化范围为区间 $[a,b]$. 在区间 $[a,b]$ 的任意一个小区

间$[x, x+\mathrm{d}x]$上，相应的薄旋转体的体积可以用以点 x 处的函数值 $f(x)$ 为底面半径，以 $\mathrm{d}x$ 为高的扁圆柱体的体积近似代替(见图 3-23)，从而得到体积微元

$$\mathrm{d}V=\pi[f(x)]^2\mathrm{d}x$$

所以，所求旋转体的体积 V 为

$$V=\pi\int_a^b[f(x)]^2\mathrm{d}x$$

类似地可得，由区间$[c, d]$上的连续曲线 $x=\varphi(y)$，两条直线 $y=c$ 与 $y=d$ 及 y 轴所围成的曲边梯形绕 y 轴旋转一周所成的旋转体的体积(见图 3-24)为

$$V=\pi\int_c^d[\varphi(y)]^2\mathrm{d}y$$

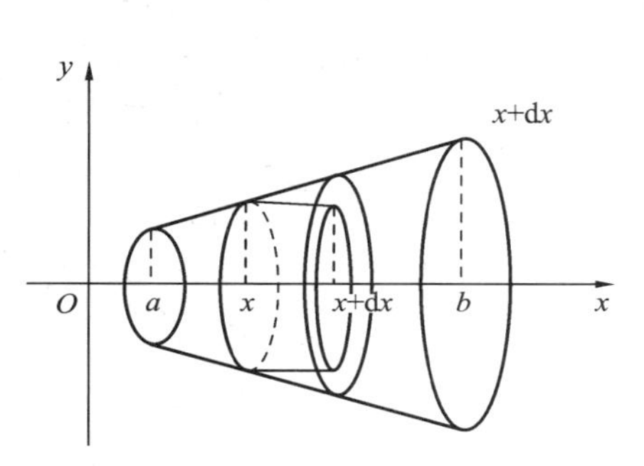

图 3-23

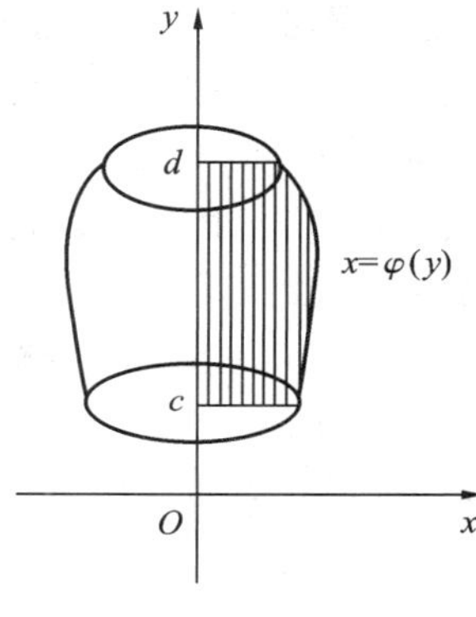

图 3-24

例 5　计算椭圆$\dfrac{x^2}{a^2}+\dfrac{y^2}{b^2}=1(a<b)$ 所围成的图形绕 y 轴旋转而成的旋转体体积(见图3-25).

解　这个旋转体可看作由右半个椭圆 $x=\dfrac{a}{b}\sqrt{b^2-y^2}\,(-b\leqslant y\leqslant b)$及 y 轴所围成的图形绕 y 轴旋转生成的立体图形.

$$\begin{aligned}V&=\pi\int_{-b}^{b}\left(\frac{a}{b}\sqrt{b^2-y^2}\right)^2\mathrm{d}y=\pi\frac{a^2}{b^2}\int_{-b}^{b}(b^2-y^2)\mathrm{d}y\\&=\pi\frac{a^2}{b^2}\left[b^2y-\frac{1}{3}y^3\right]_{-b}^{b}=\frac{4\pi a^2b}{3}\end{aligned}$$

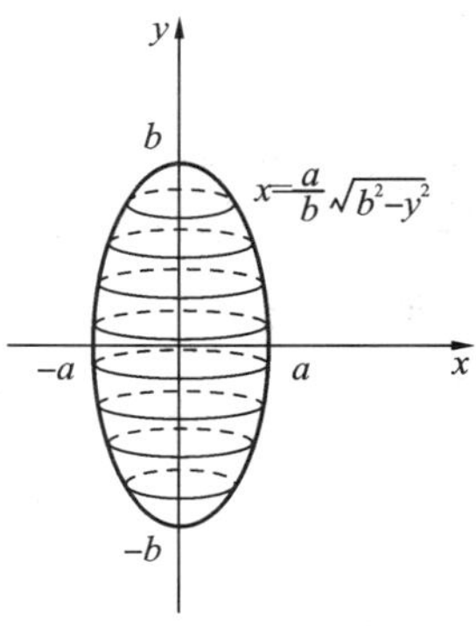

图 3-25

特别是，当 $a=b=R$ 时，椭圆就是半径为 R 的圆，其旋转体即球的体积 $V=\dfrac{4}{3}\pi R^3$.

例 6　求由 $y=\sqrt{2-x^2}$ 和 $y=x^2$ 围成的图形绕 x 轴旋转而成的旋转体体积(见图 3-26).

解　解方程组$\begin{cases}y=\sqrt{2-x^2}\\y=x^2\end{cases}$得交点为 $A(-1, 1)$，$B(1, 1)$，所以阴影部分绕 x 轴旋转一周而成的图形体积为：$[-1, 1]$上，$y=\sqrt{2-x^2}$，$x=-1$，$x=1$ 及 x 轴所围成图形绕 x 轴旋转的体积减去$[-1, 1]$上，$y=x^2$，

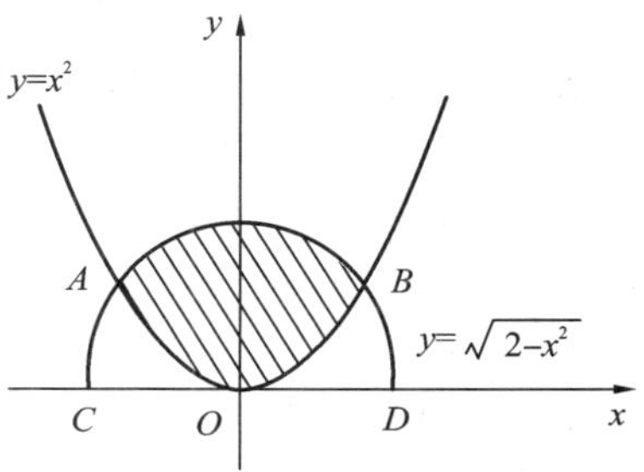

图 3-26

$x=-1$，$x=1$及 x 轴所围成图形绕 x 轴旋转的体积，即

$$\begin{aligned}V&=\pi\int_{-1}^{1}(\sqrt{2-x^2})^2\,\mathrm{d}x-\pi\int_{-1}^{1}(x^2)^2\,\mathrm{d}x\\&=\pi\int_{-1}^{1}(2-x^2-x^4)\,\mathrm{d}x\\&=\pi\left(2x-\frac{x^3}{3}-\frac{x^5}{5}\right)\Bigg|_{-1}^{1}=\frac{44}{15}\pi\end{aligned}$$

2. 已知平行截面面积函数的立体体积

设立体由一曲面及垂直于 x 轴的两个平面 $x=a$，$x=b$ 所围成($a<b$)，且用垂直于 x 轴的平行平面截立体，所得截面的面积是区间$[a, b]$上的连续函数 $A(x)$，$a\leqslant x\leqslant b$，计算该立体的体积.

由微元法，取 x 为积分变量，其变化范围为区间$[a, b]$. 在区间$[a, b]$的任意一个小区间$[x, x+\mathrm{d}x]$上，相应的薄立体的体积可以用以点 x 处的截面(面积是 $A(x)$)为底面，以 $\mathrm{d}x$ 为高的扁柱体的体积近似代替(见图 3-27)，从而得到体积微元

$$\mathrm{d}V=A(x)\mathrm{d}x$$

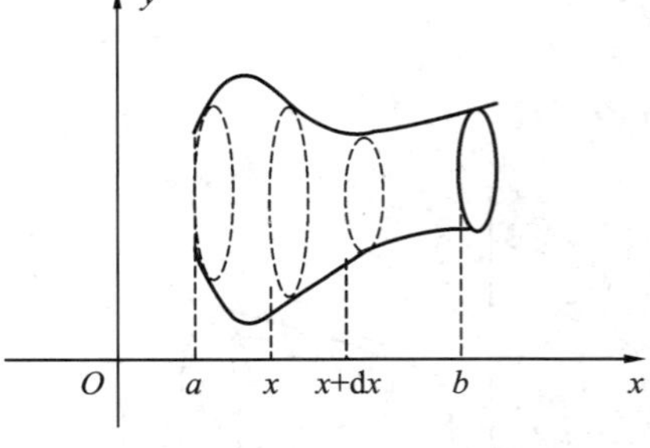

图 3-27

所以，所求立体的体积 V 为

$$V=\int_a^b A(x)\,\mathrm{d}x$$

例 7　用两种方法证明以 R 为底面半径、H 为高的圆锥体的体积为

$$V=\frac{1}{3}\pi R^2 H$$

证　方法一　取圆锥的轴为 x 轴，圆锥的顶点为坐标原点. 过 x 轴上的点 x 作垂直于 x 轴的平面(平行于圆锥的底面)与圆锥体相截，截面是半径为 r 的圆(见图 3-28).

由$\dfrac{r}{R}=\dfrac{x}{H}$，得 $r=\dfrac{R}{H}x$，所以，截面面积为

$$A(x)=\pi r^2=\pi\cdot\frac{R^2}{H^2}\cdot x^2$$

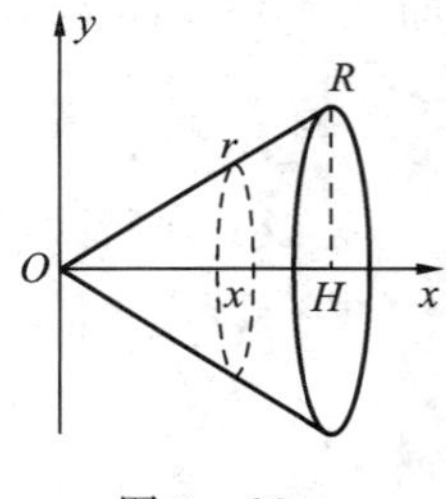

图 3-28

从而圆锥体的体积为

$$V=\int_0^H A(x)\,\mathrm{d}x=\pi\frac{R^2}{H^2}\int_0^H x^2\,\mathrm{d}x=\pi\frac{R^2}{H^2}\left(\frac{x^3}{3}\right)\Bigg|_0^H=\frac{1}{3}\pi R^2 H$$

方法二　如图 3-28 所示，圆锥体可以看成由直角三角形 ORH 绕 x 轴旋转而成的旋转体.

直线 OR 的方程为

$$y=\frac{R}{H}x\quad(0\leqslant x\leqslant H)$$

得所求圆锥体的体积为

$$V=\pi\int_0^H y^2\,\mathrm{d}x=\pi\frac{R^2}{H^2}\int_0^H x^2\,\mathrm{d}x=\pi\frac{R^2}{H^2}\left(\frac{x^3}{3}\right)\Bigg|_0^H=\frac{1}{3}\pi R^2 H$$

四、物理应用

1. 变力所做的功

由物理学可知，若某一物体在一个常力 F 的作用下，沿着力的方向作直线运动，当移动的距离为 s 时，常力 F 所做的功为

$$W=F\cdot s$$

但在实际问题中，常常遇到物体在运动过程中所受的力是变化的，例如，弹簧的拉力、电场力等都是变力，这就是变力做功问题. 下面讨论如何用微元法计算变力所做的功.

设物体在变力 $F=f(x)$的作用下，沿着 x 轴由 a 运动到 b，力的方向与 x 轴的方向一致，求变力 F 所做的功.

由微元法，取 x 为积分变量，其变化范围为区间$[a, b]$. 在区间$[a, b]$的任意一个小区间$[x, x+\mathrm{d}x]$上，相应的变力 F 所做的功可以用以点 x 处的函数值 $f(x)$为常力(以不变代变)所做的功 $f(x)\cdot\mathrm{d}x$ 近似代替(见图 3－29)，从而得到功微元

$$\mathrm{d}W=f(x)\mathrm{d}x$$

于是，所求变力 F 所做的功为

$$W=\int_a^b f(x)\mathrm{d}x$$

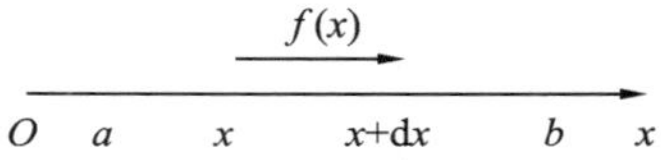

图 3－29

例 8　在一个位于 r 轴坐标原点 O 处且带正电的点电荷 q 所形成的电场中，求单位正电荷从 $r=a$ 处沿着 r 轴移动到 $r=b$ $(a<b)$处时，电场力对它所做的功.

解　由库仑定律可知，一单位正电荷放在这个电场中距离原点 O 为 r 的点处，电场对它的作用力为

$$F=k\frac{q}{r^2}\quad(k\text{ 为常数})$$

方向为沿着 r 轴方向指向无穷远(见图 3－30).

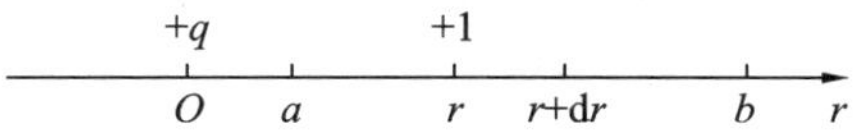

图 3－30

取 r 为积分变量，其变化区间为$[a, b]$，于是，电场力所做的功为

$$W=\int_a^b \frac{kq}{r^2}\mathrm{d}r=-kq\left(\frac{1}{r}\right)\bigg|_a^b=kq\left(\frac{1}{a}-\frac{1}{b}\right)$$

例 9　已知 5 N 的力能使弹簧拉长 0.01 m，求使弹簧拉长 0.1 m 拉力所做的功.

解　以弹簧的初始位置作为坐标原点，建立坐标系(如图 3－31 所示)，由胡克定律知，在弹性限度内拉长弹簧所需的力 F 与弹簧的伸长长度 x 成正比，即

$$F=kx$$

其中 k 为弹性系数.

已知 $x=0.01$ m 时，$F=5$N，于是 $k=500$ N/m，则

$$F=500x$$

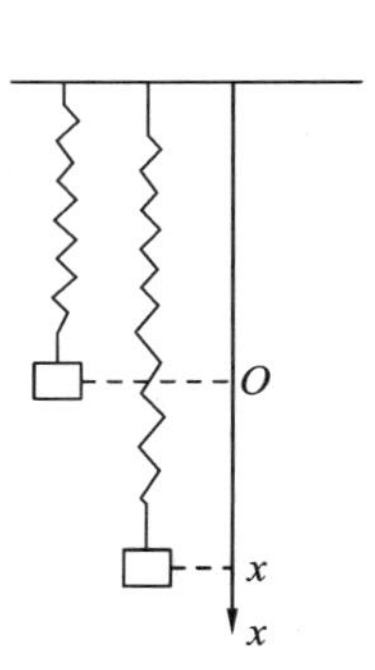

图 3－31

取 x 为积分变量，其变化区间为[0, 0.1]. 于是，拉力所做的功为

$$W=\int_{0}^{0.1} 500x\ \mathrm{d}x=(250x^2)\Big|_0^{0.1}=2.5(\mathrm{J})$$

例 10　半径为 R，高为 H 的圆柱形水桶，盛满水，问水泵将水桶内的水全部吸出要做多少功(水的密度为 $10^3\ \mathrm{kg/m^3}$)?

解　可以理解为水是一层一层地抽到桶口的，取坐标如图 3-32 所示，在[y, $y+\mathrm{d}y$]上取一小薄柱体，其水柱重量为 $\pi R^2\mathrm{d}y$，将这小水柱提高到桶口的距离为($H-y$)，所做的功的近似值为

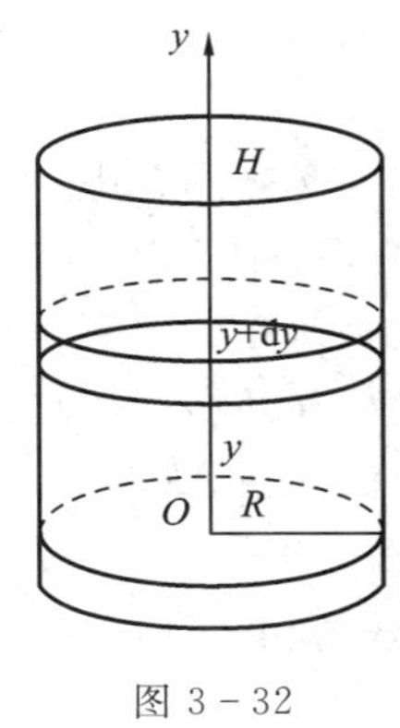

图 3-32

$$\mathrm{d}W=\pi R^2\mathrm{d}y(H-y)$$

$$\begin{aligned}W&=\pi\int_0^H (H-y)R^2\mathrm{d}y\\&=4\pi R^2\left[Hy-\frac{1}{2}y^2\right]_0^H\\&=\frac{\pi}{2}R^2H^2\end{aligned}$$

2. 液体的压力

由物理学可知，在距液体表面深度 h 处液体的压强为

$$p=\rho gh$$

这里 ρ 是液体的密度，重力加速度 $g=9.8\ \mathrm{m/s^2}$. 若在液体深 h 处水平放置一面积为 A 的平板，则平板一侧所受的压力为

$$P=pA=\rho ghA$$

若平板垂直放置在液体中，由于平板上每个位置距液面的深度不同，液体的压强不同，平板一侧所受的压力就不能用上述公式计算. 但整个平板一侧所受的压力对深度具有可加性，下面用微元法计算液体的压力.

如图 3-33 所示，以液面上的一条直线为 y 轴，设平板是由两条连续曲线 $y=f(x)$ 与 $y=g(x)$，且 $\forall x\in[a, b]$，$f(x)\geqslant g(x)$，以及两条直线 $x=a$ 与 $x=b$ 所围成的平面图形. 平板垂直放置在液体中，上、下两边与液面平行且与液面的距离分别为 a、b ($a<b$)，自变量 x 表示液体的深度.

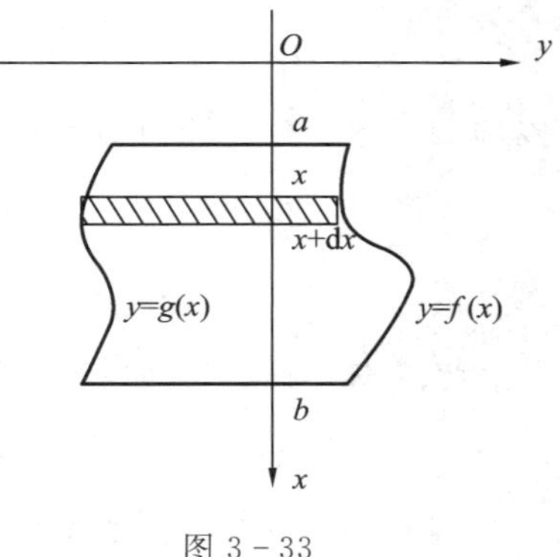

图 3-33

由微元法，取 x 为积分变量，其变化范围为区间[a, b]. 在区间[a, b]的任意一个小区间[x, $x+\mathrm{d}x$]上，相应的小窄条平板的面积微元是 $\mathrm{d}A=[f(x)-g(x)]\mathrm{d}x$，其上的压强可以用平板水平放置在距液面深度为 x 处的压强 ρgx 近似代替，从而得到压力微元

$$\mathrm{d}P=\rho gx[f(x)-g(x)]\mathrm{d}x$$

所以，所求整个平板一侧所受的压力为

$$P=\rho g\int_a^b x[f(x)-g(x)]\mathrm{d}x$$

这里 ρ 是液体的密度，重力加速度 $g=9.8\ \mathrm{m/s^2}$.

例 11　有一水库闸门为等腰梯形，上底宽 8 m，下底宽 4 m，高为 6 m，水面超过闸门顶 2 m，计算闸门所受的水压力.

解　如图 3－34 所示建立坐标系.

直线 AB 的方程为

$$y=\frac{1}{3}(14-x)$$

由微元法，取水深 x 为积分变量，其变化区间为 $[2, 8]$. 在区间 $[2, 8]$ 的任意一个小区间 $[x, x+\mathrm{d}x]$ 上，相应的小窄条的面积可以用以点 x 处的 $2y$ 为宽，以 $\mathrm{d}x$ 为高的矩形面积近似代替，由于这小窄条上各处距液面的深度近似于 x，从而这一小窄条上一侧所受水压力的近似值，即压力微元为

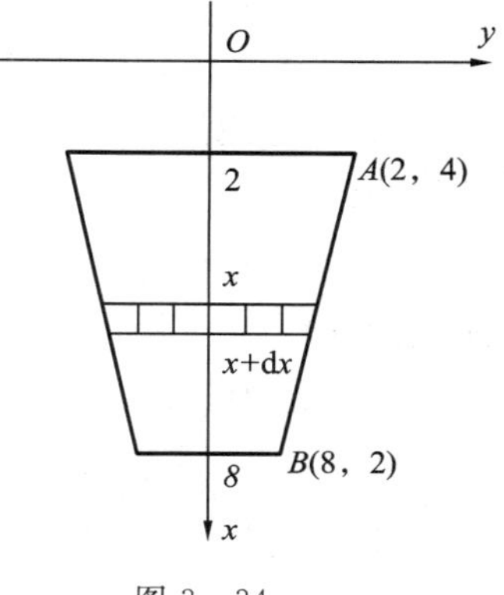

图 3－34

$$\mathrm{d}P=x\cdot\rho g2\left[\frac{1}{3}(14-x)\right]\mathrm{d}x$$

其中，水的密度 $\rho=10^3\ \mathrm{kg/m^3}$，重力加速度 $g=9.8\ \mathrm{m/s^2}$. 于是，所求的水压力为

$$\begin{aligned}P&=\int_2^8\rho g x\,\frac{2}{3}(14-x)\,\mathrm{d}x\\&=\frac{2}{3}\rho g\int_2^8 x(14-x)\,\mathrm{d}x=\frac{2}{3}\rho g\left(7x^2-\frac{1}{3}x^3\right)\Bigg|_2^8\\&=168\rho g\approx 1.65\times10^6\ \mathrm{N}\end{aligned}$$

能力训练题 3.7

1. 填空题.

(1) 抛物线 $y=3x^2$ 与直线 $x=1$，$x=3$，$y=0$ 所围成的平面图形的面积用定积分表示为____________.

(2) 由曲线 $y=x^3$ 与 $y=(x-2)^2$ 和 $y=0$ 所围成的封闭图形的面积为__________.

(3) 由 $x=1$，$x=3$，$y=x$，$y=0$ 所围成的图形绕 x 轴旋转所形成的旋转体体积用定积分表示为____________.

2. 选择题.

(1) 抛物线 $y=3x^2$ 和直线 $x=1$，$x=3$，$y=0$ 所围成的平面图形的面积为(　　).

A. 21　　B. 23　　C. 26　　D. 27

(2) 由曲线 $y=x^2$ 和直线 $y=1$ 所围成的图形绕 y 轴旋转所成的旋转体体积为(　　).

A. $\pi\int_{-1}^{1}x^4\,\mathrm{d}x$　　B. $2\pi\left(1-\int_0^1\pi^2\,\mathrm{d}x\right)$　　C. $\pi\int_0^1 y^2\,\mathrm{d}y$　　D. $\pi\int_0^1 y\,\mathrm{d}y$

3. 求下列各曲线所围成的平面图形的面积.

(1) 由 $y=x^2$，$y=\frac{1}{x}$，$x=2$，$y=0$ 围成的平面图形的面积.

(2) 由 $x=y^2$，$y=x^2$ 围成的平面图形的面积.

(3) 由 $y=\mathrm{e}^x$，$x=0$，$y=3$ 围成的平面图形的面积.

(4) 由 $y=x+4$，$2y=x^2$ 围成的平面图形的面积.

(5) 圆 $\rho=2a\cos\theta(a>0)$介于 x 轴与射线 $\theta=\frac{\pi}{6}$间的部分图形的面积.

(6) 心脏线 $\rho=a(1+\cos\theta)$ $(a>0, 0\leqslant\theta\leqslant 2\pi)$围成的平面图形的面积.

4. 求下列旋转体的体积.

(1) 平面图形由曲线 $y=\sin x(0\leqslant x\leqslant\pi)$和 $y=0$ 围成，求该图形绕 x 轴旋转所成的旋转体的体积.

(2) 平面图形由曲线 $y=2\sqrt{x}$和 $x=1$ 及 $y=0$ 围成，求该图形分别绕 x 轴和 y 轴旋转所成的旋转体的体积.

(3) 平面图形由曲线 $y=x^2, y^2=8x$ 围成，求该图形绕 x 轴旋转所成的旋转体的体积.

(4) 平面图形由 $y=x^3$ 和 $x=2$ 及 $y=0$ 围成，求该图形绕 y 轴旋转所成的旋转体的体积.

(5) 求椭圆$\frac{x^2}{a^2}+\frac{y^2}{b^2}=1$ 绕 x 轴旋转所成的旋转体的体积.

5. 把质量为 m 的质点，从地面升高到 h，求克服地球引力所做的功(设地球的半径为 R，质量为 M，引力常数为 K).

6. 半径等于 r 的半球形水池，其中充满了水，把池中的水全吸尽，需做多少功?

7. 设半径为 r 的圆形水闸门，水面与闸顶平齐，求闸门所受的总压力.

能力测试题三

一、填空题

1. 如果 e^{-x}是函数 $f(x)$的一个原函数，则 $\int f(x)dx=$________.

2. 若 $\int f(x)dx=2\cos\frac{x}{2}+C$，则 $f(x)$________.

3. 设 $f(x)=\frac{1}{x}$，则 $\int f'(x)dx=$________.

4. $\int f(x)df(x)=$________.

5. $f'(\ln x)=1+x$，则 $f(x)=$________.

6. $\int_{-4}^{4}\frac{x}{x^4+1}dx=$________.

7. 设 $G(x)=\int_{a}^{x^2}\sin t\,dt$，则 $G'(x)=$________.

8. $\int_{-a}^{a}\left(x^5-2x+\frac{1}{2}\right)dx=$________.

9. 若 $\int_{-\infty}^{0}e^{ax}dx=\frac{1}{2}$，则 $a=$________.

10. 求曲线 $y=\int_{\frac{\pi}{2}}^{x}\frac{\sin t}{t}dt$ 在 $x=\frac{\pi}{2}$处的切线方程________.

二、单项选择题

1. 设 $\int f(x)dx=\frac{3}{4}\ln\sin 4x+C$，则 $f(x)=($　　　$)$.

A. $\cot 4x$　　B. $-\cot 4x$　　C. $3\cos 4x$　　D. $3\cot 4x$

2. 若 $f(x)$ 为导数可积函数，则(　　).

A. $\left[\int f(x)\mathrm{d}x\right]'=f(x)$　　B. $\mathrm{d}\left[\int f(x)\mathrm{d}x\right]=f(x)$

C. $\int f'(x)\mathrm{d}x=f(x)$　　D. $\int \mathrm{d}f(x)=f(x)$

3. 若 $\int f(x)\mathrm{d}x=x^2+C$，则 $\int x f(1-x^2)\mathrm{d}x=$(　　).

A. $2(1+x^2)^2+C$　　B. $-2(1+x^2)^2+C$

C. $\frac{1}{2}(1+x^2)+C$　　D. $-\frac{1}{2}(1-x^2)^2+C$

4. 设 $f(x)=\mathrm{e}^{-x}$，则 $\int \frac{f(\ln x)}{x}\mathrm{d}x=$(　　).

A. $\frac{1}{x}+C$　　B. $\ln x+C$　　C. $-\frac{1}{x}+C$　　D. $-\ln x+C$

5. $\int \frac{1}{\sqrt{x(1-x)}}\mathrm{d}x=$(　　).

A. $\frac{1}{2}\arcsin\sqrt{x}+C$　　B. $\arcsin\sqrt{x}+C$

C. $2\arcsin(2x-1)+C$　　D. $\arcsin(2x-1)+C$

6. 若 $f(x)$ 在 $[a, b]$ 上的某原函数为零，则在 $[a, b]$ 上必有(　　).

A. $f(x)$ 的原函数恒等于零

B. $f(x)$ 的不定积分恒等于零

C. $f(x)$ 恒等于零

D. $f(x)$ 不恒等于零，但导数 $f'(x)$ 恒为零

7. $\frac{\mathrm{d}}{\mathrm{d}x}\left(\int_x^b \ln^2 t\,\mathrm{d}t\right)=$(　　).

A. $2\ln x$　　B. $\ln^2 t$　　C. $\ln^2 x$　　D. $-\ln^2 x$

8. $\int_0^2 |1-x|\mathrm{d}x=$(　　).

A. $\int_0^1 (x-1)\mathrm{d}x+\int_1^2 (1-x)\mathrm{d}x$　　B. $\int_0^1 (1-x)\mathrm{d}x+\int_1^2 (x-1)\mathrm{d}x$

C. $\int_0^2 (1-x)\mathrm{d}x$　　D. $\int_0^2 (x-1)\mathrm{d}x$

9. 下列式子中，正确的是(　　).

A. $\int_0^1 x^2\mathrm{d}x\leqslant\int_0^1 x^3\mathrm{d}x$　　B. $\int_1^2 \ln x\,\mathrm{d}x\leqslant\int_1^2 \ln^2 x\,\mathrm{d}x$

C. $\int_1^2 x\mathrm{d}x\leqslant\int_1^2 x^2\mathrm{d}x$　　D. $\int_0^1 \mathrm{e}^x\mathrm{d}x\leqslant\int_0^1 \mathrm{e}^{-x}\mathrm{d}x$

10. $\int_1^{+\infty}\frac{\mathrm{d}x}{x\sqrt{x}}=$(　　).

A. 1　　B. 2　　C. -2　　D. $+\infty$

三、计算题

1. $\int \frac{1}{9-4x^2}\,dx$；

2. $\int \frac{1+2x^2}{x^2(1+x^2)}\,dx$；

3. $\int \frac{\sqrt{x}}{1+\sqrt[3]{x}}\,dx$；

4. $\int \frac{\sqrt{x^2-4}}{x}\,dx$；

5. $\int \arcsin x\,dx$；

6. $\int \frac{x+\arctan x}{1+x^2}\,dx$；

7. $\int_0^{\ln 2}\sqrt{1-e^{-2x}}\,dx$；

8. $\int \frac{\ln x}{(1-x)^2}\,dx$；

9. $\int_1^4 \sqrt{x}(1+\sqrt{x})\,dx$；

10. $\lim\limits_{x\to 0}\frac{\int_0^x \sin t\,dt}{x^2}$.

四、综合题

1. 已知 $f(x)$的一个原函数为 $\ln^2 x$，求 $\int xf'(x)\,dx$.

2. 由直线 $x=0$，$x=2$，$y=0$ 和抛物线 $x=\sqrt{1-y}$所围成的平面图形为 D.

(1) 求 D 的面积；

(2) 求 D 绕 x 轴旋转所得旋转体的体积.

3. 已知$\lim\limits_{x\to\infty}\left(\frac{x-a}{x+a}\right)^x=\int_0^{+\infty} x^2 e^{-x}\,dx$，求 a 的值.

第 4 章　微 分 方 程

在科学技术和经济管理的许多问题中，往往需要求出所涉及的变量间的函数关系. 一些简单的函数关系可以由实际问题的特点直接确定，但在许多实际问题中，往往不能直接找出所需要的函数关系，而是需要通过所提供的具体情况列出含有所求函数及其导数(或微分)的关系式，这样的关系式就是微分方程. 微分方程建立以后，对它进行研究求得未知函数，这就是解微分方程. 本章将介绍微分方程的基本概念，讨论几种特殊类型的微分方程的解法及应用.

4.1　微分方程的基本概念

一、引例

例 1　一条曲线通过点 $P(1, 2)$，且在该曲线上任一点 $M(x, y)$处的切线斜率为 $2x$，求这条曲线的方程.

解　设所求曲线的方程为 $y=f(x)$，根据导数的几何意义可知，未知函数 $y=f(x)$应满足关系式

$$\frac{\mathrm{d}y}{\mathrm{d}x}=2x \tag{4.1-1}$$

此外，未知函数 $y=f(x)$还应满足条件：$x=1$ 时，$y=2$.

把式(4.1-1)写成 $\mathrm{d}y=2x\,\mathrm{d}x$，再两边积分得

$$y=\int 2x\,\mathrm{d}x \quad 即 \quad y=x^2+C \tag{4.1-2}$$

把条件“$x=1$ 时，$y=2$”代入式(4.1-2)得

$$2=1^2+C$$

解得 $C=1$，于是所求曲线方程为

$$y=x^2+1 \tag{4.1-3}$$

例 2　列车以 20 m/s 的速度在平直的路上行驶，当制动时列车获得的加速度是 $-0.4\ \mathrm{m/s^2}$，问开始制动后经过多长时间列车才能停住，列车在这段时间内行驶了多远？

解　设列车在制动后经过 t 秒才能停住，所经过的距离为 s 米. 根据题意，列车制动后运动规律的函数 $s=s(t)$满足关系式

$$\frac{\mathrm{d}^2s}{\mathrm{d}t^2}=-0.4 \tag{4.1-4}$$

此外，未知函数 $s=s(t)$还应满足条件

$$t=0\ 时，s=0\ 和\ t=0\ 时，v=\frac{\mathrm{d}s}{\mathrm{d}t}=20 \tag{4.1-5}$$

式(4.1-4)两端积分一次得

$$v=\frac{\mathrm{d}s}{\mathrm{d}t}=-0.4t+C_1 \tag{4.1-6}$$

式(4.1-6)两端再积分得

$$s=-0.2t^2+C_1t+C_2 \tag{4.1-7}$$

其中，C_1、C_2 是任意常数. 把条件式(4.1-5)代入式(4.1-6)得 $C_1=20$；把条件"$t=0$ 时，$s=0$"代入式(4.1-7)得 $C_2=0$. 由此可得

$$v=-0.4t+20 \tag{4.1-8}$$

$$s=-0.2t^2+20t \tag{4.1-9}$$

令式(4.1-8)中 $v=0$，得到列车从开始制动到完全停住所需的时间为$t=\frac{20}{0.4}=50$ (s)，列车在制动后行驶的距离 $s=-0.2\times50^2+20\times50=500$ (m).

二、微分方程的定义

上述两例中方程(4.1-1)、方程(4.1-4)里含有未知函数的导数，把它们叫作微分方程.

定义 1 含有未知函数的导数(或微分)的方程，称为微分方程.

未知函数是一元函数的微分方程，称为常微分方程；未知函数是多元函数的微分方程，称为偏微分方程. 下面仅讨论常微分方程.

定义 2 微分方程中所出现的未知函数的导数(或微分)的最高阶数，称为微分方程的阶.

例如，例 1 中方程(4.1-1)是一阶微分方程；例 2 中方程(4.1-4)是二阶微分方程. 又如，方程$x^3y'''+x^2y''-4xy'=3x^2$ 和 $y^{(4)}+4y'''+10y''-12y'+5y=\sin2x$ 分别是三阶微分方程和四阶微分方程.

一般地，n 阶微分方程的形式为

$$F(x, y, y', y'', \cdots, y^{(n)})=0$$

其中，$y^{(n)}$ 必须出现，而 x，y，y'，y''，…，$y^{(n-1)}$ 不一定出现.

由前面的例子我们看到，在研究某些实际问题时，首先要建立微分方程，然后求出满足微分方程的函数(解微分方程).

定义 3 如果有这样的函数，把它们代入微分方程能使方程成为恒等式，那么这个函数就称为微分方程的解.

例如，例 1 中式(4.1-2)和式(4.1-3)表示的函数都是微分方程(4.1-1)的解；例 2 中函数式(4.1-7)和式(4.1-9)表示的函数都是微分方程(4.1-4)的解.

如果微分方程的解中含有独立的任意常数，且个数与微分方程的阶数相同，这样的解叫作微分方程的通解. 当通解中的这些任意常数根据具体条件可以确定取某定值时，得到的解就称为微分方程的特解.

例如，例 1 中式(4.1-2)是式(4.1-1)的通解，式(4.1-3)是式(4.1-1)的特解；例 2 中式(4.1-7)是式(4.1-4)的通解，式(4.1-9)是式(4.1-4)的特解.

为了得到满足要求的特解，必须根据要求对微分方程附加一定的条件，这些具体条件称为初始条件.

例如，例 1 中的初始条件是 $y|_{x=1}=2$；例 2 中的初始条件是 $s|_{t=0}=0$，$\frac{ds}{dt}|_{t=0}=0$. 求微分方程满足初始条件的解的问题称为初值问题.

例 3　验证函数 $y=C_1\cos x+C_2\sin x+C_3$ 是微分方程 $y'''+y'=0$ 的解.

解　因为 $y'=-C_1\sin x+C_2\cos x$，$y''=-C_1\cos x-C_2\sin x$，$y'''=C_1\sin x-C_2\cos x$，代入方程得

$$y'''+y'=C_1\sin x-C_2\cos x+(-C_1\sin x+C_2\cos x)\equiv 0$$

所以所给的函数是微分方程的解.

例 4　验证方程 $y'=\frac{2y}{x}$的通解为 $y=Cx^2$（C 为任意常数），并求满足初始条件 $y|_{x=1}=2$ 的特解.

解　由 $y=Cx^2$ 得 $y'=2Cx$，将 y 及 y'代入原方程的左、右两边，左边有 $y'=2Cx$，而右边有$\frac{2y}{x}=2Cx$，所以函数 $y=Cx^2$ 是原方程的解.

又因为该函数含有一个任意常数，所以 $y=Cx^2$ 是一阶微分方程 $y'=\frac{2y}{x}$的通解. 将初始条件 $y|_{x=1}=2$ 代入通解 $y=Cx^2$ 中，得

$$C=2$$

故满足初始条件 $y|_{x=1}=2$ 的特解为

$$y=2x^2$$

能力训练题 4.1

1. 指出下列微分方程的阶数.

(1) $\frac{dy}{dx}=y^2+x^3$；　(2) $\frac{d^2y}{dx^2}=\sin x$；

(3) $y^3\frac{d^2y}{dx^2}+1=0$；　(4) $\left(\frac{dy}{dx}\right)^2=4$；

(5) $\frac{d^4y}{dx^4}-2\frac{d^2y}{dx^2}+\frac{dy}{dx}=0$；　(6) $x\,dy-y\,dx=0$.

2. 验证下列给出的函数是否是相应微分方程的解.

(1) $5\frac{dy}{dx}=3x^2+5x$，$y=\frac{x^3}{5}+\frac{x^2}{2}+C$；

(2) $\frac{dy}{dx}=p(x)y$，$p(x)$ 连续，$y=Ce^{\int p(x)dx}$；

(3) $(x+y)dx+x\,dy=0$，$y=\frac{c^2-x^2}{2x}$；

(4) $y''=x^2+y^2$，$y=\frac{1}{x}$.

3. 确定函数关系式中所含的参数，使函数满足初始条件.

(1) $x^2+y^2=C$，$y|_{x=0}=5$；

(2) $y=(C_1+C_2x)e^{2x}$，$y|_{x=0}=0$，$y'|_{x=0}=1$；

(3) $y=C_1\sin(x-C_2)$，$y|_{x=\pi}=1$，$y'|_{x=\pi}=0$.

4.2 一阶微分方程

本节仅讨论可分离变量的一阶微分方程和一阶线性微分方程的一些解法.

一、可分离变量的一阶微分方程

如果一阶微分方程 $F(x, y, y')=0$ 可化为

$$g(y)\mathrm{d}y=f(x)\mathrm{d}x \tag{4.2-1}$$

的形式，则 $F(x, y, y')=0$ 称为可分离变量的微分方程.

这种方程的解法为：先分离变量得到式(4.2-1)，然后对式(4.2-1)的两端积分求得方程的通解.

例 1 求微分方程 $y'=2xy$ 的通解.

解 原方程化为

$$\frac{\mathrm{d}y}{\mathrm{d}x}=2xy$$

分离变量，得

$$\frac{1}{y}\mathrm{d}y=2x\mathrm{d}x$$

两端积分

$$\int\frac{1}{y}\,\mathrm{d}y=\int 2x\mathrm{d}x$$

得

$$\ln|y|=x^2+C_1$$

$$y=\pm e^{x^2+C_1}=\pm e^{C_1}e^{x^2}$$

取 $C=\pm e^{C_1}$，于是所求通解为 $y=Ce^{x^2}$（C 为任意常数）.

例 2 求方程 $y(x^2+1)y'=x(y^2+1)$ 的通解.

解 原方程化为

$$y(x^2+1)\frac{\mathrm{d}y}{\mathrm{d}x}=x(y^2+1)$$

分离变量，得

$$\frac{y}{y^2+1}\mathrm{d}y=\frac{x}{x^2+1}\mathrm{d}x$$

两端积分

$$\int\frac{y}{y^2+1}\,\mathrm{d}y=\int\frac{x}{x^2+1}\,\mathrm{d}x$$

得

$$\frac{1}{2}\ln(y^2+1)=\frac{1}{2}\ln(x^2+1)+C_1$$

取 $C_1=\frac{1}{2}\ln C$，有

$$\frac{1}{2}\ln(y^2+1)=\frac{1}{2}\ln(x^2+1)+\frac{1}{2}\ln C$$

于是原方程的通解为

$$y^2+1=C(x^2+1)\quad (C\text{ 为任意常数})$$

例 3　求方程$\frac{dy}{dx}=10^{x+y}$满足初始条件$y|_{x=1}=0$的特解.

解　原方程改写为

$$\frac{dy}{dx}=10^x10^y$$

分离变量，得

$$10^{-y}dy=10^x dx$$

两端积分

$$\int 10^{-y}\,dy=\int 10^x\,dx$$

得

$$-10^{-y}\frac{1}{\ln 10}=10^x\frac{1}{\ln 10}+C_1$$

取$C_1=-\frac{C}{\ln 10}$，有$-10^{-y}\frac{1}{\ln 10}=10^x\frac{1}{\ln 10}-\frac{C}{\ln 10}$. 于是原方程的通解为

$$10^x+10^{-y}=C\quad (C\text{ 为任意常数})$$

将初始条件$y|_{x=1}=0$代入通解，可得$C=11$，从而所求特解为$10^x+10^{-y}=11$.

例 4　有高为 1 m 的半球形容器，水从它的底部小孔流出，小孔横截面面积为 1 cm^2，开始时容器内盛满了水. 求水从小孔流出过程中容器水面的高度h(水面与孔口中心间的距离)随时间t变化的规律.

解　由水力学知道，水从孔口流出的流量Q(即通过孔口横截面的水的体积V对时间t的变化率)可用下式计算

$$Q=\frac{dV}{dt}=0.62S\sqrt{2gh}$$

其中，0.62 为流量系数，S为孔口横截面面积，g为重力加速度. 现在孔口横截面面积为$S=1\ cm^2$，于是有

$$\frac{dV}{dt}=0.62\sqrt{2gh}$$

$$dV=0.62\sqrt{2gh}\,dt \tag{4.2-2}$$

另一方面，设在微小时间间隔$[t, t+\Delta t]$内水面高度由h降至$h+dh(dh<0)$，则可得到

$$dV=-\pi r^2 dh$$

其中r是时间t时水面的半径，即

$$r=\sqrt{100^2-(100-h)^2}=\sqrt{200h-h^2}$$

于是

$$dV=-\pi(200h-h^2)dh \tag{4.2-3}$$

由式(4.2-2)、式(4.2-3)得

$$0.62\sqrt{2gh}\,\mathrm{d}t=-\pi(200h-h^2)\mathrm{d}h \tag{4.2-4}$$

这就是未知函数 $h=h(t)$ 应满足的微分方程.

此外还应有初始条件

$$h\big|_{t=0}=100 \tag{4.2-5}$$

方程(4.2-4)是可分离变量方程，分离变量后有

$$\mathrm{d}t=-\frac{\pi}{0.62\sqrt{2g}}(200h^{\frac{1}{2}}-h^{\frac{3}{2}})\mathrm{d}h$$

两端积分，得

$$t=-\frac{\pi}{0.62\sqrt{2g}}\left(\frac{400}{3}h^{\frac{3}{2}}-\frac{2}{5}h^{\frac{5}{2}}\right)+C \tag{4.2-6}$$

把初始条件式(4.2-5)代入式(4.2-6)，有

$$0=-\frac{\pi}{0.62\sqrt{2g}}\left(\frac{400}{3}\times100^{\frac{3}{2}}-\frac{2}{5}\times100^{\frac{5}{2}}\right)+C$$

得

$$C=\frac{\pi}{0.62\sqrt{2g}}\times\frac{14}{15}\times10^5$$

于是

$$t=\frac{\pi}{4.65\sqrt{2g}}(7\times10^5-10^3h^{\frac{3}{2}}+3h^{\frac{5}{2}})$$

上式表达了水从小孔流出的过程中容器内水面高度 h 与时间 t 之间的函数关系.

在例 4 中，我们通过对微小量 $\mathrm{d}V$ 的分析得到微分方程(4.2-4)，这种微小量的分析方法也是建立微分方程的一种常用方法.

二、一阶线性微分方程

未知函数及其导数都是一次的一阶微分方程，称为一阶线性微分方程. 其一般形式为

$$y'+p(x)y=q(x) \tag{4.2-7}$$

如果 $q(x)\equiv0$，式(4.2-7)化为

$$y'+p(x)y=0 \tag{4.2-8}$$

式(4.2-8)称为一阶齐次线性微分方程. 当 $q(x)\neq0$ 时，式(4.2-7)称为一阶非齐次线性微分方程.

1. 一阶齐次线性微分方程的通解

式(4.2-8)是可分离变量的微分方程，分离变量后，式(4.2-8)可化为

$$\frac{1}{y}\mathrm{d}y=-p(x)\mathrm{d}x$$

两端积分，得

$$-\ln y=-\int p(x)\mathrm{d}x+\ln C$$

于是方程(4.2-8)的通解为

$$y=C\mathrm{e}^{-\int p(x)\mathrm{d}x}\quad(C\text{ 为任意常数}) \tag{4.2-9}$$

2. 一阶非齐次线性微分方程的通解

方程(4.2－7)的通解可以利用常数变易法得到：先求得微分方程(4.2－7)所对应的一阶齐次线性微分方程(4.2－8)的通解式(4.2－9)，然后将式(4.2－9)中的任意常数换为待定函数 $C(x)$. 即设方程(4.2－7)的通解为

$$y=C(x)\mathrm{e}^{-\int p(x)\mathrm{d}x}$$

于是

$$\begin{aligned}y'&=C'(x)\mathrm{e}^{-\int p(x)\mathrm{d}x}+C(x)(\mathrm{e}^{-\int p(x)\mathrm{d}x})'\\&=C'(x)\mathrm{e}^{-\int p(x)\mathrm{d}x}-C(x)p(x)\mathrm{e}^{-\int p(x)\mathrm{d}x}\end{aligned}$$

将 y、y'代入式(4.2－7)，得

$$C'(x)\mathrm{e}^{-\int p(x)\mathrm{d}x}-C(x)p(x)\mathrm{e}^{-\int p(x)\mathrm{d}x}+p(x)C(x)\mathrm{e}^{-\int p(x)\mathrm{d}x}=q(x)$$

即

$$C'(x)=q(x)\mathrm{e}^{-\int p(x)\mathrm{d}x}$$

两端积分，得

$$C(x)=\int q(x)\mathrm{e}^{\int p(x)\mathrm{d}x}\,\mathrm{d}x+C$$

从而

$$y=\mathrm{e}^{-\int p(x)\mathrm{d}x}\left(\int q(x)\mathrm{e}^{\int p(x)\mathrm{d}x}\,\mathrm{d}x+C\right)\quad(C\text{ 为任意常数})\tag{4.2－10}$$

可以验证，式(4.2－10)就是一阶非齐次线性微分方程(4.2－7)的通解，称为常数变易公式.

例 5　求微分方程$\frac{\mathrm{d}y}{\mathrm{d}x}+2xy=2x\mathrm{e}^{-x^2}$的通解.

解　这是一阶非齐次线性微分方程，下面用两种方法求解.

解法 1　按常数变易法的思路求解.

先求对应的齐次微分方程$\frac{\mathrm{d}y}{\mathrm{d}x}+2xy=0$的通解. 分离变量，得

$$\frac{\mathrm{d}y}{y}=-2x\mathrm{d}x$$

两端积分，得

$$\ln y=-x^2+\ln C$$

即

$$y=C\mathrm{e}^{-x^2}\quad(C\text{ 为任意常数})$$

这就是原方程对应的齐次微分方程的通解.

设 $y=C(x)\mathrm{e}^{-x^2}$ 为原一阶非齐次线性微分方程的解，其中 $C(x)$为待定函数，则

$$\frac{\mathrm{d}y}{\mathrm{d}x}=C'(x)\mathrm{e}^{-x^2}-2xC(x)\mathrm{e}^{-x^2}$$

将 y 及$\frac{\mathrm{d}y}{\mathrm{d}x}$代入原方程，得

$$C'(x)\mathrm{e}^{-x^2}-2xC(x)\mathrm{e}^{-x^2}+2xC(x)\mathrm{e}^{-x^2}=2x\mathrm{e}^{-x^2}$$

整理后，得

$$C'(x)=2x$$

两端积分，得

$$C(x)=\int 2x\mathrm{d}x=x^2+C$$

从而原方程的通解为

$$y=(x^2+C)\mathrm{e}^{-x^2}\quad (C\text{ 为任意常数})$$

解法 2　直接利用常数变易公式(4.2-10).

$$p(x)=2x,\ q(x)=2x\mathrm{e}^{-x^2}$$

代入公式(4.2-10)，得

$$\begin{aligned} y&=\mathrm{e}^{-\int 2x\,\mathrm{d}x}\left[\int 2x\mathrm{e}^{-x^2}\cdot \mathrm{e}^{\int 2x\,\mathrm{d}x}\,\mathrm{d}x+C\right]=\mathrm{e}^{-x^2}\left[\int 2x\mathrm{e}^{-x^2}\cdot \mathrm{e}^{x^2}\mathrm{d}x+C\right]\\ &=\mathrm{e}^{-x^2}\left(\int 2x\ \mathrm{d}x+C\right)\\ &=\mathrm{e}^{-x^2}(x^2+C)\end{aligned}$$

所求一阶非齐次线性微分方程的通解为

$$y=(x^2+C)\mathrm{e}^{-x^2}\quad (C\text{ 为任意常数})$$

注　使用公式(4.2-10)时，必须首先将方程化为形如方程(4.2-7)的形式，再确定$p(x)$和$q(x)$，然后代入公式求解.

例 6　求微分方程 $x\dfrac{\mathrm{d}y}{\mathrm{d}x}+y=x\mathrm{e}^x$ 的通解.

解　将原方程化为

$$\frac{\mathrm{d}y}{\mathrm{d}x}+\frac{1}{x}y=\mathrm{e}^x$$

这是一阶非齐次线性微分方程，且 $p(x)=\dfrac{1}{x}$，$q(x)=\mathrm{e}^x$，代入公式(4.2-10)，得

$$\begin{aligned} y&=\mathrm{e}^{-\int\frac{1}{x}\mathrm{d}x}\left[\int \mathrm{e}^x\cdot \mathrm{e}^{\int\frac{1}{x}\mathrm{d}x}\,\mathrm{d}x+C\right]=\mathrm{e}^{\ln\frac{1}{x}}\left[\int \mathrm{e}^x\cdot \mathrm{e}^{\ln x}\mathrm{d}x+C\right]\\ &=\frac{1}{x}\left(\int x\mathrm{e}^x\mathrm{d}x+C\right)=\frac{1}{x}(x\mathrm{e}^x-\mathrm{e}^x+C)\end{aligned}$$

于是所求通解为

$$y=\frac{1}{x}(x\mathrm{e}^x-\mathrm{e}^x+C)\quad (C\text{ 为任意常数})$$

例 7　求微分方程 $x^2\mathrm{d}y+(2xy-x+1)\mathrm{d}x=0$ 满足 $y|_{x=1}=0$ 的特解.

解　原方程可化为

$$\frac{\mathrm{d}y}{\mathrm{d}x}+\frac{2}{x}y=\frac{x-1}{x^2}$$

这是一阶非齐次线性微分方程，且 $p(x)=\dfrac{2}{x}$，$q(x)=\dfrac{x-1}{x^2}$. 代入公式(4.2-10)，得

$$\begin{aligned} y&=\mathrm{e}^{-\int\frac{2}{x}\mathrm{d}x}\left(\int\frac{x-1}{x^2}\mathrm{e}^{\int\frac{2}{x}\mathrm{d}x}\,\mathrm{d}x+C\right)=\mathrm{e}^{-2\ln x}\left(\int\frac{x-1}{x^2}\mathrm{e}^{2\ln x}\mathrm{d}x+C\right)\\ &=\frac{1}{x^2}\left(\int (x-1)\mathrm{d}x+C\right)=\frac{1}{x^2}\left(\frac{x^2}{2}-x+C\right)\end{aligned}$$

通解为

$$y=\frac{1}{x^2}\left(\frac{x^2}{2}-x+C\right)$$

把$y|_{x=1}=0$ 代入通解

$$0=\frac{1}{2}-1+C$$

$$C=\frac{1}{2}$$

所以满足$y|_{x=1}=0$ 的特解为

$$y=\frac{1}{x^2}\left(\frac{x^2}{2}-x+\frac{1}{2}\right)$$

例 8　求微分方程$\frac{dy}{dx}=\frac{2y}{6x-y^2}$的通解.

解　此方程不是关于未知函数 y 的一阶线性微分方程，但方程可改写为

$$\frac{dx}{dy}-\frac{3}{y}x=-\frac{y}{2}$$

把 y 看成自变量，此方程就是关于未知函数 x 的一阶非齐次线性微分方程：

$$p(y)=-\frac{3}{y},\ q(y)=-\frac{y}{2}$$

则

$$x=e^{\int\frac{3}{y}dy}\left(\int-\frac{y}{2}e^{\int-\frac{3}{y}dy}dy+C\right)=e^{3\ln y}\left(\int-\frac{y}{2}e^{-3\ln y}dy+C\right)$$

$$=y^3\left(\int-\frac{1}{2y^2}dy+C\right)=y^3\left(\frac{1}{2y}+C\right)$$

所以通解为

$$x=y^3\left(\frac{1}{2y}+C\right)\quad(C\text{ 为任意常数})$$

能力训练题 4.2

1. 求下列微分方程的通解.

(1) $xy'-y\ln y=0$；　(2) $3x^2+5x-5y'=0$；

(3) $\sqrt{1-x^2}\,y'=\sqrt{1-y^2}$；　(4) $(e^{x+y}-e^x)dx+(e^{x+y}+e^y)dy=0$；

(5) $\cos x\sin y\,dx+\sin x\cos y\,dy=0$；　(6) $(y+1)^2\frac{dy}{dx}+x^3=0$.

2. 求下列微分方程满足初始条件的特解.

(1) $y'=e^{2x-y}$，$y|_{x=0}=0$；　(2) $y'\sin x=y\ln y$，$y|_{x=\frac{\pi}{2}}=e$.

3. 设一曲线在其上任意点 $P(x,y)$处的切线垂直于该点 P 与原点的连线，求这条曲线的方程.

4. 求下列微分方程的通解和满足初始条件的特解：

(1) $y'+y=e^{-x}$；　(2) $y'-\frac{2y}{1+x}=(x+1)^3$；

(3) $y'+\frac{1}{x}y=\frac{\sin x}{x}$，$y|_{x=\pi}=1$；　　(4) $\frac{\mathrm{d}y}{\mathrm{d}x}+3y=8$，$y|_{x=0}=2$；

(5) $\frac{\mathrm{d}y}{\mathrm{d}x}=\frac{x^3+y}{x}$；　　(6) $y'-2xy=\mathrm{e}^{x^2}\cos x$.

4.3 特殊的可降阶的微分方程

二阶及二阶以上的微分方程统称为高阶微分方程. 本节将介绍两种特殊类型的高阶微分方程，通过积分或变量代换降低阶数来求它们的解，这种求解方法称为降阶法.

一、用降阶法解 $y^{(n)}=f(x)$ 类型的方程

微分方程

$$y^{(n)}=f(x) \tag{4.3-1}$$

的右端只含有自变量 x，由于 $y^{(n)}=\frac{\mathrm{d}}{\mathrm{d}x}(y^{(n-1)})$，所以方程(4.3-1)可以改写为

$$\frac{\mathrm{d}}{\mathrm{d}x}(y^{(n-1)})=f(x) \quad 或 \quad \mathrm{d}(y^{(n-1)})=f(x)\mathrm{d}x$$

将上式两端分别积分一次，可得到一个$(n-1)$阶微分方程

$$y^{(n-1)}=\int f(x)\mathrm{d}x+C_1$$

再积分一次，可得到一个$(n-2)$阶微分方程

$$y^{(n-2)}=\int\left[\int f(x)\mathrm{d}x+C_1\right]\mathrm{d}x+C_2$$

依次积分 n 次，即可得到方程(4.3-1)的含有 n 个任意常数的通解.

例 1　求微分方程 $y'''=2x+\cos x$ 的通解.

解　对所给方程依次积分三次，得

$$y''\int(2x+\cos x)\mathrm{d}x=x^2+\sin x+C'_1$$

$$y'=\int(x^2+\sin x+C'_1)\mathrm{d}x=\frac{1}{3}x^3-\cos x+C'_1x+C_2$$

$$y=\int\left(\frac{1}{3}x^3-\cos x+C'_1x+C_2\right)\mathrm{d}x+C_3=\frac{1}{12}x^4-\sin x+\frac{C'_1}{2}x^2+C_2x+C_3$$

取 $C_1=\frac{C'_1}{2}$，即得原方程的通解为

$$y=\frac{1}{12}x^4-\sin x+C_1x^2+C_2x+C_3 \quad (C_1, C_2, C_3 \text{ 均为任意常数})$$

二、用降阶法解 $y''=f(x, y')$ 类型的方程

微分方程

$$y''=f(x,y') \tag{4.3-2}$$

的右端不显含未知函数 y，此时可通过变量代换，把方程(4.3-2)降为一阶微分方程来求解.

令 $y'=p(x)$，则 $y''=p'(x)$. 于是方程(4.3-2)可化为一阶微分方程

$$p'(x)=f(x,\ p(x)) \tag{4.3-3}$$

式(4.3-3)是关于未知函数 $p(x)$ 的一阶微分方程，这种方法叫降阶法. 解方程(4.3-3)可求出 $p(x)=p(x,C_1)$.

由关系式 $y'=p(x)$ 得原方程的通解为

$$y=\int p(x,\ C_1)\mathrm{d}x+C_2 \quad (\text{其中 } C_1,\ C_2 \text{ 均为任意常数})$$

例 2　求微分方程 $y''-y'=\mathrm{e}^x$ 的通解.

解　令 $y'=p(x)$，则 $y''=\dfrac{\mathrm{d}p}{\mathrm{d}x}$，于是原方程化为

$$\frac{\mathrm{d}p}{\mathrm{d}x}-p=\mathrm{e}^x$$

这是一阶非齐次线性微分方程，由常数变易公式得通解为

$$\frac{\mathrm{d}y}{\mathrm{d}x}=p(x)=\mathrm{e}^x(x+C_1)$$

故原方程的通解为

$$y=\int \mathrm{e}^x(x+C_1)\mathrm{d}x=x\mathrm{e}^x-\mathrm{e}^x+C_1\mathrm{e}^x+C_2=\mathrm{e}^x(x-1+C_1)+C_2$$

能力训练题 4.3

1. 求下列微分方程的通解.

(1) $y''=\dfrac{1}{1+x^2}$；　　(2) $y'''=2x+\sin x$；

(3) $y''=1+y'^2$；　　(4) $y''+\dfrac{1}{x}y'=x\mathrm{e}^{-x}$.

2. 求下列微分方程满足初始条件的特解.

(1) $y'''=\ln x$，$y|_{x=1}=0$，$y'|_{x=1}=-\dfrac{3}{4}$，$y''|_{x=1}=-1$；

(2) $y''-ay'^2=0$ ($a>0$ 为常数)，$y|_{x=0}=0$，$y'|_{x=0}=-1$.

4.4　二阶线性微分方程

一、二阶线性微分方程解的结构

形如

$$y''+p(x)y'+q(x)y=f(x) \tag{4.4-1}$$

的方程，称为二阶线性微分方程，其中 $p(x)$、$q(x)$、$f(x)$ 都是关于 x 的已知函数.

若 $f(x)\equiv 0$，则方程(4.4-1)变为

$$y''+p(x)y'+q(x)y=0 \tag{4.4-2}$$

方程(4.4-2)称为二阶齐次线性微分方程.

若 $f(x)\neq 0$，方程(4.4－1)称为二阶非齐次线性微分方程.

特别地，$p(x)$、$q(x)$分别为常数 p、q 时，方程(4.4－1)、方程(4.4－2)为

$$y''+py'+qy=f(x) \tag{4.4-3}$$

和

$$y''+py'+qy=0 \tag{4.4-4}$$

方程(4.4－3)称为二阶常系数非齐次线性微分方程，方程(4.4－4)称为二阶常系数齐次线性微分方程.

1. 二阶齐次线性微分方程解的结构

定理 1 设 $y_1(x)$与 $y_2(x)$是二阶齐次线性微分方程(4.4－2)

$$y''+p(x)y'+q(x)y=0$$

的两个解，则 $C_1y_1(x)+C_2y_2(x)$也是方程(4.4－2)的解，其中 C_1、C_2 是任意常数.

证 因为 y_1、y_2 都是方程(4.4－2)的解，所以

$$y_1''+P_1y_1'+P_2y_1=0,\ y_2''+P_1y_2'+P_2y_2=0$$

将 $y=C_1y_1+C_2y_2$ 代入方程(4.4－2)有

$$\begin{aligned}&(C_1y_1+C_2y_2)''+P_1(C_1y_1+C_2y_2)'+P_2(C_1y_1+C_2y_2)\\=&C_1(y_1''+P_1y_1'+P_2y_1)+C_2(y_2''+P_1y_2'+P_2y_2)=0\end{aligned}$$

由此看出，如果 y_1、y_2 是方程(4.4－2)的解，那么 $C_1y_1+C_2y_2$ 就是方程(4.4－2)的解，其中 C_1、C_2 是任意常数.

值得注意的是，$y=C_1y_1+C_2y_2$ 中虽然含有两个任意常数 C_1、C_2，但不一定是方程(4.4－2)的通解. 例如，对于二阶常系数齐次线性微分方程 $y''-2y'+y=0$，容易验证，$y_1(x)=e^x$，$y_2(x)=2e^x$都是它的解. 由定理 1 知

$$y=C_1y_1+C_2y_2=C_1e^x+2C_2e^x=(C_1+2C_2)e^x=Ce^x$$

也是它的解，但这个解中实质上只含有一个任意常数 C，显然它不是所给方程的通解. 那么满足什么条件 $y=C_1y_1+C_2y_2$ 是方程(4.4－2)的通解呢？为了解决这个问题，我们先引入两个函数线性无关及线性相关的概念.

定义 设 $y_1(x)$与 $y_2(x)$是定义在某区间内的两个函数，如果存在不全为零的常数 k_1、k_2，使得对于该区间内的一切 x，均有

$$\frac{y_1(x)}{y_2(x)}=k \quad (\text{或 } k_1y_1(x)+k_2y_2(x)=0)$$

成立，则称函数 $y_1(x)$与 $y_2(x)$在该区间内线性相关；否则称 $y_1(x)$与 $y_2(x)$线性无关.

例如，前例中 $y_1(x)=e^x$与 $y_2(x)=2e^x$是线性相关的，而 $y_3(x)=xe^x$与 $y_4(x)=e^x$是线性无关的.

有了上述两个函数线性无关的定义，我们给出下面的定理.

定理 2 如果 $y_1(x)$与 $y_2(x)$是方程(4.4－2)的两个线性无关的解，则 $y=C_1y_1(x)+C_2y_2(x)$是方程(4.4－2)的通解，其中 C_1、C_2 是任意常数.

例 1 验证 $y_1(x)=e^{-x}$与 $y_2(x)=e^{2x}$都是微分方程

$$y''-y'-2y=0$$

的解，并写出它的通解.

解

$$y'_1(x)=-e^{-x},\qquad y''_1=e^{-x}$$

$$y'_2(x)=2e^{2x},\qquad y''_2=4e^{2x}$$

将它们分别代入方程左端，得

$$e^{-x}+e^{-x}-2e^{2x}=0\quad 和\quad 4e^{2x}-2e^{2x}-2e^{2x}=0$$

可见 $y_1(x)=e^{-x}$ 与 $y_2(x)=e^{2x}$ 都是所给微分方程的解. 由于

$$\frac{y_2(x)}{y_1(x)}=\frac{e^{-x}}{e^{2x}}=e^{-3x}\neq 常数$$

所以 $y_1(x)=e^{-x}$ 与 $y_2(x)=e^{2x}$ 是两个线性无关的解，由定理 2 知所求的方程通解为

$$y=C_1e^{-x}+C_2e^{2x}\quad (C_1、C_2 为任意常数)$$

2. 二阶非齐次线性微分方程解的结构

定理 3　设 $y^*(x)$ 是二阶常系数非齐次线性微分方程(4.4－1)的一个特解，$Y=C_1y_1(x)+C_2y_2(x)$ 是方程(4.4－1)所对应的齐次微分方程(4.4－2)的通解，则

$$y=Y+y^*=C_1y_1(x)+C_2y_2(x)+y^*(x)$$

是方程(4.4－1)的通解.

证　因为 y^* 是方程(4.4－1)的解，而 Y 是方程(4.4－1)所对应的齐次微分方程(4.4－2)的通解，所以有

$$y^{*\prime\prime}+p(x)y^{*\prime}+q(x)y^*=f(x)及 Y''+p(x)Y'+q(x)Y=0$$

将 $y=Y+y^*$ 代入方程(4.4－1)的左端，得

$$\begin{aligned}&(Y+y^*)''+p(x)(Y+y^*)'+q(x)(Y+y^*)\\=&(Y''+p(x)Y'+q(x)Y)+(y^{*\prime\prime}+p(x)y^{*\prime}+q(x)y^*)\\=&0+f(x)=f(x)\end{aligned}$$

可见 $y=Y+y^*$ 满足方程(4.4－1)，从而它是方程(4.4－3)的解. 又因为 Y 中含有两个独立的任意常数 C_1、C_2，故 $y=Y+y^*$ 是方程(4.4－1)的通解.

定理 4　设 $y_1^*(x)$ 与 $y_2^*(x)$ 分别是二阶非齐次线性微分方程

$$y''+p(x)y'+q(x)y=f_1(x)$$

和

$$y''+p(x)y'+q(x)y=f_2(x)$$

的特解，则 $y^*=y_1^*(x)+y_2^*(x)$ 是微分方程

$$y''+p(x)y'+q(x)y=f_1(x)+f_2(x)$$

的特解.

证明从略.

二、二阶常系数齐次线性微分方程的解法

由定理 2 可知欲求方程(4.4－4)的通解，关键在于求出方程(4.4－4)的两个线性无关的特解. 我们知道，指数函数 $y=e^{rx}$ (r 是常数)的各阶导数仍是指数函数 $y=e^{rx}$ 乘以一个常数因子，考虑到方程(4.4－4)的系数是常数的特点，因此猜想，如果适当选取常数 r，有可

能使函数 $y=e^{rx}$ 满足方程(4.4-4).

现设 $y=e^{rx}$ 是方程(4.4-4)的解，则 $y'=re^{rx}$，$y''=r^2e^{rx}$，把 y、y' 及 y'' 代入方程(4.4-4)，整理后得

$$(r^2+px+q)e^{rx}=0$$

由于 $e^{rx}\neq 0$，所以

$$r^2+px+q=0 \tag{4.4-5}$$

这表明，只要常数 r 满足方程(4.4-5)，函数 $y=e^{rx}$ 就是方程(4.4-4)的解. 我们称一元二次方程(4.4-5)为方程(4.4-4)的特征方程，方程(4.4-5)的根称为特征根，其中 r^2、r 的系数及常数项依次是方程(4.4-4)中 y''、y' 及 y 的系数.

由一元二次方程的求根公式，可得特征方程(4.4-5)的根为

$$r_{1,2}=\frac{-p\pm\sqrt{p^2-4q}}{2}$$

分三种情况讨论方程(4.4-4)通解的求法：

(1) 当 $p^2-4q>0$ 时，特征方程(4.4-5)有两个不相等的实根 r_1、r_2，即

$$r_1=\frac{-p+\sqrt{p^2-4q}}{2},\ r_2=\frac{-p-\sqrt{p^2-4q}}{2}$$

于是 $y_1=e^{r_1x}$ 与 $y_2=e^{r_2x}$ 都是方程(4.4-4)的解，且

$$\frac{y_2}{y_1}=\frac{e^{r_2x}}{e^{r_1x}}=e^{(r_2-r_1)x}\neq \text{常数}$$

即 $y_1=e^{r_1x}$ 与 $y_2=e^{r_2x}$ 线性无关. 因此由定理 2 可得方程(4.4-4)的通解为

$$y=C_1e^{r_1x}+Ce^{r_2x}$$

其中 C_1、C 是任意常数.

(2) 当 $p^2-4q=0$ 时，特征方程(4.4-5)有两个相等的实根 $r_1=r_2=-\frac{p}{2}$，于是只得到方程(4.4-4)的一个特解：$y_1=e^{r_1x}$，还需找出方程(4.4-4)的另一个与 y_1 线性无关的特解 y_2.

设 $\frac{y_2}{y_1}=u(x)$，则 $y_2=y_1u(x)=e^{r_1x}u(x)$ 是方程(4.4-4)的另一个特解，这里的 $u(x)$ 是待定函数.

由于

$$y'_2(x)=e^{r_1x}(u'(x)+r_1u(x))$$
$$y''_2(x)=e^{r_1x}(u''(x)+2ru'(x)+r_1^2u(x))$$

将 y_2、y'_2、y''_2 代入方程(4.4-4)，整理后得

$$e^{r_1x}[u''(x)+(2r_1+p)u'(x)+(r_1^2+pr_1+q)u(x)]=0$$

又由 $e^{r_1x}\neq 0$，知

$$u''(x)+(2r_1+p)u'(x)+(r_1^2+pr_1+q)u(x)=0$$

因为 $r_1=-\frac{p}{2}$ 是特征方程(4.4-5)的重根，所以

$$r_1^2+pr_1+q=0,\ 2r_1+p=0$$

于是

$$u''(x)=0$$

可见只要取一个满足上式且不为常数的函数 $u(x)$，即可得到 y_2. 将上式积分两次，得

$$u(x)=C_1x+C_2$$

若取 $C_1=1$，$C_2=0$，得 $u(x)=x$. 于是得到方程(4.4－4)的另一个与 y_1 线性无关的特解 $y_2=xe^{r_1x}$. 从而方程(4.4－2)的通解为

$$y=C_1e^{r_1x}+C_2xe^{r_1x}$$

其中 C_1、C_2 为任意常数，即

$$y=(C_1+C_2x)e^{r_1x}$$

(3) 当 $p^2-4q<0$ 时，特征方程(4.4－5)有一对共轭复根：$r_{1,2}=\alpha\pm i\beta(\beta>0)$，其中实部和虚部分别为

$$\alpha=-\frac{p}{2},\ \beta=\frac{\sqrt{4q-p^2}}{2}>0$$

此时，$y_1=e^{(\alpha+i\beta)x}$ 与 $y_2=e^{(\alpha-i\beta)x}$ 是方程(4.4－4)的两个复函数形式的解. 利用欧拉公式 $e^{i\theta}=\cos\theta+i\sin\theta$，可得

$$e^{(\alpha\pm i\beta)x}=(\cos\beta x\pm i\sin\beta x)e^{\alpha x}$$

于是有
$$\frac{y_1+y_2}{2}=e^{\alpha x}\cos\beta x\ ,\ \frac{y_1-y_2}{2i}=e^{\alpha x}\sin\beta x$$

据定理1知，$e^{\alpha x}\cos\beta x$ 和 $e^{\alpha x}\sin\beta x$ 也是方程(4.4－4)的解，并且是线性无关的. 故方程(4.4－4)的通解的实函数形式为

$$y=e^{\alpha x}(C_1\cos\beta x+C_2\sin\beta x)$$

综上所述，得到求二阶常系数齐次线性微分方程 $y''+py'+qy=0$ 的通解步骤如下：

第一步，写出微分方程的特征方程 $r^2+pr+q=0$；

第二步，求出特征根 r_1 和 r_2；

第三步，根据 r_1 和 r_2 的三种不同情况，按下表写出方程的通解.

特征方程 $r^2+pr+q=0$ 的根	$y''+py'+qy=0$ 的通解
两个不等实根 $r_1\neq r_2$	$y=C_1e^{r_1x}+C_2e^{r_2x}$
两个相等实根 $r_1=r_2=r$	$y=(C_1+C_2x)e^{rx}$
一对共轭复根 $r=\alpha\pm\beta i$	$y=e^{\alpha x}(C_1\cos\beta x+C_2\sin\beta x)$

例 2　求微分方程 $y''+3y'-4y=0$ 的通解.

解　特征方程为

$$r^2+3r-4=0$$

特征根为

$$r_1=-4\ ,\ r_2=1$$

故该方程的通解为

$$y=C_1e^{-4x}+C_2e^x\quad (C_1、C\ 为任意常数)$$

例 3　求方程$\frac{d^2s}{dt^2}+2\frac{ds}{dt}+s=0$ 满足初始条件 $s|_{t=0}=4$，$\frac{ds}{dt}|_{t=0}=-2$ 的特解.

解　特征方程为

$$r^2+2r+1=0$$

特征根为

$$r_1=r_2=-1$$

于是方程的通解为

$$s=e^{-t}(C_1+C_2t)$$

将初始条件 $s|_{t=0}=4$ 代入上式得 $C_1=4$，从而

$$s=e^{-t}(4+C_2t)$$

由 $\dfrac{ds}{dt}=e^{-t}(C_2-4-C_2t)$，将初始条件 $\dfrac{ds}{dt}|_{t=0}=-2$ 代入得 $C_2=2$，故所求特解为

$$s=e^{-t}(4+2t)$$

例 4 求微分方程 $y''+2y'+3y=0$ 的通解.

解 特征方程为

$$r^2+2r+3=0$$

特征根为

$$r_{1,2}=\frac{-2\pm\sqrt{2^2-4\times3}}{2}=-1\pm\sqrt{2}i$$

于是所求通解为

$$y=e^{-x}(C_1\cos\sqrt{2}x+C_2\sin\sqrt{2}x)\quad(C_1、C_2\text{ 为任意常数})$$

从前面的讨论可以看到，求解二阶常系数齐次线性微分方程时，不必通过积分，而用代数方法求出特征根，就可以写出微分方程的通解. 需指出的是，此法可推广到高于二阶的常系数齐次线性微分方程.

三、二阶常系数非齐次线性微分方程的解法

根据定理 3 知道，方程(4.4－3)的通解结构为 $y=Y+y^*$，其中 Y 是方程(4.4－3)所对应的齐次微分方程(4.4－4)的通解，y^* 是方程(4.4－3)的一个特解. Y 的求法前面已经讨论过，因此只需讨论 y^* 的求法. 下面仅就方程(4.4－3)的右端函数 $f(x)$ 的两种常见形式介绍求特解 y^* 的方法.

$f(x)$ 的两种常见形式如下：

(1) $f(x)=P_n(x)e^{\alpha x}$，其中 $P_n(x)$ 为关于 x 的 n 次多项式，α 为常数；

(2) $f(x)=(A\cos\beta x+B\sin\beta x)e^{\alpha x}$，其中 α、β、A、B 为常数.

1. $f(x)=P_n(x)e^{\alpha x}$ 型

这种类型的 $f(x)$ 对应的方程即为

$$y''+py'+qy=P_n(x)e^{\alpha x} \tag{4.4－6}$$

我们知道，方程(4.4－6)的特解 y^* 是式(4.4－6)成为恒等式的函数，猜想 $y^*=Q(x)e^{\alpha x}$（其中 $Q(x)$ 是某个多项式）可能是方程(4.4－6)的特解. 把 y^*、$y^{*\prime}$ 及 $y^{*\prime\prime}$ 代入方程(4.4－6)，然后适当选取 $Q(x)$，使 $y^*=Q(x)e^{\alpha x}$ 满足方程(4.4－6). 为此，我们设方程(4.4－5)的特解为

$$y^*=Q(x)e^{\alpha x}$$

则

$$y^{*\prime}=Q'(x)e^{\alpha x}+\alpha Q(x)e^{\alpha x}$$
$$y^{*\prime\prime}=Q''(x)e^{\alpha x}+2\alpha Q'(x)e^{\alpha x}+\alpha^2Q(x)e^{\alpha x}$$

将 y^*、$y^{*\prime}$及 $y^{*\prime\prime}$代入方程(4.4-6)，得

$$[Q''(x)+2\alpha Q'(x)+\alpha^2 Q(x)]e^{\alpha x}+p[Q'(x)+\alpha Q(x)]e^{\alpha x}+qQ(x)e^{\alpha x}=P_n(x)e^{\alpha x}$$

约去 $e^{\alpha x}\neq 0$，并整理得

$$Q''(x)+(2\alpha+p)Q'(x)+(\alpha^2+p\alpha+q)Q(x)=P_n(x) \tag{4.4-7}$$

下面分三种情形讨论：

(1) 若 α 不是方程(4.4-6)所对应的齐次方程(4.4-4)的特征方程的根，即 $\alpha^2+p\alpha+q\neq 0$，此时方程(4.4-7)左端的最高次幂项在 $Q(x)$中，要使式(4.4-7)两端恒等，$Q(x)$必须是 n 次多项式. 因此，设方程(4.4-4)的一个特解为

$$y^*=Q_n(x)e^{\alpha x}$$

其中 $Q_n(x)=b_0x^n+b_1x^{n-1}+b_2x^{n-2}+\cdots+b_{n-1}x+b_n$，$b_0,b_1,b_2,\cdots,b_{n-1},b_n$是 n 个待定系数.

将 y^*、$y^{*\prime}$及 $y^{*\prime\prime}$代入方程(4.4-6)，比较等式两端 x 的同次幂系数，得到含有未知系数 $b_0,b_1,b_2,\cdots,b_{n-1},b_n$的 $n+1$ 个方程，由此可以定出 $n+1$ 个未知系数 $b_0,b_1,b_2,\cdots,b_{n-1},b_n$，从而得到方程(4.4-6)的特解 y^*.

(2) 若 α 是方程(4.4-6)所对应的齐次方程(4.4-4)的特征方程的单根，即 $\alpha^2+p\alpha+q=0$，$2\alpha+p\neq 0$. 此时方程(4.4-7)的左端只含有 $Q'(x)$与 $Q''(x)$项，而多项式求导一次后它的次数要降低一次，因此要使式(4.4-7)两端恒等，$Q(x)$必须是$(n+1)$次多项式. 于是可设方程(4.4-7)的一个特解为

$$y^*=xQ_n(x)e^{\alpha x}$$

求出 $y^{*\prime}$及 $y^{*\prime\prime}$后，把它们代入方程(4.4-6)，整理后再用与(1)类似的方法求出 $Q_n(x)$中的待定系数 $b_0,b_1,b_2,\cdots b_{n-1},b_n$，从而得出方程(4.4-6)的特解 y^*.

(3) 若 α 是方程(4.4-6)所对应的齐次方程(4.4-4)的特征方程的重根，即 $\alpha^2+p\alpha+q=0$，$2\alpha+p=0$. 此时方程(4.4-7)的左端只含有 $Q''(x)$项，要使式(4.4-7)成为恒等式，$Q(x)$必须是$(n+2)$次多项式. 于是可设方程(4.4-6)的一个特解为

$$y^*=x^2Q_n(x)e^{\alpha x}$$

求出 $y^{*\prime}$及 $y^{*\prime\prime}$后，把它们代入方程(4.4-6)，求出 $Q_n(x)$中的待定系数 $b_0,b_1,b_2,\cdots b_{n-1},b_n$，从而得出方程(4.4-6)的特解 y^*.

综合上述几种情形可知，方程(4.4-6)的特解形式可设为

$$y^*=x^kQ_n(x)e^{\alpha x}$$

其中 $Q_n(x)$是与 $P_n(x)$同次的多项式，即

$$Q_n(x)=b_0x^n+b_1x^{n-1}+b_2x^{n-2}+\cdots+b_{n-1}x+b_n$$

这里的 $b_0,b_1,b_2,\cdots b_{n-1},b_n$是 $n+1$ 个待定系数；k 的取法如下：

(1) 当 α 不是特征根时，取 $k=0$；

(2) 当 α 是特征单根时，取 $k=1$；

(3) 当 α 是特征重根时，取 $k=2$.

例 5　求微分方程 $y''-2y'-3y=3x+1$ 的一个特解.

解　该方程所对应的齐次方程的特征方程为 $r^2-2r-3=0$，特征根为

$$r_1=3,\ r_2=-1$$

$f(x)=3x+1$，可见 $\alpha=0$ 不是特征根，取 $k=0$.

设方程的特解为 $y^*=ax+b$，其中 a、b 是待定系数. 由于

$$y^{*\prime}=a\ ,\ y^{*\prime\prime}=0$$

将它们代入原方程，有

$$0-2a-3(ax+b)=3x+1$$

整理得

$$-3ax-2a-3b=3x+1$$

比较系数，得方程组

$$\begin{cases}-3a=3\\-2a-3b=1\end{cases}$$

解得 $a=-1$，$b=\dfrac{2}{3}$. 于是所求特解为

$$y^{*}=-x+\frac{2}{3}$$

例 6 求微分方程 $y''-3y'+2y=e^{x}$ 的通解.

解 方程所对应的齐次方程的特征方程为 $r^2-3r+2=0$，特征根为 $r_1=2$，$r_2=1$，对应的齐次方程的通解为

$$Y=C_1e^{x}+C_2e^{2x}$$

又 $f(x)=e^{x}$，可见 $\alpha=1$ 是特征单根，取 $k=1$，故设方程的一个特解为 $y^{*}=axe^{x}$，a 是待定系数. 从而

$$y^{*\prime}=a(1+x)e^{x},\ y^{*\prime\prime}=a(2+x)e^{x}$$

将它们代入原方程，有

$$a(2+x)e^{x}-3a(1+x)e^{x}+2axe^{x}=e^{x}$$

整理得

$$-3a=1,\ a=-\frac{1}{3}$$

于是原方程的一个特解为

$$y^{*}=-\frac{1}{3}xe^{x}$$

故所求通解为

$$y=Y+y^{*}=C_1e^{x}+C_2e^{2x}-\frac{1}{3}xe^{x}\quad (C_1、C_2\text{ 为任意常数})$$

例 7 求微分方程 $y''+6y'+9y=5e^{-3x}$ 的一个特解.

解 该方程所对应的齐次方程的特征方程为 $r^2+6r+9=0$，特征根为 $r_1=r_2=-3$，而 $f(x)=5e^{-3x}$，可见 $\alpha=-3$ 是特征重根，取 $k=2$，所以设方程的一个特解为

$$y^{*}=ax^2e^{-3x}，a\text{ 是待定系数}$$

从而

$$y^{*\prime}=2axe^{-3x}-3ax^3e^{-3x}=e^{-3x}(2ax-3ax^2)$$

$$y^{*\prime\prime}=(2a-12ax+9x^2)e^{-3x}$$

将它们代入原方程，解得 $a=\dfrac{5}{2}$，故所求原方程的一个特解为

$$y^{*}=\frac{5}{2}x^2e^{-3x}$$

2. $f(x)=(A\cos\beta x+B\sin\beta x)\mathrm{e}^{\alpha x}$ **型**

这种类型的 $f(x)$ 对应的方程为

$$y''+py'+qy=(A\cos\beta x+B\sin\beta x)\mathrm{e}^{\alpha x} \tag{4.4-8}$$

其中 A、B、α、β 是实常数，且 $\beta>0$，A、B 不同时为零.

可以证明(证明略)，方程(4.4-8)具有如下形式的特解

$$y^*=x^k(a\cos\beta x+b\sin\beta x)\mathrm{e}^{\alpha x}$$

这里 a、b 是待定系数；k 的取法如下：

(1) 当 $\alpha\pm\beta\mathrm{i}$ 不是方程(4.4-8)所对应的齐次方程的特征根时，取 $k=0$；

(2) 当 $\alpha\pm\beta\mathrm{i}$ 是方程(4.4-8)所对应的齐次方程的特征根时，取 $k=1$.

例 8　求微分方程 $y''-y=4\sin x$ 的一个特解.

解　方程所对应的齐次方程的特征方程为 $r^2-1=0$，特征根为 $r_1=1$，$r_2=-1$. 而 $f(x)=4\sin x$，可见 $\alpha=0$，$\beta=1$，$\alpha\pm\mathrm{i}\beta=\pm\mathrm{i}$ 不是特征根. 取 $k=0$，所以设原方程的一个特解为

$$y^*=a\cos x+b\sin x \ (a,\ b\ \text{为待定系数})$$

从而

$$y^{*\prime}=-a\sin x+b\cos x,\ y^{*\prime\prime}=-a\cos x-b\sin x$$

将它们代入原方程，有

$$-a\cos x-b\sin x-(a\cos x+b\sin x)=4\sin x$$

整理得

$$-2a\cos x-2b\sin x=4\sin x$$

比较上式两端同类项的系数，得

$$-2a=0,\ -2b=4$$

解得

$$a=0,\ b=-2$$

故所求原方程的一个特解为

$$y^*=-2\sin x$$

例 9　求微分方程 $y''-2y'+y=2\mathrm{e}^x+\cos x$ 的一个特解.

解　根据定理 4 可知，分别求出下列两个方程

$$y''-2y'+y=2\mathrm{e}^x \tag{4.4-9}$$

和

$$y''-2y'+y=\cos x \tag{4.4-10}$$

的两个特解 y_1^* 和 y_2^*，则 $y^*=y_1^*+y_2^*$ 就是原方程的一个特解.

相应的齐次方程的特征方程为 $r^2-2r+1=0$，特征根为 $r_1=r_2=1$. 方程(4.4-9)的 $f(x)=2\mathrm{e}^x$，可见 $\alpha=1$ 是特征根，取 $k=2$. 故可设方程(4.4-9)的一个特解为

$$y_1^*=ax^2\mathrm{e}^x$$

由于

$$y_1^{*\prime}=a(2x\mathrm{e}^x+)=a$$

$$y_1^{*\prime\prime}=a[(2+2x)\mathrm{e}^x+(2x+x^2)\mathrm{e}^x=a(2+4x+x^2)\mathrm{e}^x$$

将 y_1^*、$y_1^{*\prime}$、$y_1^{*\prime\prime}$ 代入方程(4.4-9)，有

$$a(2+4x+x^2)e^x-2(2x+x^2)e^x+ax^2e^x=2e^x$$

整理后，解得 $a=1$，从而方程(4.4－8)的一个特解为

$$y_1^*=x^2e^x$$

方程(4.4－10)的 $f(x)=\cos x$，可见 $\alpha=0$，$\beta=1$，$\alpha\pm i\beta=\pm i$ 不是特征根，取 $k=0$，故可设方程(4.4－10)的一个特解为

$$y_2^*=a\cos x+b\sin x$$

由于

$$y_2^{*\prime}=-a\sin x+b\cos x,\quad y_2^{*\prime\prime}=-a\cos x-b\sin x$$

将 y_1^*、$y_1^{*\prime}$、$y_1^{*\prime\prime}$代入方程(4.4－10)，有

$$-a\cos x-b\sin x-2(-a\sin x+b\cos x)+a\cos x+b\sin x=\cos x$$

整理后比较两端同类项系数，得 $a=0$，$b=-\dfrac{1}{2}$，所以方程(4.4－10)的一个特解为

$$y_2^*=-\frac{1}{2}\sin x$$

故原方程的一个特解为

$$y^*=y_1^*+y_2^*=x^2e^x-\frac{1}{2}\sin x$$

能力训练题 4.4

1. 求下列微分方程的通解.

(1) $y''-5y'+6y=0$；　(2) $2y''+y'-y=0$；

(3) $y''+4y'+4y=0$；　(4) $y''+6y'+13y=0$.

2. 求下列微分方程的通解.

(1) $y''-2y'-3y=(x+2)e^x$；　(2) $y''-2y'+y=\dfrac{1}{2}e^x$；

(3) $y''+3y'+2y=\cos x$；　(4) $y''+4y=2\cos 2x+4\sin x$；

(5) $y''+y=x^2+\cos x$；　(6) $y''+y=e^{2x}\cos 3x$.

3. 求下列微分方程满足初始条件的特解.

(1) $y''+y=2x^2-3$，$y|_{x=0}=0$，$y'|_{x=0}=-1$；

(2) $y''-y=4xe^x$，$y|_{x=0}=0$，$y'|_{x=0}=1$.

能力测试题四

一、选择题

1. 函数 $f(x)$满足微分方程 $xy'+y=y^2\ln x$，且 $x=1$ 时 $y=1$，则当 $x=e$ 时，$y=$(　　).

A. $\dfrac{1}{e}$　B. $\dfrac{1}{2}$　C. 2　D. e

2. 下列微分方程中，是二阶线性微分方程的为(　　).

A. $(y'')^2+y'+y=x$　B. $(y')^2+2y=\cos x$

C. $y'y''=2y$　D. $xy''-5+3x^2y=\ln^2 x$

3. 给定一阶微分方程 $y'=2x$，下列结果正确的是(　　).

A. 通解为 $y=Cx^2$

B. 通过点(1,4)的特解为 $y=x^2-15$

C. 满足 $\int_0^1 y\,\mathrm{d}x=2$ 的解为 $y=x^2+\frac{5}{3}$

D. 与直线 $y=2x+3$ 相切的解为 $y=x^2+1$

4. 若 $y_1=\mathrm{e}^{3x}$，$y_2=x\mathrm{e}^{3x}$，则它们满足的微分方程是(　　).

A. $y''+6y'+9y=0$　　B. $y''-9y=0$

C. $y''+9y=0$　　D. $y''-6y'+9y=0$

5. 微分方程 $y''+y'+y=\mathrm{e}^{-\frac{1}{2}x}\sin\frac{\sqrt{3}}{2}x$ 的一个特解应具有的形式是(　　).

A. $\mathrm{e}^{-\frac{1}{2}x}\left(ax\cos\frac{\sqrt{3}}{2}x+b\sin\frac{\sqrt{3}}{2}x\right)$　　B. $\mathrm{e}^{-\frac{1}{2}x}\left(a\cos\frac{\sqrt{3}}{2}x+b\sin\frac{\sqrt{3}}{2}x\right)$

C. $x\mathrm{e}^{-\frac{1}{2}x}\left(a\cos\frac{\sqrt{3}}{2}x+b\sin\frac{\sqrt{3}}{2}x\right)$　　D. $\mathrm{e}^{-\frac{1}{2}x}\left(ax\cos\frac{\sqrt{3}}{2}x+bx\sin\frac{\sqrt{3}}{2}x\right)$

二、填空题

1. 微分方程 $x\frac{\mathrm{d}y}{\mathrm{d}x}+y=xy\frac{\mathrm{d}y}{\mathrm{d}x}$的通解为________.

2. 方程$(x^2-1)y'+2xy-\cos x=0$，满足条件 $y|_{x=0}=1$ 的特解为________.

3. 满足 $y''=x$，且经过点(0，1)，在该点与直线 $y=\frac{x}{2}+1$ 相切的积分曲线为______.

4. 微分方程 $y''+2y'+5y=0$ 的通解为________.

5. 微分方程 $y''+3y'+2y=3x\mathrm{e}^{-x}$的特解形式为________.

三、求解题

1. 解下列微分方程.

(1) $y'+y\cos x=\mathrm{e}^{-\sin x}\ln x$；

(2) $(1+x^2)y''=2xy'$，$y(0)=1$，$y'(0)=3$；

(3) $2y''+5y'=5x^2$；

(4) $y''+4y'+13y=0$；

(5) $y''+2y'+2y=x\mathrm{e}^{-x}$，$y(0)=1$，$y'(0)=0$.

2. 已知二阶可导函数 $y=f(x)$，满足 $f(x)=x^3+1-x\int_0^x f(t)\mathrm{d}t+\int_0^x tf(t)\mathrm{d}t$，求 $f(x)$.

3. 设微分方程 $y''+ay'+by=c\mathrm{e}^x$的一个特解为 $y=\mathrm{e}^{2x}+(1+x)\mathrm{e}^x$，求 a、b、c 的值及该方程的通解.

四、证明题

设 $f(x)$二阶可导，且满足 $f''(x)+f'(x)-2f(x)=0$，若 $f(a)=f(b)=0$，求证：$\forall x\in[a,\ b]$，$f(x)\equiv 0$.

第 5 章　空间解析几何与向量代数

空间解析几何是用代数的方法研究空间几何图形，是平面解析几何的发展，也是学习多元函数微积分不可缺少的知识.

本章首先建立空间直坐标系，引进工程技术上应用广泛的向量及其运算，然后以向量为工具讨论空间的平面和直线，最后介绍常见的空间曲线及曲面.

5.1　空间直角坐标系

一、空间直角坐标系概念

在平面解析几何中，我们建立了平面直角坐标系，使得平面上的点与一对有序实数一一对应，从而利用有序数对(即点的坐标)来确定平面上点的位置. 为了确定空间点的位置，同样需要建立空间直角坐标系.

过空间一定点 O，引三条两两互相垂直的数轴 Ox、Oy、Oz，分别称为 x 轴(横轴)、y 轴(纵轴)、z 轴(竖轴)，统称为坐标轴. 它们都以 O 为原点且一般具有相同的长度单位. 它们的正方向要符合右手规则，即把右手的食指、中指、拇指叉开互相垂直，使拇指、食指分别指向 x 轴、y 轴的正方向，则中指的指向就表示 z 轴的正方向(见图 5 - 1). 这样的三条坐标轴就组成了一个空间直角坐标系，点 O 叫作坐标原点.

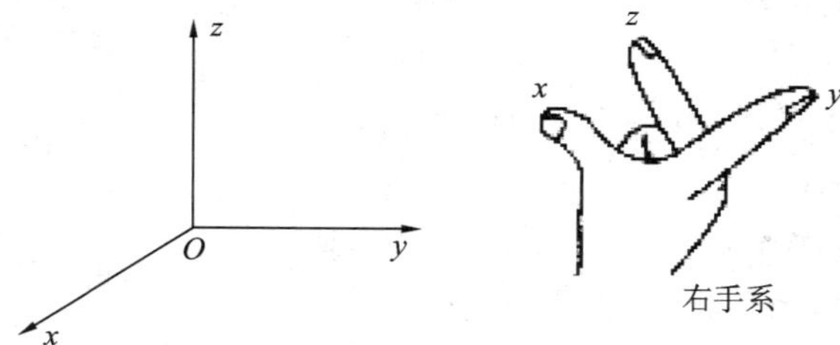

图 5 - 1

每两条坐标轴所确定的平面称为坐标面，分别记作 xOy 平面、yOz 平面、zOx 平面. 通常把 xOy 平面旋转在水平位置上. 三个坐标面把空间分成八部分，每一部分叫作卦限. 在 xOy 坐标面上部，把含有 x 轴、y 轴与 z 轴正半轴的那个卦限叫作 Ⅰ 卦限，而后以逆时针方向依次称为第 Ⅱ、Ⅲ、Ⅳ 卦限；在 xOy 平面下部，与第 Ⅰ 卦限相对的为第 Ⅴ 卦限，而后以逆时针方向依次为第 Ⅵ、Ⅶ、Ⅷ 卦限(见图 5 - 2).

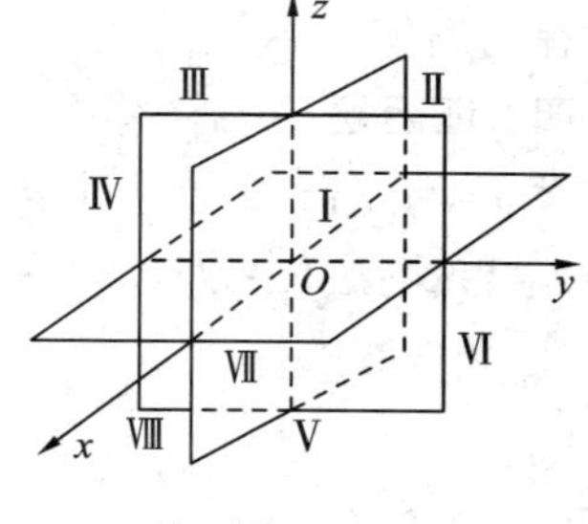

图 5 - 2

二、空间点的直角坐标

建立了空间直角坐标系后，就可以建立空间一点 M 与数组之间的对应关系.

设 M 为空间一已知点，过点 M 作三个平面分别垂直于 x 轴、y 轴、z 轴，且与它们分别交于 P、Q、R 三点(见图 5-3)，这三点在 x 轴、y 轴、z 轴上的坐标依次为 x、y、z. 则点 M 唯一确定了一个有序数组 x、y、z；反之，对任意一个有序数组 x、y、z，在 x 轴、y 轴、z 轴上分别取三个点 P、Q、R，使 $OP=x$，$OQ=y$，$OR=z$，然后过 P、Q、R 三点分别作垂直于 x 轴、y 轴、z 轴的平面，这三个垂直平面的交点 M 便是有序数组 x、y、z 所确定的唯一的点. 这样，就建立了空间的点 M 和有序数组 x、y、z 之间的一一对应关系，这组数 x、y、z 就叫作点 M 的坐标，依次称为横坐标、纵坐标和竖坐标. 坐标为 x、y、z 的点 M 记为 $M(x, y, z)$.

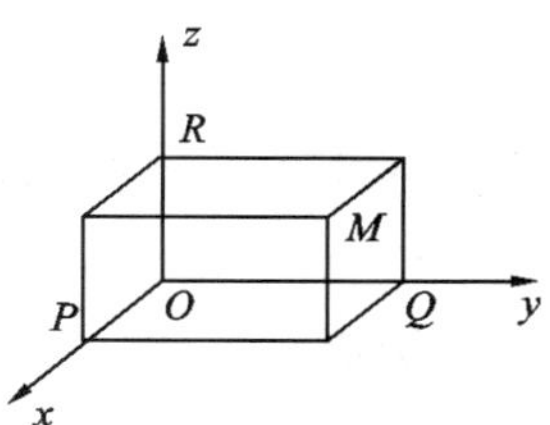

图 5-3

坐标面和坐标轴上的点，其坐标各有一定的特征. 如：xOy 平面上任一点的坐标为 $(x, y, 0)$，其特征为 $z=0$，z 轴上任意一点的坐标为 $(0, 0, z)$，其特征为 $x=y=0$；坐标原点的坐标为 $(0, 0, 0)$. 类似地，可以写出其他坐标面和坐标轴上点的坐标特征.

三、空间两点间的距离

设 $M_1(x_1, y_1, z_1)$、$M_2(x_2, y_2, z_2)$ 为空间两点，我们可以用两点的坐标来表示 M_1 与 M_2 之间的距离 d. 过 M_1、M_2 各作三个分别垂直于三个坐标轴的平面，这六个平面围成了一个以 M_1M_2 为对角线的长方体(见图 5-4).

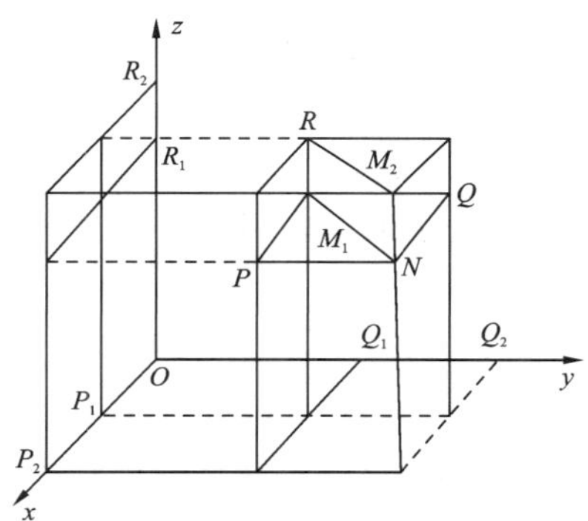

图 5-4

由于 $\triangle M_1NM_2$ 与 $\triangle M_1PN$ 为直角三角形，所以

$$\begin{aligned} d^2 &= |M_1M_2|^2 \\ &= |M_1N|^2 + |NM_2|^2 \\ &= |M_1P|^2 + |PN|^2 + |NM_2|^2 \end{aligned}$$

由于 $OP_1=x_1$，$OP_2=x_2$，因此

$$|M_1P| = |P_1P_2| = |x_2 - x_1|$$

同理可得

$$|PN|=|Q_1Q_2|=|y_2-y_1|$$
$$|NM_2|=|R_1R_2|=|z_2-z_1|$$

所以

$$\begin{aligned}d^2&=|M_1M_2|^2=|x_2-x_1|^2+|y_2-y_1|^2+|z_2-z_1|^2\\&=(x_2-x_1)^2+(y_2-y_1)^2+(z_2-z_1)^2\end{aligned}$$

于是，空间两点间的距离公式为

$$d=|M_1M_2|=\sqrt{(x_2-x_1)^2+(y_2-y_1)^2+(z_2-z_1)^2}$$

特别地，点 $M(x, y, z)$与坐标原点 $O(0, 0, 0)$的距离为

$$d=|OM|=\sqrt{x^2+y^2+z^2}$$

如果点 M_1、M_2 位于 xOy 平面上，即 $z_1=0$，$z_2=0$，则得 xOy 平面上任意两点 $M_1(x_1, y_1, 0)$与 $M_2(x_2, y_2, 0)$间的距离公式

$$d=|M_1M_2|=\sqrt{(x_2-x_1)^2+(y_2-y_1)^2}$$

例 1　在 z 轴上求与两点 $A(-4, 1, 7)$和 $B(3, 5, -2)$等距离的点.

解　设所求的点为 M，因为它在 z 轴上，所以设该点为 $M(0, 0, z)$，依题意有 $|MA|=|MB|$，即

$$\sqrt{(0+4)^2+(0-1)^2+(z-7)^2}=\sqrt{(3-0)^2+(5-0)^2+(-2-z)^2}$$

解得 $z=\dfrac{14}{9}$，所以，所求的点为 $M\left(0, 0, \dfrac{14}{9}\right)$.

四、二、三阶行列式

1. 二阶行列式

行列式的概念是从解线性方程组的问题引入的，用消元法解二元线性方程组

$$\begin{cases}a_{11}x_1+a_{12}x_2=b_1\\a_{21}x_1+a_{22}x_2=b_2\end{cases}\tag{5.1-1}$$

为消去未知数 x_2，以 a_{22}与 a_{12}分别乘上述两方程的两端，然后两个方程相减，得

$$(a_{11}a_{22}-a_{12}a_{21})x_1=b_1a_{22}-a_{12}b_2$$

类似地，消去 x_1，得

$$(a_{11}a_{22}-a_{12}a_{21})x_2=a_{11}b_2-b_1a_{21}$$

当 $a_{11}a_{22}-a_{12}a_{21}\neq0$ 时，求得方程组(5.1-1)的解为

$$\begin{cases}x_1=\dfrac{b_1a_{22}-a_{12}b_2}{a_{11}a_{22}-a_{12}a_{21}}\\[2ex]x_2=\dfrac{a_{11}b_2-b_1a_{21}}{a_{11}a_{22}-a_{12}a_{21}}\end{cases}$$

为了研究和记忆方便，引入二阶行列式的概念.

定义 1　由 2^2个数组成的记号 $\begin{vmatrix}a_{11}&a_{12}\\a_{21}&a_{22}\end{vmatrix}$ 表示数值 $a_{11}a_{22}-a_{12}a_{21}$，称它为二阶行列式，用 D 来表示，即

$$D=\begin{vmatrix}a_{11}&a_{12}\\a_{21}&a_{22}\end{vmatrix}=a_{11}a_{22}-a_{12}a_{21}$$

其中，a_{11}，a_{12}，a_{21} 和 a_{22} 称为这个二阶行列式的元素，横排称为行，竖排称为列. 从左上角到右下角的对角线称为行列式的主对角线，从右上角到左下角的对角线称为行列式的次对角线.

二阶行列式的计算方法遵循对角线法则：主对角线上两元素的乘积减去次对角线上两元素的乘积.

利用二阶行列式的概念，如果记

$$D=\begin{vmatrix} a_{11} & a_{12} \\ a_{21} & a_{22} \end{vmatrix},\ D_1=\begin{vmatrix} b_1 & a_{12} \\ b_2 & a_{22} \end{vmatrix},\ D_2=\begin{vmatrix} a_{11} & b_1 \\ a_{21} & b_2 \end{vmatrix}$$

可得二元线性方程组(5.1-1)当所有未知数的系数组成的行列式(以后简称系数行列式) $D\neq 0$ 时，方程组有且仅有唯一一组解：

$$\begin{cases} x_1=\dfrac{D_1}{D} \\ x_2=\dfrac{D_2}{D} \end{cases}$$

例 2　解方程组 $\begin{cases} 2x_1+3x_2=8 \\ x_1-2x_2=-3. \end{cases}$

解

$$D=\begin{vmatrix} 2 & 3 \\ 1 & -2 \end{vmatrix}=2\times(-2)-3\times 1=-7$$

$$D_1=\begin{vmatrix} 8 & 3 \\ -3 & -2 \end{vmatrix}=8\times(-2)-3\times(-3)=-7$$

$$D_2=\begin{vmatrix} 2 & 8 \\ 1 & -3 \end{vmatrix}=2\times(-3)-8\times 1=-14$$

因为 $D\neq 0$，所以方程组有且仅有唯一解：

$$\begin{cases} x_1=\dfrac{D_1}{D}=\dfrac{-7}{-7}=1 \\ x_2=\dfrac{D_2}{D}=\dfrac{-14}{-7}=2 \end{cases}$$

2. 三阶行列式

定义 2　由 3^3 个数组成的记号 $\begin{vmatrix} a_{11} & a_{12} & a_{13} \\ a_{21} & a_{22} & a_{23} \\ a_{31} & a_{32} & a_{33} \end{vmatrix}$ 表示数值 $a_{11}a_{22}a_{33}+a_{12}a_{23}a_{31}+a_{13}a_{21}a_{32}-a_{11}a_{23}a_{32}-a_{12}a_{21}a_{33}-a_{13}a_{22}a_{31}$，称它为三阶行列式，即

$$\begin{vmatrix} a_{11} & a_{12} & a_{13} \\ a_{21} & a_{22} & a_{23} \\ a_{31} & a_{32} & a_{33} \end{vmatrix}=a_{11}a_{22}a_{33}+a_{12}a_{23}a_{31}+a_{13}a_{21}a_{32}-a_{11}a_{23}a_{32}-a_{12}a_{21}a_{33}-a_{13}a_{22}a_{31}$$

$$=a_{11}\begin{vmatrix} a_{22} & a_{23} \\ a_{32} & a_{33} \end{vmatrix}-a_{12}\begin{vmatrix} a_{21} & a_{23} \\ a_{31} & a_{33} \end{vmatrix}+a_{13}\begin{vmatrix} a_{21} & a_{22} \\ a_{31} & a_{32} \end{vmatrix}$$

注　三阶行列式由 3^3 个元素以三行三列组成，它的值(我们称展开式)共含 6 项，每一项均为不同行、不同列的三个元素的乘积再冠以正负号，其规律遵循图 5-5 所示的对角线法则. 图中的三条实线看作平行于主对角线的连线，三条虚线看作平行于次对角线的连线，

实线上三元素的乘积冠正号，虚线上三元素的乘积冠负号.

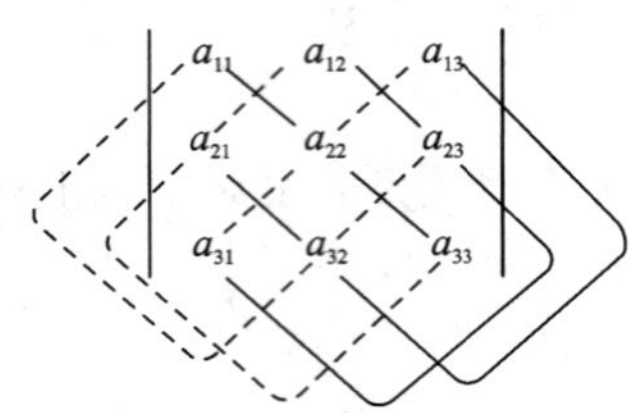

图 5-5

例 3 计算三阶行列式$\begin{vmatrix} 1 & 3 & 2 \\ 2 & -7 & -3 \\ 1 & 0 & -1 \end{vmatrix}$的值.

解 $\begin{vmatrix} 1 & 3 & 2 \\ 2 & -7 & -3 \\ 1 & 0 & -1 \end{vmatrix}=1\times(-7)\times(-1)+2\times0\times2+3\times(-3)\times1-2\times(-7)\times$

$$1-(-3)\times0\times1-3\times2\times(-1)=18$$

类似于二元线性方程组的讨论，对于三元线性方程组

$$\begin{cases} a_{11}x_1+a_{12}x_2+a_{13}x_3=b_1 \\ a_{21}x_1+a_{22}x_2+a_{23}x_3=b_2 \\ a_{31}x_1+a_{32}x_2+a_{33}x_3=b_3 \end{cases}$$

记 $D=\begin{vmatrix} a_{11} & a_{12} & a_{13} \\ a_{21} & a_{22} & a_{23} \\ a_{31} & a_{32} & a_{33} \end{vmatrix}$ $\quad D_1=\begin{vmatrix} b_1 & a_{12} & a_{13} \\ b_2 & a_{22} & a_{23} \\ b_3 & a_{32} & a_{33} \end{vmatrix}$

$D_2=\begin{vmatrix} a_{11} & b_1 & a_{13} \\ a_{21} & b_2 & a_{23} \\ a_{31} & b_3 & a_{33} \end{vmatrix}$ $\quad D_3=\begin{vmatrix} a_{11} & a_{12} & b_1 \\ a_{21} & a_{22} & b_2 \\ a_{31} & a_{32} & b_3 \end{vmatrix}$

若系数行列式 $D\neq0$，则该方程组有且仅有唯一的一组解：

$$\begin{cases} x_1=\dfrac{D_1}{D} \\ x_2=\dfrac{D_2}{D} \\ x_3=\dfrac{D_3}{D} \end{cases}$$

例 4 解三元线性方程组$\begin{cases} x_1-2x_2+x_3=-2 \\ 2x_1+x_2-3x_3=1- \\ x_1+x_2-x_3=0. \end{cases}$

解 $D=\begin{vmatrix} 1 & -2 & 1 \\ 2 & 1 & -3 \\ -1 & 1 & -1 \end{vmatrix}=1\times1\times(-1)+2\times1\times1+(-2)\times(-3)\times(-1)$

$$-1\times1\times(-1)-(-3)\times1\times1-(-2)\times2\times(-1)$$
$$=-5\neq0$$

同理可得

$$D_1=\begin{vmatrix}-2 & -2 & 1\\ 1 & 1 & -3\\ 0 & 1 & -1\end{vmatrix}=-5$$

$$D_2=\begin{vmatrix}1 & -2 & 1\\ 2 & 1 & -3\\ -1 & 0 & -1\end{vmatrix}=-10$$

$$D_3=\begin{vmatrix}1 & -2 & -2\\ 2 & 1 & 1\\ -1 & 1 & 0\end{vmatrix}=-5$$

故所求方程组的解为

$$\begin{cases}x_1=\dfrac{D_1}{D}=\dfrac{-5}{-5}=1\\ x_2=\dfrac{D_2}{D}=\dfrac{-10}{-5}=2\\ x_3=\dfrac{D_3}{D}=\dfrac{-5}{-5}=1\end{cases}$$

能力训练题 5.1

1. yOz 平面、zOx 平面上的点的坐标有什么特点？

2. x 轴、y 轴上的点有什么特点？

3. 指出下列各点在哪个卦限：

$A(1,\ -2,\ 3)$；$B(2,\ 3,\ -4)$；$C(2,\ -3,\ -4)$；$D(-2,\ -3,\ 1)$.

4. 求点 $P(1,\ 2,\ 3)$关于原点的对称点、关于 x 轴的对称点、关于 xOy 平面的对称点.

5. 求点 $M_1(4,\ 3,\ 1)$和 $M_2(7,\ 1,\ 2)$之间的距离.

6. 设 P 点在 x 轴上，它到点 $P_1(0,2,\ 3)$的距离为到点 $P_2(0,\ 1,\ -1)$的距离的两倍，求 P 点的坐标.

7. 试证以三点 $A(4,\ 1,\ 9)$、$B(10,\ -1,\ 6)$、$C(2,\ 4,\ 3)$为顶点的三角形是等腰直角三角形.

8. 已知点 $P(6,\ 5,\ 4)$，试求：

(1) P 点到三个坐标面的距离；(2) P 点到三个坐标轴的距离.

9. 计算下列行列式：

(1) $\begin{vmatrix}2 & 7\\ 5 & -6\end{vmatrix}$；　　(2) $\begin{vmatrix}a & b\\ c & d\end{vmatrix}$；

(3) $\begin{vmatrix}1 & 2 & 0\\ -1 & 1 & -4\\ 3 & -1 & 8\end{vmatrix}$；　　(4) $\begin{vmatrix}1 & 2 & 3\\ 3 & 1 & 2\\ 2 & 3 & 1\end{vmatrix}$；

(5) $\begin{vmatrix} 1 & 2 & 2 \\ 2 & 1 & -2 \\ 2 & -2 & 1 \end{vmatrix}$; (6) $\begin{vmatrix} a & b & c \\ 2 & 3 & -5 \\ -3 & 1 & 4 \end{vmatrix}$.

10. 利用行列式解下列方程组：

(1) $\begin{cases} 2x-3y=12 \\ 3x+7y=-5 \end{cases}$; (2) $\begin{cases} x_1-2x_2+x_3=1 \\ 4x_1-3x_2+x_3=3 \\ 2x_1-5x_2-3x_3=-9 \end{cases}$;

(3) $\begin{cases} 2x_1-x_2+x_3=0 \\ 3x_1+2x_2-5x_3=1. \\ x_1+3x_2-2x_3=4 \end{cases}$

5.2 向量及其运算

向量代数是学习空间解析几何的重要工具，是进一步学习向量分析的基础.

向量又称为矢量，最初被应用于物理学. 很多物理量，如力、速度、位移以及电场强度、磁感应强度等都是向量. 大约公元前 350 年前，古希腊著名学者亚里士多德就知道了力可以表示成向量，两个力的组合作用可用著名的平行四边形法则来得到，所以“向量”一词来自力学、解析几何中的有向线段. 历史上最先使用有向线段表示向量的是英国大科学家牛顿.

一、向量的概念

在物理学和工程技术中，有些物理量如温度、时间、面积、质量等，只有大小，没有方向，这一类量叫作数量或标量；而诸如位移、速度、力、冲量等，既有大小，又有方向的物理量，叫作向量或矢量。

向量通常用有向线段表示，因为有向线段具有几何的直观性，同时又能刻画出向量的大小和方向. 有向线段的长度表示向量的大小，有向线段的方向表示向量的方向. 以 A 为起点，B 为终点的有向线段所表示的向量，记作 $\overrightarrow{AB}$(见图 5－6). 为了书写方便，向量常用黑体字母 $\boldsymbol{a}$、$\boldsymbol{b}$、$\boldsymbol{c}$ 等表示.

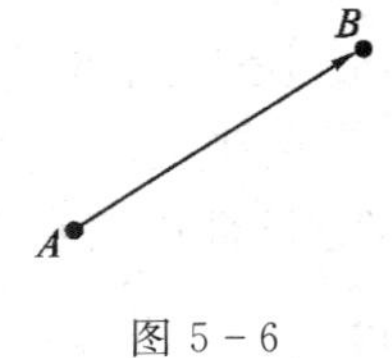

图 5－6

向量的大小叫作向量的模. 向量 $\overrightarrow{AB}$、$\boldsymbol{a}$ 的模分别记作 $|\overrightarrow{AB}|$、$|\boldsymbol{a}|$. 模等于 1 的向量叫作单位向量，记作 $\overrightarrow{AB}^0$ 或 $\boldsymbol{a}^0$. 模等于零的向量叫作零向量，记作 $\mathbf{0}$，零向量的方向不确定. 与向量 $\boldsymbol{a}$ 的模相同、方向相反的向量叫作 $\boldsymbol{a}$ 的负向量，记作 $-\boldsymbol{a}$.

在实际问题中，有些向量与其起点有关，有些向量与其起点无关. 我们只研究与起点无关的向量，即一个向量在保持其大小和方向不变的条件下可以自由平移，这种向量称为自由向量(以后简称向量).

向量有两个要素：模和方向，所以如果两个向量 $\boldsymbol{a}$ 和 $\boldsymbol{b}$ 的模相等，方向相同，就称 $\boldsymbol{a}$ 与 $\boldsymbol{b}$ 相等，记作 $\boldsymbol{a}=\boldsymbol{b}$. 换句话说，经过平行移动后能完全重合的向量是相等的. 两个向量是不能比较大小的，但它们的模可以比较大小.

如果 $\boldsymbol{a}$、$\boldsymbol{b}$ 是两个非零向量，把它们的起点移到同一点 O(见图 5-7)，我们把不超过 π 的角 $\theta(0\leqslant\theta\leqslant\pi)$称为向量 $\boldsymbol{a}$ 与 $\boldsymbol{b}$ 的夹角，记作$(\widehat{\boldsymbol{a},\boldsymbol{b}})$或$(\widehat{\boldsymbol{b},\boldsymbol{a}})$，即$(\widehat{\boldsymbol{a},\boldsymbol{b}})=\theta$. 特别地，当 $\boldsymbol{a}$ 和 $\boldsymbol{b}$ 同向时，$\theta=0$；当 $\boldsymbol{a}$ 和 $\boldsymbol{b}$ 反向时，$\theta=\pi$.

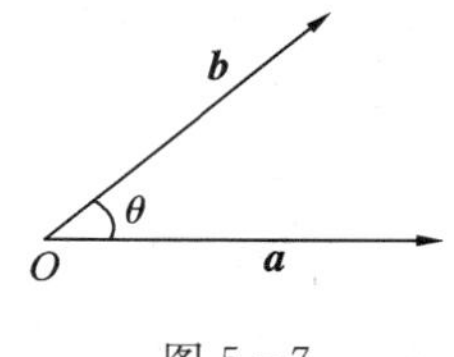

图 5-7

二、向量的线性运算

1. 向量的加减法

由物理实验知道，如果有两个力 $\boldsymbol{F}_1$ 和 $\boldsymbol{F}_2$ 作用在一质点上，那么它们的合力 $\boldsymbol{F}$ 可按平行四边形法则求得(见图 5-8). 对于速度、位移等也有同样的结果. 总结这些物理量所遵循的规律，我们对一般的向量规定加法运算如下：

设 $\boldsymbol{a}$、$\boldsymbol{b}$ 是两个向量，以$\overrightarrow{OA}=\boldsymbol{a}$，$\overrightarrow{OB}=\boldsymbol{b}$ 为邻边作一个平行四边形 $OACB$，则对角线向量$\overrightarrow{OC}=\boldsymbol{c}$ 为向量 $\boldsymbol{a}$ 与 $\boldsymbol{b}$ 的和(图 5-9)，记为 $\boldsymbol{c}=\boldsymbol{a}+\boldsymbol{b}$.

上述求向量和的方法叫作平行四边形法则.

由于平行四边形的对边平行且相等，所以从图 5-8 可以看出，我们还可以这样来作两向量的和. 作向量$\overrightarrow{OA}=\boldsymbol{a}$，以$\overrightarrow{OA}$的终点 A 为起点作$\overrightarrow{AC}=\boldsymbol{b}$，连接 OC，就得 $\boldsymbol{a}+\boldsymbol{b}=\boldsymbol{c}=\overrightarrow{OC}$(见图 5-10)，这一方法叫作向量加法的三角形法则.

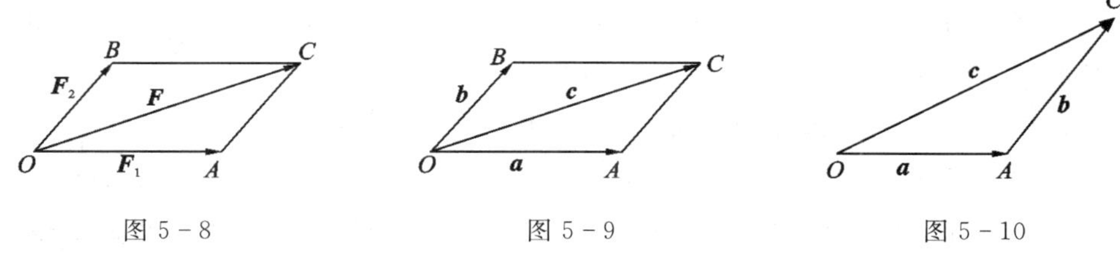

图 5-8　　图 5-9　　图 5-10

向量的加法满足如下规律：

(1) 交换律　$\boldsymbol{a}+\boldsymbol{b}=\boldsymbol{b}+\boldsymbol{a}$；

(2) 结合律　$(\boldsymbol{a}+\boldsymbol{b})+\boldsymbol{c}=\boldsymbol{a}+(\boldsymbol{b}+\boldsymbol{c})$.

向量的减法可以看成加法的逆运算，即若向量 $\boldsymbol{b}$ 与 $\boldsymbol{c}$ 的和向量为 $\boldsymbol{a}$，则称向量 $\boldsymbol{c}$ 为向量 $\boldsymbol{a}$ 与 $\boldsymbol{b}$ 的差，记作 $\boldsymbol{c}=\boldsymbol{a}-\boldsymbol{b}$.

向量 $\boldsymbol{a}$ 减去向量 $\boldsymbol{b}$，也可以看成向量 $\boldsymbol{a}$ 加上向量 $\boldsymbol{b}$ 的负向量 $-\boldsymbol{b}$，即 $\boldsymbol{c}=\boldsymbol{a}-\boldsymbol{b}=\boldsymbol{a}+(-\boldsymbol{b})$.

由向量加法的三角形法则可求得向量差的方法：将向量 $\boldsymbol{a}$ 与向量 $\boldsymbol{b}$ 平移到同一起点，然后由向量 $\boldsymbol{b}$ 的终点到向量 $\boldsymbol{a}$ 的终点引一向量，即得 $\boldsymbol{c}=\boldsymbol{a}-\boldsymbol{b}$(见图 5-11).

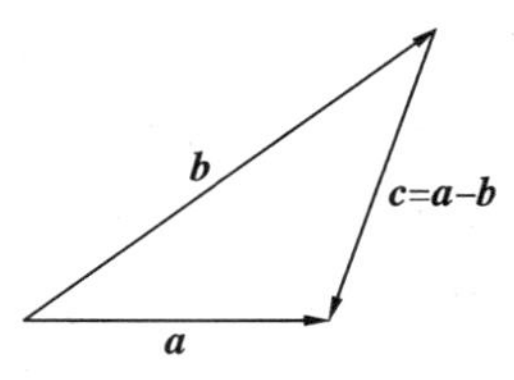

图 5-11

2. 数与向量的乘积

大家知道，如果有三个大小和方向都相同的力 $\boldsymbol{f}$ 作用在一质点上，那么质点所受的合力 $\boldsymbol{F}=3\boldsymbol{f}$，这里就出现了数与向量的乘积.

定义 1　实数 λ 与向量 $\boldsymbol{a}$ 的乘积仍是一个向量，记作 $\lambda\boldsymbol{a}$ 或 $\boldsymbol{a}\lambda$，它由下列两个条件所确定：

(1) $\lambda\boldsymbol{a}$ 的模是 $\boldsymbol{a}$ 的模的$|\lambda|$倍，即$|\lambda\boldsymbol{a}|=|\lambda||\boldsymbol{a}|$；

(2) $\lambda\boldsymbol{a}$ 与 $\boldsymbol{a}$ 平行. 当 $\lambda>0$ 时，$\lambda\boldsymbol{a}$ 与 $\boldsymbol{a}$ 同向；当 $\lambda<0$ 时，$\lambda\boldsymbol{a}$ 与 $\boldsymbol{a}$ 反向.

如果 $\lambda=0$ 或 $\boldsymbol{a}=\boldsymbol{0}$，规定 $\lambda\boldsymbol{a}=\boldsymbol{0}$.

数与向量的乘积满足下列运算规律：

(1) 结合律 $\lambda(\mu\boldsymbol{a})=\mu(\lambda\boldsymbol{a})=(\lambda\mu)\boldsymbol{a}$ (λ, μ 为数)；

(2) 分配律 $(\lambda+\mu)\boldsymbol{a}=\lambda\boldsymbol{a}+\mu\boldsymbol{a}$, $\lambda(\boldsymbol{a}+\boldsymbol{b})=\lambda\boldsymbol{a}+\mu\boldsymbol{b}$.

设 $\boldsymbol{a}$ 为非零向量，我们把与 $\boldsymbol{a}$ 方向相同的单位向量记作 $\boldsymbol{a}^{\circ}$，由数与向量乘积的定义，有 $\boldsymbol{a}=|\boldsymbol{a}|\boldsymbol{a}^{\circ}$. 这种记法明显地标出了一个向量的“向”和“量”，给今后的运算带来了方便.

由 $\boldsymbol{a}=|\boldsymbol{a}|\boldsymbol{a}^{\circ}$，可得 $\boldsymbol{a}^{\circ}=\dfrac{1}{|\boldsymbol{a}|}\boldsymbol{a}$. 这说明，向量 $\boldsymbol{a}$ 的单位向量，可以由该向量除以它的模得到.

三、向量的坐标

从数学发展史来看，历史上很长一段时间，空间的向量结构并未被数学家们所认识，直到19世纪末20世纪初，人们才把空间的性质与向量运算联系起来，使向量成为具有一套优良运算特性的数学体系.

1. 向量的坐标

为了便于向量的运算，我们引进代数方法来研究向量. 下面先介绍向量的坐标表示法.

设向量 $\overrightarrow{AB}$ 与数轴 u 正向间的夹角为 $\theta(0\leqslant\theta\leqslant\pi)$. 过 A 点和 B 点分别作平面垂直于轴 u。设垂足分别为 A_1 和 B_1（见图5-12），则把 u 轴上有向线段 $\overrightarrow{A_1B_1}$ 的值 A_1B_1，叫作向量 $\overrightarrow{AB}$ 在 u 轴上的投影，记作 $\mathrm{Prj}_u\overrightarrow{AB}=A_1B_1$，若以 u_1、u_2 分别表示 A_1、B_1 在数轴 u 上的坐标，则有 $\mathrm{Prj}_u\overrightarrow{AB}=u_2-u_1$. 由图5-12知，$\mathrm{Prj}_u\overrightarrow{AB}=|\overrightarrow{AB}|\cos\theta$. 即向量在 u 轴上的投影等于该向量的模乘以该向量与 u 轴夹角 θ 的余弦.

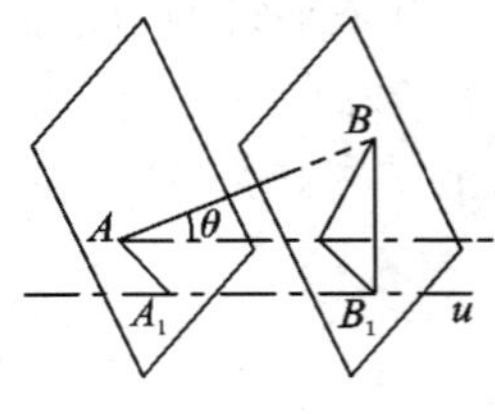

图 5-12

在空间直角坐标系中，设某一点 M 的坐标为 (x, y, z)，过 M 作三个平面分别垂直于三条坐标轴，垂足依次为 P、Q、R（见图5-13），则 $OP=x$，$OQ=y$，$OR=z$.

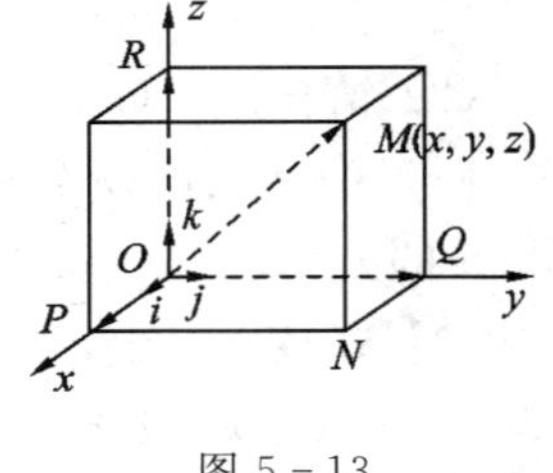

图 5-13

起点在坐标原点，终点为 M 的矢量叫作点 M（关于 O 点）的径向量，又称向径. 考察向径 $\overrightarrow{OM}=\boldsymbol{r}$，根据向量在轴上的投影的定义，易知，$\overrightarrow{OM}$ 在 x、y、z 轴上的投影分别为 OP、OQ、OR.

以 $\boldsymbol{i}$、$\boldsymbol{j}$、$\boldsymbol{k}$ 分别表示沿 $\boldsymbol{x}$、$\boldsymbol{y}$、$\boldsymbol{z}$ 轴正向的单位向量，并称它们为基本单位向量. 根据数与向量的乘法，有

$$\overrightarrow{OP}=OP\boldsymbol{i}=x\boldsymbol{i},\ \overrightarrow{OQ}=OQ\boldsymbol{j}=y\boldsymbol{j},\ \overrightarrow{OR}=OR\boldsymbol{k}=z\boldsymbol{k}$$

称 $\overrightarrow{OP}$、$\overrightarrow{OQ}$、$\overrightarrow{OR}$ 依次为 $\overrightarrow{OM}$ 在 x、y、z 轴上的分向量，简称分量.

由向量加法的三角形法则，有

$$\overrightarrow{OM}=\overrightarrow{OP}+\overrightarrow{OQ}+\overrightarrow{OR}=x\boldsymbol{i}+y\boldsymbol{j}+z\boldsymbol{k}$$

即

$$r=\overrightarrow{OM}=x\boldsymbol{i}+y\boldsymbol{j}+z\boldsymbol{k}$$

上式称为向径 $\overrightarrow{OM}$ 的坐标表达式，记作 $\overrightarrow{OM}=\{x, y, z\}$，其中 x、y、z 分别是 $\overrightarrow{OM}$ 在三个

坐标轴上的投影，亦即向径 $\overrightarrow{OM}$终点 M 的三个坐标，称 x、y、z 为向量 $\overrightarrow{OM}$的坐标.

例 1　已知 $\boldsymbol{a}=\overrightarrow{AB}$是以 $A(x_1, y_1, z_1)$为起点，$B(x_2, y_2, z_2)$为终点的向量(见图5－14)，求向量 $\boldsymbol{a}$ 的坐标表达式.

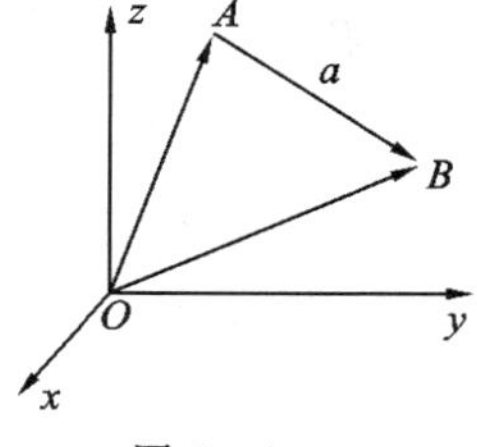

图 5－14

解　
$$\boldsymbol{a}=\overrightarrow{AB}=\overrightarrow{OB}-\overrightarrow{OA}=(x_2\boldsymbol{i}+y_2\boldsymbol{j}+z_2\boldsymbol{k})-(x_1\boldsymbol{i}+y_1\boldsymbol{j}+z_1\boldsymbol{k})$$
$$=(x_2-x_1)\boldsymbol{i}+(y_2-y_1)\boldsymbol{j}+(z_2-z_1)\boldsymbol{k}$$

或

$$\boldsymbol{a}=\overrightarrow{AB}=\{x_2-x_1, y_2-y_1, z_2-z_1\}$$

即为向量 $\boldsymbol{a}$ 的坐标表达式.

在例 1 中，若令 $a_x=x_2-x_1$，$a_y=y_2-y_1$，$a_z=z_2-z_1$，则有 $\boldsymbol{a}=(a_x, a_y, a_z)$，其中 a_x、a_y、a_z 是向量 $\boldsymbol{a}$ 在三个坐标轴上的投影，称为 $\boldsymbol{a}$ 的坐标.

2. 向量的模与方向余弦

向量是由它的模与方向确定的. 如果已知非零向量 $\boldsymbol{a}$ 的坐标表达式$\{a_x, a_y, a_z\}$，那么，它的模与方向也可用其坐标来表示.

在空间直角坐标系中，设有两点 $M_1(x_1, y_1, z_1)$、$M_2(x_2, y_2, z_2)$，则

$$\overrightarrow{M_1M_2}=(x_2-x_1)\boldsymbol{i}+(y_2-y_1)\boldsymbol{j}+(z_1-z_2)\boldsymbol{k}=\{x_2-x_1, y_2-y_1, z_2-z_1\}$$

向量$\overrightarrow{M_1M_2}$的模也就是点 M_1、M_2 间的距离，即

$$|\overrightarrow{M_1M_2}|=\sqrt{(x_2-x_1)^2+(y_2-y_1)^2+(z_2-z_1)^2}$$

这就是说，向量的模等于它在三坐标轴上的投影的平方和的算术平方根.

如果向量 $\boldsymbol{a}$ 的坐标表达式为

$$\boldsymbol{a}=a_x\boldsymbol{i}+a_y\boldsymbol{j}+a_z\boldsymbol{k}=\{a_x, a_y, a_z\}$$

则

$$|a|=\sqrt{a_x^2+a_y^2+a_z^2}$$

现在来看向量 $\boldsymbol{a}$ 的方向. 对于非零向量 $\boldsymbol{a}$，我们可以用它与三条坐标轴的正向的夹角 α、β、γ(其中 $0\leqslant\alpha\leqslant\pi$，$0\leqslant\beta\leqslant\pi$，$0\leqslant\gamma\leqslant\pi$)来表示它的方向(见图 5－15)，称 α、β、γ 为向量 $\boldsymbol{a}$ 的方向角，方向角的余弦 $\cos\alpha$、$\cos\beta$、$\cos\gamma$ 称为 a 的方向余弦.

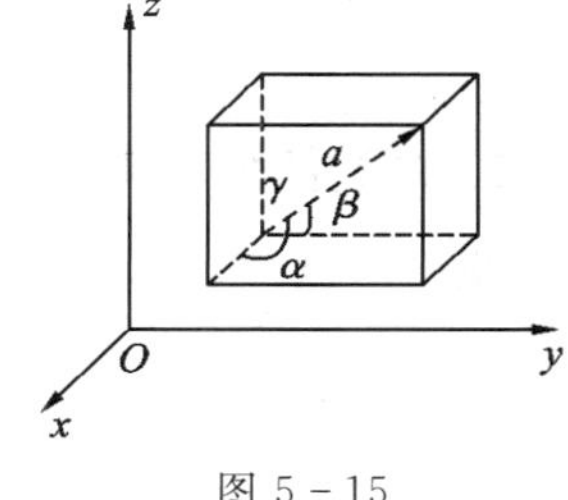

图 5－15

由此可由方向余弦(或方向角)来表示 $\boldsymbol{a}$ 的方向，且有

$$\begin{cases}\cos\alpha=\dfrac{a_x}{|\boldsymbol{a}|}=\dfrac{a_x}{\sqrt{a_x^2+a_y^2+a_z^2}}\\[2ex]\cos\beta=\dfrac{a_y}{|\boldsymbol{a}|}=\dfrac{a_y}{\sqrt{a_x^2+a_y^2+a_z^2}}\\[2ex]\cos\gamma=\dfrac{a_z}{|\boldsymbol{a}|}=\dfrac{a_z}{\sqrt{a_x^2+a_y^2+a_z^2}}\end{cases}$$

把以上三式两边平方后相加得

$$\cos^2\alpha+\cos^2\beta+\cos^2\gamma=1$$

即任一非零向量的方向余弦的平方和等于 1.

由上述可知，单位向量 $\boldsymbol{a}^\circ$的坐标就是它的方向余弦：$\boldsymbol{a}^\circ=\{\cos\alpha, \cos\beta, \cos\gamma\}$.

特别地，基本单位向量的坐标是：$\boldsymbol{i}=\{1,0,0\}$，$\boldsymbol{j}=\{0,1,0\}$，$\boldsymbol{k}=\{0,0,1\}$.

例 2 已知点 $M_1(2, 2, \sqrt{2})$ 和 $M_2(1, 3, 0)$，求 $\overrightarrow{M_1M_2}$ 的模、方向余弦和方向角.

解 由

$$\overrightarrow{M_1M_2}=\{1-2, 3-2, 0-\sqrt{2}\}=\{-1, 1, \sqrt{2}\}$$

可得 $|\overrightarrow{M_1M_2}|=\sqrt{(-1)^2+1^2+(-\sqrt{2})^2}=\sqrt{1+1+2}=\sqrt{4}=2$

$$\cos\alpha=-\frac{1}{2},\ \cos\beta=\frac{1}{2},\ \cos\gamma=-\frac{\sqrt{2}}{2}$$

$$\alpha=\frac{2\pi}{3},\ \beta=\frac{\pi}{3},\ \gamma=\frac{3\pi}{4}$$

例 3 设向量 $\boldsymbol{a}$ 的两个方向余弦为 $\cos\alpha=\frac{1}{3}$，$\cos\beta=\frac{2}{3}$，又 $|\boldsymbol{a}|=6$，求向量 $\boldsymbol{a}$ 的坐标.

解 因为 $\cos\alpha=\frac{1}{3}$，$\cos\beta=\frac{2}{3}$，则

$$\cos\gamma=\sqrt{1-\cos^2\alpha-\cos^2\beta}=\pm\frac{2}{3}$$

又因为 $|\boldsymbol{a}|=6$，则

$$\begin{cases} a_x=|\boldsymbol{a}|\cos\alpha=2 \\ a_y=|\boldsymbol{a}|\cos\beta=4 \\ a_z=|\boldsymbol{a}|\cos\gamma=\pm 4 \end{cases}$$

所以 $\boldsymbol{a}=\{2, 4, 4\}$ 或 $\boldsymbol{a}=\{2, 4, -4\}$.

四、向量运算的坐标表达

利用向量的坐标表达式，可以将向量的运算转化为普通的代数运算. 设

$$\boldsymbol{a}=\{a_x, a_y, a_z\},\ \boldsymbol{b}=\{b_x, b_y, b_z\}$$

即

$$\boldsymbol{a}=a_x\boldsymbol{i}+a_y\boldsymbol{j}+a_z\boldsymbol{k},\ \boldsymbol{b}=b_x\boldsymbol{i}+b_y\boldsymbol{j}+b_z\boldsymbol{k}$$

1. 向量的加减运算

利用向量加法的交换律和结合律，有

$$\boldsymbol{a}+\boldsymbol{b}=(a_x+b_x)\boldsymbol{i}+(a_y+b_y)\boldsymbol{j}+(a_z+b_z)\boldsymbol{k}$$
$$\boldsymbol{a}-\boldsymbol{b}=(a_x-b_x)\boldsymbol{i}+(a_y-b_y)\boldsymbol{j}+(a_z-b_z)\boldsymbol{k}$$

即

$$\boldsymbol{a}+\boldsymbol{b}=\{a_x+b_x, a_y+b_y, a_z+b_z\}$$
$$\boldsymbol{a}-\boldsymbol{b}=\{a_x-b_x, a_y-b_y, a_z-b_z\}$$

例 4 已知作用于一质点的三个力为 $\boldsymbol{F}_1=\boldsymbol{i}-2\boldsymbol{k}$，$\boldsymbol{F}_2=2\boldsymbol{i}-3\boldsymbol{j}+4\boldsymbol{k}$，$\boldsymbol{F}_3=\boldsymbol{j}+\boldsymbol{k}$，求其合力 $\boldsymbol{F}$ 的大小及方向角.

解 $\boldsymbol{F}=\boldsymbol{F}_1+\boldsymbol{F}_2+\boldsymbol{F}_3=\{1, 0, -2\}+\{2, -3, 4\}+\{0, 1, 1\}=\{3, -2, 3\}$

即

$$\boldsymbol{F}=3\boldsymbol{i}-2\boldsymbol{j}+3\boldsymbol{k}$$

由此可知

$$|\boldsymbol{F}|=\sqrt{3^2+(-2)^2+2^2}=\sqrt{22}\approx 4.690$$

$$\cos\alpha=\frac{3}{\sqrt{22}},\ \cos\beta=\frac{-2}{\sqrt{22}},\ \cos\gamma=\frac{3}{\sqrt{22}}$$

查表可得

$$\alpha\approx 50°14',\ \beta\approx 115°14',\ \gamma\approx 50°14'$$

故合力大小的近似值为 4.690 个单位，合力的三个方向角为 $\alpha\approx 50°14'$，$\beta\approx 115°14'$，$\gamma\approx 50°14'$.

2. 数与向量的乘积

利用数与向量乘法的结合律与分配律，有

$$\begin{aligned}\lambda\boldsymbol{a}&=\lambda\{a_x,\ a_y,\ a_z\}=\lambda\{a_x\boldsymbol{i}+a_y\boldsymbol{j}+a_z\boldsymbol{k}\}\\&=(\lambda a_x)\boldsymbol{i}+(\lambda a_y)\boldsymbol{j}+(\lambda a_z)\boldsymbol{k}\ (\lambda\text{ 为数})\end{aligned}$$

即

$$\lambda\boldsymbol{a}=\{\lambda a_x,\ \lambda a_y,\ \lambda a_z\}$$

例 5　求向量 $\boldsymbol{a}=\{4,\ 0,\ -3\}$ 的单位向量及方向余弦.

解
$$|\boldsymbol{a}|=\sqrt{4^2+0^2+(-3)^2}=5$$

$$\boldsymbol{a}^\circ=\frac{1}{|\boldsymbol{a}|}\boldsymbol{a}=\frac{1}{5}\{4,\ 0,\ -3\}=\left\{\frac{4}{5},\ 0,\ -\frac{3}{5}\right\}$$

即 $\boldsymbol{a}$ 的方向余弦是

$$\cos\alpha=\frac{4}{5},\ \cos\beta=0,\ \cos\gamma=-\frac{3}{5}$$

3. 两向量的数量积

设一质点在常力 $\boldsymbol{F}$ 的作用下，由 A 点沿直线移动到 B 点，产生位移 $\boldsymbol{S}=\overrightarrow{AB}$，$\boldsymbol{F}$ 与 $\boldsymbol{S}$ 的夹角为 θ(见图 5-16)，则由物理学知道，力 $\boldsymbol{F}$ 在位移 $\boldsymbol{S}$ 上所做的功为

$$W=|\boldsymbol{F}||\boldsymbol{S}|\cos\theta$$

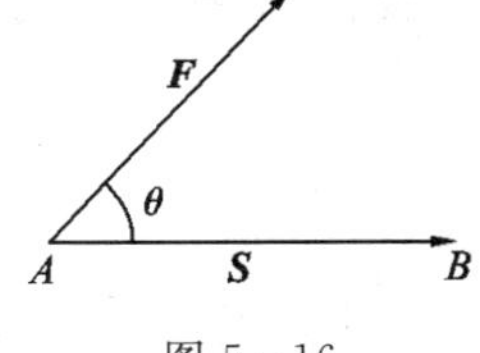

图 5-16

这种由两个向量($\boldsymbol{F}$ 及 $\boldsymbol{S}$)决定一个数量(W)的运算，有着广泛的应用. 由此抽象出两个向量的数量积的概念.

定义 2　设 $\boldsymbol{a}$、$\boldsymbol{b}$ 是任意两个向量，它们的夹角 $(\widehat{\boldsymbol{a},\ \boldsymbol{b}})=\theta$，则把数量 $|\boldsymbol{a}||\boldsymbol{b}|\cos\theta$ 称为向量 $\boldsymbol{a}$ 与 $\boldsymbol{b}$ 的数量积，记作 $\boldsymbol{a}\cdot\boldsymbol{b}$，即

$$\boldsymbol{a}\cdot\boldsymbol{b}=|\boldsymbol{a}||\boldsymbol{b}|\cos\theta$$

或

$$\boldsymbol{a}\cdot\boldsymbol{b}=|\boldsymbol{a}||\boldsymbol{b}|\cos(\widehat{\boldsymbol{a},\ \boldsymbol{b}})=|\boldsymbol{b}|\ \mathrm{Prj}_b\boldsymbol{a}=|\boldsymbol{a}|\mathrm{Prj}_a\boldsymbol{b}$$

上式说明，两向量的数量积等于其中一个向量的模和另一个向量在这个向量方向上的投影的乘积.

根据这个定义，上述问题中力所做的功 W 是力 $\boldsymbol{F}$ 与位移 $\boldsymbol{S}$ 的数量积，即

$$W=\boldsymbol{F}\cdot\boldsymbol{S}$$

数量积满足下列运算规律：

(1) 交换律　$\boldsymbol{a}\cdot\boldsymbol{b}=\boldsymbol{b}\cdot\boldsymbol{a}$；

(2) 结合律　$(\lambda\boldsymbol{a})\cdot\boldsymbol{b}=\boldsymbol{a}\cdot(\lambda\boldsymbol{b})=\lambda(\boldsymbol{a}\cdot\boldsymbol{b})$，$\lambda$ 为数；

(3) 分配律　$\boldsymbol{a}\cdot(\boldsymbol{b}+\boldsymbol{c})=\boldsymbol{a}\cdot\boldsymbol{b}+\boldsymbol{a}\cdot\boldsymbol{c}$.

数量积有如下性质：

(1) $\boldsymbol{a}\cdot\boldsymbol{a}=|\boldsymbol{a}|^2$；

(2) 两向量 $\boldsymbol{a}$、$\boldsymbol{b}$ 相互垂直的充要条件为 $\boldsymbol{a}\cdot\boldsymbol{b}=0$；

如果 $\boldsymbol{a}$、$\boldsymbol{b}$ 中至少有一个是零向量，由于零向量的方向不定，所以可看成任何向量都与零向量垂直.

(3) 两个非零向量 $\boldsymbol{a}$、$\boldsymbol{b}$ 的夹角 θ 的余弦用它们的数量积表示为

$$\cos\theta=\frac{\boldsymbol{a}\cdot\boldsymbol{b}}{|\boldsymbol{a}||\boldsymbol{b}|}$$

利用数量积的运算规律可得：

$$\boldsymbol{a}\cdot\boldsymbol{b}=a_xb_x+a_yb_y+a_zb_z$$

即两向量的数量积等于它们对应坐标的乘积之和.

例 6　已知 $\boldsymbol{a}=4\boldsymbol{i}-\boldsymbol{j}+3\boldsymbol{k}$，$\boldsymbol{b}=5\boldsymbol{i}-\boldsymbol{k}$，试求：$\boldsymbol{a}\cdot\boldsymbol{b}$，$\mathrm{Prj}_a\boldsymbol{b}$ 和 $\cos(\widehat{\boldsymbol{a},\boldsymbol{b}})$.

解　因为

$$\boldsymbol{a}=4\boldsymbol{i}-\boldsymbol{j}+3\boldsymbol{k}=\{4,-1,3\},\ \boldsymbol{b}=5\boldsymbol{i}-\boldsymbol{k}=\{5,0,-1\}$$

所以

$$\boldsymbol{a}\cdot\boldsymbol{b}=\{4,-1,3\}\cdot\{5,0,-1\}=4\times5+(-1)\times0+3\times(-1)=17$$

由 $\boldsymbol{a}\cdot\boldsymbol{b}=|\boldsymbol{a}|\mathrm{Prj}_a\boldsymbol{b}$，有

$$\mathrm{Prj}_a\boldsymbol{b}=\frac{\boldsymbol{a}\cdot\boldsymbol{b}}{|\boldsymbol{a}|}=\frac{17}{\sqrt{4^2+(-1)^2+3^2}}=\frac{17}{\sqrt{26}}$$

又因为 $\mathrm{Prj}_a\boldsymbol{b}=|\boldsymbol{b}|\cos(\widehat{\boldsymbol{a},\boldsymbol{b}})$，所以

$$\cos(\widehat{\boldsymbol{a},\boldsymbol{b}})=\frac{\mathrm{Prj}_a\boldsymbol{b}}{|\boldsymbol{b}|}=\frac{\frac{17}{\sqrt{26}}}{\sqrt{25+1}}=\frac{17}{26}$$

例 7　设一质点在力 $\boldsymbol{F}=2\boldsymbol{i}-3\boldsymbol{j}+4\boldsymbol{k}$ 的作用下，由 $A(1,2,-1)$ 沿直线移动到 $B(3,1,2)$. 求：

(1) 力 $\boldsymbol{F}$ 所做的功；

(2) 力 $\boldsymbol{F}$ 与位移 $\overrightarrow{AB}$ 的夹角(力的单位为 N，位移的单位为 m).

解　(1) 因为

$$\boldsymbol{F}=2\boldsymbol{i}-3\boldsymbol{j}+4\boldsymbol{k},\ \overrightarrow{AB}=(3-1)\boldsymbol{i}+(1-2)\boldsymbol{j}+(2+1)\boldsymbol{k}=2\boldsymbol{i}-\boldsymbol{j}+3\boldsymbol{k}.$$

所以，力 $\boldsymbol{F}$ 所做的功

$$W=\boldsymbol{F}\cdot\overrightarrow{AB}=2\times2+(-3)\cdot(-1)+4\times3=19(\mathrm{J})$$

(2) 因为

$$\cos(\boldsymbol{F},\overrightarrow{AB})=\frac{\boldsymbol{F}\cdot\overrightarrow{AB}}{\boldsymbol{F}\ |\overrightarrow{AB}|}=\frac{19}{\sqrt{2^2+(-3)^2+4^2}\cdot\sqrt{2^2+(-1)^2+3^2}}\approx0.9429$$

所以，力 $\boldsymbol{F}$ 与位移 $\overrightarrow{AB}$ 的夹角约为 $19°27'$.

4. 向量的向量积

在磁场内，运动的电荷将会受到磁场力的作用. 某时刻单位正电荷位于点 A 处，它移动的速度为 $\boldsymbol{v}$，点 A 处的磁感应强度为 $\boldsymbol{B}$，由物理学可以知道，此时它所受到的磁场力 $\boldsymbol{F}$ 的大小为 $|\boldsymbol{F}|=|\boldsymbol{v}||\boldsymbol{B}|\sin\theta$，其中 θ 为 $\boldsymbol{v}$ 与 $\boldsymbol{B}$ 的夹角($0\leqslant\theta\leqslant\pi$). $\boldsymbol{F}$ 垂直于 $\boldsymbol{v}$ 与 $\boldsymbol{B}$ 所在的平

面，$\boldsymbol{F}$ 的正方向由 $\boldsymbol{v}$、$\boldsymbol{B}$、$\boldsymbol{F}$ 顺次构成的右手规则所确定，即当右手拇指指向与 $\boldsymbol{v}$ 一致，食指指向与 $\boldsymbol{B}$ 一致时，与它们垂直的中指的指向即为 $\boldsymbol{F}$ 的方向(见图 5-17)，向量 $\boldsymbol{F}$ 可以看作向量 $\boldsymbol{v}$ 与 $\boldsymbol{B}$ 作用的结果.

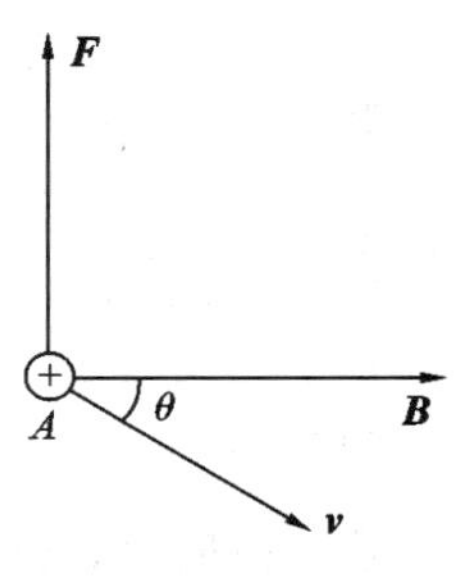

图 5-17

由此，我们引出向量积的概念.

定义 3　设有两向量 $\boldsymbol{a}$、$\boldsymbol{b}$，若向量 $\boldsymbol{c}$ 满足：

(1) $|\boldsymbol{c}|=|\boldsymbol{a}||\boldsymbol{b}|\sin(\widehat{\boldsymbol{a},\boldsymbol{b}})$；

(2) $\boldsymbol{c}$ 垂直于 $\boldsymbol{a}$ 和 $\boldsymbol{b}$ 所确定的平面，$\boldsymbol{a}$、$\boldsymbol{b}$、$\boldsymbol{c}$ 顺次成右手系(见图 5-18)，则称向量 $\boldsymbol{c}$ 为 $\boldsymbol{a}$ 与 $\boldsymbol{b}$ 的向量积，记作 $\boldsymbol{a}\times\boldsymbol{b}$，即

$$\boldsymbol{c}=\boldsymbol{a}\times\boldsymbol{b}$$

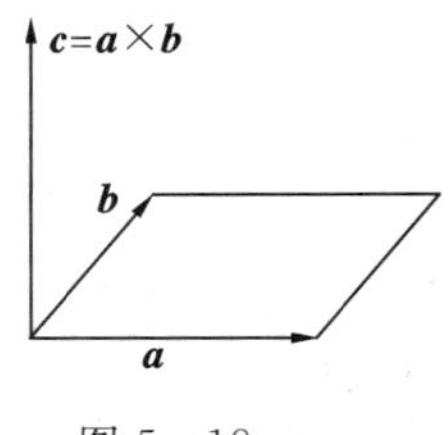

图 5-18

有了向量积的概念，上述的磁场力 $\boldsymbol{F}$ 就可以表示为

$$\boldsymbol{F}=\boldsymbol{v}\times\boldsymbol{B}$$

由向量积的定义可知，$\boldsymbol{a}\times\boldsymbol{b}$ 的模等于以 $\boldsymbol{a}$、$\boldsymbol{b}$ 为邻边的平行四边形的面积.

向量积符合下列运算规律：

(1) $\boldsymbol{b}\times\boldsymbol{a}=-\boldsymbol{a}\times\boldsymbol{b}$，这表明向量积不满足交换律.

(2) 分配律 $(\boldsymbol{a}+\boldsymbol{b})\times\boldsymbol{c}=\boldsymbol{a}\times\boldsymbol{c}+\boldsymbol{b}\times\boldsymbol{c}$，$\boldsymbol{a}\times(\boldsymbol{b}+\boldsymbol{c})=\boldsymbol{a}\times\boldsymbol{b}+\boldsymbol{a}\times\boldsymbol{c}$.

(3) 结合律 $(\lambda\boldsymbol{a})\times\boldsymbol{b}=\boldsymbol{a}\times(\lambda\boldsymbol{b})=\lambda(\boldsymbol{a}\times\boldsymbol{b})$.

向量积有如下性质：

(1) $\boldsymbol{a}\times\boldsymbol{a}=\boldsymbol{0}$，因为$(\widehat{\boldsymbol{a},\boldsymbol{a}})=0$，所以$|\boldsymbol{a}\times\boldsymbol{a}|=|\boldsymbol{a}|^2\sin 0=0$，即 $\boldsymbol{a}\times\boldsymbol{a}=\boldsymbol{0}$.

(2) $\boldsymbol{a}$ 与 $\boldsymbol{b}$ 平行的充要条件是 $\boldsymbol{a}\times\boldsymbol{b}=\boldsymbol{0}$.

事实上，当 $\boldsymbol{a}\neq\boldsymbol{0}$，$\boldsymbol{b}\neq\boldsymbol{0}$ 时，由 $\boldsymbol{a}\times\boldsymbol{b}=\boldsymbol{0}$ 得 $\sin(\widehat{\boldsymbol{a},\boldsymbol{b}})=0$. 于是$(\widehat{\boldsymbol{a},\boldsymbol{b}})=0$ 或 π，即 $\boldsymbol{a}/\!/\boldsymbol{b}$；反之，若 $\boldsymbol{a}/\!/\boldsymbol{b}$，则$(\widehat{\boldsymbol{a},\boldsymbol{b}})=0$ 或 π，于是$|\boldsymbol{a}\times\boldsymbol{b}|=0$，即 $\boldsymbol{a}\times\boldsymbol{b}=0$.

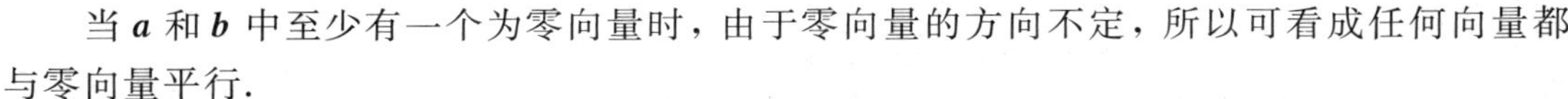

当 $\boldsymbol{a}$ 和 $\boldsymbol{b}$ 中至少有一个为零向量时，由于零向量的方向不定，所以可看成任何向量都与零向量平行.

对于基本单位向量 $\boldsymbol{i}$、$\boldsymbol{j}$、$\boldsymbol{k}$，根据向量积的定义，我们可得到下面结果：

$$\boldsymbol{i}\times\boldsymbol{j}=\boldsymbol{k},\ \boldsymbol{j}\times\boldsymbol{k}=\boldsymbol{i},\ \boldsymbol{k}\times\boldsymbol{i}=\boldsymbol{j}$$
$$\boldsymbol{j}\times\boldsymbol{i}=-\boldsymbol{k},\ \boldsymbol{k}\times\boldsymbol{j}=-\boldsymbol{i},\ \boldsymbol{i}\times\boldsymbol{k}=-\boldsymbol{j}$$
$$\boldsymbol{i}\times\boldsymbol{i}=\boldsymbol{j}\times\boldsymbol{j}=\boldsymbol{k}\times\boldsymbol{k}=0$$

所以，利用向量积的运算规律有：

$$\begin{aligned}\boldsymbol{a}\times\boldsymbol{b}&=(a_x\boldsymbol{i}+a_y\boldsymbol{j}+a_z\boldsymbol{k})\times(b_x\boldsymbol{i}+b_y\boldsymbol{j}+b_z\boldsymbol{k})\\&=a_xb_x(\boldsymbol{i}\times\boldsymbol{i})+a_xb_y(\boldsymbol{i}\times\boldsymbol{j})+a_xb_z(\boldsymbol{i}\times\boldsymbol{k})+a_yb_x(\boldsymbol{j}\times\boldsymbol{i})+a_yb_y(\boldsymbol{j}\times\boldsymbol{j})+\\&\quad a_yb_z(\boldsymbol{j}\times\boldsymbol{k})+a_zb_x(\boldsymbol{k}\times\boldsymbol{j})+a_zb_y(\boldsymbol{k}\times\boldsymbol{j})+a_zb_z(\boldsymbol{k}\times\boldsymbol{k})\\&=(a_yb_z-a_zb_y)\boldsymbol{i}+(a_zb_x-a_xb_z)\boldsymbol{j}+(a_xb_y-a_yb_x)\boldsymbol{k}\end{aligned}$$

这个公式可以用行列式把它写成便于记忆的形式：

$$\boldsymbol{a}\times\boldsymbol{b}=\begin{vmatrix}\boldsymbol{i}&\boldsymbol{j}&\boldsymbol{k}\\a_x&a_y&a_z\\b_x&b_y&b_z\end{vmatrix}=\begin{vmatrix}a_y&a_z\\b_y&b_z\end{vmatrix}\boldsymbol{i}+\begin{vmatrix}a_x&a_z\\b_x&b_z\end{vmatrix}\boldsymbol{j}+\begin{vmatrix}a_x&a_y\\b_x&b_y\end{vmatrix}\boldsymbol{k}$$

例 8　设 $\boldsymbol{a}=\{2,1,-1\}$，$\boldsymbol{b}=\{1,-1,2\}$，求 $\boldsymbol{a}\times\boldsymbol{b}$.

解

$$\boldsymbol{a}\times\boldsymbol{b}=\begin{vmatrix}\boldsymbol{i} & \boldsymbol{j} & \boldsymbol{k}\\ 2 & 1 & -1\\ 1 & -1 & 2\end{vmatrix}=\boldsymbol{i}-5\boldsymbol{j}-3\boldsymbol{k}$$

即

$$\boldsymbol{a}\times\boldsymbol{b}=\{1,\ -5,\ -3\}$$

例 9 求以 $A(1,2,3)$、$B(3,4,5)$、$C(2,4,7)$为顶点的$\triangle ABC$ 的面积.

解 由向量积的定义可知$\triangle ABC$ 的面积$S_{\triangle ABC}=\frac{1}{2}|\overrightarrow{AB}\times\overrightarrow{AC}|$.

由于$\overrightarrow{AB}=(2,2,2)$，$\overrightarrow{AC}=(1,2,4)$，因此

$$\overrightarrow{AB}\times\overrightarrow{AC}=\begin{vmatrix}\boldsymbol{i} & \boldsymbol{j} & \boldsymbol{k}\\ 2 & 2 & 2\\ 1 & 2 & 4\end{vmatrix}=4\boldsymbol{i}-6\boldsymbol{j}+2\boldsymbol{k}$$

于是

$$S_{\triangle ABC}=\frac{1}{2}|4\boldsymbol{i}-6\boldsymbol{j}+2\boldsymbol{k}|=\frac{1}{2}\sqrt{4^2+(-6)^2+2^2}=\sqrt{14}$$

五、向量的位置关系

设有两个非零向量 $\boldsymbol{a}$ 和 $\boldsymbol{b}$，它们的坐标表达式为

$$\boldsymbol{a}=a_x\boldsymbol{i}+a_y\boldsymbol{j}+a_z\boldsymbol{k},\ \boldsymbol{b}=b_x\boldsymbol{i}+b_y\boldsymbol{j}+b_z\boldsymbol{k}$$

则向量 $\boldsymbol{a}$ 和 $\boldsymbol{b}$ 互相垂直的充要条件 $\boldsymbol{a}\cdot\boldsymbol{b}=0$ 可表示为

$$a_xb_x+a_yb_y+a_zb_z=0$$

容易证明，非零向量 $\boldsymbol{a}$ 与 $\boldsymbol{b}$ 相互平行的充要条件是存在一个不等于零的常数λ，使

$$\boldsymbol{a}=\lambda\boldsymbol{b}$$

也就是

$$a_x\boldsymbol{i}+a_y\boldsymbol{j}+a_z\boldsymbol{k}=\lambda b_x\boldsymbol{i}+\lambda b_y\boldsymbol{j}+\lambda b_z\boldsymbol{k}$$

而两个向量相等时，它们在坐标轴上的投影也相等，所以

$$a_x=\lambda b_x,\ a_y=\lambda b_y,\ a_z=\lambda b_z$$

或

$$\frac{a_x}{b_x}=\frac{a_y}{b_y}=\frac{a_z}{b_z}$$

这就是非零向量 $\boldsymbol{a}$ 与 $\boldsymbol{b}$ 平行的充要条件.

由数量积的定义，有

$$\cos(\widehat{\boldsymbol{a},\ \boldsymbol{b}})=\frac{\boldsymbol{a}\cdot\boldsymbol{b}}{|\boldsymbol{a}||\boldsymbol{b}|}=\frac{a_xb_x+a_yb_y+a_zb_z}{\sqrt{a_x^2+a_y^2+a_z^2}\cdot\sqrt{b_x^2+b_y^2+b_z^2}}$$

此式为向量 $\boldsymbol{a}$ 与 $\boldsymbol{b}$ 夹角余弦的坐标表达式.

能力训练题 5.2

1. (1) 已知$|\boldsymbol{a}|=8$，$|\boldsymbol{b}|=5$，$(\widehat{\boldsymbol{a},\ \boldsymbol{b}})=\frac{\pi}{3}$，求 $\boldsymbol{a}\cdot\boldsymbol{b}$；

(2) 已知$|\boldsymbol{a}|=3$，$|\boldsymbol{b}|=1$，$\boldsymbol{a}$、$\boldsymbol{b}$ 方向相反，求 $\boldsymbol{a}\cdot\boldsymbol{b}$.

2. 已知等边三角形的边长为 1，且$\overrightarrow{BC}=\boldsymbol{a}$，$\overrightarrow{CA}=\boldsymbol{b}$，$\overrightarrow{AB}=\boldsymbol{c}$，求 $\boldsymbol{a}\cdot\boldsymbol{b}+\boldsymbol{b}\cdot\boldsymbol{c}+\boldsymbol{c}\cdot\boldsymbol{a}$.

3. 如果 $\boldsymbol{a}$、$\boldsymbol{b}$、$\boldsymbol{c}$ 构成一个三角形，即 $\boldsymbol{a}+\boldsymbol{b}+\boldsymbol{c}=0$. 问：(1) $|\boldsymbol{a}\times\boldsymbol{b}|$的几何意义；(2) 证明 $\boldsymbol{a}\times\boldsymbol{b}=\boldsymbol{b}\times\boldsymbol{c}=\boldsymbol{c}\times\boldsymbol{a}$.

4. 证明：非零向量 $\boldsymbol{a}$ 与 $\boldsymbol{b}$ 互相平行的充要条件是存在一个不为零的常数 λ，使 $\boldsymbol{a}=\lambda\boldsymbol{b}$.

5. 平行于 x 轴、y 轴、z 轴的向量，其坐标表达式各有什么特点？

6. 从点 $A(2,-1,7)$ 沿向量 $\boldsymbol{a}=8\boldsymbol{i}+9\boldsymbol{j}-12\boldsymbol{k}$ 取线段 AB，使 $|\overrightarrow{AB}|=34$. 求点 B 的坐标($\overrightarrow{AB}$与 $\boldsymbol{a}$ 同向).

7. 已知向量 $\boldsymbol{a}$ 的两个方向余弦为 $\cos\alpha=\dfrac{2}{7}$，$\cos\beta=\dfrac{3}{7}$，$\boldsymbol{a}$ 与 z 轴的方向角是钝角，且 $|\boldsymbol{a}|=1$，求向量 $\boldsymbol{a}$ 的坐标.

8. 已知 $\boldsymbol{a}=\{2,-1,-3\}$，$\boldsymbol{b}=\{2,1,-4\}$，求 $\boldsymbol{a}+\boldsymbol{b}$，$\boldsymbol{a}-\boldsymbol{b}$，$3\boldsymbol{a}-2\boldsymbol{b}$.

9. 设 $\boldsymbol{a}=3\boldsymbol{i}+5\boldsymbol{j}-4\boldsymbol{k}$，$\boldsymbol{b}=2\boldsymbol{i}+\boldsymbol{j}+8\boldsymbol{k}$. 选取合适的 λ、μ，使向量 $\lambda\boldsymbol{a}+\mu\boldsymbol{b}$ 同 z 轴垂直且在 x 轴上的投影为 8.

10. 设向量 $\boldsymbol{a}$ 的方向角为 α、β、γ. 若(1) $\alpha=60°$，$\beta=120°$，求 γ；(2) $\alpha=135°$，$\beta=60°$，求 γ.

11. 设力 $\boldsymbol{F}=2\boldsymbol{i}+4\boldsymbol{j}+5\boldsymbol{k}$ 作用于一质点上，质点的位移 $\boldsymbol{S}=\{3,2,-1\}$，力的单位为 N，位移的单位为 m，求力 $\boldsymbol{F}$ 所做的功及 $\boldsymbol{F}$ 与 $\boldsymbol{S}$ 的夹角.

12. 设 $\boldsymbol{a}=a_x\boldsymbol{i}+a_y\boldsymbol{j}+a_z\boldsymbol{k}$，求 $\mathrm{Prj}_{\boldsymbol{i}}\boldsymbol{a}$、$\mathrm{Prj}_{\boldsymbol{j}}\boldsymbol{a}$、$\mathrm{Prj}_{\boldsymbol{k}}\boldsymbol{a}$.

13. 求以 $A(2,-2,0)$、$B(-1,0,1)$、$C(1,1,2)$为顶点的$\triangle ABC$ 的面积.

14. 已知向量 $\boldsymbol{a}$ 与 $\boldsymbol{b}$ 的夹角$(\widehat{\boldsymbol{a},\boldsymbol{b}})=\dfrac{\pi}{3}$，且$|\boldsymbol{a}|=2$，$|\boldsymbol{b}|=1$，求向量 $\boldsymbol{c}=2\boldsymbol{a}+3\boldsymbol{b}$ 与 $\boldsymbol{d}=3\boldsymbol{a}-\boldsymbol{b}$ 的夹角$(\widehat{\boldsymbol{c},\boldsymbol{d}})$.

5.3　空间平面与直线

平面和直线是空间最简单的几何图形. 本节将在空间直角坐标系中以向量为工具，建立不同形式的平面方程和直线方程，讨论平面与直线间的位置关系等问题.

一、平面的点法式方程及一般式方程

如果一非零向量 $\boldsymbol{n}$ 与平面 π 上任一向量都垂直，则称 $\boldsymbol{n}$ 垂直于平面 π，并把 $\boldsymbol{n}$ 叫作平面 π 的法向量. 显然，平面 π 的法向量有无穷多个.

我们知道，过空间一点可以作而且只能作一个平面垂直于一条已知直线. 所以当平面 π 上一点和它的一个法向量为已知时，平面 π 的位置就完全确定了. 下面利用这个结论来建立平面的方程.

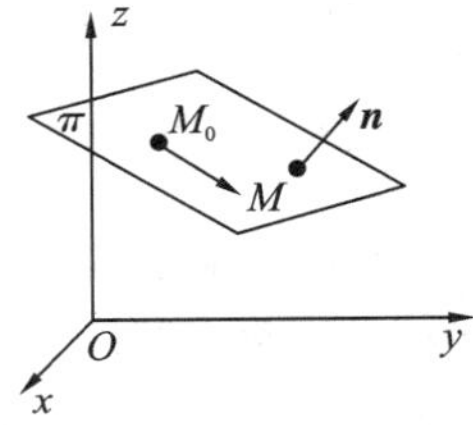

图 5-19

已知平面 π 过点 $M_0(x_0,y_0,z_0)$，$\boldsymbol{n}=\{A,B,C\}$是平面 π 的法向量(见图 5-19). 求平面 π 的方程.

在平面 π 上任取一点 $M(x,y,z)$，作向量

$$\overrightarrow{M_0M}=(x-x_0)\boldsymbol{i}+(y-y_0)\boldsymbol{j}+(z-z_0)\boldsymbol{k}$$

由于向量 $\boldsymbol{n}$ 垂直于平面 π，所以有$\overrightarrow{M_0M}\perp\boldsymbol{n}$，即$\overrightarrow{M_0M}\cdot\boldsymbol{n}=0$，也就是

$$A(x-x_0)+B(y-y_0)+C(z-z_0)=0 \tag{5.3-1}$$

由 M 的任意性可知，平面上点的坐标都满足法式方程，所以称上述方程为平面 π 的点法式方程. 将上述方程展开，得

$$Ax+By+Cz+D=0 \tag{5.3-2}$$

其中 $D=-Ax_0-By_0-Cz_0$. 这是 x、y、z 的三元一次方程，所以平面可用 x、y、z 的三元一次方程来表示. 把方程(5.3-2)叫作平面的一般式方程，$\boldsymbol{n}=\{A, B, C\}$ 为该平面的法向量.

例 1　求过点(2，3，−1)且以 $\boldsymbol{n}=\{3, -1, 3\}$ 为法向量的平面方程.

解　由式(5.3-1)得所求平面方程为

$$3(x-2)-(y-3)+3(z+1)=0$$

即

$$3x-y+3z=0$$

例 2　设向量 $\boldsymbol{a}=\{-7, 5, 5\}$，$\boldsymbol{b}=\{-5, 5, -1\}$ 有相同的起点 $M_0(5, -4, 3)$，求过向量 $\boldsymbol{a}$、$\boldsymbol{b}$ 的平面方程.

解　因为 $\boldsymbol{a}\times\boldsymbol{b}$ 同时垂直于 $\boldsymbol{a}$ 和 $\boldsymbol{b}$，所以它可以作为所求平面的一个法向量，即

$$\boldsymbol{n}=\boldsymbol{a}\times\boldsymbol{b}=\begin{vmatrix} \boldsymbol{i} & \boldsymbol{j} & \boldsymbol{k} \\ -7 & 5 & 5 \\ -5 & 5 & -1 \end{vmatrix}=-30\boldsymbol{i}-32\boldsymbol{j}-10\boldsymbol{k}$$

又因为平面过点 $M_0(5, -4, 3)$，由点法式方程(5.3-1)得所求的平面方程为

$$-30(x-5)-32(y+4)-10(z-3)=0$$

化简得

$$15x+16y+5z-26=0$$

例 3　求过点 $M_1(a, 0, 0)$、$M_2(0, b, 0)$ 和 $M_3(0, 0, c)$ 的平面方程(其中 $abc\neq 0$).

解　设所求平面方程为 $Ax+By+Cz+D=0$，由于点 M_1、M_2、M_3 在所求平面上，所以它们的坐标都满足该方程，即

$$\begin{cases} Aa+D=0 \\ Bb+D=0 \\ Cc+D=0 \end{cases}$$

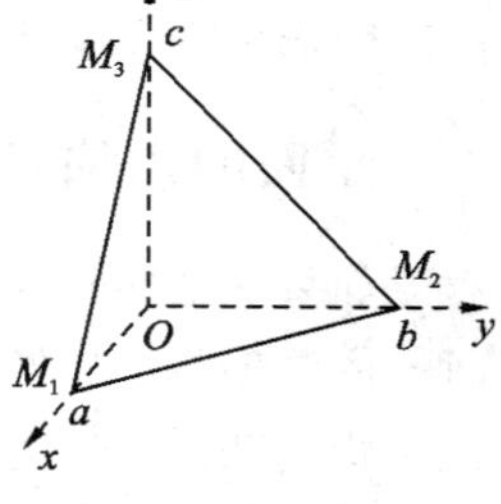

图 5-20

解此方程组，可得 $A=-\dfrac{D}{a}$，$B=-\dfrac{D}{b}$，$C=-\dfrac{D}{c}$，将其代入所设方程，有 $-\dfrac{D}{a}x-\dfrac{D}{b}y-\dfrac{D}{c}z+D=0$，消去 D 得

$$\frac{x}{a}+\frac{y}{b}+\frac{z}{c}=1$$

该方程称为平面的截距式方程，其中 a、b、c 分别称为平面在 x 轴、y 轴、z 轴上的截距(见图 5-20).

二、点到平面的距离、两平面的位置关系

设已知平面 π 的方程 $Ax+By+Cz+D=0$ 及平面外一点 $P_0(x_0, y_0, z_0)$，点 P_0 到平面 π 的距离为 d，则

$$d=\frac{|Ax_0+By_0+Cz_0+D|}{\sqrt{A^2+B^2+C^2}}$$

例 4　给定点 $A(2, 0, 0)$、$B(0, -3, 0)$、$C(0, 0, -2)$、$D(3, 5, -1)$，试求 D 到 A、B、C 三点所确定的平面 π 的距离 d.

解　由平面截距式方程知，平面 π 的方程为

$$\frac{x}{2}-\frac{y}{3}-\frac{z}{2}=1$$

把它写成一般方程为

$$3x-2y-3z-6=0$$

则点 D 到 A、B、C 三点所确定的平面 π 的距离为

$$d=\frac{|9-10+3-6|}{\sqrt{9+4+9}}=\frac{4}{\sqrt{22}}$$

下面讨论两平面的位置关系.

设平面 π_1、π_2 的方程分别为

$$\pi_1: A_1x+B_1y+C_1z+D_1=0$$
$$\pi_2: A_2x+B_2y+C_2z+D_2=0$$

则它们的法向量分别为

$$\boldsymbol{n}_1=\{A_1, B_1, C_1\}, \boldsymbol{n}_2=\{A_2, B_2, C_2\}$$

两个平面法向量之间的夹角，称为两平面的夹角(见图 5-21).

两平面的位置关系可借助两平面的夹角来确定. 两平面垂直、平行等价于其法向量垂直、平行，因此有

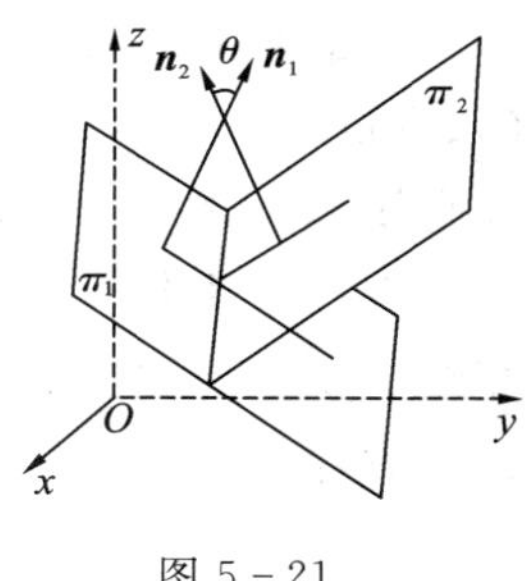

图 5-21

(1) 平面 π_1 与平面 π_2 互相垂直的充要条件是

$$\boldsymbol{n}_1\cdot\boldsymbol{n}_2=0$$

即

$$A_1A_2+B_1B_2+C_1C_2=0$$

(2) 平面 π_1 与平面 π_2 互相平行的充要条件是

$$\boldsymbol{n}_1\times\boldsymbol{n}_2=0$$

即

$$\frac{A_1}{A_2}=\frac{B_1}{B_2}=\frac{C_1}{C_2}=\lambda\quad(\lambda\text{ 为非零常数})$$

(3) 平面 π_1 与平面 π_2 既不垂直也不平行时，称之为斜交. 当两平面斜交时，两平面的夹角(二面角)可求得. 根据两向量夹角的余弦公式，平面 π_1 与平面 π_2 的夹角 θ 为

$$\cos\theta=\cos(\boldsymbol{n}_1, \boldsymbol{n}_2)=\frac{\boldsymbol{n}_1\cdot\boldsymbol{n}_2}{|\boldsymbol{n}_1||\boldsymbol{n}_2|}=\frac{A_1A_2+B_1B_2+C_1C_2}{\sqrt{A_1^2+B_1^2+C_1^2}\cdot\sqrt{A_2^2+B_2^2+C_2^2}}$$

例 5　求两平面 $x-y+2z-5=0$ 与 $2x+y+z+3=0$ 的夹角 θ.

解
$$\cos\theta=\frac{1\times2+(-1)\times1+2\times1}{\sqrt{1^2+(-1)^2+2^2}\cdot\sqrt{2^2+1^2+1^2}}=\frac{1}{2}$$

所以
$$\theta=\frac{\pi}{3}$$

例 6　求通过点 $(0, 0, 6)$ 且与平面 $x-y+2z-5=0$ 平行的平面方程.

解 由题意，设所求的平面方程为 $x-2y+2z+D=0$，其中 D 为待定常数.

因为所求平面通过点(0，0，6)，所以有 $0-0+2\times6+D=0$，即 $D=-12$. 故所求平面方程为 $x-2y+2z-12=0$.

例 7 求通过两点 $M_1(8,-3,1)$、$M_2(4,7,2)$且垂直于平面 $3x+5y-7z+21=0$ 的平面方程.

解 设所求平面的法向量为 $\boldsymbol{n}=(A,B,C)$，由已知，平面 $3x+5y-7z+21=0$ 的法向量 $\boldsymbol{n}_1=(3,5,-7)$，$\overrightarrow{M_1M_2}=(-4,10,1)$. 根据题意，有 $\boldsymbol{n}\perp\boldsymbol{n}_1$ 且 $\boldsymbol{n}\perp\overrightarrow{M_1M_2}$，于是

$$\boldsymbol{n}=\boldsymbol{n}_1\times\overrightarrow{M_1M_2}\begin{vmatrix}\boldsymbol{i} & \boldsymbol{j} & \boldsymbol{k}\\ 3 & 5 & -7\\ -4 & 10 & 1\end{vmatrix}=75\boldsymbol{i}+25\boldsymbol{j}+50\boldsymbol{k}$$

由点法式方程可得所求平面方程为

$$75(x-8)+25(y+3)+50(z-1)=0$$

即

$$3x+y+2z-23=0$$

三、空间直线的方程

空间直线可以看作两个平面的交线.

如果两个相交平面 π_1 与 π_2 的方程分别为 $A_1x+B_1y+C_1z+D_1=0$ 和$A_2x+B_2y+C_2z+D_2=0$，那么它们的交线是空间直线 L(见图 5-22).

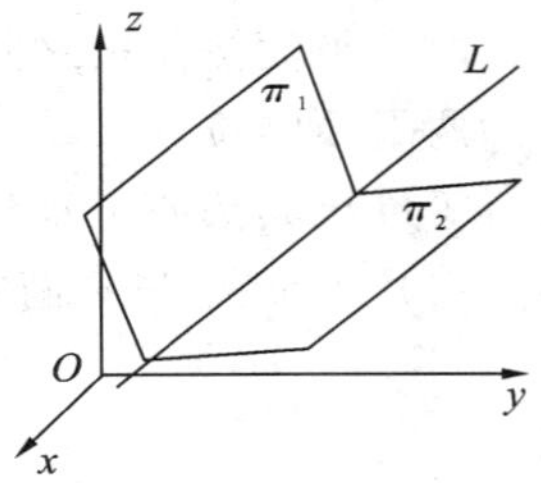

图 5-22

直线 L 上任意一点的坐标应同时满足这两个方程，而不在直线 L 上的点的坐标不能同时满足这两个方程. 因此，直线 L 可以用方程组

$$\begin{cases}A_1x+B_1y+C_1z+D_1=0\\ A_2x+B_2y+C_2z+D_2=0\end{cases}\qquad(5.3-3)$$

来表示，此方程组叫作空间直线的一般方程. 过空间一条直线 L 可以作无穷多个平面，其中任何两个平面方程联立均可以表示这条直线 L.

如果一个非零向量平行于一条已知直线，那么这个向量就叫作这条直线的方向向量. 显然，直线上任一向量都平行于该直线的方向向量. 我们知道，过空间一点可作而且只能作一条直线平行于已知直线，所以，当给出直线上一个点和它的一个方向向量时，直线的位置就完全确定了.

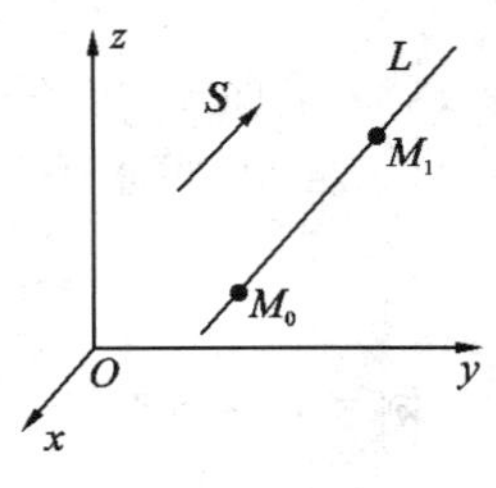

图 5-23

设已知直线 L 通过点 $M_0(x_0,y_0,z_0)$，它的方向向量 $\boldsymbol{S}=\{m,n,p\}$(见图 5-23)，求 L 的方程.

设 $M_1(x,y,z)$是直线 L 上的任意一点，则向量

$$\overrightarrow{M_1M_0}=\{x-x_0,y-y_0,z-z_0\}$$

由于$\overrightarrow{M_1M_0}$与方向向量 $\boldsymbol{S}$ 平行，所以有

$$\frac{x-x_0}{m}=\frac{y-y_0}{n}=\frac{z-z_0}{p} \tag{5.3-4}$$

显然，不在直线 L 上的点的坐标一定不满足该方程，此方程称为直线的点向式方程. 直线的任一方向向量 $\boldsymbol{S}$ 的坐标 m、n、p 叫作这直线的一组方向数.

当 m、n、p 中有一个为零时，例如 $m=0$，而 n、$p\neq 0$，方程(5.3-4)应理解为 $\begin{cases}x=x_0\\ \dfrac{y-y_0}{n}=\dfrac{z-z_0}{p}\end{cases}$，直线 L 在平面 $x=x_0$ 上；

当 m、n、p 中有两个为零时，例如，$m=n=0$，而 $p\neq 0$，方程(5.3-4)应理解为 $\begin{cases}x-x_0=0\\ y-y_0=0\end{cases}$，此时，直线 L 过点(x_0, y_0, z_0)且与 xOy 面垂直.

例 8　已知直线的方向向量为 $\boldsymbol{S}=3\boldsymbol{i}+2\boldsymbol{j}-\boldsymbol{k}$，且过点 $M_0(1, 1, -1)$，求此直线的方程.

解　由点向式方程可得所求直线的方程为

$$\frac{x-1}{3}=\frac{y-1}{2}=\frac{z+1}{-1}$$

在点向式方程中，设

$$\frac{x-x_0}{m}=\frac{y-y_0}{n}=\frac{z-z_0}{p}=t$$

那么有

$$\begin{cases}x=x_0+mt\\ y=y_0+nt\\ z=z_0+pt\end{cases}$$

这样，空间直线上点的坐标 x、y、z 就都表示为变量 t 的函数.

对于 t 的任一实数值，就得到 x、y、z 的一组值，从而确定了直线 L 上一点. 上述方程组称为直线的参数式方程，t 为参数.

例 9　一直线过两点 $M_1(x_1, y_1, z_1)$、$M_2(x_2, y_2, z_2)$，求此直线方程.

解　由于直线过点 M_1、M_2，所以可取向量 $\overrightarrow{M_1M_2}=\{x_2-x_1, y_2-y_1, z_2-z_1\}$ 为直线的方向向量，即

$$\boldsymbol{S}=\overrightarrow{M_1M_2}=\{x_2-x_1, y_2-y_1, z_2-z_1\}$$

由直线的点向式方程，得所求直线方程为

$$\frac{x-x_1}{x_2-x_1}=\frac{y-y_1}{y_2-y_1}=\frac{z-z_1}{z_2-z_1}$$

该方程称为直线的两点式方程.

例 10　用点向式方程及参数方程表示直线 $\begin{cases}x+y+z+1=0\\ 2x-y+3z+4=0\end{cases}$.

解　首先在直线上任找一点，例如，令 $y=0$，得直线上的一点$(1, 0, -2)$. 其次，求这条直线的方向向量 $\boldsymbol{S}$.

方程组中两平面的法向量分别为 $\boldsymbol{n}_1=\{1, 1, 1\}$、$\boldsymbol{n}_2=\{2, -1, 3\}$，显然，$\boldsymbol{S}\perp\boldsymbol{n}_1$，$\boldsymbol{S}\perp\boldsymbol{n}_2$，即

$$S=\begin{vmatrix} i & j & k \\ 1 & 1 & 1 \\ 2 & -1 & 3 \end{vmatrix}=4i-j-3k$$

故直线的点向式方程为

$$\frac{x-1}{4}=\frac{y-0}{-1}=\frac{z+2}{-3}$$

参数方程为

$$\begin{cases} x=1+4t \\ y=-t \\ z=-2-3t \end{cases}$$

四、两直线的位置关系

两直线方向向量的夹角叫作两直线的夹角.

设两直线 L_1、L_2 的方程为

$$L_1: \frac{x-x_1}{m_1}=\frac{y-y_1}{n_1}=\frac{z-z_1}{p_1}$$

$$L_2: \frac{x-x_2}{m_2}=\frac{y-y_2}{n_2}=\frac{z-z_2}{p_2}$$

它们的方向向量分别为

$$S_1=\{m_1, n_1, p_1\}, S_2=\{m_2, n_2, p_2\}$$

由两直线的夹角的定义，可得

(a) $L_1 \perp L_2 \Leftrightarrow S_1 \cdot S_2=0$ 或 $m_1m_2+n_1n_2+p_1p_2=0$；

(b) $L_1 /\!/ L_2 \Leftrightarrow S_1 \times S_2=\mathbf{0}$ 或 $\frac{m_1}{m_2}+\frac{n_1}{n_2}+\frac{p_1}{p_2}=0$.

特别地，设 $M_1(x_1, y_1, z_1)$、$M_2(x_2, y_2, z_2)$，当 $\overrightarrow{M_1M_2} /\!/ S_1$ 或 $\overrightarrow{M_1M_2} /\!/ S_2$ 时，两直线重合.

(c) 当直线 L_1 与直线 L_2 斜交(包括异面)时可求得两直线的夹角. 根据两向量的夹角的余弦公式，直线 L_1 和直线 L_2 的夹角 φ 为

$$\cos\varphi=\cos(\widehat{S_1, S_2})=\frac{S_1 \cdot S_2}{|S_1||S_2|}=\frac{m_1m_2+n_1n_2+p_1p_2}{\sqrt{m_1^2+n_1^2+p_1^2} \cdot \sqrt{m_2^2+n_2^2+p_2^2}}$$

例 11 求两直线 $L_1: \frac{x-1}{1}=\frac{y}{-4}=\frac{z+3}{1}$ 和 $L_2: \frac{x}{2}=\frac{y+2}{-2}=\frac{z}{-1}$ 的夹角.

解 直线 L_1 与 L_2 的方向向量分别为

$$S_1=\{1, -4, 1\}, S_2=\{2, -2, -1\}$$

$$\cos(\widehat{S_1, S_2})=\frac{1\times2+(-4)\times(-2)+1\times(-1)}{\sqrt{1^2+(-4)^2+1^2} \cdot \sqrt{2^2+(-2)^2+(-1)^2}}=\frac{\sqrt{2}}{2}$$

所以夹角为 $\frac{\pi}{4}$.

五、直线与平面的位置关系

如图 5－24 所示，设直线 L 的方程为 $\frac{x-x_0}{m}=\frac{y-y_0}{n}=\frac{z-z_0}{p}$，方向向量 $S=\{m, n, p\}$.

平面 π 的方程为 $Ax+By+Cz+D=0$，法向量 $\boldsymbol{n}=\{A, B, C\}$.

(1) 直线 L 与平面 π 垂直 $\Leftrightarrow \dfrac{A}{m}=\dfrac{B}{n}=\dfrac{C}{p}$；

(2) 直线 L 与平面 π 平行 $\Leftrightarrow Am+Bn+Cp=0$；

特别地，若直线 L 平行于平面 π，且 $Ax_0+By_0+Cz_0+D=0$，则直线 L 在平面 π 内.

(3)

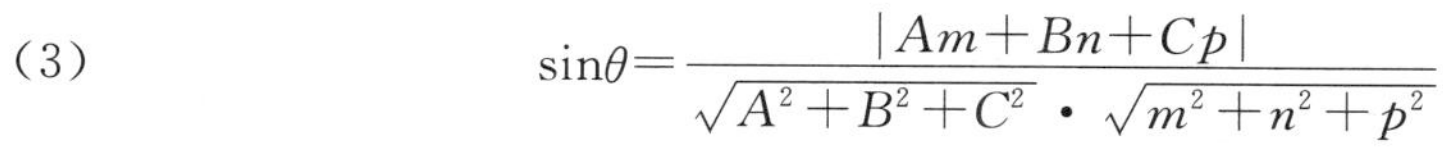

$$\sin\theta=\frac{|Am+Bn+Cp|}{\sqrt{A^2+B^2+C^2}\cdot\sqrt{m^2+n^2+p^2}}$$

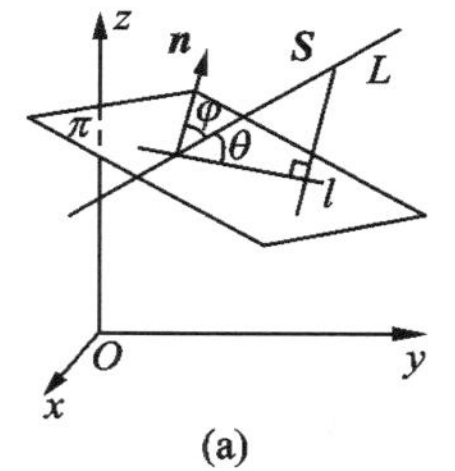

(a)

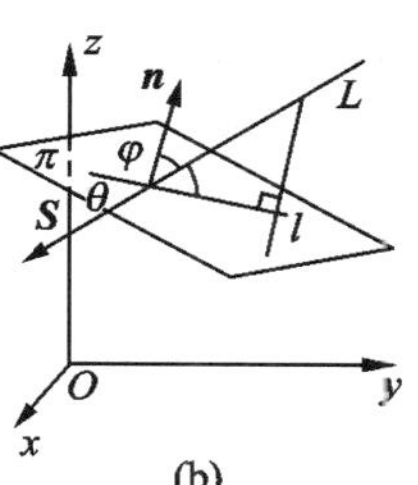

(b)

图 5-24

例 12　求过点(1，−2，4)且与平面 $2x+3y+z-4=0$ 垂直的直线方程.

解　因为所求直线垂直于已知平面，所以可以取已知平面的法向量 $\boldsymbol{n}=\{2, -3, 1\}$ 作为所求直线的方向向量. 由题意可得所求直线的方程为

$$\frac{x-1}{2}=\frac{y+2}{-3}=\frac{z-4}{1}$$

例 13　求直线 $x-2=\dfrac{y-1}{2}=\dfrac{z-3}{-1}$ 与平面 $x+y+z-10=0$ 的夹角.

解　因为 $\boldsymbol{S}=\{1, 2, -1\}$，$\boldsymbol{n}=\{1, 1, 1\}$. 则

$$\sin\theta=\frac{|1\times1+1\times2+1\times(-1)|}{\sqrt{1^2+1^2+1^2}\cdot\sqrt{1^2+2^2+(-1)^2}}=\frac{\sqrt{2}}{3}$$

故所求夹角为 $\theta=\arcsin\dfrac{\sqrt{2}}{3}$.

能力训练题 5.3

1. 求过点(2，1，1)且以 $\boldsymbol{n}=\boldsymbol{i}+2\boldsymbol{j}+3\boldsymbol{k}$ 为法向量的平面方程.

2. 求过三点 $M_1(2, -1, 4)$、$M_2(-1, 3, -2)$、$M_3(7, 1, 2)$ 的平面方程.

3. 求平行于 xOy 坐标面且过点(0，0，−5)的平面方程.

4. 指出下列各平面位置的特点，并画出各平面：

(1) $3x-2y=0$；　　(2) $y=0$；　　(3) $x=5$；

(4) $3x+2y+6=0$；　　(5) $3x-2y+z=0$；　　(6) $x+y+z=3$.

5. 求出满足下列所给条件的平面方程：

(1) 过点(1，−2，4)，且垂直于 x 轴；

(2) 过点(−3，1，−2)，且垂直于 z 轴；

(3) 过点(4，0，−2)和点(5，1，7)且平行于 y 轴；

(4) 过点(3，0，0)、(0，2，0)、(0，0，1)的平面方程.

6. 求点(2，1，1)到平面 $x+y-z+1=0$ 的距离.

7. 设四面体的四个顶点为 $A(3,0,0)$、$B(0,3,0)$、$C(0,0,2)$、$E(4,5,6)$，求四面体的体积 V.

8. 求过两点 $Q(3,-2,9)$、$R(-6,0,-4)$且与平面 $2x-y+4z-8=0$ 垂直的平面方程.

9. 求过点(1，1，1)且垂直于平面 $x-y+z=7$ 和 $3x+2y-12z+5=0$ 的平面方程.

10. 求过点(3，2，4)且与平面 $2x+y-5z+7=0$ 平行的平面方程.

11. 判断下列题中各对平面的位置关系：

(1) $x-2y+7z+3=0$ 与 $3x+5y+z-1=0$；

(2) $x+y+z-7=0$ 与 $2x+2y+2z-1=0$.

12. 求平面 $2x-y+z=7$ 与平面 $x+y+2z=11$ 的夹角.

13. 求平面 $2x-2y+z+5=0$ 与各坐标面夹角的余弦.

14. 已知直线的方向向量 $\boldsymbol{S}=\{4,1,-1\}$，且直线过点 $M_0(2,0,3)$，求此直线方程.

15. 用点向式方程及参数方程表示直线.

$$\begin{cases}x-y+z+5=0\\5x-8y+4z+36=0\end{cases}$$

16. 一直线通过点(2，2，−1)且与直线$\dfrac{x-3}{2}=y=\dfrac{z-1}{5}$平行，求此直线方程.

17. 求过点(1，−3，2)且平行于直线$\begin{cases}3x-y+5z+2=0\\x+2y-3z+4=0\end{cases}$的直线方程.

18. 求直线 L_1：$\dfrac{x-3}{4}=\dfrac{y+2}{0}=\dfrac{z-1}{-4}$和 L_2：$\dfrac{x}{-3}=\dfrac{y-1}{-3}=\dfrac{z+1}{0}$的夹角.

19. 求过点(2，−3，4)且垂直于平面 $3x-y+2z=4$ 的直线方程.

20. 确定下列题中直线与平面的位置关系：

(1) $\dfrac{x+3}{-2}=\dfrac{y+4}{-7}=\dfrac{z}{3}$和 $4x-2y-2z-3=0$；

(2) $\dfrac{x-1}{3}=\dfrac{y+1}{-2}=\dfrac{z}{7}$和 $3x-2y+7z-8=0$.

21. 求直线$\begin{cases}x+2y+3z=0\\x-y-z=0\end{cases}$与平面 $x-y-z+1=0$ 间的夹角.

5.4 空间曲面与曲线

一、曲面及其方程

在空间解析几何中，把曲面看作按照一定规律变动的动点轨迹. 因为动点可以用坐标(x,y,z)表示，所以动点所遵循的规律在代数上通常表示为 x、y、z 的一个方程.

定义 1 如果一个曲面 S 与三元方程 $F(x,y,z)=0$ 有下面的关系：

(1) 曲面 S 上任一点的坐标都满足方程 $F(x,y,z)=0$；

(2) 不在曲面 S 上点的坐标都不满足上述方程. 那么，上述方程就叫作曲面 S 的方程，而

曲面 S 就叫作此方程的图形(见图 5－25).

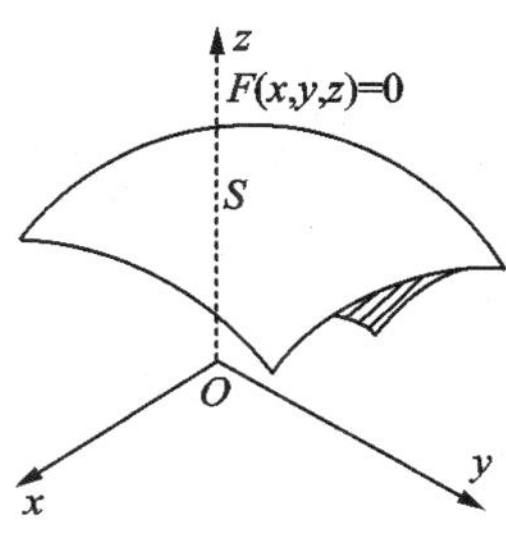

图 5－25

例 1　一动点 $M(x, y, z)$ 与一定点 $M_0(x_0, y_0, z_0)$ 的距离为常数 R，则动点的轨迹是以 M_0 为球心，R 为半径的球面，求它的方程.

解　因为 $|M_0M|=R$，所以

$$\sqrt{(x-x_0)^2+(y-y_0)^2+(z-z_0)^2}=R$$

即

$$(x-x_0)^2+(y-y_0)^2+(z-z_0)=R^2$$

例 2　方程 $x^2+y^2=R^2$ 表示怎样的曲面？

解　方程 $x^2+y^2=R^2$ 在 xOy 面上表示圆心在原点，半径为 R 的圆.

在空间直角坐标系中，这个方程不含竖坐标 z，即无论空间点的竖坐标怎样，只要它的横坐标 x 和纵坐标 y 满足方程 $x^2+y^2=R^2$，那么这些点就在这曲面上. 这就是说，凡是通过 xOy 面内圆 $x^2+y^2=R^2$ 上一点 $(x, y, 0)$，且平行于 z 轴的直线 l 都在这曲面上. 因此，这曲面可以看作由平行于 z 轴的直线 l 沿 xOy 面上的圆 $x^2+y^2=R^2$ 移动而形成，这曲面叫作圆柱面(见图 5－26)，xOy 面上的圆 $x^2+y^2=R^2$ 叫作它的准线，平行于 z 轴的直线 l 叫作它的母线.

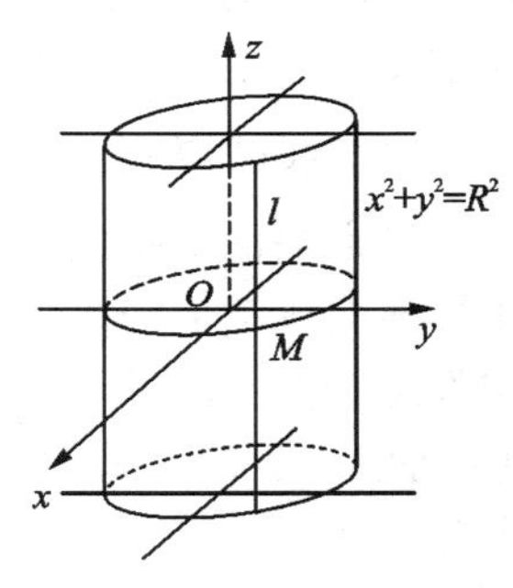

图 5－26

类似地，方程 $y^2=2x$ 表示 xOy 面上的抛物线 $y^2=2x$ 为准线，平行于 z 轴的直线为母线的柱面，该柱面叫作抛物面(见图 5－27).

又如，方程 $x^2-y^2=1$ 也可以看成母线平行于 z 轴的柱面，其准线是 xOy 面上的双曲线 $x^2-y^2=1$，该柱面叫作双曲柱面(见图 5－28).

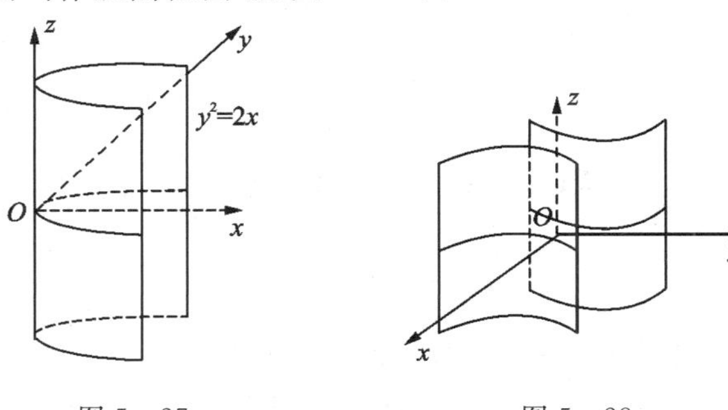

图 5－27　　　　图 5－28

一般地，只含有 x、y 而缺 z 的方程 $F(x, y)=0$，在空间直角坐标系中表示母线平行

于 z 轴的柱面，其准线是 xOy 面上的曲线 C：$F(x, y)=0$(见图 5 - 29).

类似地，只含有 x、z 而缺 y 的方程 $G(x, z)=0$ 和只含 y、z 而缺 x 的方程 $H(y, z)=0$ 分别表示母线平行于 y 轴和 x 轴的柱面. 例如，方程 $\frac{z^2}{4}+\frac{x^2}{1}=1$ 表示一柱面，它的母线平行于 y 轴，它的准线是 zOx 面上一个椭圆 $\frac{z^2}{4}+\frac{x^2}{1}=1$，该柱面叫作椭圆柱面(见图 5 - 30).

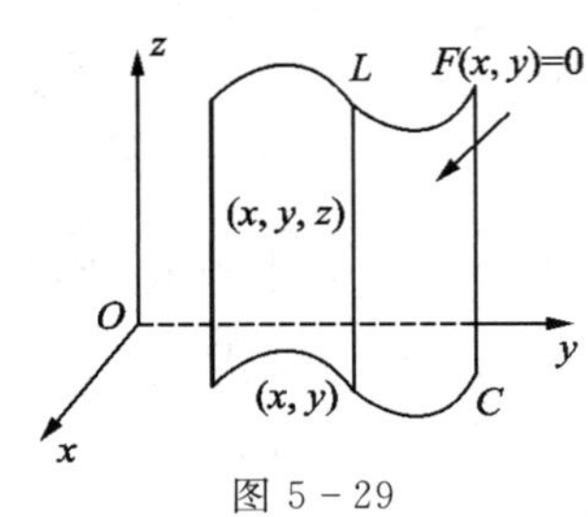

图 5 - 29

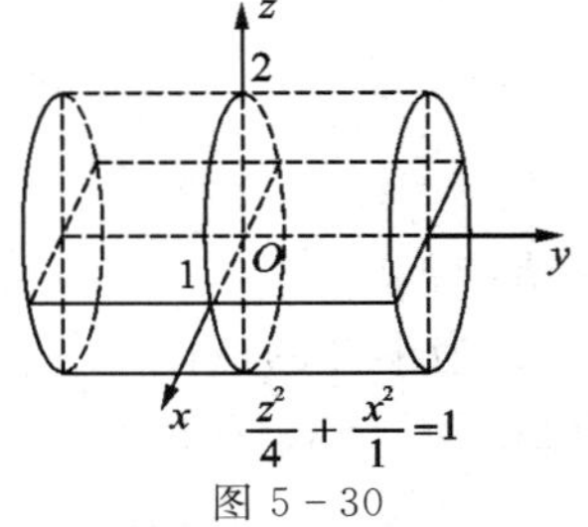

图 5 - 30

二、常见的二次曲面及其方程

我们知道，一个关于 x、y、z 的三元方程 $F(x, y, z)=0$ 代表一个曲面. 如果方程为一次方程，则它表示平面，平面也叫作一次曲面；如果方程为二次方程，则它所表示的曲面叫作二次曲面. 例如，球面、圆柱面、抛物柱面、双曲柱面等都是二次曲面.

下面再介绍几种常见的二次曲面.

1. 旋转曲面方程

在日常生活中我们可以看到各种旋转曲面. 所谓旋转曲面就是一条平面曲线绕该平面内一条定直线旋转而形成的曲面，此平面曲线叫作旋转曲面的母线，定直线叫作旋转曲面的轴. 现在来建立 yOz 面上以曲线 C: $f(y, z)=0$ 绕 z 轴旋转所成的旋转曲面(见图 5 - 31)的方程.

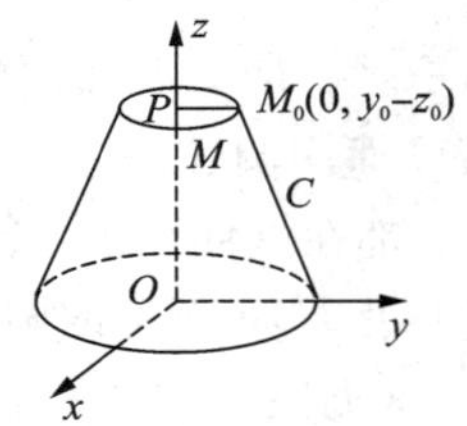

图 5 - 31

设 $M(x, y, z)$ 为旋转曲面上任意一点，过点 M 作平面垂直于 z 轴，交 z 轴于点 $P(0, 0, z_0)$，交曲线 C 于点 $M_0(0, y_0, z_0)$. 由于点 M 可以由点 M_0 绕 z 轴旋转得到，因此有 $|PM|=|PM_0|$，$z=z_0$.

因为

$$|PM|=\sqrt{x^2+y^2},\ |PM_0|=|y_0|$$

所以

$$y_0=\pm\sqrt{x^2+y^2}$$

又因为 M_0 在曲线 C 上，所以 $f(y_0, z_0)=0$. 将 $z=z_0$、$y_0=\pm\sqrt{x^2+y^2}$ 代入上式，可得

$$f(\pm\sqrt{x^2+y^2},\ z)=0$$

这就是所求旋转曲面的方程. 由此，我们知道求平面曲线 $f(y, z)=0$ 绕 z 轴旋转的旋转曲面方程时，只要将 $f(y, z)=0$ 中的 y 换成 $\pm\sqrt{x^2+y^2}$ 而 z 保持不变，即得所求的曲面方程.

同时，曲线 C 绕 y 轴旋转的旋转曲面方程为

$$f(y, \pm\sqrt{x^2+z^2})=0$$

对于其他坐标面上的曲线，绕该坐标面内任一坐标轴旋转所得到的旋转曲面方程，可用类似的方法得到.

例 3　直线 L 绕另一条与 L 相交的直线旋转一周，所得旋转曲面叫作圆锥面. 两直线的交点叫作圆锥面的顶点. 试求 yOz 坐标面上的直线 $z=ay(a\neq 0)$ 绕 z 轴旋转所得的圆锥面方程.

解　因为是 yOz 坐标面上的直线 $z=ay(a\neq 0)$ 绕 z 轴旋转，所以将 z 保持不变，y 换成 $\pm\sqrt{x^2+y^2}$，则得

$$z=a(\pm\sqrt{x^2+y^2})$$

即所求的圆锥面方程为

$$z^2=a^2(x^2+y^2)$$

坐标原点 O 为该圆锥面的顶点(见图 5-32).

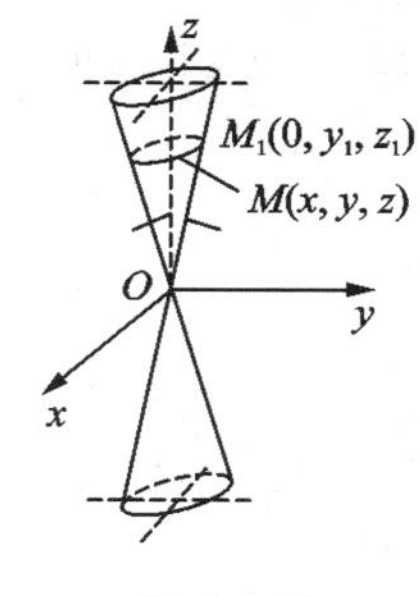

图 5-32

例 4　求 yOz 坐标面上的抛物线 $y^2=2pz(p>0)$ 绕 z 轴旋转而成的旋转曲面方程.

解　在方程 $y^2=2pz$ 中，使 z 保持不变，而 y 换成 $\pm\sqrt{x^2+y^2}$，得旋转面方程为

$$x^2+y^2=2pz$$

该曲面叫作旋转抛物面，其图形特征是：以平行于 xOy 面的平面 $z=h(h>0)$ 截曲面得到的曲线截痕是圆，而以 zOx 面、yOz 面或平行于 zOx 面、yOz 面的平面截曲面得到的交线都是抛物线(见图 5-33).

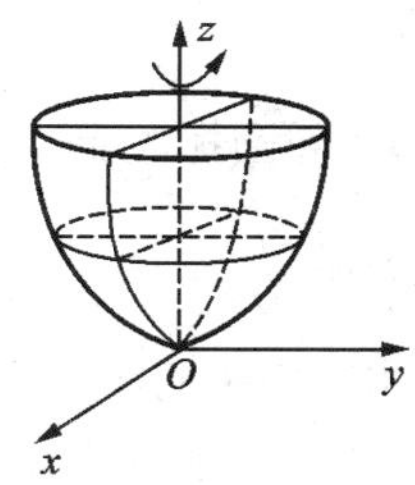

图 5-33

2. 椭球面

方程 $\frac{x^2}{a^2}+\frac{y^2}{b^2}+\frac{z^2}{c^2}=1$ $(a>0, b>0, c>0)$ 所表示的曲面叫作椭球面.

给定一个曲面方程 $f(x, y, z)=0$，我们可以用一系列互相平行的平面去截剖曲面，得到一系列交线，从而看出曲面的大致轮廓，这种方法叫作平行截割法.

由上述方程可知 $|x|\leqslant a$、$|y|\leqslant b$、$|z|\leqslant c$ 分别用坐标面或平行于坐标面的平面 $x=m(-a<m<a)$、$y=n(-b<n<b)$、$z=h(-c<h<c)$ 截曲面所得到的交线均为椭圆，从而得到椭球面的图形如图 5-34 所示.

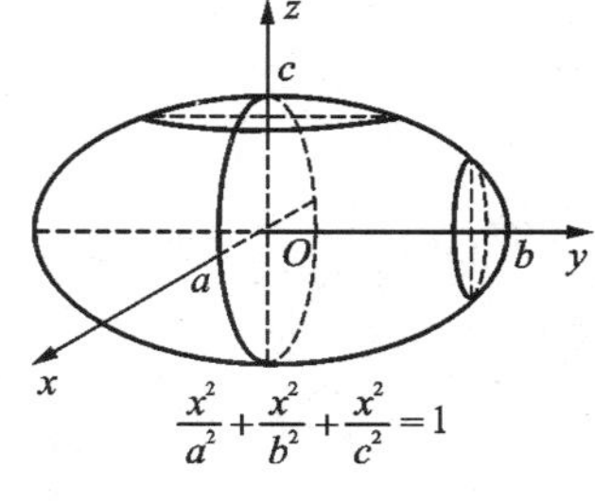

图 5-34

当 a、b、c 中有 $a=b$ 或 $b=c$ 或 $a=c$ 时，即为旋转椭球面；当 $a=b=c$ 时，即为球面.

3. 双曲面

方程 $\frac{x^2}{a^2}+\frac{y^2}{b^2}-\frac{z^2}{c^2}=1$ $(a>0, b>0, c>0)$ 所表示的曲面叫作单叶双曲面.

分别用 xOy 面及与 xOy 面平行的平面 $z=k$ 来截割这个曲面，所得到的交线均为椭

圆，且当$|k|$由 0 逐渐增大时，所截出的椭圆也逐渐扩大，由此便可以想象出单叶双曲面的形状(见图 5 - 35). 所谓“单叶”表示只有一块曲面，所谓“双曲”表示用平行于 yOz 平面或 zOx 平面的平面截割这曲面时，所截出的曲线都是双曲线.

当 $a=b$ 时，即为旋转单叶双曲面.

方程$\frac{x^2}{a^2}+\frac{y^2}{b^2}-\frac{z^2}{c^2}=-1$ ($a>0$, $b>0$, $c>0$)所表示的曲面叫作双叶双曲面(见图 5 - 36). 它共包括两块曲面，叫作双叶，一叶在 xOy 面以上，另一叶对称地在 xOy 面以下. 并且容易看出，用平行于 yOz 面或 zOx 面的平面来截割这曲面时，所截出的曲线都是双曲线.

当 $a=b$ 时，即为旋转双叶双曲面.

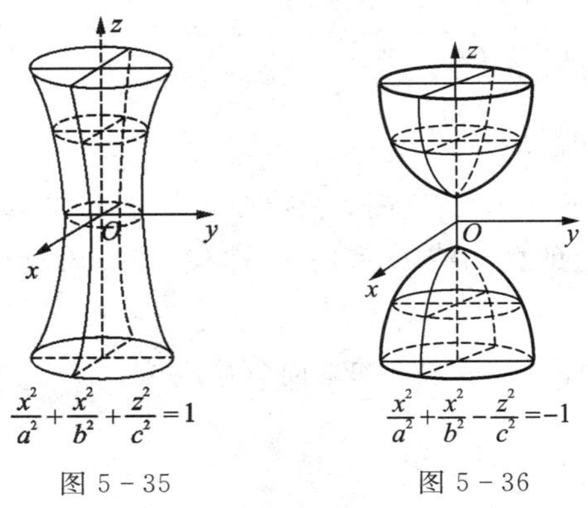

图 5 - 35　　图 5 - 36

4. 椭圆抛物面

方程 $\frac{x^2}{a^2}+\frac{y^2}{b^2}=2pz$ ($a>0$, $b>$, $p\neq0$)所表示的曲面叫作椭圆抛物面(见图 5 - 37). 容易看出，用平行于 yOz 面或 zOx 面的平面来截割这曲面时，所截出的曲线都是抛物线；以平行于 xOy 面的平面截割曲面时，所截出的曲线是椭圆.

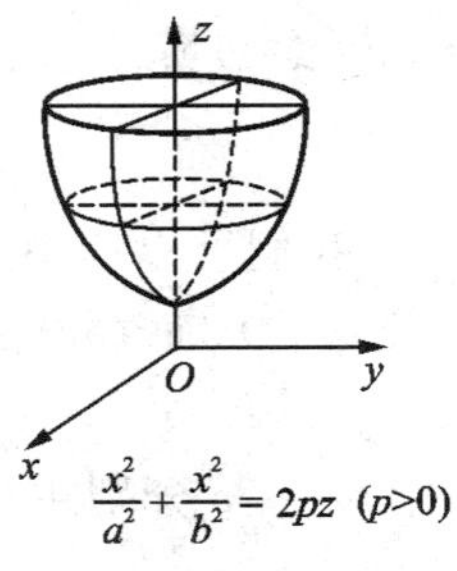

图 5 - 37

三、空间曲线方程

1. 空间曲线的一般方程

我们知道，空间直线可以看作两个平面的交线. 同样，空间曲线可以看作两个曲面的交线. 设

$$F(x, y, z)=0, G(x, y, z)=0$$

是两个曲面的方程，它们的交线是空间曲线 C.

因为曲线 C 上任意一点同时在这两个曲面上，所以 C 上任何一点的坐标必同时满足这两个曲面方程，故应满足方程组

$$\begin{cases}F(x, y, z)=0\\G(x, y, z)=0\end{cases}$$

反过来，不在曲线 C 上的点 P，则它不能同时在这两个曲面上，所以 P 点的坐标不满足此方程组. 因此曲线 C 可以用方程组表示，称方程组是空间曲线 C 的一般方程.

例 5　方程组 $\begin{cases}x^2+y^2+z^2=8(z>0)\\x^2+y^2=4\end{cases}$ 表示什么曲线？

解　$x^2+y^2+z^2=8(z>0)$ 表示球心在原点，半径为 $2\sqrt{2}$ 的上半球面. 而 $x^2+y^2=4$ 为母线平行于 z 轴，半径为 2 的圆柱面. 它们的交线是平面 $z=2$ 上以 $(0, 0, 2)$ 为圆心，半径为 2 的圆.

如果把原方程组化为下列同解方程组(把这两个方程代入第一个方程) $\begin{cases}z=2\\x^2+y^2=4\end{cases}$ 会看得更清楚，即例 5 中曲线又可以看作圆柱面 $x^2+y^2=4$ 与平面 $z=2$ 的交线.

从此例可以看出，用两个平面相交所表示的一条空间曲线，其方程组不是唯一的.

例 6　方程组 $\begin{cases}x^2+y^2=4z\\y=4\end{cases}$ 表示什么曲线？

解　方程组中第一个方程表示 yOz 面上的曲线 $y^2=4z$ 绕 z 轴旋转的旋转抛物面，方程组中第二个方程表示平行于 zOx 面的平面. 方程组就表示上述平面与旋转抛物面的交线，如图 5－38 所示.

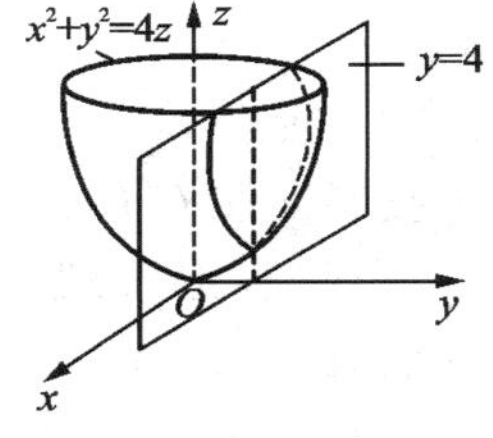

图 5－38

2. 空间曲线的参数方程

空间曲线 C 的方程除了一般方程外，也可以用参数形式表示，只要将 C 上动点 P 的坐标 x、y、z 表示为参数 t 的函数：

$$\begin{cases}x=x(t)\\y=y(t)\\z=z(t)\end{cases}$$

当 t 取定一个值时，可得到曲线上一点的坐标；通过 t 的变动，就可以得到曲线 C 上所有的点. 此方程组叫作空间曲线的参数方程.

例 7　设圆柱面 $x^2+y^2=R^2$ 上有一质点，它一方面绕 z 轴以等角速度 ω 旋转，另一方面以等速 v 向 z 轴的正方向移动，运动开始时(即 $t=0$)，质点在 $P_0(R, 0, 0)$ 处，求质点的运动方程.

解　设时间为 t 时，质点在点 $P(x, y, z)$，过点 P 作 xOy 面的垂线，垂足为 $Q(x, y, 0)$(见图 5－39). 则从 P_0 到 P 所转过的角 $\theta=\omega t$，上升的高度 $QP=vt$，即质点的运动方程为

$$\begin{cases}x=R\cos\omega t\\y=R\sin\omega t\\z=vt\end{cases}$$

此方程叫作圆柱螺旋线的参数方程.

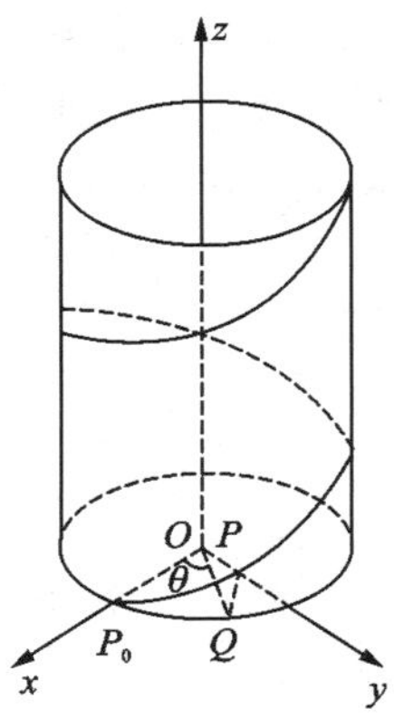

图 5－39

螺旋线是实际中常用的曲线，平头螺丝的外缘曲线就是螺旋线.

3. 空间曲线在坐标面上的投影

设 C 是空间的一条曲线，以曲线 C 为准线，平行于 z 轴的直线为母线的柱面叫作曲线 C 关于 xOy 面的投影柱面. 投影柱面与 xOy 面的交线 C' 叫作空间曲线 C 在 xOy 面上的投影曲线(见图 5-40).

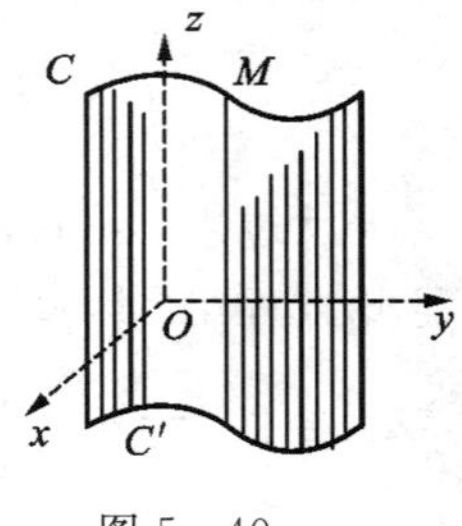

图 5-40

类似地，可以定义曲线 C 关于 yOz 面、zOx 面的投影柱面及投影曲线.

设空间曲线 C 的方程为

$$\begin{cases}F(x, y, z)=0\\G(x, y, z)=0\end{cases}$$

消去 z 得到方程

$$H(x, y)=0$$

这就是母线平行于 z 轴的柱面方程. 易知曲线 C 上的点的坐标满足方程 $H(x, y)=0$，即柱面 $H(x, y)=0$ 通过曲线 C，因此，柱面 $H(x, y)=0$ 就是曲线 C 关于 xOy 面的投影柱面. 从而

$$\begin{cases}H(x, y)=0\\z=0\end{cases}$$

为投影曲线 C' 的方程.

同理，从曲线 C 的方程中消去 x 或者 y，就可以得到 C 关于 yOz 面或者 zOx 面的投影柱面方程，从而得到相应的投影曲线方程.

在重积分和曲面积分的计算中，往往需要确定一个空间立体或曲面在坐标面上的投影，这时要利用投影柱面和投影曲线.

例 8　求柱面 $x^2+y^2-ax=0$ 与上半球面 $x^2+y^2+z^2=a^2$ 的交线在 xOy 坐标面上的投影曲线(见图 5-41).

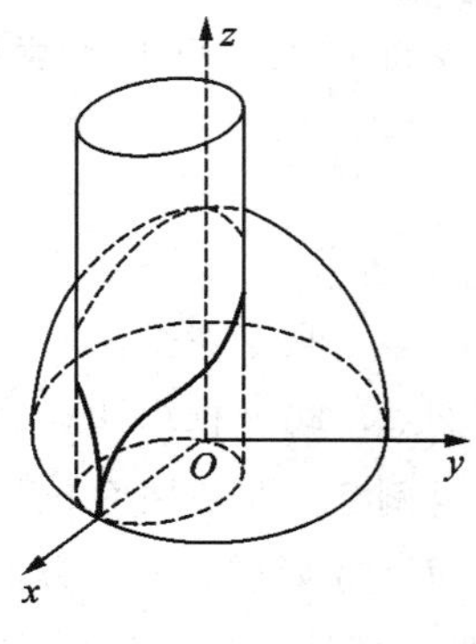

图 5-41

解　两曲面的交线为 C：

$$\begin{cases}x^2+y^2+z^2=a^2\\x^2+y^2-ax=0\end{cases}$$

曲面 $x^2+y^2-ax=0$ 是通过交线 C 而且垂直于 xOy 平面的柱面，所以它就是从曲线 C 到 xOy 平面上的投影柱面. 因此曲线 C 在 xOy 面上的投影曲线为

$$\begin{cases}x^2+y^2-ax=0\\z=0\end{cases}$$

即

$$\begin{cases}\left(x-\dfrac{a}{2}\right)^2+y^2=\left(\dfrac{a}{2}\right)^2\\z=0\end{cases}$$

这是 xOy 坐标面上的一个圆.

能力训练题 5.4

1. 方程 $x^2+y^2+z^2-2x-2y+4z-12=0$ 表示什么曲面？

2. 指出下列方程在空间直角坐标系中表示怎样的曲面，并作图：

(1) $x^2+y^2=a^2$；　(2) $\frac{x^2}{a^2}+\frac{y^2}{b^2}=1$；　(3) $y^2=2x$；

(4) $y-z=0$；　(5) $x^2-2z+z^2=5$.

3. 求下列平面曲线按指定轴旋转的旋转曲面方程：

(1) yOz 面上的椭圆 $\frac{y^2}{a^2}+\frac{z^2}{b^2}=1$ 绕 z 轴旋转；

(2) $\begin{cases}4x^2+9y^2=36\\ z=0\end{cases}$ 绕 x 轴及 y 轴旋转；

(3) $\begin{cases}z^2=5x\\ y=0\end{cases}$ 绕 x 轴及 z 轴旋转.

4. 说出下列方程表示什么曲面，并画图：

(1) $\frac{x^2}{4}+\frac{y^2}{9}+\frac{z^2}{16}=1$；　(2) $x^2+y^2=z$；　(3) $\frac{x^2}{4}+\frac{y^2}{9}=z$；

(4) $x^2+y^2=z^2$；　(5) $2x^2-y^2+z^2=1$；　(6) $2x^2-y^2-z^2=1$.

5. 下列方程组表示什么曲线？

(1) $\begin{cases}\frac{x^2}{9}+\frac{y^2}{16}+\frac{z^2}{4}=1\\ x=0\end{cases}$；　(2) $\begin{cases}x^2+y^2=1\\ z=2\end{cases}$；　(3) $\begin{cases}z=x^2+y^2+1\\ z=2\end{cases}$；

(4) $\begin{cases}x^2+y^2+z^2=5\\ z=x^2+y^2+1\end{cases}$；　(5) $\begin{cases}x=\cos t\\ y=\sin t\\ z=2\end{cases}$.

6. 指出下列方程组在平面与空间各表示什么图形：

(1) $\begin{cases}x=1\\ y=1\end{cases}$；　(2) $\begin{cases}4y^2+9x^2=36\\ x=1\end{cases}$.

7. 求曲线 C：$\begin{cases}x^2+y^2+z^2=1\\ x^2+(y-1)^2+(z-1)^2=1\end{cases}$ 在 xOy 面上的投影柱面方程和投影曲线方程.

8. 求曲线 C：$\begin{cases}x^2+y^2=z^2\\ z^2=2y\end{cases}$ 分别向三个坐标面的投影柱面方程和投影曲线方程.

9. 一个立体由曲面 $3(x^2+y^2)=16z$ 和 $z=\sqrt{1-x^2-y^2}$ 所围成，求：

(1) 两曲面的交线方程；(2) 这个立体在 xOy 面上的投影；(3) 画出这个立体的简图.

10. 曲面 $z=6-x^2-y^2$、$z=\sqrt{x^2+y^2}$ 围成一个空间立体，作出它的简图，并求它在 xOy 面上的投影.

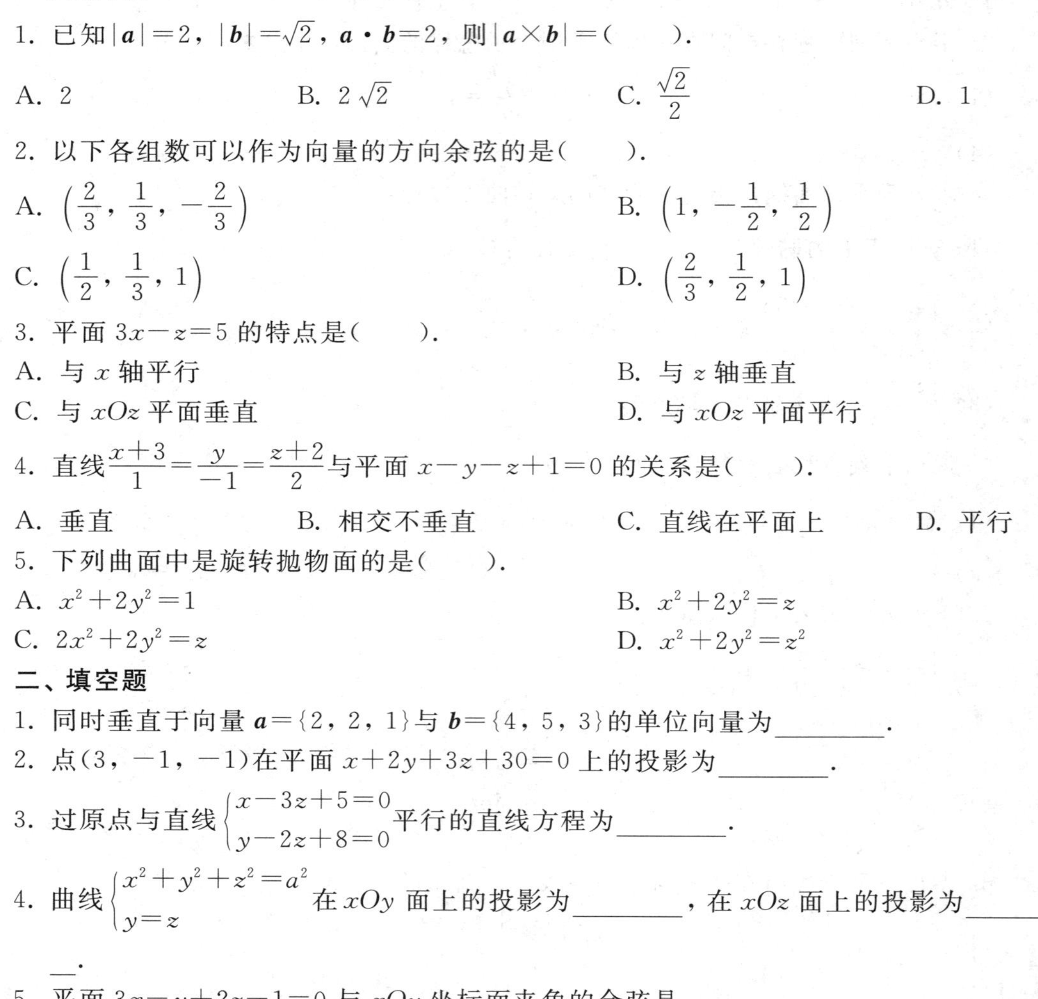

能力测试题五

一、选择题

1. 已知 $|\boldsymbol{a}|=2$，$|\boldsymbol{b}|=\sqrt{2}$，$\boldsymbol{a}\cdot\boldsymbol{b}=2$，则 $|\boldsymbol{a}\times\boldsymbol{b}|=$(　　).

A. 2　　B. $2\sqrt{2}$　　C. $\dfrac{\sqrt{2}}{2}$　　D. 1

2. 以下各组数可以作为向量的方向余弦的是(　　).

A. $\left(\dfrac{2}{3},\ \dfrac{1}{3},\ -\dfrac{2}{3}\right)$　　B. $\left(1,\ -\dfrac{1}{2},\ \dfrac{1}{2}\right)$

C. $\left(\dfrac{1}{2},\ \dfrac{1}{3},\ 1\right)$　　D. $\left(\dfrac{2}{3},\ \dfrac{1}{2},\ 1\right)$

3. 平面 $3x-z=5$ 的特点是(　　).

A. 与 x 轴平行　　B. 与 z 轴垂直

C. 与 xOz 平面垂直　　D. 与 xOz 平面平行

4. 直线 $\dfrac{x+3}{1}=\dfrac{y}{-1}=\dfrac{z+2}{2}$ 与平面 $x-y-z+1=0$ 的关系是(　　).

A. 垂直　　B. 相交不垂直　　C. 直线在平面上　　D. 平行

5. 下列曲面中是旋转抛物面的是(　　).

A. $x^2+2y^2=1$　　B. $x^2+2y^2=z$

C. $2x^2+2y^2=z$　　D. $x^2+2y^2=z^2$

二、填空题

1. 同时垂直于向量 $\boldsymbol{a}=\{2,\ 2,\ 1\}$ 与 $\boldsymbol{b}=\{4,\ 5,\ 3\}$ 的单位向量为________.

2. 点 $(3,\ -1,\ -1)$ 在平面 $x+2y+3z+30=0$ 上的投影为________.

3. 过原点与直线 $\begin{cases}x-3z+5=0\\ y-2z+8=0\end{cases}$ 平行的直线方程为________.

4. 曲线 $\begin{cases}x^2+y^2+z^2=a^2\\ y=z\end{cases}$ 在 xOy 面上的投影为________，在 xOz 面上的投影为________.

5. 平面 $3x-y+2z-1=0$ 与 xOy 坐标面夹角的余弦是________.

三、计算题

1. 从点 $A(2,\ -1,\ 7)$ 沿向量 $\boldsymbol{a}=\{8,\ 9,\ -12\}$ 的方向取线段 $|\overrightarrow{AB}|=34$，求 B 点坐标.

2. 过两点 $(1,\ 2,\ -1)$、$(-5,\ 2,\ 7)$ 作一平面，使该平面与平面 $2x+y-z=0$ 垂直.

3. 求过点 $P(-3,\ 5,\ 9)$ 且与直线 l：$\begin{cases}x-2y+z=0\\ 2x-y-z=0\end{cases}$ 垂直且相交的直线方程.

4. 已知点 $A(1,\ 0,\ 0)$ 及点 $B(0,\ 2,\ 1)$，试在 z 轴上求一点 C，使 $\triangle ABC$ 的面积最小.

第 6 章　多元函数微分学

前面研究过的函数都是只含一个自变量的函数，称为一元函数. 但在自然科学和工程技术中，往往涉及多方面因素，反映到数学上就是依赖于多个变量的函数，即所谓多元函数.

多元函数微分学是一元函数微分学从概念到方法的推广与扩展. 一元函数微分学中有两个重要概念——导数与微分，多元函数微分学也同样有两个重要概念——偏导数与全微分. 与导数概念在一元函数微分学中的地位相同，多元函数微分学基本上是围绕偏导数这一概念展开的. 所以，本章主要介绍多元函数的偏导数及其若干应用.

6.1　多元函数的基本概念

一元函数微分学与多元函数微分学之间有很大的区别，例如，在一元函数中有函数单调概念，而二元函数则没有与其相似的概念. 但二元函数与三元($n>0$，$n\in\mathbf{N}$)及其以上的函数之间并无原则性的区别，因此今后以讨论二元函数为主.

一、多元函数概论

在许多自然现象和实际问题中，经常遇到多个变量之间的依赖关系.

引例 1　圆柱体的体积 V 与其底半径 r、高 h 之间的关系为式 $V=\pi r^2 h$，变量 V 随变量 r、h 变化，当 r、h 在一定范围内($r>0$，$h>0$)取定值时，V 有确定值与其对应.

引例 2　一定量的理想气体的压强 P、体积 V 和绝对温度 T 之间有下列依赖关系：

$$P=\frac{RT}{V}\quad（其中 R 为常数）$$

变量 P 随 V、T 的变化而变化，当 V、T 在一定范围($V>0$，$T>T_0$)内取定值时，变量 P 有确定值与其对应.

引例 3　长方体的体积 V 与其长度 x、宽度 y、高度 z 之间有下列关系式：$V=xyz$. 变量 V 随变量 x、y、z 的变化而变化，当变量 x、y、z 在其变化范围内($x>0$，$y>0$，$z>0$)任取一组定值时，变量 V 有确定值与其对应.

观察上述三个引例，撇开各例的实际意义，仅从数量关系考虑，它们有着共同的属性，即为多个变量之间的依赖关系，由此可概括出多元函数的定义.

1. 二元函数的定义

定义 1　设在某个变化过程中有三个变量 x、y、z，如果变量 x、y 在某一范围 D 内任取一对数值时，变量 z 按照一定的法则 f 总有确定值与其对应，则称变量 z 是 x、y 的二元函数，记作 $z=f(x, y)$. 其中 x、y 称为自变量，z 称为因变量，自变量 x、y 的取值范围 D 称为函数 f 的定义域.

二元函数 $z=f(x, y)$ 在点 (x_0, y_0) 处的函数值记为 $z\big|_{\substack{x=x_0\\y=y_0}}$，$z\big|_{(x_0, y_0)}$ 或 $f(x_0, y_0)$.

类似地，可以定义三元函数 $u=f(x, y, z)$ 以及 $n(n>3, n\in\mathbf{N})$ 元函数 $u=f(x_1, x_2, \cdots, x_n)$. 二元及二元以上的函数，统称为多元函数.

当二元函数 $z=f(x, y)$ 的自变量 x、y 用 xOy 平面上的点 $P(x, y)$ 表示时，$z=f(x, y)$ 可用 $z=f(P)$ 表示. 同样，$n(n>3, n\in\mathbf{N})$ 元函数 $u=f(x_1, x_2, \cdots, x_n)$ 可用 $u=f(P)$ 表示，其中 $(x_1, x_2, \cdots, x_n)$ 为点 P 的坐标. 当点 P 是数轴上的点时，$u=f(P)$ 为一元函数，当 P 为平面上或空间的点时，$u=f(P)$ 分别为二元及三元函数. 因此，不论是一元函数还是多元函数在几何中都可以统一表示为点 P 的函数 $u=f(P)$.

2. 二元函数的定义域

与一元函数类似，讨论用解析式表示的二元函数时，其定义域 D 是使该解析式有确定 z 值的所有自变量 (x, y) 构成的点集. 一般地，它是平面上由一条或几条曲线所围成的部分平面.

例 1　求函数 $z=\sqrt{1-x^2-y^2}$ 的定义域 D.

解　要使该函数有意义，x、y 必须满足不等式 $1-x^2-y^2\geqslant 0$，即定义域为

$$D=\{(x, y)\,|\,x^2+y^2\leqslant 1\}$$

注　在平面中，点集 D 表示 xOy 平面上以原点为圆心，1 为半径的圆域(包含圆内及其边界圆上的所有点)，如图 6-1 所示.

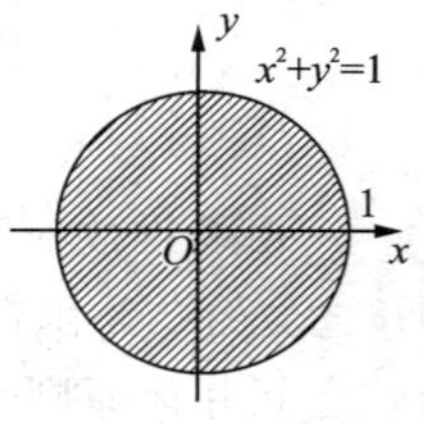

图 6-1

例 2　求函数 $z=\ln(1-x-y)$ 的定义域 D.

解　要使该函数有意义，自变量 x、y 必须满足不等式 $1-x-y>0$，故定义域 $x+y<1$，即

$$D=\{(x, y)\,|\,x+y<1\}$$

注　点集 D 在 xOy 平面上表示一个在直线 $y=1-x$ 下方的半平面(不包含边界直线 $y=1-x$)，如图 6-2 所示.

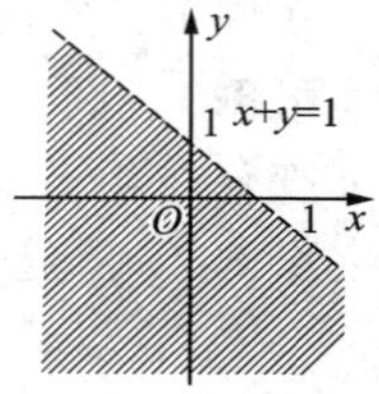

图 6-2

例 3　求函数 $z=\ln(9-x^2-y^2)+\sqrt{x^2+y^2-1}$ 的定义域.

解　函数 z 由 $\ln(9-x^2-y^2)$ 和 $\sqrt{x^2+y^2-1}$ 组成，因此要使其有确定的 z 值，x、y 必须同时满足不等式 $9-x^2-y^2>0$ 和 $x^2+y^2-1\geqslant 0$，即

$$D=\{(x, y)\,|\,1\leqslant x^2+y^2<9\}$$

注　点集 D 在 xOy 平面上表示以原点为圆心，半径等于 1 及半径小于 3 的圆环域(包含边界曲线内圆 $x^2+y^2=1$，但不包含边界曲线外圆 $x^2+y^2=9$)，如图 6-3 所示.

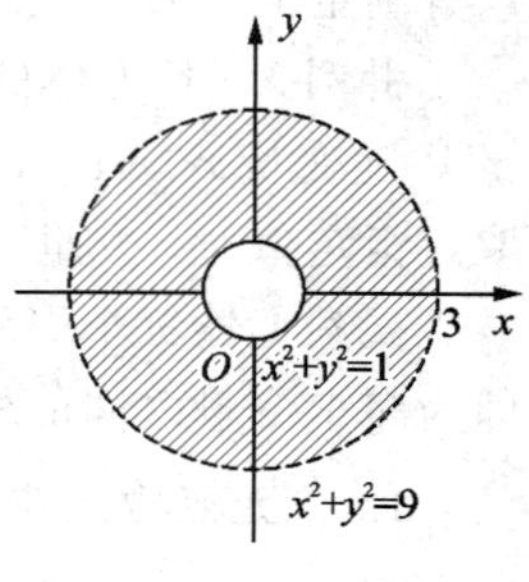

图 6-3

包含边界的平面区域称为**闭区域**，不包含边界上任何一点的区域称为**开区域**；如果区域 D 可以被包含在以原点为圆心的某一圆区域内，则称 D 为**有界区域**，否则称为**无界区域**. 例 1 是有界闭区域；例 2 是无界开区域；例 3 是有界区域，但它既不是开区域，也不是闭区域.

研究函数在某点附近的性质时，经常要用到邻域的概念.

定义 2　以点 $P_0(x_0, y_0)$ 为圆心，以 $d>0$(可以任意小)为半径的开区域叫作点 P_0 的 δ—邻域，记为

$$\{(x, y) \mid \sqrt{(x-x_0)^2+(y-y_0)^2}<d\}$$

不包含点 P_0 的邻域称为**去心邻域**.

3. 二元函数的几何意义

一般地，一元函数表示平面上的一条曲线，二元函数 $z=f(x, y)$ 在空间直角坐标系中表示曲面. 设点 $P(x, y)$ 是二元函数 $z=f(x, y)$ 定义域 D 的内任意一点，在空间可以作出一点 $M(x, y, f(x, y))$ 与之相对应，当点 P 在 D 内变动时，对应点 M 在空间内变动. 当点 P 取遍整个定义域 D 时，点 M 的轨迹就形成空间的一段曲面. 因此，二元函数 $z=f(x, y)$ 的图形通常表示三维空间中一段曲面.

例如，线性函数 $z=ax+by+c$（a, b, c 为常数）的图形是一个平面，方程 $x^2+y^2+z^2=a^2$（a 为常数）的图形是圆心在原点、半径为 a 的球面. 由此方程可得到 $z=\pm\sqrt{a^2-x^2-y^2}$（此为多值函数），其中 $z=\sqrt{a^2-x^2-y^2}$ 表示上半球面，$z=-\sqrt{a^2-x^2-y^2}$ 表示下半球面.

注　对于二元函数 $z=f(x, y)$，如无特殊说明，我们总假定它是单值的. 如遇到多值函数，则分别取其单值分支加以讨论.

三元及三元以上函数没有直观的几何意义.

二、二元函数的极限

与一元函数的极限类似，二元函数 $z=f(x, y)$ 的极限为当自变量 x、y 无限趋近常数 x_0、y_0 时，对应的函数值 z 的趋近.

设二元函数 $z=f(x, y)$ 在点 $P_0(x_0, y_0)$ 的某邻域内有定义（点 $P_0(x_0, y_0)$ 可以除外），如果当点 $P(x, y)$ 以任意方式趋近 $P_0(x_0, y_0)$ 时（记为 $(x, y)\to(x_0, y_0)$ 或 $\begin{bmatrix} y\to y_0 \\ x\to x_0 \end{bmatrix}$），相应的函数值 $z=f(x, y)$ 无限趋近于一个确定的常数 A，则称常数 A 是函数 $z=f(x, y)$ 当 $(x, y)\to(x_0, y_0)$ 时的极限，记作

$$\lim_{\substack{x\to x_0 \\ y\to y_0}} f(x, y)=A \quad 或 \quad \lim_{(x, y)\to(x_0, y_0)} f(x, y)=A$$

由于点 $P(x, y)\to P_0(x_0, y_0)$，即点 P 到 P_0 的距离

$$\rho=\sqrt{(x-x_0)^2+(y-y_0)^2}\to 0$$

因此，上述极限亦可记为

$$\lim_{P\to P_0} f(P)=A \text{ 或 } f(P)\to A(\rho\to 0)$$

形式上二元函数的极限与一元函数的极限相类似，但应注意，二元函数的极限要求点 $P(x, y)$ 以任意方式趋近 $P_0(x_0, y_0)$. 因此，当点 $P(x, y)$ 沿着某些特殊的方式趋近点 $P_0(x_0, y_0)$ 时，二元函数 $z=f(x, y)$ 对应的函数值趋近同一常数，还不能就此断定 $\lim\limits_{\rho\to 0} f(x, y)$ 存在；但如果当 $P(x, y)$ 沿着不同的路径趋近 $P_0(x_0, y_0)$ 时，函数趋近于不同的值，则可断定函数的极限一定不存在.

三、二元函数的连续性

1. 二元函数的连续性的定义

定义 设函数 $z=f(x, y)$ 在点 $P_0(x_0, y_0)$ 的某邻域内有定义，如果当点 $P(x, y)$ 趋近 $P_0(x_0, y_0)$ 时，函数 z 的极限存在，且等于它在 $P_0(x_0, y_0)$ 点的函数值，即

$$\lim_{\substack{x\to x_0\\ y\to y_0}} f(x, y)=f(x_0, y_0) \tag{6.1-1}$$

则称函数 $z=f(x, y)$ 在点 $P_0(x_0, y_0)$ 处连续.

若令 $x=x_0+\Delta x$，$y=y_0+\Delta y$，则称 $\Delta z=f(x_0+\Delta x, y_0+\Delta y)-f(x_0, y_0)$ 是二元函数 $z=f(x, y)$ 在点 $P_0(x_0, y_0)$ 处的**全增量**，于是由式(6.1-1)可得

$$\lim_{\substack{\Delta x\to 0\\ \Delta y\to 0}} \Delta z=\lim_{\substack{\Delta x\to 0\\ \Delta y\to 0}}[f(x_0+\Delta x, y_0+\Delta y)-f(x_0, y_0)]=0$$

上式给出了式(6.1-1)的另一种表示形式，在讨论函数的连续性时，有时采用这种形式.

如果函数 $z=f(x, y)$ 在区域 D 内每一点都连续，则称它在 D 内连续. 此时，二元函数的图形是一张无孔隙、无洞缝的曲面.

如果函数 $z=f(x, y)$ 在点 $P_0(x_0, y_0)$ 处不连续，则称点 $P_0(x_0, y_0)$ 为二元函数 $z=f(x, y)$ 的**不连续点或间断点**.

2. 在有界闭区域上连续函数的性质

与一元函数类似，多元连续函数的和、差、积、商(分母不等于零)仍为连续函数，多元连续函数的复合函数亦是连续函数，因此，多元初等函数在它的定义区域内是连续的，所以，在求某些简单的二元初等函数极限时，若函数的极限点为连续点或通过适当变换可将函数的极限点变为连续点，则其极限值即为函数值.

例 4 求极限 $\lim\limits_{(x, y)\to(0, 0)} \dfrac{2-\sqrt{xy+4}}{xy}$.

解

$$\lim_{(x, y)\to(0, 0)} \frac{2-\sqrt{xy+4}}{xy}=\lim_{(x, y)\to(0, 0)} \frac{(2-\sqrt{xy+4})(2+\sqrt{xy+4})}{xy(2+\sqrt{xy+4})}$$

$$=\lim_{(x, y)\to(0, 0)} \frac{-1}{2+\sqrt{xy+4}}=-\frac{1}{4}$$

另外，有界闭区域上的二元连续函数与闭区间上的一元连续函数一样，也有如下性质.

定理 1 (最大值最小值定理) 如果二元函数 $f(x, y)$ 在有界闭区域 $\overline{D}$ 上连续，那么它在 $\overline{D}$ 上一定有最大值和最小值，即在 $\overline{D}$ 上至少存在两点 $P_1(x_1, y_1)$ 和 $P_2(x_2, y_2)$，使得对任意的 $P(x,y)\in\overline{D}$，均有

$$f(x_1, y_1)\leqslant f(x, y)\leqslant f(x_2, y_2)$$

定理 2 (介值定理) 设二元函数 $f(x, y)$ 在有界闭区域 $\overline{D}$ 上连续，且在 $\overline{D}$ 上取得两个不同的函数值，如果常数 C 介于两个函数值之间，则至少存在一点 $(\xi, \eta)\in\overline{D}$，使得 $f(\xi, \eta)=C$.

特别地，如果函数 $f(x, y)$ 在 $\overline{D}$ 上取得两个异号的函数值，那么至少存在一点 $(\xi, \eta)\in D$,

使得 $f(\xi, \eta)=0$.

能力训练题 6.1

1. 已知函数 $f(x, y)=x^2+y^2-xy\tan\dfrac{x}{y}$，试求 $f(tx, ty)$.

2. 已知函数 $f(u, v, w)=u^w+w^{u+v}$，试求 $f(x+y, x-y, xy)$.

3. 试证函数 $F(x, y)=\ln x\cdot\ln y$，满足关系式

$$F(xy, uv)=F(x, u)+F(x, v)+F(y, u)+F(y, v)$$

4. 设有宽为 2.4 的长方形铁板，折起做成一断面为等腰梯形的水槽，设两端各折起 x 且倾角为 θ，试将断面面积 S 表示成 x 和 θ 的函数.

5. 求下列函数的定义域，并画出定义域的图形.

(1) $z=\ln(y^2-2x+1)$；

(2) $z=\dfrac{1}{\sqrt{x+y}}+\dfrac{1}{\sqrt{x-y}}$；

(3) $z=\dfrac{\sqrt{4x-y^2}}{\ln(1-x^2-y^2)}$.

6. 求下列极限：

(1) $\lim\limits_{\substack{x\to0\\y\to0}}\dfrac{1-xy}{x^2+y^2}$；

(2) $\lim\limits_{\substack{x\to\infty\\y\to\infty}}\dfrac{1}{x^2+y^2}$；

(3) $\lim\limits_{\substack{x\to0\\y\to0}}\dfrac{xy}{\sqrt{xy+1}-1}$；

(4) $\lim\limits_{\substack{x\to0\\y\to0}}\dfrac{\sin(xy)}{x}$.

7. 下列函数在何处间断：

(1) $z=\ln(x^2+y^2)$；

(2) $z=\dfrac{1}{y^2-2x}$.

6.2 偏 导 数

实际问题中，经常需要了解一个受到多种因素制约的变量，在其他因素固定不变的情况下，这个变量只随一种因素变化的变化率问题. 这种现象反映到数学上就是多元函数对某个自变量的变化率的问题，这就产生了偏导数的概念.

一、偏导数的概念

一元函数中，函数的变化率即导数为 $\dfrac{dy}{dx}=\lim\limits_{\Delta x\to0}\dfrac{f(x+\Delta x)-f(x)}{\Delta x}$，即当 $\Delta x\to0$ 时，函数增量 $f(x+\Delta x)-f(x)$ 与自变量增量 Δx 之比的极限. 此概念可推广到二元函数中.

1. 偏导数的定义

定义 1 设函数 $z=f(x, y)$ 在点 (x_0, y_0) 的某一领域内有定义，当自变量 y 保持不变 $(y=y_0)$，而自变量 x 在 x_0 处有增量 Δx 时，则增量 $f(x_0+\Delta x, y_0)-f(x_0, y_0)$ 称为函数 z 相对 x 的偏增量，记为 $\Delta_x z$，即

$$\Delta_x z=f(x_0+\Delta x, y_0)-f(x_0, y_0)$$

如果极限

$$\lim_{\Delta x\to 0}\frac{\Delta_x z}{\Delta x}=\lim_{\Delta x\to 0}\frac{f(x_0+\Delta x,\ y_0)-f(x_0,\ y_0)}{\Delta x}$$

存在，则称此极限值为函数 $z=f(x,y)$ 在点 $(x_0,\ y_0)$ 处对自变量 x 的偏导数，记作

$$\left.\frac{\partial z}{\partial x}\right|_{\substack{x=x_0\\ y=y_0}},\ \left.\frac{\partial f}{\partial x}\right|_{\substack{x=x_0\\ y=y_0}},\ \left.z'_x\right|_{\substack{x=x_0\\ y=y_0}}\text{或 } f'_x(x_0,\ y_0)$$

即

$$f'_x(x_0,\ y_0)=\lim_{\Delta x\to 0}\frac{\Delta_x z}{\Delta x}=\lim_{\Delta x\to 0}\frac{f(x_0+\Delta x,\ y_0)-f(x_0,\ y_0)}{\Delta x}$$

同样，$z=f(x,\ y)$ 在点 $(x_0,\ y_0)$ 处对 y 的偏导数定义为

$$\lim_{\Delta y\to 0}\frac{\Delta_y z}{\Delta y}=\lim_{\Delta y\to 0}\frac{f(x_0,\ y_0+\Delta y)-f(x_0,\ y_0)}{\Delta y}$$

记作

$$\left.\frac{\partial z}{\partial y}\right|_{\substack{x=x_0\\ y=y_0}},\ \left.\frac{\partial f}{\partial y}\right|_{\substack{x=x_0\\ y=y_0}},\ \left.z'_y\right|_{\substack{x=x_0\\ y=y_0}}\text{或 } f'_y(x_0,\ y_0)$$

其中 $\Delta_y z=f(x_0,\ y_0+\Delta y)-f(x_0,\ y_0)$ 称为函数 z 相对 y 的偏增量.

如果函数 $z=f(x,\ y)$ 在区域 D 内每一点对 x(或 y)的偏导数都存在，这个偏导数仍是 x、y 的函数，称为函数 $z=f(x,\ y)$ 对于自变量 x(或 y)的偏导函数，简称**偏导数**，记作$\frac{\partial z}{\partial x}$，$\frac{\partial f}{\partial x}$，$z'_x$，$f'_x(x,\ y)$(或$\frac{\partial z}{\partial y}$，$\frac{\partial f}{\partial y}$，$z'_y$，$f'_y(x,y)$). 显然，某点处的偏导数就是偏导函数在该点的函数值.

注 对偏导数记号$\frac{\partial z}{\partial x}$、$\frac{\partial f}{\partial x}$、$\frac{\partial z}{\partial y}$及$\frac{\partial f}{\partial y}$，不能理解为$\partial z$ 与∂x、∂z 与∂y 的商. 它与一元函数导数$\frac{\mathrm{d}y}{\mathrm{d}x}$可看作两个微分 $\mathrm{d}y$ 与 $\mathrm{d}x$ 之商是不同的，这是一个整体记号。

偏导数的概念可推广到二元以上的函数，不再一一叙述.

2. 偏导数的求法

由偏导数的定义可知，求多元函数的偏导数是指对某一个变量求导数，而将其他自变量暂时看成常数，因此这仍然是一元函数求导问题，所谓“偏”是指对其中某一个自变量而言.

例 1 求函数 $z=x^2\sin 2y$ 在点$\left(1,\ \frac{\pi}{8}\right)$处的两个偏导数.

解

$$\frac{\partial z}{\partial x}=2x\sin 2y,\ \left.\frac{\partial z}{\partial x}\right|_{(1,\ \frac{\pi}{8})}=2\sin\frac{\pi}{4}=\sqrt{2}$$

$$\frac{\partial z}{\partial y}=2x^2\cos 2y,\ \left.\frac{\partial z}{\partial y}\right|_{(1,\ \frac{\pi}{8})}=2\cos\frac{\pi}{4}=\sqrt{2}$$

例 2 设 $z=y^x$，求$\frac{\partial z}{\partial x}$，$\frac{\partial z}{\partial y}$.

解 求$\frac{\partial z}{\partial x}$时，把 $z=y^x$ 中的变量 y 看成常数，这时函数是指数函数，则$\frac{\partial z}{\partial x}=y^x\ln y$；求

$\frac{\partial z}{\partial y}$时，把 x 看成常数，这时函数是幂函数求导，则$\frac{\partial z}{\partial y}=xy^{x-1}$.

例 3　求 $z=\arctan\frac{y}{x}$的偏导数.

解

$$\frac{\partial z}{\partial x}=\frac{1}{1+\left(\frac{y}{x}\right)^2}\left(\frac{y}{x}\right)'_x=\frac{1}{1+\frac{y^2}{x^2}}\left(-\frac{y}{x^2}\right)=-\frac{y}{x^2+y^2}$$

$$\frac{\partial z}{\partial y}=\frac{1}{1+\left(\frac{y}{x}\right)^2}\left(\frac{y}{x}\right)'_y=\frac{1}{1+\frac{y^2}{x^2}}\cdot\frac{1}{x}=\frac{x}{x^2+y^2}$$

例 4　求 $r=\sqrt{x^2+y^2+z^2}$的偏导数.

解

$$\frac{\partial r}{\partial x}=\frac{2x}{2\sqrt{x^2+y^2+z^2}}=\frac{x}{r}$$

$$\frac{\partial r}{\partial y}=\frac{2y}{2\sqrt{x^2+y^2+z^2}}=\frac{y}{r}$$

$$\frac{\partial r}{\partial z}=\frac{2z}{2\sqrt{x^2+y^2+z^2}}=\frac{z}{r}$$

例 4 中的函数当自变量 x 与 y 对换时，函数形式不变，同样 y 与 z 对换，x 与 z 对换，函数形式也不变. 具有这种特点的函数称为具有轮换对称性的函数. 对于具有对称性的函数 r，在求偏导数时，可以在求出$\frac{\partial r}{\partial x}$后，把其中 x 与 y 对换，y 与 z 对换，即可得$\frac{\partial r}{\partial y}$、$\frac{\partial r}{\partial z}$.

提示　在一元函数中，函数可导必连续，但对于多元函数，可以举出函数在某点的各个偏导数皆存在，但函数在该点却是间断的例子，即函数在某点偏导数存在却并不连续. 所以，一元函数中函数可导必连续的结论对多元函数不成立，这一点多元函数与一元函数是不同的.

3. 二元函数偏导数的几何意义

根据偏导数的定义，二元函数 $z=f(x,y)$在点(x_0,y_0)处的偏导数 $f'_x(x_0,y_0)$就是一元函数 $z=f(x,y_0)$在 x_0 处的导数$\frac{\mathrm{d}}{\mathrm{d}x}f(x,y_0)|_{x=x_0}$. 由导数的几何意义可知$\frac{\mathrm{d}}{\mathrm{d}x}f(x,y_0)|_{x=x_0}$，即 $f'_x(x_0,y_0)$是曲线$\begin{cases}z=f(x,y)\\y=y_0\end{cases}$在点 $M_0(x_0,y_0,f(x_0,y_0))$处的切线相对 Ox 轴的斜率，即 $f'_x(x_0,y_0)=\frac{\mathrm{d}}{\mathrm{d}x}f(x,y_0)|_{x=x_0}=\tan\alpha$，如图 6-4 所示.

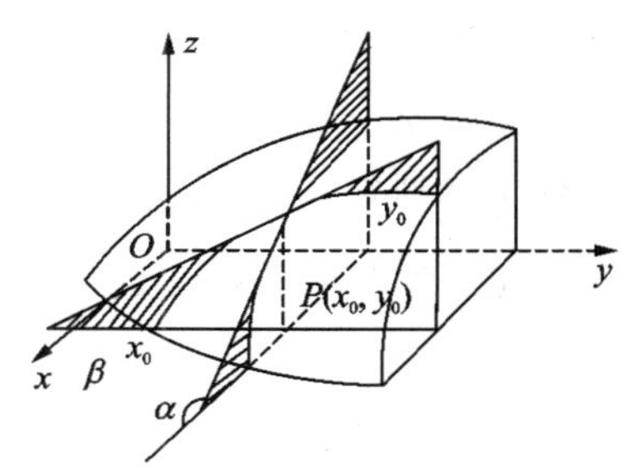

图 6-4

同理，$f'_y(x_0,y_0)$是曲线$\begin{cases}z=f(x,y)\\x=x_0\end{cases}$在点 M_0 处的切线相对 y 轴的斜率，即 $f'_y(x_0,y_0)=\frac{\mathrm{d}}{\mathrm{d}y}f(y,y_0)|_{y=y_0}=\tan\beta$.

二、高阶偏导数

若二元函数 $z=f(x,y)$ 在区域 D 内两个偏导数 $\frac{\partial z}{\partial x}$、$\frac{\partial z}{\partial y}$ 存在，则 $\frac{\partial z}{\partial x}$、$\frac{\partial z}{\partial y}$ 在 D 内仍是 x、y 的函数. 如果这两个函数 $\frac{\partial z}{\partial x}$、$\frac{\partial z}{\partial y}$ 的偏导数存在，则称它们是函数 $z=f(x,y)$ 的二阶偏导数. 按对变量的求导次序不同有下列四个二阶偏导数：

(1) $\frac{\partial}{\partial x}\left(\frac{\partial z}{\partial x}\right)=\frac{\partial^2 z}{\partial x^2}=f''_{xx}(x,y)$；　(2) $\frac{\partial}{\partial y}\left(\frac{\partial z}{\partial x}\right)=\frac{\partial^2 z}{\partial x\partial y}=f''_{xy}(x,y)$；

(3) $\frac{\partial}{\partial x}\left(\frac{\partial z}{\partial y}\right)=\frac{\partial^2 z}{\partial y\partial x}=f''_{yx}(x,y)$；　(4) $\frac{\partial}{\partial y}\left(\frac{\partial z}{\partial y}\right)=\frac{\partial^2 z}{\partial y^2}=f''_{yy}(x,y)$.

其中，(2)、(3)两个偏导数称为二阶混合偏导数.

类似可定义三阶、四阶以及 $n(n>4, n\in\mathbf{N})$ 阶偏导数. 二阶及二阶以上的偏导数，统称为高阶偏导数.

例 5　设 $z=x^3y+2x^2y^3-3y^4$，求其二阶偏导数.

解
$$\frac{\partial z}{\partial x}=3x^2y+4xy^3,\ \frac{\partial z}{\partial y}=x^3+6x^2y^2-12y^3$$

则二阶偏导数为

$$\frac{\partial^2 z}{\partial y\partial x}=3x^2+12xy^2,\ \frac{\partial^2 z}{\partial x\partial y}=3x^2+12xy^2$$
$$\frac{\partial^2 z}{\partial x^2}=6xy+4y^3,\ \frac{\partial^2 z}{\partial y^2}=12x^2y-36y^2$$

从此例中可以看出，函数的两个二阶混合偏导数相等，即 $\frac{\partial^2 z}{\partial y\partial x}=\frac{\partial^2 z}{\partial y\partial x}$，事实上这并不是偶然的，而是存在下述定理.

定理 1　如果函数 $z=f(x,y)$ 的两个二阶混合偏导数 $\frac{\partial^2 z}{\partial x\partial y}$、$\frac{\partial^2 z}{\partial y\partial x}$ 在区域 D 内连续，则在区域 D 内有 $\frac{\partial^2 z}{\partial x\partial y}=\frac{\partial^2 z}{\partial y\partial x}$.

证明从略.

这个定理告诉我们，二阶混合偏导数在连续的情况下与求导次序无关. 本书假定一般情形下定理的条件总是满足的，因而总有 $\frac{\partial^2 z}{\partial x\partial y}=\frac{\partial^2 z}{\partial y\partial x}$.

对二元以上的函数，可以类似地定义高阶混合偏导数，而且高阶混合偏导数在其连续的条件下也与求导次序无关.

例 6　设 $z=\arctan\frac{y}{x}$，求 $\frac{\partial^2 z}{\partial x^2}$、$\frac{\partial^2 z}{\partial x\partial y}$、$\frac{\partial^2 z}{\partial y^2}$.

解　例 3 中已求得 $\frac{\partial z}{\partial x}=-\frac{y}{x^2+y^2}$，$\frac{\partial z}{\partial y}=\frac{x}{x^2+y^2}$，故有

$$\frac{\partial^2 z}{\partial x^2}=\frac{\partial}{\partial x}\left(-\frac{y}{x^2+y^2}\right)=\frac{2xy}{(x^2+y^2)^2}$$
$$\frac{\partial^2 z}{\partial x\partial y}=\frac{\partial}{\partial y}\left(-\frac{y}{x^2+y^2}\right)=\frac{-(x^2+y^2)-(-y)2y}{(x^2+y^2)^2}=\frac{y^2-x^2}{(x^2+y^2)^2}$$

$$\frac{\partial^2 z}{\partial y^2}=\frac{\partial}{\partial y}\left(\frac{x}{x^2+y^2}\right)=\frac{-2xy}{(x^2+y^2)^2}$$

例 7　设 $u=\dfrac{1}{\sqrt{x^2+y^2+z^2}}$，求证 $\dfrac{\partial^2 u}{\partial x^2}+\dfrac{\partial^2 u}{\partial y^2}+\dfrac{\partial^2 u}{\partial z^2}=0$.

证明　设 $r=\sqrt{x^2+y^2+z^2}$，则 $u=\dfrac{1}{r}$.

$$\frac{\partial u}{\partial x}=-\frac{1}{r^2}\frac{\partial r}{\partial x}=-\frac{x}{r^3}$$

$$\frac{\partial^2 u}{\partial x^2}=\frac{-r^3+3r^2\cdot r'x}{r^6}=\frac{-r^3+\dfrac{3r^2x^3}{r}}{r^6}=\frac{3x^2-r^2}{r^5}$$

由于函数对 x、y、z 具有对称性，因此

$$\frac{\partial^2 u}{\partial y^2}=\frac{3y^2-r^2}{r^5},\ \frac{\partial^2 u}{\partial z^2}=\frac{3z^2-r^2}{r^5}$$

所以

$$\frac{\partial^2 u}{\partial x^2}+\frac{\partial^2 u}{\partial y^2}+\frac{\partial^2 u}{\partial z^2}=\frac{3(x^2+y^2+z^2)-3r^2}{r^5}=\frac{3r^2-3r^2}{r^5}=0$$

等式得证.

此方程是数理方程中的一个重要方程，称为**拉普拉斯方程**.

三、多元复合函数的偏导数

在一元函数中我们讨论过复合函数的求导法则，类似地，我们进一步讨论多元复合函数的求导法则.

1. 中间变量为一元函数

定理 2　设函数 $u=\varphi(x)$，$v=\psi(x)$可导，$z=f(u, v)$在相应点(u, v)处有连续偏导数，则复合函数 $z=f[\varphi(x), \psi(x)]$的导数为

$$\frac{\mathrm{d}z}{\mathrm{d}x}=\frac{\partial z}{\partial u}\cdot\frac{\mathrm{d}u}{\mathrm{d}x}+\frac{\partial z}{\partial v}\cdot\frac{\mathrm{d}v}{\mathrm{d}x}\tag{6.2-1}$$

这里，$z=f(u, v)$是 u、v 的二元函数，而 u、v 都是 x 的一元函数，则 $z=f[\varphi(x), \psi(x)]$ 是 x 的一元函数，这时复合函数对 x 的导数$\dfrac{\mathrm{d}z}{\mathrm{d}x}$称为**全导数**.

例 8　设 $z=\mathrm{e}^{u-2v}$，$u=\sin x$，$v=x^3$，求全导数$\dfrac{\mathrm{d}z}{\mathrm{d}x}$.

解　$\dfrac{\mathrm{d}z}{\mathrm{d}x}=\dfrac{\partial z}{\partial u}\cdot\dfrac{\mathrm{d}u}{\mathrm{d}x}+\dfrac{\partial z}{\partial v}\cdot\dfrac{\mathrm{d}v}{\mathrm{d}x}=\mathrm{e}^{u-2v}\cos x+\mathrm{e}^{u-2v}(-2)\cdot 3x^2=\mathrm{e}^{\sin x+2x^2}(\cos x-6x^2)$

2. 中间变量为多元函数

定理 2　设函数 $u=\varphi(x, y)$，$v=\psi(x, y)$在点(x, y)处有偏导数，$z=f(u, v)$在相应点(u, v)处有连续偏导数，则复合函数 $z=f[\varphi(x, y), \psi(x, y)]$在点$(u, v)$处有偏导数，且

$$\frac{\partial z}{\partial x}=\frac{\partial z}{\partial u}\cdot\frac{\partial u}{\partial x}+\frac{\partial z}{\partial v}\cdot\frac{\partial v}{\partial x}\tag{6.2-2a}$$

$$\frac{\partial z}{\partial y}=\frac{\partial z}{\partial u}\cdot\frac{\partial u}{\partial y}+\frac{\partial z}{\partial v}\cdot\frac{\partial v}{\partial y} \tag{6.2-2b}$$

证明从略.

多元复合函数的求导法则，可以叙述为：

多元复合函数对某一自变量的偏导数，等于函数对各个中间变量的偏导数与各个中间变量对自变量的偏导数的乘积之和.

例 9 设 $z=e^u\sin v$，$u=x^2+u^2$，$v=xy$，求$\frac{\partial z}{\partial x}$、$\frac{\partial z}{\partial y}$.

解 $\frac{\partial z}{\partial x}=\frac{\partial z}{\partial u}\cdot\frac{\partial u}{\partial x}+\frac{\partial z}{\partial v}\cdot\frac{\partial v}{\partial x}=e^u\sin v\cdot 2x+e^u\cos v\cdot y$

$$=e^{x^2+y^2}[2x\sin(xy)+y\cos(xy)]$$

$$\frac{\partial z}{\partial y}=\frac{\partial z}{\partial u}\cdot\frac{\partial u}{\partial y}+\frac{\partial z}{\partial v}\cdot\frac{\partial v}{\partial y}=e^u\sin v\cdot 2y+e^u\cos v\cdot x=e^{x^2+y^2}[2y\sin(xy)+x\cos(xy)]$$

复合函数的求导法则可以推广或应用到中间变量和自变量不仅仅是两个的情形中去.若 $u=\varphi(x, y, z)$，$v=\psi(x, y, z)$，则复合函数 $w=f(u, v)=f[\varphi(x, y, z), \psi(x, y, z)]$ 的偏导数为

$$\frac{\partial w}{\partial x}=\frac{\partial w}{\partial u}\cdot\frac{\partial u}{\partial x}+\frac{\partial w}{\partial v}\cdot\frac{\partial v}{\partial x},\ \frac{\partial w}{\partial y}=\frac{\partial w}{\partial u}\cdot\frac{\partial u}{\partial y}+\frac{\partial w}{\partial v}\cdot\frac{\partial v}{\partial y},\ \frac{\partial w}{\partial z}=\frac{\partial w}{\partial u}\cdot\frac{\partial u}{\partial z}+\frac{\partial w}{\partial v}\cdot\frac{\partial v}{\partial z} \tag{6.2-3}$$

同样，若 $w=f(u, v, t)$，而 $u=u(x, y)$，$v=v(x, y)$，$t=t(x, y)$，则复合函数 $w=f[u(x, y), v(x, y), t(x, y)]$的偏导数为

$$\begin{aligned}\frac{\partial w}{\partial x}&=\frac{\partial w}{\partial u}\cdot\frac{\partial u}{\partial x}+\frac{\partial w}{\partial v}\cdot\frac{\partial v}{\partial x}+\frac{\partial w}{\partial t}\cdot\frac{\partial t}{\partial x}\\ \frac{\partial w}{\partial y}&=\frac{\partial w}{\partial u}\cdot\frac{\partial u}{\partial y}+\frac{\partial w}{\partial v}\cdot\frac{\partial v}{\partial y}+\frac{\partial w}{\partial t}\cdot\frac{\partial t}{\partial y}\end{aligned} \tag{6.2-4}$$

例 10 设 $w=f(x^2, xy, xyz)$，求$\frac{\partial w}{\partial x}$、$\frac{\partial w}{\partial y}$、$\frac{\partial w}{\partial t}$.

解 设 $u=x^2$，$v=xy$，$t=xyz$，则

$$\frac{\partial w}{\partial x}=\frac{\partial w}{\partial u}\cdot\frac{\partial u}{\partial x}+\frac{\partial w}{\partial v}\cdot\frac{\partial v}{\partial x}+\frac{\partial w}{\partial t}\cdot\frac{\partial t}{\partial x}=2x\frac{\partial w}{\partial u}+y\frac{\partial w}{\partial v}+yz\frac{\partial w}{\partial t}$$

$$\frac{\partial w}{\partial y}=\frac{\partial w}{\partial u}\cdot\frac{\partial u}{\partial y}+\frac{\partial w}{\partial v}\cdot\frac{\partial v}{\partial y}+\frac{\partial w}{\partial t}\cdot\frac{\partial t}{\partial y}=x\frac{\partial w}{\partial v}+xz\frac{\partial w}{\partial t}$$

$$\frac{\partial w}{\partial z}=\frac{\partial w}{\partial u}\cdot\frac{\partial u}{\partial z}+\frac{\partial w}{\partial v}\cdot\frac{\partial v}{\partial z}+\frac{\partial w}{\partial t}\cdot\frac{\partial t}{\partial z}=xy\frac{\partial w}{\partial z}$$

3. 一些特殊情形

若 $z=f(u, x, y)$，$u=\varphi(x, y)$，则复合函数 $z=f[\varphi(x, y), x, y]$可看作 $v=x$，$t=y$ 的特殊情况，此时 x、y 既是自变量的同时又与 u 一起形成中间变量 u、x、y. 因此$\frac{\partial v}{\partial x}=1$，$\frac{\partial t}{\partial x}=0$，$\frac{\partial v}{\partial y}=0$，$\frac{\partial t}{\partial y}=1$，代入式(6.2-4)，得

$$\frac{\partial z}{\partial x}=\frac{\partial f}{\partial u}\cdot\frac{\partial u}{\partial x}+\frac{\partial f}{\partial x}\cdot\frac{\partial z}{\partial y}=\frac{\partial f\partial u}{\partial u\partial y}+\frac{\partial f}{\partial u} \tag{6.2-5}$$

其中，$\frac{\partial z}{\partial x}\left(或\frac{\partial z}{\partial y}\right)$是表示复合函数 $z=f[\varphi(x, y), x, y]$对自变量 x(或 y)的偏导数(此时把

自变量 y(或 x)看成常数);而$\dfrac{\partial f}{\partial x}\left(或\dfrac{\partial f}{\partial y}\right)$表示函数 $z=f(u, x, y)$对中间的变量 x(或 y)的偏导数(此时 u、x、y 皆为中间变量,求$\dfrac{\partial f}{\partial x}\left(或\dfrac{\partial f}{\partial y}\right)$时,把中间变量 u、y(或 x)看成常数),因此$\dfrac{\partial z}{\partial x}\left(或\dfrac{\partial z}{\partial y}\right)$与$\dfrac{\partial f}{\partial x}\left(或\dfrac{\partial f}{\partial y}\right)$的意义是不同的,不可混淆.

例 11　设 $z=f(x, x\cos y)$,求$\dfrac{\partial z}{\partial x}$、$\dfrac{\partial z}{\partial y}$.

解　设 $u=x\cos y$,则

$$\frac{\partial z}{\partial x}=\frac{\partial f}{\partial u}\cdot\frac{\partial u}{\partial x}+\frac{\partial f}{\partial x}=\frac{\partial f}{\partial u}\cos y+\frac{\partial f}{\partial x},\ \frac{\partial z}{\partial y}=\frac{\partial f}{\partial u}\cdot\frac{\partial u}{\partial y}=-x\sin y\,\frac{\partial f}{\partial u}$$

例 12　设 $z=xy+xF(u)$,而 $u=\dfrac{y}{x}$,$F(u)$可微,求证 $x\dfrac{\partial z}{\partial x}+y\dfrac{\partial z}{\partial y}=z+xy$.

证明　由 $z=xy+xF(u)$,$u=\dfrac{y}{x}$,可把 z 看成中间变量为 u,自变量为 x、y 的复合函数,即 $z=f(u, x, y)$,$u=\varphi(x, y)$. 则

$$\frac{\partial z}{\partial x}=\frac{\partial f}{\partial u}\cdot\frac{\partial u}{\partial x}+\frac{\partial f}{\partial x}=x\frac{\partial F}{\partial u}\left(-\frac{y}{x^2}\right)+y+F(u)=y+F(u)-\frac{y}{x}\frac{\partial F}{\partial u}$$

$$\frac{\partial z}{\partial y}=\frac{\partial f}{\partial u}\cdot\frac{\partial u}{\partial y}+\frac{\partial f}{\partial y}=x\frac{\partial F}{\partial u}\cdot\frac{1}{x}+x=\frac{\partial F}{\partial u}+x$$

故

$$\begin{aligned}x\frac{\partial z}{\partial x}+y\frac{\partial z}{\partial y}&=x\left[y+F(u)-\frac{y}{x}\frac{\partial F}{\partial u}\right]+y\left(x+\frac{\partial F}{\partial u}\right)\\&=xy+xF(u)-y\frac{\partial F}{\partial u}+xy+y\frac{\partial F}{\partial u}=xy+xF(u)+xy=z+xy\end{aligned}$$

四、多元隐函数求偏导

在一元函数中,我们曾学过隐函数的求导法则,但未给出一般的求导公式. 现由多元复合函数的求导法则推导出隐函数的求导公式.

设方程 $F(x, y)=0$ 确定了隐函数 $y=f(x)$,将其代入方程,得 $F[x, f(x)]=0$. 两端对 x 求导,得 $F'_x+F'_y\cdot\dfrac{\mathrm{d}y}{\mathrm{d}x}=0$. 若 $F'_y\neq0$,则有

$$\frac{\mathrm{d}y}{\mathrm{d}x}=-\frac{F'_x}{F'_y}\qquad(6.2-6)$$

若方程 $F(x, y, z)=0$ 确定了隐函数 $z=f(x, y)$,将 $z=f(x, y)$代入方程,得

$$F[x, y, f(x, y)]=0$$

两端对 x、y 求偏导数,得 $F'_x+F'_z\dfrac{\partial z}{\partial x}=0$,$F'_y+F'_z\dfrac{\partial z}{\partial y}=0$. 若 $F'_z\neq0$,则得

$$\frac{\partial z}{\partial x}=-\frac{F'_x}{F'_z},\ \frac{\partial z}{\partial y}=-\frac{F'_y}{F'_z}\qquad(6.2-7)$$

例 13　设 $x^2+xe^y+\dfrac{x}{2}\sin y=0$,求$\dfrac{\mathrm{d}y}{\mathrm{d}x}$.

解　令 $F(x, y)=x^2+xe^y+\dfrac{x}{2}\sin y$,则

$$F'_x=2x+e^y+\frac{1}{2}\sin y,\ F'_y=xe^y+\frac{1}{2}x\cos y$$

代入式(6.2-6)，则有

$$\frac{dy}{dx}=-\frac{F'_x}{F'_y}=-\frac{2x+e^y+\frac{1}{2}\sin y}{xe^y+\frac{1}{2}x\cos y}$$

例 14 设 $x^2+2y^2+3z^2=4x$，求$\frac{\partial z}{\partial x}$、$\frac{\partial z}{\partial y}$及$\frac{\partial^2 z}{\partial x\partial y}$.

解 令 $F(x,y,z)=x^2+2y^2+3z^2-4x$，有

$$F'_x=2x-4,\ F'_y=4y,\ F'_z=6z$$

代入式(6.2-7)，则有

$$\frac{\partial z}{\partial x}=-\frac{F'_x}{F'_z}=-\frac{2x-4}{6z}=\frac{2-x}{3z},\ \frac{\partial z}{\partial y}=-\frac{F'_y}{F'_z}=-\frac{4y}{6z}=-\frac{2y}{3z}$$

$$\frac{\partial^2 z}{\partial x\partial y}=\frac{\partial}{\partial y}\left(\frac{2-x}{3z}\right)=\frac{2-x}{3}\left(\frac{1}{z}\right)_y=\frac{2-x}{3}\left(-\frac{1}{z^2}\right)\frac{\partial z}{\partial y}=-\frac{2-x}{3z^2}\left(-\frac{2y}{3z}\right)=\frac{2(2-x)y}{9z^3}$$

能力训练题 6.2

1. 求下列函数的偏导数.

(1) $z=x^3y-xy^3$；　(2) $y=\sqrt{\ln(xy)}$；　(3) $z=e^{\frac{x}{y}}\cos(x+y)$.

2. 设 $z=\arctan\frac{u}{v}$，$u=x+y$，$v=x-y$，证明$\frac{\partial z}{\partial x}+\frac{\partial z}{\partial y}=\frac{x-y}{x^2+y^2}$.

3. $z=u^2\ln v$，而 $u=\frac{x}{y}$，$v=3x-2y$，求$\frac{\partial z}{\partial x}$，$\frac{\partial z}{\partial y}$.

4. 设 $f(x,y,z)=xy^2+yz^2+zx^2$，求 $f''_{xx}(0,0,1)$，$f''_{zzx}(2,0,1)$.

5. 求下列函数的二阶偏导数$\frac{\partial^2 z}{\partial x^2}$，$\frac{\partial^2 z}{\partial y^2}$，$\frac{\partial^2 z}{\partial x\partial y}$.

(1) $z=x^4+y^4-4x^2y^2$；　(2) $z=\frac{x+y}{x-y}$.

6. 求下列函数的一阶偏导数(其中 f 可微).

(1) $z=f(x^2-y^2,\ e^{xy})$；　(2) $w=f\left(\frac{x}{y},\ \frac{y}{x}\right)$.

7. 设 $\sin y+e^x-xy^2=0$，求$\frac{dy}{dx}$.

8. 设 $x+2y+z-2\sqrt{xyz}=0$，求$\frac{\partial z}{\partial x}$，$\frac{\partial z}{\partial y}$.

6.3 全 微 分

一、全微分的概念

我们知道，如果一元函数 $y=f(x)$在 $x=x_0$ 处的增量 $\Delta y=f(x_0+\Delta x)-f(x_0)$可以表

示为 $\Delta y=A\Delta x+\alpha$，其中 α 是 Δx 的高阶无穷小，则称 $A\Delta x$ 为函数 $y=f(x)$ 在 x_0 处的微分.

对二元函数 $z=f(x, y)$ 的全微分也有类似的定义.

定义 1　若函数 $z=f(x, y)$ 在点 (x_0, y_0) 处的全增量 Δz 可以表示为

$$\Delta z=A\Delta x+B\Delta y+\alpha$$

其中 A、B 与 Δx、Δy 无关，α 是 $\rho=\sqrt{(\Delta x)^2+(\Delta y)^2}$ 的**高阶无穷小**(即 $\lim\limits_{\rho\to 0}\dfrac{\alpha}{\rho}=0$，可记为 $O(\rho)$，则称 $A\Delta x+B\Delta y$ 为函数 $z=f(x, y)$ 在点 (x_0, y_0) 处的**全微分**，记作 $\mathrm{d}z$，即

$$\mathrm{d}z=A\Delta x+B\Delta y$$

这时亦称函数 $z=f(x, y)$ 在点 (x_0, y_0) 处可微.

如果函数 $z=f(x, y)$ 在区域 D 内处处可微，则称函数 $z=f(x, y)$ 在区域 D 内可微.

若函数 $z=f(x, y)$ 在点 (x_0, y_0) 处可微，则函数在该点必连续.

事实上，因为函数在点 (x_0, y_0) 处可微，有

$$\lim_{\substack{\Delta x\to 0\\ \Delta y\to 0}}\Delta z=\lim_{\substack{\Delta x\to 0\\ \Delta y\to 0}}[(A\Delta x+B\Delta y)+\alpha]=\lim_{\substack{\Delta x\to 0\\ \Delta y\to 0}}(A\Delta x+B\Delta y)+\lim_{\substack{\Delta x\to 0\\ \Delta y\to 0}}\alpha=0$$

即函数 $z=f(x, y)$ 在点 (x_0, y_0) 处可微则在该点必连续. 显然，如果函数在某点不连续，函数在该点必不可微.

我们知道，一元函数可微与可导是等价的，且 $\mathrm{d}y=f'(x)\mathrm{d}x$，那么二元函数在 (x_0, y_0) 点可微与它在该点的偏导数之间的关系又是怎样的呢?

定理 1　**(可微的必要条件)**若函数 $z=f(x, y)$ 在点 (x_0, y_0) 处可微，则函数 $z=f(x, y)$ 在点 (x_0, y_0) 处的两个偏导数存在，且有 $A=\left.\dfrac{\partial z}{\partial x}\right|_{(x_0, y_0)}$，$B=\left.\dfrac{\partial z}{\partial y}\right|_{(x_0, y_0)}$.

证明从略.

由此定理可知，当函数 $z=f(x, y)$ 在点 (x_0, y_0) 处可微，则全微分为

$$\mathrm{d}z=\left.\frac{\partial z}{\partial x}\right|_{(x_0, y_0)}\Delta x+\left.\frac{\partial z}{\partial y}\right|_{(x_0, y_0)}\Delta y$$

与一元函数一样，规定 $\Delta x=\mathrm{d}x$，$\Delta y=\mathrm{d}y$，则

$$\mathrm{d}z=\left.\frac{\partial z}{\partial x}\right|_{(x_0, y_0)}\mathrm{d}x+\left.\frac{\partial z}{\partial y}\right|_{(x_0, y_0)}\mathrm{d}y$$

如果函数 $z=f(x, y)$ 在点 (x_0, y_0) 处的两个偏导数均存在，那么函数 $z=f(x, y)$ 在点 (x_0, y_0) 处是否可微? 回答是否定的. (可以举出偏导数存在但不可微的例子.)

因此，二元函数偏导数存在只是可微的必需条件，而非充分条件. 这是多元函数与一元函数的又一不同之处.

定理 2　**(可微的充分条件)**若函数 $z=f(x, y)$ 在点 (x, y) 的某邻域内偏导数连续，则函数 $z=f(x, y)$ 在该点一定可微.

证明从略.

本书中的二元函数一般都满足定理 2 条件，因此它们都是可微的.

例 1　求函数 $z=x^3+3xy^2+y^3$ 在点 $(1, 2)$ 处的全微分.

解　由已知得

$$\frac{\partial z}{\partial x}=3x^2+3y^2，\left.\frac{\partial z}{\partial x}\right|_{(1, 2)}=15$$

$$\frac{\partial z}{\partial y}=6xy+3y^2,\ \left.\frac{\partial z}{\partial y}\right|_{(1,2)}=24$$

故 $$\mathrm{d}z\big|_{(1,2)}=\left.\frac{\partial z}{\partial x}\right|_{(1,2)}\mathrm{d}x+\left.\frac{\partial z}{\partial y}\right|_{(1,2)}\mathrm{d}y=15\mathrm{d}x+24\mathrm{d}y$$

例 2 求函数 $z=y^x$ 的全微分.

解 $$\frac{\partial z}{\partial x}=y^x\ln y,\ \frac{\partial z}{\partial y}=xy^{x-1}$$

$$\mathrm{d}z=y^x\ln y\mathrm{d}x+xy^{x-1}\mathrm{d}y$$

注 二元函数的全微分可以推广到三元以上的多元函数. 例如，$u=f(x, y, z)$可微，其全微分为

$$\mathrm{d}u=\frac{\partial u}{\partial x}\mathrm{d}x+\frac{\partial u}{\partial y}\mathrm{d}y+\frac{\partial u}{\partial z}\mathrm{d}z$$

二、全微分在近似计算中的应用

设函数 $z=f(x, y)$在点(x, y)处可微，函数的全增量与全微分之差是 ρ 的高阶无穷小. 当$|\Delta x|$、$|\Delta y|$都较小时，全增量可由全微分近似代替. 即

$$\Delta z\approx \mathrm{d}z=f'_x(x, y)\mathrm{d}x+f'_y(x, y)\mathrm{d}y$$

或写成

$$f(x+\Delta x, y+\Delta y)\approx f(x, y)+f'_x(x, y)\mathrm{d}x+f'_y(x, y)\mathrm{d}y$$

例 3 为制造轴承，需对 1000 个高 10 mm，半径为 4 mm 的圆柱体钢材镀厚度为 0.1 mm 的铬，问大约需多少克铬.

解 圆柱体体积 $V=\pi r^2 h$，铬的密度 d 为 7.1(g/cm^2)，镀层的体积为

$$\Delta V\approx \mathrm{d}V=\frac{\partial V}{\partial r}\Delta r+\frac{\partial V}{\partial h}\Delta h=2\pi rh\Delta r+\pi r^2\Delta h$$

将 $r=4$，$h=10$，$\Delta r=\Delta h=0.1$ 代入上式，得

$$\Delta V\approx 2\pi\times 10\times 4\times 0.1+\pi\times 16\times 0.1=9.6\pi(\mathrm{mm}^3)\approx 0.0301(\mathrm{cm}^3)$$

则

$$m=V\cdot d\times 1000=0.0301\times 7.1\times 1000=214(\mathrm{g})$$

因此，大约需 214 g 铬.

例 4 计算$(0.98)^{2.03}$的近似值.

解 选 $f(x, y)=x^y$，$x_0=1$，$\Delta x=-0.02$，$y_0=2$，$\Delta y=0.03$.

$$f'_x(x, y)\big|_{(1,2)}=yx^{y-1}\big|_{(1,2)}=2,\ f'_y(x, y)\big|_{(1,2)}=x^y\ln x\big|_{(1,2)}=0,\ f(1, 2)=1$$

所以

$$(0.98)^{2.03}\approx f(1, 2)+f'_x(1, 2)\Delta x+f'_y(1, 2)\Delta y=1+2\times(-0.02)=0.96$$

能力训练题 6.3

1. 当 $x=2$，$y=1$，$\Delta x=0.1$，$\Delta y=-0.2$ 时，求函数 $z=\dfrac{y}{x}$的全增量和全微分.

2. 求函数 $y=\ln\sqrt{1+x^2+y^2}$在点(1, 2)处的全微分.

3. 求下列函数的全微分.

(1) $z=xy+\frac{x}{y}$；　　(2) $z=\frac{y}{\sqrt{x^2+y^2}}$；

(3) $z=y^x$；　　(4) $z=\sin(xy)$.

4. 计算 $\sqrt{(1.02)^3+(1.97)^3}$ 的近似值.

5. 计算$(1.97)^{1.05}$的近似值($\ln 2=0.693$).

6. 有一圆柱体，它的底面半径 R 由 2 cm 增加至 2.05 cm，其高 H 由 10 cm 减少到 9.8 cm，试求体积变化的近似值.

6.4　偏导数的几何应用

一、空间曲线的切线和法平面

设空间曲线的参数方程为$\begin{cases}x=x(t)\\y=y(t)\\z=z(t)\end{cases}$，假定 $x(t)$、$y(t)$、$z(t)$都可导，$x'(t_0)$、$y'(t_0)$、$z'(t_0)$不同时为零，曲线上对应于 $t=t_0+\Delta t$ 的一点 $M(x_0+\Delta x, y_0+\Delta y, z_0+\Delta z)$，如图 6－5 所示. 割线 M_0M 的方程为$\frac{x-x_0}{\Delta x}=\frac{y-y_0}{\Delta y}=\frac{z-z_0}{\Delta z}$.

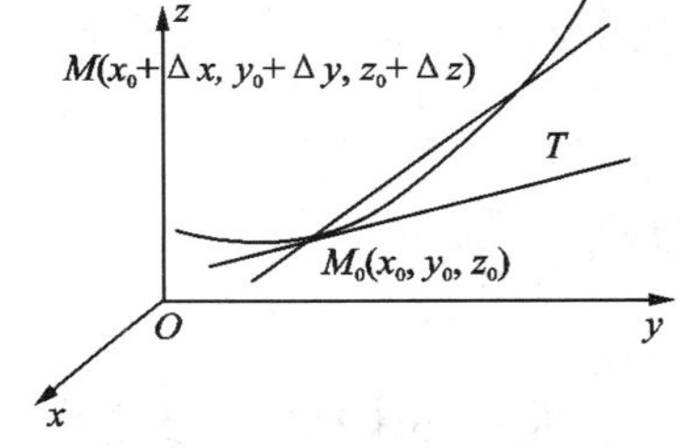

图 6－5

当 M 沿着曲线趋近 M_0 时，割线的极限位置 M_0T 是曲线在 M_0 处的切线. 上式分母同除以 Δt，得

$$\frac{x-x_0}{\frac{\Delta x}{\Delta t}}=\frac{y-y_0}{\frac{\Delta y}{\Delta t}}=\frac{z-z_0}{\frac{\Delta z}{\Delta t}}$$

当 $\Delta t\to 0$(即 $M\to M_0$)时，对上式取极限，即得曲线在 M_0 点的切线方程

$$\frac{x-x_0}{x'(t_0)}=\frac{y-y_0}{y'(t_0)}=\frac{z-z_0}{z'(t_0)}$$

由此可见，向量 $\boldsymbol{T}=\{x'(t_0), y'(t_0), z'(t_0)\}$是切线 M_0T 的方向向量，称为切线的**切向量**. 切向量的方向余弦即为切线的方向余弦.

通过点 M_0 与切线垂直的平面称为曲线在 M_0 点的**法平面**. 它是通过点 $M_0(x_0, y_0, z_0)$，切向量 $\boldsymbol{T}$ 为法向量的平面，因此法平面方程为

$$x'(t_0)(x-x_0)+y'(t_0)(y-y_0)+z'(t_0)(z-z_0)=0$$

例 1　求曲线 $x=t$，$y=t^2$，$z=t^3$，在点(1，1，1)处的切线及法平面方程.

解　因为 $x'_t=1$，$y'_t=2t$，$z'_t=3t^2$，在点(1，1，1)所对应的参数为 $t=1$，则切向量为 $\boldsymbol{T}=\{1, 2, 3\}$，于是切线方程为

$$\frac{x-1}{1}=\frac{y-1}{2}=\frac{z-1}{3}$$

法平面方程为

$$(x-1)+2(y-1)+3(z-1)=0$$

即

$$x+2y+3z=6$$

例 2　求曲线$\begin{cases}y=\sin x\\z=2x\end{cases}$上点$\left(\pi,\ -1,\ \dfrac{\pi}{2}\right)$处的切线及法平面方程.

解　将 x 看作参数，此时曲线方程为

$$\begin{cases}x=x\\y=\sin x,\ x'=1,\ y'|_{x=\pi}=\cos x|_{x=\pi}=-1,\ z'=2\\z=2x\end{cases}$$

在点$\left(\pi,\ -1,\ \dfrac{\pi}{2}\right)$处的切线方程为

$$\frac{x-\pi}{1}=\frac{y+1}{-1}=\frac{z-\dfrac{\pi}{2}}{2}$$

法平面方程为

$$(x-\pi)-(y+1)+2\left(z-\frac{\pi}{2}\right)=0$$

即

$$x-y+2z=2\pi+1$$

二、曲面的切平面与法线

设曲面 S 的方程为 $F(x,\ y,\ z)=0$，$M_0(x_0,\ y_0,\ z_0)$是曲面上的一点. 假定函数 $F(x,\ y,\ z)$的偏导数在该点连续且不同时为零. 设在曲面 S 上过 M_0 点的任意一条曲线 C 的方程为 $x=x(t)$，$y=y(t)$，$z=z(t)$，与点 M_0 相应的参数为 t_0，则曲线 C 在 M_0 处的切向量为 $\boldsymbol{T}=\{x'(t_0),\ y'(t_0),\ z'(t_0)\}$. 因曲线 C 在曲面 S 上有

$$F[x(t),\ y(t),\ z(t)]=0$$

此恒等式左端为复合函数，在 $t=t_0$ 时的全导数为

$$\frac{\mathrm{d}F}{\mathrm{d}t}\Big|_{t=t_0}=F'_x(x_0,y_0,z_0)x'(t_0)+F'_y(x_0,y_0,z_0)y'(t_0)+F'_z(x_0,y_0,z_0)z'(t_0)=0$$

此式表明，向量 $\boldsymbol{n}=\{F'_x(x_0,y_0,z_0),\ F'_y(x_0,y_0,z_0),\ F'_z(x_0,y_0,z_0)\}$与切向量 $\boldsymbol{T}=\{x'(t_0),\ y'(t_0),\ z'(t_0)\}$互相垂直. 由于曲线 C 是曲面上过点 M_0 的任意一条曲线，所以在曲面 S 上所有过 M_0 点的曲线的切线都与同一向量 $\boldsymbol{n}$ 垂直，故这些切线位于同一个平面上. 这个平面称为曲面在 M_0 处的**切平面**. 向量 $\boldsymbol{n}=\{F'_x(x_0,y_0,z_0),\ F'_y(x_0,y_0,z_0),\ F'_z(x_0,y_0,z_0)\}$就是切平面的**法向量**，称为曲面 S 在 M_0 处的法向量. 切平面方程为

$$F'_x(x_0,y_0,z_0)(x-x_0)+F'_y(x_0,y_0,z_0)(y-y_0)+F'_z(x_0,y_0,z_0)(z-z_0)=0$$

过 M_0 点与切平面垂直的直线，称为曲面 S 在 M_0 处的法线，其方程为

$$\frac{(x-x_0)}{F'_x(x_0,y_0,z_0)}=\frac{(y-y_0)}{F'_y(x_0,y_0,z_0)}=\frac{(z-z_0)}{F'_z(x_0,y_0,z_0)}$$

若曲面方程由 $z=f(x,\ y)$给出，则可令 $F(x,\ y,\ z)=f(x,\ y)-z=0$. 于是

$$F'_x = f'_x,\ F'_y = f'_y,\ F'_z = -1$$

这时曲面在 $M_0(x_0,\ y_0,\ z_0)$处的切平面方程为

$$f'_x(x_0,\ y_0)(x-x_0)+f'_y(x_0,\ y_0)(y-y_0)-(z-z_0)=0$$

或

$$z-z_0=f'_x(x_0,\ y_0)(x-x_0)+f'_y(x_0,\ y_0)(y-y_0)$$

法线方程为

$$\frac{(x-x_0)}{f'_x(x_0,\ y_0)}=\frac{(y-y_0)}{f'_y(x_0,\ y_0)}=\frac{(z-z_0)}{-1}$$

例 3　求椭球面 $x^2+2y^2+3z^2=12$ 在点(1, 2, 1)处的切平面方程与法线方程.

解　设

$$F(x,\ y,\ z)=x^2+2y^2+3z^2-12$$

$$F'_x(x,\ y,\ z)=2x,\ F'_y(x,\ y,\ z)=4y,\ F'_z(x,\ y,\ z)=6z$$

$$F'_x(1,\ 2,\ 1)=2,\ F'_y(1,\ 2,\ 1)=8,\ F'_z(1,\ 2,\ 1)=6$$

故在点 (1, 2, 1)处，椭球面的切平面方程为

$$2(x-1)+8(y-2)+6(z-1)=0$$

即

$$x+4y+3z-12=0$$

法线方程为

$$\frac{x-1}{1}=\frac{y-2}{4}=\frac{z-1}{3}$$

能力训练题 6.4

1. 求曲线 $x=\frac{t}{1+t}$, $y=\frac{1+t}{t}$, $z=t^2$ 在对应于 $t=1$ 的点处的切线及法平面方程.

2. 求曲线 $y=16x^2$, $z=12x^2$ 在对应于 $x=\frac{1}{2}$的点处的切线与法平面方程.

3. 求曲面 $z=2x^2-4y^2$ 在点(2, 1, 4)处的切平面与法线方程.

4. 求椭圆面 $x^2+2y^2+z^2=1$ 上平行于平面 $x-y+2z=0$ 的切平面方程，并求出切点坐标.

6.5　多元函数极值问题

多元函数的极值问题在实际生产生活，尤其是经济管理中的应用极其广泛. 下面主要讨论二元函数的极值问题.

一、二元函数极值

定义 1　设函数 $z=f(x,\ y)$在点 $P_0(x_0,\ y_0)$的某一邻域内有定义，对于该邻域内异于 $P_0(x_0,\ y_0)$的任意一点 $P(x,\ y)$，恒有

$$f(x,\ y)<f(x_0,\ y_0)\ \ (\text{或}\ f(x,\ y)>f(x_0,\ y_0))$$

则称 $f(x_0,\ y_0)$为函数 $f(x,\ y)$的**极大值**(**或极小值**)，点 $P_0(x_0,\ y_0)$称为函数 $f(x,\ y)$的**极**

大值点(或**极小值点**).

极大值与极小值统称为**极值**，极大值点与极小值统称为**极值点**.

定理 1 (**极值存在的必要条件**)设函数 $z=f(x, y)$在点(x_0, y_0)处具有偏导数且取得极值，则

$$f'_x(x_0, y_0)=0, f'_y(x_0, y_0)=0$$

证明 因为点(x_0, y_0)是 $z=f(x, y)$的极值点，所以当 $y=y_0$ 保持不变时，一元函数 $z=f(x, y_0)$在 x_0 处也取得极值. 由于偏导数 $f'_x(x_0, y_0)$存在，由一元函数极值存在的必要条件得 $f'_x(x_0, y_0)=0$.

同理可证

$$f'_y(x_0, y_0)=0$$

两个偏导数同时为零的点，称为函数的驻点. 与一元函数类似，驻点不一定是极值点，那么在什么条件下驻点是极值点呢？

定理 2 (**极值存在的充分条件**)设点 $P_0(x_0, y_0)$ 是函数 $z=f(x, y)$的驻点，且函数在点 $P_0(x_0, y_0)$ 邻域内二阶偏导数连续，令

$$A=f''_{xx}(x_0, y_0), \quad B=f''_{xy}(x_0, y_0), \quad C=f''_{yy}(x_0, y_0)$$

则

(1) 当 $AC-B^2>0$ 且 $A<0$ 时，$f(x_0, y_0)$是极大值；当 $AC-B^2>0$ 且 $A>0$ 时，$f(x_0, y_0)$是极小值；

(2) 当 $AC-B^2<0$ 时，$f(x_0, y_0)$不是极值；

(3) 当 $AC-B^2=0$，$f(x_0, y_0)$可能是函数极值，也可能不是极值. 需另行讨论. 证明从略.

综上所述，具有连续的二阶偏导数的函数 $z=f(x, y)$的极值求法，步骤如下：

(1) 先求出偏导数 $f'_x, f'_y, f''_{xx}, f''_{xy}, f''_{yy}$；

(2) 解方程组$\begin{cases} f'_x(x, y)=0 \\ f'_y(x, y)=0 \end{cases}$，求出驻点；

(3) 求出驻点处的二阶偏导数值：$A=f''_{xx}(x, y)$，$B=f''_{xy}(x, y)$，$C=f''_{yy}(x, y)$. 确定 $AC-B^2$ 的符号，并判断 $f(x, y)$是否有极值，如果有，求出其极值.

例 1 求函数 $z=x^3+y^3-3xy$ 极值.

解 先求偏导数

$$f'_x=3x^2-3y, f'_y=3y^2-3x, f''_{xx}=6x, f''_{xy}=-3, f''_{yy}=6y$$

解方程组$\begin{cases} 3x^2-3y=0 \\ 3y^2-3x=0 \end{cases}$，求得驻点为(0, 0)，(1, 1).

在驻点(0, 0)处 $A=f''_{xx}(0, 0)=0$，$B=f''_{xy}(0, 0)=-3$，$C=f''_{yy}(0, 0)=0$. 由于 $AC-B^2=-9<0$，故(0, 0)不是极值点.

在点(1, 1)处，$A=f''_{xx}(1, 1)=6$，$B=f''_{xy}(1, 1)=-3$，$C=f''_{yy}(1, 1)=6$，$AC-B^2=27>0$，且 $A=6>0$，故点(1, 1)为极小值点，$z|_{(1,1)}=-1$ 为函数的极小值.

需要注意的是，与一元函数极值问题类似，函数的极值点可能是驻点，也可能是偏导数不存在的点.

二、最大值与最小值

如果函数 $z=f(x, y)$在有界闭区域 D 上连续，则函数在闭区域 D 上一定取得最大值和最小值. 如何求出其最大值与最小值？与一元函数类似. 假定函数是可微的，如果函数最大值或最小值在区域 D 的内部，则最大值点或最小值点必在驻点中取得. 因此求出驻点的函数值及边界上的最大值和最小值，其中最大值就是函数在闭区域 D 上的最大值，最小值就是函数在闭区域 D 上的最小值. 在实际问题中常常遇到下面的情形，从具体问题中可以知道函数的最大值或最小值是存在的，且在其定义域内部取得. 又知在区域 D 内只有唯一驻点，那么可以肯定该驻点处的函数值就是最大值或最小值.

例 2　要用钢板制造一个容积为 2 m^3 的长方形无盖水箱，若不计钢板厚度，问怎样制作才能使所用材料最省.

解　设水箱的长、宽、高分别为 x、y、z. 其表面积为

$$S=xy+2yz+2xz$$

由已知体积 $V=xyz=2$，得

$$z=\frac{2}{xy}$$

代入 S 中得

$$S=xy+\frac{4}{x}+\frac{4}{y} \qquad (x>0,\ y>0)$$

由

$$\frac{\partial S}{\partial x}=y-\frac{4}{x^2}=0,\ \frac{\partial S}{\partial y}=x-\frac{4}{y^2}=0$$

解得长、宽 $x=y=4^{\frac{1}{3}}$，高 $z=\frac{1}{2}4^{\frac{1}{3}}$时，所用材料最省.

例 3　某工厂预备生产 A、B 两种产品，当产量分别为 Q_1、Q_2 时，总成本为 $C(Q_1, Q_2)=400+2Q_1+3Q_2+0.01(3Q_1^2+Q_1Q_2+3Q_2^2)$(元).

已知两产品售价分别为 10 元/件和 9 元/件，试问两种产品各生产多少件时，工厂可获最大利润？其最大利润又是多少？

解　设 $L(Q_1, Q_2)$为总利润，$R(Q_1, Q_2)$为总销售额，则由已知得总利润的函数为

$$\begin{aligned}L(Q_1, Q_2)&=R(Q_1, Q_2)-C(Q_1, Q_2)\\&=10Q_1+9Q_2-[400+2Q_1+3Q_2+0.01(3Q_1^2+Q_1Q_2+3Q_2^2)]\\&=8Q_1+6Q_2-0.01(3Q_1^2+Q_1Q_2+3Q_2^2)-400\end{aligned}$$

令

$$\begin{cases}L_1'=8-0.06Q_1-0.01Q_2=0\\L_2'=6-0.01Q_1-0.06Q_2=0\end{cases}$$

解得唯一驻点 $Q_1=120$，$Q_2=80$. 则 A、B 两产品分别生产 120 件与 80 件时，工厂可获最大利润. 最大利润为 $L(120, 80)=320$(元).

三、条件极值

如果函数的自然变量除了限制在定义域内以外再没有其他限制，这种极值问题称为无

条件极值. 但在实际问题中，有时遇到的函数的自变量受到某些条件约束，这种对自变量有约束条件的极值问题称为**条件极值**. 事实上本节例 2 就是 $S=xy+2yz+2xz$ 在自变量满足约束条件 $xyz=2$ 的条件极值. 当我们从约束条件 $xyz=2$ 中解出 $z=\dfrac{2}{xy}$，代入 S 中得 $S=xy+\dfrac{4}{x}+\dfrac{4}{y}$，就变成了**无条件极值**. 但将条件极值化为无条件极值在很多实际问题中往往是非常复杂的，甚至是不可能达到的. 下面仅介绍直接求条件极值的一般方法——拉格朗日乘数法.

设二元函数 $z=f(x, y)$ 和 $\varphi(x, y)=0$ 在所考虑的区域内有连续的一阶偏导数，且 $\varphi'_x(x, y)$、$\varphi'_y(x, y)$ 不同时为零. 求函数 $z=f(x, y)$ 在约束条件 $\varphi(x, y)=0$ 下的极值. 求解步骤如下：

(1) 作函数 $F(x, y)=f(x, y)+\lambda\varphi(x, y)$. 通常 $F(x, y)$ 称为**拉格朗日函数**，λ 称为**拉格朗日乘数**.

(2) 求 $F(x, y)$ 对 x、y 的偏导数，并令其等于零，然后与 $\varphi(x, y)=0$ 联立求解，即解方程组

$$\begin{cases}\dfrac{\partial F}{\partial x}=f'_x(x, y)+\lambda\varphi'_x(x, y)=0\\ \dfrac{\partial F}{\partial y}=f'_y(x, y)+\lambda\varphi'_y(x, y)=0\\ \varphi(x, y)=0\end{cases}$$

假定方程组的解是 x、y、λ，则点 (x, y) 即是函数在约束条件下的可能极值点，在实际问题中往往就是所求的极值点.

拉格朗日乘数法可以推广到两个以上自变量或一个以上约束条件的情况.

例 4 用拉格朗日乘数法解例 2.

解 按题意，要求函数 $S=xy+2yz+2xz$ 在条件 $xyz=2$ 条件下的最小值.

设 $F(x, y, z)=xy+2yz+2xz+\lambda(xyz-2)$，则

$$\begin{cases}\dfrac{\partial F}{\partial x}=y+2z+\lambda yz=0 & (1)\\ \dfrac{\partial F}{\partial y}=x+2z+\lambda xz=0 & (2)\\ \dfrac{\partial F}{\partial z}=2y+2x+\lambda xy=0 & (3)\\ xyz-2=0 & (4)\end{cases}$$

将上述方程组中的方程(1)乘 x，方程(2)乘 y，方程(3)乘 z，再两两相减，得

$$\begin{cases}2xz-2yz=0\\ xy-2xz=0\end{cases}$$

解得 $x=y=2z(x>0, y>0)$，代入方程 $xyz=2$，得 $4z^3=2$. 所以

$$z=\frac{1}{2}4^{\frac{1}{3}}, \quad x=y=4^{\frac{1}{3}}$$

因此，当 $x=y=4^{\frac{1}{3}}$，$z=\dfrac{1}{2}4^{\frac{1}{3}}$ 时用料最省.

例 5　某化妆品公司可通过报纸和电视做销售广告，据统计，销售收入 R(单位：百万元)与报纸广告费 x(单位：百万元)及电视广告费 y(单位：百万元)之间的关系有如下公式：

$$R=15+14x+32y-8xy-2x^2-10y^2$$

如果可供使用的广告费用为 150 万元，相应的最优广告策略是怎样的？

解　据题意，即求在约束条件 $x+y=1.5$ 下的最大净收入点，依题意可知该公司净收入 r 为

$$\begin{aligned} r &=15+14x+32y-8xy-2x^2-10y^2-(x+y) \\ &=15+13x+31y-8xy-2x^2-10y^2 \end{aligned}$$

设

$$F=15+13x+31y-8xy-2x^2-10y^2+\lambda(x+y-1.5)$$

求方程组

$$\begin{cases} F'_x=-4x-8y+13+\lambda=0 \\ F'_y=-8x-20y+31+\lambda=0 \\ F'_\lambda=x+y-1.5=0 \end{cases}$$

解得唯一驻点 $x=0$，$y=1.5$，即将广告费用全部用于电视广告，可使净收入最大.

能力训练题 6.5

1. 求函数 $f(x, y)=4x-4y-x^2-y^2$ 的极值点及极值.

2. 在平面 xOy 上求一点，使之到 $x=0$，$y=0$ 及 $x+2y-16=0$ 三条直线的距离的平方之和最小.

3. 有一宽为 2.4 m 的长方形钢板，把它两边折起来做成一个断面为等腰梯形的水槽，问怎样折，才能使断面的面积最大.

4. 要制造一个无盖的长方体水槽，已知底部造价为 18 元/m^2，侧面造价为 6 元/m^2，设计的总造价为 216 元，问如何选取尺寸，才能使水槽容积最大.

能力测试题六

一、选择题

1. 函数 $z=\sqrt{\dfrac{x^2+y^2-x}{2x-x^2-y^2}}$ 的定义域为(　　).

A. $x<x^2+y^2\leqslant 2x$　　B. $x\leqslant x^2+y^2<2x$

C. $x\leqslant x^2+y^2\leqslant 2x$　　D. $x<x^2+y^2<2x$

2. $\lim\limits_{\substack{x\to 0\\ y\to 0}}\dfrac{3xy}{\sqrt{xy+1}-1}=$(　　).

A. 3　　B. 6　　C. 不存在　　D. ∞

3. $f(x, y)=\begin{cases}\dfrac{\sin(x^2 y)}{xy}, & xy\neq 0\\ 0, & xy=0\end{cases}$，则 $f'_x(0, 1)=$(　　).

A. 0　　B. 1　　C. 2　　D. 不存在

4. 对于函数 $f(x, y)=xy$，点 $(0, 0)$(　　).

A. 不是驻点　　B. 是驻点却非极值点

C. 是极大值点　　D. 是极小值点

5. 抛物面 $z=4-x^2-2y^2$ 在点 $M_0(1, 1, 1)$ 处的切平面与平面 $x-y+2z+1=0$(　　).

A. 平行　　B. 垂直　　C. 相交但不垂直　　D. 重合

二、填空题

1. $f(x+y, x-y)=x^2y+y^2$，则 $f(x, y)=$________.

2. $u=\ln(xy+z)$，$p(1, 2, 0)$，则 $\dfrac{\partial u}{\partial x}\Big|_p=$________，$\dfrac{\partial u}{\partial y}\Big|_p=$________，$\dfrac{\partial u}{\partial z}\Big|_p=$________.

3. 设 $z=e^{y(x^2+y^2)}$，则 $dz=$________.

4. 曲面 $z=x^2+y^2$ 在点 $(1, 0, 1)$ 处的切平面方程为________.

5. 二元函数 $f(x, y)=x^3+y^3+xy$ 的极大值是________.

三、计算题

1. $z=\sqrt{\ln(xy)}$，求 $\dfrac{\partial z}{\partial x}$.

2. $z=\arctan(x-y)$，求 dz.

3. 设 $z=f(2x-y, y\sin x)$，f 可微，求 $\dfrac{\partial z}{\partial x}$、$\dfrac{\partial z}{\partial y}$.

4. 已知 $e^{-xy}-2z+e^z=0$，求 $\dfrac{\partial z}{\partial x}$.

5. 在曲线 $y=x$、$z=x^2$ 上找一点，使该点处的切线与平面 $x+y+z=1$ 平行.

6. 在平面 $x+y+z=1$ 上找一点，使其到点 $(1, 0, 1)$、$(2, 0, 1)$ 的距离的平方和最小.

7. 将周长为 $2p$ 的矩形绕它的一边旋转得到一圆柱体，问矩形的边长各为多少时，才能使该圆柱体的体积最大？

第 7 章　多元函数积分学

在一元函数积分学中，定积分是某种确定形式和的极限，被积函数是一元函数，积分范围是一个区间. 如果把这种和的极限概念推广到定义在平面区域上的二元函数和平面内一条曲线上的二元函数，便可建立二重积分和曲线积分的概念，并且这些积分的计算最终都归结到定积分的计算. 本章将介绍二重积分及曲线积分的概念、计算及一些简单应用，在学习过程中要注意各种积分的联系和区别.

7.1　二 重 积 分

一、二重积分的概念

1. 引例

引例 1　曲顶柱体的体积.

曲顶柱体是由 xOy 平面上的闭区域 D，曲面 $z=f(x, y)$（假定 $f(x, y)\geqslant 0$）及以区域 D 的边界为准线，母线平行于 z 轴的柱面所围成的立体（见图 7－1）. 假定函数 $z=f(x, y)$ 在闭区域 D 上是连续的非负函数，如何计算曲顶柱体的体积？我们可以仿照求曲边梯形面积的方法来求曲顶柱体的体积.

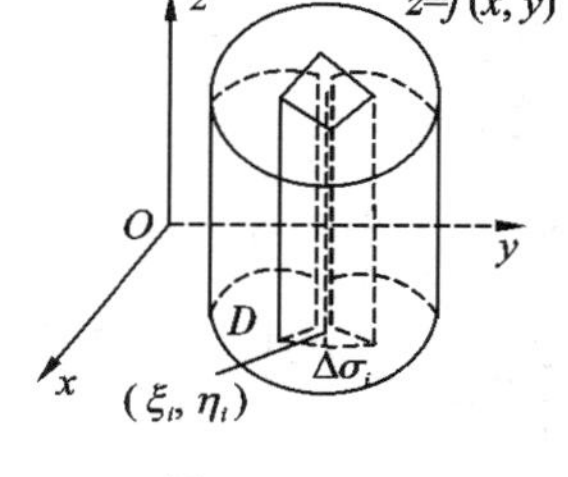

图 7－1

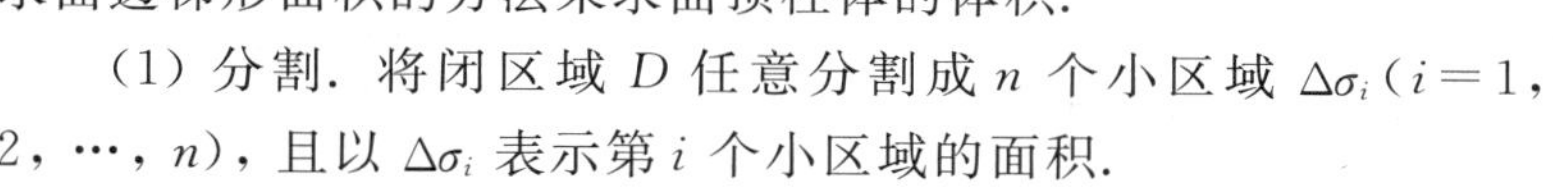

(1) 分割. 将闭区域 D 任意分割成 n 个小区域 $\Delta\sigma_i$（$i=1, 2, \cdots, n$），且以 $\Delta\sigma_i$ 表示第 i 个小区域的面积.

(2) 取近似值. 分别以 $\Delta\sigma_i$（$i=1, 2, \cdots, n$）的边界为准线，作母线平行于 z 轴的柱面，得 n 个小曲顶柱体，在 $\Delta\sigma_i$ 中任取一点 (ξ_i, η_i)，以 $f(\xi_i, \eta_i)$ 近似代替该小曲顶柱体的高，则其体积的近似值为 $\Delta V_i\approx f(\xi_i, \eta_i)\Delta\sigma_i$.

(3) 作和. 将 n 个小曲顶柱体体积相加，可得到整个曲顶柱体体积 V 的近似值，即

$$V\approx\sum_{i=1}^{n}\Delta V_i=\sum_{i=1}^{n}f(\xi_i, \eta_i)\Delta\sigma_i$$

(4) 求极限值. 当分割无限变细时，即当 $n\to\infty$，使 n 个 $\Delta\sigma_i$（$i=1, 2, \cdots, n$）的直径中的最大值（区域的直径是指有界闭区域上任意两点距离的最大值）λ 趋于零时，和式 $\sum\limits_{i=1}^{n}f(\xi_i, \eta_i)\Delta\sigma_i$ 的极限值就是所求曲顶柱体的体积，即 $V=\lim\limits_{\lambda\to 0}\sum\limits_{i=1}^{n}f(\xi_i, \eta_i)\Delta\sigma_i$.

引例 2　平面薄片的质量.

设有一质量非均匀分布的薄片，平置于 xOy 的平面区域 D 上，在任意点 (x, y) 处的面密度为 $\mu=\mu(x, y)$，假定函数 $\mu(x, y)>0$ 且在 D 上连续. 求此薄片的质量.

将区域 D 任意分割成 n 个小区域，$\Delta\sigma_i(i=1, 2, \cdots, n)$，$\Delta\sigma_i$ 同时又表示其面积，在 $\Delta\sigma_i$ 内任取一点(ξ_i, η_i)，相应于每一小区域 $\Delta\sigma_i$ 的小薄片质量，$\Delta M_i\approx\mu(\xi_i, \eta_i)\Delta\sigma_i(i=1, 2, \cdots, n)$，则整个薄片的质量 M 可近似地表示为 $M\approx\sum\limits_{i=1}^{n}\mu(\xi_i, \eta_i)\Delta\sigma_i$.

显然，当所有小块缩成一点时，则有 $M=\lim\limits_{\lambda\to 0}\sum\limits_{i=1}^{n}\mu(\xi_i, \eta_i)\Delta\sigma_i$(同例 1，$\lambda=\max\{\Delta\sigma_1, \Delta\sigma_2, \cdots, \Delta\sigma_n\}$).

2. 二重积分的概念

虽然上面两个问题的具体意义不同，但解决问题的方法是完全相同的，由此可归结为求二元函数在平面区域上同一类型的和式极限，这种数学模型在研究其他实际问题时也会遇到，为此给出二重积分定义.

定义 1 设 $z=f(x, y)$ 是定义在有界闭区域 D 上的有界函数. 若将闭区域 D 任意分割成 n 个小区域 $\Delta\sigma_i(i=1, 2, \cdots, n)$；且用 $\Delta\sigma_i$ 表示其面积，设 λ 为所有 $\Delta\sigma_i$ 的直径中的最大值，在第 i 个 $\Delta\sigma_i$ 中任取一点(ξ_i, η_i)，作乘积 $f(\xi_i, \eta_i)\Delta\sigma_i$，并作和式 $\sum\limits_{i=1}^{n}f(\xi_i, \eta_i)\Delta\sigma_i$. 当 $\lambda\to 0$ 时，若和式极限存在，则称此极限值为二元函数 $z=f(x, y)$在区域 D 上的**二重积分**，记作 $\iint\limits_D f(x, y)\mathrm{d}\sigma$，即

$$\iint\limits_D f(x, y)\mathrm{d}\sigma=\lim_{\lambda\to 0}\sum_{i=1}^{n}f(\xi_i, \eta_i)\Delta\sigma_i$$

其中 $f(x, y)$称为**被积函数**，D 称为**积分区域**，$\mathrm{d}\sigma$ 称为**面积元素**，$f(x, y)\mathrm{d}\sigma$ 称为被**积表达式**，x、y 称为**积分变量**.

若 $\lim\limits_{\lambda\to 0}\sum\limits_{i=1}^{n}f(\xi_i, \eta_i)\Delta\sigma_i$ 存在，则称函数 $f(x, y)$在闭区域 D 上是可积的. 当函数 $f(x, y)$满足什么条件时可积？可以证明，当 $f(x, y)$在有界闭区域 D 上连续时，和式的极限一定存在，即在 D 上连续的函数的二重积分必定存在.

根据二重积分定义可知：

曲顶柱体体积为 $V=\iint\limits_D f(x, y)\mathrm{d}\sigma$，平面薄片质量为 $M=\iint\limits_D \mu(x, y)\mathrm{d}\sigma$.

3. 二重积分的几何意义

二重积分的几何意义是十分明显的.

当 $f(x, y)\geqslant 0$ 时，$\iint\limits_D f(x, y)\mathrm{d}\sigma$ 表示曲顶柱体的体积；

当 $f(x, y)<0$ 时，$-\iint\limits_D f(x, y)\mathrm{d}\sigma$ 表示曲顶柱体的体积；

当 $f(x, y)$在 D 上部分区域为正，其他区域为负时，二重积分表示曲顶柱体体积的代数和.

特别地，当 $f(x, y)\equiv 1$ 时，$\iint\limits_D \mathrm{d}\sigma$ 是闭区域 D 的面积 σ.

二、二重积分的性质

二重积分的定义与定积分的定义类似，因此二重积分与定积分有类似的性质.

性质 1　两个可积的被积函数在区域 D 上的代数和的积分等于它们在区域 D 上的积分的代数和，即

$$\iint_D [f(x,y)\pm\varphi(x,y)]\mathrm{d}\sigma=\iint_D f(x,y)\mathrm{d}\sigma\pm\iint_D \varphi(x,y)\mathrm{d}\sigma$$

性质 2　若函数 $f(x,y)$在区域 D 上可积，则函数 $kf(x,y)$(k 为常数)在区域 D 上也可积，且有

$$\iint_D kf(x,y)\mathrm{d}\sigma=k\iint_D f(x,y)\mathrm{d}\sigma\ (k\ \text{为常数})$$

性质 3　若区域 D 被分为两个子区域 D_1 及 D_2，函数 $f(x,y)$在区域 D 上可积，则

$$\iint_D f(x,y)\mathrm{d}\sigma=\iint_{D_1} f(x,y)\mathrm{d}\sigma+\iint_{D_2} f(x,y)\mathrm{d}\sigma$$

性质 3 表明二重积分对于积分区域具有可加性.

性质 4　若 $f(x,y)\leqslant\varphi(x,y)$，$(x,y)\in D$，则

$$\iint_D f(x,y)\mathrm{d}\sigma\leqslant\iint_D \varphi(x,y)\mathrm{d}\sigma$$

性质 5(估值定理)　设 M、m 是 $f(x,y)$在有界闭区域 D 上的最大值和最小值，则

$$m\sigma\leqslant\iint_D f(x,y)\mathrm{d}\sigma\leqslant M\sigma$$

其中 σ 为区域 D 的面积.

性质 6(中值定理)　函数 $f(x,y)$在有界闭区域 D 上连续，且区域 D 的面积为 σ，则存在点$(\xi,\eta)\in D$，使

$$\iint_D f(x,y)\mathrm{d}\sigma=f(\xi,\eta)\sigma$$

成立. 其几何意义是二重积分所确定的曲顶柱体体积，等于以积分区域 D 为底，以 $f(\xi,\eta)$为高的平顶柱体的体积，其中(ξ,η)为 D 内某一点.

三、二重积分在直角坐标系中的累次积分法

根据二重积分的定义，如果 $f(x,y)$在区域 D 上可积，其值与区域 D 的分法无关. 因此在直角坐标系中常用平行于 x 轴和 y 轴的直线来分割区域 D，除靠近边界曲线的一些小区域外，其余皆为小矩形，其面积可表示为 $\Delta\sigma=\Delta x\cdot\Delta y$(见图 7－2). 于是在直角坐标系中面积元素为 $\mathrm{d}\sigma=\mathrm{d}x\mathrm{d}y$，所以二重积分也常记为

$$\iint_D f(x,y)\mathrm{d}\sigma=\iint_D f(x,y)\mathrm{d}x\mathrm{d}y$$

借助二重积分的几何意义可以导出二重积分的计算公式. 由二重积分的几何意义，当 $f(x,y)\geqslant 0$ 时，二重积分等于曲顶柱体的体积

$$V=\iint_D f(x,y)\mathrm{d}\sigma$$

另外，可用定积分中“平行截面面积为已知的立体的体积”的方法来求曲顶柱体的体积. 设区域 D 是由曲线 $y=\varphi_1(x,y)$，$y=\varphi_2(x,y)$，$x=a$ 和 $x=b$ 围成的(见图 7－3)，D

可用不等式组表示为$\begin{cases}a\leqslant x\leqslant b\\ \varphi_1(x)\leqslant y\leqslant\varphi_2(x)\end{cases}$，其中 $\varphi_1(y)$、$\varphi_2(y)$在$[a, b]$上连续.

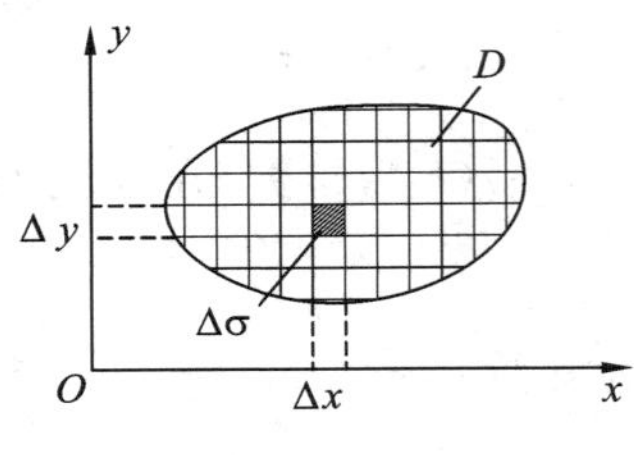

图 7-2

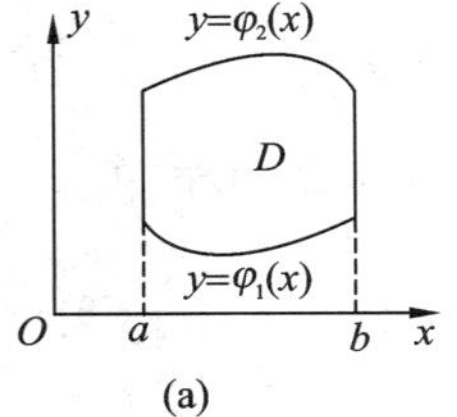

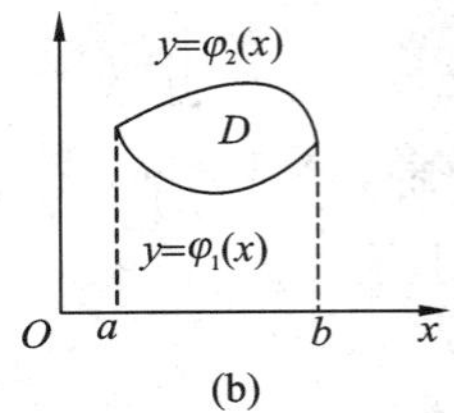

图 7-3

先计算截面面积. 为此，在区间$[a, b]$内任取一点 x，过 x 作垂直于 x 轴的平面 $x=x_0$，与曲顶柱体相截的截面是一个以区间$(\varphi_1(x_0), \varphi_2(x_0))$的线段为底，曲线$\begin{cases}z=f(x, y)\\ x=x_0\end{cases}$为曲边的曲边梯形(见图 7-4)，其面积 $S(x_0)$为

$$S(x_0)=\int_{\varphi_1(x_0)}^{\varphi_2(x_0)}f(x_0, y)\mathrm{d}y$$

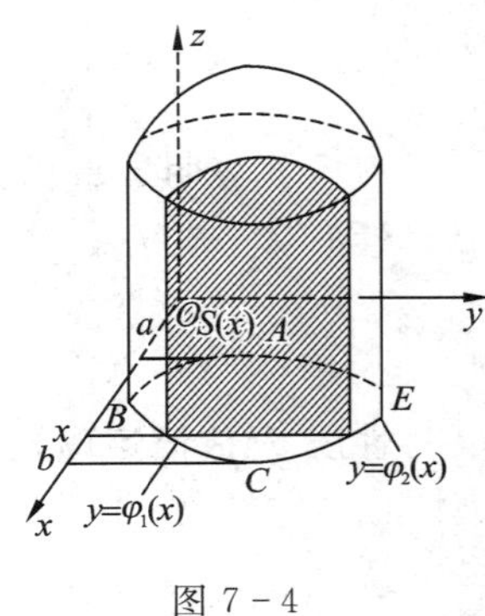

图 7-4

一般地，令 x 取任意值时，从而可得曲顶柱体的体积为

$$V=\int_a^b S(x)\mathrm{d}x=\int_a^b\left[\int_{\varphi_1(x)}^{\varphi_2(x)}f(x, y)\mathrm{d}y\right]\mathrm{d}x$$

由此得到二重积分在直角坐标系中的计算公式为

$$\iint_D f(x, y)\mathrm{d}\sigma=\int_a^b\left[\int_{\varphi_1(x)}^{\varphi_2(x)}f(x, y)\mathrm{d}y\right]\mathrm{d}x$$

此式也常简记为

$$\int_a^b\mathrm{d}x\int_{\varphi_1(x)}^{\varphi_2(x)}f(x, y)\mathrm{d}y$$

即

$$\iint_D f(x, y)\mathrm{d}\sigma=\int_a^b\mathrm{d}x\int_{\varphi_1(x)}^{\varphi_2(x)}f(x, y)\mathrm{d}y$$

上式右端的积分称为二次积分，它是先对 y 积分(此时把 x 看成常数)，然后将积分所得结果——x 的函数，再在$[a, b]$上对 x 积分.

上述公式是在 $f(x, y)\geqslant 0$ 的假定条件下，利用几何直观的方法推得的. 这个公式在一般情况下结论同样成立.

类似地，如果积分区域 D(见图 7-5)可表示为$\begin{cases}c\leqslant y\leqslant d\\ \psi_1(y)\leqslant x\leqslant\psi_2(y)\end{cases}$，其中 $\psi_1(y)$、$\psi_2(y)$在$[c, d]$上连续，那么有

$$\iint_D f(x, y)\mathrm{d}\sigma=\int_c^d\mathrm{d}y\int_{\psi_1(y)}^{\psi_2(y)}f(x, y)\mathrm{d}x$$

应用上述公式，积分域 D 必须满足以下条件：作平行于 x 轴(或 y 轴)的、穿过区域 D 的直线与区域 D 的边界曲线的交点不多于两点，如不满足上述条件，可把区域 D 分成几个部分区域，使每个部分区域满足上述条件. 如图 7-6 所示，把 D 分成三个部分区域，在每

个部分区域上求出二重积分后相加，其和即为在区域 D 上的二重积分.

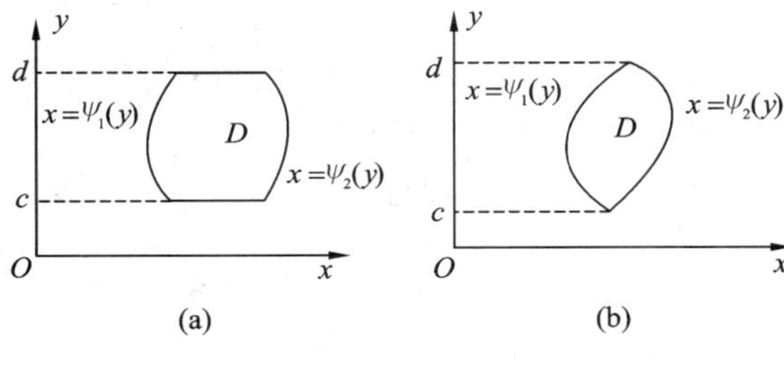

图 7－5

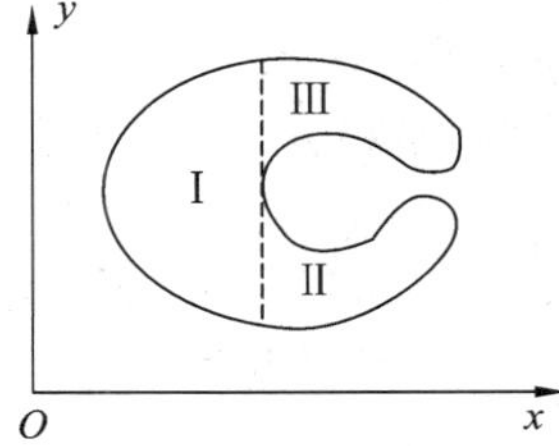

图 7－6

上述把二重积分化为二次定积分的方法称为**累次积分法**. 把二重积分化为累次积分的主要工作是定出二次定积分的上、下限，其作法可归纳如下：

（1）画出由曲线围成的积分区域 D；

（2）根据积分区域 D 的特性，选择相应的积分次序，如先对 y 积分后对 x 积分，可将区域 D 投影到 x 轴上，得投影区间$[a, b]$，即 $a \leqslant x \leqslant b$. 在$[a, b]$内任选一点 x，过 x 作平行于 y 轴的直线与区域 D 的边界曲线交点的纵坐标分别为 $y=\varphi_1(x)$，$y=\varphi_2(x)$，即有$\varphi_1(x) \leqslant y \leqslant \varphi_2(x)$（见图 7－7）. 则积分域 D 可表示成

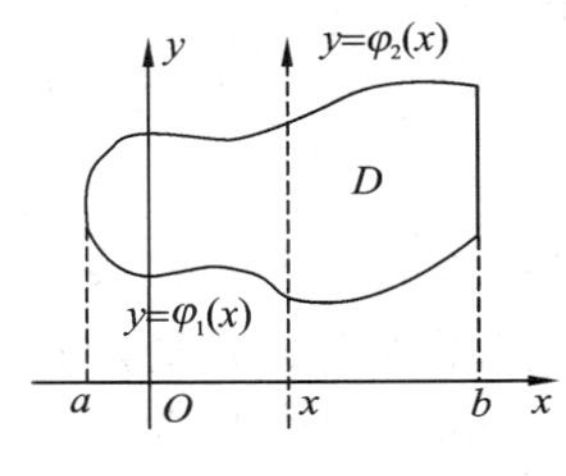

图 7－7

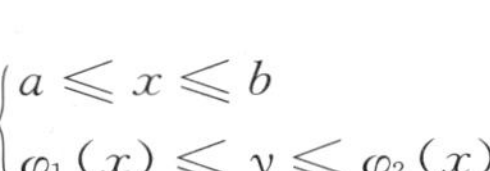

$$\begin{cases} a \leqslant x \leqslant b \\ \varphi_1(x) \leqslant y \leqslant \varphi_2(x) \end{cases}$$

类似地，若先对 x 积分后对 y 积分（见图 7－8），其积分域 D 可表示为

$$\begin{cases} c \leqslant y \leqslant d \\ \psi_1(y) \leqslant x \leqslant \psi_2(y) \end{cases}$$

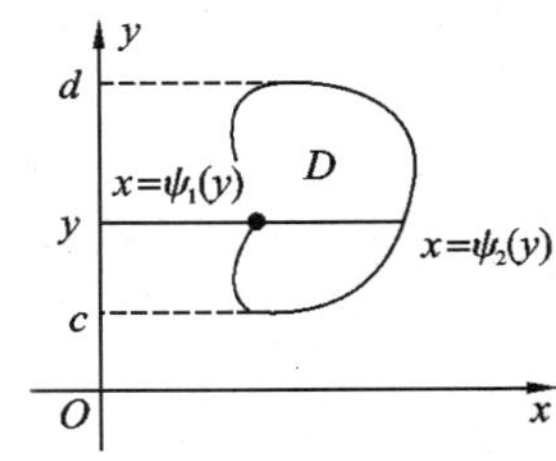

图 7－8

注　在所确定的二次积分的积分限，上限要大于下限.

例 1　计算二重积分 $\iint\limits_D xy\,\mathrm{d}\sigma$，其中 D 是由 $x=1$，$x=2$，$y=1$ 及 $y=3$ 所围成的区域.

解　画出积分区域 D（见图 7－9）.

$$D：\begin{cases} 1 \leqslant x \leqslant 2 \\ 1 \leqslant y \leqslant 3 \end{cases}$$

$$\iint\limits_D xy\,\mathrm{d}\sigma = \int_1^2 \mathrm{d}x \int_1^3 xy\,\mathrm{d}y = \int_1^2 x\left[\frac{y^2}{2}\right]_1^3 \mathrm{d}x$$

$$= 4\int_1^2 x\mathrm{d}x = 4\left[\frac{x^2}{2}\right]_1^2 = 6$$

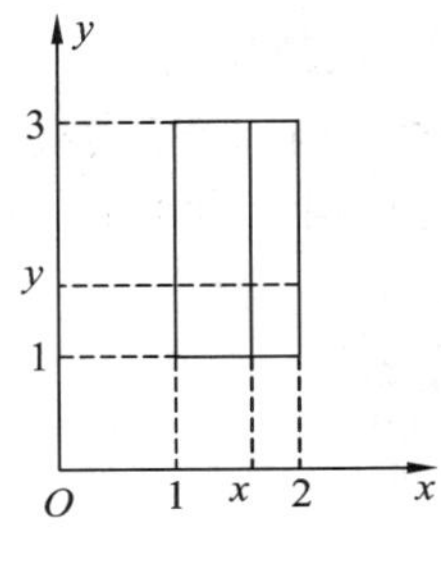

图 7－9

同样

$$\iint\limits_D xy\,\mathrm{d}\sigma = \int_1^3 \mathrm{d}y \int_1^2 xy\,\mathrm{d}x = \int_1^3 x\left[\frac{x^2}{2}\right]_1^2 \mathrm{d}y$$

$$= \frac{3}{2}\int_1^3 y\mathrm{d}y = \frac{3}{2}\left[\frac{y^2}{2}\right]_1^3 = 6$$

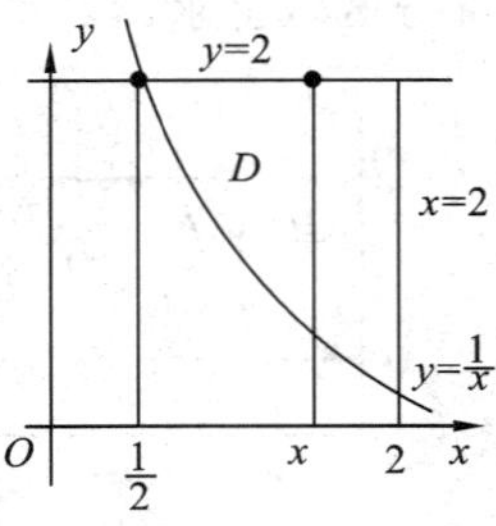

图 7-10

例 2 计算二重积分 $\iint\limits_D (x+y)\mathrm{d}\sigma$，其中 D 是由 $y=\frac{1}{x}$，$y=2$，$x=2$ 所围成的区域.

解 画出积分区域 D(见图 7-10). 将积分域投影到 x 轴上，得区间 $\left[\frac{1}{2},2\right]$$\left(y=\frac{1}{x}\text{与}y=2\text{交点的横坐标为}\frac{1}{2}\right)$，在此区间上固定一点 x，由图可得 D 为

$$\begin{cases}\frac{1}{2}\leqslant x\leqslant 2\\ \frac{1}{x}\leqslant y\leqslant 2\end{cases}$$

所以

$$\begin{aligned}\iint\limits_D (x+y)\mathrm{d}\sigma &= \int_{\frac{1}{2}}^{2}\left[\int_{\frac{1}{x}}^{2}(x+y)\mathrm{d}y\right]\mathrm{d}x = \int_{\frac{1}{2}}^{2}\left[xy+\frac{1}{2}y^2\right]_{\frac{1}{x}}^{2}\mathrm{d}x\\ &= \int_{\frac{1}{2}}^{2}\left(2x-\frac{1}{2x^2}+1\right)\mathrm{d}x = \left[x^2+\frac{1}{2x}+x\right]_{\frac{1}{2}}^{2} = \frac{9}{2}\end{aligned}$$

从上述两例看到，除积分区域为矩形区域外，二重积分化为二次积分时，先积分的上、下限一般不会都是常数，而是另一积分变量的函数，后积分的上、下限均为常数.

例 3 计算 $\iint\limits_D xy\,\mathrm{d}\sigma$，其中 D 是由抛物线 $y^2=x$ 及直线 $y=x-2$ 所围成的区域.

解 画出积分区域 D，如图 7-11(a)所示.

如先对 x 积分，后对 y 积分，区域 D 可表示为

$$\begin{cases}-1\leqslant y\leqslant 2\\ y^2\leqslant x\leqslant y+2\end{cases}$$

$$\begin{aligned}\iint\limits_D xy\,\mathrm{d}\sigma &= \int_{-1}^{2}\left[\int_{y^2}^{y+2}xy\,\mathrm{d}x\right]\mathrm{d}y = \int_{-1}^{2}\left[\frac{1}{2}x^2y\right]_{y^2}^{y+2}\mathrm{d}y\\ &= \frac{1}{2}\int_{-1}^{2}[y(y+2)^2-y^5]\mathrm{d}y = \frac{1}{2}\int_{-1}^{2}(4y+4y^2+y^3-y^5)\mathrm{d}y\\ &= \frac{1}{2}\left[2y^2+\frac{4}{3}y^3+\frac{1}{4}y^4-\frac{1}{6}y^6\right]_{-1}^{2} = \frac{45}{8}\end{aligned}$$

此题如先对 y 积分，后对 x 积分，由于在区间[0，1]及[1，4]上函数 $\varphi_1(x)$ 的表达式不一样，所以要用经过交点(1，−1)且平行于 y 轴的直线 $x=1$ 把区域 D 分成 D_1 和 D_2 两部分(如图 7-11(b)所示)，其中

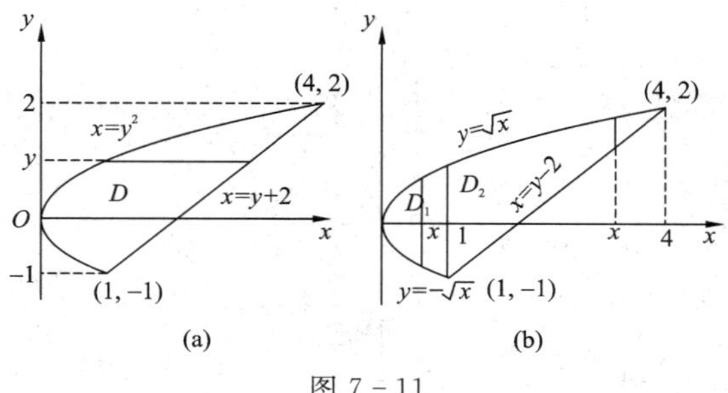

图 7-11

$$D_1\begin{cases}0\leqslant x\leqslant 1\\ -\sqrt{x}\leqslant y\leqslant\sqrt{x}\end{cases},\ D_2\begin{cases}1\leqslant x\leqslant 4\\ x-2\leqslant y\leqslant\sqrt{x}\end{cases}$$

于是

$$\iint_D xy\,\mathrm{d}\sigma=\iint_{D_1}xy\,\mathrm{d}\sigma+\iint_{D_2}xy\,\mathrm{d}\sigma=\int_0^1\mathrm{d}x\int_{-\sqrt{x}}^{\sqrt{x}}xy\,\mathrm{d}y+\int_1^4\mathrm{d}x\int_{x-2}^{\sqrt{x}}xy\,\mathrm{d}y$$

显然，选择先对 x，后对 y 的积分次序计算较为简便. 由此可见，在一般情况下，积分次序的选择主要由积分区域的特性来决定.

例 4　计算 $\iint\limits_D\dfrac{y\sin x}{x}\mathrm{d}\sigma$，其中 D 是由直线 $y=x$ 及抛物线 $y^2=x$ 围成的区域.

解　画出积分区域 D(见图 7－12).

若选取先对 x 积分后对 y 积分的积分次序，积分区域可表示为

$$D:\begin{cases}0\leqslant y\leqslant 1\\ y^2\leqslant x\leqslant y\end{cases}$$

则有

$$\iint_D\frac{y\sin x}{x}\mathrm{d}\sigma=\int_0^1\mathrm{d}y\int_{y^2}^{y}\frac{y\sin x}{x}\mathrm{d}x$$

由于$\dfrac{\sin x}{x}$的原函数不能用初等函数表示，故累次积分无法进行.

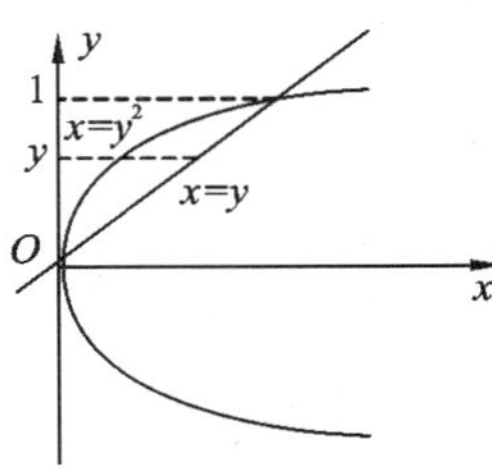

图 7－12

若选取先对 y 积分，后对 x 积分，此时积分区域可表示为

$$D:\begin{cases}0\leqslant x\leqslant 1\\ x\leqslant y\leqslant\sqrt{x}\end{cases}$$

则

$$\begin{aligned}\iint_D\frac{y\sin x}{x}\mathrm{d}\sigma&=\int_0^1\mathrm{d}x\int_x^{\sqrt{x}}\frac{y\sin x}{x}\mathrm{d}y=\int_0^1\frac{\sin x}{x}\left[\frac{y^2}{2}\right]_x^{\sqrt{x}}\mathrm{d}x=\frac{1}{2}\int_0^1\frac{\sin x}{x}(x-x^2)\mathrm{d}x\\&=\frac{1}{2}\int_0^1(1-x)\sin x\mathrm{d}x=\frac{1}{2}\left[\int_0^1\sin x\mathrm{d}x-\int_0^1 x\sin x\mathrm{d}x\right]\\&=\frac{1}{2}[-\cos x]_0^1-\frac{1}{2}[-x\cos x+\sin x]_0^1\\&=\frac{1}{2}-\frac{1}{2}\sin 1\end{aligned}$$

从此例可看出，积分次序的选择不仅要看积分区域的特性，而且还要考虑被积函数的特点，原则上是既要使积分计算简便，又要使积分计算能顺利进行. 需要读者通过自己的实践，逐渐灵活掌握.

四、二重积分在极坐标系中的累次积分法

有些二重积分在直角坐标系中计算比较烦琐，但在极坐标系中计算却比较简便. 下面介绍二重积分在极坐标系中的累次积分法.

假设函数 $z=f(x,y)$在闭区域 D 上连续. 由二重积分定义知道，二重积分的值与积分区域 D 的分法无关，我们用以极点为中心的一组同心圆和从极点 O 出发的一簇射线，将积分域

D 分割成 n 个小区域(见图 7-13). 图 7-13 中阴影所示的小区域的面积近似等于边长为 $r\mathrm{d}\theta$ 和 $\mathrm{d}r$ 的小矩形面积，因此在极坐标系中的面积元素可记为 $\mathrm{d}\sigma=r\mathrm{d}r\mathrm{d}\theta$.

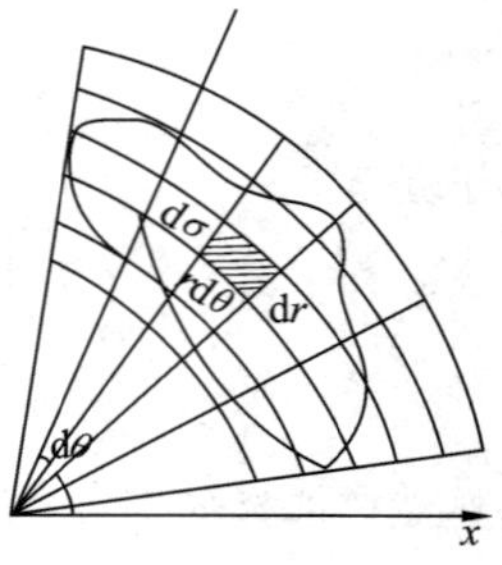

图 7-13

由直角坐标与极坐标的关系 $\begin{cases}x=r\cos\theta\\ y=r\sin\theta\end{cases}(0\leqslant\theta\leqslant2\pi)$，有二重积分的极坐标形式

$$\iint\limits_{D}f(x,\ y)\mathrm{d}\sigma=\iint\limits_{D}f(r\cos\theta,\ r\sin\theta)r\mathrm{d}r\mathrm{d}\theta$$

怎样把二重积分的极坐标形式化为累次积分？因为在极坐标系中，区域 D 的边界曲线方程通常总是用 $r=r(\theta)$ 来表示，所以一般选取先对 r 后对 θ 的积分次序. 关于积分限的确定，由于积分区域的不同，在实际计算中，分以下三种情形考虑：

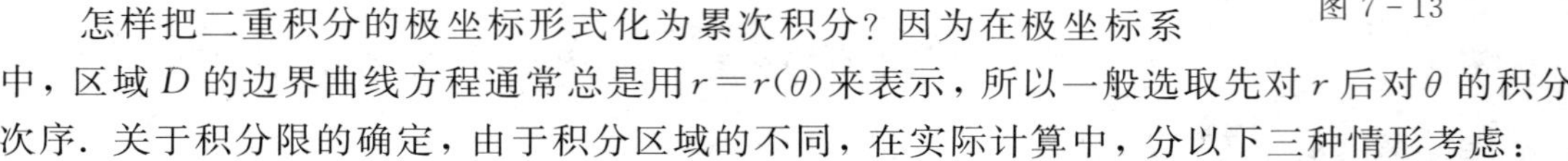

(1) 如图 7-14 所示，极点 O 在区域 D 的外部，积分区域 D 可表示为

$$D:\begin{cases}\alpha\leqslant\theta\leqslant\beta\\ r_1(\theta)\leqslant r\leqslant r_2(\theta)\end{cases}$$

则

$$\iint\limits_{D}f(x,\ y)\mathrm{d}\sigma=\int_{\alpha}^{\beta}\mathrm{d}\theta\int_{r_1(\theta)}^{r_2(\theta)}f(r\cos\theta,\ r\sin\theta)r\mathrm{d}r$$

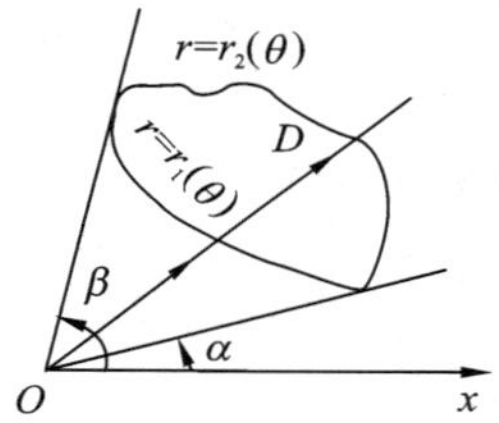

图 7-14

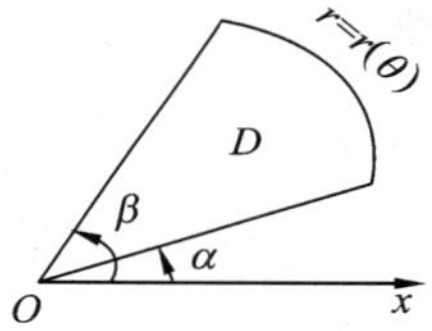

图 7-15

(2) 如图 7-15 所示，极点 O 在区域 D 的边界上，积分区域可表示为

$$D:\begin{cases}\alpha\leqslant\theta\leqslant\beta\\ 0\leqslant r\leqslant r(\theta)\end{cases}$$

则

$$\iint\limits_{D}f(x,\ y)\mathrm{d}\sigma=\int_{\alpha}^{\beta}\mathrm{d}\theta\int_{0}^{r(\theta)}f(r\cos\theta,\ r\sin\theta)r\mathrm{d}r$$

(3) 如图 7-16 所示，极点 O 在区域 D 的内部，积分区域可表示为

$$D:\begin{cases}0\leqslant\theta\leqslant2\pi\\ 0\leqslant r\leqslant r(\theta)\end{cases}$$

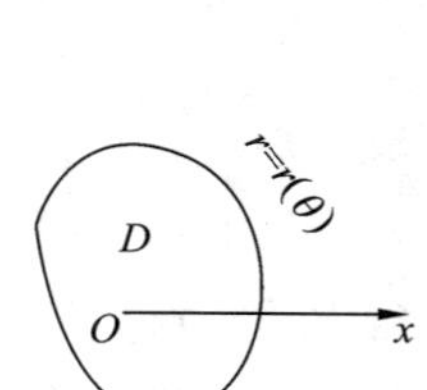

图 7-16

则

$$\iint\limits_{D}f(x,\ y)\mathrm{d}\sigma=\int_{0}^{2\pi}\mathrm{d}\theta\int_{0}^{r(\theta)}f(r\cos\theta,\ r\sin\theta)r\mathrm{d}r$$

例 5 计算二重积分 $\iint\limits_{D}(x^2+y^2)\mathrm{d}\sigma$，其中 D 是圆环域：$1\leqslant x^2+y^2\leqslant4$.

解 画出积分区域 D，如图 7-17 所示. 积分区域可表示为

$$D:\begin{cases}0\leqslant\theta\leqslant 2\pi\\ 1\leqslant r\leqslant 2\end{cases}$$

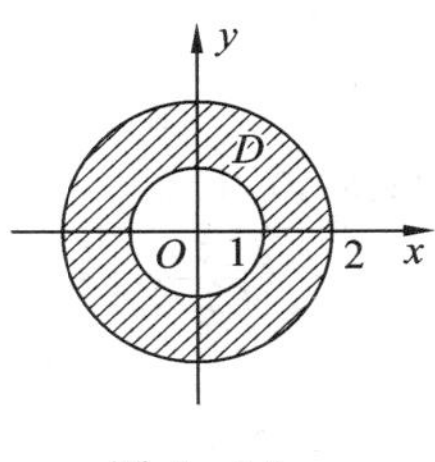

图 7－17

则

$$\iint\limits_{D} f(x,\ y)\mathrm{d}\sigma=\iint\limits_{D}(r^2\cos^2\theta+r^2\sin^2\theta)r\mathrm{d}r\mathrm{d}\theta$$

$$=\int_0^{2\pi}\mathrm{d}\theta\int_1^2 r^3\mathrm{d}r=2\pi\cdot\frac{r^4}{4}\Bigg|_1^2=\frac{15}{2}\pi$$

例 6　计算二重积分 $\iint\limits_{D}\sqrt{x^2+y^2}\,\mathrm{d}\sigma$，其中 D 是圆域 $x^2+y^2\leqslant 2x$.

解　画出积分区域 D，如图 7－18 所示. 在极坐标系中，D 的边界曲线方程为 $r=2\cos\theta$. 积分区域可表示为

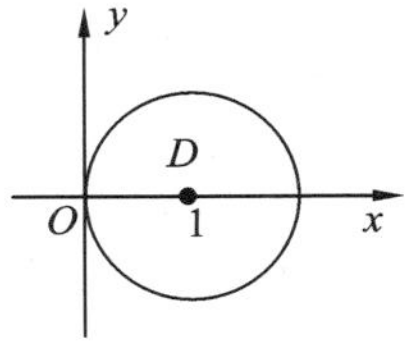

$$D:\begin{cases}-\dfrac{\pi}{2}\leqslant\theta\leqslant\dfrac{\pi}{2}\\ 0\leqslant r\leqslant 2\cos\theta\end{cases}$$

图 7－18

于是

$$\iint\limits_{D}\sqrt{x^2+y^2}\,\mathrm{d}\sigma=\iint\limits_{D} r\cdot r\mathrm{d}r\mathrm{d}\theta=\int_{-\frac{\pi}{2}}^{\frac{\pi}{2}}\mathrm{d}\theta\int_0^{2\cos\theta}r^2\mathrm{d}r=\int_{-\frac{\pi}{2}}^{\frac{\pi}{2}}\frac{r^3}{3}\Bigg|_0^{2\cos\theta}\mathrm{d}\theta$$

$$=\frac{8}{3}\int_{-\frac{\pi}{2}}^{\frac{\pi}{2}}\cos^3\theta\mathrm{d}\theta=\frac{16}{3}\int_0^{\frac{\pi}{2}}(1-\sin^2\theta)\mathrm{d}\sin\theta=\frac{32}{9}$$

例 7　计算二重积分 $\iint\limits_{D}\mathrm{e}^{-x^2-y^2}\,\mathrm{d}\sigma$，其中 D 是扇形域 $x^2+y^2\leqslant a^2(a>0)$，$y\leqslant x$，$y\geqslant 0$.

解　在极坐标系中，积分区域可表示为

$$D:\begin{cases}0\leqslant\theta\leqslant\dfrac{\pi}{4}\\ 0\leqslant r\leqslant a\end{cases}$$

于是有

$$\iint\limits_{D}\mathrm{e}^{-x^2-y^2}\,\mathrm{d}\sigma=\iint\limits_{D}\mathrm{e}^{-r^2}r\mathrm{d}r\mathrm{d}\theta=\int_0^{\frac{\pi}{4}}\mathrm{d}\theta\int_0^a\mathrm{e}^{-r^2}r\mathrm{d}r=\int_0^{\frac{\pi}{4}}\left[-\frac{1}{2}\mathrm{e}^{-r^2}\right]_0^a\mathrm{d}\theta=\frac{\pi}{8}(1-\mathrm{e}^{-a^2})$$

此题如果采用直角坐标系计算，由于积分 $\iint\limits_{D}\mathrm{e}^{-x^2}\,\mathrm{d}\sigma$ 不能用初等函数表示，所以无法求得结果.

通过以上例题可以看到，当被积函数出现像 x^2+y^2 形式，或积分区域 D 是圆域或圆的部分域时，采用极坐标系计算往往比较简便.

能力训练题 7.1

1. 设有一平面薄片，占 xOy 平面上的区域 D，已知平面薄片上分布有面密度为 $\mu=\mu(x,\ y)$ 的电荷，且 $\mu(x,\ y)$在 D 上连续，试用二重积分表示平面薄片上的全部电荷 θ.

2. 设 $I_1=\iint\limits_{D_1}(x^2+y^2)^3\mathrm{d}\sigma$，其中 D_1 是矩形区域：$-1\leqslant x\leqslant 1$，$-2\leqslant y\leqslant 2$；$I_2=$

$\iint\limits_{D_2}(x^2+y^2)^3\mathrm{d}\sigma$，其中 D_2 是矩形区域：$0\leqslant x\leqslant 1$，$0\leqslant y\leqslant 2$，试利用二重积分的几何意义说明 I_1 与 I_2 之间的关系.

3. 化二重积分 $I=\iint\limits_{D}f(x,y)\mathrm{d}\sigma$ 为累次积分(用两种不同的积分次序)，其中积分区域 D 是：

(1) $1\leqslant x\leqslant 2$，$0\leqslant y\leqslant \dfrac{\pi}{2}$；

(2) 由直线 $y=x$ 及抛物线 $y^2=4x$ 围成的区域；

(3) $x^2+y^2\leqslant r^2$，$y\geqslant 0$；

(4) 由直线 $y=x$，$x=2$ 及双曲线 $y=\dfrac{1}{x}(x>0)$ 围成的区域.

4. 画出积分区域，并计算下列二重积分：

(1) $\iint\limits_{D}(x^2+y^2)\mathrm{d}\sigma$，其中 D 是 $|x|\leqslant 1$，$|y|\leqslant 1$；

(2) $\iint\limits_{D}x\cos(x+y)\mathrm{d}\sigma$，其中 D 是由直线 $y=x$，$x=\pi$ 与 $y=0$ 围成的区域；

(3) $\iint\limits_{D}(x^2+y^2-x)\mathrm{d}\sigma$，其中 D 是由直线 $y=2$，$y=x$ 及 $y=2x$ 围成的区域；

(4) $\iint\limits_{D}x\sqrt{y}\,\mathrm{d}\sigma$，其中 D 是由抛物线 $y^2=x$ 与 $y=x^2$ 围成的区域.

5. 改换下列二次积分的积分次序：

(1) $\int_0^1\mathrm{d}y\int_0^y f(x,y)\mathrm{d}x$；　(2) $\int_0^2\mathrm{d}y\int_{y^2}^{2y} f(x,y)\mathrm{d}x$.

*6. 画出下列积分区域，把二重积分 $\iint\limits_{D}f(x,y)\mathrm{d}\sigma$ 化为极坐标形式的二次积分：

(1) D：$a^2\leqslant x^2+y^2\leqslant b^2(0<a<b)$；

(2) D：$x^2+y^2\leqslant 2x$；

(3) D：$x^2+y^2\leqslant 2Rx$，$x^2+y^2\leqslant 2Ry$ $(R>0)$.

*7. 利用极坐标形式计算下列二重积分：

(1) $\iint\limits_{D}(x^2+y^2)\mathrm{d}\sigma$，$D$：$x^2+y^2\leqslant a^2$，$x\geqslant 0$，$y\geqslant 0$；

(2) $\iint\limits_{D}\mathrm{e}^{x^2+y^2}\mathrm{d}\sigma$，$D$：$x^2+y^2\leqslant 4$；

(3) $\iint\limits_{D}\ln(1+x^2+y^2)\mathrm{d}\sigma$，$D$：$x^2+y^2\leqslant 1$，$x\geqslant 0$，$y\geqslant 0$.

7.2　二重积分的应用

本节讨论二重积分在几何与物理学中的一些应用. 定积分中的微元法可以推广到二重积分中.

一、几何应用

1. 平面图形的面积

平面图形的面积除可以用定积分计算外，也可用二重积分计算，当被积函数 $f(x, y)\equiv 1$ 时，则有 $\iint\limits_D \mathrm{d}\sigma$ 等于积分域 D 的面积.

例 1　求由曲线 $y=x^2-2$ 与 $y=x$ 围成的平面图形的面积.

解　画出曲线所围成的图形(见图 7-19)两条曲线的交点为 $A(-1, -1)$、$B(2, 2)$. 设所求面积为 S，则

$$S=\iint\limits_D \mathrm{d}\sigma=\int_{-1}^{2}\mathrm{d}x\int_{x^2-2}^{x}\mathrm{d}y=\int_{-1}^{2}(x-x^2+2)\mathrm{d}x=\frac{9}{2}$$

例 2　求曲线 $y=\sqrt{2Rx-x^2}\ (R>0)$ 与 $y=x$ 围成的平面图形的面积.

解　画出区域 D(见图 7-20)，将曲线方程化为极坐标方程 $\rho=2R\cos\theta$，及 $\theta=\frac{\pi}{4}$，其交点为 $O(0, 0)$、$B\left(\sqrt{2}R, \frac{\pi}{4}\right)$，故所求面积为

$$S=\iint\limits_D \mathrm{d}\sigma=\iint\limits_D r\,\mathrm{d}r\mathrm{d}\theta=\int_{\frac{\pi}{4}}^{\frac{\pi}{2}}\mathrm{d}\theta\int_0^{2R\cos\theta}r\mathrm{d}r=2R^2\int_{\frac{\pi}{4}}^{\frac{\pi}{2}}\cos^2\theta\mathrm{d}\theta=\left(\frac{\pi}{4}-\frac{1}{2}\right)R^2$$

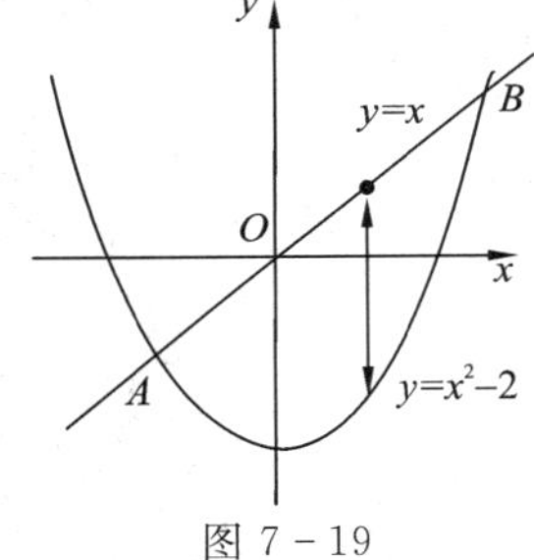

图 7-19

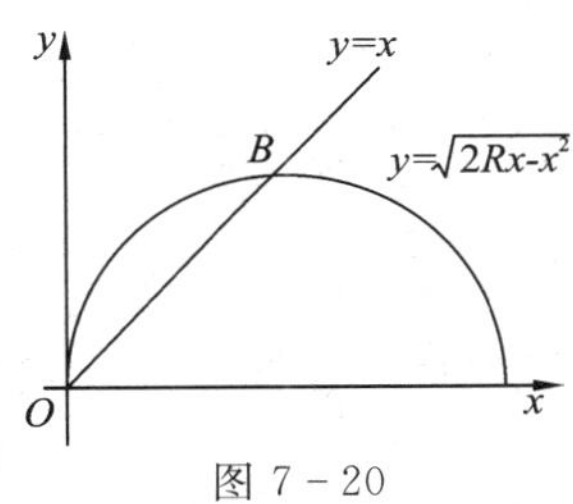

图 7-20

2. 体积

利用二重积分，可以计算两个曲面围成的空间区域的体积.

例 3　求球面 $x^2+y^2+z^2=4a^2$ 与柱面 $x^2+y^2=2ax$ 围成的含在柱面内一部分的体积(见图 7-21).

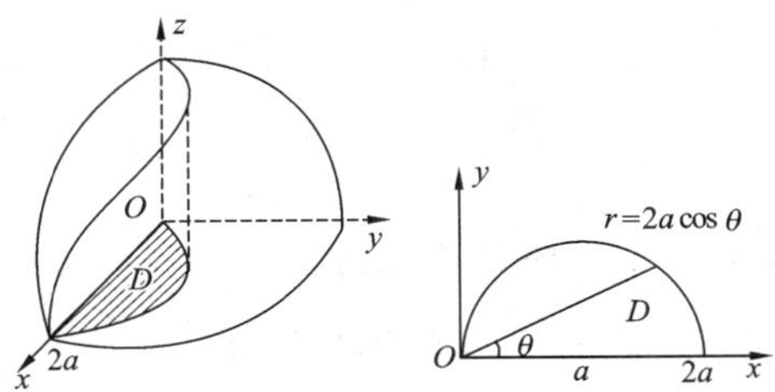

图 7-21

解　根据图形的对称性，所求体积是第一卦限部分体积的 4 倍，即

$$V = 4\iint\limits_{D} \sqrt{4a^2 - x^2 - y^2}\,\mathrm{d}\sigma$$

其中 D 为半圆周 $y=\sqrt{2ax-x^2}$ 及 x 轴围成的区域，在极坐标系中，D 可表示为：$0\leqslant\theta\leqslant\frac{\pi}{2}$，$0\leqslant r\leqslant 2a\cos\theta$. 于是

$$\begin{aligned} V &= 4\iint\limits_{D} \sqrt{4a^2 - x^2 - y^2}\,\mathrm{d}\sigma = 4\int_0^{\frac{\pi}{2}}\mathrm{d}\theta\int_0^{2a\cos\theta}\sqrt{4a^2-r^2}\,r\mathrm{d}r \\ &= \frac{32}{2}a^3\int_0^{\frac{\pi}{2}}(1-\sin^3\theta)\mathrm{d}\theta = \frac{32}{2}a^3\left(\frac{\pi}{2}-\frac{2}{3}\right) \end{aligned}$$

例 4 求由旋转抛物面 $z=2-x^2-y^2$ 与 $z=x^2+y^2$ 围成的立体体积(见图 7-22).

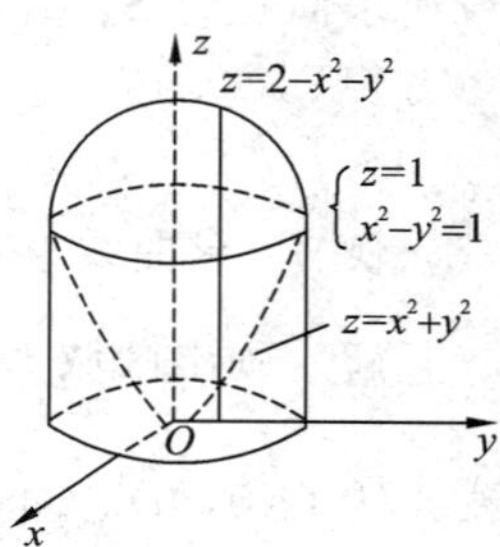

图 7-22

解 由图形可知，积分区域 D 是两曲面的交线在 xOy 平面上的投影. 由旋转抛物面 $z=2-x^2-y^2$ 与 $z=x^2+y^2$ 在 xOy 平面上的投影为 $\begin{cases} x^2+y^2=1 \\ z=0 \end{cases}$，即积分区域 D 为 $x^2+y^2\leqslant 1$，所求的体积为两个曲顶柱体体积之差，即

$$\begin{aligned} V &= \iint\limits_{D}(2-x^2-y^2)\mathrm{d}\sigma - \iint\limits_{D}(x^2+y^2)\mathrm{d}\sigma \\ &= 2\iint\limits_{D}(1-x^2-y^2)\mathrm{d}\sigma \text{（用极坐标计算）} \\ &= 2\int_0^{2\pi}\mathrm{d}\theta\int_0^1(1-r^2)r\mathrm{d}r = \pi \end{aligned}$$

二、物理应用

1. 质量

例 5 求圆心在原点，半径为 R，面密度为 $\mu=x^2+y^2$ 的圆形平面薄板质量.

解 设平面薄板质量为 M，则

$$M = \iint\limits_{D}\mu(x, y)\mathrm{d}\sigma = \iint\limits_{D}(x^2+y^2)\mathrm{d}\sigma$$

其中 D 为 $x^2+y^2\leqslant R$. 于是

$$M = \iint\limits_{D}(x^2+y^2)\mathrm{d}\sigma = \int_0^{2\pi}\mathrm{d}\theta\int_0^R r^2 r\mathrm{d}r = \frac{1}{2}\pi R^4$$

2. 平面薄片的质心

由力学知识知道，平面上有 n 个质量为 m_1，m_2，…，m_n 位于点(x_1, y_1)，(x_2, y_2)，…，(x_n, y_n)处的质点组成质点系，其质心的坐标为

$$\bar{x} = \frac{M_y}{M} = \frac{\sum\limits_{i=1}^{n}m_i x_i}{\sum\limits_{i=1}^{n}m_i},\quad \bar{y} = \frac{M_x}{M} = \frac{\sum\limits_{i=1}^{n}m_i y_i}{\sum\limits_{i=1}^{n}m_i}$$

其中，$M=\sum\limits_{i=1}^{n}m_i$ 为质点系的总质量；$M_y=\sum\limits_{i=1}^{n}m_ix_i$ 为质点系对 y 轴的静力矩；$M_x=\sum\limits_{i=1}^{n}m_iy_i$ 为质点系对 x 轴的静力矩.

设一平面薄片位于 xOy 平面上的区域为 D，在点(x, y)处的面密度 $\mu=\mu(x, y)$是 D 上的连续函数，要求平面薄片的质心坐标.

应用微元法，在区域 D 上任取一个直径很小的区域 $\mathrm{d}\sigma$(同时表示面积)，点(x, y)为 $\mathrm{d}\sigma$ 内一点，区域 $\mathrm{d}\sigma$ 的质量 $\mathrm{d}M=\mu(x, y)\mathrm{d}\sigma$. 即把小区域的质量近似地看作集中在点$(x, y)$上，其对 y 轴、x 轴的静力矩分别为 $\mathrm{d}M_y=x\mu(x, y)\mathrm{d}\sigma$，$\mathrm{d}M_x=y\mu(x, y)\mathrm{d}\sigma$. 以上述微元作为被积表达式在区域 D 上积分，可得

$$M_y=\iint\limits_D\mathrm{d}M_y=\iint\limits_D x\mu(x, y)\mathrm{d}\sigma$$

$$M_x=\iint\limits_D\mathrm{d}M_x=\iint\limits_D y\mu(x, y)\mathrm{d}\sigma$$

平面薄片的质量为 $M=\iint\limits_D\mu(x, y)\mathrm{d}\sigma$，所以平面薄片的质心为

$$\bar{x}=\frac{M_y}{M}=\frac{\iint\limits_D x\mu(x, y)\mathrm{d}\sigma}{\iint\limits_D\mu(x, y)\mathrm{d}\sigma},\quad \bar{y}=\frac{M_x}{M}=\frac{\iint\limits_D y\mu(x, y)\mathrm{d}\sigma}{\iint\limits_D\mu(x, y)\mathrm{d}\sigma}$$

如果薄片质量分布是均匀的，即面密度 $\mu(x, y)$为常数，则薄片的质心为

$$\bar{x}=\frac{1}{A}\iint\limits_D x\,\mathrm{d}\sigma,\quad \bar{y}=\frac{1}{A}\iint\limits_D y\,\mathrm{d}\sigma$$

其中 $A=\iint\limits_D\mathrm{d}\sigma$ 为区域 D 的面积. 这时薄片的质心完全由区域 D 的形状所决定，我们把均匀薄片的质心称为平面薄片所形成的平面图形的形心.

例 6　求由 $y=x^2$ 与 $y^2=x$ 围成的薄片的重心，设其面密度 μ 为常数.

解　画出图形(见图 7－23)，曲线 $y=x^2$ 与 $y^2=x$ 的交点为$(0, 0)$、$(1, 1)$. 由于面密度为常数，且图形对称于直线 $y=x$，所以重心坐标 $\bar{x}=\bar{y}$.

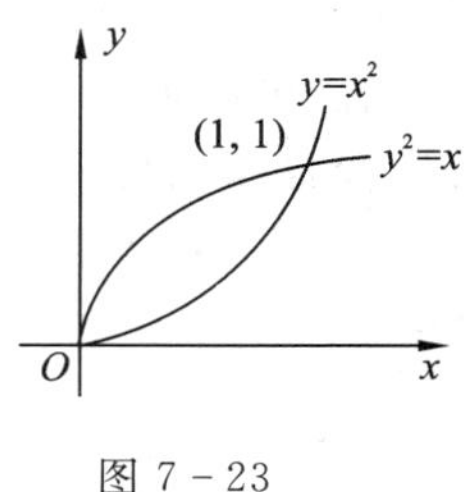

图 7－23

$$M_x=\mu\iint\limits_D y\,\mathrm{d}\sigma=\mu\int_0^1\mathrm{d}x\int_{x^2}^{\sqrt{x}}y\mathrm{d}y=\frac{\mu}{2}\int_0^1(x-x^4)\mathrm{d}x=\frac{3}{20}\mu$$

$$M=\mu\iint\limits_D\mathrm{d}\sigma=\mu\int_0^1\mathrm{d}x\int_{x^2}^{\sqrt{x}}\mathrm{d}y=\mu\int_0^1(\sqrt{x}-x^2)\mathrm{d}x=\frac{1}{3}\mu$$

所以

$$\frac{M_x}{M}=\frac{\frac{3}{20}\mu}{\frac{1}{3}\mu}=\frac{9}{20}$$

故重心坐标为$\left(\frac{9}{20}, \frac{9}{20}\right)$.

能力训练题 7.2

1. 求下列曲线围成图形的面积：

(1) 由 $y=\sqrt{x}$，$y=2\sqrt{x}$ 和直线 $x=4$ 围成；

(2) 由 $xy=1$，$xy=2$，$y=x$，$y=2x(x>0,\ y>0)$ 围成.

2. 求下列曲面围成立体的体积：

(1) 由 $x^2+y^2+z^2=8$ 和 $z^2=x^2+y^2(z>0)$ 围成；

(2) 由旋转抛物面 $z=x^2+y^2$、三个坐标面和平面 $x+y=1$ 围成.

7.3　曲线积分

一、对坐标的曲线积分的概念

引例 1　变力沿曲线做功.

在定积分中曾讨论过变力(方向不变，只改变大小的力)沿直线做功问题，但通常在实际问题中往往会遇到力的大小和方向都在不断变化，且沿着某一曲线运动的状况，如何求其所做的功?

设在 xOy 平面上一质点在力 $\boldsymbol{F}(x,y)=P(x,y)\boldsymbol{i}+Q(x,y)\boldsymbol{j}$ 的作用下沿着光滑曲线 L 由 A 点移动到 B 点，其中 $P(x,y)$、$Q(x,y)$ 在 L 上连续，求力 $\boldsymbol{F}$ 所做的功 W.

在 L 上自 A 点至 B 点依次取分点 $M_0(x_0,y_0)=A$，$M_1(x_1,y_1)$，$M_2(x_2,y_2)$，…，$M_n(x_n,y_n)=B$，把 L 分成 n 个小弧段，其中第 i 个小弧段为 $\overset{\frown}{M_{i-1}M_i}$，当 $\overset{\frown}{M_{i-1}M_i}$ 很小时，可以用有向线段 $\overrightarrow{M_{i-1}M_i}$ 近似代替，其中 $\Delta x_i=x_i-x_{i-1}$，$\Delta y_i=y_i-y_{i-1}$，是向量 $\overrightarrow{M_{i-1}M_i}$ 在 x 轴和 y 轴上的投影，又由于 $P(x,y)$、$Q(x,y)$ 在 L 上连续，可在小弧段 $\overset{\frown}{M_{i-1}M_i}$ 上任取一点 (ξ_i,η_i) 处的力 $\boldsymbol{F}(\xi_i,\eta_i)=P(\xi_i,\eta_i)\boldsymbol{i}+Q(\xi_i,\eta_i)\boldsymbol{j}$ 近似代替小弧段 $\overset{\frown}{M_{i-1}M_i}$ 上各点的力，这样变力 $\boldsymbol{F}(x,y)$ 沿小弧段所做的功，可以近似等于常力 $\boldsymbol{F}(\xi_i,\eta_i)$ 沿有向线段 $\overrightarrow{M_{i-1}M_i}$ 所做的功(见图 7－24)，即

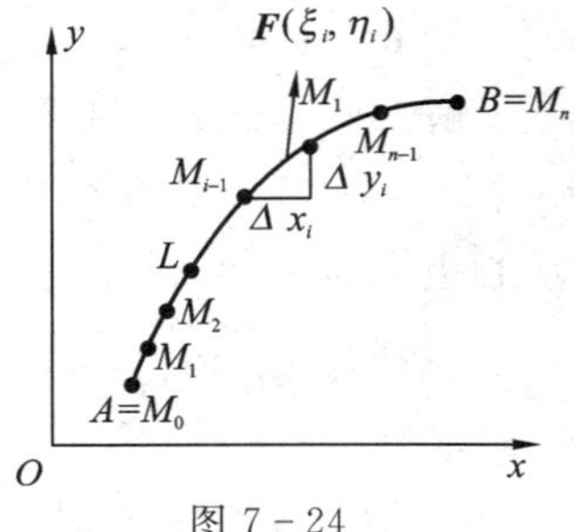

图 7－24

$$\Delta \overline{W_i} \approx \boldsymbol{F}(\xi_i,\eta_i)\cdot\overrightarrow{M_{i-1}M_i}=P(\xi_i,\eta_i)\Delta x_i+Q(\xi_i,\eta_i)\Delta y_i$$

于是

$$\overline{W}\approx\sum_{i=1}^{n}\Delta\overline{W_i}=\sum_{i=1}^{n}[P(\xi_i,\eta_i)\Delta x_i+Q(\xi_i,\eta_i)\Delta y_i]$$

即当每个小弧段长度的最大值 $\lambda\to 0$ 时，则

$$W=\lim_{\lambda\to 0}\sum_{i=1}^{n}[P(\xi_i,\eta_i)\Delta x_i+Q(\xi_i,\eta_i)\Delta y_i]$$

这样出现了两个和式的极限：$\lim\limits_{\lambda\to 0}\sum\limits_{i=1}^{n}P(\xi_i,\eta_i)\Delta x_i$ 和 $\lim\limits_{\lambda\to 0}\sum\limits_{i=1}^{n}Q(\xi_i,\eta_i)\Delta y_i$. 这些和式的极限在研究其他问题也经常遇到，因此产生了一类曲线积分——对坐标的曲线积分.

定义 1　设曲线 L 为 xOy 平面内由 A 点到 B 点的一条有向光滑曲线弧，函数

$P(x, y)$（或 $Q(x, y)$）在 L 上有定义. 按 L 正方向依次取分点 $A=M_0$，M_1，…，$M_n=B$，将 L 分成 n 个有向小弧段 $\overset{\frown}{M_{i-1}M_i}$（$i=1, 2, \cdots, n$），设 $\Delta x_i=x_i-x_{i-1}$（或 $\Delta y_i=y_i-y_{i-1}$）为有向小弧段 $\overset{\frown}{M_{i-1}M_i}$ 在 x 轴（或 y 轴）上的投影，在 $\overset{\frown}{M_{i-1}M_i}$ 上任取一点 (ξ_i, η_i)，作和式 $\sum\limits_{i=1}^{n} P(\xi_i, \eta_i)\Delta x_i$（或 $\sum\limits_{i=1}^{n} Q(\xi_i, \eta_i)\Delta y_i$），取 $\lambda=\max\limits_{1\leqslant i\leqslant n}\{|\overset{\frown}{M_{i-1}M_i}|\}$.

如果极限 $\lim\limits_{\lambda\to 0}\sum\limits_{i=1}^{n} P(\xi_i, \eta_i)\Delta x_i$（或 $\lim\limits_{\lambda\to 0}\sum\limits_{i=1}^{n} Q(\xi_i, \eta_i)\Delta y_i$）存在，则称此极限值为函数 $P(x, y)$（或 $Q(x, y)$）在有向曲线上对坐标 x（或坐标 y）的曲线积分（或称第二类曲线积分），记作

$$\int_L P(x, y)\mathrm{d}x = \lim_{\lambda\to 0}\sum_{i=1}^{n} P(\xi_i, \eta_i)\Delta x_i \left(\text{或} \int_L Q(x, y)\mathrm{d}y = \sum_{i=1}^{n} Q(\xi_i, \eta_i)\Delta y_i\right)$$

称 $P(x, y)$（或 $Q(x, y)$）为**被积函数**，L 为**积分路径**.

实际上常用其组合积分

$$\int_L P(x, y)\mathrm{d}x + Q(x, y)\mathrm{d}y = \int_L P(x, y)\mathrm{d}x + \int_L Q(x, y)\mathrm{d}y$$

简记为

$$\int_L P\mathrm{d}x + Q\mathrm{d}y$$

或写成向量形式

$$\int_L P\mathrm{d}x + Q\mathrm{d}y = \int_L \boldsymbol{F}\mathrm{d}\boldsymbol{l}$$

其中

$$\boldsymbol{F} = P(x, y)\boldsymbol{i} + Q(x, y)\boldsymbol{j},\ \mathrm{d}\boldsymbol{l} = \mathrm{d}x\boldsymbol{i} + \mathrm{d}y\boldsymbol{j}$$

对坐标的曲线积分有如下性质：

(1) $\int_L P\mathrm{d}x + Q\mathrm{d}y = -\int_{L^-} P\mathrm{d}x + Q\mathrm{d}y$

其中，L^- 是与 L 方向相反的曲线弧. 此性质说明，若改变积分路径 L 的方向，对坐标的曲线积分值改变符号. 这是因为当 L 方向改变时，有向小弧段在坐标轴上的投影 Δx、Δy 皆改变符号.

(2) 若积分路径为 $L=L_1+L_2$，则

$$\int_L P\mathrm{d}x + Q\mathrm{d}y = \int_{L_1} P\mathrm{d}x + Q\mathrm{d}y + \int_{L_2} P\mathrm{d}x + Q\mathrm{d}y$$

此外，当 L 是一条封闭曲线（即曲线的始点与终点重合）时，把 $\int_L P\mathrm{d}x + Q\mathrm{d}y$ 记为 $\oint_L P\mathrm{d}x + Q\mathrm{d}y$. 对坐标的曲线积分还有其他与定积分相类似的性质，在此不一一复述.

二、对坐标的曲线积分的计算

设平面有向曲线 L 由方程 $y=f(x)$ 给出，且 $a\leqslant x\leqslant b$ 对应曲线 L 的始点和终点，即当 x 由 a 变到 b 时，点 $M(x, y)$ 描绘出由点 A 到点 B 的曲线弧 L，并且其中 $f'(x)$ 在区间 $[a, b]$ 上连续，函数 $P(x, y)$、$Q(x, y)$ 在 L 上连续，则有

$$\int_L P(x, y)\mathrm{d}x = \int_a^b P[x, f(x)]\mathrm{d}x$$

$$\int_L Q(x,y)\mathrm{d}y=\int_a^b Q[x,f(x)]f'(x)\mathrm{d}x$$

或

$$\int_L P(x,y)\mathrm{d}x+Q(x,y)\mathrm{d}y=\int_a^b\{P[x,f(x)]+Q[x,f(x)]f'(x)\}\mathrm{d}x$$

这是对坐标的曲线积分的计算公式，这个公式把在有向曲线 L 上对坐标的曲线积分化为在区间$[a,b]$上的定积分. 在应用这个公式时，只需做代换 $y=f(x)$：始点 A 对应的 $x=a$ 作为定积分下限，终点 B 对应的 $x=b$ 作为定积分上限，这里定积分的上下限大小没有限制，即 a 不一定小于 b.

类似地，如果 L 的方程为 $x=\varphi(y)$，则有

$$\int_L P(x,y)\mathrm{d}x+Q(x,y)\mathrm{d}y=\int_c^d\{P[\varphi(y),y]\varphi'(y)+Q[\varphi(y),y]\}\mathrm{d}y$$

其中，下限 c 是 L 始点的纵坐标，上限 d 是终点的纵坐标.

若设平面有向曲线 L 由参数方程 $\begin{cases}x=\varphi(t)\\y=\psi(t)\end{cases}$ 给出，且 $t=\alpha$、$t=\beta$ 分别对应曲线 L 的始点和终点，当 t 由 α 变到 β 时，点 $M(x,y)$描绘出由点 A 到点 B 的曲线弧 L，并且其中 $\varphi'(t)$、$\psi'(t)$在以 α 和 β 为端点的区间上连续，函数 $P(x,y)$、$Q(x,y)$在 L 上连续，则有

$$\int_L P(x,y)\mathrm{d}x=\int_\alpha^\beta P[\varphi(t),\psi(t)]\varphi'(t)\mathrm{d}t$$

$$\int_L Q(x,y)\mathrm{d}y=\int_\alpha^\beta Q[\varphi(t),\psi(t)]\psi'(t)\mathrm{d}t$$

或

$$\int_L P(x,y)\mathrm{d}x+Q(x,y)\mathrm{d}y=\int_\alpha^\beta\{P[\varphi(t),\psi(t)]\varphi'(t)+Q[\varphi(t),\psi(t)]\psi'(t)\}\mathrm{d}t$$

例 1 计算 $\int_L xy\mathrm{d}x$，其中，(1) L 为抛物线 $y^2=x$ 上从点 $A(1,-1)$ 到点 $B(1,1)$的一段弧；(2) L 为直线段$\overline{AB}$(见图 7-25).

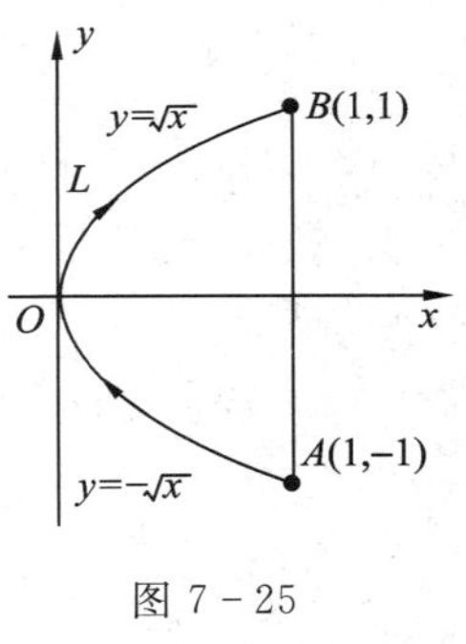

图 7-25

解 (1) 方法一 将所给曲线积分化为对 x 的定积分计算. 由于 $y=\pm\sqrt{x}$不是单值函数，所以要把 L 分成 $\overset{\frown}{AO}$和 $\overset{\frown}{OB}$两部分，其中 $\overset{\frown}{AO}$：x 从 1 到 0；$\overset{\frown}{OB}$：x 从 0 到 1. 因此

$$\begin{aligned}\int_L xy\mathrm{d}x&=\int_{AO}xy\mathrm{d}x+\int_{OB}xy\mathrm{d}x\\&=\int_1^0-x\sqrt{x}\,\mathrm{d}x+\int_0^1 x\sqrt{x}\,\mathrm{d}x\\&=2\int_0^1 x^{\frac{3}{2}}\mathrm{d}x\\&=\frac{4}{5}\end{aligned}$$

方法二 将所给曲线积分化为对 y 的定积分计算，由于 L：$x=y^2$ 是单值函数，y 从 -1 到 1，因此

$$\int_L xy\mathrm{d}x=\int_{-1}^1 y^2y\cdot 2y\mathrm{d}y=2\int_{-1}^1 y^4\mathrm{d}y=\frac{4}{5}$$

(2) 此时 L：$x=1$，$-1\leqslant y\leqslant 1$. 则 $\int_L xy\,\mathrm{d}x=0$.

由此例可知，同样的曲线积分，虽然始点、终点相同，但因积分路径不同，积分值就有可能不同.

例 2　计算 $\int_L 2xy\,\mathrm{d}x+x^2\,\mathrm{d}y$，其中 L 为(见图 7-26)：

(1) 抛物线 $y=x^2$ 是从点 $O(0, 0)$到点 $B(1, 1)$的一段弧；

(2) 抛物线 $x=y^2$ 是从点 $O(0, 0)$到点 $B(1, 1)$的一段弧；

(3) 有向折线 OAB 是从点 $O(0, 0)$、$A(1, 0)$、$B(1, 1)$的一段弧.

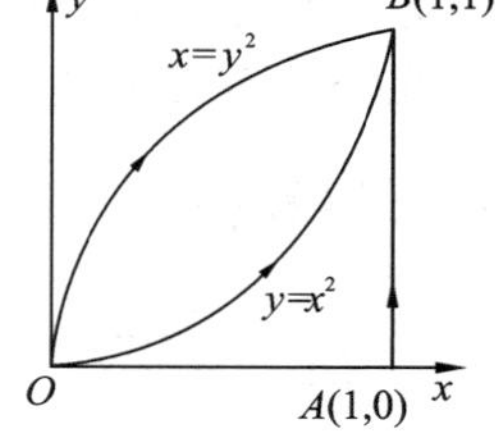

图 7-26

解　(1) 化为对 x 的定积分，$y=x^2$，x 从 0 到 1，所以

$$\int_L 2xy\,\mathrm{d}x+x^2\,\mathrm{d}y=\int_0^1(2x\cdot x^2+x^2\cdot 2x)\,\mathrm{d}x=4\int_0^1 x^3\,\mathrm{d}x=1$$

(2) 化为对 y 的定积分，L：$x=y^2$，y 从 0 到 1，所以

$$\int_L 2xy\,\mathrm{d}x+x^2\,\mathrm{d}y=\int_0^1(2y^2\cdot y\cdot 2y+y^4)\,\mathrm{d}y=5\int_0^1 y^4\,\mathrm{d}y=1$$

(3)
$$\int_L 2xy\,\mathrm{d}x+x^2\,\mathrm{d}y=\int_{\overline{OA}}2xy\,\mathrm{d}x+x^2\,\mathrm{d}y+\int_{\overline{AB}}2xy\,\mathrm{d}x+x^2\,\mathrm{d}y$$

在$\overline{OA}$上：$y=0$，x 从 0 到 1.

$$\int_{\overline{OA}}2xy\,\mathrm{d}x+x^2\,\mathrm{d}y=\int_0^1(2x\cdot 0+x^2\cdot 0)\,\mathrm{d}x=0$$

在$\overline{AB}$上：$x=1$，y 从 0 到 1.

$$\int_{\overline{AB}}2xy\,\mathrm{d}x+x^2\,\mathrm{d}y=\int_0^1(2y\cdot 0+1)\,\mathrm{d}y=1$$

从而

$$\int_{\overline{AB}}2xy\,\mathrm{d}x+x^2\,\mathrm{d}y=0+1=1$$

此例又可以看出，曲线积分虽路径不同，但始点、终点相同，曲线积分值有时又可以相等.

能力训练题 7.3

1. 计算下列对坐标的曲线积分：

(1) $\int_L(x^2-y^2)\,\mathrm{d}x$，$L$ 是抛物线 $y=x^2$ 上从点$(0, 0)$到点$(2, 4)$的一段弧；

(2) $\int_L x\,\mathrm{d}y-y\,\mathrm{d}x$，$L$ 是以 $A(0, 0)$、$B(1, 0)$、$C(1, 2)$为顶点的闭折线 $ABCA$；

(3) $\int_L y\,\mathrm{d}x+x\,\mathrm{d}y$，$L$ 是 $x=R\cos t$、$y=R\sin t$ 上由 $\theta=0$ 到 $\theta=\frac{\pi}{2}$ 的一段弧.

2. 一力 $\boldsymbol{F}$，方向与纵轴的负向相同，其模等于作用点的横坐标的平方，一质量为 m 的点受此力作用沿抛物线 $y^2=1-x$ 从点$(1, 0)$移动到点$(0, 1)$，求其所做的功.

7.4 格林公式

一元函数积分学中的牛顿—莱布尼茨公式提示了积分可以通过被积函数的原函数在积分区间端点上的值来表示；多元函数积分学中的格林公式则阐明了闭路上的曲线积分与二重积分的重要关系.

一、格林公式

对于平面区域 D 的边界曲线 L 的正向规定如下：当观察者沿 L 的某个方向行走时，区域 D 总在其左侧，则称这个方向为曲线 L 的正方向.

定理 1(格林公式) 设闭区域 D 是由分段光滑曲线围成的，函数 $P(x, y)$ 及 $Q(x, y)$ 在 D 上具有一阶连续偏导数，则有

$$\iint_D\left(\frac{\partial Q}{\partial x}-\frac{\partial P}{\partial y}\right)\mathrm{d}x\mathrm{d}y=\oint_L P\mathrm{d}x+Q\mathrm{d}y$$

其中 L 是 D 的取正向的边界曲线.

如果区域 D 的边界曲线 L 与平行坐标轴的直线交点多于两个，则可以在 D 内作一条或多条辅助线，把 D 分成若干小区域，使每个小区域满足上述假定条件，例如在图 7-27 中作一条辅助线将 D 分为 D_1 和 D_2 两个区域，由于区域 D_1、D_2 区域都满足定理条件，则得

$$\iint_{D_1}\left(\frac{\partial Q}{\partial x}-\frac{\partial P}{\partial y}\right)\mathrm{d}x\mathrm{d}y=\oint_{L_1} P\mathrm{d}x+Q\mathrm{d}y$$

$$\iint_{D_2}\left(\frac{\partial Q}{\partial x}-\frac{\partial P}{\partial y}\right)\mathrm{d}x\mathrm{d}y=\oint_{L_2} P\mathrm{d}x+Q\mathrm{d}y$$

两式相加，并注意到这两式中沿辅助线方向相反的曲线积分正负互相抵消，因而有

$$\iint_D\left(\frac{\partial Q}{\partial x}-\frac{\partial P}{\partial y}\right)\mathrm{d}x\mathrm{d}y=\oint_L P\mathrm{d}x+Q\mathrm{d}y$$

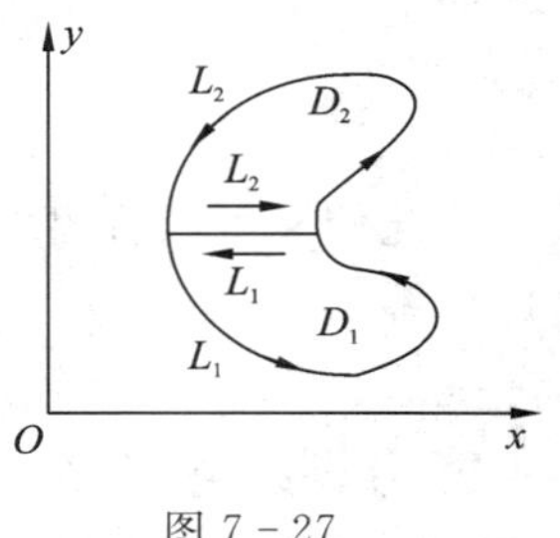

图 7-27

作为格林公式的一个简单应用，可以用曲线积分来计算平面图形的面积，取 $P(x, y)=-y$，$Q(x, y)=x$，由格林公式，得 $2\iint_D \mathrm{d}x\mathrm{d}y=\oint_L x\mathrm{d}y-y\mathrm{d}x$.

上式左端是区域 D 的面积 A 的 2 倍，因此有

$$A=\frac{1}{2}\oint_L x\mathrm{d}y-y\mathrm{d}x$$

例 1 设 L 是任意一条有向闭曲线，试证

$$\oint_L 2xy\mathrm{d}x+x^2\mathrm{d}y=0$$

证明 令 $P=2xy$，$Q=x^2$，则

$$\frac{\partial Q}{\partial x}-\frac{\partial P}{\partial y}=2x-2x=0$$

由格林公式得

$$\oint_L 2xy\,dx + x^2\,dy = \iint_D 0\,dx\,dy = 0$$

D 为 L 围成的区域.

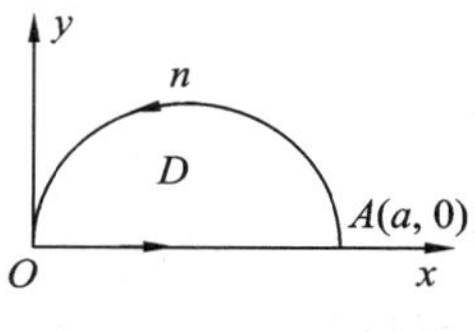

图 7 - 28

例 2　计算曲线积分 $\int_{\widehat{AnO}}(x^2y+xy^2)dx+(x^2y-xy^2)dy$，其中 $\widehat{AnO}$ 为 $x^2+y^2=ax(a>0)$ 的上半圆周，取逆时针方向(见图 7-28).

说明　此题如利用曲线积分化为定积分计算较繁，现用格林公式计算.

解　添加有向线段 OA，则 $\widehat{AnO}+OA=L$ 是一条正向的封闭曲线，其围成的区域为 D，由

$$\oint_L(x^2y+xy^2)dx+(x^2y-xy^2)dy$$
$$=\int_{\widehat{AnO}}(x^2y+xy^2)dx+(x^2y-xy^2)dy+\int_{OA}(x^2y+xy^2)dx+(x^2y-xy^2)dy$$

得

$$\int_{\widehat{AnO}}(x^2y+xy^2)dx+(x^2y-xy^2)dy$$
$$=\oint_L(x^2y+xy^2)dx+(x^2y-xy^2)dy-\int_{OA}(x^2y+xy^2)dx+(x^2y-xy^2)dy$$

由于在直线 OA 上，$y=0$，故

$$\int_{OA}(x^2y+xy^2)dx+(x^2y-xy^2)dy=0$$

因此由格林公式得

$$\begin{aligned}\int_{\widehat{AnO}}(x^2y+xy^2)dx+(x^2y-xy^2)dy&=\oint_L(x^2y+xy^2)dx+(x^2y-xy^2)dy\\&=\iint_D[(2xy-y^2)-(x^2+2xy)]dxdy\\&=-\iint_D(x^2+y^2)dxdy\\&=-\iint_D r^3\,dr\,d\theta=-\int_0^{\frac{\pi}{2}}d\theta\int_0^{a\cos\theta}r^3\,dr\\&=-\int_0^{\frac{\pi}{2}}\frac{r^4}{4}\Bigg|_0^{a\cos\theta}d\theta=-\frac{a^4}{4}\int_0^{\frac{\pi}{2}}\cos^4\theta\,d\theta\\&=-\frac{a^4}{4}\left(\frac{3}{4}\cdot\frac{1}{2}\cdot\frac{\pi}{2}\right)=-\frac{3\pi}{64}a^4\end{aligned}$$

二、曲线积分与路径无关的条件

如果区域 D 内任一条简单闭曲线围成的区域完全属于 D，则称 D 为单连通域，否则称为复连通域. 通俗地说，单连通域就是没有空洞的区域，图 7 - 29(a)是单连通域，图 7 - 29(b)是复连通域，其中一个区域虽仅在区域中挖去一个点，就不是单连通域.

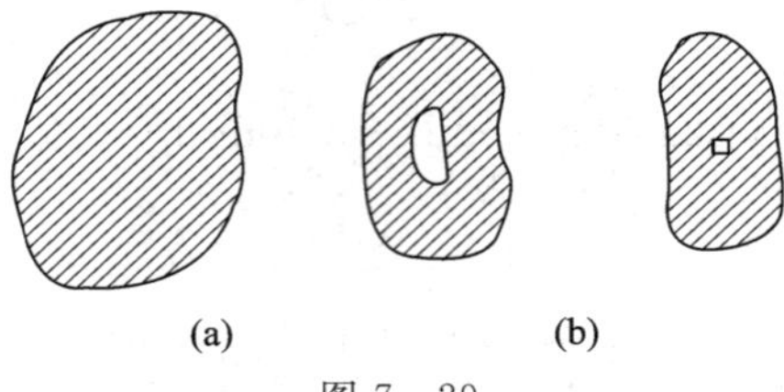

图 7-29

7.3 节例 1 中的曲线积分与路径有关；例 2 中的曲线积分仅与曲线的始点、终点有关，而与路径无关，那么在什么条件下曲线积分与路径无关呢?

一般来说，如果 $\int_{L_1} P\mathrm{d}x+Q\mathrm{d}y=\int_{L_2} P\mathrm{d}x+Q\mathrm{d}y$，其中 L_1、L_2 是始点为 A、终点为 B 的任意两条不相同的光滑曲线(见图 7-30)，则称此曲线积分与路径无关.

图 7-30

由于

$$\int_{L_2} P\mathrm{d}x+Q\mathrm{d}y=-\int_{L_2^-} P\mathrm{d}x+Q\mathrm{d}y$$

则有

$$\int_{L_1} P\mathrm{d}x+Q\mathrm{d}y+\int_{L_2^-} P\mathrm{d}x+Q\mathrm{d}y=\int_{L_1+L_2^-} P\mathrm{d}x+Q\mathrm{d}y=0$$

$L_1+L_2^-$ 是一条有向闭曲线，即由在区域 D 中曲线积分与路径无关可推得右 D 内沿任意一条闭曲线上的曲线积分为零.

反过来，如果在区域 D 内沿任意闭曲线的曲线积分为零，也可推得在 D 内曲线积分与路径无关.

因此，曲线积分与路径无关与沿 D 内任意一条闭曲线 L 的曲线积分为零是等价的.

定理 2 设函数 $P(x, y)$、$Q(x, y)$在单连通域 D 内有一阶连续偏导数，则曲线积分

$$\int_L P(x, y)\mathrm{d}x+Q(x, y)\mathrm{d}y$$

与路径无关的充分必要条件是

$$\frac{\partial Q}{\partial x}=\frac{\partial P}{\partial y},\ (x, y)\in D$$

例 3 计算 $\int_L (2xy+x)\mathrm{d}x+x^2\mathrm{d}y$，其中 L 是由 $A(a, 0)$经 $\frac{x^2}{a^2}+\frac{y^2}{b^2}=1$ 的第一象限到点 $B(0, b)(a>0, b>0)$，如图 7-31 所示.

解 在所给路径上计算曲线积分比较复杂. 但因为

$$P(x, y)=2xy+x$$

$$\frac{\partial P}{\partial y}=2x$$

$$Q(x, y)=x^2,\ \frac{\partial Q}{\partial x}=2x$$

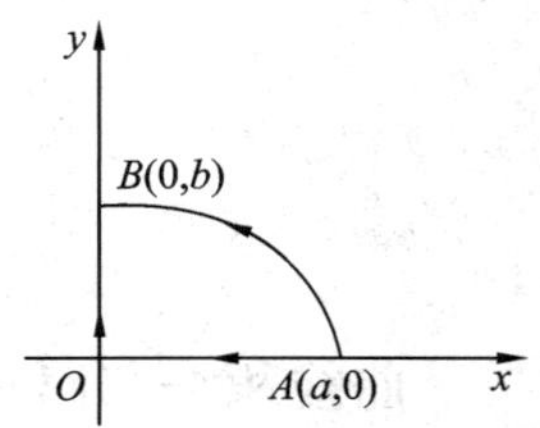

图 7-31

在全平面(单连通域)上有 $\frac{\partial Q}{\partial x}=\frac{\partial P}{\partial y}=2x$，所以曲线积分与路径无关.

故可另选一条路径 L'：由点 $A(a, 0)$经 x 轴到点 $O(0, 0)$，再经 y 轴到点 $B(0, b)$，

由此

$$\int_L (2xy+x)\mathrm{d}x + x^2\mathrm{d}y = \int_{\overline{AO}} (2xy+x)\mathrm{d}x + x^2\mathrm{d}y + \int_{\overline{OB}} (2xy+x)\mathrm{d}x + x^2\mathrm{d}y$$

在$\overline{AO}$上：$y=0$，$\mathrm{d}y=0$；在$\overline{OB}$上：$x=0$，$\mathrm{d}x=0$，则

$$\int_{\overline{AO}} (2xy+x)\mathrm{d}x + x^2\mathrm{d}y = \int_a^0 x\,\mathrm{d}x = -\frac{a^2}{2}$$

$$\int_{\overline{OB}} (2xy+x)\mathrm{d}x + x^2\mathrm{d}y = 0$$

所以

$$\int_L (2xy+x)\mathrm{d}x + x^2\mathrm{d}y = -\frac{a^2}{2}$$

注　在应用定理时，要注意定理中的区域 D 是单连通域的条件，否则如下例.

例 4　计算$\oint_L \frac{x\,\mathrm{d}y - y\mathrm{d}x}{x^2+y^2}$，$L$：$x^2+y^2=a^2$ 的正向闭路.

虽然此曲线积分具有下列条件：

$$\frac{\partial}{\partial y}\left(\frac{-y}{x^2+y^2}\right) = \frac{y^2-x^2}{(x^2+y^2)^2} = \frac{\partial}{\partial x}\left(\frac{x}{x^2+y^2}\right)$$

即

$$\frac{\partial Q}{\partial x} = \frac{\partial P}{\partial y}$$

但只有当 $x^2+y^2\neq 0$ 时才成立，这表明除去原点的区域 D 不是单连通域. 故不可直接利用定理，但可以利用曲线的参数方程直接计算曲线积分.

将方程化为参数方程，始点对应 0，终点对应 2π，有

$$\oint_L \frac{x\,\mathrm{d}y - y\mathrm{d}x}{x^2+y^2} = \int_0^{2\pi} \frac{a\sin t a\cos t - a\sin t(-a\sin t)}{a^2\cos^2 t + a^2\sin^2 t}\mathrm{d}t = \int_0^{2\pi}\mathrm{d}t = 2\pi$$

注　今后，当曲线积分与路径无关时，如曲线的始点为 $A(a,b)$，终点为 $B(c,d)$，为了方便，曲线积分可直接表示为 $\int_L P\,\mathrm{d}x + Q\mathrm{d}y = \int_{(a,b)}^{(c,d)} P\mathrm{d}x + Q\mathrm{d}y$.

能力训练题 7.4

1. 利用格林公式计算下列曲线积分：

(1) $\int_L (x^2+y)\mathrm{d}x - (x-y^2)\mathrm{d}y$，$L$ 是椭圆$\frac{x^2}{a^2}+\frac{y^2}{b^2}=1$ 的正向闭路；

(2) $\int_L xy^2\mathrm{d}y - x^2y\mathrm{d}x$，$L$ 是圆 $x^2+y^2=a^2$ 的正向闭路；

(3) $\int_{AnO} (\mathrm{e}^x\sin y - my)\mathrm{d}x + (\mathrm{e}^x\cos y - m)\mathrm{d}y$，$\overset{\frown}{AnO}$ 为由点 $A(a,0)$ 至点 $O(0,0)$ 的上半圆周 $x^2+y^2=ax$.

2. 利用曲线积分与路径无关的条件计算下列曲线积分：

(1) $\int_L (1+x\mathrm{e}^{2y})\mathrm{d}x + (x^2\mathrm{e}^{2y} - y^2)\mathrm{d}y$，$L$ 是圆周 $x^2+y^2=R^2$ 的上半部，由点 $A(R,0)$ 到点 $B(-R,0)$；

(2) $\int_L (x+2y)\mathrm{d}x+(2x+y)\mathrm{d}y$，$L$ 是曲线 $y=\cos x$ 上由点 $A\left(\frac{\pi}{2},0\right)$ 到点 $B(\pi,-1)$ 的部分；

(3) $\int_{(0,1)}^{(2,3)}(x+y)\mathrm{d}x+(x-y)\mathrm{d}y$.

能力测试题七

一、选择题

1. 如果 $\iint\limits_D \mathrm{d}x\mathrm{d}y=1$，其中区域 D 是由(　　)所围成的闭区域.

A. $y=x+1$，$x=0$，$x=1$ 及 x 轴　　B. $|x|=1$，$|y|=1$

C. $2x+y=2$ 及 x 轴、y 轴　　D. $|x+y|=1$，$|x-y|=1$

2. 设 $f(x,y)$ 是连续函数，则 $\int_0^4 \mathrm{d}x\int_0^{2\sqrt{x}} f(x,y)\mathrm{d}y=$(　　).

A. $\int_0^4 \mathrm{d}y\int_{\frac{1}{4}y^2}^4 f(x,y)\mathrm{d}x$　　B. $\int_0^4 \mathrm{d}y\int_{-y}^{\frac{1}{4}y^2} f(x,y)\mathrm{d}x$

C. $\int_0^4 \mathrm{d}y\int_{\frac{1}{4}}^1 f(x,y)\mathrm{d}x$　　D. $\int_4^0 \mathrm{d}y\int_{\frac{1}{4}y^2}^y f(x,y)\mathrm{d}x$

二、填空题

1. 设 D 是由 $|x+y|=1$，$|x-y|=1$ 所围成的闭区域，则 $\iint\limits_D \mathrm{d}x\mathrm{d}y=$ ________.

2. 设 L 为取正向的圆周 $x^2+y^2=9$，则曲线积分 $\oint_L (2xy-2y)\mathrm{d}x+(x^2-4x)\mathrm{d}y=$ ________.

3. 平面：$x+2y+3z=6$ 与三个坐标平面所围立体的体积 $V=$ ________.

三、计算题

1. 求下列二重积分：

(1) $\iint\limits_D xy\,\mathrm{d}x\mathrm{d}y$，$D$ 由 $y=\frac{1}{2}x^2-1$，$y=-x+3$ 围成；

(2) $\iint\limits_D \sqrt{1-x^2-y^2}\,\mathrm{d}x\mathrm{d}y$，$D$：$x\geqslant 0$，$y\geqslant 0$，$x^2+y^2\leqslant 1$.

2. $\int_L \mathrm{e}^{y^2}\sin 2x\,\mathrm{d}x+\mathrm{e}^{\sin x}\mathrm{d}y$，$L$ 为从点(0，0)沿曲线 $y=\sin x$ 到点 $\left(\frac{\pi}{2},1\right)$ 的曲线.

3. $\int_L 3x^2y^2\mathrm{d}x+2x^3y\mathrm{d}y$，$L$ 为从点(1，0)沿曲线 $y=\ln x$ 到点(e，1)的曲线.

4. 设积分 $\int_L xy^2\mathrm{d}x+y\varphi(x)\mathrm{d}y$ 与路径无关，其中 $\varphi(x)$ 有连续的导数，且 $\varphi(0)=0$. 求 $\int_{(0,0)}^{(1,1)} xy^2\mathrm{d}x+y\varphi(x)\mathrm{d}y$.

5. 求由曲面 $z=x^2+2y^2$ 与 $z=6-2x^2-y^2$ 所围立体的体积.

第 8 章　无穷级数

现代数学通常被视为欧洲人取得的一项成就，而中世纪(14 至 16 世纪)印度的一些发现逐渐被人们忽视甚至遗忘. 17 世纪，牛顿与莱布尼茨在微积分方法的研究工作中取得了辉煌的成就，他们所做的贡献为世人铭记，但中世纪印度学者马德哈瓦和尼拉坎特哈的名字也同样不能忘记，因为他们发现了微积分的另一个重要组成部分——无穷级数，直到 18 世纪，随着欧洲生产力发展的需要，泰勒、达朗贝尔、欧拉等众多数学家进一步深入研究和发展了无穷级数.

无穷级数是微积分的一个重要组成部分，它是表示函数、研究函数的性质以及进行数值计算的一种重要工具，对数学理论的发展起到了十分重要的作用，本章主要讨论常数级数和幂级数收敛与发散的基本特性.

8.1　常数项级数

一、无穷级数的概念和基本性质

1. 无穷级数的概念

定义 1　给定序列 $u_1, u_2, u_3, \cdots, u_n, \cdots$，则数学表达式 $u_1+u_2+u_3+\cdots+u_n+\cdots$ 称为**无穷级数**，简称**级数**. 记作 $\sum\limits_{n=1}^{\infty} u_n$，即

$$\sum_{n=1}^{\infty} u_n = u_1+u_2+u_3+\cdots+u_n+\cdots \qquad (8.1-1)$$

其中，第 n 项 u_n 称为级数的一般项或通项.

若式(8.1-1)中各项均为常数，则称(8.1-1)为常数项级数或数项级数；

若式(8.1-1)中各项均为函数，则称(8.1-1)为函数项级数(本节仅研究常数项级数).

常数项级数是由无穷多个有序数依次用加号连接起来的和式，因为逐项相加对于无穷多项是无法实现的，所以应以有限项之和作为研究无穷多项和的基础.

把级数(8.1-1)前 n 项的和记成 S_n，即 $S_n=\sum\limits_{k=1}^{n} u_k = u_1+u_2+u_3+\cdots+u_n$，称为级数(8.1-1)的部分和. 当 n 依次取 1, 2, 3,…时，就得到一个新数列 $\{S_n\}$，称为级数(8.1-1)的部分和数列.

定义 2　如果级数(1)的部分和数列 $\{S_n\}$ 有极限，即存在常数 S，使 $\lim\limits_{n\to\infty} S_n=S$，则称级数(1)是收敛的，并称 S 为级数(1)的和，记作 $\sum\limits_{n=1}^{\infty} u_n=S$. 若部分和数列没有极限，则称级

数(1)是发散的.

注 发散级数没有和.

当级数(8.1-1)收敛时，其部分和 S_n 是级数和 S 的近似值，它们之间的差 $S-S_n$ 称为级数(8.1-1)的余项，记作 r_n，即 $r_n=S-S_n=u_{n+1}+u_{n+2}+\cdots$，用 S_n 近似代替 S 所产生的误差就是 $|r_n|$.

例 1 无穷级数 $\sum\limits_{k=1}^{n} aq^{n-1}=a+aq+aq^2+\cdots+aq^{n-1}+\cdots$，称为几何级数或等比级数($a\neq 0$，$q$ 为级数的公比，它的一般项是 $u_n=aq^{n-1}$)，讨论其敛散性.

解 (1) 当 $|q|\neq 1$ 时，因为

$$S_n = a + aq + aq^2 + \cdots + aq^{n-1} = \frac{a(1-q^n)}{1-q}$$

若 $|q|<1$，则有 $\lim\limits_{n\to\infty}S_n=\dfrac{a}{1-q}$，所以几何级数收敛，其和为 $\dfrac{a}{1-q}$.

若 $|q|>1$，则 $\lim\limits_{n\to\infty}S_n$ 不存在，故几何级数发散.

(2) 当 $q=1$ 时，级数为 $a+a+a+\cdots+a+\cdots$. 因为 $S_n=na$，故 $\lim\limits_{n\to\infty}S_n=\infty$，所以该级数发散.

(3) 当 $q=-1$ 时，级数为 $a-a+a-a+\cdots+a-a+\cdots$.

当 n 为偶数时，$S_n=0$；

当 n 为奇数时，$S_n=a$.

因此 $\lim\limits_{n\to\infty}S_n$ 不存在，故该级数发散.

综上所述，当 $|q|<1$ 时，几何级数收敛，其和为 $\dfrac{a}{1-q}$；

当 $|q|\geqslant 1$ 时发散.

例如，级数 $\sum\limits_{n=1}^{\infty}\dfrac{(-1)^{n-1}}{2^{n-1}}$，公比 $q=-\dfrac{1}{2}$，$|q|<1$，该级数收敛，其和为 $\dfrac{2}{3}$；

级数 $\sum\limits_{n=1}^{\infty}2^{n-1}$，公比 $q=2$，$|q|>1$，该级数发散.

例 2 判定级数 $\sum\limits_{n=1}^{\infty}\dfrac{1}{n(n+1)}=\dfrac{1}{1\cdot 2}+\dfrac{1}{2\cdot 3}+\dfrac{1}{3\cdot 4}+\cdots+\dfrac{1}{n(n+1)}+\cdots$的敛散性.

解 因为

$$\frac{1}{n(n+1)} = \frac{1}{n} - \frac{1}{n+1} \quad (n = 1,2,3,\cdots)$$

所以

$$S_n = \frac{1}{1\cdot 2} + \frac{1}{2\cdot 3} + \cdots + \frac{1}{n(n+1)} = 1 - \frac{1}{2} + \frac{1}{2} - \frac{1}{3} + \cdots + \frac{1}{n} - \frac{1}{n+1} = 1 - \frac{1}{n+1}$$

从而

$$\lim_{n\to\infty}S_n=\lim_{n\to\infty}\left(1-\frac{1}{n+1}\right)=1$$

故该级数收敛，其和为 1.

例 3 叛定级数 $\sum\limits_{n=1}^{\infty}\ln\left(1+\dfrac{1}{n}\right)=\ln 2+\ln\left(1+\dfrac{1}{2}\right)+\cdots+\ln\left(1+\dfrac{1}{n}\right)+\cdots$的敛散性.

解　因为

$$\ln\left(1+\frac{1}{n}\right)=\ln\frac{n+1}{n}=\ln(n+1)-\ln n\quad(n=1,2,\cdots)$$

所以

$$\begin{aligned}S_n&=\ln 2+\ln\left(1+\frac{1}{2}\right)+\cdots+\ln\left(1+\frac{1}{n}\right)\\&=\ln 2+\ln 3-\ln 2+\cdots+\ln(n+1)-\ln n=\ln(n+1)\end{aligned}$$

从而

$$\lim_{n\to\infty}S_n=\lim_{n\to\infty}\ln(n+1)=\infty$$

故该级数发散.

2. 无穷级数的基本性质

性质 1　级数 $\sum\limits_{n=1}^{\infty}u_n$ 与级数 $\sum\limits_{n=1}^{\infty}ku_n$($k$ 为常数，且 $k\neq0$)有相同的敛散性. 当 $\sum\limits_{n=1}^{\infty}u_n$ 收敛时，其和为 S，则 $\sum\limits_{n=1}^{\infty}ku_n$ 也收敛，且其和 $\sum\limits_{n=1}^{\infty}ku_n=k\sum\limits_{n=1}^{\infty}u_n=k\cdot S$.

性质 2　若级数 $\sum\limits_{n=1}^{\infty}u_n$ 与级数 $\sum\limits_{n=1}^{\infty}v_n$ 分别收敛于 a 和 b，则级数 $\sum\limits_{n=1}^{\infty}(u_n\pm v_n)$ 也收敛，且 $\sum\limits_{n=1}^{\infty}(u_n+v_n)=\sum\limits_{n=1}^{\infty}u_n\pm\sum\limits_{n=1}^{\infty}v_n=a\pm b$.

性质 3　级数中加减有限项后，得到的新级数与原级数有相同的敛散性；但当级数收敛时，一般情况下新级数的和会改变.

根据无穷级数敛散性的定义及极限的运算法则，不难证明以上三个性质，证明从略.

性质 4　**(级数收敛的必要条件)**若级数 $\sum\limits_{n=1}^{\infty}u_n$ 收敛，则 $\lim\limits_{n\to\infty}u_n=0$.

证明　设级数 $\sum\limits_{n=1}^{\infty}u_n$ 的部分和为 S_n，由级数 $\sum\limits_{n=1}^{\infty}u_n$ 收敛，可知 S_n 的极限存在，此时不妨设为 S. 由于 $u_n=S_n-S_{n-1}$，故

$$\lim_{n\to\infty}u_n=\lim_{n\to\infty}(S_n-S_{n-1})=\lim_{n\to\infty}S_n-\lim_{n\to\infty}S_{n-1}=S-S=0$$

应该注意，$\lim\limits_{n\to\infty}u_n=0$ 仅是级数 $\sum\limits_{n=1}^{\infty}u_n$ 收敛的必要条件，并非充分条件. 反之当 $\lim\limits_{n\to\infty}u_n=0$ 时，级数 $\sum\limits_{n=1}^{\infty}u_n$ 可能收敛也可能发散，由此可得如下推论：

推论　**(级数发散的充分条件)**若 $\lim\limits_{n\to\infty}u_n\neq0$，则级数 $\sum\limits_{n=1}^{\infty}u_n$ 一定发散.

例 4　判定级数 $\sum\limits_{n=1}^{\infty}\dfrac{1}{100n+1}$的敛散性.

解　因为

$$\lim_{n\to\infty}u_n=\lim_{n\to\infty}\frac{n}{100n+1}=\frac{1}{100}\neq0$$

根据推论可知级数 $\sum\limits_{n=1}^{\infty}\dfrac{1}{100n+1}$发散.

二、正项级数

判定级数的敛散性，是级数研究中的重要内容，但是仅利用前面级数敛散性的定义和性质判定，经常会遇到很多困难. 因此，有必要寻找一些简便而有效的方法，这里我们先讨论正项级数敛散性的判别法.

定义 3 若级数 $\sum_{n=1}^{\infty} u_n$ 的各项均为非负数，即 $u_n \geqslant 0(n=1, 2, 3, \cdots)$，则称该级数为正项级数.

显然，正项级数的部分和数列 $\{S_n\}$ 是一个单调递增数列.

定理 1 正项级数 $\sum_{n=1}^{\infty} u_n$ 收敛的充分必要条件是其部分和数列 $\{S_n\}$ 有界.

证明 (1) 必要性：如果正项级数 $\sum_{n=1}^{\infty} u_n$ 收敛，则级数的部分和数列 $\{S_n\}$ 极限存在，即 $\lim\limits_{n\to\infty} S_n = S$. 根据数列极限存在必有界的性质，可知数列 $\{S_n\}$ 为有界数列.

(2) 充分性：如果数列 $\{S_n\}$ 有界，因为 $S_n \geqslant 0$，且数列 $\{S_n\}$ 为单调递增数列，根据单调有界数列必有极限的准则，可知必然存在常数 S，使得 $\lim\limits_{n\to\infty} S_n = S$，即正项级数 $\sum_{n=1}^{\infty} u_n$ 收敛.

综上所述，得证.

1. 比较判别法

定理 2 关于正项级数 $\sum_{n=1}^{\infty} u_n$ 和 $\sum_{n=1}^{\infty} v_n$，如果 $u_n \leqslant v_n(n=1, 2, 3, \cdots)$，则

(1) 级数 $\sum_{n=1}^{\infty} v_n$ 收敛，级数 $\sum_{n=1}^{\infty} u_n$ 也收敛；

(2) 级数 $\sum_{n=1}^{\infty} u_n$ 发散，级数 $\sum_{n=1}^{\infty} v_n$ 也发散.

证明 (1) 因为级数 $\sum_{n=1}^{\infty} v_n$ 收敛，可设其和为 S. 由于 $0 \leqslant u_n \leqslant v_n(n=1, 2, 3, \cdots)$，则

$$S_n = u_1 + u_2 + \cdots + u_n \leqslant v_1 + v_2 + \cdots + v_n \leqslant S$$

从而级数 $\sum_{n=1}^{\infty} u_n$ 的部分和数列 $\{S_n\}$ 有界，因此级数 $\sum_{n=1}^{\infty} u_n$ 收敛.

(2) 反证法. 假设级数 $\sum_{n=1}^{\infty} v_n$ 收敛，由于 $u_n \leqslant v_n(n=1, 2, \cdots)$，根据结论(1)，可知级数 $\sum_{n=1}^{\infty} u_n$ 也收敛，这与定理中的假设矛盾，所以级数 $\sum_{n=1}^{\infty} v_n$ 发散.

例 5 判定级数 $\sum_{n=1}^{\infty} 2^n \sin \frac{x}{3^n}(0<x<3\pi)$ 的敛散性.

解 因为当 $0<x<3\pi$ 时，有

$$2^n \sin \frac{x}{3^n} \leqslant 2^n \cdot \frac{x}{3^n} = \left(\frac{2}{3}\right)^n x$$

而几何级数 $\sum_{n=1}^{\infty} \left(\frac{2}{3}\right)^n x$ 收敛，所以级数 $\sum_{n=1}^{\infty} 2^n \sin \frac{x}{3^n}$ 也收敛.

例 6　判定调和级数 $\sum_{n=1}^{\infty}\frac{1}{n}=1+\frac{1}{2}+\frac{1}{3}+\cdots+\frac{1}{n}+\cdots$ 的敛散性.

解　由不等式 $\ln(1+x)<x(x>0)$ 可知对一切自然数 n，都有 $\ln\left(1+\frac{1}{n}\right)<\frac{1}{n}$，由本节例 3 又可知级数 $\sum_{n=1}^{\infty}\ln\left(1+\frac{1}{n}\right)$ 发散，所以调和级数 $\sum_{n=1}^{\infty}\frac{1}{n}$ 发散.

例 7　判定 p-级数 $\sum_{n=1}^{\infty}\frac{1}{n^p}(p>0)$ 的敛散性(级数 $\sum_{n=1}^{\infty}\frac{1}{n^p}(p>0)$ 称为 p-级数).

解　当 $p\leqslant 1$ 时，有

$$\frac{1}{n}\leqslant\frac{1}{n^p}\quad(n=1,2,\cdots)$$

因为调和级数 $\sum_{n=1}^{\infty}\frac{1}{n}$ 是发散的，由比较判别法可知，当 $p\leqslant 1$ 时，p-级数 $\sum_{n=1}^{\infty}\frac{1}{n^p}$ 发散，当 $p>1$ 时，用 S_n 表示 p-级数前 n 项部分和，因为 $S_n\leqslant S_{2n+1}$ 且

$$\begin{aligned}S_{2n+1}&=1+\left[\frac{1}{2^p}+\frac{1}{4^p}+\cdots+\frac{1}{(2n)^p}\right]+\left[\frac{1}{3^p}+\frac{1}{5^p}+\cdots+\frac{1}{(2n+1)^p}\right]\\&<1+\left[\frac{1}{2^p}+\frac{1}{4^p}+\cdots+\frac{1}{(2n)^p}\right]+\left[\frac{1}{2^p}+\frac{1}{4^p}+\cdots+\frac{1}{(2n)^p}\right]\\&=1+\frac{1}{2^p}S_n+\frac{1}{2^p}S_n\leqslant 1+2^{1-p}S_{2n+1}\end{aligned}$$

即

$$S_{2n+1}<\frac{1}{1-2^{1-p}}$$

从而有

$$S_n\leqslant\frac{1}{1-2^{1-p}}\quad(n=1,2,\cdots)$$

所以 $\{S_n\}$ 为单调有界数列，因此，$p>1$ 时，p-级数是收敛的.

综上讨论，对于 p-级数，当 $0<p\leqslant 1$ 时发散，$p>1$ 时收敛.

例 8　判定下列级数的敛散性：

(1) $\sum_{n=1}^{\infty}\frac{1}{n^2+n+2}$；　　(2) $\sum_{n=1}^{\infty}\frac{1}{\sqrt{n(n+1)}}$.

解　(1) 因为

$$\frac{1}{n^2+n+2}<\frac{1}{n^2}\quad(n=1,2,\cdots)$$

而 $\sum_{n1}^{\infty}\frac{1}{n^2}$ 是 $p=2$ 的 p-级数，它是收敛的，所以级数 $\sum_{n=1}^{\infty}\frac{1}{n^2+n+2}$ 也收敛.

(2) 因为

$$\frac{1}{\sqrt{n(n+1)}}>\frac{1}{\sqrt{(n+1)(n+1)}}=\frac{1}{(n+1)}\quad(n=1,2,\cdots)$$

而级数 $\sum_{n=1}^{\infty}\frac{1}{(n+1)}=\sum_{k=2}^{\infty}\frac{1}{k}$ 是去掉首项的调和级数，它是发散的，所以级数 $\sum_{n=1}^{\infty}\frac{1}{\sqrt{n(n+1)}}$ 发散.

使用比较判别法时，必须选择一个恰当的已知其敛散性的级数作为比较的标准(常用的有几何级数、调和级数和 p -级数)，在很多情况下选择这种标准是非常困难的，下面介绍一种仅借助级数通项就可判别敛散性的方法——比值判别法.

2. 比值判别法

定理 3 设 $\sum_{n=1}^{\infty} u_n$ 为正项级数，如果 $\lim_{n\to\infty}\frac{u_{n+1}}{u_n}=\rho$，则

(1) 当 $\rho<1$ 时，级数收敛；

(2) 当 $\rho>1$ 时，或 $\rho=+\infty$时，级数发散；

(3) 当 $\rho=1$ 时，级数可能收敛也可能发散，不能依此判定.

这种方法又称**达朗贝尔(D′Alembert)判别法**，证明从略.

注 当 $\rho=1$ 时，级数 $\sum_{n=1}^{\infty} u_n$ 的敛散性不能确定，说明比值判别法对该级数失效，要改用其他判别法.

如级数 $\sum_{n=1}^{\infty}\frac{1}{n(n+1)}$满足 $\lim_{n\to\infty}\frac{u_{n+1}}{u_m}=\lim_{n\to\infty}\frac{n(n+1)}{(n+1)(n+2)}=1$，改用比较判别法.

因为$\frac{1}{n(n+1)}<\frac{1}{n^2}$，而级数 $\sum_{n=1}^{\infty}\frac{1}{n^2}$收敛，所以该级数 $\sum_{n=1}^{\infty}\frac{1}{n(n+1)}$收敛.

又如 调和级数 $\sum_{n=1}^{\infty}\frac{1}{n}$满足 $\lim_{n\to\infty}\frac{u_n^{+1}}{u_n}=\lim_{n\to\infty}\frac{n}{(n+1)}=1$，而调和级数是发散的.

例 9 判定级数 $\sum_{n=1}^{\infty}\frac{1}{n\cdot 2^n}$的敛散性.

解 因为

$$\rho=\lim_{n\to\infty}\frac{u_{n+1}}{u_n}=\lim_{n\to\infty}\frac{n\cdot 2^n}{(n+1)2^{n+1}}=\lim_{n\to\infty}\frac{n}{2(n+1)}=\frac{1}{2}<1$$

所以级数 $\sum_{n=1}^{\infty}\frac{1}{n\cdot 2^n}$收敛.

例 10 判定级数 $\sum_{n=1}^{\infty}\frac{3^n\cdot n!}{n^n}$的敛散性.

解 因为

$$\rho=\lim_{n\to\infty}\frac{u_{n+1}}{u_n}=\lim_{n\to\infty}\frac{n^n\cdot 3^{n+1}(n+1)!}{(n+1)^{n+1}3^n n!}=\lim_{n\to\infty}3\left(\frac{n}{n+1}\right)^n$$

$$=\lim_{n\to\infty}\frac{3}{\left(1+\frac{1}{n}\right)^n}=\frac{3}{\mathrm{e}}>1$$

所以级数 $\sum_{n=1}^{\infty}\frac{3^n\cdot n!}{n^n}$发散.

例 11 判定级数 $\sum_{n=1}^{\infty}\frac{x^n}{n}(x>0)$的敛散性.

解 因为

$$\rho=\lim_{n\to\infty}\frac{u_{n+1}}{u_n}=\lim_{n\to\infty}\frac{n}{n+1}x=x$$

所以当 $0<x<1$ 时，级数收敛；当 $x\geqslant 1$ 时，级数发散.

三、任意项级数

前面讲了正项级数敛散性的判别法，现在讨论任意项级数敛散性的判别法. 所谓任意项级数，是指级数的各项可能取正数、负数或零的常数项级数. 首先讨论一种特殊的任意项级数——交错级数及其敛散性的判别法.

1. 莱布尼茨(Leibniz)判别法

定义 4 形如 $\sum\limits_{n=1}^{\infty}(-1)^{n-1}u_n$ 或 $\sum\limits_{n=1}^{\infty}(-1)^{n}u_n(u_n>0,\ n=1,\ 2,\cdots)$的级数称为交错级数.

定理 4 **(莱布尼茨判别法)** 若交错级数 $\sum\limits_{n=1}^{\infty}(-1)^{n-1}u_n$ 满足：

(1) $u_n\geqslant u_{n+1}(n=1,\ 2,\cdots)$；

(2) $\lim\limits_{n\to\infty}u_n=0$.

则交错级数 $\sum\limits_{n=1}^{\infty}(-1)^{n-1}u_n$ 收敛，且其和 $S\leqslant u_1$，其余项 r_n 的绝对值 $|r_n|\leqslant u_{n+1}$.

例 12 求证级数 $\sum\limits_{n=1}^{\infty}(-1)^{n-1}\dfrac{1}{n}$收敛，并估计用部分和 S_n 近似代替级数和 S 所产生的误差.

证明 因所给交错级数满足

(1) $u_n=\dfrac{1}{n}>\dfrac{1}{n+1}=u_{n+1}(n=1,\ 2,\cdots)$；

(2) $\lim\limits_{n\to\infty}u_n=\lim\limits_{n\to\infty}\dfrac{1}{n}=0$.

所以级数收敛，且其和 $S\leqslant u_1=1$.

若 $S\approx S_n=1-\dfrac{1}{2}+\dfrac{1}{3}-\dfrac{1}{4}+\cdots+(-1)^{n-1}\dfrac{1}{n}$，则所产生的误差为 $|r_n|\leqslant u_{n+1}=\dfrac{1}{n+1}$.

2. 绝对收敛与条件收敛

定义 5 对于任意项级数 $\sum\limits_{n=1}^{\infty}u_n$，若 $\sum\limits_{n=1}^{\infty}|u_n|$收敛，则称级数 $\sum\limits_{n=1}^{\infty}u_n$ 为**绝对收敛级数**；若 $\sum\limits_{n=1}^{\infty}|u_n|$发散，而 $\sum\limits_{n=1}^{\infty}u_n$ 收敛，则称级数 $\sum\limits_{n=1}^{\infty}u_n$ 为**条件收敛级数**.

例如，因为 $\sum\limits_{n=1}^{\infty}\left|(-1)^{n-1}\dfrac{1}{n^2}\right|=\sum\limits_{n=1}^{\infty}\dfrac{1}{n^2}$收敛，所以 $\sum\limits_{n=1}^{\infty}(-1)^{n-1}\dfrac{1}{n^2}$ 为绝对收敛级数.

又如，交错级数 $\sum\limits_{n=1}^{\infty}(-1)^{n-1}\dfrac{1}{n}$ 收敛，但 $\sum\limits_{n=1}^{\infty}\left|(-1)^{n-1}\dfrac{1}{n}\right|=\sum\limits_{n=1}^{\infty}\dfrac{1}{n}$ 发散，所以 $\sum\limits_{n=1}^{\infty}(-1)^{n-1}\dfrac{1}{n}$是条件收敛级数.

下面介绍判别任意项级数敛散性的一个重要定理——绝对收敛定理.

定理 5 若级数 $\sum\limits_{n=1}^{\infty}|u_n|$收敛，则任意项级数 $\sum\limits_{n=1}^{\infty}u_n$ 也收敛.

例 13 判定下列级数的敛散性，如果收敛，指出是绝对收敛还是条件收敛.

(1) $\sum\limits_{n=1}^{\infty}(-1)^{n-1}\dfrac{n^3}{2^n}$；　　(2) $\sum\limits_{n=1}^{\infty}\dfrac{\cos x}{n^2}$；

(3) $\sum\limits_{n=1}^{\infty}(-1)^{n-1}\dfrac{1}{\ln(n+1)}$；　　(4) $\sum\limits_{n=1}^{\infty}(-1)^{n-1}\dfrac{1}{n^p}$ $(p>0)$.

解 (1) 因为

$$\rho=\lim_{n\to\infty}\frac{|u_{n+1}|}{|u_n|}=\lim_{n\to\infty}\left(\frac{\dfrac{(n+1)^3}{2^{n+1}}}{\dfrac{n^3}{2^n}}\right)=\lim_{n\to\infty}\frac{(n+1)^3}{2^{n+1}}\cdot\frac{2^n}{n^3}$$

$$=\lim_{n\to\infty}\frac{1}{2}\left(\frac{n+1}{n}\right)^3=\frac{1}{2}<1$$

由比值判别法知级数 $\sum\limits_{n=1}^{\infty}\left|(-1)^{n-1}\dfrac{n^3}{2^n}\right|$收敛，故级数 $\sum\limits_{n=1}^{\infty}(-1)^{n-1}\dfrac{n^3}{2^n}$收敛且为绝对收敛.

(2) 因为

$$\rho=\lim_{n\to\infty}\left|\frac{u_{n+1}}{u_n}\right|=\lim_{n\to\infty}\frac{|\cos x|}{(n+1)^2}\cdot\frac{n^2}{|\cos x|}=\lim_{n\to\infty}\left(\frac{n}{n+1}\right)^2=1$$

不能用比值判别法，改用比较判别法.

由 $\left|\dfrac{\cos x}{n^2}\right|\leqslant\dfrac{1}{n^2}(n=1, 2, 3,\cdots)$，而级数 $\sum\limits_{n=1}^{\infty}\dfrac{1}{n^2}$收敛，故级数 $\sum\limits_{n=1}^{\infty}\left|\dfrac{\cos x}{n^2}\right|$收敛，所以级数 $\sum\limits_{n=1}^{\infty}\dfrac{\cos x}{n^2}$收敛，且为绝对收敛.

(3) 所给交错级数满足

$$u_n=\frac{1}{\ln(n+1)}>\frac{1}{\ln(n+2)}=u_{n+1}\quad(n=1, 2, 3,\cdots)$$

$$\lim_{n\to\infty}u_n=\lim_{n\to\infty}\frac{1}{\ln(n+1)}=0$$

根据莱布尼茨判别法，可知级数 $\sum\limits_{n=1}^{\infty}(-1)^{n-1}\dfrac{1}{\ln(n+1)}$收敛.

因为

$$\frac{1}{\ln(n+1)}>\frac{1}{n+1}$$

由比较判别法，可知级数 $\sum\limits_{n=1}^{\infty}\left|(-1)^{n-1}\dfrac{1}{\ln(n+1)}\right|=\sum\limits_{n=1}^{\infty}\dfrac{1}{\ln(n+1)}$ 发散.

故级数 $\sum\limits_{n=1}^{\infty}(-1)^{n-1}\dfrac{1}{\ln(n+1)}$为条件收敛级数.

(4) 所给交错级数满足

$$u_n=\frac{1}{n^p}>\frac{1}{(n+1)^p}=u_{n+1}\quad(n=1, 2, 3,\cdots)$$

$$\lim_{n\to\infty}u_n=\lim_{n\to\infty}\frac{1}{n^p}=0$$

根据莱布尼茨判别法，可知级数 $\sum\limits_{n=1}^{\infty}(-1)^{n-1}\dfrac{1}{n^p}$收敛.

因为 $\sum_{n=1}^{\infty}\left|(-1)^{n-1}\frac{1}{n^p}\right|=\sum_{n=1}^{\infty}\frac{1}{n^p}$ 为 p -级数. 当 $0<p\leqslant 1$ 时，p -级数发散；当 $p>1$ 时，p -级数收敛. 所以级数 $\sum_{n=1}^{\infty}(-1)^{n-1}\frac{1}{n^p}$，当 $0<p\leqslant 1$ 时为条件收敛，而当 $p>1$ 时为绝对收敛.

能力训练题 8.1

1. 写出下列各级数的前五项：

(1) $\sum_{n=1}^{\infty}\frac{(-1)^{n-1}}{n^2+2}$；　　(2) $\sum_{n=1}^{\infty}(-1)^n\frac{2^n}{3n+2}$；

(3) $\sum_{n=1}^{\infty}\frac{n!}{(2n-1)2^{2n-1}}$；　　(4) $\sum_{n=1}^{\infty}\frac{(2n-1)!!}{2n!!}$.

2. 写出下列级数的一般项，并用 $\sum_{n=1}^{\infty}u_n$ 的形式表示该级数：

(1) $1+\frac{1}{3}+\frac{1}{5}+\frac{1}{7}+\cdots$；

(2) $\frac{\sqrt{x}}{2}+\frac{x}{2\cdot 4}+\frac{x\sqrt{x}}{2\cdot 4\cdot 6}+\frac{x^2}{2\cdot 4\cdot 6\cdot 8}+\cdots$；

(3) $\frac{1}{2\ln 2}+\frac{1}{3\ln 3}+\frac{1}{4\ln 4}+\frac{1}{5\ln 5}+\cdots$.

(4) $1+\frac{1\cdot 3}{1\cdot 4}+\frac{1\cdot 3\cdot 5}{1\cdot 4\cdot 7}+\frac{1\cdot 3\cdot 5\cdot 7}{1\cdot 4\cdot 7\cdot 10}+\cdots$.

3. 判定下列级数的敛散性，若收敛求出其和：

(1) $\sum_{n=1}^{\infty}\frac{1}{n(n+1)}$；　　(2) $\sum_{n=1}^{\infty}(\ln 2)^n$；

(3) $\sum_{n=1}^{\infty}\ln\left(1+\frac{1}{n}\right)^3$；　　(4) $\sum_{n=1}^{\infty}\frac{1}{\sqrt{n+1}+\sqrt{n}}$；

(5) $\sum_{n=1}^{\infty}\frac{1}{(5n-4)(5n+1)}$；　　(6) $\sum_{n=1}^{\infty}(\sqrt{n+2}-2\sqrt{n+1}+\sqrt{n})$.

4. 用比较判别法判定下列级数的敛散性：

(1) $\sum_{n=1}^{\infty}\frac{1}{2n-1}$；　　(2) $\sum_{n=1}^{\infty}\frac{1+n}{1+n^2}$；

(3) $\sum_{n=1}^{\infty}\frac{1}{n(n+2)}$；　　(4) $\sum_{n=1}^{\infty}\sin\frac{\pi}{2^n}$；

(5) $\sum_{n=1}^{\infty}\frac{1}{\sqrt{1+n}}$.

5. 用比值判别法判定下列级数的敛散性：

(1) $\sum_{n=1}^{\infty}\frac{n+2}{2^n}$；　　(2) $\sum_{n=1}^{\infty}\frac{2^n\cdot n!}{n^n}$；　　(3) $\sum_{n=1}^{\infty}n\cdot\tan\frac{\pi}{2^{n+1}}$；

(4) $\sum_{n=1}^{\infty}\left(\frac{n}{2n+1}\right)^n$；　　(5) $\sum_{n=1}^{\infty}\frac{3\cdot n}{2^n+n}$；　　(6) $\sum_{n=1}^{\infty}\frac{n^n}{n!}$.

6. 判定下列级数是否收敛；如果收敛，指出是绝对收敛还是条件收敛.

(1) $\sum_{n=1}^{\infty}(-1)^{n-1}\frac{1}{\sqrt{n}}$； (2) $\sum_{n=1}^{\infty}(-1)^{n-1}\frac{n^2}{3^n}$； (3) $\sum_{n=1}^{\infty}(-1)^n\ln\frac{n+1}{n}$；

(4) $\sum_{n=1}^{\infty}\frac{\sin nx}{n^2}$； (5) $\sum_{n=1}^{\infty}(-1)^{n-1}\frac{2n+1}{n(n+1)}$； (6) $\sum_{n=1}^{\infty}(-1)^{n-1}\frac{n}{3n-1}$.

8.2 幂 级 数

前面讨论了数项级数的敛散性，本节讨论函数项级数

$$\sum_{n=0}^{\infty}u_n(x)=u_0(x)+u_1(x)+\cdots+u_n(x)+\cdots$$

对于函数项级数中每一个固定的点 $x=x_0$，$\sum_{n=0}^{\infty}u_n(x_0)$就是一个数项级数. 因此，数项级数的敛散性是讨论函数项级数敛散性的基础. 首先讨论一类最简单的函数项级数——幂级数.

一、幂级数及其收敛性

各项都是变量 x 的幂函数的级数

$$\sum_{n=0}^{\infty}a_nx^n=a_0+a_1x+a_2x^2+\cdots+a_nx^n+\cdots \tag{8.2-1}$$

称为幂级数，其中 a_0，a_1，a_2，…，a_n，…为实常数，称为幂级数的系数. 幂级数的一般形式如下：

$$\sum_{n=0}^{\infty}a_n(x-x_0)^n=a_0+a_1(x-x_0)+a_2(x-x_0)^2+\cdots+a_n(x-x_0)^n+\cdots \tag{8.2-2}$$

将 $x-x_0$ 换元为 t，则级数(8.2-2)就可化为级数(8.2-1)的形式. 因此，这里着重讨论幂级数(8.2-1).

容易看出，幂级数(8.2-1)的每一项在区间$(-\infty，+\infty)$内都有意义，因此，任意给定点$x=x_0$，即得到一个数项级数

$$\sum_{n=0}^{\infty}a_nx_0^n=a_0+a_1x_0+a_2x_0^2+\cdots+a_nx_0^n+\cdots \tag{8.2-3}$$

可知级数(8.2-3)可能收敛，也可能发散.

若(8.2-3)收敛，则称 x_0 为幂级数(8.2-1)的收敛点，所有收敛点的集合称为幂级数(8.2-1)的收敛域. 显然，任何形如(8.2-1)的幂级数在点 $x=0$ 处均收敛. 因此，任何幂级数(8.2-1)的收敛域都包含原点. 若级数(8.2-3)发散，则称 x_0 为幂级数(8.2-1)的发散点，所有发散点的集合称为幂级数(8.2-1)的发散域.

若级数(8.2-1)的收敛域为 D，那么对于 D 内的任意点，级数(8.2-1)都有确定的和数与之相应，而且这个和数随 x 的变化而变化，即在收敛域 D 上，级数(8.2-1)的和是 x 的函数，记作$S(x)$，并称 $S(x)$为级数(8.2-1)的和函数，即

$$S(x)=\sum_{n=0}^{\infty}a_nx^n$$

例如，幂级数 $\sum_{n=0}^{\infty} x^n$ 是定义在$(-\infty, +\infty)$内，且以 x 为公比的等比级数. 由等比级数的敛散性可知，当公比$|x|<1$ 时，该级数收敛；当公比$|x|\geqslant 1$ 时，该级数发散. 由此可见，幂级数 $\sum_{n=0}^{\infty} x^n$ 的收敛域为$(-1, 1)$，发散域为$(-\infty, 1]$及$[1, +\infty)$. 在收敛域内它的和函数为$\frac{1}{1-x}$，即

$$\frac{1}{1-x}=\sum_{n=0}^{\infty} x^n \quad (|x|<1)$$

幂级数 $\sum_{n=0}^{\infty} x^n$ 的收敛域为$(-1, 1)$，在数轴上是以原点为中心，常数 1 为半径的开区间，而这个区间以外部分为发散域，那么，对于任意幂级数的收敛域和发散域是否具有这个特点呢？下面给出定理：

定理 1　(阿贝尔定理) 如果幂级数(8.2－1)在点 $x_0\neq 0$ 处收敛，则对于满足$|x|<|x_0|$的一切 x，幂级数(8.2－1)都绝对收敛；如果幂级数(8.2－1)在点 $x_0\neq 0$ 处发散，则对于满足$|x|>|x_0|$的一切 x，幂级数(8.2－1)都发散.

证明　因为 $\sum_{n=0}^{\infty} a_n x_0^n$ 收敛，则 $\lim\limits_{n\to\infty} a_n x_0^n=0$，于是数列$\{a_n x_0^n\}$有界，即存在正数 M，使得

$$|a_n x_0^n|\leqslant M \quad (n=0, 1, 2, \cdots)$$

所以

$$|a_n x^n|=|a_n x_0^n|\cdot\left|\frac{x}{x_0}\right|^n\leqslant M\left|\frac{x}{x_0}\right|^n \quad (n=0, 1, 2, \cdots)$$

又因为$|x|<|x_0|$，故$\left|\frac{x}{x_0}\right|<1$，级数 $\sum_{n=0}^{\infty} M\left|\frac{x}{x_0}\right|^n$ 收敛.

根据比较判别法可知，级数 $\sum_{n=0}^{\infty} |a_n x^n|$ 收敛，即对于满足$|x|<|x_0|$的一切 x，幂级数 $\sum_{n=0}^{\infty} a_n x^n$ 都绝对收敛.

情况(2)反证法，若存在 x_1，使得$|x_1|>|x_0|$，而级数 $\sum_{n=0}^{\infty} a_n x_1^n$ 收敛，由情况 1 可知，级数 $\sum_{n=0}^{\infty} a_n x_0^n$ 收敛. 这与所设 x_0 是发散点相矛盾，所以，对于满足$|x|>|x_0|$的一切 x，幂级数 $\sum_{n=0}^{\infty} a_n x^n$ 都发散.

上述定理表明，幂级数 $\sum_{n=0}^{\infty} a_n x^n$ 的收敛性必为下列三种情况之一：

(1) 仅在 $x=0$ 处收敛；

(2) 存在确定的正数 R，当$|x|>R$ 时发散；

(3) 在区间$(-\infty, +\infty)$内处处绝对收敛.

上述情况(2)中的正数 R，称为幂级数 $\sum_{n=0}^{\infty} a_n x^n$ 的收敛半径，区间$(-R, R)$称为幂级

数的收敛区间，它的特点是关于原点对称.

应当注意，情况(2)中，$|x|=R$ 是幂级数收敛与发散的分界点，当 $|x|=R$ 时，幂级数可能发散也可能收敛. 要确定幂级数在 $|x|=R$ 处的敛散性，需要单独讨论. 因此，这种情况下幂级数的收敛区间可能是 $(-R, R)$、$[-R, R]$、$[-R, R)$ 或 $(-R, R]$.

如果幂级数 $\sum\limits_{n=0}^{\infty} a_n x^n$ 仅在 $x=0$ 处收敛，则规定收敛半径 $R=0$，这时收敛区间为一个点 $x=0$；如果幂级数 $\sum\limits_{n=0}^{\infty} a_n x^n$ 对一切 x 都收敛，则规定收敛半径 $R=+\infty$，这时收敛区间为 $(-\infty, +\infty)$.

下面讨论收敛半径的求法. 将幂级数各项取绝对值，得正项级数

$$\sum_{n=0}^{\infty} |a_n x^n| = |a_0| + |a_1 x| + |a_2 x^2| + \cdots + |a_n x^n| + \cdots$$

如果设

$$\lim_{n\to\infty} \frac{|a_{n+1}|}{|a_n|} = \rho，从而 \lim_{n\to\infty} \frac{|u_{n+1}|}{|u_n|} = \lim_{n\to\infty} \frac{|a_{n+1} x^{n+1}|}{|a_n x^n|} = \rho |x|$$

于是，由比值判别法知：

(1) 若 $\rho \cdot |x| < 1 (\rho \neq 0)$，即 $|x| < \dfrac{1}{\rho} = R$，则幂级数(8.2－1)绝对收敛；

(2) 若 $\rho = 0$，即 $\rho \cdot |x| = 0 < 1$，则幂级数(8.2－1)对任何 x 都收敛；

(3) 若 $\rho \cdot |x| > 1$，即 $|x| > \dfrac{1}{\rho} = R$，则幂级数(8.2－1)发散；

(4) 若 $\rho \cdot |x| = 1$，即 $|x| = \dfrac{1}{\rho} = R$，此时比值判别法失效，需要单独判定 $|x|=R$ 的敛散性.

综上所述，得到求幂级数(8.2－1)的收敛半径定理：

定理 2 如果幂级数 $\sum\limits_{n=0}^{\infty} a_n x^n$ 的系数满足：$\lim\limits_{n\to\infty} \dfrac{|a_{n+1}|}{|a_n|} = \rho$，则

(1) 当 $0 < \rho < +\infty$ 时，收敛半径 $R = \dfrac{1}{\rho}$；

(2) 当 $\rho = 0$ 时，收敛半径 $R = +\infty$；

(3) 当 $\rho = +\infty$ 时，收敛半径 $R = 0$.

例 1 求级数 $\sum\limits_{n=0}^{\infty} n!\, x^n$ 的收敛半径.

解 因为

$$\rho = \lim_{n\to\infty} \frac{|a_{n+1}|}{|a_n|} = \lim_{n\to\infty} \frac{(n+1)!}{n!} = +\infty$$

所以收敛半径 $R=0$，幂级数仅在 $x=0$ 处收敛.

例 2 求幂级数 $\sum\limits_{n=0}^{\infty} \dfrac{x^n}{n!}$ 的收敛区间.

解 因为

$$\rho = \lim_{n\to\infty} \frac{|a_{n+1}|}{|a_n|} = \lim_{n\to\infty} \frac{n!}{(n+1)!} = 0$$

所以幂级数的收敛半径 $R=+\infty$，收敛区间为$(-\infty, +\infty)$.

例 3　求幂级数 $\sum\limits_{n=0}^{\infty}(-1)^{n-1}\dfrac{x^n}{n}$的收敛区间.

解　因为

$$\rho=\lim_{n\to\infty}\frac{|a_{n+1}|}{|a_n|}=\lim_{n\to\infty}\frac{n}{n+1}=1$$

所以幂级数的收敛半径为 $R=1$.

当 $x=1$ 时，幂级数成为交错级数 $\sum\limits_{n=0}^{\infty}(-1)^{n-1}\dfrac{1}{n}$，收敛；

当 $x=-1$ 时，幂级数成为 $\sum\limits_{n=0}^{\infty}\left(-\dfrac{1}{n}\right)$，发散.

所以，幂级数的收敛区间为$(-1, 1]$.

例 4　求幂级数 $\sum\limits_{n=0}^{\infty}\dfrac{(2n)!}{(n!)^2}x^{2n}$的收敛半径.

解　幂级数缺少奇次幂项，上述定理不能直接运用，根据比值判别法，知

$$\lim_{n\to\infty}\left|\frac{u_{n+1}}{u_n}\right|=\lim_{n\to\infty}\left|\frac{\dfrac{(2n+2)!}{[(n+1)!]^2}x^{2(n+1)}}{\dfrac{(2n)!}{(n!)^2}x^{2n}}\right|=4\cdot|x|^2$$

当 $4|x|^2<1$ 时，即 $|x|<\dfrac{1}{2}$级数收敛；

当 $4|x|^2>1$ 时，即 $|x|>\dfrac{1}{2}$级数发散.

所以幂级数的收敛半径 $R=\dfrac{1}{2}$.

二、幂级数的运算

1. 幂级数的代数运算

设幂级数 $\sum\limits_{n=0}^{\infty}a_nx^n=f_1(x)$、$\sum\limits_{n=0}^{\infty}b_nx^n=f_2(x)$的收敛半径分别为 R_1、R_2. 取 $R=\min\{R_1, R_2\}$，则有

(1) $\sum\limits_{n=0}^{\infty}a_nx^n\pm\sum\limits_{n=0}^{\infty}b_nx^n=\sum\limits_{n=0}^{\infty}(a_n+b_n)x^n=f_1(x)\pm f_2(x)$，$x\in(-R, R)$.

(2)
$$\left(\sum_{n=0}^{\infty}a_nx^n\right)\cdot\left(\sum_{n=1}^{\infty}b_nx^n\right)=a_0b_0+(a_0b_1+a_1b_0)x+(a_0b_2+a_1b_1+a_2b_0)x^2$$
$$+\cdots+(a_0b_n+a_nb_{n-1}+a_2b_{n-2}+\cdots+a_nb_0)x^n+\cdots$$
$$=f_1(x)\cdot f_2(x),\ x\in(-R, R).$$

2. 幂级数的性质

设幂级数 $\sum\limits_{n=0}^{\infty}a_nx^n$ 的收敛半径为R，和函数为 $S(x)$，则

(1) $S(x)$在$(-R, R)$内连续；

(2) $S(x)$在$(-R, R)$内可导，且有逐项求导公式

$$S'(x)=\left(\sum_{n=0}^{\infty}a_nx^n\right)'=\sum_{n=0}^{\infty}(a_nx^n)'=\sum_{n=0}^{\infty}na_nx^{n-1},\ x\in(-R, R)$$

(3) $S(x)$在$(-R, R)$内可积，且有逐项积分公式

$$\int_0^x S(x)\mathrm{d}x=\int_0^x\left(\sum_{n=0}^{\infty}a_nx^n\right)\mathrm{d}x=\sum_{n=0}^{\infty}\int_0^x a_nx^n\mathrm{d}x=\sum_{n=0}^{n}\frac{a_n}{n+1}x^{n+1},\ x\in(-R, R)$$

逐项求导及逐项积分后所得到的幂级数与原幂级数有相同的收敛半径，但在收敛区间的端点处，幂级数的收敛性可能会改变.

三、函数展开成幂级数

前面讨论了幂级数的收敛域及其和函数的性质，但在许多应用中，我们还会遇到相反的问题：给定一个函数 $f(x)$，是否存在幂级数 $\sum\limits_{n=0}^{\infty}a_nx^n$ 或 $\sum\limits_{n=0}^{\infty}a_n(x-x_0)^n$，它在某个区间内收敛且和函数恰好是 $f(x)$，如果存在这样的幂级数，就称 $f(x)$在区间内可以展开成 x 或 $x-x_0$ 的幂级数.

下面讨论函数 $f(x)$能展开成 x 或 $x-x_0$ 的幂级数的条件.

1. 泰勒(Taylor)级数

假设函数 $f(x)$在 $x=x_0$ 的邻域内可以展开成幂级数

$$f(x)=a_0+a_1(x-x_0)+a_2(x-x_0)^2+\cdots+a_n(x-x_0)^n+\cdots \tag{8.2-4}$$

我们首先确定系数 $a_0, a_1, a_2, \cdots, a_n, \cdots$. 将 $x=x_0$ 代入式(8.2-4)中，得

$$f(x_0)=a_0,\ 即\ a_0=f(x_0)$$

根据幂级数在收敛域内可逐项求导的性质，对式(8.2-4)两端求各阶导数，有

$$f'(x)=a_1+2a_2(x-x_0)+3a_3(x-x_0)^2+\cdots+na_n(x-x_0)^{n-1}+\cdots$$

$$f''(x)=2a_2+3\cdot 2a_3(x-x_0)+\cdots+n(n-1)a_n(x-x_0)^{n-2}+\cdots$$

$$\vdots$$

$$f^{(n)}(x)=n(n-1)\cdots a_n+(n+1)n(n-1)\cdots+a_{n+1}(x-x_0)+\cdots$$

将 $x=x_0$ 代入以上各式得

$$a_0=f(x_0),\ a_1=f'(x_0),\ a_2=\frac{1}{2!}f''(x_0),\ \cdots, a_n=\frac{1}{n!}f^{(n)}(x_0), \cdots$$

将其代入式(8.2-4)，得

$$f(x)=f(x_0)+f'(x_0)(x-x_0)+\frac{f''(x_0)}{2!}(x-x_0)^2+\cdots+\frac{f^{(n)}(x_0)}{n!}(x-x_0)^n+\cdots \tag{8.2-5}$$

式(8.2-5)的右端称为函数 $f(x)$在 $x=x_0$ 处的泰勒级数，其系数为

$$a_0=f(x_0),\ a_1=f'(x_0),\ a_2=\frac{1}{2!}f''(x_0),\ \cdots,\ a_n=\frac{1}{n!}f^{(n)}(x_0),\ \cdots$$

这些系数称为 $f(x)$在 x_0 处的泰勒系数，简称泰勒系数.

以上推导说明，如果函数可以展开成幂级数，则这个级数必定是泰勒级数，即函数展开成幂级数时的展开式是唯一的. 那么函数 $f(x)$满足什么条件，才能展开成泰勒级数?

首先，从泰勒级数式(8.2-5)中看到函数 $f(x)$在 $x=x_0$ 处必须存在任意阶导数.

其次，需要讨论函数 $f(x)$ 的泰勒级数是否收敛于 $f(x)$，即 $f(x)$ 的泰勒级数的和函数是否是 $f(x)$（可以举出函数在 x_0 处有任意阶导数，但其泰勒级数的和却不是 $f(x)$ 的例子）？若令泰勒级数式(8.2－5)的前 $n+1$ 项和为 $S_{n+1}(x)$，即

$$S_{n+1}(x)=f(x_0)+f'(x_0)(x-x_0)+\frac{f''(x_0)}{2!}(x-x_0)^2+\cdots+\frac{f^{(n)}(x_0)}{n!}(x-x_0)^n$$

于是泰勒级数式(8.2－5)可以写成

$$f(x)=S_{n+1}(x)+R_n(x)$$

其中，$R_n(x)$ 称为 $f(x)$ 在 $x=x_0$ 处的泰勒级数的余项. 则泰勒级数式(8.2－5)收敛于函数 $f(x)$ 的条件为

$$\lim_{n\to\infty}S_{n+1}(x)=f(x)$$

于是 $\lim\limits_{n\to\infty}R_n(x)=\lim\limits_{n\to\infty}[f(x)-S_n(x)]=0$. 由此表明，泰勒级数式(8.2－5)收敛于 $f(x)$ 的充分条件是 $\lim\limits_{n\to\infty}R_n(x)=0$.

综上所述，一个函数 $f(x)$ 在 $x=x_0$ 处可以展开成幂级数的条件是：$f(x)$ 在 $x=x_0$ 处的邻域内任意阶导数存在且在 x_0 的邻域内有 $\lim\limits_{n\to\infty}R_n(x)=0$.

泰勒级数的余项 $R_n(x)$ 在什么条件下极限是零，这就需要研究余项 $R_n(x)$ 的表达式. 这里不加证明地给出如下定理.

泰勒定理 如果函数 $f(x)$ 在 $x=x_0$ 的某一邻域内有直到 $n+1$ 阶导数，则在此邻域内有如下公式：

$$f(x)=f(x_0)+f'(x_0)(x-x_0)+\frac{f''(x_0)}{2!}(x-x_0)^2+\cdots+\frac{f^{(n)}(x_0)}{n!}(x-x_0)^n+R_n(x) \tag{8.2-6}$$

其中 $R_n(x)=\dfrac{f^{(n+1)}(\xi)}{(n+1)!}(x-x_0)^{n+1}$（$\xi$ 在 x 与 x_0 之间）称为**拉格朗日型余项**. 公式(8.2－6)称为泰勒公式. 在函数展开成泰勒级数时，一般采用拉格朗日型余项 $R_n(x)=\dfrac{f^{(n+1)}(\xi)}{(n+1)!}(x-x_0)^{n+1}$ 进行讨论.

在泰勒级数(8.2－5)中，当 $x_0=0$ 时为

$$f(0)+f'(0)x+\frac{f''(0)}{2!}x^2+\cdots+\frac{f^{(n)}(0)}{n!}x^n+\cdots \tag{8.2-7}$$

此式称为**麦克劳林(Maclaurin)级数**. 函数 $f(x)$ 的麦克劳林级数是 x 的幂级数. 一般情况下将函数 $f(x)$ 展成 x 的幂级数，就是展开成麦克劳林级数.

2. 函数展开成幂级数的方法

(1) 直接展开法.

根据上面的讨论，将函数 $f(x)$ 展成 x 的幂级数，可按下列步骤进行：

第一步，求 $f(x)$ 及其各阶导数在 $x=0$ 处的值 $f(0)$，$f'(0),f''(0),\cdots,f^{(n)}(0),\cdots$；

第二步，写出幂级数并求出收敛区间：

$$\sum_{n=0}^{\infty}\frac{f^{(n)}(0)}{n!}x_n=f(0)+f'(0)x+\frac{f''(0)}{2!}x^2+\cdots+\frac{f^{(n)}(0)}{n!}x^n+\cdots$$

第三步，在收敛区间内，考察是否有 $\lim\limits_{n\to\infty}R_n(x)=0$，若 $\lim\limits_{n\to\infty}R_n(x)=0$，则有

$$f(x)=\sum_{n=0}^{\infty}\frac{f^{(n)}(0)}{n!}x^n$$

例 5 将函数 $f(x)=e^x$ 展开成 x 的幂级数.

解 因为

$$f^{(n)}(x)=(e^x)^{(n)}=e^x \quad (n=1,2,\cdots)$$

所以

$$f(0)=f^{(n)}(0)=1 \quad (n=1,2,\cdots)$$

于是 $f(x)=e^x$ 的麦克劳林级数为

$$\sum_{n=0}^{\infty}\frac{1}{n!}x^n=1+x+\frac{1}{2!}x^2+\cdots+\frac{1}{n!}x^n+\cdots$$

它的收敛半径 $R=+\infty$，收敛区间为$(-\infty,+\infty)$.

对于任何有限数 x，ξ 在 0 和 x 之间，余项的绝对值为

$$|R_n(x)|=\left|\frac{e^{\xi}}{(n+1)!}x^{n+1}\right|<e^{|x|}\cdot\frac{|x|^{n+1}}{(n+1)!}$$

因为 $e^{|x|}$ 有限，而$\frac{|x|^{n+1}}{(n+1)!}$是收敛级数 $\sum_{n=0}^{\infty}\frac{|x|^{n+1}}{(n+1)!}$的一般项，所以当 $n\to\infty$时，

$$e^{|x|}\cdot\frac{|x|^{n+1}}{(n+1)!}\to 0$$

即当 $n\to\infty$时，有

$$|R_n(x)|\to 0$$

所以

$$e^x=\sum_{n=0}^{\infty}\frac{1}{n!}x^n=1+x+\frac{1}{2!}x^2+\cdots+\frac{1}{n!}x^n+\cdots,\ x\in(-\infty,+\infty)$$

例 6 将函数 $f(x)=\sin x$ 展开成 x 的幂级数.

解 所给函数的各阶导数为

$$f^{(n)}(x)=\sin\left(x+n\cdot\frac{\pi}{2}\right)\ (n=1,2,\cdots)$$

而 $f^{(n)}(0)$顺序循环地取 1，0，-1，0，…. 于是得级数

$$\sum_{n=1}^{\infty}(-1)^{n-1}\frac{x^{2n-1}}{(2n-1)!}=x-\frac{x^3}{3!}+\frac{x^5}{5!}-\cdots+(-1)n-1\cdot\frac{x^{2n-1}}{(2n-1)!}+\cdots$$

它的收敛半径 $R=+\infty$，收敛区间为$(-\infty,+\infty)$.

对于任何有限的数 x，ξ 在 0 和 x 之间，余项的绝对值当 $n\to\infty$时的极限为 0.

$$|R_n(x)|=\left|\frac{\sin\left[\xi+\frac{(n+1)}{2}\pi\right]}{(n+1)!}x^{n+1}\right|\leqslant\frac{|x|^{n+1}}{(n+1)!}\to 0$$

所以得展开式

$$\sin x=\sum_{n=1}^{\infty}(-1)^{n-1}\frac{x^{2n-1}}{(2n-1)!},\quad x\in(-\infty,+\infty)$$

用直接展开法还可推出下列函数的幂级数展开式

$$\cos x=\sum_{n=0}^{\infty}(-1)^n\frac{x^{2n}}{(2n)!},\quad x\in(-\infty,+\infty)$$

$$\ln(1+x)=\sum_{n=0}^{\infty}(-1)^n\frac{1}{n+1}x^{n+1},\quad x\in(-1,1]$$

$$(1+x)^m=\sum_{n=0}^{\infty}\frac{m(m-1)\cdots(m-n+1)}{n!}x^n,\quad x\in(-1,1)$$

上面最后一个公式称为二项展开式. 当 m 取正整数时，级数只有有限项，称为多项式，就是中学所学过的二项式定理的情况.

(2) 间接展开法.

上述利用直接展开法将函数展开成幂级数，是先计算幂级数的系数 $a_n=\frac{f^{(n)}(0)}{n!}$，然后代入公式，最后考虑余项 $R_n(x)$是否趋于零. 这种方法计算量较大，而且余项的研究也不是一件容易的事. 下面可用间接展开法，即利用一些熟知的函数展开式(上面五个函数的展开式均可作为公式使用)以及幂级数的运算性质等，将所给函数展开成幂级数，这种方法不仅计算简单，而且避免了余项的研究.

例 7　将 $f(x)=\mathrm{e}^{-x^2}$ 展开成 x 的幂级数.

解　已知展开式 $\mathrm{e}^x=\sum\limits_{n=0}^{\infty}\frac{1}{n!}x^n$，$x\in(-\infty,+\infty)$. 当$|-x^2|<+\infty$时，有$|x|<+\infty$，所以

$$\mathrm{e}^{-x^2}=\sum_{n=0}^{\infty}\frac{1}{n!}(-x^2)^n=\sum_{n=0}^{\infty}(-1)^n\frac{1}{n!}x^{2n},\quad x\in(-\infty,+\infty)$$

例 8　将函数 $f(x)=x\cdot\arctan x$ 展开成 x 的幂级数，并求级数 $\sum\limits_{n=0}^{\infty}(-1)^n\frac{1}{2n+1}$ 的和.

解　根据幂级数逐项求导、逐项积分的性质. 因为

$$(\arctan x)'=\frac{1}{1+x^2}=\sum_{n=0}^{\infty}(-1)^nx^{2n},\ x\in(1,-1)$$

$$\arctan x=\int_0^x\sum_{n=0}^{\infty}(-1)^nx^{2n}\mathrm{d}x=\sum_{n=0}^{\infty}\int_0^x(-1)^nx^{2n}\mathrm{d}x=\sum_{n=0}^{\infty}(-1)^n\frac{1}{2n+1}x^{2n+1},\ x\in[1,-1]$$

所以

$$x\cdot\arctan x=x\cdot\sum_{n=0}^{\infty}(-1)^n\frac{1}{2n+1}x^{2n+1}=\sum_{n=0}^{\infty}(-1)^n\frac{1}{2n+1}x^{2(n+1)},\ x\in[1,-1]$$

故将 $x=1$ 代入上式得

$$\sum_{n=0}^{\infty}(-1)^n\frac{1}{2n+1}=\arctan 1=\frac{\pi}{4}$$

例 9　将函数 $f(x)=\sin x$ 展开成 $x-\frac{\pi}{3}$的幂级数.

解　因为

$$\sin x=\sin\left[\frac{\pi}{3}+\left(x-\frac{\pi}{3}\right)\right]=\sin\frac{\pi}{3}\cos\left(x-\frac{\pi}{3}\right)+\cos\frac{\pi}{3}\sin\left(x-\frac{\pi}{3}\right)$$

$$=\frac{1}{2}\left[\sqrt{3}\cos\left(x-\frac{\pi}{3}\right)+\sin\left(x-\frac{\pi}{3}\right)\right]$$

而

$$\cos\left(x-\frac{\pi}{3}\right)=\sum_{n=0}^{\infty}(-1)^n\frac{1}{(2n)!}\left(x-\frac{\pi}{3}\right)^{2n},\ x\in(-\infty,+\infty)$$

$$\sin\left(x-\frac{\pi}{3}\right)=\sum_{n=0}^{\infty}(-1)^{n-1}\frac{1}{(2n-1)!}\left(x-\frac{\pi}{3}\right)^{2n-1},\ x\in(-\infty,+\infty)$$

故

$$\sin x=\frac{1}{2}\left[\sqrt{3}\sum_{n=0}^{\infty}(-1)^n\frac{1}{(2n)!}\left(x-\frac{\pi}{3}\right)^{2n}+\sum_{n=0}^{\infty}(-1)^{n-1}\frac{1}{(2n-1)!}\left(x-\frac{\pi}{3}\right)^{2n-1}\right],$$

$$x\in(-\infty,+\infty)$$

所以

$$\sin x=\frac{1}{2}\left[\sqrt{3}+\left(x-\frac{\pi}{3}\right)-\frac{\sqrt{3}}{2!}\left(x-\frac{\pi}{3}\right)^2-\frac{1}{3!}\left(x-\frac{\pi}{3}\right)^3+\cdots\right],$$

$$x\in(-\infty,+\infty)$$

例 10　将函数 $f(x)=\dfrac{1}{x^2+5x+6}$展开成 x 的幂级数.

解　因为

$$f(x)=\frac{1}{(x-1)(x+6)}=\frac{1}{7}\left(\frac{1}{x-1}-\frac{1}{x+6}\right)$$

又

$$\frac{1}{x-1}=-\sum_{n=0}^{\infty}x^n,\ x\in(-1,1)$$

$$\frac{1}{x+6}=\frac{1}{6}\cdot\frac{1}{1+\dfrac{x}{6}}=\frac{1}{6}\sum_{n=0}^{\infty}(-1)^n\left(\frac{x}{6}\right)^n,\quad x\in(-6,6)$$

所以

$$\begin{aligned}f(x)&=\frac{1}{7}\left[-\sum_{n=0}^{\infty}x^n-\frac{1}{6}\sum_{n=0}^{\infty}(-1)^n\left(\frac{x}{6}\right)^n\right]\\&=\sum_{n=0}^{\infty}\frac{1}{7}\left[-1+(-1)^{n+1}\frac{1}{6^{n+1}}\right]x^n,\quad x\in(-1,1)\end{aligned}$$

四、和函数

由幂级数的特性可知，如果一个幂级数在其收敛域内收敛，则必对应一个和函数. 这里简单给出求和函数的基本方法.

例 11　求幂级数 $\sum\limits_{n=0}^{\infty}nx^n$ 在收敛区间内的和函数.

解　级数的收敛半径 $R=\lim\limits_{n\to\infty}\left|\dfrac{a_n}{a_{n+1}}\right|=\lim\limits_{n\to\infty}\dfrac{n}{n+1}=1$.

当 $x=\pm1$，$\lim\limits_{n\to\infty}u_n\neq0$，所以级数的收敛区间为$(-1,1)$.

设级数的和函数为

$$s(x)=\sum_{n=0}^{\infty}nx^n=x\sum_{n=0}^{\infty}nx^{n-1}=xf(x)$$

则有

$$\int_0^x f(x)\mathrm{d}x=\sum_{n=1}^{\infty}\int nx^{n-1}\mathrm{d}x=\sum_{n=1}^{\infty}x^n=\frac{x}{1-x}$$

所以

$$f(x)=\left(\int_0^x f(x)\mathrm{d}x\right)'=\left(\frac{x}{1-x}\right)'=\frac{1}{(1-x)^2}$$

故有

$$s(x)=\frac{x}{(1-x)^2}\quad(-1<x<1)$$

能力训练题 8.2

1. 求下列幂级数的收敛半径和收敛区间：

(1) $\sum_{n=1}^{\infty} nx^n$；　(2) $\sum_{n=0}^{\infty} 10^n x^n$；　(3) $\sum_{n=1}^{\infty} (-1)^n \frac{x^n}{n}$；

(4) $\sum_{n=1}^{\infty} \frac{x^n}{2^n \cdot n!}$；　(5) $\sum_{n=1}^{\infty} \frac{2^n}{1+n^2}x^n$；　(6) $\sum_{n=1}^{\infty} \frac{1}{4^n}x^{2n}$；

(7) $\sum_{n=1}^{\infty} (-1)^n \frac{x^{2n-1}}{2n-1}$；　(8) $\sum_{n=1}^{\infty} (-1)^{n-1}\frac{(x+1)^n}{n}$；　(9) $\sum_{n=1}^{\infty} n!\ (x-1)^n$.

2. 用间接展开法，将下列函数展开成 x 的幂级数，并指出收敛域：

(1) $f(x)=\ln(a+x)$（常数 $a>0$）；　(2) $f(x)=x^2 e^{x^2}$；

(3) $f(x)=\sin^2 x$；　(4) $f(x)=\arcsin x$.

3. 将下列函数在指定点 x_0 处展开成幂级数，并指出其收敛域：

(1) $f(x)=\frac{1}{x}$，$x_0=3$；　(2) $f(x)=\ln(1+x)$，$x_0=2$；　(3) $f(x)=\ln x$，$x_0=1$.

4. 求下列级数的和函数：

(1) $\sum_{n=1}^{\infty} \frac{(-1)^n}{3^n}x^n$；　(2) $\sum_{n=1}^{\infty} n(x-1)^n$；　(3) $\sum_{n=1}^{\infty} \frac{x_n}{n}$；　(4) $\sum_{n=1}^{\infty} \frac{x^{2n+1}}{2n+1}$.

能力测试题八

一、选择题

1. 若级数 $\sum_{n=1}^{\infty} u_n$ 收敛，下列级数收敛的是(　　).

A. $\sum_{n=1}^{\infty} (u_n+2)$　B. $\sum_{n=1}^{\infty} (u_n-2)$　C. $\sum_{n=1}^{\infty} u_{n+2}$　D. $\sum_{n=1}^{\infty} \frac{1}{u_n}$

2. 若级数 $\sum_{n=1}^{\infty} u_n$、$\sum_{n=1}^{\infty} v_n$ 都发散，则(　　).

A. $\sum_{n=1}^{\infty} (u_n+v_n)$发散　　B. $\sum_{n=1}^{\infty} u_n v_n$ 发散

C. $\sum\limits_{n=1}^{\infty}(|u_n|+|v_n|)$发散　　　　D. $\sum\limits_{n=1}^{\infty}(u_n{}^2+v_n{}^2)$发散

3. 设 a 为常数，则级数 $\sum\limits_{n=1}^{\infty}\left(\dfrac{\sin(na)}{n^2}-\dfrac{1}{\sqrt{n}}\right)$(　　).

A. 绝对收敛　　　　B. 条件收敛

C. 发散　　　　D. 收敛性与 a 的取值有关

4. 幂级数 $\sum\limits_{n=2}^{\infty}\dfrac{x^n}{n(n-1)}$的收敛半径 R 等于(　　).

A. 4　　B. 3　　C. 2　　D. 1

5. 幂级数 $\sum\limits_{n=1}^{\infty}\dfrac{1}{n\cdot 3^n}x^{2n}$的收敛区间为(　　).

A. $(-\sqrt{3},\sqrt{3})$　　　　B. $\left(-\dfrac{1}{\sqrt{3}},\dfrac{1}{\sqrt{3}}\right)$

C. $\left(-\dfrac{1}{3},\dfrac{1}{3}\right)$　　　　D. $(-3,3)$

二、填空题

1. 数项级数 $\sum\limits_{n=0}^{\infty}\dfrac{(-1)^n}{2(n)!}$的和为________.

2. 函数 $f(x)=xe^{2x}$关于 x 的幂级数展开式为________.

3. 若幂级数 $\sum\limits_{n=0}^{\infty}a_ny^n$ 的收敛区间为$(-9,9)$，则级数 $\sum\limits_{n=0}^{\infty}a_n(x-3)^{2n}$ 的收敛区间为________.

三、解答题

1. 判断下列级数的敛散性：

(1) $\sum\limits_{n=1}^{\infty}\dfrac{2n^2}{(n!)^2}$；　　　　(2) $\sum\limits_{n=1}^{\infty}\dfrac{2n-1}{(\sqrt{2})^n}$.

2. 判断下列级数的收敛性，如果收敛，指出是条件收敛还是绝对收敛？

(1) $\sum\limits_{n=2}^{\infty}(-1)^n\dfrac{\sin\dfrac{\pi}{n}}{\pi^n}$；　　　　(2) $\sum\limits_{n=1}^{\infty}(-1)^{n-1}\dfrac{1}{\sqrt[3]{n(n+1)}}$.

3. 求下列幂级数的收敛区间(不包括端点的敛散性).

(1) $\sum\limits_{n=1}^{\infty}(-1)^n\dfrac{2^n}{\sqrt{n}}x^n$；　　　　(2) $\sum\limits_{n=1}^{\infty}\dfrac{1}{3^n}x^{2n-1}$.

4. 把函数 $f(x)=\arctan\dfrac{2x}{1-x^2}$展开成 x 的幂级数.

5. 求幂级数 $\sum\limits_{n=1}^{\infty}\dfrac{n}{n+1}x^{n+1}$在其收敛区间$|x|<1$内的和函数.

第 9 章　线性代数初步

9.1　行　列　式

一、n 阶行列式的定义

我们定义了二阶、三阶行列式，又将三阶行列式转化为二阶行列式来计算，可以类似地用四个三阶行列式来定义四阶行列式，用五个四阶行列式来定义五阶行列，以此类推，我们可用 n 个 $n-1$ 阶行列式来定义 n 阶行列式.

定义 1　由 n^2 个数 $a_{ij}(i, j=1, 2, \cdots, n)$ 排成 n 行 n 列，两边各加上一条竖直线段的算式，即

$$D=\begin{vmatrix} a_{11} & a_{12} & \cdots & a_{1n} \\ a_{21} & a_{22} & \cdots & a_{2n} \\ \vdots & \vdots & & \vdots \\ a_{n1} & a_{n2} & \cdots & a_{nn} \end{vmatrix}$$

称为 n 阶行列式，它代表一个由确定的运算关系所得到的数，其中数 a_{ij} 称为行列式的第 i 行第 j 列元素. 划去元素 a_{ij} 所在的第 i 行和第 j 列后，剩下 $(n-1)^2$ 个元素按原来的顺序组成的 $n-1$ 阶行列式称为 a_{ij} 的**余子式**，记为 M_{ij}；在它的前面加上符号因子 $(-1)^{i+j}$ 后，$A_{ij}=(-1)^{i+j}M_{ij}$ 称为元素 a_{ij} 的**代数余子式**.

$$M_{ij}=\begin{vmatrix} a_{11} & \cdots & a_{1,j-1} & a_{1,j+1} & \cdots & a_{1n} \\ \vdots & & \vdots & \vdots & & \vdots \\ a_{i-1,1} & \cdots & a_{i-1,j-1} & a_{i-1,j+1} & \cdots & a_{i-1,n} \\ a_{i+1,1} & \cdots & a_{i+1,j-1} & a_{i+1,j+1} & & a_{i+1,n} \\ \vdots & & \vdots & \vdots & & \vdots \\ a_{n1} & & a_{n,j-1} & a_{n,j+1} & & a_{nn} \end{vmatrix}$$

当 $n=1$ 时，规定 $D=|a_{11}|=a_{11}$；

当 $n\geqslant 2$ 时，设 $n-1$ 阶行列式已经定义，则 n 阶行列式

$$\begin{aligned} D &= a_{11}A_{11}+a_{12}A_{12}+\cdots+a_{1n}A_{1n} \\ &= \sum_{j=1}^{n} a_{1j}A_{1j} \end{aligned}$$

即 n 阶行列式 D 等于它的第 1 行元素与它们各自的代数余子式乘积的代数和.

如：当 $n=2$ 时，有

$$D = \begin{vmatrix} a_{11} & a_{12} \\ a_{21} & a_{22} \end{vmatrix} = a_{11}A_{11} + a_{12}A_{12} = a_{11}a_{22} - a_{12}a_{21}$$

例 1 写出如下四阶行列式元素 a_{34} 的余子式和代数余子式.

$$\begin{vmatrix} 1 & 0 & -3 & 2 \\ -4 & -1 & 0 & -5 \\ 2 & 3 & -1 & -6 \\ 3 & 3 & -4 & 1 \end{vmatrix}$$

解 元素 a_{34} 的余子式为划去第 3 行和第 4 列后，剩下元素按原来顺序组成的三阶行列式，而元素 a_{34} 的代数余子式为余子式前面加上符号 $(-1)^{3+4}$，即

$$M_{34} = \begin{vmatrix} 1 & 0 & -3 \\ -4 & -1 & 0 \\ 3 & 3 & -4 \end{vmatrix}$$

$$A_{34} = (-1)^{3+4}M_{34} = -M_{34} = -\begin{vmatrix} 1 & 0 & -3 \\ -4 & -1 & 0 \\ 3 & 3 & -4 \end{vmatrix}$$

n 阶行列式 D 可以按第一行展开，则有如下定理：

定理 1 n 阶行列式 D 等于它的任意一行(或列)元素与它们各自的代数余子式乘积之和，即

$$D = a_{i1}A_{i1} + a_{i2}A_{i2} + \cdots + a_{in}A_{in} = \sum_{j=1}^{n} a_{ij}A_{ij} \quad (i = 1, 2, \cdots, n)$$

或

$$D = a_{1j}A_{1j} + a_{2j}A_{2j} + \cdots + a_{nj}A_{nj} = \sum_{i=1}^{n} a_{ij}A_{ij} \quad (j = 1, 2, \cdots, n)$$

上式称为 ***n* 阶行列式按行(或列)展开式.**

该定理告诉我们，如果行列式第 i 行(或列)零元素最多，则按第 i 行(或列)展开，将给计算带来简便.

例 2 证明四阶上三角行列式(主对角线左下方元素均为零).

$$D = \begin{vmatrix} a_{11} & a_{12} & a_{13} & a_{14} \\ 0 & a_{22} & a_{23} & a_{24} \\ 0 & 0 & a_{33} & a_{34} \\ 0 & 0 & 0 & a_{44} \end{vmatrix} = a_{11}a_{22}a_{33}a_{44}$$

证明 由定理 1，每次都按最后一行展开，则

$$\begin{aligned} D &= a_{44}A_{44} = a_{44}(-1)^{4+4}\begin{vmatrix} a_{11} & a_{12} & a_{13} \\ 0 & a_{22} & a_{23} \\ 0 & 0 & a_{33} \end{vmatrix} \\ &= a_{44}a_{33}(-1)^{3+3}\begin{vmatrix} a_{11} & a_{12} \\ 0 & a_{22} \end{vmatrix} \\ &= a_{44}a_{33}a_{22}a_{11} = a_{11}a_{22}a_{33}a_{44} \end{aligned}$$

同理，n 阶下三角行列式也有类似的结果：

$$\begin{vmatrix} a_{11} & 0 & \cdots & 0 \\ a_{12} & a_{22} & \cdots & 0 \\ \vdots & \vdots & & \vdots \\ a_{1n} & a_{2n} & \cdots & a_{nn} \end{vmatrix} = a_{11}a_{22}\cdots a_{nn}$$

可见，上(下)三角行列式是最容易计算的，这是个非常有用的结果.

例 3　计算四阶行列式

$$D_4 = \begin{vmatrix} 3 & 0 & 0 & -5 \\ -4 & 1 & 0 & 2 \\ 6 & 5 & 7 & 0 \\ -3 & 4 & -2 & -1 \end{vmatrix}$$

解

$$\begin{aligned} D_4 &= 3\times A_{11} + 0\times A_{12} + 0\times A_{13} + (-5)\times A_{14} \\ &= 3\times(-1)^{1+1}\begin{vmatrix} 1 & 0 & 2 \\ 5 & 7 & 0 \\ 4 & -2 & -1 \end{vmatrix} + (-5)\times(-1)^{1+4}\begin{vmatrix} -4 & 1 & 0 \\ 6 & 5 & 7 \\ -3 & 4 & -2 \end{vmatrix} \\ &= 3\left[1\times(-1)^{1+1}\begin{vmatrix} 7 & 0 \\ -2 & -1 \end{vmatrix} + 2\times(-1)^{1+3}\begin{vmatrix} 5 & 7 \\ 4 & -2 \end{vmatrix}\right] \\ &\quad + 5\times\left[(-4)\times(-1)^{1+1}\begin{vmatrix} 5 & 7 \\ 4 & -2 \end{vmatrix} + 1\times(-1)^{1+2}\begin{vmatrix} 6 & 7 \\ -3 & -2 \end{vmatrix}\right] \\ &= 3[-7+2(-10-28)]+5[(-4)\times(-10-28)-(-12+21)] \\ &= 466 \end{aligned}$$

二、行列式的性质

从行列式的定义出发，直接计算行列式是比较麻烦的，为了简化行列式的计算，下面我们给出 n 阶行列式的一些基本性质，首先给出转置行列式的概念.

定义 2　将行列式 D 的行、列互换后得到的新行列式，称为 D 的转置行列式，记为 D^{T}.

如果

$$D = \begin{vmatrix} a_{11} & a_{12} & \cdots & a_{1n} \\ a_{21} & a_{22} & \cdots & a_{2n} \\ \vdots & \vdots & & \vdots \\ a_{n1} & a_{n2} & \cdots & a_{nn} \end{vmatrix}$$

则

$$D^{\mathrm{T}} = \begin{vmatrix} a_{11} & a_{21} & \cdots & a_{n1} \\ a_{12} & a_{22} & \cdots & a_{n2} \\ \vdots & \vdots & & \vdots \\ a_{1n} & a_{2n} & \cdots & a_{nn} \end{vmatrix}$$

性质 1 行列式 D 与它的转置行列式 D^{T} 相等，即 $D=D^{\mathrm{T}}$.

性质说明，行列式中的行与列具有同等的地位，对行列式行成立的性质，对列也同样成立，反之亦然.

性质 2 互换行列式两行(或两列)的位置得到的行列式与原行列式值反号，即

$$\begin{vmatrix} a_{11} & a_{12} & \cdots & a_{1n} \\ \vdots & \vdots & & \vdots \\ a_{s1} & a_{s2} & \cdots & a_{sn} \\ \vdots & \vdots & & \vdots \\ a_{t1} & a_{t2} & \cdots & a_{tn} \\ \vdots & \vdots & & \vdots \\ a_{n1} & a_{n2} & \cdots & a_{nn} \end{vmatrix} = -\begin{vmatrix} a_{11} & a_{12} & \cdots & a_{1n} \\ \vdots & \vdots & & \vdots \\ a_{t1} & a_{t2} & \cdots & a_{tn} \\ \vdots & \vdots & & \vdots \\ a_{s1} & a_{s2} & \cdots & a_{sn} \\ \vdots & \vdots & & \vdots \\ a_{n1} & a_{n2} & \cdots & a_{nn} \end{vmatrix}$$

推论 1 如果行列式有两行(列)的对应元素完全相同，则此行列式值等于零.

性质 3 数 k 乘行列式，等于用数 k 乘行列式的某一行(列)的每一个元素，即

$$k\begin{vmatrix} a_{11} & a_{12} & \cdots & a_{1n} \\ \vdots & \vdots & & \vdots \\ a_{i1} & a_{i2} & \cdots & a_{in} \\ \vdots & \vdots & & \vdots \\ a_{n1} & a_{n2} & \cdots & a_{nn} \end{vmatrix} = \begin{vmatrix} a_{11} & a_{12} & \cdots & a_{1n} \\ \vdots & \vdots & & \vdots \\ ka_{i1} & ka_{i2} & \cdots & ka_{in} \\ \vdots & \vdots & & \vdots \\ a_{n1} & a_{n2} & \cdots & a_{nn} \end{vmatrix}$$

推论 2 行列式中某一行(列)元素有公因子 k，则可把公因子 k 提到行列式的外面.

推论 3 如果行列式中有两行(列)元素成比例，则行列式值等于零.

推论 4 如果行列式中某一行(列)元素全为零，则行列式值等于零.

性质 4 如果行列式中某一行(列)的元素都是两数之和，则行列式 D 等于两个行列式之和. 即

$$D=\begin{vmatrix} a_{11} & a_{12} & \cdots & a_{1n} \\ \vdots & \vdots & & \vdots \\ a_{i1}+b_{i1} & a_{i2}+b_{i2} & \cdots & a_{in}+b_{in} \\ \vdots & \vdots & & \vdots \\ a_{n1} & a_{n2} & \cdots & a_{nn} \end{vmatrix}$$

$$=\begin{vmatrix} a_{11} & a_{12} & \cdots & a_{1n} \\ \vdots & \vdots & & \vdots \\ a_{i1} & a_{i2} & \cdots & a_{in} \\ \vdots & \vdots & & \vdots \\ a_{n1} & a_{n2} & \cdots & a_{nn} \end{vmatrix} + \begin{vmatrix} b_{11} & b_{12} & \cdots & b_{1n} \\ \vdots & \vdots & & \vdots \\ b_{i1} & b_{i2} & \cdots & b_{in} \\ \vdots & \vdots & & \vdots \\ b_{n1} & b_{n2} & \cdots & b_{nn} \end{vmatrix}$$

性质 5 把行列式某一行(列)各元素乘以同一数 k 后加到另外一行(列)对应元素上，行列式值不变. 即

$$\begin{vmatrix} a_{11} & a_{12} & \cdots & a_{1n} \\ \vdots & \vdots & & \vdots \\ a_{s1} & a_{s2} & \cdots & a_{sn} \\ \vdots & \vdots & & \vdots \\ a_{t1} & a_{t2} & \cdots & a_{tn} \\ \vdots & \vdots & & \vdots \\ a_{n1} & a_{n2} & \cdots & a_{nn} \end{vmatrix} = \begin{vmatrix} a_{11} & a_{12} & \cdots & a_{1n} \\ \vdots & \vdots & & \vdots \\ a_{s1} & a_{s2} & \cdots & a_{sn} \\ \vdots & \vdots & & \vdots \\ ka_{s1}+a_{t1} & ka_{s2}+a_{t2} & \cdots & ka_{sn}+a_{tn} \\ \vdots & \vdots & & \vdots \\ a_{n1} & a_{n2} & \cdots & a_{nn} \end{vmatrix}$$

注　这里某行元素的 k 倍必须加到另外一行上，而不是加到本行上.

下面通过例题说明如何利用行列式的性质来简化行列式的计算.

例 4　计算

(1) $D = \begin{vmatrix} 3 & 2 & 0 & 1 \\ 2 & 4 & 1 & 9 \\ -1 & 3 & 0 & 2 \\ 0 & 0 & 0 & 5 \end{vmatrix}$；　　(2) $D = \begin{vmatrix} 2 & 3 & -4 & 7 \\ 1 & 2 & -3 & 4 \\ -1 & -2 & 5 & -8 \\ 1 & 3 & -5 & 10 \end{vmatrix}$.

解　(1) 第 4 行的零元素最多，按第 4 行展开，得

$$D = 5A_{44} = 5(-1)^{4+4}\begin{vmatrix} 3 & 2 & 0 \\ 2 & 4 & 1 \\ -1 & 3 & 0 \end{vmatrix}$$

$$= 5 \times (-1)^{2+3}\begin{vmatrix} 3 & 2 \\ -1 & 3 \end{vmatrix} = -5(9+2) = -55$$

(2) 利用行列式的性质将行列式化成上三角行列式

$$D = -\begin{vmatrix} 1 & 2 & -3 & 4 \\ 2 & 3 & -4 & 7 \\ -1 & -2 & 5 & -8 \\ 1 & 3 & -5 & 10 \end{vmatrix} = -\begin{vmatrix} 1 & 2 & -3 & 4 \\ 0 & -1 & 2 & -1 \\ 0 & 0 & 2 & -4 \\ 0 & 1 & -2 & 6 \end{vmatrix}$$

$$= -\begin{vmatrix} 1 & 2 & -3 & 4 \\ 0 & -1 & 2 & -1 \\ 0 & 0 & 2 & -4 \\ 0 & 0 & 0 & 5 \end{vmatrix} = -1 \times (-1) \times 2 \times 5 = 10$$

化成上三角行列式的方法是：

(1) 将 a_{11} 变换为 1(可以将第一行与其他行交换，$a_{11} \neq 0$ 时也可以将第一行提取 a_{11})；

(2) 把第一行分别乘以 $-a_{21}$，$-a_{31}$，…，$-a_{n1}$，然后分别加到第 2，3，…，n 行的对应元素上，将 a_{11} 以下的元素全部化为零；

(3) 用类似的方法将 a_{22}，a_{33}，…，$a_{n-1,n-1}$ 以下的元素全部化为零，即可得到上三角行列式.

在计算行列式特别是高阶行列式时，常常把它化成上三角行列式，这是计算行列式的基本方法之一.

例 5 计算

(1) $D=\begin{vmatrix} a & 1 & 1 & 1 \\ 1 & a & 1 & 1 \\ 1 & 1 & a & 1 \\ 1 & 1 & 1 & a \end{vmatrix}$； (2) $\begin{vmatrix} 5 & -1 & 3 \\ 3 & 2 & 1 \\ 295 & 201 & 97 \end{vmatrix}$.

解 (1) 这个行列式的特点是，每行四个元素之和都等于 $a+3$，得

$$D=\begin{vmatrix} a+3 & 1 & 1 & 1 \\ a+3 & a & 1 & 1 \\ a+3 & 1 & a & 1 \\ a+3 & 1 & 1 & a \end{vmatrix}=(a+3)\begin{vmatrix} 1 & 1 & 1 & 1 \\ 1 & a & 1 & 1 \\ 1 & 1 & a & 1 \\ 1 & 1 & 1 & a \end{vmatrix}$$

$$=(a+3)\begin{vmatrix} 1 & 1 & 1 & 1 \\ 0 & a-1 & 0 & 0 \\ 0 & 0 & a-1 & 0 \\ 0 & 0 & 0 & a-1 \end{vmatrix}$$

$$=(a+3)(a-1)^3$$

(2) 利用性质 4，可得

$$\begin{vmatrix} 5 & -1 & 3 \\ 3 & 2 & 1 \\ 295 & 201 & 97 \end{vmatrix}=\begin{vmatrix} 5 & -1 & 3 \\ 3 & 2 & 1 \\ 300 & 200 & 100 \end{vmatrix}+\begin{vmatrix} 5 & -1 & 3 \\ 3 & 2 & 1 \\ -5 & 1 & -3 \end{vmatrix}$$

$$=100\begin{vmatrix} 5 & -1 & 3 \\ 3 & 2 & 1 \\ 3 & 2 & 1 \end{vmatrix}-\begin{vmatrix} 5 & -1 & 3 \\ 3 & 2 & 1 \\ 5 & -1 & 3 \end{vmatrix}=0$$

例 6 计算行列式

$$\begin{vmatrix} 3 & 1 & -1 & 2 \\ -5 & 1 & 3 & -4 \\ 2 & 0 & 1 & -1 \\ 1 & -5 & 3 & -3 \end{vmatrix}$$

解 由于行列式中元素 $a_{32}=0$，为了利用这个零元素，可以利用行列式的性质，化第 2 列或第 3 行出现 3 个零，然后按第 2 列或第 3 行展开

$$原式=\begin{vmatrix} 3 & 1 & -1 & 2 \\ -8 & 0 & 4 & -6 \\ 2 & 0 & 1 & -1 \\ 16 & 0 & -2 & 7 \end{vmatrix}=1\times(-1)^{1+2}\begin{vmatrix} -8 & 4 & -6 \\ 2 & 1 & -1 \\ 16 & -2 & 7 \end{vmatrix}$$

再利用行列式的性质化第 2 行出现 2 个零，展开

$$原式=-\begin{vmatrix} -16 & 4 & -2 \\ 0 & 1 & 0 \\ 20 & -2 & 5 \end{vmatrix}=-1\times(-1)^{2+2}\begin{vmatrix} -16 & -2 \\ 20 & 5 \end{vmatrix}=40$$

例 7 计算行列式

$$\begin{vmatrix} 1 & 1 & 1 & 1 \\ a & b & c & d \\ a^2 & b^2 & c^2 & d^2 \\ a^3 & b^3 & c^3 & d^3 \end{vmatrix}$$

解　由第 4 行开始，每一行减去上面的 a 倍，得

$$D = \begin{vmatrix} 1 & 1 & 1 & 1 \\ 0 & b-a & c-a & d-a \\ 0 & b(b-a) & c(c-a) & d(d-a) \\ 0 & b^2(b-a) & c^2(c-a) & d^2(d-a) \end{vmatrix}$$

按第一列展开得

$$D = \begin{vmatrix} b-a & c-a & d-a \\ b(b-a) & c(c-a) & d(d-a) \\ b^2(b-a) & c^2(c-a) & d^2(d-a) \end{vmatrix}$$

将每一列的公因式提出去，得

$$D = (b-a)(c-a)(d-a)\begin{vmatrix} 1 & 1 & 1 \\ b & c & d \\ b^2 & c^2 & d^2 \end{vmatrix}$$

由第 3 行开始，每一行减去上面一行的 b 倍，得

$$D = (b-a)(c-a)(d-a)\begin{vmatrix} 1 & 1 & 1 \\ 0 & c-b & d-b \\ 0 & c(c-b) & d(d-b) \end{vmatrix}$$

按第一列展开得

$$\begin{aligned} D &= (b-a)(c-a)(d-a)\begin{vmatrix} c-b & d-b \\ c(c-b) & d(d-b) \end{vmatrix} \\ &= (b-a)(c-a)(d-a)(c-b)(d-b)\begin{vmatrix} 1 & 1 \\ c & d \end{vmatrix} \\ &= (b-a)(c-a)(d-a)(c-b)(d-b)(d-c) \end{aligned}$$

一般地，形如

$$D_n = \begin{vmatrix} 1 & 1 & 1 & \cdots & 1 \\ a_1 & a_2 & a_3 & \cdots & a_n \\ a_1^2 & a_2^2 & a_3^2 & \cdots & a_n^2 \\ a_1^3 & a_2^3 & a_3^3 & \cdots & a_n^3 \\ \vdots & \vdots & \vdots & \vdots & \vdots \\ a_1^{n-1} & a_2^{n-1} & a_3^{n-1} & \cdots & a_n^{n-1} \end{vmatrix}$$

的行列式称为 n 阶**范德蒙行列式**.

$$\begin{aligned} D_n = {} & (a_2-a_1)(a_3-a_1)\cdots(a_n-a_1)(a_3-a_2)\cdots \\ & (a_n-a_2)\cdots(a_n-a_{n-1}) \end{aligned}$$

例如，计算行列式

$$\begin{vmatrix} 1 & 1 & 1 & 1 \\ 2 & 4 & 5 & 7 \\ 2^2 & 4^2 & 5^2 & 7^2 \\ 2^3 & 4^3 & 5^3 & 7^3 \end{vmatrix} = (4-2)(5-2)(7-2)(5-4)(7-4)(7-5) = 180$$

例 8 计算 n 阶行列式（$n>1$）

$$D = \begin{vmatrix} a & b & 0 & 0 & \cdots & 0 & 0 & 0 \\ 0 & a & b & 0 & \cdots & 0 & 0 & 0 \\ 0 & 0 & a & b & \cdots & 0 & 0 & 0 \\ \vdots & \vdots & \vdots & \vdots & & \vdots & \vdots & \vdots \\ 0 & 0 & 0 & 0 & \cdots & 0 & a & b \\ b & 0 & 0 & 0 & \cdots & 0 & 0 & a \end{vmatrix}$$

解 按第一列展开得

$$D = a\begin{vmatrix} a & b & 0 & \cdots & 0 & 0 & 0 \\ 0 & a & b & \cdots & 0 & 0 & 0 \\ \vdots & \vdots & \vdots & & \vdots & \vdots & \vdots \\ 0 & 0 & 0 & \cdots & 0 & a & b \\ 0 & 0 & 0 & \cdots & 0 & 0 & a \end{vmatrix} + b(-1)^{n+1}\begin{vmatrix} b & 0 & 0 & \cdots & 0 & 0 & 0 \\ a & b & 0 & \cdots & 0 & 0 & 0 \\ 0 & a & b & \cdots & 0 & 0 & 0 \\ \vdots & \vdots & \vdots & & \vdots & \vdots & \vdots \\ 0 & 0 & 0 & \cdots & 0 & a & b \end{vmatrix}$$

$$= a \cdot a^{n-1} + (-1)^{n+1} b b^{n-1}$$

$$= a^n + (-1)^{n+1} b^n$$

例 6、例 7、例 8 的计算方法是将一个 n 阶行列式按某行(列)展开成 n 个 $n-1$ 阶行列式，每个 $n-1$ 阶行列式又按某行(列)展开成 $n-1$ 个 $n-2$ 阶行列式，如此不断地降低行列式的阶数，直到最后降为三阶或二阶行列式，这是计算行列式的又一个基本方法(降阶法).

三、克莱姆法则

1. 克莱姆法则

定理 2 **（克莱姆 Cramer 法则）**设含有 n 个未知量 n 个方程的线性方程组

$$\begin{cases} a_{11}x_1 + a_{12}x_2 + \cdots + a_{1n}x_n = b_1 \\ a_{21}x_1 + a_{22}x_2 + \cdots + a_{2n}x_n = b_2 \\ \cdots \\ a_{n1}x_1 + a_{n2}x_2 + \cdots + a_{nn}x_n = b_n \end{cases} \tag{9.1-1}$$

如果由它的系数组成的行列式

$$D = \begin{vmatrix} a_{11} & a_{12} & \cdots & a_{1n} \\ a_{21} & a_{22} & \cdots & a_{2n} \\ \vdots & \vdots & & \vdots \\ a_{n1} & a_{n2} & \cdots & a_{nn} \end{vmatrix} \neq 0$$

则方程组(9.1-1)有唯一的一组解：

$$x_1 = \frac{D_1}{D},\ x_2 = \frac{D_2}{D},\ \cdots,\ x_n = \frac{D_n}{D} \tag{9.1-2}$$

其中，$D_j\,(j=1, 2, \cdots, n)$是用方程组右端常数列 $[b_1, b_2, \cdots, b_n]^{\mathrm{T}}$ 分别替代 D 中第 j 列

后得到的 n 阶行列式，即

$$D_j = \begin{vmatrix} a_{11} & \cdots & a_{1\,j-1} & b_1 & a_{1\,j+1} & \cdots & a_{1n} \\ a_{21} & \cdots & a_{2\,j-1} & b_2 & a_{2\,j+1} & \cdots & a_{2n} \\ \vdots & & \vdots & \vdots & \vdots & \vdots & \vdots \\ a_{n1} & \cdots & a_{n\,j-1} & b_n & a_{n\,j+1} & \cdots & a_{nn} \end{vmatrix} \quad (j = 1, 2, \cdots, n)$$

克莱姆法则适用的条件是：(9.1-1)由 n 个方程 n 个未知量组成的线性方程组；(9.1-2)的系数行列式 $D \neq 0$．结论是：方程组有唯一解，且由公式(9.1-2)给出.

例 9　解线性方程组

$$\begin{cases} x_1 - x_2 + x_3 - 2x_4 = 2 \\ 2x_1 - x_3 + 4x_4 = 4 \\ 3x_1 + 2x_2 + x_3 = -1 \\ -x_1 + 2x_2 - x_3 + 2x_4 = -4 \end{cases}$$

解　方程组的系数行列式为

$$D = \begin{vmatrix} 1 & -1 & 1 & -2 \\ 2 & 0 & -1 & 4 \\ 3 & 2 & 1 & 0 \\ -1 & 2 & -1 & 2 \end{vmatrix} = -2 \neq 0$$

根据克莱姆法则，此线性方程组有唯一解.

因为

$$D_1 = \begin{vmatrix} 2 & -1 & 1 & -2 \\ 4 & 0 & -1 & 4 \\ -1 & 2 & 1 & 0 \\ -4 & 2 & -1 & 2 \end{vmatrix} = -2$$

$$D_2 = \begin{vmatrix} 1 & 2 & 1 & -2 \\ 2 & 4 & -1 & 4 \\ 3 & -1 & 1 & 0 \\ -1 & -4 & -1 & 2 \end{vmatrix} = 4$$

$$D_3 = \begin{vmatrix} 1 & -1 & 2 & -2 \\ 2 & 0 & 4 & 4 \\ 3 & 2 & -1 & 0 \\ -1 & 2 & -4 & 2 \end{vmatrix} = 0$$

$$D_4 = \begin{vmatrix} 1 & -1 & 1 & 2 \\ 2 & 0 & -1 & 4 \\ 3 & 2 & 1 & -1 \\ -1 & 2 & -1 & -4 \end{vmatrix} = -1$$

于是方程组的解为

$$x_1 = \frac{D_1}{D} = 1,\ x_2 = \frac{D_2}{D} = -2,\ x_3 = \frac{D_3}{D} = 0,\ x_4 = \frac{D_4}{D} = \frac{1}{2}$$

我们注意到，克莱姆法则解线性方程组的局限性在于当方程的数目与未知量数目不相等时，或系数行列式 $D=0$ 时，则得不到结论. 这些问题将在 9.4 节得到解决.

2. 用克莱姆法则讨论齐次线性方程组的解

当线性方程组的常数项 b_1，b_2，…，b_n 全为零时，即

$$\begin{cases} a_{11}x_1+a_{12}x_2+\cdots+a_{1n}x_n=0 \\ a_{21}x_1+a_{22}x_2+\cdots+a_{2n}x_n=0 \\ \qquad\qquad\cdots \\ a_{n1}x_1+a_{n2}x_2+\cdots+a_{nn}x_n=0 \end{cases}$$

线性方程组称为齐次线性方程组.

对齐次线性方程组，由于行列式 D_j 中第 j 列的元素都是零，所以 $D_j=0(j=1, 2, \cdots, n)$，当其系数行列式 $D\neq 0$ 时，根据克莱姆法则，齐次线性方程组的唯一解是 $x_j=0(j=1, 2, \cdots, n)$. 全部由零组成的解叫作零解.

于是，得到如下结论：

推论 5 如果齐次线性方程组的系数行列式 $D\neq0$，则该方程组只有零解($x_1=x_2=\cdots x_n=0$).

另外，当齐次线性方程组有非零解时，必定有它的系数行列式 $D=0$，这是齐次线性方程组有非零解的必要条件. 由此又得到如下结论：

定理 3 如果齐次线性方程组有非零解，则它的系数行列式 $D=0$.

关于齐次线性方程组有非零解的充分条件(系数行列式等于零)，以及非零解如何去求，将在本章第四节讨论.

例 10 讨论 k 取何值时，齐次线性方程组有非零解.

$$\begin{cases} kx_1+x_2+x_3=0 \\ x_1+kx_2+x_3=0 \\ x_1+x_2+kx_3=0 \end{cases}$$

解 因为方程组系数行列式

$$D=\begin{vmatrix} k & 1 & 1 \\ 1 & k & 1 \\ 1 & 1 & k \end{vmatrix}=(k+2)(k-1)^2$$

由定理知，若齐次线性方程组有非零解，则它的系数行列式 $D=0$，即

$$(k+2)(k-1)^2=0$$

解得

$$k=-2 \text{ 或 } k=1$$

所以，当 $k=-2$ 或 $k=1$ 时，齐次线性方程组有非零解.

能力训练题 9.1

1. 求如下行列式的全部余子式及代数余子式.

$$\begin{vmatrix} 1 & 2 & 0 & 1 \\ 1 & 3 & 1 & -1 \\ -1 & 0 & 2 & 1 \\ 3 & -1 & 0 & 1 \end{vmatrix}$$

2. 计算下列行列式：

(1) $\begin{vmatrix} 6 & 0 & 8 & 0 \\ 5 & -1 & 3 & -2 \\ 0 & 2 & 0 & 0 \\ 1 & 0 & 4 & -3 \end{vmatrix}$；　(2) $\begin{vmatrix} 3 & 0 & 1 & -2 \\ 5 & 2 & 7 & 8 \\ 4 & 0 & -1 & 0 \\ 6 & 0 & 6 & 0 \end{vmatrix}$；

(3) $\begin{vmatrix} -2 & 1 & 3 & 1 \\ 1 & 0 & -1 & 2 \\ 1 & 3 & 4 & -2 \\ 0 & 1 & 0 & -1 \end{vmatrix}$；　(4) $\begin{vmatrix} 1 & 3 & 4 & 7 \\ 0 & 2 & 5 & 6 \\ 0 & 0 & 4 & 3 \\ 0 & 0 & 0 & 5 \end{vmatrix}$.

3. 利用行列式的性质计算下列行列式：

(1) $\begin{vmatrix} 4 & 2 & 3 \\ 390 & 206 & 296 \\ 5 & -3 & 2 \end{vmatrix}$；　(2) $\begin{vmatrix} 7 & 10 & 13 \\ 8 & 11 & 14 \\ 9 & 12 & 15 \end{vmatrix}$；　(3) $\begin{vmatrix} ae & ac & -ab \\ de & -cd & bd \\ -ef & cf & bf \end{vmatrix}$；

(4) $\begin{vmatrix} 1 & 1 & 2 & 3 \\ 1 & 1 & 0 & 1 \\ 3 & 2 & 5 & 10 \\ 4 & 5 & 9 & 13 \end{vmatrix}$；　(5) $\begin{vmatrix} 3 & 1 & 1 & 1 \\ 1 & 3 & 1 & 1 \\ 1 & 1 & 3 & 1 \\ 1 & 1 & 1 & 3 \end{vmatrix}$；　(6) $\begin{vmatrix} 1 & 2 & 3 & 4 \\ 2 & 3 & 4 & 1 \\ 3 & 4 & 1 & 2 \\ 4 & 1 & 2 & 3 \end{vmatrix}$；

(7) $\begin{vmatrix} 4 & 2 & 2 & 2 \\ 2 & 2 & 3 & 4 \\ 2 & 3 & 6 & 10 \\ 2 & 4 & 10 & 20 \end{vmatrix}$；　(8) $\begin{vmatrix} 1+a & 1 & 1 & 1 \\ 1 & 1-a & 1 & 1 \\ 1 & 1 & 1+b & 1 \\ 1 & 1 & 1 & 1-b \end{vmatrix}$ (其中 $ab \neq 0$)；

(9) $\begin{vmatrix} -a_1 & a_1 & 0 & \cdots & 0 & 0 \\ 0 & -a_2 & a_2 & \cdots & 0 & 0 \\ \vdots & \vdots & \vdots & & \vdots & \vdots \\ 0 & 0 & 0 & \cdots & -a_n & a_n \\ 1 & 1 & 1 & \cdots & 1 & 1 \end{vmatrix}$.

4. 证明行列式

$$\begin{vmatrix} a_1+b_1 & b_1+c_1 & c_1+a_1 \\ a_2+b_2 & b_2+c_2 & c_2+a_2 \\ a_3+b_3 & b_3+c_3 & c_3+a_3 \end{vmatrix} = 2\begin{vmatrix} a_1 & b_1 & c_1 \\ a_2 & b_2 & c_2 \\ a_3 & b_3 & c_3 \end{vmatrix}$$

5. 用克莱姆法则解下列线性方程组.

(1) $\begin{cases} x+y+z=5 \\ 2x+y-z+w=1 \\ x+2y-z+w=2 \\ y+2z+3w=3 \end{cases}$；　(2) $\begin{cases} x_1+x_2=3 \\ x_1+2x_2+x_3=4 \\ x_2+3x_3+x_4=-1 \\ 3x_3+2x_4=-3 \end{cases}$；

(3) $\begin{cases} 2x_1+3x_2+11x_3+5x_4=6 \\ x_1+x_2+5x_3+2x_4=2 \\ 2x_1+x_2+3x_3+4x_4=2 \\ x_1+x_2+3x_3+4x_4=2 \end{cases}$；　(4) $\begin{cases} x_1+x_2+x_3+x_4=0 \\ x_2+x_3+x_4+x_5=0 \\ x_1+2x_2+3x_3=2 \\ x_2+2x_3+3x_4=-2 \\ x_3+2x_4+3x_5=2 \end{cases}$.

6. 判断下列齐次线性方程组是否有非零解.

(1) $\begin{cases} x_1-3x_2+2x_3+5x_4=0 \\ 3x_1+2x_2-x_3-6x_4=0 \\ -2x_1-5x_2+x_3+7x_4=0 \\ -x_1+8x_2-2x_3+3x_4=0 \end{cases}$；　(2) $\begin{cases} x_1-x_2+5x_3-x_4=0 \\ x_1+x_2-2x_3+3x_4=0 \\ 3x_1-x_2+8x_3+x_4=0 \\ x_1+3x_2-9x_3+7x_4=0 \end{cases}$.

7. 当 λ 取何值时，下列齐次线性方程组有非零解.

$$\begin{cases} \lambda x_1+x_2+x_3=0 \\ x_1+\lambda x_2-x_3=0 \\ 2x_1-x_2+x_3=0 \end{cases}$$

9.2 矩　　阵

矩阵是重要的数学工具，它不但是线性代数的主要内容，而且在科学技术以及生产实际中都有广泛的应用. 特别地，随着人类社会向信息化大踏步迈进的今天，越来越显示出它的重要性.

一、矩阵的概念

1. 引例

引例 1　某公司的三家商店出售四种食品，单位售价(元)如表 2-1 所示.

表 2-1

食品 / 商店	F1	F2	F3	F4
S1	17	17	16	20
S2	15	15	16	17
S3	18	19	20	20

如果我们将表中的数据按原来次序排列，并加上括号(以示这些数据是一个不可分割的整体)，那么就简略地表示为矩阵数表

$$\begin{bmatrix} 17 & 17 & 16 & 20 \\ 15 & 15 & 16 & 17 \\ 18 & 19 & 20 & 20 \end{bmatrix}$$

引例 2　某运输公司把商品从产地 A、B 运送到销地甲、乙、丙、丁、戊的运输量如表 2-2 所示.

表 2－2

产地＼销地	甲	乙	丙	丁	戊
A	2	3	0	1	4
B	3	2	1	5	0

也可以用矩形数表简明表示为

$$\begin{bmatrix} 2 & 3 & 0 & 1 & 4 \\ 3 & 2 & 1 & 5 & 0 \end{bmatrix}$$

2. 矩阵的定义

定义 $m\times n$ 个数 $a_{ij}(i=1, 2, \cdots, m; j=1, 2, \cdots, n)$ 排成一个 m 行 n 列的矩形数表，用圆(或方)括号括起来，则

$$\begin{bmatrix} a_{11} & a_{12} & \cdots & a_{1n} \\ a_{21} & a_{22} & \cdots & a_{2n} \\ \vdots & \vdots & & \vdots \\ a_{m1} & a_{m2} & \cdots & a_{mn} \end{bmatrix}$$

称为 m 行 n 列矩阵，简称 $m\times n$ 矩阵，其中 a_{ij} 称为矩阵的第 i 行第 j 列元素. 矩阵元素都是实数的矩阵称为实矩阵，否则称为复矩阵，本书中的矩阵都是指实矩阵. 矩阵通常用大写字母 $\boldsymbol{A}$，$\boldsymbol{B}$，$\boldsymbol{C}$，…表示，例如符号

$$\boldsymbol{A}=(a_{ij})_{m\times n}, \ \boldsymbol{A}_{m\times n}, \ \boldsymbol{A}$$

都表示矩阵 $\boldsymbol{A}$.

特别地，当 $m=n$ 时，称为 n 阶方阵. 方阵从左上角元素到右下角元素这条对角线称为主对角线，从右上角元素到左下角元素这条对角线称为副对角线.

当 $m=1$，矩阵只有一行：

$$(1\ 3\ 5) \qquad (1\ 0\ 0\ 0) \qquad \begin{bmatrix} a_1 & a_2 & \cdots & a_n \end{bmatrix}$$

称为行矩阵.

当 $n=1$，矩阵只有一列：

$$\begin{bmatrix} 1 \\ 3 \\ 5 \end{bmatrix} \quad \begin{bmatrix} 1 \\ 0 \\ 0 \\ 0 \end{bmatrix} \quad \begin{bmatrix} a_1 \\ a_2 \\ \vdots \\ a_n \end{bmatrix}$$

称为列矩阵.

矩阵 $\boldsymbol{A}=(a_{ij})_{m\times n}$ 的所有元素前面都加上负号(即 a_{ij} 的相反数)得到的矩阵，称为 $\boldsymbol{A}$ 的负矩阵，记作 $-\boldsymbol{A}=(-a_{ij})_{m\times n}$.

例如

$$\boldsymbol{A}=\begin{bmatrix} 1 & -2 \\ 2 & 3 \\ -1 & 0 \end{bmatrix}, \ -\boldsymbol{A}=\begin{bmatrix} -1 & 2 \\ -2 & -3 \\ 1 & 0 \end{bmatrix}$$

那么 $-\boldsymbol{A}$ 是 $\boldsymbol{A}$ 的负矩阵.

3. 几种特殊的矩阵

下面介绍几种特殊的矩阵，它们都是以后经常遇到的.

(1) **零矩阵** 一个矩阵的所有元素都为零时，叫作零矩阵，记作 $\boldsymbol{O}$ 或 $\boldsymbol{O}_{m\times n}$.

例如 2×3 的零矩阵

$$\boldsymbol{O}=\begin{bmatrix}0&0&0\\0&0&0\end{bmatrix}$$

(2) **上(下)三角矩阵** 主对角线以下的元素全是零的方阵称为上三角矩阵；主对角线以上的元素全是零的方阵称为下三角矩阵，即

$$\begin{bmatrix}a_{11}&a_{12}&\cdots&a_{1n}\\0&a_{22}&\cdots&a_{2n}\\\vdots&\vdots&&\vdots\\0&0&\cdots&a_{nn}\end{bmatrix},\quad\begin{bmatrix}b_{11}&0&\cdots&0\\b_{21}&b_{22}&\cdots&0\\\vdots&\vdots&&\vdots\\b_{n1}&b_{n2}&\cdots&b_{nn}\end{bmatrix}$$

分别是上三角矩阵、下三角矩阵.

(3) **对角矩阵** 主对角线以外的元素全是零的方阵称为对角矩阵. 当然允许主对角线上的某些元素为零.

$$A=\begin{bmatrix}\lambda_1&0&\cdots&0\\0&\lambda_2&\cdots&0\\\vdots&\vdots&&\vdots\\0&0&\cdots&\lambda_n\end{bmatrix}$$

(4) **单位矩阵** 主对角线上元素都是 1 的对角矩阵称为单位矩阵，用字母 $\boldsymbol{E}_n$ 表示.

$$\boldsymbol{E}_2=\begin{pmatrix}1&0\\0&1\end{pmatrix},\ \boldsymbol{E}_3=\begin{bmatrix}1&0&0\\0&1&0\\0&0&1\end{bmatrix},\ \boldsymbol{E}_4=\begin{bmatrix}1&0&0&0\\0&1&0&0\\0&0&1&0\\0&0&0&1\end{bmatrix}$$

分别是二阶单位矩阵、三阶单位矩阵、四阶单位矩阵.

(5) **行阶梯形矩阵** 满足下列两个条件的矩阵称为行阶梯形矩阵：

① 矩阵的零行(如果存在的话)在矩阵最下方；

② 各非零行的首非零元素的列标随着行标的增大而严格增大.

(6) **行简化阶梯形矩阵** 如果行阶梯形矩阵还满足下面两个条件，则称为行简化阶梯形矩阵：

① 各非零行的首非零元素全为 1；

② 各行首非零元素 1 所在的列除首非零元素 1 以外其余元素全为 0.

例如

$$\begin{bmatrix}-1&0&1\\0&2&1\\0&0&3\end{bmatrix},\quad\begin{bmatrix}1&-2&3&4\\0&0&1&3\\0&0&0&0\end{bmatrix}$$

都是行阶梯形矩阵，而

$$\begin{bmatrix} 2 & 4 & -1 & 0 \\ 0 & 3 & 1 & -1 \\ 0 & -1 & 0 & 4 \end{bmatrix}, \begin{bmatrix} 1 & -1 & 2 & -2 \\ 0 & 0 & 0 & 0 \\ 0 & 0 & 2 & 5 \end{bmatrix}$$

为非行阶梯形矩阵. 如下矩阵

$$\begin{bmatrix} 1 & 0 & 0 & 2 \\ 0 & 1 & 0 & 3 \\ 0 & 0 & 1 & 4 \end{bmatrix}, \begin{bmatrix} 1 & -1 & 0 & 3 & 6 \\ 0 & 0 & 1 & 5 & 7 \\ 0 & 0 & 0 & 0 & 0 \end{bmatrix}$$

为行简化阶梯形矩阵.

行阶梯形矩阵、行简化阶梯形矩阵在线性方程组中都有应用.

4. 矩阵的相等

若两个矩阵的行数相同，且列数也相同，就称它们是同型矩阵. 对于同型矩阵 $\boldsymbol{A}=(a_{ij})_{m\times n}$ 与 $\boldsymbol{B}=(b_{ij})_{m\times n}$，若它们的对应元素都相等，即

$$a_{ij} = b_{ij} \quad (i = 1, 2, \cdots, m; j = 1, 2, \cdots, n)$$

那么就称矩阵 $\boldsymbol{A}$ 与矩阵 $\boldsymbol{B}$ 相等，记作

$$\boldsymbol{A}=\boldsymbol{B}$$

例如

$$\boldsymbol{A} = \begin{bmatrix} 2 & a_{12} & a_{13} \\ a_{21} & 0 & a_{23} \end{bmatrix}, \boldsymbol{B} = \begin{bmatrix} a_{11} & 0 & -1 \\ -3 & a_{22} & 5 \end{bmatrix}$$

要 $\boldsymbol{A}=\boldsymbol{B}$，当且仅当 $a_{11} = 2$，$a_{12} = 0$，$a_{13} = -1$，$a_{21} = -3$，$a_{22} = 0$，$a_{23} = 5$.

二、矩阵的运算

1. 矩阵的加法与减法

定义 1　设 $\boldsymbol{A} = (a_{ij})_{m\times n}$，$\boldsymbol{B} = (b_{ij})_{m\times n}$，则

$$\boldsymbol{A} + \boldsymbol{B} = (a_{ij} + b_{ij})_{m\times n} = \begin{bmatrix} a_{11} + b_{11} & a_{12} + b_{12} & \cdots & a_{1n} + b_{1n} \\ a_{21} + b_{21} & a_{22} + b_{22} & \cdots & a_{2n} + b_{2n} \\ \vdots & \vdots & & \vdots \\ a_{m1} + b_{m1} & a_{m2} + b_{m2} & \cdots & a_{mn} + b_{mn} \end{bmatrix}$$

为矩阵 $\boldsymbol{A}$ 与 $\boldsymbol{B}$ 的和.

例如

$$\boldsymbol{A} = \begin{bmatrix} 1 & 2 & -1 \\ -2 & 3 & 0 \end{bmatrix}, \boldsymbol{B} = \begin{bmatrix} -2 & 0 & 1 \\ 1 & 3 & -1 \end{bmatrix}$$

则

$$\boldsymbol{A} + \boldsymbol{B} = \begin{bmatrix} 1+(-2) & 2+0 & -1+1 \\ -2+1 & 3+3 & 0+(-1) \end{bmatrix} = \begin{bmatrix} -1 & 2 & 0 \\ -1 & 6 & -1 \end{bmatrix}$$

定义 2　把两个矩阵 $\boldsymbol{A}$ 与 $\boldsymbol{B}$ 相减，即差 $\boldsymbol{A}-\boldsymbol{B}$，定义成 $\boldsymbol{A}+(-\boldsymbol{B})$，即

$$\boldsymbol{A} - \boldsymbol{B} = \boldsymbol{A} + (-\boldsymbol{B})$$

例如

$$A-B=A+(-B)=\begin{bmatrix}1&2&-1\\-2&3&0\end{bmatrix}+\begin{bmatrix}2&0&-1\\-1&-3&1\end{bmatrix}=\begin{bmatrix}3&2&-2\\-3&0&1\end{bmatrix}$$

注　只有同型的两个矩阵才能相加减.

矩阵的加法，满足以下运算规律：

(1) $A+B=B+A$（交换律）；

(2) $(A+B)+C=A+(B+C)$（结合律）；

(3) $A+O=O+A=A$（零矩阵的特性）；

(4) $A+(-A)=O$.

例 1　设 $A=\begin{bmatrix}1&-3\\0&2\\3&0\end{bmatrix}$，$B=\begin{bmatrix}0&1\\1&2\\-3&3\end{bmatrix}$ (1) 求 $A+B$；(2) 求 X 使 $X+A=B$.

解　(1) $A+B=\begin{bmatrix}1&-3\\0&2\\3&0\end{bmatrix}+\begin{bmatrix}0&1\\1&2\\-3&3\end{bmatrix}=\begin{bmatrix}1+0&-3+1\\0+1&2+2\\3-3&0+3\end{bmatrix}=\begin{bmatrix}1&-2\\1&4\\0&3\end{bmatrix}$

(2) 因为 $X+A=B$，故

$$X+A+(-A)=B+(-A)$$

即

$$X=B-A=\begin{bmatrix}0&1\\1&2\\-3&3\end{bmatrix}-\begin{bmatrix}1&-3\\0&2\\3&0\end{bmatrix}=\begin{bmatrix}-1&4\\1&0\\-6&3\end{bmatrix}$$

2. 矩阵的数乘

定义 3　设矩阵 $A=(a_{ij})_{m\times n}$，k 是一个实常数，用实数 k 乘以矩阵 A 的每一元素后得到的矩阵，称为数 k 与矩阵 A 的数乘矩阵，记为 kA，即

$$kA=\begin{bmatrix}ka_{11}&ka_{12}&\cdots&ka_{1n}\\ka_{21}&ka_{22}&\cdots&ka_{2n}\\\vdots&\vdots&&\vdots\\ka_{m1}&ka_{m2}&\cdots&ka_{mn}\end{bmatrix}$$

特别地，$(-1)A=-A$.

换句话说，用数 k 乘矩阵 A，就是用数 k 去乘矩阵 A 的每一个元素.

例 2　$A=\begin{bmatrix}4&0&-2\\-6&4&2\end{bmatrix}$，$B=\begin{bmatrix}1\\0\\2\end{bmatrix}$，计算 $\frac{1}{2}A$、kB、$-A$.

解

$$\frac{1}{2}A=\begin{bmatrix}\frac{1}{2}\times4&\frac{1}{2}\times0&\frac{1}{2}\times(-2)\\\frac{1}{2}\times(-6)&\frac{1}{2}\times4&\frac{1}{2}\times2\end{bmatrix}=\begin{bmatrix}2&0&-1\\-3&2&1\end{bmatrix}$$

$$kB=\begin{bmatrix}k\\0\\2k\end{bmatrix}$$

$$-\boldsymbol{A}=(-1)\boldsymbol{A}=\begin{bmatrix}-1\times 4 & -1\times 0 & -1\times(-2)\\ -1\times(-6) & -1\times 4 & -1\times 2\end{bmatrix}=\begin{bmatrix}-4 & 0 & 2\\ 6 & -4 & -2\end{bmatrix}$$

注　数乘矩阵与数乘行列式的区别.

矩阵的数乘满足下列运算规律：

设 k、l 为实数，$\boldsymbol{A}$、$\boldsymbol{B}$ 为 $m\times n$ 矩阵，有

(1) $k(\boldsymbol{A}+\boldsymbol{B})=k\boldsymbol{A}+k\boldsymbol{B}$；

(2) $(k+l)\boldsymbol{A}=k\boldsymbol{A}+l\boldsymbol{A}$；

(3) $(kl)\boldsymbol{A}=k(l\boldsymbol{A})$；

(4) $1\cdot\boldsymbol{A}=\boldsymbol{A}$.

3. 矩阵的乘法

定义 4　设矩阵 $\boldsymbol{A}=(a_{ij})_{m\times s}$，$\boldsymbol{B}=(b_{ij})_{s\times n}$，定义矩阵 $\boldsymbol{C}=(c_{ij})_{m\times n}$ 为矩阵 $\boldsymbol{A}$ 与 $\boldsymbol{B}$ 的积，记作 $\boldsymbol{C}=\boldsymbol{AB}$，$\boldsymbol{C}$ 中第 i 行第 j 列的元素 c_{ij} 是按如下运算法则形成：

$$c_{ij}=a_{i1}b_{1j}+a_{i2}b_{2j}+\cdots+a_{is}b_{sj}=\sum_{k=1}^{s}a_{ik}b_{kj}$$

即 c_{ij} 为 $\boldsymbol{A}$ 的第 i 行元素与 $\boldsymbol{B}$ 的第 j 列对应位置元素乘积之和.

从上述定义可知，当且仅当矩阵 $\boldsymbol{A}$ 的列数与矩阵 $\boldsymbol{B}$ 的行数相等时，乘法 $\boldsymbol{AB}$ 才有意义.

例如用矩阵表示线性方程组

$$\begin{cases}a_{11}x_1+a_{12}x_2+\cdots+a_{1n}x_n=b_1\\ a_{21}x_1+a_{22}x_2+\cdots+a_{2n}x_n=b_2\\ \qquad\cdots\\ a_{n1}x_1+a_{n2}x_2+\cdots+a_{nn}x_n=b_n\end{cases}$$

记

$$\boldsymbol{A}=\begin{bmatrix}a_{11} & a_{12} & \cdots & a_{1n}\\ a_{21} & a_{22} & \cdots & a_{2n}\\ \vdots & \vdots & & \vdots\\ a_{n1} & a_{n2} & \cdots & a_{nn}\end{bmatrix},\ \boldsymbol{X}=\begin{bmatrix}x_1\\ x_2\\ \vdots\\ x_n\end{bmatrix},\ \boldsymbol{B}=\begin{bmatrix}b_1\\ b_2\\ \vdots\\ b_n\end{bmatrix}$$

分别称为线性方程组的系数矩阵、未知量列矩阵、常数项列矩阵，则线性方程组表示成

$$\boldsymbol{AX}=\boldsymbol{B}$$

例 3　设

$$\boldsymbol{A}=\begin{bmatrix}1 & 2 & 3\\ 2 & 0 & 1\end{bmatrix},\ \boldsymbol{B}=\begin{bmatrix}-2 & 1\\ 1 & 0\\ 0 & -2\end{bmatrix}$$

求 $\boldsymbol{AB}$、$\boldsymbol{BA}$.

解　$$\boldsymbol{AB}=\begin{bmatrix}1 & 2 & 3\\ 2 & 0 & 1\end{bmatrix}\begin{bmatrix}-2 & 1\\ 1 & 0\\ 0 & -2\end{bmatrix}$$

$$=\begin{bmatrix}1(-2)+2\times 1+3\times 0 & 1\times 1+2\times 0+3(-2)\\ 2(-2)+0\times 1+1\times 0 & 2\times 1+0\times 0+1(-2)\end{bmatrix}=\begin{bmatrix}0 & -5\\ -4 & 0\end{bmatrix}$$

$$BA=\begin{bmatrix}-2 & 1\\ 1 & 0\\ 0 & -2\end{bmatrix}\begin{bmatrix}1 & 2 & 3\\ 2 & 0 & 1\end{bmatrix}$$

$$=\begin{bmatrix}-2\times1+1\times2 & -2\times2+1\times0 & -2\times3+1\times1\\ 1\times1+0\times2 & 1\times2+0\times0 & 1\times3+0\times1\\ 0\times1+(-2)\times2 & 0\times2+(-2)\times0 & 0\times3+(-2)\times1\end{bmatrix}$$

$$=\begin{bmatrix}0 & -4 & -5\\ 1 & 2 & 3\\ -4 & 0 & -2\end{bmatrix}$$

结果表示，$\boldsymbol{AB}$ 是二阶方阵，$\boldsymbol{BA}$ 是三阶方阵，所以 $\boldsymbol{AB}\neq\boldsymbol{BA}$.

例 4　设 $\boldsymbol{A}=\begin{bmatrix}3 & 1\\ 4 & 0\end{bmatrix}$, $\boldsymbol{B}=\begin{bmatrix}2 & 1\\ 4 & 0\end{bmatrix}$, $\boldsymbol{C}=\begin{bmatrix}0 & 0\\ 1 & 1\end{bmatrix}$，求 $\boldsymbol{AC}$、$\boldsymbol{BC}$.

解

$$\boldsymbol{AC}=\begin{bmatrix}3 & 1\\ 4 & 0\end{bmatrix}\begin{bmatrix}0 & 0\\ 1 & 1\end{bmatrix}=\begin{bmatrix}1 & 1\\ 0 & 0\end{bmatrix}$$

$$\boldsymbol{BC}=\begin{bmatrix}2 & 1\\ 4 & 0\end{bmatrix}\begin{bmatrix}0 & 0\\ 1 & 1\end{bmatrix}=\begin{bmatrix}1 & 1\\ 0 & 0\end{bmatrix}$$

例 5　设 $\boldsymbol{A}=\begin{bmatrix}1 & 1\\ 0 & 0\end{bmatrix}$, $\boldsymbol{B}=\begin{bmatrix}1 & 0\\ -1 & 0\end{bmatrix}$，求 $\boldsymbol{AB}$.

解　$\boldsymbol{AB}=\begin{bmatrix}1 & 1\\ 0 & 0\end{bmatrix}\begin{bmatrix}1 & 0\\ -1 & 0\end{bmatrix}=\begin{bmatrix}1\times1+1(-1) & 1\times0+1\times0\\ 0\times1+0(-1) & 0\times0+0\times0\end{bmatrix}=\begin{bmatrix}0 & 0\\ 0 & 0\end{bmatrix}$

从以上数例看出，矩阵乘法与数的乘法有明显的差异.

首先，矩阵相乘一般不满足交换律，即 $\boldsymbol{AB}\neq\boldsymbol{BA}$，譬如例 3，$\boldsymbol{AB}$ 是二阶方阵，$\boldsymbol{BA}$ 是三阶方阵. 因此，矩阵相乘必须注意顺序，$\boldsymbol{AB}$ 称为 $\boldsymbol{A}$ 左乘 $\boldsymbol{B}$，$\boldsymbol{BA}$ 称为 $\boldsymbol{A}$ 右乘 $\boldsymbol{B}$，一般情况下 $\boldsymbol{AB}\neq\boldsymbol{BA}$. 对于某些特殊矩阵，可能有 $\boldsymbol{AB}=\boldsymbol{BA}$，例如：

$$\boldsymbol{A}=\begin{bmatrix}3 & 1\\ 4 & 0\end{bmatrix},\ \boldsymbol{B}=\begin{bmatrix}2 & 1\\ 4 & -1\end{bmatrix}$$

那么

$$\boldsymbol{AB}=\begin{bmatrix}3 & 1\\ 4 & 0\end{bmatrix}\begin{bmatrix}2 & 1\\ 4 & -1\end{bmatrix}=\begin{bmatrix}10 & 2\\ 8 & 4\end{bmatrix}$$

$$\boldsymbol{BA}=\begin{bmatrix}2 & 1\\ 4 & -1\end{bmatrix}\begin{bmatrix}3 & 1\\ 4 & 0\end{bmatrix}=\begin{bmatrix}10 & 2\\ 8 & 4\end{bmatrix}$$

即 $\boldsymbol{AB}=\boldsymbol{BA}$. 如果有两个矩阵 $\boldsymbol{A}$、$\boldsymbol{B}$ 满足 $\boldsymbol{AB}=\boldsymbol{BA}$，则称 $\boldsymbol{A}$、$\boldsymbol{B}$ 是可交换的.

其次，矩阵相乘一般不适合消去律，譬如例 4，虽然 $\boldsymbol{AC}=\boldsymbol{BC}$，但 $\boldsymbol{A}\neq\boldsymbol{B}$. 一般地，如果矩阵相乘满足 $\boldsymbol{AC}=\boldsymbol{BC}$ 且 $\boldsymbol{C}\neq\boldsymbol{O}$，那么不能消去 $\boldsymbol{C}$ 而得到 $\boldsymbol{A}=\boldsymbol{B}$.

第三，两个非零矩阵相乘，乘积可能是零矩阵，譬如例 5，虽然 $\boldsymbol{A}\neq\boldsymbol{O}$, $\boldsymbol{B}\neq\boldsymbol{O}$，但 $\boldsymbol{AB}=\boldsymbol{O}$，也就是说两个矩阵相乘 $\boldsymbol{AB}=\boldsymbol{O}$，不能得出 $\boldsymbol{A}=\boldsymbol{O}$ 或 $\boldsymbol{B}=\boldsymbol{O}$.

例 6　设 $\boldsymbol{A}=\begin{bmatrix}a & b\\ c & d\end{bmatrix}$，计算 $\boldsymbol{AE}_2$、$\boldsymbol{E}_2\boldsymbol{A}$.

解

$$\boldsymbol{AE}_2=\begin{bmatrix}a & b\\ c & d\end{bmatrix}\begin{bmatrix}1 & 0\\ 0 & 1\end{bmatrix}=\begin{bmatrix}a & b\\ c & d\end{bmatrix}$$

$$\boldsymbol{E}_2\boldsymbol{A}=\begin{bmatrix}1 & 0\\ 0 & 1\end{bmatrix}\begin{bmatrix}a & b\\ c & d\end{bmatrix}=\begin{bmatrix}a & b\\ c & d\end{bmatrix}$$

可见，$\boldsymbol{AE}_2=\boldsymbol{E}_2\boldsymbol{A}=\boldsymbol{A}$，有结论：任何矩阵与单位矩阵相乘都等于它本身，即 $\boldsymbol{AE}_n=\boldsymbol{E}_n\boldsymbol{A}=\boldsymbol{A}$.

矩阵乘法满足如下运算规律：

(1) 结合律$(\boldsymbol{AB})\boldsymbol{C}=\boldsymbol{A}(\boldsymbol{BC})$；

(2) 分配律$(\boldsymbol{A}+\boldsymbol{B})\boldsymbol{C}=\boldsymbol{AC}+\boldsymbol{BC}$，$\boldsymbol{A}(\boldsymbol{B}+\boldsymbol{C})=\boldsymbol{AB}+\boldsymbol{AC}$；

(3) 数乘矩阵结合律 $k(\boldsymbol{AB})=(k\boldsymbol{A})\boldsymbol{B}=\boldsymbol{A}(k\boldsymbol{B})$（$k$ 为实常数）.

由矩阵的乘法，可以定义方阵的乘方，记

$$\boldsymbol{A}^k=\underbrace{\boldsymbol{AA}\cdots\boldsymbol{A}}_{k\text{个}}$$

$\boldsymbol{A}^k$称为 $\boldsymbol{A}$ 的 k 次幂(或 k 次方).

注　在乘方运算中，$\boldsymbol{A}$ 必须是方阵.

方阵的乘方适合下列运算规律：

① $\boldsymbol{A}^k\boldsymbol{A}^l=\boldsymbol{A}^{k+l}$；

② $(\boldsymbol{A}^k)^l=\boldsymbol{A}^{kl}$.

注　一般情况下$(\boldsymbol{AB})^k$与$\boldsymbol{A}^k\boldsymbol{B}^k$不等，只有当 $\boldsymbol{A}$ 与 $\boldsymbol{B}$ 是可交换矩阵时才有$(\boldsymbol{AB})^k=\boldsymbol{A}^k\boldsymbol{B}^k$.

例 7　若 $\boldsymbol{A}=\begin{bmatrix}1 & 2 & 1\\ 2 & 1 & 1\\ 1 & 1 & 2\end{bmatrix}$，$\boldsymbol{B}=\begin{bmatrix}-1 & 1 & 0\\ 1 & 3 & 1\\ -1 & 0 & 1\end{bmatrix}$，求 $(\boldsymbol{A}+\boldsymbol{B})^2-(\boldsymbol{A}^2+2\boldsymbol{AB}+\boldsymbol{B}^2)$.

解　因为

$$\begin{aligned}(\boldsymbol{A}+\boldsymbol{B})^2-(\boldsymbol{A}^2+2\boldsymbol{AB}+\boldsymbol{B}^2)&=(\boldsymbol{A}+\boldsymbol{B})(\boldsymbol{A}+\boldsymbol{B})-\boldsymbol{A}^2-2\boldsymbol{AB}-\boldsymbol{B}^2\\&=\boldsymbol{BA}-\boldsymbol{AB}\\&=\begin{bmatrix}-1 & 1 & 0\\ 1 & 3 & 1\\ -1 & 0 & 1\end{bmatrix}\begin{bmatrix}1 & 2 & 1\\ 2 & 1 & 1\\ 1 & 1 & 2\end{bmatrix}-\begin{bmatrix}1 & 2 & 1\\ 2 & 1 & 1\\ 1 & 1 & 2\end{bmatrix}\begin{bmatrix}-1 & 1 & 0\\ 1 & 3 & 1\\ -1 & 0 & 1\end{bmatrix}\\&=\begin{bmatrix}1 & -1 & 0\\ 8 & 6 & 6\\ 0 & -1 & 1\end{bmatrix}\begin{bmatrix}0 & 7 & 3\\ -2 & 5 & 2\\ -2 & 4 & 3\end{bmatrix}=\begin{bmatrix}1 & -8 & -3\\ 10 & 1 & 4\\ 2 & -5 & -2\end{bmatrix}\end{aligned}$$

注　在矩阵运算中 $(\boldsymbol{A}+\boldsymbol{B})^2\neq(\boldsymbol{A}^2+2\boldsymbol{AB}+\boldsymbol{B}^2)$.

4. 矩阵的转置

定义 5　矩阵 $\boldsymbol{A}=(a_{ij})_{m\times n}$，将 $\boldsymbol{A}$ 中的行换成同序数的列(或者将列换成同序数的行)，即行列互换，所得到的新矩阵称为矩阵 $\boldsymbol{A}$ 的转置矩阵，记作 $\boldsymbol{A}'$ 或 $\boldsymbol{A}^{\mathrm{T}}$，即

$$\boldsymbol{A}=\begin{bmatrix}a_{11} & a_{12} & \cdots & a_{1n}\\ a_{21} & a_{22} & \cdots & a_{2n}\\ \vdots & \vdots & & \vdots\\ a_{m1} & a_{m2} & \cdots & a_{mn}\end{bmatrix}_{m\times n}$$

$$A^{\mathrm{T}} = \begin{bmatrix} a_{11} & a_{21} & \cdots & a_{m1} \\ a_{12} & a_{22} & \cdots & a_{m2} \\ \vdots & \vdots & & \vdots \\ a_{1n} & a_{2n} & \cdots & a_{mn} \end{bmatrix}_{n\times m}$$

例如

$$A = \begin{bmatrix} 1 & 1 & 1 & 1 \\ 2 & 2 & 2 & 2 \end{bmatrix}$$

$$A^{\mathrm{T}} = \begin{bmatrix} 1 & 2 \\ 1 & 2 \\ 1 & 2 \\ 1 & 2 \end{bmatrix}$$

矩阵的转置满足以下运算规律：

(1) $(A')' = A$；

(2) $(A+B)' = A' + B'$；

(3) $(kA)' = kA'$；

(4) $(AB)' = B'A'$；

特别地，当 A 为方阵时，有

① 若 $A' = A$，则称 A 为对称矩阵；

② 若 $A' = -A$，则称 A 为反对称矩阵.

对称矩阵的特点是：以主对角线元素为对称轴的各个元素均相等. 反对称矩阵的特点是：主对角线元素全为零，以主对角线元素为对称轴的各个元素互为相反数.

5. 方阵的行列式

定义 6 设 $A = (a_{ij})_{m\times n}$ 是一个 n 阶方阵，由元素 a_{ij} 按原来次序所构成的 n 阶行列式

$$\begin{vmatrix} a_{11} & a_{12} & \cdots & a_{1n} \\ a_{21} & a_{22} & \cdots & a_{2n} \\ \vdots & \vdots & & \vdots \\ a_{n1} & a_{n2} & \cdots & a_{m} \end{vmatrix}$$

称为方阵 A 的行列式，记作 $|A|$.

显然，只有方阵才有行列式.

设 A、B 为 n 阶方阵，λ 为实数，则方阵的行列式有下列运算规律：

(1) $|A^{\mathrm{T}}| = |A|$；

(2) $|\lambda A| = \lambda^n |A|$ (n 为方阵 A 的阶)；

(3) $|AB| = |A||B|$.

三、矩阵的初等变换与矩阵的秩

矩阵的初等变换是矩阵的一种十分重要的运算，它在解线性方程组、求逆矩阵及矩阵理论的研究中都有重要的作用.

1. 矩阵的初等变换

定义 7 下面三种变换称为矩阵的初等行变换：

(1) 交换矩阵的任意两行元素(用 $r_i \leftrightarrow r_j$ 表示第 i 行与第 j 行相交换);

(2) 用非零常数 k 去乘矩阵某一行的所有元素(用 kr_i 表示数 k 乘矩阵的第 i 行元素);

(3) 用常数 k 乘矩阵中某一行元素,加到另一行对应元素上(用 kr_i+r_j 表示用 k 乘第 i 行加到第 j 行上去).

同样地,将上面所定义中的行换成列,便可得矩阵初等列变换的定义,并分别记为:$c_l \leftrightarrow c_m$;kc_l;kc_l+c_m.

矩阵的初等行变换和初等列变换统称为矩阵的初等变换,这里我们着重讨论初等行变换.

矩阵 $\boldsymbol{A}$ 经过初等变换后变为矩阵 $\boldsymbol{B}$,称矩阵 $\boldsymbol{B}$ 与 $\boldsymbol{A}$ 等价,记为 $\boldsymbol{A} \to \boldsymbol{B}$(或 $\boldsymbol{A} \sim \boldsymbol{B}$).

等价是两个矩阵之间的关系,不难验证等价矩阵有以下性质:

(1) 反身性 即 $\boldsymbol{A} \to \boldsymbol{A}$;

(2) 对称性 若 $\boldsymbol{A} \to \boldsymbol{B}$,则 $\boldsymbol{B} \to \boldsymbol{A}$;

(3) 传递性 若 $\boldsymbol{A} \to \boldsymbol{B}$,$\boldsymbol{B} \to \boldsymbol{C}$,则 $\boldsymbol{A} \to \boldsymbol{C}$.

矩阵的初等变换在线性代数中有很多重要的应用.例如,求矩阵的秩,求可逆矩阵的逆矩阵及求解线性方程组等.

2. 初等矩阵

定义 8 对单位矩阵 $\boldsymbol{E}$ 作一次初等变换,得到的矩阵称为**初等矩阵**,三个初等矩阵分别记作 $\boldsymbol{E}_n(i, j)$、$\boldsymbol{E}_n(k(i))$、$\boldsymbol{E}_n(k(i)+(j))$.

例如,对于三阶单位矩阵 $\boldsymbol{E}_3$:

(1) 交换 $\boldsymbol{E}_3$ 的第 1、2 行:

$$\begin{bmatrix} 1 & 0 & 0 \\ 0 & 1 & 0 \\ 0 & 0 & 1 \end{bmatrix} \xrightarrow{r_1 \leftrightarrow r_2} \begin{bmatrix} 0 & 1 & 0 \\ 1 & 0 & 0 \\ 0 & 0 & 1 \end{bmatrix} = \boldsymbol{E}_3(1, 2)$$

(2) 用非零常数 k 乘 $\boldsymbol{E}_3$ 的第 3 行:

$$\begin{bmatrix} 1 & 0 & 0 \\ 0 & 1 & 0 \\ 0 & 0 & 1 \end{bmatrix} \xrightarrow{kr_3} \begin{bmatrix} 1 & 0 & 0 \\ 0 & 1 & 0 \\ 0 & 0 & k \end{bmatrix} = \boldsymbol{E}_3(k(3))$$

(3) 把常数 k 乘以 $\boldsymbol{E}_3$ 的第 1 行各元素加到第 2 行对应元素上:

$$\begin{bmatrix} 1 & 0 & 0 \\ 0 & 1 & 0 \\ 0 & 0 & 1 \end{bmatrix} \xrightarrow{kr_1+r_2} \begin{bmatrix} 1 & 0 & 0 \\ k & 1 & 0 \\ 0 & 0 & 1 \end{bmatrix} = \boldsymbol{E}_3(k(1)+(2))$$

对矩阵 $\boldsymbol{A}$ 施行初等行变换(1),(2),(3),相当于分别对 $\boldsymbol{A}$ 做一次矩阵乘法运算:$\boldsymbol{E}_n(i, j)\boldsymbol{A}$,$\boldsymbol{E}_n(k(i))\boldsymbol{A}$,$\boldsymbol{E}_n(k(i)+(j))\boldsymbol{A}$.

定理 1 对 $\boldsymbol{A}_{m\times n}$ 进行一次初等行(列)变换相当于用相应的 m 阶(n 阶)初等矩阵左(右)乘 $\boldsymbol{A}_{m\times n}$.

证明 只证初等行变换(3).

设 $\boldsymbol{A}_i(i=1, 2, \cdots, m)$ 表示矩阵 $\boldsymbol{A}_{m\times n}$ 的第 i 行,则

$$\boldsymbol{A}=\begin{bmatrix}A_1\\ \vdots\\ A_i\\ \vdots\\ A_j\\ \vdots\\ A_m\end{bmatrix}\xrightarrow{kr_i+r_j}\begin{bmatrix}A_1\\ \vdots\\ A_i\\ \vdots\\ kA_i+A_j\\ \vdots\\ A_m\end{bmatrix}$$

$$\boldsymbol{E}_m(k(i)+(j))\boldsymbol{A}=\begin{bmatrix}1 & & & & \\ & \ddots & & & \\ & & 1 & & & \\ & & \vdots & \ddots & & \\ & & k & \cdots & 1 & \\ & & & & & \ddots & \\ & & & & & & 1\end{bmatrix}\begin{bmatrix}A_1\\ \vdots\\ A_i\\ \vdots\\ A_j\\ \vdots\\ A_m\end{bmatrix}=\begin{bmatrix}A_1\\ \vdots\\ A_i\\ \vdots\\ kA_i+A_j\\ \vdots\\ A_m\end{bmatrix}$$

定理 2　任意一个非空矩阵 $\boldsymbol{A}_{m\times n}$，总可以经过有限次初等行变换化为行阶梯形矩阵，进而化为行简化阶梯形矩阵.

该定理用矩阵表示为：对任意一非空矩阵 $\boldsymbol{A}_{m\times n}$，存在一系列初等矩阵 p_1，p_2，…，p_s 和 q_1，q_2，…，q_t，使

$$p_s p_{s-1}\cdots p_2 p_1\boldsymbol{A}\to\text{行阶梯形矩阵 }\boldsymbol{B}$$

$$q_t q_{t-1}\cdots q_2 q_1\boldsymbol{B}\to\text{行简化阶梯形矩阵 }\boldsymbol{C}$$

例 8　把矩阵 $\boldsymbol{A}$ 化为阶梯形矩阵和简化阶梯形矩阵.

$$\boldsymbol{A}=\begin{bmatrix}1 & 3 & -7 & -8\\ 2 & 5 & 4 & 4\\ -3 & -7 & -2 & -3\\ 1 & 4 & -12 & -15\end{bmatrix}$$

解

$$\boldsymbol{A}\xrightarrow[\substack{3r_1+r_3\\ -r_1+r_4}]{-2r_1+r_2}\begin{bmatrix}1 & 3 & -7 & -8\\ 0 & -1 & 18 & 20\\ 0 & 2 & -23 & -27\\ 0 & 1 & -5 & -7\end{bmatrix}\xrightarrow[r_2+r_4]{2r_2+r_3}\begin{bmatrix}1 & 3 & -7 & -8\\ 0 & -1 & 18 & 20\\ 0 & 0 & 13 & 13\\ 0 & 0 & 13 & 13\end{bmatrix}$$

$$\xrightarrow{-r_3+r_4}\begin{bmatrix}1 & 3 & -7 & -8\\ 0 & -1 & 18 & 20\\ 0 & 0 & 13 & 13\\ 0 & 0 & 0 & 0\end{bmatrix}$$

$$=\boldsymbol{B}\xrightarrow[\frac{1}{13}\times r_3]{3r_2+r_1}\begin{bmatrix}1 & 0 & 47 & 52\\ 0 & -1 & 18 & 20\\ 0 & 0 & 1 & 1\\ 0 & 0 & 0 & 0\end{bmatrix}$$

$$\xrightarrow[-18r_3+r_2]{-47r_3+r_1}\begin{bmatrix}1&0&0&5\\0&-1&0&2\\0&0&1&1\\0&0&0&0\end{bmatrix}\xrightarrow{(-1)\times r_2}\begin{bmatrix}1&0&0&5\\0&1&0&-2\\0&0&1&1\\0&0&0&0\end{bmatrix}=\boldsymbol{C}$$

式中，$\boldsymbol{B}$ 为 $\boldsymbol{A}$ 的行阶梯形矩阵，$\boldsymbol{C}$ 为 $\boldsymbol{A}$ 的行简化阶梯形矩阵.

例 9　将矩阵 $\boldsymbol{A}=\begin{bmatrix}2&-1&-1&1&2\\1&1&-2&1&4\\4&-6&2&-2&4\\3&6&-9&7&9\end{bmatrix}$ 化为行简化阶梯形矩阵.

解　$$\boldsymbol{A}=\begin{bmatrix}2&-1&-1&1&2\\1&1&-2&1&4\\4&-6&2&-2&4\\3&6&-9&7&9\end{bmatrix}\xrightarrow[\frac{1}{2}r_3]{r_1\leftrightarrow r_2}\begin{bmatrix}1&1&-2&1&4\\2&-1&-1&1&2\\2&-3&1&-1&2\\3&6&-9&7&9\end{bmatrix}$$

$$\xrightarrow[\substack{-2r_1+r_3\\-3r_1+r_4}]{-r_3+r_2}\begin{bmatrix}1&1&-2&1&4\\0&2&-2&2&0\\0&-5&5&-3&-6\\0&3&-3&4&-3\end{bmatrix}\xrightarrow[\substack{5r_2+r_3\\-3r_2+r_4}]{\frac{1}{2}r_2}\begin{bmatrix}1&1&-2&1&4\\0&1&-1&1&0\\0&0&0&2&-6\\0&0&0&1&-3\end{bmatrix}$$

$$\xrightarrow[-2r_3+r_4]{r_3\leftrightarrow r_4}\begin{bmatrix}1&1&-2&1&4\\0&1&-1&1&0\\0&0&0&1&-3\\0&0&0&0&0\end{bmatrix}\xrightarrow{-r_2+r_1}\begin{bmatrix}1&0&-1&0&4\\0&1&-1&1&0\\0&0&0&1&-3\\0&0&0&0&0\end{bmatrix}$$

$$\xrightarrow{-r_3+r_2}\begin{bmatrix}1&0&-1&0&4\\0&1&-1&0&3\\0&0&0&1&-3\\0&0&0&0&0\end{bmatrix}\text{（行简化阶梯形矩阵）}$$

3. 矩阵的秩

由例 8、例 9 可得一个矩阵经过初等行变换化为的行阶梯形矩阵和行简化阶梯形矩阵非零行的个数是相同的，对任意矩阵进行任意种初等行变换化为行阶梯形矩阵，其阶梯形矩阵的非零行的个数始终是一个不变量，为此给出下面定义：

定义 9　行阶梯形矩阵 $\boldsymbol{A}$ 中非零行的个数称为矩阵 $\boldsymbol{A}$ 的秩，记为 $r(\boldsymbol{A})$.

定理 3　矩阵的初等行变换不改变矩阵的秩.

矩阵的秩是矩阵的本质属性之一，可以通过初等行变换的方法求矩阵的秩.

例如，例 8 中的矩阵 $\boldsymbol{A}$ 通过初等行变换化为阶梯形矩阵 $\boldsymbol{B}$，而 $\boldsymbol{B}$ 的非零行个数为 3，所以 $r(\boldsymbol{A})=3$，例 9 中矩阵的秩 $r(\boldsymbol{A})=3$.

定义 10　设 n 阶方阵 $\boldsymbol{A}$，若 $r(\boldsymbol{A})=n$，则称 $\boldsymbol{A}$ 为满秩矩阵，或非奇异矩阵.

例如：

$$\begin{bmatrix}1&2&2\\0&3&1\\0&0&5\end{bmatrix}\begin{bmatrix}1&0&0&0\\1&1&0&0\\1&1&1&0\\1&1&1&1\end{bmatrix}\begin{bmatrix}1&0&\cdots&0\\0&1&\cdots&0\\\vdots&\vdots&&\vdots\\0&0&\cdots&1\end{bmatrix}$$

都是满秩矩阵.

定理 4　任意满秩矩阵都能通过初等行变换化成单位矩阵.

例 10　求下列矩阵的秩：

(1) $\boldsymbol{A}=\begin{pmatrix}2&3&-5&4\\0&-2&6&-4\\-1&1&-5&3\\3&-1&9&-5\end{pmatrix}$；　　(2) $\boldsymbol{A}=\begin{pmatrix}1&2&3&4\\0&1&2&3\\0&0&1&2\\0&0&0&1\end{pmatrix}$.

解　(1)

$$\boldsymbol{A}=\begin{pmatrix}2&3&-5&4\\0&-2&6&-4\\-1&1&-5&3\\3&-1&9&-5\end{pmatrix}\xrightarrow[3r_1+r_4]{\substack{r_1\leftrightarrow r_3\\-2r_1+r_3}}\begin{pmatrix}-1&1&-5&3\\0&-2&6&-4\\0&5&-15&10\\0&2&-6&4\end{pmatrix}$$

$$\xrightarrow{\substack{-\frac{1}{2}r_2\\-5r_2+r_3\\-2r_2+r_4}}\begin{pmatrix}-1&1&-5&3\\0&1&-3&2\\0&0&0&0\\0&0&0&0\end{pmatrix}$$

所以 $r(\boldsymbol{A})=2$.

(2)

$$\boldsymbol{A}=\begin{pmatrix}1&2&3&4\\0&1&2&3\\0&0&1&2\\0&0&0&1\end{pmatrix}\xrightarrow{-2r_2+r_1}\begin{pmatrix}1&0&-1&-2\\0&1&2&3\\0&0&1&2\\0&0&0&1\end{pmatrix}$$

$$\xrightarrow{\substack{r_3+r_1\\-2r_3+r_2}}\begin{pmatrix}1&0&0&0\\0&1&0&-1\\0&0&1&2\\0&0&0&1\end{pmatrix}\xrightarrow{\substack{r_4+r_2\\-2r_4+r_3}}\begin{pmatrix}1&0&0&0\\0&1&0&0\\0&0&1&0\\0&0&0&1\end{pmatrix}$$

所以 $r(\boldsymbol{A})=4$. 此时矩阵 $\boldsymbol{A}$ 为满秩矩阵.

四、逆矩阵

前面讨论了矩阵的加、减、数乘与乘法等运算，那么矩阵有没有“除法”运算呢？我们知道，对非零实数 a，存在唯一实数 b，使 $ab=ba=1$，则 b 为 a 的倒数，记 $b=a^{-1}$. 矩阵也有类似的运算.

1. 逆矩阵的定义

定义 11　设 $\boldsymbol{A}$ 是一个 n 阶方阵，如果存在 n 阶方阵 $\boldsymbol{B}$，满足：

$$\boldsymbol{AB}=\boldsymbol{BA}=\boldsymbol{E}$$

则说矩阵 $\boldsymbol{A}$ 是可逆矩阵，简称 $\boldsymbol{A}$ 可逆. 这时矩阵 $\boldsymbol{B}$ 称为矩阵 $\boldsymbol{A}$ 的逆矩阵，记为 $\boldsymbol{A}^{-1}$，即

$$\boldsymbol{A}^{-1}=\boldsymbol{B}$$

若 $\boldsymbol{B}$ 为矩阵 $\boldsymbol{A}$ 的逆矩阵，则 $\boldsymbol{A}$ 也为矩阵 $\boldsymbol{B}$ 的逆矩阵，即 $\boldsymbol{B}^{-1}=\boldsymbol{A}$，通常称 $\boldsymbol{A}$、$\boldsymbol{B}$ 互为逆矩阵，或 $\boldsymbol{A}$、$\boldsymbol{B}$ 互逆.

如果矩阵 $\boldsymbol{A}$ 是可逆的，那么它的逆矩阵是唯一的.

证明　设 $\boldsymbol{B}_1$ 与 $\boldsymbol{B}_2$ 都是 $\boldsymbol{A}$ 的逆矩阵，则根据定义，有

$$\boldsymbol{A}\boldsymbol{B}_1=\boldsymbol{B}_1\boldsymbol{A}=\boldsymbol{E},\quad \boldsymbol{A}\boldsymbol{B}_2=\boldsymbol{B}_2\boldsymbol{A}=\boldsymbol{E}$$

于是

$$\boldsymbol{B}_1=\boldsymbol{B}_1\boldsymbol{E}=\boldsymbol{B}_1(\boldsymbol{A}\boldsymbol{B}_2)=(\boldsymbol{B}_1\boldsymbol{A})\boldsymbol{B}_2=\boldsymbol{E}\boldsymbol{B}_2=\boldsymbol{B}_2$$

所以 $\boldsymbol{A}$ 的逆矩阵是唯一的.

注　(1) 可逆矩阵一定是方阵；

(2) 不是所有的方阵都是可逆的，有的方阵没有逆矩阵；

(3) 单位矩阵的逆矩阵是它本身.

例如，二阶方阵 $\boldsymbol{A}=\begin{pmatrix}1 & 0\\ 0 & 0\end{pmatrix}$ 就没有逆矩阵，因为找不到一个二阶方阵 $\boldsymbol{B}$，使得

$$\boldsymbol{A}\boldsymbol{B}=\boldsymbol{B}\boldsymbol{A}=\boldsymbol{E}$$

例如

$$\boldsymbol{A}=\begin{bmatrix}1 & -3 & 2\\ -3 & 0 & 1\\ 1 & 1 & -1\end{bmatrix},\qquad \boldsymbol{B}=\begin{bmatrix}1 & 1 & 3\\ 2 & 3 & 7\\ 3 & 4 & 9\end{bmatrix}$$

因为

$$\boldsymbol{A}\boldsymbol{B}=\begin{bmatrix}1 & -3 & 2\\ -3 & 0 & 1\\ 1 & 1 & -1\end{bmatrix}\begin{bmatrix}1 & 1 & 3\\ 2 & 3 & 7\\ 3 & 4 & 9\end{bmatrix}=\begin{bmatrix}1 & 0 & 0\\ 0 & 1 & 0\\ 0 & 0 & 1\end{bmatrix}$$

$$\boldsymbol{B}\boldsymbol{A}=\begin{bmatrix}1 & 1 & 3\\ 2 & 3 & 7\\ 3 & 4 & 9\end{bmatrix}\begin{bmatrix}1 & -3 & 2\\ -3 & 0 & 1\\ 1 & 1 & -1\end{bmatrix}=\begin{bmatrix}1 & 0 & 0\\ 0 & 1 & 0\\ 0 & 0 & 1\end{bmatrix}$$

即 $\boldsymbol{A}$、$\boldsymbol{B}$ 满足 $\boldsymbol{A}\boldsymbol{B}=\boldsymbol{B}\boldsymbol{A}=\boldsymbol{E}$，所以矩阵 $\boldsymbol{A}$、$\boldsymbol{B}$ 互逆，并且 $\boldsymbol{A}^{-1}=\boldsymbol{B}$，$\boldsymbol{B}^{-1}=\boldsymbol{A}$.

可逆矩阵有下列运算规律：

(1) 可逆矩阵 $\boldsymbol{A}$ 的逆矩阵 $\boldsymbol{A}^{-1}$ 也可逆，并且 $(\boldsymbol{A}^{-1})^{-1}=\boldsymbol{A}$；

(2) 若 n 阶方阵 $\boldsymbol{A}$、$\boldsymbol{B}$ 均可逆，则 $\boldsymbol{A}\boldsymbol{B}$ 也可逆，并且 $(\boldsymbol{A}\boldsymbol{B})^{-1}=\boldsymbol{B}^{-1}\boldsymbol{A}^{-1}$；

(3) 可逆矩阵 $\boldsymbol{A}$ 的转置矩阵 $\boldsymbol{A}^{\mathrm{T}}$ 也可逆，并且 $(\boldsymbol{A}^{\mathrm{T}})^{-1}=(\boldsymbol{A}^{-1})^{\mathrm{T}}$；

(4) 非零常数 k 与可逆矩阵 $\boldsymbol{A}$ 的乘积 $k\boldsymbol{A}$ 也可逆，并且 $(k\boldsymbol{A})^{-1}=\dfrac{1}{k}\boldsymbol{A}^{-1}$；

(5) 可逆矩阵 $\boldsymbol{A}$ 的逆矩阵 $\boldsymbol{A}^{-1}$ 的行列式 $|\boldsymbol{A}^{-1}|=|\boldsymbol{A}|^{-1}$.

2. 用行列式法求可逆矩阵的逆矩阵

引理 1　设 $\boldsymbol{A}^*$、$|\boldsymbol{A}|$ 分别是 n 阶方阵 $\boldsymbol{A}$ 的伴随矩阵及行列式，那么 $\boldsymbol{A}\boldsymbol{A}^*=\boldsymbol{A}^*\boldsymbol{A}=|\boldsymbol{A}|\boldsymbol{E}$. 这里 $\boldsymbol{A}$ 的伴随矩阵为

$$
\boldsymbol{A}^{*}=\begin{bmatrix} A_{11} & A_{21} & \cdots & A_{n1} \\ A_{12} & A_{22} & \cdots & A_{n2} \\ \vdots & \vdots & & \vdots \\ A_{1n} & A_{2n} & \cdots & A_{nn} \end{bmatrix}
$$

其中，A_{ij} 是行列式 $|\boldsymbol{A}|$ 中元素 a_{ij} 的代数余子式($i, j=1, 2, \cdots, n$).

证明　由矩阵乘法和行列式展开式定理，有

$$
\boldsymbol{A}\boldsymbol{A}^{*}=\begin{bmatrix} a_{11} & a_{12} & \cdots & a_{1n} \\ a_{21} & a_{22} & \cdots & a_{2n} \\ \vdots & \vdots & & \vdots \\ a_{n1} & a_{n2} & \cdots & a_{nn} \end{bmatrix}\begin{bmatrix} A_{11} & A_{21} & \cdots & A_{n1} \\ A_{12} & A_{22} & \cdots & A_{n2} \\ \vdots & \vdots & & \vdots \\ A_{1n} & A_{2n} & \cdots & A_{nn} \end{bmatrix}
$$

$$
=\begin{bmatrix} \sum_{k=1}^{n} a_{1k}A_{1k} & \sum_{k=1}^{n} a_{1k}A_{2k} & \cdots & \sum_{k=1}^{n} a_{1k}A_{nk} \\ \vdots & \vdots & & \vdots \\ \sum_{k=1}^{n} a_{nk}A_{1k} & \sum_{k=1}^{n} a_{nk}A_{2k} & \cdots & \sum_{k=1}^{n} a_{nk}A_{nk} \end{bmatrix}
$$

$$
=\begin{bmatrix} |\boldsymbol{A}| & 0 & \cdots & 0 \\ 0 & |\boldsymbol{A}| & \cdots & 0 \\ \vdots & \vdots & & \vdots \\ 0 & 0 & \cdots & |\boldsymbol{A}| \end{bmatrix}=|\boldsymbol{A}|\boldsymbol{E}
$$

类似可证

$$
\boldsymbol{A}^{*}\boldsymbol{A}=|\boldsymbol{A}|\boldsymbol{E}
$$

即有

$$
\boldsymbol{A}\boldsymbol{A}^{*}=\boldsymbol{A}^{*}\boldsymbol{A}=|\boldsymbol{A}|\boldsymbol{E}
$$

由此得到下面定理.

定理 5　n 阶方阵 $\boldsymbol{A}$ 可逆的充分必要条件是 $|\boldsymbol{A}|\neq 0$. 若 $\boldsymbol{A}$ 可逆，则

$$
\boldsymbol{A}^{-1}=\frac{1}{|\boldsymbol{A}|}\boldsymbol{A}^{*}=\frac{1}{|\boldsymbol{A}|}\begin{bmatrix} A_{11} & A_{21} & \cdots & A_{n1} \\ A_{12} & A_{22} & \cdots & A_{n2} \\ \vdots & \vdots & & \vdots \\ A_{1n} & A_{2n} & \cdots & A_{nn} \end{bmatrix}
$$

其中，$\boldsymbol{A}^{*}$ 为矩阵 $\boldsymbol{A}$ 的伴随矩阵，A_{ij} 是行列式中元素 a_{ij} 的代数余子式.

当 $|\boldsymbol{A}|\neq 0$ 时，称 $\boldsymbol{A}$ 为非奇异矩阵. 因此上述定理也可以叙述为：n 阶方阵 $\boldsymbol{A}$ 可逆的充分必要条件是 $\boldsymbol{A}$ 为非奇异矩阵.

例 11　求矩阵 $\boldsymbol{A}=\begin{bmatrix} 1 & 2 & 3 \\ 1 & 3 & 4 \\ 2 & 1 & 2 \end{bmatrix}$ 的逆矩阵.

解　因为

$$
|\boldsymbol{A}|=\begin{vmatrix} 1 & 2 & 3 \\ 1 & 3 & 4 \\ 2 & 1 & 2 \end{vmatrix}=\begin{vmatrix} 1 & 2 & 3 \\ 0 & 1 & 1 \\ 0 & -3 & -4 \end{vmatrix}=\begin{vmatrix} 1 & 2 & 3 \\ 0 & 1 & 1 \\ 0 & 0 & -1 \end{vmatrix}=-1\neq 0
$$

所以 $\boldsymbol{A}$ 可逆．又

$$A_{11}=(-1)^2\begin{vmatrix}3&4\\1&2\end{vmatrix}=2,\ A_{12}=(-1)^3\begin{vmatrix}1&4\\2&2\end{vmatrix}=6,\ A_{13}=(-1)^4\begin{vmatrix}1&3\\2&1\end{vmatrix}=-5$$

$$A_{21}=(-1)^3\begin{vmatrix}2&3\\1&2\end{vmatrix}=-1,\ A_{22}=(-1)^4\begin{vmatrix}1&3\\2&2\end{vmatrix}=-4,\ A_{23}=(-1)^5\begin{vmatrix}1&2\\2&1\end{vmatrix}=3$$

$$A_{31}=(-1)^4\begin{vmatrix}2&3\\3&4\end{vmatrix}=-1,\ A_{32}=(-1)^5\begin{vmatrix}1&3\\1&4\end{vmatrix}=-1,\quad A_{33}=(-1)^6\begin{vmatrix}1&2\\1&3\end{vmatrix}=1$$

于是

$$\boldsymbol{A}^*=\begin{bmatrix}2&-1&-1\\6&-4&-1\\-5&3&1\end{bmatrix}$$

所以

$$\boldsymbol{A}^{-1}=\frac{1}{|\boldsymbol{A}|}\boldsymbol{A}^*=\begin{bmatrix}-2&1&1\\-6&4&1\\5&-3&-1\end{bmatrix}$$

例 12　计算矩阵 $\boldsymbol{A}=\begin{bmatrix}a&b\\c&d\end{bmatrix}(ad-bc\neq0)$ 的逆矩阵.

解　因为

$$|\boldsymbol{A}|=\begin{vmatrix}a&b\\c&d\end{vmatrix}=ad-bc\neq0$$

所以 $\boldsymbol{A}$ 可逆．且

$$\boldsymbol{A}^*=\begin{bmatrix}d&-b\\-c&a\end{bmatrix}$$

所以

$$\boldsymbol{A}^{-1}=\frac{1}{|\boldsymbol{A}|}\boldsymbol{A}^*=\frac{1}{ad-bc}\begin{bmatrix}d&-b\\-c&a\end{bmatrix}=\begin{bmatrix}\dfrac{d}{ad-bc}&\dfrac{-b}{ad-bc}\\\dfrac{-c}{ad-bc}&\dfrac{a}{ad-bc}\end{bmatrix}$$

3. 用初等变换求逆矩阵

用初等变换求可逆矩阵的逆矩阵是一种非常简便和行之有效的方法，具体作法是：在 n 阶可逆矩阵 $\boldsymbol{A}$ 的右边写上同阶的单位矩阵 $\boldsymbol{E}_n$，构成一个 $n\times2n$ 阶矩阵 $[\boldsymbol{AE}]_{n\times2n}$，然后对 $[\boldsymbol{AE}]_{n\times2n}$ 进行一系列初等行变换，将 $\boldsymbol{A}$ 化成单位矩阵 $\boldsymbol{E}_n$，此时，右边的单位矩阵 $\boldsymbol{E}_n$ 化成的矩阵就是 $\boldsymbol{A}^{-1}$. 如果 $\boldsymbol{A}$ 不能通过初等行变换化成单位矩阵 $\boldsymbol{E}_n$，则 $\boldsymbol{A}$ 不可逆．当 $\boldsymbol{A}$ 可逆时，简记为

$$[\boldsymbol{AE}]_{n\times2n}\xrightarrow{\text{初等行变换}}[\boldsymbol{EA}^{-1}]_{n\times2n}$$

例 13　用初等行变换求矩阵 $\boldsymbol{A}=\begin{bmatrix}1&2&3\\1&3&4\\2&1&2\end{bmatrix}$ 的逆矩阵.

解

$$[\boldsymbol{AE}_3]=\begin{bmatrix}1&2&3&1&0&0\\1&3&4&0&1&0\\2&1&2&0&0&1\end{bmatrix}\xrightarrow[-2r_1+r_3]{-r_1+r_2}\begin{bmatrix}1&2&3&1&0&0\\0&1&1&-1&1&0\\0&-3&-4&-2&0&1\end{bmatrix}$$

$$\xrightarrow[3r_2+r_3]{-2r_2+r_1}\begin{bmatrix}1&0&1&3&-2&0\\0&1&1&-1&1&0\\0&0&-1&-5&3&1\end{bmatrix}\xrightarrow[r_3+r_2]{r_3+r_1}\begin{bmatrix}1&0&0&-2&1&1\\0&1&0&-6&4&1\\0&0&-1&-5&3&1\end{bmatrix}$$

$$\xrightarrow{(-1)\times r_3}\begin{bmatrix}1&0&0&-2&1&1\\0&1&0&-6&4&1\\0&0&1&5&-3&-1\end{bmatrix}=[\boldsymbol{E}_3\boldsymbol{A}^{-1}]$$

$$\boldsymbol{A}^{-1}=\begin{bmatrix}-2&1&1\\-6&4&1\\5&-3&1\end{bmatrix}$$

4. 矩阵方程

逆矩阵很重要的一个应用就是解矩阵方程.

设 $\boldsymbol{A}$、$\boldsymbol{B}$ 为 n 阶可逆矩阵：

(1) 若 $\boldsymbol{AX}=\boldsymbol{B}$，用 $\boldsymbol{A}^{-1}$左乘方程两边，得 $\boldsymbol{X}=\boldsymbol{A}^{-1}\boldsymbol{B}$；

(2) 若 $\boldsymbol{XA}=\boldsymbol{B}$，用 $\boldsymbol{A}^{-1}$右乘方程两边，得 $\boldsymbol{X}=\boldsymbol{BA}^{-1}$；

(3) 若 $\boldsymbol{AXB}=\boldsymbol{C}$，分别用 $\boldsymbol{A}^{-1}$左乘 $\boldsymbol{B}^{-1}$右乘方程两边，得 $\boldsymbol{X}=\boldsymbol{A}^{-1}\boldsymbol{CB}^{-1}$.

例 14 已知 $\boldsymbol{A}=\begin{pmatrix}2&1\\3&2\end{pmatrix}$，$\boldsymbol{B}=\begin{pmatrix}1&-4&-3\\1&-5&-3\\-1&6&4\end{pmatrix}$，$\boldsymbol{C}=\begin{pmatrix}1&2&3\\1&0&1\end{pmatrix}$，且 $\boldsymbol{AXB}=\boldsymbol{C}$，求未知矩阵 $\boldsymbol{X}$.

解 分别用 $\boldsymbol{A}^{-1}$左乘 $\boldsymbol{B}^{-1}$右乘方程两边，得 $\boldsymbol{X}=\boldsymbol{A}^{-1}\boldsymbol{CB}^{-1}$.

$$\boldsymbol{A}^{-1}=\frac{1}{4-3}\begin{pmatrix}2&-1\\-3&2\end{pmatrix}=\begin{pmatrix}2&-1\\-3&2\end{pmatrix}$$

$$|\boldsymbol{B}|=\begin{vmatrix}1&-4&-3\\1&-5&-3\\-1&6&4\end{vmatrix}=-1$$

$$B_{11}=-2\qquad B_{12}=-1\qquad B_{13}=1$$
$$B_{21}=-2\qquad B_{22}=1\qquad B_{23}=2$$
$$B_{31}=-3\qquad B_{32}=0\qquad B_{33}=-1$$

$$\boldsymbol{B}^{-1}=\frac{1}{|\boldsymbol{B}|}\boldsymbol{B}^*=\frac{1}{-1}\begin{pmatrix}-2&-2&-3\\-1&1&0\\1&-2&-1\end{pmatrix}=\begin{pmatrix}2&2&3\\1&-1&0\\-1&2&1\end{pmatrix}$$

$$\boldsymbol{X}=\boldsymbol{A}^{-1}\boldsymbol{CB}^{-1}=\begin{pmatrix}2&-1\\-3&2\end{pmatrix}\begin{pmatrix}1&2&3\\1&0&1\end{pmatrix}\begin{pmatrix}2&2&3\\1&-1&0\\-1&2&1\end{pmatrix}$$

$$=\begin{pmatrix}1&4&5\\-1&-6&-7\end{pmatrix}\begin{pmatrix}2&2&3\\1&-1&0\\-1&2&1\end{pmatrix}=\begin{pmatrix}1&8&8\\-1&-10&-10\end{pmatrix}$$

例 15　设 $A=\begin{pmatrix}2&0\\-1&2\end{pmatrix}$，$AB=A+B$，求矩阵 B.

解　由 $AB=A+B$，得

$$AB-B=A$$

即

$$(A-E)B=A$$

方程两边同时左乘 $(A-E)^{-1}$ 得

$$B=(A-E)^{-1}A$$

$$A-E=\begin{pmatrix}2&0\\-1&2\end{pmatrix}-\begin{pmatrix}1&0\\0&1\end{pmatrix}=\begin{pmatrix}1&0\\-1&1\end{pmatrix}$$

$$|A-E|=1$$

$$(A-E)^{-1}=\frac{1}{1}\begin{pmatrix}1&0\\1&1\end{pmatrix}=\begin{pmatrix}1&0\\1&1\end{pmatrix}$$

所以

$$B=(A-E)^{-1}A=\begin{pmatrix}1&0\\1&1\end{pmatrix}\begin{pmatrix}2&0\\-1&2\end{pmatrix}=\begin{pmatrix}2&0\\1&2\end{pmatrix}$$

例 16　设三阶矩阵 A 与 B 满足 $A+B=AB$，又 $B=\begin{bmatrix}1&-3&0\\2&1&0\\0&0&2\end{bmatrix}$.

(1) 证明 $A-E_3$ 是可逆矩阵；(2) 求 A；(3) 设有矩阵方程 $XB=A$，求矩阵 X.

解　(1) 由已知有 $AB-A-B=0$，得

$$E_3=AB-B-A+E_3=(A-E_3)B-(A-E_3)=(A-E_3)(B-E_3)$$

所以 $A-E_3$ 可逆，且 $(A-E_3)^{-1}=B-E_3$.

(2) 由 $A+B=AB$ 得

$$AB-A=B$$

即

$$A(B-E_3)=B$$

又

$$|B-E_3|=\begin{vmatrix}0&-3&0\\2&0&0\\0&0&1\end{vmatrix}=6\neq 0$$

所以 $B-E_3$ 可逆，且

$$A=B(B-E_3)^{-1}$$

$$((B-E_3)\,|\,E_3)=\begin{bmatrix}0&-3&0&1&0&0\\2&0&0&0&1&0\\0&0&1&0&0&1\end{bmatrix}\rightarrow\begin{bmatrix}1&0&0&0&\frac{1}{2}&0\\0&-3&0&1&0&0\\0&0&1&0&0&1\end{bmatrix}$$

$$\rightarrow\begin{bmatrix}1&0&0&0&\frac{1}{2}&0\\0&1&0&-\frac{1}{3}&0&0\\0&0&1&0&0&1\end{bmatrix}=(E_3\,|\,(B-E_3)^{-1})$$

所以

$$(\boldsymbol{B}-\boldsymbol{E}_3)^{-1}=\begin{bmatrix} 0 & \frac{1}{2} & 0 \\ -\frac{1}{3} & 0 & 0 \\ 0 & 0 & 1 \end{bmatrix}$$

从而

$$\boldsymbol{A}=\boldsymbol{B}(\boldsymbol{B}-\boldsymbol{E})^{-1}=\begin{bmatrix} 1 & -3 & 0 \\ 2 & 1 & 0 \\ 0 & 0 & 2 \end{bmatrix}\begin{bmatrix} 0 & \frac{1}{2} & 0 \\ -\frac{1}{3} & 0 & 0 \\ 0 & 0 & 1 \end{bmatrix}=\begin{bmatrix} 1 & \frac{1}{2} & 0 \\ -\frac{1}{3} & 1 & 0 \\ 0 & 0 & 2 \end{bmatrix}$$

(3) $|\boldsymbol{B}|=\begin{vmatrix} 1 & -3 & 0 \\ 2 & 1 & 0 \\ 0 & 0 & 2 \end{vmatrix}=2\times(-1)^6\begin{vmatrix} 1 & -3 \\ 2 & 1 \end{vmatrix}=14\neq 0$，所以 $\boldsymbol{B}$ 可逆.

由 $\boldsymbol{XB}=\boldsymbol{A}$ 得

$$\boldsymbol{X}=\boldsymbol{AB}^{-1}$$

$$(\boldsymbol{B}\,|\,\boldsymbol{E}_3)=\begin{pmatrix} 1 & -3 & 0 & 1 & 0 & 0 \\ 2 & 1 & 0 & 0 & 1 & 0 \\ 0 & 0 & 2 & 0 & 0 & 1 \end{pmatrix}=\begin{pmatrix} 1 & 0 & 0 & \frac{1}{7} & \frac{3}{7} & 0 \\ 0 & 1 & 0 & -\frac{2}{7} & \frac{1}{7} & 0 \\ 0 & 0 & 1 & 0 & 0 & \frac{1}{2} \end{pmatrix}=(\boldsymbol{E}_3\,|\,\boldsymbol{B}^{-1})$$

得

$$\boldsymbol{B}^{-1}=\begin{bmatrix} \frac{1}{7} & \frac{3}{7} & 0 \\ -\frac{2}{7} & \frac{1}{7} & 0 \\ 0 & 0 & \frac{1}{2} \end{bmatrix}$$

$$\boldsymbol{X}=\boldsymbol{AB}^{-1}=\begin{bmatrix} 1 & \frac{1}{2} & 0 \\ -\frac{1}{3} & 1 & 0 \\ 0 & 0 & 2 \end{bmatrix}\begin{bmatrix} \frac{1}{7} & \frac{3}{7} & 0 \\ -\frac{2}{7} & \frac{1}{7} & 0 \\ 0 & 0 & \frac{1}{2} \end{bmatrix}=\begin{bmatrix} 0 & \frac{1}{2} & 0 \\ -\frac{1}{3} & 0 & 0 \\ 0 & 0 & \frac{1}{2} \end{bmatrix}$$

能力训练题 9.2

1. 指出下列矩阵哪些是行阶梯形矩阵，哪些是行简化阶梯形矩阵？

(1) $\begin{bmatrix}1 & 2 & 3\\0 & 2 & 3\\0 & 0 & 2\end{bmatrix}$；　(2) $\begin{bmatrix}1 & 2 & 3 & 4\\1 & 0 & 5 & 2\\0 & 2 & 1 & 3\\0 & 0 & 1 & 2\end{bmatrix}$；　(3) $\begin{bmatrix}1 & 5 & 2 & 0\\0 & 1 & 2 & 3\\0 & 0 & 0 & 0\end{bmatrix}$；

(4) $\begin{bmatrix}1 & 0 & 3 & 4 & 5\\0 & 1 & 2 & 5 & 9\\0 & 0 & 0 & 0 & 0\\0 & 0 & 0 & 0 & 0\end{bmatrix}$；　(5) $\begin{bmatrix}1 & 0 & 0 & 0\\0 & 1 & 0 & 0\\0 & 0 & 1 & 0\\0 & 0 & 0 & 1\end{bmatrix}$；　(6) $\begin{bmatrix}1 & 2 & 1 & 1 & 1 & 1\\0 & 1 & 1 & 1 & 2 & 1\\0 & 0 & 1 & 2 & 1 & 1\\0 & 0 & 0 & 1 & 1 & 1\\0 & 0 & 0 & 0 & 0 & 0\end{bmatrix}$.

2. 设矩阵 $\boldsymbol{A}$、$\boldsymbol{B}$、$\boldsymbol{C}$、$\boldsymbol{D}$ 如下，求(1) $\boldsymbol{A}+2\boldsymbol{B}$；(2) $\boldsymbol{A}+\boldsymbol{B}-\boldsymbol{C}$.

$$\boldsymbol{A}=\begin{bmatrix}0 & 1 & 2 & 3\\1 & 3 & 1 & 4\\2 & 0 & 3 & 1\end{bmatrix};\quad \boldsymbol{B}=\begin{bmatrix}3 & 2 & 1 & 0\\2 & -1 & -1 & 1\\0 & -1 & 3 & 2\end{bmatrix};$$

$$\boldsymbol{C}=\begin{bmatrix}-1 & 2 & 3 & 4\\0 & 2 & 0 & -1\\-1 & 1 & 3 & 1\end{bmatrix};\quad \boldsymbol{D}=\begin{bmatrix}1 & 0 & 0\\1 & 2 & 0\\1 & 2 & 3\end{bmatrix}.$$

3. 设矩阵 $\boldsymbol{A}$、$\boldsymbol{B}$ 如下，如果 $\boldsymbol{A}+2\boldsymbol{X}=\boldsymbol{B}$，试求 $\boldsymbol{X}$.

$$\boldsymbol{A}=\begin{bmatrix}3 & -1 & 2 & 0\\1 & 5 & 7 & 9\\2 & 4 & 6 & 8\end{bmatrix};\quad \boldsymbol{B}=\begin{bmatrix}7 & 5 & -2 & 4\\5 & 1 & 9 & 7\\3 & 2 & -1 & 6\end{bmatrix}.$$

4. 计算以下各题：

(1) $\begin{bmatrix}1 & 2\\3 & 4\end{bmatrix}\begin{bmatrix}1 & -1\\1 & 2\end{bmatrix}$；　(2) $\begin{bmatrix}7 & -1\\-2 & 5\\3 & -4\end{bmatrix}\begin{bmatrix}1 & 4\\-5 & 2\end{bmatrix}$；

(3) $[-1,3,2,5]\begin{bmatrix}4\\0\\7\\-3\end{bmatrix}$；　(4) $\begin{bmatrix}4\\0\\7\\-3\end{bmatrix}[-1,3,2,5]$；

(5) $\begin{bmatrix}1 & 2 & -1\\2 & 3 & 2\\-1 & 0 & 2\end{bmatrix}^2$；　(6) $[x_1,x_2,x_3]\begin{bmatrix}a_{11} & a_{12} & a_{13}\\a_{21} & a_{22} & a_{23}\\a_{31} & a_{32} & a_{33}\end{bmatrix}\begin{bmatrix}x_1\\x_2\\x_3\end{bmatrix}$.

5. 设矩阵 $\boldsymbol{A}=\begin{bmatrix}1 & 2 & -1\\2 & 3 & 2\\-1 & 0 & 2\end{bmatrix}$，$\boldsymbol{B}=\begin{bmatrix}0 & 1 & 2\\2 & -1 & 0\\-1 & -1 & 3\end{bmatrix}$，求 $\boldsymbol{A}^{\mathrm{T}}$、$\boldsymbol{B}^{\mathrm{T}}$、$\boldsymbol{A}^{\mathrm{T}}+\boldsymbol{B}^{\mathrm{T}}$、$\boldsymbol{A}^{\mathrm{T}}\boldsymbol{B}^{\mathrm{T}}$、$\boldsymbol{B}^{\mathrm{T}}\boldsymbol{A}^{\mathrm{T}}$、$(\boldsymbol{A}^2)^{\mathrm{T}}$.

6. 设 $\boldsymbol{A}=\begin{bmatrix}3 & 0 & 5\\-2 & 4 & 1\end{bmatrix}$，$\boldsymbol{B}=\begin{bmatrix}-1 & 1 & 4 & 0\\3 & -2 & 5 & -3\\2 & 0 & -6 & 4\end{bmatrix}$，$\boldsymbol{C}=\begin{bmatrix}1\\1\\1\\1\end{bmatrix}$，求 $\boldsymbol{ABC}$.

7. 计算以下各题：

(1) $\begin{bmatrix} d_1 & 0 & 0 \\ 0 & d_2 & 0 \\ 0 & 0 & d_3 \end{bmatrix}\begin{bmatrix} a_1 & a_2 & a_3 \\ b_1 & b_2 & b_3 \\ c_1 & c_2 & c_3 \end{bmatrix}$； (2) $\begin{bmatrix} a_1 & a_2 & a_3 \\ b_1 & b_2 & b_3 \\ c_1 & c_2 & c_3 \end{bmatrix}\begin{bmatrix} d_1 & 0 & 0 \\ \cdots & \cdots & \cdots \\ 0 & d_2 & 0 \\ 0 & 0 & d_3 \end{bmatrix}$；

(3) $\begin{bmatrix} 1 & -1 \\ 2 & 0 \end{bmatrix}\begin{bmatrix} 2 & 1 \\ 0 & 3 \end{bmatrix}-3\begin{bmatrix} 2 & 1 \\ 1 & 3 \end{bmatrix}+\begin{bmatrix} 1 & 0 \\ 0 & 1 \end{bmatrix}^4$；

(4) $\begin{pmatrix} 1 \\ 2 \\ 3 \end{pmatrix}(1 \quad 0)+\begin{pmatrix} 1 & 2 \\ -1 & 3 \\ 0 & -1 \end{pmatrix}\begin{bmatrix} 0 & 1 \\ -1 & 0 \end{bmatrix}$；

(5) $x_1\begin{bmatrix} a_{11} \\ a_{21} \\ a_{31} \end{bmatrix}+x_2\begin{bmatrix} a_{12} \\ a_{22} \\ a_{32} \end{bmatrix}+x_3\begin{bmatrix} a_{13} \\ a_{23} \\ a_{33} \end{bmatrix}$； (6) $\begin{bmatrix} 1 & 1 & 1 & 1 \\ 1 & 1 & -1 & -1 \\ 1 & -1 & 1 & -1 \\ 1 & -1 & -1 & 1 \end{bmatrix}^4$.

8. 把下列矩阵化成行简化阶梯形矩阵：

(1) $\boldsymbol{A}=\begin{pmatrix} 1 & 2 & -2 \\ 2 & 1 & 2 \\ 1 & 1 & 0 \end{pmatrix}$； (2) $\boldsymbol{A}=\begin{pmatrix} 1 & 2 & 1 & 0 & 2 \\ 2 & 3 & 3 & 4 & 2 \\ 1 & 1 & 2 & 4 & 0 \end{pmatrix}$；

(3) $\boldsymbol{A}=\begin{pmatrix} 2 & 3 & -1 \\ 3 & 1 & 2 \\ 4 & 2 & 1 \\ 1 & 1 & 0 \\ -1 & 0 & 2 \end{pmatrix}$； (4) $\boldsymbol{A}=\begin{pmatrix} 2 & -1 & 5 & 2 & 1 \\ 3 & 1 & 5 & 3 & 0 \\ 1 & -1 & 3 & -1 & 2 \\ 2 & 1 & 3 & 0 & 1 \end{pmatrix}$.

9. 求下列矩阵的秩：

(1) $\boldsymbol{A}=\begin{pmatrix} 1 & 0 & 2 & -1 \\ 2 & 0 & 3 & 1 \\ 3 & 0 & 4 & 3 \end{pmatrix}$； (2) $\boldsymbol{A}=\begin{pmatrix} 2 & -1 & 3 & -2 & 4 \\ 4 & -2 & 5 & 1 & 7 \\ 2 & -1 & 1 & 8 & 2 \end{pmatrix}$；

(3) $\boldsymbol{A}=\begin{pmatrix} 2 & 3 & 1 & -3 & -7 \\ 1 & 2 & 0 & -2 & -4 \\ 3 & -2 & 8 & 3 & 0 \\ 2 & -3 & 7 & 4 & 3 \end{pmatrix}$； (4) $\boldsymbol{A}=\begin{pmatrix} 1 & 0 & 1 \\ 1 & 1 & 0 \\ 0 & 1 & 1 \\ 0 & 0 & 1 \\ 0 & 1 & 0 \end{pmatrix}$.

10. 判断下列矩阵是否可逆，若可逆，求它的逆矩阵.

(1) $\boldsymbol{A}=\begin{bmatrix} 5 & 7 \\ 8 & 11 \end{bmatrix}$； (2) $\boldsymbol{B}=\begin{bmatrix} 1 & -2 & -1 \\ -3 & 4 & 5 \\ 2 & 0 & 3 \end{bmatrix}$；

(3) $\boldsymbol{C}=\begin{bmatrix}3 & -2 & 2\\ 5 & -4 & 1\\ 1 & -1 & 0\end{bmatrix}$；　　(4) $\boldsymbol{D}=\begin{bmatrix}2 & 1 & 1\\ 3 & 1 & 2\\ 1 & -1 & 0\end{bmatrix}$.

11. 解下列矩阵方程.

(1) 设 $\boldsymbol{A}=\begin{bmatrix}1 & -5\\ -1 & 4\end{bmatrix}$, $\boldsymbol{B}=\begin{bmatrix}3 & 2\\ 1 & 4\end{bmatrix}$, 求 $\boldsymbol{X}$ 使 $\boldsymbol{AX}=\boldsymbol{B}$；

(2) 设 $\boldsymbol{A}=\begin{bmatrix}1 & -1 & 1\\ 1 & 1 & 0\\ 2 & 1 & 1\end{bmatrix}$, $\boldsymbol{B}=\begin{bmatrix}1 & 2 & -3\\ 2 & 0 & 4\\ 0 & -1 & 5\end{bmatrix}$, 求 $\boldsymbol{X}$ 使 $\boldsymbol{XA}=\boldsymbol{B}$.

12. 求下列矩阵的逆矩阵：

(1) $\begin{bmatrix}1 & -3 & 2\\ -3 & 0 & 1\\ 1 & 1 & -1\end{bmatrix}$；　　(2) $\begin{bmatrix}4 & 1 & 2\\ 3 & 2 & 1\\ 5 & -3 & 2\end{bmatrix}$；

(3) $\begin{bmatrix}1 & 0 & 1 & -1\\ 2 & 0 & 1 & 0\\ 3 & 1 & 2 & 0\\ -3 & 1 & 0 & 4\end{bmatrix}$；　　(4) $\begin{bmatrix}1 & 1 & 1 & 1\\ 1 & 1 & -1 & -1\\ 1 & -1 & 1 & -1\\ 1 & -1 & -1 & 1\end{bmatrix}$.

13. 设 $\boldsymbol{A}=\begin{bmatrix}0 & 3 & 3\\ 1 & 1 & 0\\ -1 & 2 & 3\end{bmatrix}$, 且 $\boldsymbol{AB}+\boldsymbol{A}=2\boldsymbol{B}$, 求 $\boldsymbol{B}$.

9.3　向量及其线性关系

一、n 维向量的概念及运算

定义 1　由 n 个数 $a_1, a_2, \cdots, a_n$ 组成的有序数组 $a_1, a_2, \cdots, a_n$ 称为 n 维向量，一般用希腊字母 $\boldsymbol{\alpha}$、$\boldsymbol{\beta}$、$\boldsymbol{\gamma}$ 等表示. 记作

$$\boldsymbol{\alpha}=(a_1, a_2, \cdots, a_n) \text{ 或 } \boldsymbol{\alpha}=\begin{pmatrix}a_1\\ a_2\\ \vdots\\ a_n\end{pmatrix}$$

分别称为 n 维行向量和 n 维列向量. 其中元素 a_i 称为向量的第 i 个分量，行向量和列向量只是写法上的不同，没有本质区别，要把行(列)向量写成列(行)向量，可用转置记号，例如：

$$\boldsymbol{X}=\begin{pmatrix}x_1\\ x_2\\ \vdots\\ x_n\end{pmatrix} \quad \text{可写成} \quad \boldsymbol{X}=(x_1, x_2, \cdots, x_n)^{\mathrm{T}}$$

结合矩阵知识可知，行向量即为只有一行的矩阵，列向量即为只有一列的矩阵.

若 n 维向量的所有分量全为零，则此向量称为 n 维零向量，记为 $\boldsymbol{O}$，即

$$\boldsymbol{O}=(0,0,\cdots,0)$$

若 n 维向量的第 i 个分量 $a_i(i=1,2,\cdots,n)$ 为 1，其余分量全为零，则此向量称为 n 维单位向量，记为 $\boldsymbol{e}_i$，即

$$\boldsymbol{e}_i=(0,\cdots,0,1,0,\cdots,0),(i=1,2,\cdots,n)$$

两个 n 维向量当且仅当它们各对应分量都相等时，才是相等的. 即设

$$\boldsymbol{\alpha}=(a_1,a_2,\cdots,a_n),\boldsymbol{\beta}=(b_1,b_2,\cdots,b_n)$$

当且仅当 $a_i=b_i(i=1,2,\cdots,n)$ 时，$\boldsymbol{\alpha}=\boldsymbol{\beta}$.

从定义可以看出，向量可以看成特殊形式的矩阵，向量的加、减法与数乘运算同矩阵的加、减法与数乘运算是一致的.

设 n 维向量 $\boldsymbol{\alpha}=(a_1,a_2,\cdots,a_n)$，$\boldsymbol{\beta}=(b_1,b_2,\cdots,b_n)$，$k$ 为实常数，那么数乘向量、向量加法、向量减法分别定义如下：

数乘向量　$k\boldsymbol{\alpha}=(ka_1,ka_2,\cdots,ka_n)$，特别地，$(-1)\boldsymbol{\alpha}=(-a_1,-a_2,\cdots,-a_n)$.

向量加法　$\boldsymbol{\alpha}+\boldsymbol{\beta}=(a_1+b_1,a_2+b_2,\cdots,a_n+b_n)$.

向量减法　$\boldsymbol{\alpha}-\boldsymbol{\beta}=(a_1-b_1,a_2-b_2,\cdots,a_n-b_n)$.

向量的加法运算满足以下运算规律(设 $\boldsymbol{\alpha}$、$\boldsymbol{\beta}$、$\boldsymbol{\gamma}$ 表示向量，λ、μ 为实数)：

(1) $\boldsymbol{\alpha}+\boldsymbol{\beta}=\boldsymbol{\beta}+\boldsymbol{\alpha}$;

(2) $(\boldsymbol{\alpha}+\boldsymbol{\beta})+\boldsymbol{\gamma}=\boldsymbol{\alpha}+(\boldsymbol{\beta}+\boldsymbol{\gamma})$;

(3) $\boldsymbol{\alpha}+\boldsymbol{0}=\boldsymbol{\alpha}$;

(4) $\boldsymbol{\alpha}+(-\boldsymbol{\alpha})=\boldsymbol{0}$;

(5) $1\boldsymbol{\alpha}=\boldsymbol{\alpha}$;

(6) $\boldsymbol{\lambda}(\mu\boldsymbol{\alpha})=(\lambda\boldsymbol{\mu})\boldsymbol{\alpha}$;

(7) $\lambda(\boldsymbol{\alpha}+\boldsymbol{\beta})=\lambda\boldsymbol{\alpha}+\lambda\boldsymbol{\beta}$;

(8) $(\lambda+\mu)\boldsymbol{\alpha}=\lambda\boldsymbol{\alpha}+\mu\boldsymbol{\alpha}$.

我们就可以用向量来表示线性方程组

$$\begin{cases}a_{11}x_1+a_{12}x_2+\cdots+a_{1n}x_n=b_1\\a_{21}x_1+a_{22}x_2+\cdots+a_{2n}x_n=b_2\\\cdots\\a_{m1}x_1+a_{m2}x_2+\cdots+a_{mn}x_n=b_m\end{cases}$$

令

$$\boldsymbol{\alpha}_1=\begin{pmatrix}a_{11}\\a_{21}\\\vdots\\a_{m1}\end{pmatrix},\cdots,\boldsymbol{\alpha}_n=\begin{pmatrix}a_{1n}\\a_{2n}\\\vdots\\a_{mn}\end{pmatrix},\boldsymbol{\beta}=\begin{pmatrix}b_1\\b_2\\\vdots\\b_m\end{pmatrix}$$

于是有线性方程组的向量形式

$$x_1\boldsymbol{\alpha}_1+x_2\boldsymbol{\alpha}_2+\cdots+x_n\boldsymbol{\alpha}_n=\boldsymbol{\beta}\tag{9.3-1}$$

当 $\boldsymbol{\beta}=\mathbf{0}$ 时，有

$$x_1\boldsymbol{\alpha}_1+x_2\boldsymbol{\alpha}_2+\cdots+x_n\boldsymbol{\alpha}_n=\mathbf{0} \tag{9.3-2}$$

二、向量的线性关系

定义 2 设有 n 维向量 $\boldsymbol{\beta}$，$\boldsymbol{\alpha}_1$，$\boldsymbol{\alpha}_2$，…，$\boldsymbol{\alpha}_m$，如果存在一组数 k_1，k_2，…，k_m，使得

$$\boldsymbol{\beta}=k_1\boldsymbol{\alpha}_1+k_2\boldsymbol{\alpha}_2+\cdots+k_m\boldsymbol{\alpha}_m$$

成立，则称向量 $\boldsymbol{\beta}$ 是向量组 $\boldsymbol{\alpha}_1$，$\boldsymbol{\alpha}_2$，…，$\boldsymbol{\alpha}_m$ 的线性组合，或称向量 $\boldsymbol{\beta}$ 可由向量组 $\boldsymbol{\alpha}_1$，$\boldsymbol{\alpha}_2$，…，$\boldsymbol{\alpha}_m$ 线性表示(或线性表出).

例如 设 $\boldsymbol{\alpha}_1=(1,0,2,-1)$，$\boldsymbol{\alpha}_2=(3,0,4,1)$，$\boldsymbol{\beta}=(-2,0,0,-6)$，容易证明，$\boldsymbol{\beta}=4\boldsymbol{\alpha}_1-2\boldsymbol{\alpha}_2$，由此可说 $\boldsymbol{\beta}$ 是 $\boldsymbol{\alpha}_1$ 与 $\boldsymbol{\alpha}_2$ 的线性组合，或者说 $\boldsymbol{\beta}$ 可由 $\boldsymbol{\alpha}_1$ 与 $\boldsymbol{\alpha}_2$ 线性表示.

进一步分析等式 $\boldsymbol{\beta}=k_1\boldsymbol{\alpha}_1+k_2\boldsymbol{\alpha}_2+\cdots+k_m\boldsymbol{\alpha}_m$，可知线性表示问题实质上就归结为求解下面方程组的问题：

设 $\boldsymbol{\alpha}_i=(a_{i1},a_{i2},\cdots,a_{in})$，$i=1,2,\cdots m$，$\boldsymbol{\beta}=(b_1,b_2,\cdots,b_n)$，则 $\boldsymbol{\beta}=k_1\boldsymbol{\alpha}_1+k_2\boldsymbol{\alpha}_2+\cdots+k_m\boldsymbol{\alpha}_m$ 展开得

$$\begin{cases}a_{11}k_1+a_{21}k_2+\cdots+a_{m1}k_m=b_1\\a_{12}k_1+a_{22}k_2+\cdots+a_{m2}k_m=b_2\\\cdots\\a_{1n}k_1+a_{2n}k_2+\cdots+a_{mn}k_m=b_n\end{cases}$$

显然当方程组有解(解不一定唯一)时，$\boldsymbol{\beta}$ 可由 $\boldsymbol{\alpha}_1$，$\boldsymbol{\alpha}_2$，…，$\boldsymbol{\alpha}_m$ 线性表示；当方程组无解时，$\boldsymbol{\beta}$ 不能由向量组 $\boldsymbol{\alpha}_1$，$\boldsymbol{\alpha}_2$，…，$\boldsymbol{\alpha}_m$ 线性表示.

根据定义，可以得到以下几个结论：

(1) 任何一个 n 维向量 $\boldsymbol{\beta}=(\lambda_1,\lambda_2,\cdots,\lambda_n)$，总可由 n 维向量组

$\boldsymbol{e}_1=(1,0,\cdots,0)$，$\boldsymbol{e}_2=(0,1,\cdots,0)$，…，$\boldsymbol{e}_n=(0,0,\cdots,1)$

线性表示. 事实上，

$$\boldsymbol{\beta}=\lambda_1\boldsymbol{e}_1+\lambda_2\boldsymbol{e}_2+\cdots+\lambda_n\boldsymbol{e}_n$$

通常称 $\boldsymbol{e}_1$，$\boldsymbol{e}_2$，…，$\boldsymbol{e}_n$ 为 n 维单位向量组，也称 n 维空间的标准基.

(2) n 维零向量是任一 n 维向量组 $\boldsymbol{\alpha}_1$，$\boldsymbol{\alpha}_2$，…，$\boldsymbol{\alpha}_s$ 的线性组合，这是因为

$$\boldsymbol{O}=0\boldsymbol{\alpha}_1+0\boldsymbol{\alpha}_2+\cdots+0\boldsymbol{\alpha}_s$$

(3) 向量组 $\boldsymbol{\alpha}_1$，$\boldsymbol{\alpha}_2$，…，$\boldsymbol{\alpha}_s$ 中任一向量 $\boldsymbol{\alpha}_j\,(1\leqslant j\leqslant s)$ 总可以由该向量组 $\boldsymbol{\alpha}_1$，$\boldsymbol{\alpha}_2$，…，$\boldsymbol{\alpha}_s$ 线性表示.

实际上，对任意 $j\,(1\leqslant j\leqslant s)$

$$\boldsymbol{\alpha}_j=0\boldsymbol{\alpha}_1+\cdots+1\boldsymbol{\alpha}_j+\cdots+0\boldsymbol{\alpha}_s$$

(4) 向量 $\boldsymbol{\beta}$ 可由向量组 $\boldsymbol{\alpha}_1$，$\boldsymbol{\alpha}_2$，…，$\boldsymbol{\alpha}_n$ 线性表示的充分必要条件是线性方程组有解；

(5) 向量 $\boldsymbol{\beta}$ 可由向量组 $\boldsymbol{\alpha}_1$，$\boldsymbol{\alpha}_2$，…，$\boldsymbol{\alpha}_n$ 线性表示的充分必要条件是，以 $\boldsymbol{\alpha}_1$，$\boldsymbol{\alpha}_2$，…，$\boldsymbol{\alpha}_n$ 为列向量的矩阵 $\boldsymbol{A}$ 和以 $\boldsymbol{\alpha}_1$，$\boldsymbol{\alpha}_2$，…，$\boldsymbol{\alpha}_n$，$\boldsymbol{\beta}$ 为列向量的矩阵 $\overline{\boldsymbol{A}}$ 有相同的秩.

根据以上结论(4)和(5)，判断某一向量是否为向量组 $\boldsymbol{\alpha}_1$，$\boldsymbol{\alpha}_2$，…，$\boldsymbol{\alpha}_n$ 的线性组合，可以利用方程组是否有解，或者利用 $r(\boldsymbol{A})$ 与 $r(\overline{\boldsymbol{A}})$ 是否相等来判定. 这说明线性方程组的解与向量的线性表示之间的紧密联系.

例 1 设向量 $\boldsymbol{\alpha}_1=(1,1,2)$，$\boldsymbol{\alpha}_2=(-1,1,3)$，$\boldsymbol{\alpha}_3=(2,1,-1)$，$\boldsymbol{\beta}=(13,10,1)$，

证明 $\boldsymbol{\beta}$ 可以由向量组 $\boldsymbol{\alpha}_1$，$\boldsymbol{\alpha}_2$，$\boldsymbol{\alpha}_3$ 线性表示并写出具体的表示式.

证明　设 $\boldsymbol{\beta}=k_1\boldsymbol{\alpha}_1+k_2\boldsymbol{\alpha}_2+k_3\boldsymbol{\alpha}_3$，其中 k_1、k_2、k_3 为实数，则

$$(13, 10, 1)=k_1(1, 1, 2)+k_2(-1, 1, 3)+k_3(2, 1, -1)$$

所以

$$\begin{cases} k_1-k_2+2k_3=13 \\ k_1+k_2+k_3=10 \\ 2k_1+3k_2-k_3=1 \end{cases}$$

解这个方程组得到 $k_1=1$，$k_2=2$，$k_3=7$，即向量 $\boldsymbol{\beta}$ 可由向量组 $\boldsymbol{\alpha}_1$，$\boldsymbol{\alpha}_2$，$\boldsymbol{\alpha}_3$ 线性表示，且

$$\boldsymbol{\beta}=\boldsymbol{\alpha}_1+2\boldsymbol{\alpha}_2+7\boldsymbol{\alpha}_3$$

定义 3　设 $\boldsymbol{\alpha}_1$，$\boldsymbol{\alpha}_2$，…，$\boldsymbol{\alpha}_m$ 是 m 个 n 维向量，如果存在一组不全为零的数 k_1，k_2，…，k_m，使得

$$k_1\boldsymbol{\alpha}_1+k_2\boldsymbol{\alpha}_2+\cdots+k_m\boldsymbol{\alpha}_m=0$$

则称向量组 $\boldsymbol{\alpha}_1$，$\boldsymbol{\alpha}_2$，…，$\boldsymbol{\alpha}_m$ **线性相关**；否则称为**线性无关**，即如果关系式 $k_1\boldsymbol{\alpha}_1+k_2\boldsymbol{\alpha}_2+\cdots+k_m\boldsymbol{\alpha}_m=0$，当且仅当 $k_1=k_2=\cdots=k_s=0$ 时成立，则称向量组 $\boldsymbol{\alpha}_1$，$\boldsymbol{\alpha}_2$，…，$\boldsymbol{\alpha}_s$ 线性无关.

例 2　证明单位向量组 $\boldsymbol{e}_1$，$\boldsymbol{e}_2$，…，$\boldsymbol{e}_n$ 线性无关.

证明　设 $k_1\boldsymbol{e}_1+k_2\boldsymbol{e}_2+\cdots+k_n\boldsymbol{e}_n=0$，有

$$k_1\begin{pmatrix}1\\0\\0\\\vdots\\0\end{pmatrix}+k_2\begin{pmatrix}0\\1\\0\\\vdots\\0\end{pmatrix}+k_3\begin{pmatrix}0\\0\\1\\\vdots\\0\end{pmatrix}+\cdots+k_n\begin{pmatrix}0\\0\\0\\\vdots\\1\end{pmatrix}=\begin{pmatrix}0\\0\\0\\\vdots\\0\end{pmatrix}$$

$$\begin{pmatrix}k_1\\k_2\\k_3\\\vdots\\k_n\end{pmatrix}=\begin{pmatrix}0\\0\\0\\\vdots\\0\end{pmatrix}$$

即 $k_1=k_2=\cdots=k_n=0$，从而 $\boldsymbol{e}_1$，$\boldsymbol{e}_2$，…，$\boldsymbol{e}_n$ 线性无关.

从定义知道，如果向量组 $\boldsymbol{\alpha}_1$，$\boldsymbol{\alpha}_2$，…，$\boldsymbol{\alpha}_s$ 线性无关，当且仅当 $k_1=k_2=\cdots=k_s=0$ 时，$k_1\boldsymbol{\alpha}_1+k_2\boldsymbol{\alpha}_2+k_3\boldsymbol{\alpha}_3=0$ 成立.

定理 1　向量组 $\boldsymbol{\alpha}_1$，$\boldsymbol{\alpha}_2$，…，$\boldsymbol{\alpha}_n$ 线性无关的充分必要条件是线性方程组 $x_1\boldsymbol{\alpha}_1+x_2\boldsymbol{\alpha}_2+\cdots+x_n\boldsymbol{\alpha}_n=0$ 只有零解.

推论 1　向量组 $\boldsymbol{\alpha}_1$，$\boldsymbol{\alpha}_2$，…，$\boldsymbol{\alpha}_n$ 线性相关的充分必要条件是线性方程组 $x_1\boldsymbol{\alpha}_1+x_2\boldsymbol{\alpha}_2+\cdots+x_n\boldsymbol{\alpha}_n=0$ 有非零解.

例 3　判定向量组

$$\boldsymbol{\alpha}_1=\begin{pmatrix}1\\2\\1\end{pmatrix},\ \boldsymbol{\alpha}_2=\begin{pmatrix}1\\1\\1\end{pmatrix},\ \boldsymbol{\alpha}_3=\begin{pmatrix}2\\0\\3\end{pmatrix}$$

的线性相关性.

解 设有一组数 k_1、k_2、k_3，使得

$$k_1\boldsymbol{\alpha}_1+k_2\boldsymbol{\alpha}_2+k_3\boldsymbol{\alpha}_3=0$$

则

$$k_1\begin{pmatrix}1\\2\\1\end{pmatrix}+k_2\begin{pmatrix}1\\1\\1\end{pmatrix}+k_3\begin{pmatrix}2\\0\\3\end{pmatrix}=\begin{pmatrix}0\\0\\0\end{pmatrix}$$

即

$$\begin{cases}k_1+k_2+2k_3=0\\2k_1+k_2=0\\k_1+k_2+3k_3=0\end{cases}$$

由于该线性方程组的系数行列式

$$D=\begin{vmatrix}1&1&2\\2&1&0\\1&1&3\end{vmatrix}=-1\neq0$$

由克莱姆法则知该方程组只有零解：$k_1=0$，$k_2=0$，$k_3=0$，所以，$\boldsymbol{\alpha}_1$，$\boldsymbol{\alpha}_2$，$\boldsymbol{\alpha}_3$线性无关.

例 4 设向量组 $\boldsymbol{\alpha}_1$，$\boldsymbol{\alpha}_2$，$\boldsymbol{\alpha}_3$线性无关，则向量组 $\boldsymbol{\alpha}_1$，$\boldsymbol{\alpha}_1+\boldsymbol{\alpha}_2$，$\boldsymbol{\alpha}_1+\boldsymbol{\alpha}_2+\boldsymbol{\alpha}_3$也线性无关.

证明 设数 k_1、k_2、k_3使 $k_1\boldsymbol{\alpha}_1+k_2(\boldsymbol{\alpha}_1+\boldsymbol{\alpha}_2)+k_3(\boldsymbol{\alpha}_1+\boldsymbol{\alpha}_2+\boldsymbol{\alpha}_3)=0$，则有

$$(k_1+k_2+k_3)\boldsymbol{\alpha}_1+(k_2+k_3)\boldsymbol{\alpha}_2+k_3\boldsymbol{\alpha}_3=0$$

由于 $\boldsymbol{\alpha}_1$，$\boldsymbol{\alpha}_2$，$\boldsymbol{\alpha}_3$线性无关，则

$$\begin{cases}k_1+k_2+k_3=0\\k_2+k_3=0\\k_3=0\end{cases}$$

得

$$\begin{cases}k_1=0\\k_2=0\\k_3=0\end{cases}$$

所以，向量组 $\boldsymbol{\alpha}_1$，$\boldsymbol{\alpha}_1+\boldsymbol{\alpha}_2$，$\boldsymbol{\alpha}_1+\boldsymbol{\alpha}_2+\boldsymbol{\alpha}_3$线性无关.

根据线性组合和向量组相关与无关的定义，可以证明线性组合与线性相关性之间具有下面的关系.

定理 2 向量组 $\boldsymbol{\alpha}_1$，$\boldsymbol{\alpha}_2$，…，$\boldsymbol{\alpha}_s$($s\geqslant2$)线性相关的充分必要条件是组中至少有一个向量是其余向量的线性组合.

推论 2 向量组 $\boldsymbol{\alpha}_1$，$\boldsymbol{\alpha}_2$，…，$\boldsymbol{\alpha}_s$($s\geqslant2$)线性无关的充分必要条件是该向量组的每一个向量都不能用其余向量线性表示.

推论 3 一个向量 $\boldsymbol{\alpha}$ 线性相关的充分必要条件是 $\boldsymbol{\alpha}=0$；两个向量线性相关的充分必要条件是 $\boldsymbol{\alpha}$ 与 $\boldsymbol{\beta}$ 对应分量成比例，即 $\boldsymbol{\alpha}=k\boldsymbol{\beta}$，$k$ 为实常数.

推论 4 含有零向量的向量组一定线性相关.

推论 5 如果向量组 $\boldsymbol{\alpha}_1$，$\boldsymbol{\alpha}_2$，…，$\boldsymbol{\alpha}_s$线性无关，则由向量组的一部分向量所构成的向量组也线性无关，简称为“全体无关，部分无关”.

推论 6 如果向量组 $\boldsymbol{\alpha}_1$，$\boldsymbol{\alpha}_2$，…，$\boldsymbol{\alpha}_s$中的一部分向量构成的向量组线性相关，则 $\boldsymbol{\alpha}_1$，

$\boldsymbol{\alpha}_2$，…，$\boldsymbol{\alpha}_s$线性相关，简称“部分相关，全体相关”.

定理 3 如果向量组$\boldsymbol{\alpha}_1$，$\boldsymbol{\alpha}_2$，…，$\boldsymbol{\alpha}_n$，$\boldsymbol{\beta}$线性相关，而$\boldsymbol{\alpha}_1$，$\boldsymbol{\alpha}_2$，…，$\boldsymbol{\alpha}_n$线性无关，则向量$\boldsymbol{\beta}$可由向量组$\boldsymbol{\alpha}_1$，$\boldsymbol{\alpha}_2$，…，$\boldsymbol{\alpha}_n$线性表示.

证明 因为$\boldsymbol{\alpha}_1$，$\boldsymbol{\alpha}_2$，…，$\boldsymbol{\alpha}_n$，$\boldsymbol{\beta}$线性相关，所以存在不全为零的数k_1，k_2，…，k_n，k，使得

$$k_1\boldsymbol{\alpha}_1+k_2\boldsymbol{\alpha}_2+\cdots+k_n\boldsymbol{\alpha}_n+k\boldsymbol{\beta}=0$$

若$k=0$，则上式成为

$$k_1\boldsymbol{\alpha}_1+k_2\boldsymbol{\alpha}_2+\cdots+k_n\boldsymbol{\alpha}_n=0$$

而k_1，k_2，…，k_n，k不全为零，得$\boldsymbol{\alpha}_1$，$\boldsymbol{\alpha}_2$，…，$\boldsymbol{\alpha}_n$线性相关，与条件矛盾，因此$k\neq0$，于是

$$\boldsymbol{\beta}=-\frac{k_1}{k}\boldsymbol{\alpha}_1-\frac{k_2}{k}\boldsymbol{\alpha}_2-\cdots-\frac{k_n}{k}\boldsymbol{\alpha}_n$$

即$\boldsymbol{\beta}$可以由$\boldsymbol{\alpha}_1$，$\boldsymbol{\alpha}_2$，…，$\boldsymbol{\alpha}_n$线性表示.

三、向量组的秩

定义 4 若向量组$\boldsymbol{\alpha}_1$，$\boldsymbol{\alpha}_2$，…，$\boldsymbol{\alpha}_s$中的部分向量组，不妨设是$\boldsymbol{\alpha}_1$，$\boldsymbol{\alpha}_2$，…，$\boldsymbol{\alpha}_r$（$r\leqslant s$），且满足：

（1）$\boldsymbol{\alpha}_1$，$\boldsymbol{\alpha}_2$，…，$\boldsymbol{\alpha}_r$线性无关；

（2）向量组$\boldsymbol{\alpha}_1$，$\boldsymbol{\alpha}_2$，…，$\boldsymbol{\alpha}_s$中任一向量都可以由$\boldsymbol{\alpha}_1$，$\boldsymbol{\alpha}_2$，…，$\boldsymbol{\alpha}_r$线性表示.

则称部分向量组$\boldsymbol{\alpha}_1$，$\boldsymbol{\alpha}_2$，…，$\boldsymbol{\alpha}_r$为向量组$\boldsymbol{\alpha}_1$，$\boldsymbol{\alpha}_2$，…，$\boldsymbol{\alpha}_s$的一个**极大无关组**.

例 5 求向量组$\boldsymbol{\alpha}_1=(1,2,-1)$，$\boldsymbol{\alpha}_2=(0,2,2)$，$\boldsymbol{\alpha}_3=(2,6,0)$的一个极大无关组.

解 因为$\boldsymbol{\alpha}_1$，$\boldsymbol{\alpha}_2$线性无关，而$\boldsymbol{\alpha}_3=2\boldsymbol{\alpha}_1+\boldsymbol{\alpha}_2$，所以向量组$\boldsymbol{\alpha}_1$，$\boldsymbol{\alpha}_2$是向量组$\boldsymbol{\alpha}_1$，$\boldsymbol{\alpha}_2$，$\boldsymbol{\alpha}_3$的一个极大无关组.

注 向量组的极大无关组不唯一，在例 5 中，向量组$\boldsymbol{\alpha}_2$，$\boldsymbol{\alpha}_3$和向量组$\boldsymbol{\alpha}_3$，$\boldsymbol{\alpha}_1$也都是$\boldsymbol{\alpha}_1$，$\boldsymbol{\alpha}_2$，$\boldsymbol{\alpha}_3$的极大无关组. 因为$\boldsymbol{\alpha}_1=\frac{1}{2}\boldsymbol{\alpha}_3-\frac{1}{2}\boldsymbol{\alpha}_2$，$\boldsymbol{\alpha}_2=\boldsymbol{\alpha}_3-2\boldsymbol{\alpha}_1$. 但是，不同的极大无关组所含的向量数目是确定的，都是 2，这个确定的数 2 是向量组$\boldsymbol{\alpha}_1$，$\boldsymbol{\alpha}_2$，$\boldsymbol{\alpha}_3$的秩. 更一般的定义如下：

定义 5 向量组$\boldsymbol{\alpha}_1$，$\boldsymbol{\alpha}_2$，…，$\boldsymbol{\alpha}_s$的极大无关组中所含向量的个数称为这个向量组的秩，记为$r(\boldsymbol{\alpha}_1,\boldsymbol{\alpha}_2,\cdots,\boldsymbol{\alpha}_s)$.

如例 5，$r(\alpha_1,\alpha_2,\alpha_3)=2$.

对于线性无关组$\boldsymbol{\alpha}_1$，$\boldsymbol{\alpha}_2$，…，$\boldsymbol{\alpha}_r$，它的极大无关组就是$\boldsymbol{\alpha}_1$，$\boldsymbol{\alpha}_2$，…，$\boldsymbol{\alpha}_r$本身，所以$r(\boldsymbol{\alpha}_1,\boldsymbol{\alpha}_2,\cdots,\boldsymbol{\alpha}_r)=r$；反之，如果$r(\boldsymbol{\alpha}_1,\boldsymbol{\alpha}_2,\cdots,\boldsymbol{\alpha}_r)=r$，则极大无关组含有$r$个向量，即$\boldsymbol{\alpha}_1$，$\boldsymbol{\alpha}_2$，…，$\boldsymbol{\alpha}_r$线性无关，这就是下面的定理 4.

定理 4 向量组$\boldsymbol{\alpha}_1$，$\boldsymbol{\alpha}_2$，…，$\boldsymbol{\alpha}_s$线性无关的充分必要条件是：

$$r(\alpha_1,\alpha_2,\cdots,\alpha_s)=s$$

根据极大无关组与秩的定义，可证明定理 5.

定理 5 如果向量组$\boldsymbol{\alpha}_1$，$\boldsymbol{\alpha}_2$，…，$\boldsymbol{\alpha}_s$的秩为r，则向量组中任意r个线性无关的向量都是该向量组的极大无关组.

当向量组由有限个向量构成时，可以用矩阵来研究向量组，我们引入如下定义：

定义 6 矩阵的行向量组的秩称为**矩阵的行秩**，矩阵的列向量组的秩称为**矩阵的列秩**.

定理 6　矩阵的行秩＝矩阵的列秩＝矩阵的秩.

从以上讨论知道，求一个由有限个向量构成的向量组的秩时，可以用矩阵的初等变换求这个向量组所构成的矩阵的秩，然后得到向量组的秩，同时从初等变换的结果，还能够得到向量组的极大无关组.

例 6　求向量组 $\boldsymbol{\alpha}_1=(2,4,2)$，$\boldsymbol{\alpha}_2=(1,1,0)$，$\boldsymbol{\alpha}_3=(2,3,1)$，$\boldsymbol{\alpha}_4=(3,5,2)$的秩及其一个极大无关组，并把其余向量用该极大无关组线性表示.

解　以 $\boldsymbol{\alpha}_1$，$\boldsymbol{\alpha}_2$，$\boldsymbol{\alpha}_3$，$\boldsymbol{\alpha}_4$ 为列向量构成矩阵 $\boldsymbol{A}$，用初等行变换把 $\boldsymbol{A}$ 化为阶梯形矩阵，即

$$\boldsymbol{A}=\begin{bmatrix}2&1&2&3\\4&1&3&5\\2&0&1&2\end{bmatrix}\to\begin{bmatrix}2&1&2&3\\0&-1&-1&-1\\0&-1&-1&-1\end{bmatrix}\to\begin{bmatrix}2&1&2&3\\0&1&1&1\\0&0&0&0\end{bmatrix}=\boldsymbol{B}\to\begin{bmatrix}1&0&\frac{1}{2}&1\\0&1&1&1\\0&0&0&0\end{bmatrix}$$

由阶梯形矩阵 $\boldsymbol{B}$ 可知 $\boldsymbol{\alpha}_1$，$\boldsymbol{\alpha}_2$ 为向量组 $\boldsymbol{\alpha}_1$，$\boldsymbol{\alpha}_2$，$\boldsymbol{\alpha}_3$，$\boldsymbol{\alpha}_4$ 的一个极大无关组，所以

$$r(\boldsymbol{\alpha}_1,\boldsymbol{\alpha}_2,\boldsymbol{\alpha}_3,\boldsymbol{\alpha}_4)=2$$

且

$$\boldsymbol{\alpha}_3=\frac{1}{2}\boldsymbol{\alpha}_1+\boldsymbol{\alpha}_2,\ \boldsymbol{\alpha}_4=\boldsymbol{\alpha}_1+\boldsymbol{\alpha}_2$$

由此可知，求向量组 $\boldsymbol{\alpha}_1$，$\boldsymbol{\alpha}_2$，…，$\boldsymbol{\alpha}_s$ 的极大无关组的一般方法是以 $\boldsymbol{\alpha}_1$，$\boldsymbol{\alpha}_2$，…，$\boldsymbol{\alpha}_s$ 为矩阵 $\boldsymbol{A}$ 的 s 个列(行)，作初等行(列)变换，将 $\boldsymbol{A}$ 化为阶梯形矩阵 $\boldsymbol{B}$. 如果 $r(\boldsymbol{B})=r$，则 $\boldsymbol{B}$ 中的 r 个线性无关的列(行)所对应的 $\boldsymbol{\alpha}_1$，$\boldsymbol{\alpha}_2$，…，$\boldsymbol{\alpha}_s$ 中相应的 r 个列(行)构成的向量组，就是向量组 $\boldsymbol{\alpha}_1$，$\boldsymbol{\alpha}_2$，…，$\boldsymbol{\alpha}_s$ 的极大无关组.

例 7　已知向量组 $\boldsymbol{\alpha}_1=(k,2,1)$，$\boldsymbol{\alpha}_2=(2,k,0)$，$\boldsymbol{\alpha}_3=(1,-1,1)$. 试求 k 为何值时，向量组 $\boldsymbol{\alpha}_1$，$\boldsymbol{\alpha}_2$，$\boldsymbol{\alpha}_3$ 线性相关，k 为何值时，线性无关？

解　由向量组的秩判断.

$$\begin{bmatrix}k&2&1\\2&k&-1\\1&0&1\end{bmatrix}\to\begin{bmatrix}1&0&1\\2&k&-1\\k&2&1\end{bmatrix}\to\begin{bmatrix}1&0&1\\0&k&-3\\0&2&1-k\end{bmatrix}\to\begin{bmatrix}1&0&1\\0&2&1-k\\0&0&-3+\frac{k(k-1)}{2}\end{bmatrix}$$

当 $-3+\frac{k(k-1)}{2}=0$，即 $k=-2$ 或 $k=3$ 时，$r(\boldsymbol{\alpha}_1,\boldsymbol{\alpha}_2,\boldsymbol{\alpha}_3)=2<3$，向量组 $\boldsymbol{\alpha}_1$，$\boldsymbol{\alpha}_2$，$\boldsymbol{\alpha}_3$ 线性相关；

当 $k\neq-2$ 且 $k\neq3$ 时，$r(\boldsymbol{\alpha}_1,\boldsymbol{\alpha}_2,\boldsymbol{\alpha}_3)=3$，向量组 $\boldsymbol{\alpha}_1$，$\boldsymbol{\alpha}_2$，$\boldsymbol{\alpha}_3$ 线性无关.

推论 7

(1) $n+1$ 个 n 维向量一定线性相关.

(2) 如果向量组 $\boldsymbol{\alpha}_1$，$\boldsymbol{\alpha}_2$，…，$\boldsymbol{\alpha}_s$ 的每一个向量都可以由向量组 $\boldsymbol{\beta}_1$，$\boldsymbol{\beta}_2$，…，$\boldsymbol{\beta}_r$ 线性表示，且 $s>r$，则向量组 $\boldsymbol{\alpha}_1$，$\boldsymbol{\alpha}_2$，…，$\boldsymbol{\alpha}_s$ 线性相关.

能力训练题 9.3

1. 已知 $\boldsymbol{\alpha}_1=(2,5,1,3)$，$\boldsymbol{\alpha}_2=(10,1,5,10)$，$\boldsymbol{\alpha}_3=(10,1,-1,1)$，求：

(1) $-3\boldsymbol{\alpha}_1+2\boldsymbol{\alpha}_2-\boldsymbol{\alpha}_3$；

(2) $5\boldsymbol{\alpha}_1-\boldsymbol{\alpha}_2+\boldsymbol{\alpha}_3$；

(3) 若 $3(\boldsymbol{\alpha}_1-\boldsymbol{\alpha})+2(\boldsymbol{\alpha}_2+\boldsymbol{\alpha})=5(\boldsymbol{\alpha}_3+\boldsymbol{\alpha})$，求 $\boldsymbol{\alpha}$.

2. 设 $\boldsymbol{\alpha}_1=(1,\ -1,\ 1)$，$\boldsymbol{\alpha}_2=(-1,\ 0,\ 1)$，$\boldsymbol{\alpha}_3=(1,\ 3,\ -2)$，$\boldsymbol{\beta}=(0,\ -5,\ 5)$.

(1) 证明向量组 $\boldsymbol{\alpha}_1$，$\boldsymbol{\alpha}_2$，$\boldsymbol{\alpha}_3$线性无关；

(2) 把向量 $\boldsymbol{\beta}$ 表示成向量组 $\boldsymbol{\alpha}_1$，$\boldsymbol{\alpha}_2$，$\boldsymbol{\alpha}_3$的线性组合.

3. 判断下列结论是否正确？

(1) 若当数 $k_1=k_2=\cdots=k_n=0$ 时，$k_1\boldsymbol{\alpha}_1+k_2\boldsymbol{\alpha}_2+\cdots+k_n\boldsymbol{\alpha}_n=0$ 成立，则向量组 $\boldsymbol{\alpha}_1$，$\boldsymbol{\alpha}_2$，$\cdots$，$\boldsymbol{\alpha}_n$线性无关；

(2) 若有不全为零的数 k_1，k_2，$\cdots$，k_n 使得 $k_1\boldsymbol{\alpha}_1+k_2\boldsymbol{\alpha}_2+\cdots+k_n\boldsymbol{\alpha}_n\neq 0$，则向量组 $\boldsymbol{\alpha}_1$，$\boldsymbol{\alpha}_2$，$\cdots$，$\boldsymbol{\alpha}_n$线性无关；

(3) 若向量组 $\boldsymbol{\alpha}_1$，$\boldsymbol{\alpha}_2$，$\cdots$，$\boldsymbol{\alpha}_n$线性相关，则其中每一个向量都可由其余向量线性表示.

4. 判断下列向量组是线性相关还是线性无关.

(1) $\boldsymbol{\alpha}_1=(1,\ -3,\ 2,\ 0)$，$\boldsymbol{\alpha}_2=(2,\ 3,\ 4,\ -1)$，$\boldsymbol{\alpha}_3=(4,\ 2,\ 5,\ -2)$；

(2) $\boldsymbol{\alpha}_1=(1,\ -1,\ 2,\ 4)$，$\boldsymbol{\alpha}_2=(0,\ 3,\ 1,\ 2)$，$\boldsymbol{\alpha}_3=(3,\ 0,\ 7,\ 14)$，$\boldsymbol{\alpha}_4=(1,\ 2,\ 3,\ -4)$；

(3) $\boldsymbol{\alpha}_1=(2,\ 3,\ 4,\ 1)$，$\boldsymbol{\alpha}_2=(-2,\ 1,\ -1,\ 4)$，$\boldsymbol{\alpha}_3=(4,\ -6,\ 1,\ 2)$，$\boldsymbol{\alpha}_4=(9,\ 7,\ -2,\ 1)$，$\boldsymbol{\alpha}_5=(-5,\ -4,\ -2,\ 0)$.

5. 求下列各向量组的秩，并求出它的一个极大无关组.

(1) $\boldsymbol{\alpha}_1=(1,\ 1,\ 0)$，$\boldsymbol{\alpha}_2=(0,\ 2,\ 0)$，$\boldsymbol{\alpha}_3=(0,\ 0,\ 3)$；

(2) $\boldsymbol{\alpha}_1=(1,\ -1,\ 2,\ 4)$，$\boldsymbol{\alpha}_2=(0,\ 3,\ 1,\ 2)$，$\boldsymbol{\alpha}_3=(3,\ 0,\ 7,\ 14)$，$\boldsymbol{\alpha}_4=(1,\ -1,\ 2,\ 0)$；

(3) $\boldsymbol{\alpha}_1=(1,\ 2,\ -1,\ 4)$，$\boldsymbol{\alpha}_2=(4,\ -1,\ -5,\ -6)$，$\boldsymbol{\alpha}_3=(1,\ -3,\ -4,\ -7)$，$\boldsymbol{\alpha}_4=(1,\ 2,\ 1,\ 3)$.

6. 将向量 $\boldsymbol{\alpha}$ 表示成 $\boldsymbol{\alpha}_1$，$\boldsymbol{\alpha}_2$，$\boldsymbol{\alpha}_3$，$\boldsymbol{\alpha}_4$的线性组合.

(1) $\boldsymbol{\alpha}=\begin{pmatrix}1\\2\\1\\1\end{pmatrix}$，$\boldsymbol{\alpha}_1=\begin{pmatrix}1\\1\\1\\1\end{pmatrix}$，$\boldsymbol{\alpha}_2=\begin{pmatrix}1\\1\\-1\\-1\end{pmatrix}$，$\boldsymbol{\alpha}_3=\begin{pmatrix}1\\-1\\1\\-1\end{pmatrix}$，$\boldsymbol{\alpha}_4=\begin{pmatrix}1\\-1\\-1\\1\end{pmatrix}$；

(2) $\boldsymbol{\alpha}=\begin{pmatrix}0\\0\\0\\1\end{pmatrix}$，$\boldsymbol{\alpha}_1=\begin{pmatrix}1\\1\\0\\1\end{pmatrix}$，$\boldsymbol{\alpha}_2=\begin{pmatrix}2\\1\\3\\1\end{pmatrix}$，$\boldsymbol{\alpha}_3=\begin{pmatrix}1\\1\\0\\0\end{pmatrix}$，$\boldsymbol{\alpha}_4=\begin{pmatrix}0\\1\\-1\\-1\end{pmatrix}$.

7. 证明：如果向量组 $\boldsymbol{\alpha}_1$，$\boldsymbol{\alpha}_2$，$\boldsymbol{\alpha}_3$线性无关，则向量组 $\boldsymbol{\alpha}_1+\boldsymbol{\alpha}_2$，$\boldsymbol{\alpha}_2+\boldsymbol{\alpha}_3$，$\boldsymbol{\alpha}_3+\boldsymbol{\alpha}_1$ 也线性无关.

9.4 线性方程组

第一节中我们讲过用克莱姆法则来解在线性方程组，但是克拉姆法则只能求解方程的个数与未知量个数相等且系数行列式不等于零的方程组，本节将以矩阵为工具来讨论一般线性方程组(即含有 n 个未知数、m 个方程的方程组)的解的情况，并给出求解方程组的方法.

一、线性方程组解的判定

线性方程组：

$$\begin{cases} a_{11}x_1+a_{12}x_2+\cdots+a_{1n}x_n=b_1 \\ a_{21}x_1+a_{22}x_2+\cdots+a_{2n}x_n=b_2 \\ \cdots \\ a_{m1}x_1+a_{m2}x_2+\cdots+a_{mn}x_n=b_m \end{cases}$$

当 b_1，b_2，…，b_m 不全为零时，称为非齐次线性方程组.

设 $\boldsymbol{A}=\begin{bmatrix} a_{11} & a_{12} & \cdots & a_{1n} \\ a_{21} & a_{22} & \cdots & a_{2n} \\ \vdots & \vdots & & \vdots \\ a_{m1} & a_{m2} & \cdots & a_{mn} \end{bmatrix}$ 是方程组的系数矩阵，$\boldsymbol{X}=\begin{bmatrix} x_1 \\ x_2 \\ \vdots \\ x_n \end{bmatrix}$ 为未知数矩阵，$\boldsymbol{B}=\begin{bmatrix} b_1 \\ b_2 \\ \vdots \\ b_m \end{bmatrix}$ 为常数矩阵，$\overline{\boldsymbol{A}}=(\boldsymbol{A}\mid\boldsymbol{B})==\begin{bmatrix} a_{11} & a_{12} & \cdots & a_{1n} & b_1 \\ a_{21} & a_{22} & \cdots & a_{2n} & b_2 \\ \vdots & \vdots & & \vdots & \vdots \\ a_{m1} & a_{m2} & \cdots & a_{mn} & b_m \end{bmatrix}$ 称为线性方程组的增广矩阵.

此时，非齐次线性方程组可记为

$$\boldsymbol{AX}=\boldsymbol{B}$$

线性方程组

$$\begin{cases} a_{11}x_1+a_{12}x_2+\cdots+a_{1n}x_n=0 \\ a_{21}x_1+a_{22}x_2+\cdots+a_{2n}x_n=0 \\ \cdots \\ a_{m1}x_1+a_{m2}x_2+\cdots+a_{mn}x_n=0 \end{cases}$$

称为齐次线性方程组. 可记为

$$\boldsymbol{AX}=0$$

在中学阶段我们学习过用加减消元法解线性方程组.

例 1　用消元法求解非齐次线性方程组：

$$\begin{cases} x_1-x_2-x_3+x_4=0 \\ x_1-x_2+x_3-3x_4=1 \\ x_1-x_2-2x_3+3x_4=-\dfrac{1}{2} \end{cases}$$

解　与上例相仿，下面将方程组的消元过程与其对应的矩阵变换一并列出：

$$\begin{cases} x_1-x_2-x_3+x_4=0 \\ x_1-x_2+x_3-3x_4=1 \\ x_1-x_2-2x_3+3x_4=-\dfrac{1}{2} \end{cases} \xleftrightarrow{\text{对应}} \begin{bmatrix} 1 & -1 & -1 & 1 & 0 \\ 1 & -1 & 1 & -3 & 1 \\ 1 & -1 & -2 & 3 & -\dfrac{1}{2} \end{bmatrix}$$

⇓ 第 2 个方程＋第 1 个方程的－1 倍　　⇓ r_2-r_1

第 3 个方程＋第 1 个方程的－1 倍　　r_3-r_1

$$\begin{cases} x_1-x_2-x_3+x_4=0 \\ 2x_3-4x_4=1 \\ -x_3+2x_4=-\dfrac{1}{2} \end{cases} \xleftrightarrow{\text{对应}} \begin{pmatrix} 1 & -1 & -1 & 1 & 0 \\ 0 & 0 & 2 & -4 & 1 \\ 0 & 0 & -1 & 2 & -\dfrac{1}{2} \end{pmatrix}$$

⇓ 第 2 个方程两边同乘$\frac{1}{2}$ ⇓ $\frac{1}{2}r_2$

$$\begin{cases} x_1-x_2-x_3+x_4=0 \\ x_3-2x_4=\dfrac{1}{2} \\ -x_3+2x_4=-\dfrac{1}{2} \end{cases} \xleftrightarrow{\text{对应}} \begin{pmatrix} 1 & -1 & -1 & 1 & 0 \\ 0 & 0 & 1 & -2 & \dfrac{1}{2} \\ 0 & 0 & -1 & 2 & -\dfrac{1}{2} \end{pmatrix}$$

⇓ 第 2 个方程与第 3 个方程相加 ⇓ r_2+r_3

$$\begin{cases} x_1-x_2-x_3+x_4=0 \\ x_3-2x_4=\dfrac{1}{2} \\ \cdots\cdots\cdots\cdots\cdots \end{cases} \xleftrightarrow{\text{对应}} \begin{pmatrix} 1 & -1 & -1 & 1 & 0 \\ 0 & 0 & 1 & -2 & \dfrac{1}{2} \\ 0 & 0 & 0 & 0 & 0 \end{pmatrix}$$

⇓ 第 2 个方程与第 1 个方程相加 ⇓ r_1+r_2

$$\begin{cases} x_1-x_2-x_4=\dfrac{1}{2} \\ x_3-2x_4=\dfrac{1}{2} \\ \cdots\cdots\cdots\cdots\cdots \end{cases} \xleftrightarrow{\text{对应}} \begin{pmatrix} 1 & -1 & 0 & -1 & \dfrac{1}{2} \\ 0 & 0 & 1 & -2 & \dfrac{1}{2} \\ 0 & 0 & 0 & 0 & 0 \end{pmatrix}$$

所以，原方程可化为同解方程组

$$\begin{cases} x_1=x_2+x_4+\dfrac{1}{2} \\ x_3=2x_4+\dfrac{1}{2} \end{cases}$$

其中，x_2、x_4为自由未知量，可以取任意值，令$x_2=c_1$，$x_4=c_2$(c_1，c_2为任意实数)，从而原方程组的全部解为

$$\begin{cases} x_1=c_1+c_2+\dfrac{1}{2} \\ x_2=c_1 \\ x_3=2c_2+\dfrac{1}{2} \\ x_4=c_2 \end{cases}$$

此例中 $r(\mathbf{A})=r(\overline{\mathbf{A}})<n$，方程组有无穷多解.

可以看出，用消元法求解线性方程组的过程就相当于对该方程组的增广矩阵进行“初等行变换”，最终将矩阵变成行简化阶梯形矩阵，从而很容易写出原方程组的解.

例 2　解线性方程组

$$\begin{cases} x_1+x_2+x_3+3x_4=0 \\ 2x_1+x_2-2x_3+x_4=-1 \\ x_1+2x_2+3x_3+2x_4=-1 \\ x_2+4x_3-x_4=1 \end{cases}$$

解　用初等行变换法将该方程组的增广矩阵化为阶梯形矩阵

$$\overline{\mathbf{A}}=\begin{bmatrix} 1 & 1 & 1 & 3 & 0 \\ 2 & 1 & -2 & 1 & -1 \\ 1 & 2 & 3 & 2 & -1 \\ 0 & 1 & 4 & -1 & 1 \end{bmatrix} \xrightarrow[-r_1+r_3]{-2r_1+r_2} \begin{bmatrix} 1 & 1 & 1 & 3 & 0 \\ 0 & -1 & -4 & -5 & -1 \\ 0 & 1 & 2 & -1 & -1 \\ 0 & 1 & 4 & -1 & 1 \end{bmatrix}$$

$$\xrightarrow[r_2+r_4]{r_2+r_3} \begin{bmatrix} 1 & 1 & 1 & 3 & 0 \\ 0 & -1 & -4 & -5 & -1 \\ 0 & 0 & -2 & -6 & -2 \\ 0 & 0 & 0 & -6 & 0 \end{bmatrix}$$

变换得到的阶梯形矩阵，系数矩阵的秩 $r(\mathbf{A})=4$，增广矩阵的秩 $r(\overline{\mathbf{A}})=4$，即 $r(\mathbf{A})=r(\overline{\mathbf{A}})=4$，继续化增广矩阵为行简化阶梯形矩阵：

$$\xrightarrow[-r_2]{r_2+r_1} \begin{bmatrix} 1 & 0 & -3 & -2 & -1 \\ 0 & 1 & 4 & 5 & 1 \\ 0 & 0 & -2 & -6 & -2 \\ 0 & 0 & 0 & -6 & 0 \end{bmatrix} \xrightarrow[-\frac{1}{6}r_4]{-\frac{1}{2}r_3} \begin{bmatrix} 1 & 0 & -3 & -2 & -1 \\ 0 & 1 & 4 & 5 & 1 \\ 0 & 0 & 1 & 3 & 1 \\ 0 & 0 & 0 & 1 & 0 \end{bmatrix}$$

$$\xrightarrow[-4r_3+r_2]{3r_3+r_1} \begin{bmatrix} 1 & 0 & 0 & 7 & 2 \\ 0 & 1 & 0 & -7 & -3 \\ 0 & 0 & 1 & 3 & 1 \\ 0 & 0 & 0 & 1 & 0 \end{bmatrix} \xrightarrow[\substack{7r_4+r_2 \\ -3r_4+r_3}]{-7r_4+r_1} \begin{bmatrix} 1 & 0 & 0 & 0 & 2 \\ 0 & 1 & 0 & 0 & -3 \\ 0 & 0 & 1 & 0 & 1 \\ 0 & 0 & 0 & 1 & 0 \end{bmatrix}$$

最后这个行简化阶梯形矩阵就是增广矩阵的最简形式，由此得到原方程组的同解方程组

$$\begin{cases} x_1=2 \\ x_2=-3 \\ x_3=1 \\ x_4=0 \end{cases}$$

这就是原方程组的解.

本题满足 $r(\mathbf{A})=r(\overline{\mathbf{A}})=n$（其中 n 是方程组中未知数的个数），得到方程组只有一个解.

例 3　解线性方程组

$$\begin{cases} x_1+x_2+x_3+x_4=4 \\ 2x_1+3x_2+x_3+x_4=9 \\ -3x_1+2x_2-8x_3-8x_4=-4 \end{cases}$$

解 用初等行变换法将该方程组的增广矩阵化为阶梯形矩阵

$$\overline{\mathbf{A}}=\begin{pmatrix}1&1&1&1&4\\2&3&1&1&9\\-3&2&-8&-8&-4\end{pmatrix}\xrightarrow[3r_1+r_3]{-2r_1+r_2}\begin{pmatrix}1&1&1&1&4\\0&1&-1&-1&1\\0&5&-5&-5&8\end{pmatrix}$$

$$\xrightarrow{-5r_5+r_3}\begin{pmatrix}1&1&1&1&4\\0&1&-1&-1&1\\0&0&0&0&3\end{pmatrix}$$

此时 $r(\mathbf{A})=2$，$r(\overline{\mathbf{A}})=3$，这个行阶梯形矩阵最后一行代表的方程是 $0\cdot x_4=3$，此方程无解，所以原方程组无解．即 $r(\mathbf{A})\neq r(\overline{\mathbf{A}})$时，方程组无解．

上述例 1、例 2、例 3 对解的讨论，可以推广到一般情况．由此我们发现方程组解的情况，与系数矩阵、增广矩阵的秩有密切关系，我们有如下定理．

定理 1 非齐次线性方程组 $\boldsymbol{AX}=\boldsymbol{B}$ 有解的充要条件是系数矩阵与增广矩阵的秩相等，即 $r(\mathbf{A})=r(\overline{\mathbf{A}})=r$：

(1) 若 $r=n$，方程组 $\boldsymbol{AX}=\boldsymbol{B}$ 有且只有唯一解；

(2) 若 $r<n$，方程组 $\boldsymbol{AX}=\boldsymbol{B}$ 有无穷多解．

例 4 判定下列方程组解的情况

$$\begin{cases}x_1-x_2+2x_3=3\\2x_1+3x_2-4x_3=2\\4x_1+x_2=8\\5x_1+2x_3=11\end{cases}$$

解 利用初等行变换将方程组的增广矩阵化为阶梯形矩阵

$$\overline{\mathbf{A}}=\begin{bmatrix}1&-1&2&3\\2&3&-4&2\\4&1&0&8\\5&0&2&11\end{bmatrix}\xrightarrow[\substack{-4r_1+r_3\\-5r_1+r_4}]{-2r_1+r_2}\begin{bmatrix}1&-1&2&3\\0&5&-8&-4\\0&5&-8&-4\\0&5&-8&-4\end{bmatrix}$$

$$\xrightarrow[-r_2+r_4]{-r_2+r_3}\begin{bmatrix}1&-1&2&3\\0&5&-8&-4\\0&0&0&0\\0&0&0&0\end{bmatrix}$$

$r(\mathbf{A})=r(\overline{\mathbf{A}})=2<3=n$，所以方程组有无穷多解．

例 5 a 取何值时，下列线性方程组有唯一解、无穷多解、无解？

$$\begin{cases}ax_1+x_2+x_3=1\\x_1+ax_2+x_3=a\\x_1+x_2+ax_3=a^2\end{cases}$$

解 对增广矩阵进行初等行变换

$$\overline{\mathbf{A}}=\begin{pmatrix}a&1&1&1\\1&a&1&a\\1&1&a&a^2\end{pmatrix}\xrightarrow{r_1\leftrightarrow r_3}\begin{pmatrix}1&1&a&a^2\\1&a&1&a\\a&1&1&1\end{pmatrix}$$

$$\xrightarrow[-ar_1+r_3]{-r_1+r_2}\begin{pmatrix}1 & 1 & a & a^2\\0 & a-1 & 1-a & a(1-a)\\0 & 1-a & 1-a^2 & 1-a^3\end{pmatrix}$$

$$\xrightarrow{r_2+r_3}\begin{pmatrix}1 & 1 & a & a^2\\0 & a-1 & 1-a & a(1-a)\\0 & 0 & (1-a)(2+a) & (1-a)(1+a)^2\end{pmatrix}$$

由阶梯形矩阵可知：

(1) 当 $a\neq1$ 且 $a\neq-2$ 时，$r(\mathbf{A})=r(\overline{\mathbf{A}})=3$，方程组有唯一解；

(2) 当 $a=1$ 时，$r(\mathbf{A})=r(\overline{\mathbf{A}})=1<3$，方程组有无穷多解；

(3) 当 $a=-2$ 时，$r(\mathbf{A})=2$，$r(\overline{\mathbf{A}})=3$，$r(\mathbf{A})\neq r(\overline{\mathbf{A}})$，方程组无解.

定理 2　齐次线性方程组 $\mathbf{AX}=0$ 有唯一零解的充要条件是 $r(\mathbf{A})=n$(n 为未知量个数).

定理 3　齐次线性方程组 $\mathbf{AX}=0$ 有非零解的充要条件是 $r(\mathbf{A})<n$.

推论 1　若 $m<n$(即方程个数小于未知量个数)，则齐次线性方程组 $\mathbf{AX}=0$ 有非零解.

例 6　讨论下列方程组解的情况：

(1) $\begin{cases}x_1+x_2+x_3=0\\x_1-2x_2+3x_3=0\\3x_1+5x_3=0\\4x_1+x_2+6x_3=0\end{cases}$；(2) $\begin{cases}x_1+2x_2+3x_3=0\\2x_1+5x_2+3x_3=0\\x_1+5x_2+8x_3=0\end{cases}$.

解　(1)

$$\mathbf{A}=\begin{bmatrix}1 & 1 & 1\\1 & -2 & 3\\3 & 0 & 5\\4 & 1 & 6\end{bmatrix}\rightarrow\begin{bmatrix}1 & 1 & 1\\0 & -3 & 2\\0 & -3 & 2\\0 & -3 & 2\end{bmatrix}\rightarrow\begin{bmatrix}1 & 1 & 1\\0 & -3 & 2\\0 & 0 & 0\\0 & 0 & 0\end{bmatrix}$$

$r(\mathbf{A})=2<3$，所以方程组有非零解.

(2)

$$\mathbf{A}=\begin{pmatrix}1 & 2 & 3\\2 & 5 & 3\\1 & 5 & 8\end{pmatrix}\rightarrow\begin{pmatrix}1 & 2 & 3\\0 & 1 & -3\\0 & 3 & 5\end{pmatrix}\rightarrow\begin{pmatrix}1 & 2 & 3\\0 & 1 & -3\\0 & 0 & 14\end{pmatrix}$$

$r(\mathbf{A})=3=n$，所以方程组有唯一零解.

二、齐次线性方程组解的结构

1. 齐次线性方程组解的性质

定义 1　若存在一个 n 维列向量 $\boldsymbol{\alpha}$，使得

$$\mathbf{A}\boldsymbol{\alpha}=0$$

则称 $\boldsymbol{\alpha}$ 是齐次线性方程组 $\mathbf{AX}=0$ 的一个解向量.

注意：解向量都是列向量.

性质 1　若 $\boldsymbol{\alpha}$，$\boldsymbol{\beta}$ 是方程组 $\mathbf{AX}=0$ 的解向量，则 $\boldsymbol{\alpha}+\boldsymbol{\beta}$ 也是 $\mathbf{AX}=0$ 的解向量.

性质 2　若 $\boldsymbol{\alpha}$ 是方程组 $\mathbf{AX}=0$ 的解向量，k 是实常数，则 $k\boldsymbol{\alpha}$ 也是 $\mathbf{AX}=0$ 的解向量.

性质 3　若 $\boldsymbol{\alpha}_1$，$\boldsymbol{\alpha}_2$，…，$\boldsymbol{\alpha}_s$ 都是方程组 $\mathbf{AX}=0$ 的解向量，则线性组合

$$k_1\boldsymbol{\alpha}_1+k_2\boldsymbol{\alpha}_2+\cdots+k_s\boldsymbol{\alpha}_s$$

也是 $\boldsymbol{AX}=0$ 的解向量.

由此可知，若方程组 $\boldsymbol{AX}=0$ 有非零解，则它必有无穷多解。如果我们能够找到方程组 $\boldsymbol{AX}=0$ 的有限个线性无关的解 $\boldsymbol{\alpha}_1$，$\boldsymbol{\alpha}_2$，…，$\boldsymbol{\alpha}_s$，那么

$$k_1\boldsymbol{\alpha}_1+k_2\boldsymbol{\alpha}_2+\cdots+k_s\boldsymbol{\alpha}_s$$

表示了方程组 $\boldsymbol{AX}=0$ 的全部解，其中 k_1，k_2，…，k_s为任意实常数.

2. 齐次线性方程组的基础解系

定义 2 设向量组 $\boldsymbol{\eta}_1$，$\boldsymbol{\eta}_2$，…，$\boldsymbol{\eta}_s$是方程组 $\boldsymbol{AX}=0$ 的 s 个解向量，如果满足下列条件：

(1) $\boldsymbol{\eta}_1$，$\boldsymbol{\eta}_2$，…，$\boldsymbol{\eta}_s$线性无关；

(2) 方程组 $\boldsymbol{AX}=0$ 的每一个解向量都能由 $\boldsymbol{\eta}_1$，$\boldsymbol{\eta}_2$，…，$\boldsymbol{\eta}_s$线性表示，则称 $\boldsymbol{\eta}_1$，$\boldsymbol{\eta}_2$，…，$\boldsymbol{\eta}_s$为方程组 $\boldsymbol{AX}=0$ 的基础解系.

齐次线性方程组的基础解系 $\boldsymbol{\eta}_1$，$\boldsymbol{\eta}_2$，…，$\boldsymbol{\eta}_s$，实质上就是齐次线性方程组的全体解向量的一个极大无关组. 由于同一个向量组的极大无关组的个数不是唯一的，所以齐次线性方程组的基础解系也不是唯一的，但不同基础解系所含的向量个数是相同的.

定理 4 若齐次线性方程组 $\boldsymbol{AX}=0$ 的系数矩阵 $\boldsymbol{A}$ 的秩 $r(\boldsymbol{A})=r<n$（n 为未知量的个数），则该方程组一定有基础解系，且基础解系所含解向量个数等于自由未知量个数，即 $n-r$.

定义 3 方程组 $\boldsymbol{AX}=0$ 的基础解系 $\boldsymbol{\eta}_1$，$\boldsymbol{\eta}_2$，…，$\boldsymbol{\eta}_s$的一切线性组合

$$k_1\boldsymbol{\eta}_1+k_2\boldsymbol{\eta}_2+\cdots+k_s\boldsymbol{\eta}_s$$

称为该方程组的通解或全部解，其中 k_1，k_2，…，k_s为任意实常数.

例 7 求下列齐次线性方程组的一个基础解系

$$\begin{cases}x_1+x_2+x_3+x_4=0\\3x_1+3x_2+x_3=0\\-2x_1-2x_2+x_4=0\\5x_1+5x_2+3x_3+2x_4=0\end{cases}$$

解 对系数矩阵 $\boldsymbol{A}$ 进行初等行变换化为行简化阶梯形矩阵

$$\boldsymbol{A}=\begin{bmatrix}1&1&1&1\\3&3&1&0\\-2&-2&0&1\\5&5&3&2\end{bmatrix}\to\begin{bmatrix}1&1&1&1\\0&0&-2&-3\\0&0&2&3\\0&0&-2&-3\end{bmatrix}$$

$$\to\begin{bmatrix}1&1&1&1\\0&0&2&3\\0&0&0&0\\0&0&0&0\end{bmatrix}\to\begin{bmatrix}1&1&0&-\frac{1}{2}\\0&0&1&\frac{3}{2}\\0&0&0&0\\0&0&0&0\end{bmatrix}=\boldsymbol{B}$$

因为 $r(\boldsymbol{A})=2<4$，所以基础解系含 $4-2=2$ 个线性无关的解向量. 行简化阶梯形矩阵 $\boldsymbol{B}$ 对应的与原方程组同解方程组是

$$\begin{cases}x_1=-x_2+\frac{1}{2}x_4\\x_3=\quad-\frac{3}{2}x_4\end{cases}\quad(x_2,\ x_4\text{为自由未知量})$$

分别令 $x_2=1$，$x_4=0$ 和 $x_2=0$，$x_4=1$ 分别代入同解方程组中得到两个解向量

$$\boldsymbol{\eta}_1=\begin{bmatrix}-1\\1\\0\\0\end{bmatrix},\ \boldsymbol{\eta}_2=\begin{bmatrix}\frac{1}{2}\\0\\-\frac{3}{2}\\1\end{bmatrix}$$

则 $\boldsymbol{\eta}_1$，$\boldsymbol{\eta}_2$ 就是此齐次线性方程组的基础解系.

注　本例对自由未知量 x_2、x_4 取值，也可以取这样的两组数 $\begin{pmatrix}x_2\\x_4\end{pmatrix}=\begin{pmatrix}1\\0\end{pmatrix}$，$\begin{pmatrix}0\\2\end{pmatrix}$，代入同解方程组得到

$$\begin{pmatrix}x_1\\x_3\end{pmatrix}=\begin{pmatrix}-1\\0\end{pmatrix},\ \begin{pmatrix}1\\-3\end{pmatrix}$$

于是得到原方程组的另一个基础解系

$$\boldsymbol{\eta}_1=\begin{bmatrix}-1\\1\\0\\0\end{bmatrix},\ \boldsymbol{\eta}_2=\begin{bmatrix}1\\0\\-3\\2\end{bmatrix}$$

例 8　求下列齐次线性方程组的基础解系和全部解.

$$\begin{cases}x_1-3x_2+5x_3-2x_4=0\\-2x_1+x_2-3x_3+x_4=0\\-x_1-7x_2+9x_3-4x_4=0\end{cases}$$

解　对系数矩阵进行初等行变换化为行简化阶梯形矩阵

$$\mathbf{A}=\begin{bmatrix}1&-3&5&-2\\-2&1&-3&1\\-1&-7&9&-4\end{bmatrix}\to\begin{bmatrix}1&-3&5&-2\\0&-5&7&-3\\0&-10&14&-6\end{bmatrix}$$

$$\to\begin{bmatrix}1&-3&5&-2\\0&1&-\frac{7}{5}&\frac{3}{5}\\0&0&0&0\end{bmatrix}\to\begin{bmatrix}1&0&\frac{4}{5}&-\frac{1}{5}\\0&1&-\frac{7}{5}&\frac{3}{5}\\0&0&0&0\end{bmatrix}$$

$r(\mathbf{A})=2<4=n$，所以基础解系含 $4-2=2$ 个线性无关的解向量.

与原方程组同解方程组

$$\begin{cases}x_1=-\frac{4}{5}x_3+\frac{1}{5}x_4\\x_2=\frac{7}{5}x_3-\frac{3}{5}x_4\end{cases}$$

其中 x_3、x_4 为自由未知量，令

$$\begin{pmatrix}x_3\\x_4\end{pmatrix}=\begin{pmatrix}5\\0\end{pmatrix},\ \begin{pmatrix}0\\5\end{pmatrix}$$

得到原方程组的基础解系为

$$\boldsymbol{\eta}_1=\begin{bmatrix}-4\\7\\5\\0\end{bmatrix},\ \boldsymbol{\eta}_2=\begin{bmatrix}1\\-3\\0\\5\end{bmatrix}$$

所以，原方程组的全部解为

$$\boldsymbol{X}=k_1\boldsymbol{\eta}_1+k_2\boldsymbol{\eta}_2=k_1\begin{bmatrix}-4\\7\\5\\0\end{bmatrix}+k_2\begin{bmatrix}1\\-3\\0\\5\end{bmatrix}$$

其中，k_1，k_2为任意常数.

例 9 求下列齐次线性方程组的基础解系和全部解.

$$\begin{cases}x_1+x_2+x_3+x_4+x_5=0\\3x_1+2x_2+x_3+x_4-2x_5=0\\\quad x_2+2x_3+2x_4+5x_5=0\\5x_1+4x_2+3x_3+3x_4=0\end{cases}$$

解 对系数矩阵进行初等行变换化为行简化阶梯形矩阵

$$\boldsymbol{A}=\begin{bmatrix}1&1&1&1&1\\3&2&1&1&-2\\0&1&2&2&5\\5&4&3&3&0\end{bmatrix}\to\begin{bmatrix}1&1&1&1&1\\0&-1&-2&-2&-5\\0&1&2&2&5\\0&-1&-2&-2&-5\end{bmatrix}$$

$$\to\begin{bmatrix}1&1&1&1&1\\0&-1&-2&-2&-5\\0&0&0&0&0\\0&0&0&0&0\end{bmatrix}\to\begin{bmatrix}1&0&-1&-1&-4\\0&1&2&2&5\\0&0&0&0&0\\0&0&0&0&0\end{bmatrix}$$

$r(\boldsymbol{A})=2<5$，所以基础解系含有 $5-2=3$ 个线性无关的解向量.

与原方程组同解方程组

$$\begin{cases}x_1=x_3+x_4+4x_5\\x_2=-2x_3-2x_4-5x_5\end{cases}$$

其中，x_3、x_4、x_5 为自由未知量，令

$$\begin{bmatrix}x_3\\x_4\\x_5\end{bmatrix}=\begin{bmatrix}1\\0\\0\end{bmatrix},\ \begin{bmatrix}0\\1\\0\end{bmatrix},\ \begin{bmatrix}0\\0\\1\end{bmatrix}$$

因此得到原方程组的基础解系为

$$\boldsymbol{\eta}_1=\begin{bmatrix}1\\-2\\1\\0\\0\end{bmatrix},\ \boldsymbol{\eta}_2=\begin{bmatrix}1\\-2\\0\\1\\0\end{bmatrix},\ \boldsymbol{\eta}_3=\begin{bmatrix}4\\-5\\0\\0\\1\end{bmatrix}$$

所以，原方程组的全部解为

$$X=k_1\boldsymbol{\eta}_1+k_2\boldsymbol{\eta}_2+k_3\boldsymbol{\eta}_3=k_1\begin{bmatrix}1\\-2\\1\\0\\0\end{bmatrix}+k_2\begin{bmatrix}1\\-2\\0\\1\\0\end{bmatrix}+k_3\begin{bmatrix}4\\-5\\0\\0\\1\end{bmatrix}$$

其中，k_1，k_2为任意常数.

求解齐次线性方程组 $\boldsymbol{AX}=0$ 的一般步骤如下：

(1) 用初等行变换把系数矩阵 $\boldsymbol{A}$ 化为行简化阶梯形矩阵，基础解系里应该有 $n-r$ 个线性无关的解向量；

(2) 写出原方程组的同解方程组，右端项应是自由未知量的组合；

(3) 令自由未知量中的一个为 1(或其他非零常数)，其余全为 0 的办法，求出 $n-r$ 个线性无关的解向量 η_1，η_2，…，η_{n-r}，即基础解系；

(4) 写出原方程组的一般解(全部解)：

$$\boldsymbol{X}=k_1\boldsymbol{\eta}_1+k_2\boldsymbol{\eta}_2+\cdots+k_{n-r}\boldsymbol{\eta}_{n-r}$$

其中，k_1，k_2，…，k_{n-r}为任意实常数.

三、非齐次线性方程组解的结构

非齐次线性方程组 $\boldsymbol{AX}=\boldsymbol{B}$ 所对应的齐次线性方程组 $\boldsymbol{AX}=0$ 称为方程组 $\boldsymbol{AX}=\boldsymbol{B}$ 的导出组。

定理 5　设非齐次线性方程组 $\boldsymbol{AX}=\boldsymbol{B}$ 中的 $r(\boldsymbol{A})=r(\overline{\boldsymbol{A}})=r<n$，$\eta_1$，$\eta_2$，…，$\eta_{n-r}$是它的导出组 $\boldsymbol{AX}=0$ 的任一基础解系，$\boldsymbol{\gamma}$ 是方程组 $\boldsymbol{AX}=\boldsymbol{B}$ 的一个特解，则方程组的全部解(通解)为

$$\boldsymbol{X}=k_1\boldsymbol{\eta}_1+k_2\boldsymbol{\eta}_2+\cdots+k_{n-r}\boldsymbol{\eta}_{n-r}+\boldsymbol{\gamma}$$

其中，k_1，k_2，…，k_{n-r}为任意实常数.

也就是说，非齐次线性方程组的通解，等于它的一个特解与对应的齐次线性方程组通解之和.

求非齐次线性方程组 $\boldsymbol{AX}=\boldsymbol{B}$ 通解的一般步骤如下：

(1) 将方程组的增广矩阵$\overline{\boldsymbol{A}}$通过初等行变换化为行简化阶梯形矩阵；

(2) 写出方程组所对应的同解方程组；

(3) 选定行简化阶梯形矩阵中不是首非零元所在列对应的 $n-r$ 个变量作为自由未知量，并令自由未知量为零，代入(2)的方程组中，得到方程组的一个特解 $\boldsymbol{\gamma}$；

(4) 求出(2)中方程组的导出组的一个基础解系 $\boldsymbol{\eta}_1$，$\boldsymbol{\eta}_2$，…，$\boldsymbol{\eta}_{n-r}$；

(5) 写出原方程组的通解 $\boldsymbol{X}=k_1\boldsymbol{\eta}_1+k_2\boldsymbol{\eta}_2+\cdots+k_{n-r}\boldsymbol{\eta}_{n-r}+\boldsymbol{\gamma}$.

例 10　求非齐次线性方程组

$$\begin{cases}x_1-2x_2+3x_3+x_4=8\\3x_1-5x_2+6x_3-x_4=21\\-x_1+3x_2-6x_3-5x_4=-11\\2x_1-5x_2+9x_3+6x_4=19\end{cases}$$

的通解.

解 化方程组的增广矩阵为行简化阶梯形矩阵

$$\overline{A}=\begin{bmatrix}1&-2&3&1&8\\3&-5&6&-1&21\\-1&3&-6&-5&-11\\2&-5&9&6&19\end{bmatrix}\to\begin{bmatrix}1&-2&3&1&8\\0&1&-3&-4&-3\\0&1&-3&-4&-3\\0&-1&3&4&3\end{bmatrix}$$

$$\to\begin{bmatrix}1&-2&3&1&8\\0&1&-3&-4&-3\\0&0&0&0&0\\0&0&0&0&0\end{bmatrix}$$

$$\to\begin{bmatrix}1&0&-3&-7&2\\0&1&-3&-4&-3\\0&0&0&0&0\\0&0&0&0&0\end{bmatrix}$$

原方程组的同解方程组为

$$\begin{cases}x_1=2+3x_3+7x_4\\x_2=-3+3x_3+4x_4\end{cases}\text{（}x_3\text{，}x_4\text{为自由未知量）}$$

令 $x_3=0$，$x_4=0$，得原方程组的一个特解

$$\boldsymbol{\gamma}=\begin{bmatrix}2\\-3\\0\\0\end{bmatrix}$$

原方程组的导出组的同解方程组为

$$\begin{cases}x_1=3x_3+7x_4\\x_2=3x_3+4x_4\end{cases}\quad\text{（}x_3\text{，}x_4\text{为自由未知量）}$$

令 $\begin{pmatrix}x_3\\x_4\end{pmatrix}=\begin{pmatrix}1\\0\end{pmatrix}$，$\begin{pmatrix}0\\1\end{pmatrix}$，得基础解系

$$\boldsymbol{\eta}_1=\begin{bmatrix}3\\3\\1\\0\end{bmatrix}，\boldsymbol{\eta}_2=\begin{bmatrix}7\\4\\0\\1\end{bmatrix}$$

所以原方程组的通解为

$$\boldsymbol{X}=k_1\boldsymbol{\eta}_1+k_2\boldsymbol{\eta}_2+\boldsymbol{\gamma}$$

即

$$\boldsymbol{X}=k_1\begin{bmatrix}3\\3\\1\\0\end{bmatrix}+k_2\begin{bmatrix}7\\4\\0\\1\end{bmatrix}+\begin{bmatrix}2\\-3\\0\\0\end{bmatrix}$$

其中，k_1，k_2 为任意常数.

例 11

$$\begin{cases}x_1+3x_2-x_3+2x_4-x_5=-4\\-3x_1+x_2+2x_3-5x_4-4x_5=-1\\2x_1-3x_2-x_3-x_4+x_5=4\\-4x_1+16x_2+x_3+3x_4-9x_5=-21\end{cases}$$

的通解.

解　化$\overline{\boldsymbol{A}}$为阶梯形矩阵和简化阶梯形矩阵：

$$\overline{\boldsymbol{A}}=\begin{bmatrix}1&3&-1&2&-1&-4\\-3&1&2&-5&-4&-1\\2&-3&-1&-1&1&4\\-4&16&1&3&-9&-21\end{bmatrix}\to\begin{bmatrix}1&3&-1&2&-1&-4\\0&10&-1&1&-7&-13\\0&-9&1&-5&3&12\\0&28&-3&11&-13&-37\end{bmatrix}$$

$$\to\begin{bmatrix}1&3&-1&2&-1&-4\\0&1&0&-4&-4&-1\\0&-9&1&-5&3&12\\0&1&0&-4&-4&-1\end{bmatrix}\to\cdots\to\begin{bmatrix}1&0&0&-27&-22&2\\0&1&0&-4&-4&-1\\0&0&1&-41&-33&3\\0&0&0&0&0&0\end{bmatrix}$$

原方程组的同解方程组为

$$\begin{cases}x_1=2+27x_4+22x_5\\x_2=-1+4x_4+4x_5\\x_3=3+41x_4+33x_5\end{cases}\quad(x_4,\ x_5\text{为自由未知量})$$

令 $x_4=0$，$x_5=0$ 得原方程组的一个特解

$$\boldsymbol{\gamma}=\begin{bmatrix}2\\-1\\3\\0\\0\end{bmatrix}$$

原方程组的导出组的同解方程组为

$$\begin{cases}x_1=27x_4+22x_5\\x_2=4x_4+4x_5\\x_3=41x_4+33x_5\end{cases}\quad(x_4,\ x_5\text{为自由未知量})$$

令$\begin{pmatrix}x_4\\x_5\end{pmatrix}=\begin{pmatrix}1\\0\end{pmatrix}$，$\begin{pmatrix}0\\1\end{pmatrix}$，得基础解系

$$\boldsymbol{\eta}_1=\begin{bmatrix}27\\4\\41\\1\\0\end{bmatrix},\ \boldsymbol{\eta}_2=\begin{bmatrix}22\\4\\33\\0\\1\end{bmatrix}$$

所以原方程组的通解为

$$\boldsymbol{X}=k_1\boldsymbol{\eta}_1+k_2\boldsymbol{\eta}_2+\boldsymbol{\gamma}$$

即
$$\boldsymbol{X}=k_1\begin{bmatrix}27\\4\\41\\1\\0\end{bmatrix}+k_2\begin{bmatrix}22\\4\\33\\0\\1\end{bmatrix}+\begin{bmatrix}2\\-1\\3\\0\\0\end{bmatrix}$$

其中，k_1，k_2为任意常数.

例 12 a 为何值时，如下线性方程组有解？当有解时，求出它的解.

$$\begin{cases}3x_1+x_2-x_3-2x_4=2\\x_1-5x_2+2x_3+x_4=-1\\2x_1+6x_2-3x_3-3x_4=a+1\\-x_1-11x_2+5x_3+4x_4=-4\end{cases}$$

解 化$\overline{\boldsymbol{A}}$为阶梯形矩阵

$$\overline{\boldsymbol{A}}=\begin{bmatrix}3&1&-1&-2&2\\1&-5&2&1&-1\\2&6&-3&-3&a+1\\-1&-11&5&4&-4\end{bmatrix}\to\begin{bmatrix}1&-5&2&1&-1\\0&16&-7&-5&5\\0&16&-7&-5&a+3\\0&-16&7&5&-5\end{bmatrix}$$

$$\to\begin{bmatrix}1&-5&2&1&-1\\0&16&-7&-5&5\\0&0&0&0&a-2\\0&0&0&0&0\end{bmatrix}$$

原线性方程组有解当且仅当 $a-2=0$，即 $a=2$.

再进行初等行变换化成简化阶梯形矩阵

$$\begin{bmatrix}1&-5&2&1&-1\\0&16&-7&-5&5\\0&0&0&0&0\\0&0&0&0&0\end{bmatrix}\to\begin{bmatrix}1&0&-\frac{3}{16}&-\frac{9}{16}&\frac{9}{16}\\0&1&-\frac{7}{16}&-\frac{5}{16}&\frac{5}{16}\\0&0&0&0&0\\0&0&0&0&0\end{bmatrix}$$

同解方程组为

$$\begin{cases}x_1=\frac{3}{16}x_3+\frac{9}{16}x_4+\frac{9}{16}\\x_2=\frac{7}{16}x_3+\frac{5}{16}x_4+\frac{5}{16}\end{cases}\quad（x_3，x_4\text{为自由未知量}）$$

令 $x_3=x_4=0$，得原方程组的一个特解为

$$\boldsymbol{\gamma}=\begin{bmatrix}\frac{9}{16}\\\frac{5}{16}\\0\\0\end{bmatrix}$$

导出组的同解方程组为

$$\begin{cases} x_1 = \dfrac{3}{16}x_3 + \dfrac{9}{16}x_4 \\ x_2 = \dfrac{7}{16}x_3 + \dfrac{5}{16}x_4 \end{cases} \quad (x_3, x_4 \text{为自由未知量})$$

令 $\begin{pmatrix} x_3 \\ x_4 \end{pmatrix} = \begin{pmatrix} 16 \\ 0 \end{pmatrix}, \begin{pmatrix} 0 \\ 16 \end{pmatrix}$，分别得基础解系为

$$\boldsymbol{\eta}_1 = \begin{bmatrix} 3 \\ 7 \\ 16 \\ 0 \end{bmatrix}, \quad \boldsymbol{\eta}_2 = \begin{bmatrix} 9 \\ 5 \\ 0 \\ 16 \end{bmatrix}$$

所以原方程组的通解为

$$\boldsymbol{X} = k_1\boldsymbol{\eta}_1 + k_2\boldsymbol{\eta}_2 + \boldsymbol{\gamma} = k_1\begin{bmatrix} 3 \\ 7 \\ 16 \\ 0 \end{bmatrix} + k_2\begin{bmatrix} 9 \\ 5 \\ 0 \\ 16 \end{bmatrix} + \begin{bmatrix} \frac{9}{16} \\ \frac{5}{16} \\ 0 \\ 0 \end{bmatrix}$$

其中，k_1，k_2 为任意常数.

能力训练题 9.4

1. a，b 取何值时，下列线性方程组有唯一解？无穷多解？无解？

$$\begin{cases} x_1 + x_2 - 2x_3 = 0 \\ 2x_1 + x_2 + ax_3 = 1 \\ x_1 + 3x_2 - 6x_3 = b \end{cases}$$

2. 判定下列方程组解的情况.

(1) $\begin{cases} x_1 + x_2 - 2x_3 = 1 \\ 2x_1 + 4x_2 + 5x_3 = -3; \\ -2x_1 - 2x_2 + 4x_3 = 0 \end{cases}$　(2) $\begin{cases} x_1 + 2x_2 + x_3 = 2 \\ x_1 - x_2 + x_3 = 2; \\ 3x_1 + x_2 - 2x_3 = 1 \end{cases}$

(3) $\begin{cases} x_1 + 3x_2 - x_3 - 2x_4 = 1 \\ 2x_1 - x_2 + 2x_3 + 3x_4 = 2; \\ 3x_1 + 2x_2 + x_3 + x_4 = 3 \\ x_1 - 4x_2 + 3x_3 + 5x_4 = 1 \end{cases}$　(4) $\begin{cases} x_1 + x_2 + x_3 = 1 \\ 3x_1 + 5x_2 + 2x_3 = 4. \\ 9x_1 + 25x_2 + 4x_3 = 16 \\ 27x_1 + 125x_2 + 8x_3 = 64 \end{cases}$

3. 当 λ 取什么值时，下列线性方程组有解.

$$\begin{cases} (\lambda+3)x_1 + x_2 + 2x_3 = \lambda \\ \lambda x_1 + (\lambda-1)x_2 + x_3 = 2\lambda \\ 3(\lambda+1)x_1 + \lambda x_2 + (\lambda+3)x_3 = 3 \end{cases}$$

4. 求下列齐次线性方程组的基础解系.

(1) $\begin{cases} x_1-x_2+5x_3-x_4=0 \\ x_1+x_2-2x_3+3x_4=0 \\ 3x_1-x_2+8x_3+x_4=0 \\ x_1+3x_2-9x_3+7x_4=0 \end{cases}$；　(2) $\begin{cases} 2x_1+x_2+3x_3+5x_4-5x_5=0 \\ x_1+x_2+x_3+4x_4-3x_5=0 \\ 3x_1+x_2+5x_3+6x_4-7x_5=0 \end{cases}$；

(3) $\begin{cases} x_1+x_2+x_3+x_4+x_5=0 \\ 3x_1+2x_2+x_3+x_4-3x_5=0 \\ x_2+3x_3+2x_4+6x_5=0 \\ 5x_1+4x_2+3x_3+3x_4-x_5=0 \end{cases}$；(4) $\begin{cases} 2x_1-5x_2+x_3-3x_4=0 \\ -3x_1+4x_2-2x_3+x_4=0 \\ x_1+2x_2-x_3+3x_4=0 \\ -2x_1+15x_2-6x_3+13x_4=0 \end{cases}$.

5. 求下列方程组的基础解系、全部解.

(1) $\begin{cases} x_1-x_2+5x_3-x_4=0 \\ x_1+x_2-2x_3+3x_4=0 \\ 3x_1-x_2+8x_3+x_4=0 \\ x_1+3x_2-9x_3+7x_4=0 \end{cases}$；　(2) $\begin{cases} x_1+3x_2-x_3+2x_4=0 \\ 3x_1-x_2+2x_3+x_4=0 \\ -2x_1+5x_2+x_3-x_4=0 \\ 3x_1+10x_2+x_3+4x_4=0 \\ -2x_1+15x_2-4x_3+4x_4=0 \end{cases}$；

(3) $\begin{cases} x_1+2x_2+4x_3+x_4=0 \\ 2x_1+4x_2+8x_3+2x_4=0 \\ 3x_1+6x_2+2x_3=0 \end{cases}$；　(4) $\begin{cases} x_1-3x_2+x_3-2x_4-x_5=0 \\ -3x_1+9x_2-3x_3+6x_4+3x_5=0 \\ 2x_1-6x_2+2x_3-4x_4-2x_5=0 \\ 5x_1-15x_2+5x_3-10x_4-5x_5=0 \end{cases}$.

6. 求下列线性方程组的全部解.

(1) $\begin{cases} x_1-5x_2+2x_3-3x_4=11 \\ -3x_1+x_2-4x_3+2x_4=-5 \\ -x_1-9x_2-4x_4=17 \\ 5x_1+3x_2+6x_3-x_4=-1 \end{cases}$；　(2) $\begin{cases} 2x_1-3x_2+x_3-5x_4=1 \\ -5x_1-10x_2-2x_3+x_4=-21 \\ x_1+4x_2+3x_3+2x_4=1 \\ 2x_1-4x_2+9x_3-3x_4=-16 \end{cases}$；

(3) $\begin{cases} 6x_1-9x_2+3x_3-x_4=2 \\ 4x_1-6x_2+2x_3+3x_4=5 \\ 2x_1-3x_2+x_3-2x_4=-1 \end{cases}$；　(4) $\begin{cases} x_1-3x_2+5x_3-2x_4=4 \\ 2x_1-x_2+3x_3-x_4=7 \\ x_1+7x_2-9x_3+4x_4=2 \end{cases}$；

(5) $\begin{cases} x_1+2x_2-x_3+3x_4+x_5=2 \\ x_3+2x_4+4x_5=6 \\ x_5=2 \end{cases}$；　(6) $\begin{cases} x_1+x_2+x_3+x_4+x_5=2 \\ x_1+2x_2-4x_5=-2 \\ x_1+2x_3+2x_4+6x_5=6 \\ 4x_1+5x_2+3x_3+3x_4-x_5=4 \end{cases}$.

7. 确定 a 的值使如下线性方程组有解，并求其解.

$$\begin{cases} 2x_1-x_2+x_3+x_4=1 \\ x_1+2x_2-x_3+4x_4=2 \\ x_1+7x_2-4x_3+11x_4=a \end{cases}$$

能力测试题九

一、单项选择题

1. $\begin{vmatrix} k-1 & 2 \\ 2 & k-1 \end{vmatrix} \neq 0$ 的充要条件是________.

A. $k\neq -1$　　B. $k\neq 3$　　C. $k\neq -1$ 且 $k\neq 3$　　D. $k\neq -1$ 或 $k\neq 3$

2. 若 $D=\begin{vmatrix} a_{11} & a_{12} & a_{13} \\ a_{21} & a_{22} & a_{23} \\ a_{31} & a_{32} & a_{33} \end{vmatrix}=1$，$D_1=\begin{vmatrix} 4a_{11} & 2a_{11}-3a_{12} & a_{13} \\ 4a_{21} & 2a_{21}-3a_{22} & a_{23} \\ 4a_{31} & 2a_{31}-3a_{32} & a_{33} \end{vmatrix}$，则 $D_1=$________.

A. 8　　B. -12　　C. 24　　D. -24

3. 如果非齐次线性方程组 $\boldsymbol{AX}=\boldsymbol{B}$ 有无穷多解，则其导出组 $\boldsymbol{AX}=\boldsymbol{O}$ ________.

A. 无解　　B. 仅有零解　　C. 必有非零解　　D. 以上都不对

4. 下列矩阵中，________是初等矩阵.

A. $\begin{pmatrix} 0 & 1 & 0 \\ 0 & 0 & 1 \\ 1 & 0 & 0 \end{pmatrix}$　　B. $\begin{pmatrix} 0 & 0 & 1 \\ 0 & 1 & 0 \\ 2 & 0 & 0 \end{pmatrix}$　　C. $\begin{pmatrix} 1 & 0 & 2 \\ 0 & 1 & 0 \\ 0 & 0 & 1 \end{pmatrix}$　　D. $\begin{pmatrix} 0 & 0 & 1 \\ 0 & 1 & 0 \\ 1 & 0 & 2 \end{pmatrix}$

5. 设 $\boldsymbol{A}$、$\boldsymbol{B}$、$\boldsymbol{C}$ 均是 n 阶方阵，则下列命题成立的是________.

A. 若 $\boldsymbol{AB}=\boldsymbol{AC}$，则 $\boldsymbol{B}=\boldsymbol{C}$　　B. 若 $\boldsymbol{AB}=0$，则 $\boldsymbol{A}=0$ 或 $\boldsymbol{B}=0$

C. $\boldsymbol{AB}=\boldsymbol{BA}$　　D. $|\boldsymbol{AB}|=|\boldsymbol{BA}|$

二、填空题

1. 矩阵 $\boldsymbol{A}=\begin{pmatrix} 1 & 0 & 1 \\ 2 & 1 & 0 \\ -3 & 2 & 5 \end{pmatrix}$ 的伴随矩阵 $\boldsymbol{A}^*=$________.

2. 若 $\boldsymbol{A}$ 是三阶方阵，且 $|\boldsymbol{A}|=\boldsymbol{M}$，则 $|2\boldsymbol{A}|=$________.

3. 设 $\boldsymbol{A}$、$\boldsymbol{B}$、$\boldsymbol{C}$ 为同阶方阵，且 $\boldsymbol{ACB}=\boldsymbol{I}$，则 $\boldsymbol{C}^{-1}=$________.

4. 已知 $\begin{vmatrix} k & 1 & 0 \\ -4 & k & 2 \\ 0 & -2 & 1 \end{vmatrix}=0$，则 $k=$________.

5. 设矩阵 $\boldsymbol{M}=\begin{pmatrix} 1 & 2 & -1 & \lambda \\ 2 & 5 & \lambda & -1 \\ 1 & 1 & -6 & 10 \\ -1 & -3 & -4 & 4 \end{pmatrix}$，且 $r(\boldsymbol{M})=2$，则 $\lambda=$________.

三、计算行列式 $\begin{vmatrix} -2 & -1 & 1 & 0 \\ 3 & 1 & -1 & -1 \\ 1 & 2 & -1 & 1 \\ 8 & 2 & 6 & -2 \end{vmatrix}$ 的值.

四、设 $\boldsymbol{X}$ 满足下式，求 $\boldsymbol{X}$.

$$\boldsymbol{X}\begin{pmatrix}-4 & -3 & 1\\ -5 & -3 & 1\\ 6 & 4 & -1\end{pmatrix}=\begin{pmatrix}1 & 0 & -1\\ 2 & 1 & 0\\ 0 & 1 & -1\end{pmatrix}$$

五、设 $\boldsymbol{\alpha}_1=(1,2,3,4)$，$\boldsymbol{\alpha}_2=(1,-1,6,-5)$，$\boldsymbol{\alpha}_3=(-2,-1,-9,1)$，$\boldsymbol{\alpha}_4=(1,2,7,2)$.

(1) 求向量组 $\boldsymbol{\alpha}_1$，$\boldsymbol{\alpha}_2$，$\boldsymbol{\alpha}_3$，$\boldsymbol{\alpha}_4$ 的秩和一个极大无关组；

(2) 把不属于极大无关组的向量用极大无关组线性表示.

六、已知线性方程组 $\begin{cases}\lambda x_1+x_2+x_3=\lambda-3\\ x_1+\lambda x_2+2x_3=-2\\ x_1+x_2+\lambda x_3=-2\end{cases}$.

(1) 当 λ 为何值时，方程组无解、有唯一解、有无穷多组解？

(2) 方程组有无穷多组解时，求通解.

综合能力测试题

一、单项选择题(每小题 2 分，共 20 分)

1. 设 $f(x)=\ln\dfrac{3+x}{3-x}+1$，则 $f(x)+f\left(\dfrac{3}{x}\right)$的定义域为(　　).

A. $(-3,\ 1)$　　B. $(1,\ 3)$　　C. $(-3,\ 3)$　　D. $(-3,\ -1)\cup(1,\ 3)$

2. 当 $x\to0$ 时，下列函数是其他三个函数的高阶无穷小是(　　).

A. $x+x^2$　　B. $1-\cos x$　　C. a^x-1　　D. $\ln(1-\sqrt{x})$

3. $\lim\limits_{x\to\infty}\left(\dfrac{2x+3}{2x+1}\right)^{x+1}=$(　　).

A. $e^{-\frac{1}{2}}$　　B. $e^{\frac{1}{2}}$　　C. e　　D. $e^{\frac{3}{2}}$

4. 直线$\begin{cases}x+y-3=0\\2y+z+2=0\end{cases}$与平面 $x-y-z+1=0$ 的位置关系是(　　).

A. 垂直　　B. 相交但不垂直　　C. 直线在平面上　　D. 平行

5. $f(x)$有一个原函数，则 $\int f'(x)\,dx=$(　　).

A. $-\cos x+C$　　B. $\dfrac{\cos x}{x}-\dfrac{\sin x}{x^2}+C$

C. $\sin x-\dfrac{\sin x}{x}+C$　　D. 无法确定

6. 微分方程 $y''+6y'+10y=0$ 的通解为(　　).

A. $y=C_1\cos x+C_2\sin x$　　B. $y=e^{-3x}(C_1\cos x+C_2\sin x)$

C. $y=e^{3x}(C_1\cos x+C_2\sin x)$　　D. $y=C_1\cos3x+C_2\sin3x$

7. 下列级数绝对收敛的是(　　).

A. $\sum\limits_{n=1}^{\infty}(-1)^n\dfrac{1}{3^n}$　　B. $\sum\limits_{n=1}^{\infty}(-1)^n\dfrac{1}{n}$

C. $\sum\limits_{n=1}^{\infty}(-1)^n\dfrac{1}{\sqrt{n}}$　　D. $\sum\limits_{n=1}^{\infty}(-1)^n\dfrac{n}{n+1}$

8. 函数 $f(x,\ y)$在点$(x_0,\ y_0)$处的两个偏导数都存在，则(　　).

A. $f(x,\ y)$在点$(x_0,\ y_0)$一定连续

B. $f(x,\ y)$在点$(x_0,\ y_0)$一定不连续

C. $f(x,\ y)$在点$(x_0,\ y_0)$是否连续与两个偏导数的值有关

D. $f(x,\ y)$在点$(x_0,\ y_0)$是否连续与两个偏导数无关

9. $I=\int_0^1 dy\int_0^{\sqrt{1-y}}3x^2y^2\,dx$，则交换积分次序得 $I=$(　　).

A. $\int_0^1 dx\int_0^{\sqrt{1-x}}3x^2y^2\,dy$　　B. $\int_0^{\sqrt{1-y}}dx\int_0^1 3x^2y^2\,dy$

C. $\int_0^1 dx\int_0^{1-x^2}3x^2y^2\,dy$　　D. $\int_0^1 dx\int_0^{1+x^2}3x^2y^2\,dy$

10. 设 $\boldsymbol{A}$、$\boldsymbol{B}$、$\boldsymbol{C}$ 均是 n 阶方阵，若 $\boldsymbol{AB}=\boldsymbol{BA}$，$\boldsymbol{AC}=\boldsymbol{CA}$，则 $\boldsymbol{ABC}=($　　$)$.

A. $\boldsymbol{ACB}$　　B. $\boldsymbol{CBA}$　　C. $\boldsymbol{BCA}$　　D. $\boldsymbol{CAB}$

二、填空题(每小题 4 分，共 16 分)

11. 求由方程 $y^x=x^y$ 所确定的隐函数 $y=f(x)$ 的导数 $\frac{\mathrm{d}y}{\mathrm{d}x}=$________.

12. 设 $f(x)=\begin{cases}\dfrac{\sin x+\mathrm{e}^{2ax}-1}{x}, & x\neq 0\\ a, & x=0\end{cases}$ 在 $(-\infty,+\infty)$ 上连续，则 $a=$________.

13. 设平面曲线 L 是从点 $(1, 1)$ 到点 $(2, 3)$ 的直线段，则对坐标的曲线积分 $\int_L 2x\mathrm{d}x+(y-x)\mathrm{d}y=$________.

14. 曲线 $y=\frac{1}{6}x^3-\frac{1}{2}x^2$ 的拐点是________.

三、计算题(每小题 7 分，共 42 分)

15. 设 $z=\mathrm{e}^{\arctan\sqrt{x^2+y^2}}$，求 $\frac{\partial z}{\partial x}$.

16. 求微分方程 $x\ln x\mathrm{d}y+(y-\ln x)\mathrm{d}x=0$ 满足条件 $y(\mathrm{e})=1$ 的特解.

17. 计算 $\int_0^1\sqrt{2x-x^2}\,\mathrm{d}x$.

18. 将 $f(x)=\frac{3}{2+x-x^2}$ 展开成 x 的幂级数，并指明收敛区间.

19. 求过点 $(-1, 0, 4)$，平行于平面 $3x-4y+z=10$，且与直线 $x+1=y-3=\frac{z}{2}$ 相交的直线方程.

20. 计算 $\iint_D(x^2+y^2)\mathrm{d}\sigma$，其中 D 为 $y=x$，$x-y+a=0$，$y-a=0$ 和 $y-3a=0$ $(a>0)$ 为边的平行四边形.

四、解答题(12 分)

21. 已知线性方程组 $\begin{cases}x_1+x_2+x_3+x_4=0\\ x_2+2x_3+2x_4=1\\ -x_2+(a-3)x_3-2x_4=b\\ 3x_1+x_2+x_3+ax_4=-1\end{cases}$

(1) 当 a、b 为何值时，方程组无解、有唯一解、有无穷多组解?

(2) 方程组有唯一解和无穷多组解时，求其唯一解和通解.

五、应用题(10 分)

22. 已知曲线 $y=\frac{\sqrt{x}}{\mathrm{e}}$ 与曲线 $y=\frac{1}{2}\ln x$ 在点 (x_0, y_0) 处有公共切线，求

(1) 切点坐标 (x_0, y_0)；

(2) 两曲线与 x 轴所围成的平面图形 D 的面积；

(3) 平面图形 D 绕 x 轴旋转一周所得旋转体的体积.

习题参考答案

附录Ⅰ　基本初等函数表

函　数		定义域和值域	图　像	特　性
幂函数	$y=x$	$x\in(-\infty, +\infty)$ $y\in(-\infty, +\infty)$	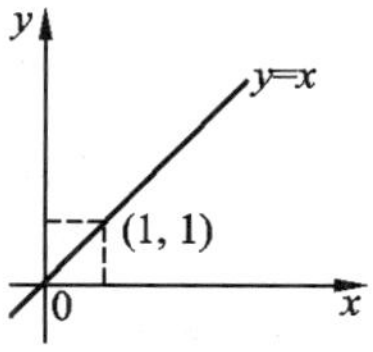	奇函数，单调增加
	$y=x^2$	$x\in(-\infty, +\infty)$ $y\in[0, +\infty)$	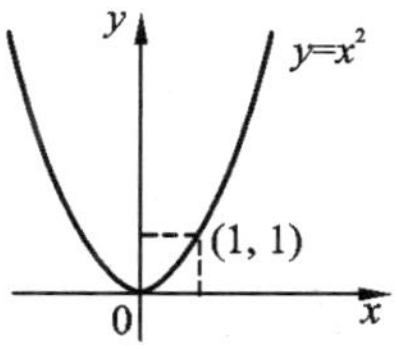	偶函数 在$(-\infty, 0)$内单调减少，在$(0, +\infty)$内单调增加
	$y=x^3$	$x\in(-\infty, +\infty)$ $y\in(-\infty, +\infty)$	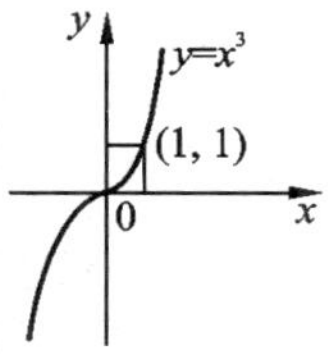	奇函数 在$(-\infty, +\infty)$内单调增加
	$y=x^{-1}$	$x\in(-\infty, 0)\cup(0, +\infty)$ $y\in(-\infty, 0)\cup[0, +\infty)$	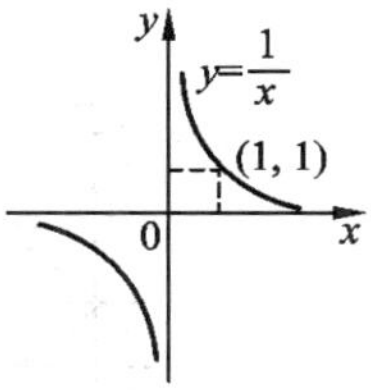	奇函数，单调减少
	$y=x^{\frac{1}{2}}$	$x\in[0, +\infty)$ $y\in[0, +\infty)$	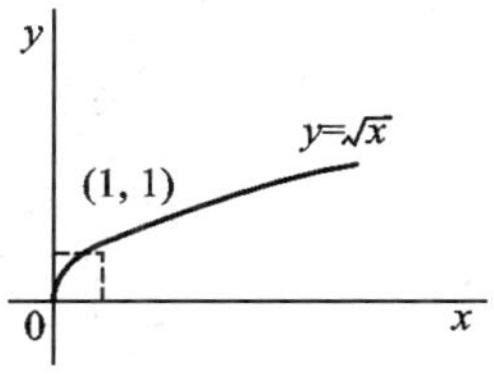	单调增加

续表一

函数		定义域和值域	图像	特性
指数函数	$y=a^x$ $(a>1)$	$x\in(-\infty,+\infty)$ $y\in(0,+\infty)$	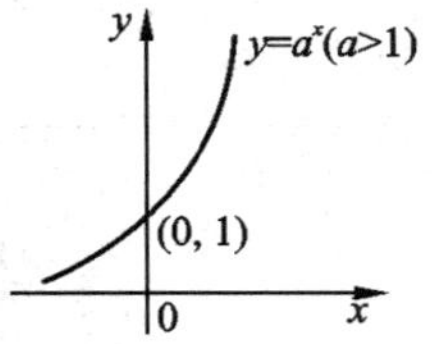 y, $y=a^x(a>1)$, (0, 1), 0, x	单调递增
	$y=a^x$ $(0<a<1)$	$x\in(-\infty,+\infty)$ $y\in(0,+\infty)$	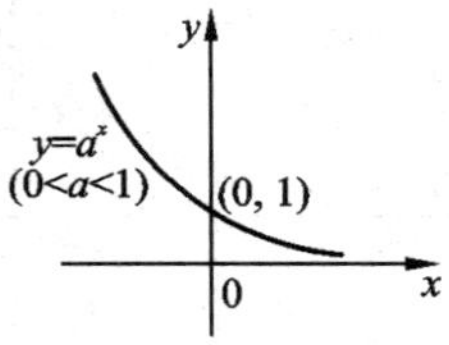 y, $y=a^x$ $(0<a<1)$, (0, 1), 0, x	单调递减
对数函数	$y=\log_a x$ $(a>1)$	$x\in(0,+\infty)$ $y\in(-\infty,+\infty)$	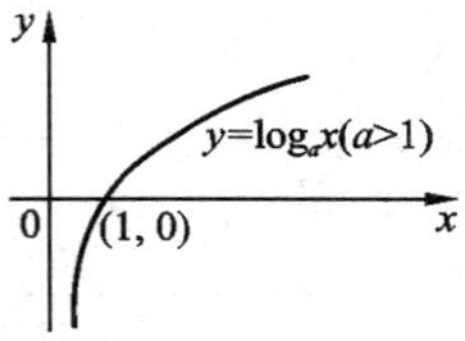 y, $y=\log_a x(a>1)$, 0, (1, 0), x	单调递增
	$y=\log_a x$ $(0<a<1)$	$x\in(0,+\infty)$ $y\in(-\infty,+\infty)$	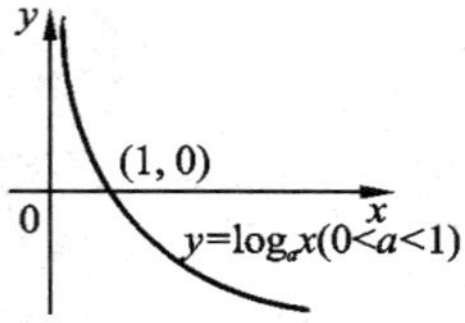 y, (1, 0), 0, x, $y=\log_a x(0<a<1)$	单调递减
三角函数	$y=\sin x$	$x\in(-\infty,+\infty)$ $y\in[-1,1]$	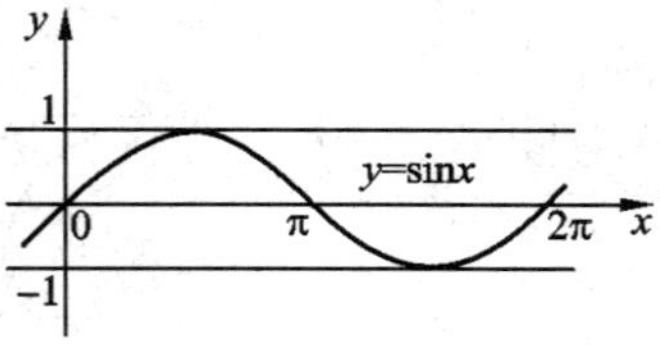 y, 1, $y=\sin x$, 0, π, 2π, x, -1	奇函数，周期为 2π，有界，在 $\left(2k\pi-\frac{\pi}{2},2k\pi+\frac{\pi}{2}\right)$ 内单调递增，在 $\left(2k\pi+\frac{\pi}{2},2k\pi+\frac{3\pi}{2}\right)$ 内单调递减
	$y=\cos x$	$x\in(-\infty,+\infty)$ $y\in[-1,1]$	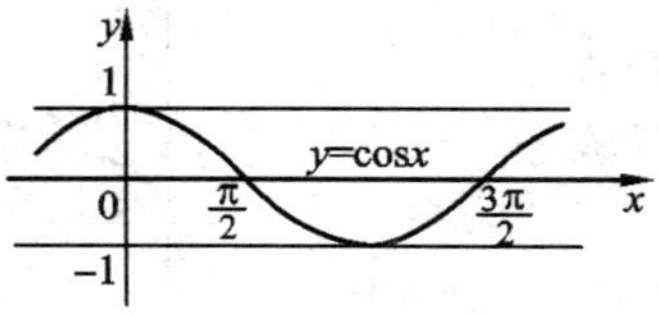 y, 1, $y=\cos x$, 0, $\frac{\pi}{2}$, $\frac{3\pi}{2}$, x, -1	偶函数，周期 2π，有界，在 $(2k\pi,2k\pi+\pi)$ 内单调递减，在 $(2k\pi+\pi,2k\pi+2\pi)$ 内单调递增

续表二

函　数		定义域和值域	图　像	特　性
三角函数	$y=\tan x$	$x\neq k\pi+\frac{\pi}{2}(k\in z)$ $y\in(-\infty, +\infty)$	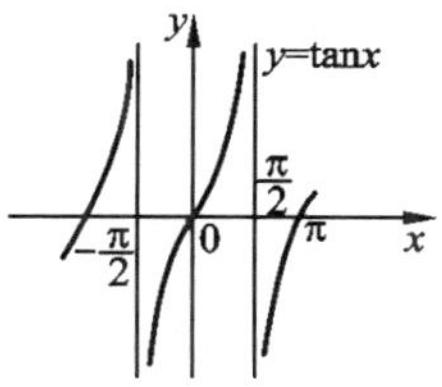	奇函数，周期 π，在$(k\pi-\frac{\pi}{2}, k\pi+\frac{\pi}{2})$内单调递增
	$y=\cot x$	$x\neq k\pi(k\in z)$ $y\in(-\infty, +\infty)$	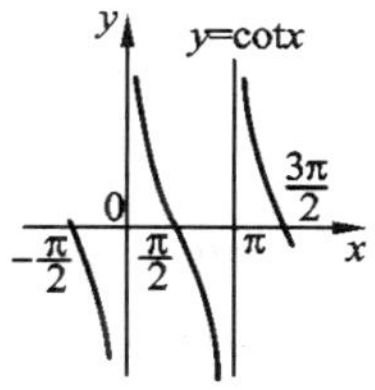	奇函数，周期 π，在$(k\pi, k\pi+\pi)$内单调递减
反三角函数	$y=\arcsin x$	$x\in[-1, 1]$ $y\in\left[-\frac{\pi}{2}, \frac{\pi}{2}\right]$	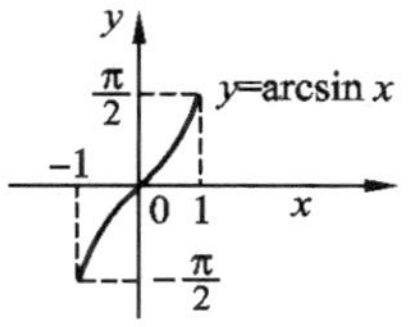	奇函数，单调递增，有界
	$y=\arccos x$	$x\in[-1, 1]$ $y\in[0, \pi]$	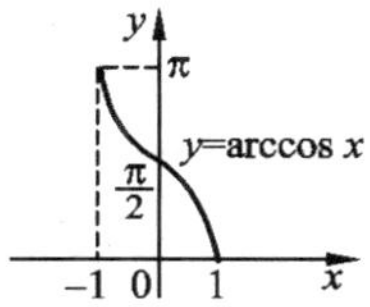	单调递减，有界
	$y=\arctan x$	$x\in(-\infty, +\infty)$ $y\in(-\frac{\pi}{2}, \frac{\pi}{2})$	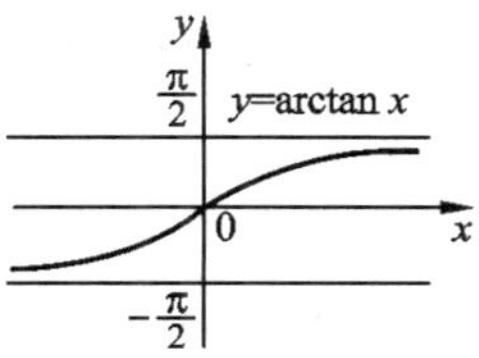	奇函数，单调递增，有界
	$y=\text{arccot} x$	$x\in(-\infty, +\infty)$ $y\in(0, \pi)$	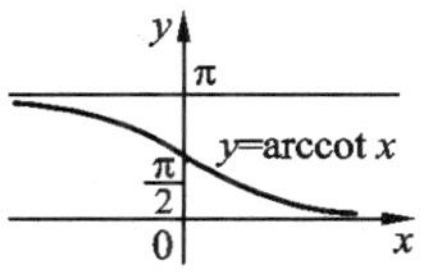	单调递减，有界

附录Ⅱ　初等数学中的常用公式

一、乘法与因式分解公式

1. $(x+a)(x+b)=x^2+(a+b)x+ab$
2. $(a\pm b)^2=a^2\pm 2ab+b^2$
3. $(a\pm b)^3=a^3\pm 3a^2b+3ab^2\pm b^3$
4. $(a+b+c)^2=a^2+b^2+c^2+2ab+2bc+2ca$
5. $a^2-b^2=(a+b)(a-b)$
6. $a^3\pm b^3=(a\pm b)(a^2\mp ab+b^2)$

二、一元二次方程

$$ax^2+bx+c=0 \quad (a\neq 0)$$

根的判别式 $\Delta=b^2-4ac$，当 $\Delta\geqslant 0$ 时，方程有实根，求根公式为

$$x_{1,2}=\frac{-b\pm\sqrt{b^2-4ac}}{2a}$$

当 $\Delta<0$ 时，方程有一对共轭复根，求根公式为

$$x_{1,2}=\frac{-b\pm \mathrm{i}\sqrt{4ac-b^2}}{2a}$$

三、阶乘和有限项级数求和公式

1. $n!=1\cdot 2\cdot 3\cdot\cdots\cdot(n-1)\cdot n$（$n$ 为正整数），规定 $0!=1$

   $$\left.\begin{aligned}&\text{半阶乘}(2n-1)!!=1\cdot 3\cdot 5\cdot\cdots\cdot(2n-3)(2n-1)\\&(2n)!!=2\cdot 4\cdot 6\cdot\cdots\cdot(2n-2)(2n)\end{aligned}\right\}(n\text{ 为正整数})$$

2. $1+2+3+\cdots+(n-1)+n=\dfrac{n(n+1)}{2}$
3. $1^2+2^2+3^2+\cdots+(n-1)^2+n^2=\dfrac{n(n+1)(2n+1)}{6}$
4. $a+(a+d)+(a+2d)+\cdots+(a+nd)=(n+1)\left(a+\dfrac{n}{2}d\right)$
5. $a+aq+aq^2+\cdots+aq^{n-1}=\dfrac{a(1-q^n)}{1-q}$ $(q\neq 1)$

四、指数运算（设 a、b 是正实数，m，n 是任意实数）

1. $a^m\cdot a^n=a^{m+n}$
2. $\dfrac{a^m}{a_n}=a^{m-n}$
3. $(a^m)^n=a^{mn}$
4. $\left(\dfrac{a}{b}\right)^m=\dfrac{a^m}{b^m}$ $(b\neq 0)$
5. $(ab)^m=a^m\cdot b^m$

五、对数(设 $a>0$，$a\neq 1$，$b>0$，$b\neq 1$，M、N 为正实数，p 为任意实数)

1. 恒数式 $a^{\log_a N}=N$

2. 运算法则

(1) $\log_a(M\cdot N)=\log_a M+\log_a N$

(2) $\log_a \dfrac{M}{N}=\log_a M-\log_a N$

(3) $\log_a M^p=p\log_a M$

3. 换底公式

$$\log_a M=\frac{\log_b M}{\log_b a}$$

六、二项式定理

$(a+b)^n=C_n^0a^n+C_n^1a^{n-1}b+C_n^2a^{n-2}b^2+\cdots+C_n^{n-1}ab^{n-1}+C_n^nb^n$，其中 n 为正整数，$C_n^k=\dfrac{n!}{(n-k)!\ k!}$，$k=0,1,2,\cdots,n$.

七、初等几何

在下列公式中，字母 r 表示半径，h 表示高，l 表示斜高.

1. 圆：周长$=2\pi r$，面积$=\pi r^2$

2. 圆扇形：面积$=\dfrac{1}{2}r^2\theta$，弧长$=r\theta$(式中 θ 为扇形的圆心角，以弧度计，$1^\circ=\dfrac{\pi}{180}\text{rad}$)

3. 正圆锥：体积$=\dfrac{1}{3}\pi r^2h$，侧面积$=\pi rl$，全面积$=\pi r(r+l)$

4. 球：体积$=\dfrac{4}{3}\pi r^3$，表面积$=4\pi r^2$

八、三角公式

1. 基本关系式

$\sin^2\alpha+\cos^2\alpha=1$　　$\dfrac{\sin\alpha}{\cos\alpha}=\tan\alpha$　　$\dfrac{\cos\alpha}{\sin\alpha}=\cot\alpha$

$\csc\alpha=\dfrac{1}{\sin\alpha}$　　$\sec\alpha=\dfrac{1}{\cos\alpha}$　　$\cot\alpha=\dfrac{1}{\tan\alpha}$

$1+\tan^2\alpha=\sec^2\alpha$　　$1+\cot^2\alpha=\csc^2\alpha$

2. 两角和与差的公式

$\sin(\alpha\pm\beta)=\sin\alpha\cos\beta\pm\cos\alpha\sin\beta$

$\cos(\alpha\pm\beta)=\cos\alpha\cos\beta\mp\sin\alpha\sin\beta$

$\tan(\alpha\pm\beta)=\dfrac{\tan\alpha\pm\tan\beta}{1\mp\tan\alpha\tan\beta}$

$\cot(\alpha\pm\beta)=\dfrac{\cot\alpha\cot\beta\mp 1}{\cot\beta\pm\cot\alpha}$

3. 和差化积公式

$$\sin\alpha+\sin\beta=2\sin\frac{\alpha+\beta}{2}\cos\frac{\alpha-\beta}{2}$$

$$\sin\alpha-\sin\beta=2\sin\frac{\alpha-\beta}{2}\cos\frac{\alpha+\beta}{2}$$

$$\cos\alpha+\cos\beta=2\cos\frac{\alpha+\beta}{2}\cos\frac{\alpha-\beta}{2}$$

$$\cos\alpha-\cos\beta=-2\sin\frac{\alpha+\beta}{2}\sin\frac{\alpha-\beta}{2}$$

4. 积化和差公式

$$\sin\alpha\sin\beta=-\frac{1}{2}[\cos(\alpha+\beta)-\cos(\alpha-\beta)]$$

$$\cos\alpha\cos\beta=\frac{1}{2}[\cos(\alpha+\beta)+\cos(\alpha-\beta)]$$

$$\sin\alpha\cos\beta=\frac{1}{2}[\sin(\alpha+\beta)+\sin(\alpha-\beta)]$$

$$\cos\alpha\sin\beta=\frac{1}{2}[\sin(\alpha+\beta)-\sin(\alpha-\beta)]$$

5. 倍角公式

$$\sin2\alpha=2\sin\alpha\cos\alpha$$

$$\cos2\alpha=\cos^2\alpha-\sin^2\alpha=2\cos^2\alpha-1=1-2\sin^2\alpha$$

$$\tan2\alpha=\frac{2\tan\alpha}{1-\tan^2\alpha}$$

$$\cot2\alpha=\frac{\cot^2\alpha-1}{2\cot\alpha}$$

6. 半角公式

$$\sin\frac{\alpha}{2}=\pm\sqrt{\frac{1-\cos\alpha}{2}} \qquad \cos\frac{\alpha}{2}=\pm\sqrt{\frac{1+\cos\alpha}{2}}$$

$$\tan\frac{\alpha}{2}=\pm\sqrt{\frac{1-\cos\alpha}{1+\cos\alpha}} \qquad \cot\frac{\alpha}{2}=\pm\sqrt{\frac{1+\cos\alpha}{1-\cos\alpha}}$$

附录Ⅲ　几种常用的平面曲线方程及其图形

1. 三次抛物线

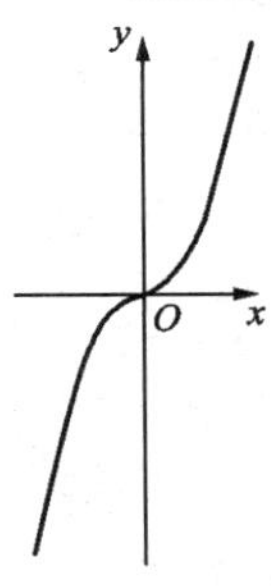

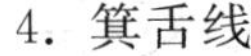
$y=ax^3$.

2. 立方抛物线

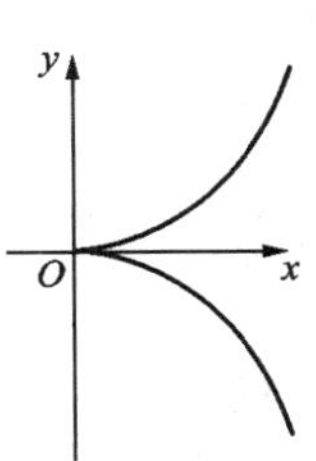

$y^2=ax^3$.

3. 概率曲线

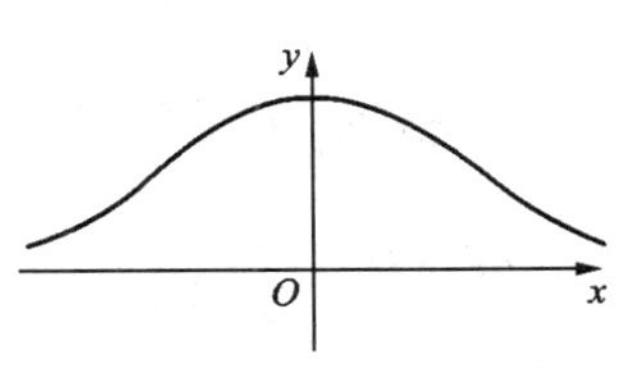

$y=e^{-x^2}$.

4. 箕舌线

$y=\frac{8a^3}{x^2+4a^2}$.

5. 蔓叶线

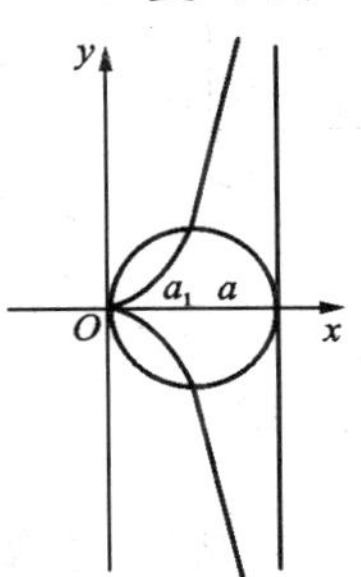

$y^2(2a-x)=x^3$.

6. 笛卡儿叶形线

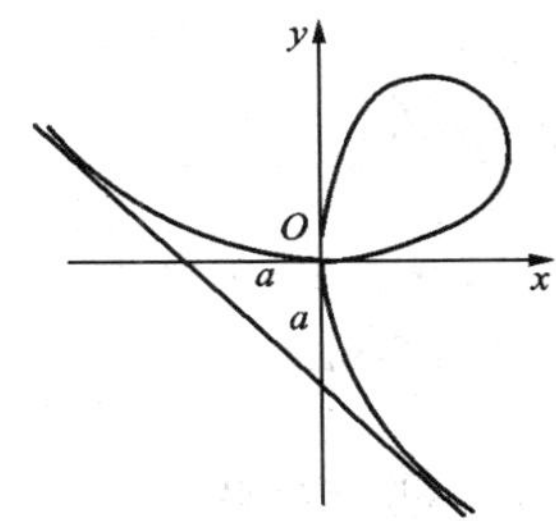

$x^3+y^3-3axy=0$.

$$\begin{cases} x=\frac{3at}{1+t^3} \\ y=\frac{3at^2}{1+t^3} \end{cases}.$$

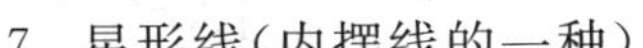
7. 星形线(内摆线的一种)

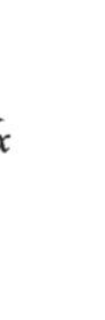

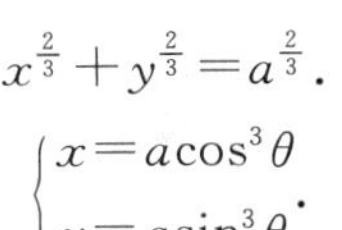
$x^{\frac{2}{3}}+y^{\frac{2}{3}}=a^{\frac{2}{3}}$.

$$\begin{cases} x=a\cos^3\theta \\ y=a\sin^3\theta \end{cases}.$$

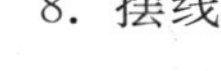
8. 摆线

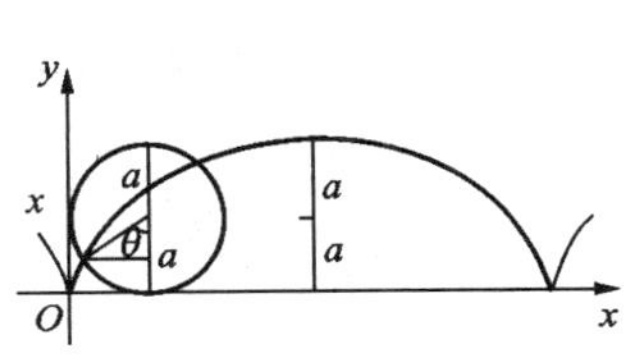

$$\begin{cases} x=a(\theta-\sin\theta) \\ y=a(1-\cos\theta) \end{cases}.$$

9. 心形线(外摆线的一种)

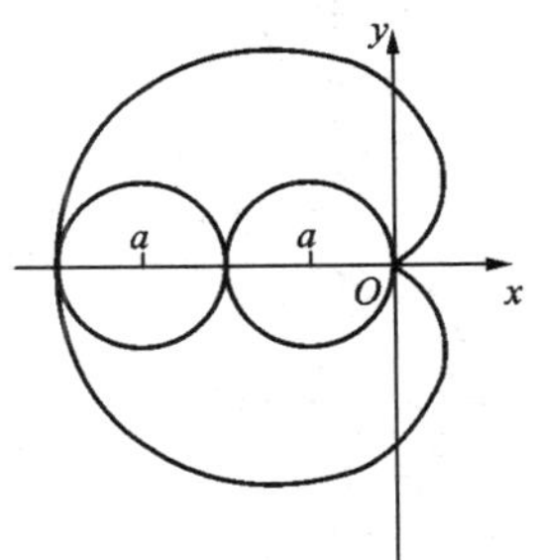

$x^2+y^2+ax=a\sqrt{x^2+y^2}$.

$r=a(1-\cos\theta)$.

10. 阿基米德螺线

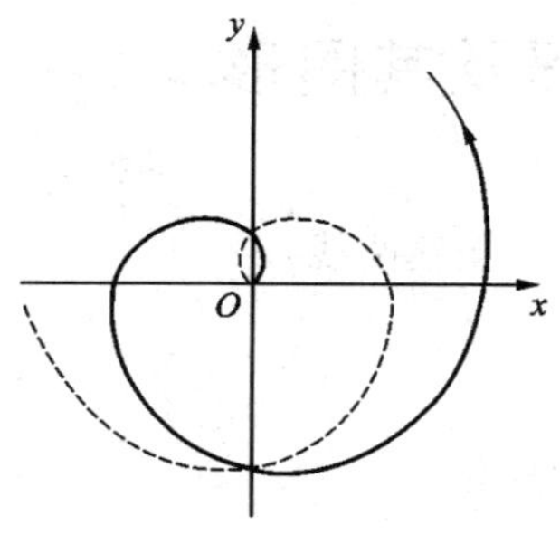

$r=a\theta.$

11. 对数螺线

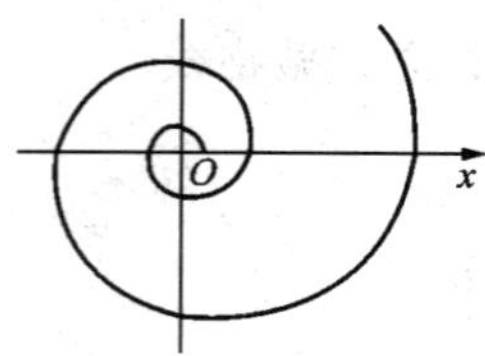

$r=e^{a\theta}$..

12. 双曲螺线

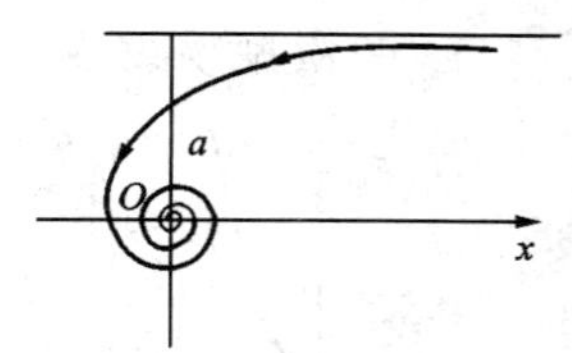

$r\theta=a.$

13. 伯努利双纽线

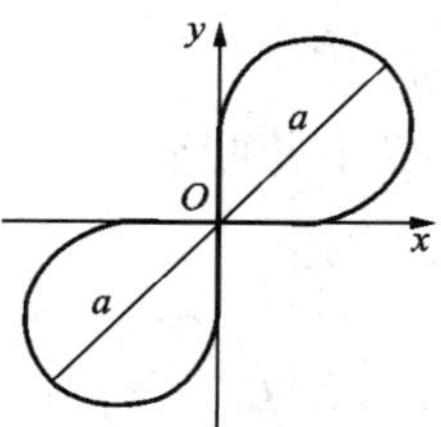

$(x^2+y^2)^2=2a^2xy.$

$r^2=a^2\sin 2\theta.$

14. 伯努利双纽线

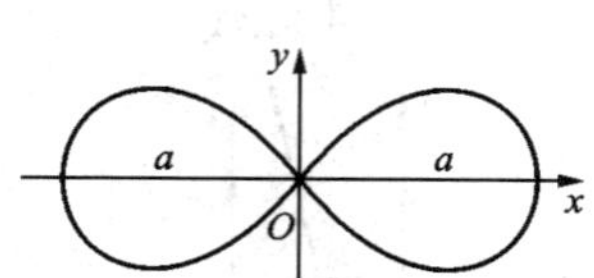

$(x^2+y^2)^2=a^2(x^2-y^2).$

$r^2=a^2\cos 2\theta.$

15. 三叶玫瑰线

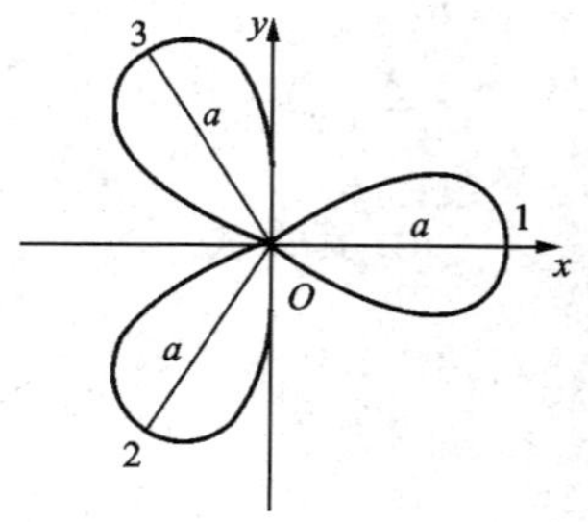

$r=a\cos 3\theta.$

16. 三叶玫瑰线

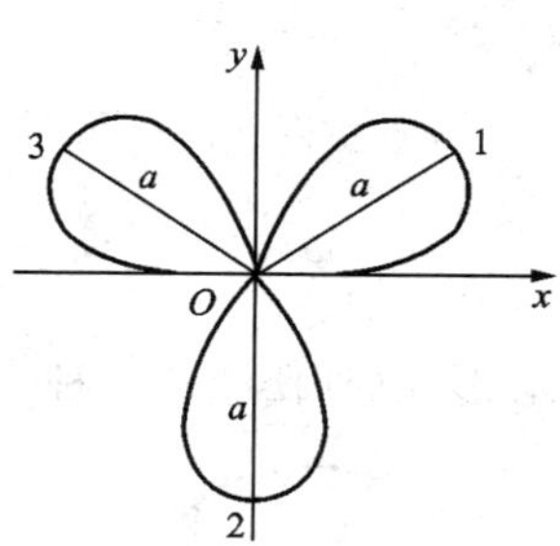

$r=a\sin 3\theta.$

17. 四叶玫瑰线

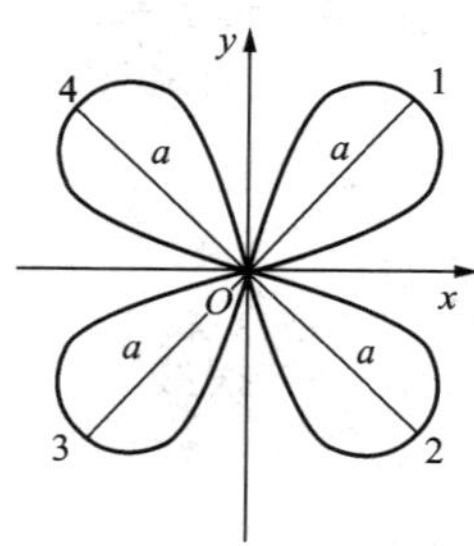

$r=a\sin 2\theta.$

18. 四叶玫瑰线

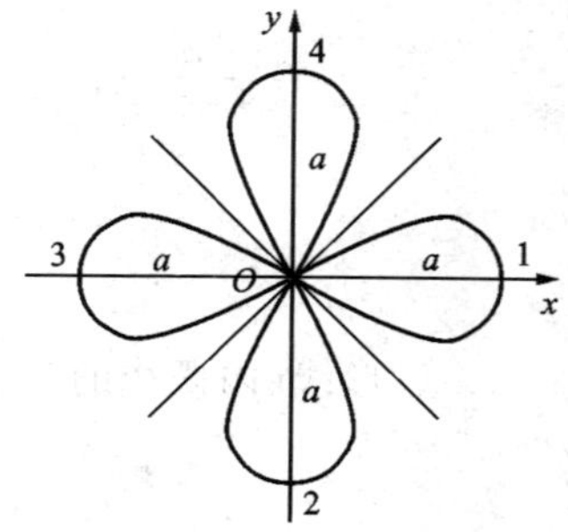

$r=a\cos 2\theta.$